国家“十二五”重点规划图书

“机械基础件、基础制造工艺和基础材料”系列丛书

机械基础件标准汇编

滚动轴承基础

（上）

机 械 科 学 研 究 总 院
全国滚动轴承标准化技术委员会 编
中 国 标 准 出 版 社

中国标准出版社
北 京

图书在版编目(CIP)数据

机械基础件标准汇编.滚动轴承基础.上/机械科学研究总院,全国滚动轴承标准化技术委员会,中国标准出版社编.—北京:中国标准出版社,2016.8
ISBN 978-7-5066-8285-5

Ⅰ.①机… Ⅱ.①机… ②全… ③中… Ⅲ.①机械元件-标准-汇编-中国 ②滚动轴承-标准-汇编-中国 Ⅳ.①TH13-65

中国版本图书馆 CIP 数据核字(2016)第 128126 号

中国标准出版社出版发行
北京市朝阳区和平里西街甲 2 号(100029)
北京市西城区三里河北街 16 号(100045)

网址:www.spc.net.cn
总编室:(010)68533533 发行中心:(010)51780238
读者服务部:(010)68523946
中国标准出版社秦皇岛印刷厂印刷
各地新华书店经销

*

开本 880×1230 1/16 印张 40.25 字数 1 210 千字
2016 年 8 月第一版 2016 年 8 月第一次印刷

*

定价 210.00 元

出版说明

机械基础件、基础制造工艺和基础材料(以下简称“三基”)是装备制造业赖以生存和发展的基础,其水平直接决定着重大装备和主机产品的性能、质量和可靠性。而标准是共同使用和重复使用的一种规范性文件,是制造产品的依据,是产品质量的保障,因此标准的贯彻实施,对提高“三基”产品质量至关重要。

为配合《国民经济和社会发展第十二个五年规划纲要》关于“装备制造行业要提高基础工艺、基础材料、基础元器件研发和系统集成水平”的贯彻落实,并为满足广大读者对标准文本的需求,中国标准出版社与机械科学研究总院、全国滚动轴承标准化技术委员会共同合作,拟出版“机械基础件、基础制造工艺和基础材料”系列丛书中的《机械基础件标准汇编　滚动轴承基础》和《机械基础件标准汇编　滚动轴承产品》。

本汇编为《机械基础件标准汇编　滚动轴承基础》中的一部分,收集了截至2016年2月底以前批准发布的现行滚动轴承基础标准60多项,分上、下两册出版。上册内容包括:基础通用;下册内容包括:方法、热处理和包装。

鉴于本汇编收集的标准发布年代不尽相同,汇编时对标准中所用计量单位、符号未做改动。本汇编收集的标准的属性已在目录上标明(GB或GB/T、JB或JB/T),年号用四位数字表示。鉴于部分标准是在清理整顿前出版的,故正文部分仍保留原样;读者在使用这些标准时,其属性以目录上标明的为准(标准正文“引用标准”中标准的属性请读者注意查对)。

我们相信,本汇编的出版对我国滚动轴承产品质量的提高和行业的发展将起到积极的促进作用。

编　者

2016年2月

目　录

基础通用

注:本汇编收集的国家标准的属性已在本目录上标明(GB或GB/T),年号用四位数字表示。鉴于部分国家标准是在国家清理整顿前出版的,现尚未修订,故正文部分仍保留原样;读者在使用这些国家标准时,其属性以本目录上标明的为准(标准正文"引用标准"中标准的属性请读者注意查对)。行业标准的属性和年号类同。

基础通用

ICS 21.100.20
J 11

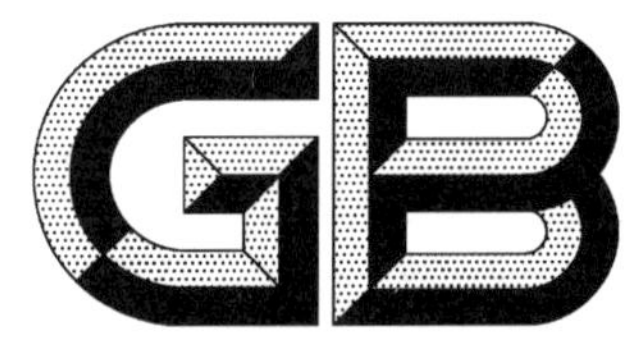

中华人民共和国国家标准

GB/T 271—2008
代替 GB/T 271—1997

滚动轴承　分类

Rolling bearings—Classification

2008-02-28 发布　　2008-08-01 实施

中华人民共和国国家质量监督检验检疫总局
中国国家标准化管理委员会　发布

前　言

本标准代替 GB/T 271—1997《滚动轴承　分类》。

本标准与 GB/T 271—1997 相比主要变化如下：

——增加了组合轴承和轴承单元的定义(见第 3 章)；

——增加了通用轴承和专用轴承的分类(见 4.5)；

——增加了标准轴承和非标轴承的分类(见 4.6)；

——增加了开式轴承和闭式轴承的分类(见 4.7)；

——增加了公制轴承和英制轴承的分类(见 4.8)；

——增加了滚动轴承按产品扩展的分类(见 4.10)；

——增加了部分轴承的结构型式(见附录 B)；

——修改了部分引用标准(1997 年版和本版的第 2 章)；

——修改了按尺寸大小分类的区间(1997 年版和本版的第 5 章)；

——修改了附录 A 中的部分名称(1997 年版附录 A 和本版的附录 B)；

——更改了附录 B 的性质(1997 年版附录 B 和本版的附录 A)。

本标准的附录 A 和附录 B 都是规范性附录。

本标准由中国机械工业联合会提出。

本标准由全国滚动轴承标准化技术委员会(SAC/TC 98)归口。

本标准起草单位：洛阳轴承研究所、洛阳轴研科技股份有限公司、襄阳汽车轴承股份有限公司、万向钱潮股份有限公司。

本标准起草人：郭宝霞、张雷、李素娟。

本标准所代替标准的历次版本发布情况为：

——GB 271—64、GB 271—87、GB/T 271—1997。

滚动轴承　分类

1　范围

本标准规定了滚动轴承的分类。

本标准适用于对滚动轴承产品的分类管理。

2　规范性引用文件

下列文件中的条款通过本标准的引用而成为本标准的条款。凡是注日期的引用文件，其随后所有的修改单(不包括勘误的内容)或修订版均不适用于本标准，然而，鼓励根据本标准达成协议的各方研究是否可使用这些文件的最新版本。凡是不注日期的引用文件，其最新版本适用于本标准。

GB/T 276—1994　滚动轴承　深沟球轴承　外形尺寸

GB/T 281—1994　滚动轴承　调心球轴承　外形尺寸

GB/T 283—2007　滚动轴承　圆柱滚子轴承　外形尺寸

GB/T 285—1994　滚动轴承　双列圆柱滚子轴承　外形尺寸

GB/T 288—1994　滚动轴承　调心滚子轴承　外形尺寸

GB/T 290—1998　滚动轴承　冲压外圈滚针轴承　外形尺寸(neq ISO 3245:1997)

GB/T 292—2007　滚动轴承　角接触球轴承　外形尺寸

GB/T 294—1994　滚动轴承　三点和四点接触球轴承　外形尺寸

GB/T 296—1994　滚动轴承　双列角接触球轴承　外形尺寸

GB/T 297—1994　滚动轴承　圆锥滚子轴承　外形尺寸

GB/T 299—2008　滚动轴承　双列圆锥滚子轴承　外形尺寸

GB/T 300—2008　滚动轴承　四列圆锥滚子轴承　外形尺寸

GB/T 301—1995　滚动轴承　推力球轴承　外形尺寸

GB/T 3882—1995　滚动轴承　外球面球轴承和偏心套　外形尺寸(neq ISO 9628:1992)

GB/T 4605—2003　滚动轴承　推力滚针和保持架组件及推力垫圈(ISO 3031:2000,NEQ)

GB/T 4663—1994　滚动轴承　推力圆柱滚子轴承　外形尺寸

GB/T 5801—2006　滚动轴承　48、49 和 69 尺寸系列滚针轴承　外形尺寸和公差(ISO 1206:2001,MOD)

GB/T 5859—2008　滚动轴承　推力调心滚子轴承　外形尺寸

GB/T 6445—2007　滚动轴承　滚轮滚针轴承　外形尺寸和公差(ISO 7063:2003,MOD)

GB/T 6930—2002　滚动轴承　词汇(ISO 5593:1997,IDT)

GB/T 16643—1996　滚动轴承　滚针和推力圆柱滚子组合轴承　外形尺寸

GB/T 20056—2006　滚动轴承　向心滚针和保持架组件　尺寸和公差(ISO 3030:1996,MOD)

JB/T 3122—2007　滚动轴承　滚针和推力球组合轴承　外形尺寸

JB/T 3123—2007　滚动轴承　滚针和角接触球组合轴承　外形尺寸

JB/T 6362—2007　滚动轴承　机床主轴用双向推力角接触球轴承

JB/T 6644—2007　滚动轴承　滚针和双向推力圆柱滚子组合轴承

JB/T 8564—1997　滚动轴承　机床丝杠用推力角接触球轴承

JB/T 8717—1998　滚动轴承　转向器用推力角接触球轴承

JB/T 10188—2000　汽车转向节用推力轴承

3 定义

GB/T 6930 确立的以及下列术语和定义适用于本标准。

3.1

组合轴承 combined bearings

不同类型轴承组合而成的轴承。

3.2

轴承单元 bearing units

以轴承为核心零件，对相关的其他功能零、部件进行集成所形成的轴承功能部件(或组件、总成等)。

4 滚动轴承结构类型分类

4.1 滚动轴承按其所能承受的载荷方向或公称接触角的不同，分为：

a) 向心轴承——主要用于承受径向载荷的滚动轴承，其公称接触角从 0°到 45°。按公称接触角不同，又分为：

1) 径向接触轴承——公称接触角为 0°的向心轴承，如深沟球轴承；

2) 角接触向心轴承——公称接触角大于 0°到 45°的向心轴承。

b) 推力轴承——主要用于承受轴向载荷的滚动轴承，其公称接触角大于 45°到 90°。按公称接触角的不同，又分为：

1)轴向接触轴承——公称接触角为 90°的推力轴承；

2)角接触推力轴承——公称接触角大于 45°但小于 90°的推力轴承。

4.2 滚动轴承按滚动体的种类，分为：

a) 球轴承——滚动体为球；

b) 滚子轴承——滚动体为滚子。

滚子轴承按滚子种类，又分为：

1) 圆柱滚子轴承——滚动体是圆柱滚子的轴承；

2) 滚针轴承——滚动体是滚针的轴承；

3) 圆锥滚子轴承——滚动体是圆锥滚子的轴承；

4) 调心滚子轴承——滚动体是球面滚子的轴承。

4.3 滚动轴承按其能否调心，分为：

a) 调心轴承——滚道是球面形的，能适应两滚道轴心线间的角偏差及角运动的轴承；

b) 非调心轴承——能阻抗滚道间轴心线角偏移的轴承。

4.4 滚动轴承按滚动体的列数，分为：

a) 单列轴承——具有一列滚动体的轴承；

b) 双列轴承——具有两列滚动体的轴承；

c) 多列轴承——具有多于两列的滚动体并承受同一方向载荷的轴承。如：三列轴承、四列轴承。

4.5 滚动轴承按主要用途，分为：

a) 通用轴承——应用于通用机械或一般用途的轴承；

b) 专用轴承——专门用于或主要用于特定主机或特殊工况的轴承。

4.6 滚动轴承按外形尺寸是否符合标准尺寸系列，分为：

a) 标准轴承——外形尺寸符合标准尺寸系列规定的轴承；

b) 非标轴承——外形尺寸中任一尺寸不符合标准尺寸系列规定的轴承。

4.7 滚动轴承按其是否有密封圈或防尘盖，分为：

a) 开型轴承——无防尘盖及密封圈的轴承；

b） 闭型轴承——带有一个或两个防尘盖、一个或两个密封圈、一个防尘盖和一个密封圈的轴承。

4.8 滚动轴承按其外形尺寸及公差的表示单位，分为：

a） 公制（米制）轴承——外形尺寸及公差采用公制（米制）单位表示的滚动轴承；

b） 英制（吋制）轴承——外形尺寸及公差采用英制（吋制）单位表示的滚动轴承。

4.9 滚动轴承按其组件能否分离，分为：

a） 可分离轴承——具有可分离组件的轴承；

b） 不可分离轴承——轴承在最终配套后，套圈均不能任意自由分离的轴承。

4.10 滚动轴承按产品扩展分类，分为：

a） 轴承；

b） 组合轴承；

c） 轴承单元。

4.11 滚动轴承按其结构形状（如：有无内外圈、有无保持架、有无装填槽以及套圈的形状、挡边的结构等）还可以分为多种结构类型。

4.12 滚动轴承综合分类按附录 A 的规定。

4.13 常用滚动轴承类型及结构分类按附录 B 的规定。

5 滚动轴承尺寸大小分类

滚动轴承按其公称外径尺寸大小，分为：

a） 微型轴承——公称外径尺寸 $D \leqslant 26$ mm 的轴承；

b） 小型轴承——公称外径尺寸 26 mm$<D<$60 mm 的轴承；

c） 中小型轴承——公称外径尺寸 60 mm$\leqslant D<$120 mm 的轴承；

d） 中大型轴承——公称外径尺寸 120 mm$\leqslant D<$200 mm 的轴承；

e） 大型轴承——公称外径尺寸 200 mm$\leqslant D \leqslant$440 mm 的轴承；

f） 特大型轴承——公称外径尺寸 $D>440$ mm 的轴承。

附 录 A
（规范性附录）
滚动轴承综合分类结构图

滚动轴承综合分类结构图见图 A.1。

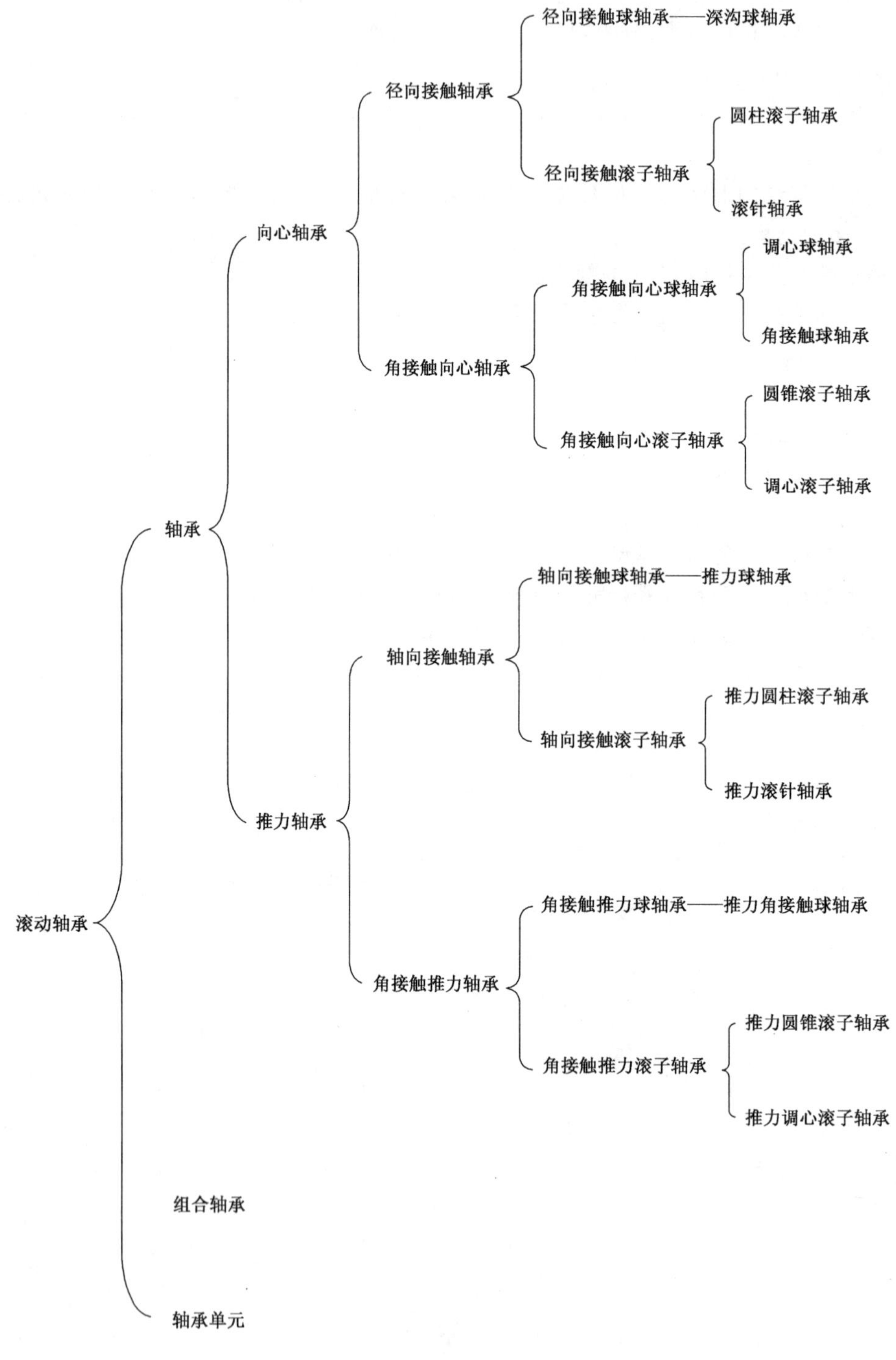

图 A.1 滚动轴承综合分类结构图

附 录 B
（规范性附录）
常用滚动轴承结构类型分类

常用滚动轴承结构类型分类见表 B.1。

表 B.1

<table>
<tr><th colspan="8">轴 承 结 构 分 类</th><th>名称</th><th>简 图</th><th>类型代号</th><th>标准编号</th></tr>
<tr><td rowspan="8">向心轴承</td><td rowspan="8">径向接触轴承</td><td rowspan="6">径向接触球轴承</td><td rowspan="6">深沟球轴承</td><td rowspan="5">单列</td><td rowspan="6">不可分离型</td><td rowspan="4">无装填槽</td><td></td><td>深沟球轴承</td><td></td><td>6</td><td>GB/T 276—1994</td></tr>
<tr><td rowspan="3">外球面</td><td>带顶丝外球面球轴承</td><td></td><td>UC</td><td rowspan="3">GB/T 3882—1995</td></tr>
<tr><td>带偏心套外球面球轴承</td><td></td><td>UEL</td></tr>
<tr><td>圆锥孔外球面球轴承</td><td></td><td>UK</td></tr>
<tr><td colspan="2">有装填槽</td><td>有装球缺口、有保持架的深沟球轴承</td><td></td><td>6[a]</td><td>—</td></tr>
<tr><td>双列</td><td colspan="2">无装填槽</td><td>双列深沟球轴承</td><td></td><td>4</td><td>—</td></tr>
<tr><td rowspan="2">径向接触滚子轴承</td><td rowspan="2">圆柱滚子轴承</td><td rowspan="2">单列</td><td rowspan="2">可分离型</td><td colspan="2" rowspan="2">内圈双挡边</td><td>外圈无挡边圆柱滚子轴承</td><td></td><td>N</td><td rowspan="2">GB/T 283—2007</td></tr>
<tr><td>外圈单挡边圆柱滚子轴承</td><td></td><td>NF</td></tr>
</table>

表 B.1(续)

<table>
<tr><th colspan="8">轴承结构分类</th><th>名称</th><th>简图</th><th>类型代号</th><th>标准编号</th></tr>
<tr><td rowspan="9">向心轴承</td><td rowspan="9">径向接触轴承</td><td rowspan="9">径向接触滚子轴承</td><td rowspan="5">圆柱滚子轴承</td><td rowspan="3">单列</td><td rowspan="5">可分离型</td><td rowspan="3">外圈双挡边</td><td rowspan="2">不带挡圈</td><td>内圈无挡边圆柱滚子轴承</td><td> 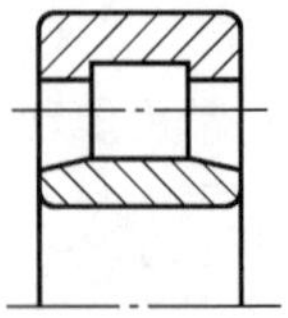</td><td>NU</td><td rowspan="3">GB/T 283—2007</td></tr>
<tr><td>内圈单挡边圆柱滚子轴承</td><td> 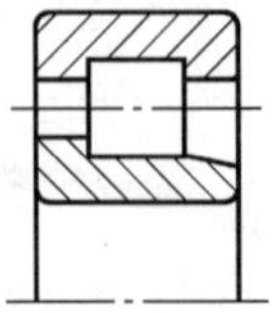</td><td>NJ</td></tr>
<tr><td>带平挡圈</td><td>内圈单挡边并带平挡圈的圆柱滚子轴承</td><td> 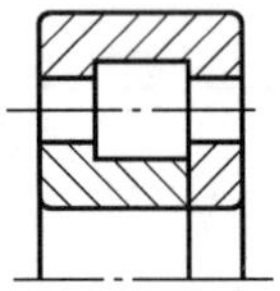</td><td>NUP</td></tr>
<tr><td rowspan="2">双列</td><td colspan="2">外圈无挡边</td><td>内圈双挡边双列圆柱滚子轴承</td><td> 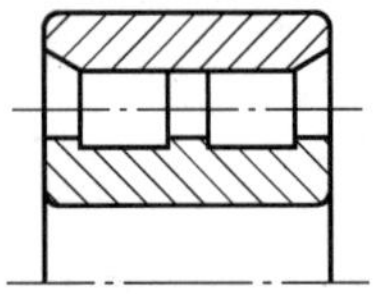</td><td>NN</td><td rowspan="2">GB/T 285—1994</td></tr>
<tr><td colspan="2">外圈双挡边</td><td>内圈无挡边双列圆柱滚子轴承</td><td> 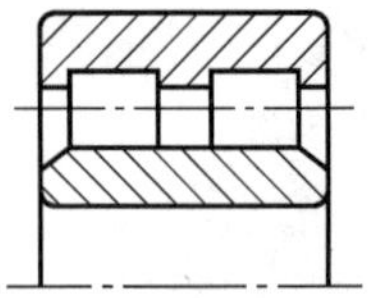</td><td>NNU</td></tr>
<tr><td rowspan="4">滚针轴承</td><td>双列</td><td>可分离型</td><td colspan="2">外圈双挡边</td><td>滚针轴承</td><td> 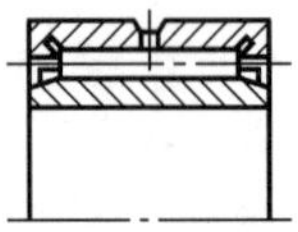</td><td>NA</td><td>GB/T 5801—2006</td></tr>
<tr><td rowspan="3">单列</td><td rowspan="3">—</td><td rowspan="3">无内圈</td><td>无外圈</td><td>向心滚针及保持架组件</td><td> 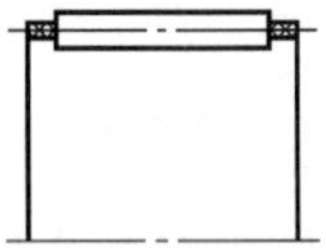</td><td>K</td><td>GB/T 20056—2006</td></tr>
<tr><td rowspan="2">冲压外圈</td><td>穿孔型冲压外圈滚针轴承</td><td> 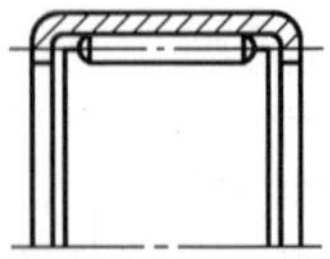</td><td>HK</td><td rowspan="2">GB/T 290—1998</td></tr>
<tr><td>封口型冲压外圈滚针轴承</td><td> 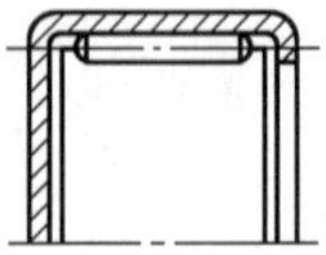</td><td>BK</td></tr>
</table>

表 B.1(续)

轴承结构分类							名称	简图	类型代号	标准编号
向心轴承	径向接触轴承	径向接触滚子轴承	滚针轴承	单列	不可分离型	滚轮外圈无挡边	内圈带平挡圈滚轮滚针轴承	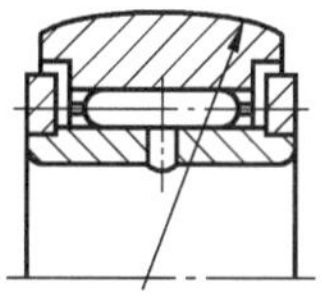	NATR	GB/T 6445—2007
							内圈带螺栓轴滚轮滚针轴承	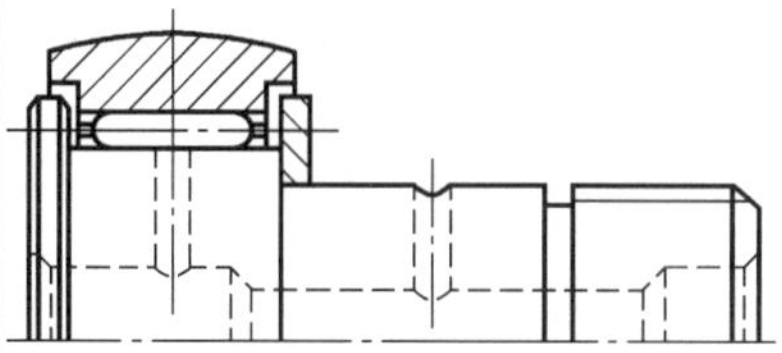	KR	
	角接触向心轴承	角接触向心球轴承	调心球轴承	双列	不可分离型	外圈球面滚道	调心球轴承	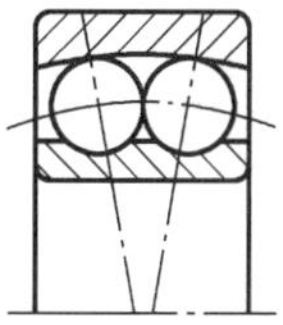	1	GB/T 281—1994
			角接触球轴承	单列		—	锁口在外圈的角接触球轴承	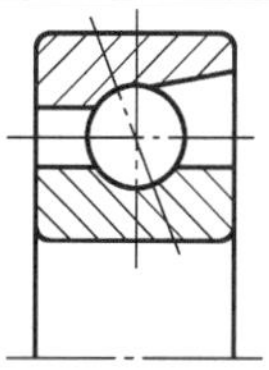	7	GB/T 292—2007
						—	锁口在内圈的角接触球轴承	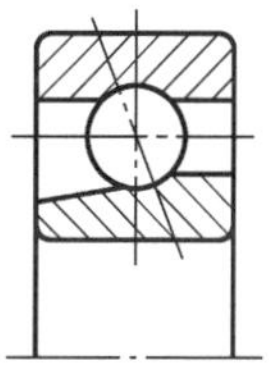	B7	
					可分离型		外圈可分离的角接触球轴承	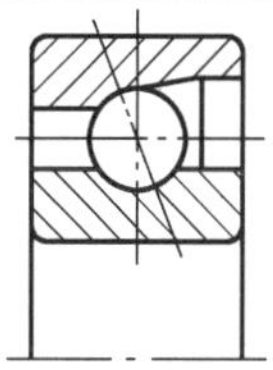	S7	
							内圈可分离的角接触球轴承	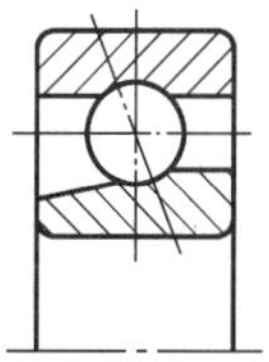	SN7	—
							双半内圈四点接触球轴承	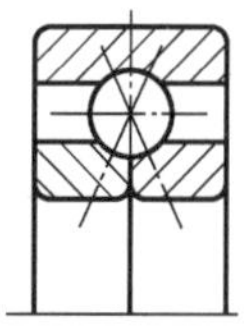	QJ	GB/T 294—1994
							双半内圈三点接触球轴承	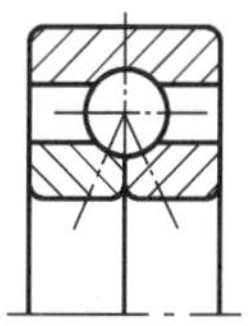	QJS	

表 B.1(续)

轴承结构分类								名称	简图	类型代号	标准编号
向心轴承	角接触向心轴承	角接触向心球轴承	角接触球轴承	双列	不可分离型	有装填槽		双列角接触球轴承	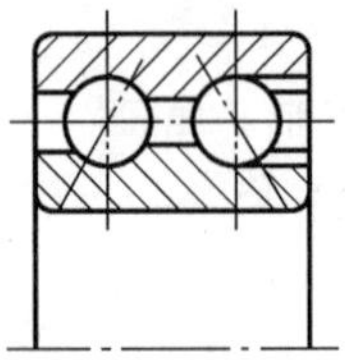	0[a]	GB/T 296—1994
向心轴承	角接触向心轴承	角接触向心滚子轴承	圆锥滚子轴承	单列	可分离型	—		圆锥滚子轴承	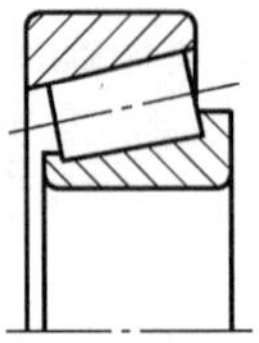	3	GB/T 297—1994
向心轴承	角接触向心轴承	角接触向心滚子轴承	圆锥滚子轴承	双列	可分离型	—		双内圈双列圆锥滚子轴承	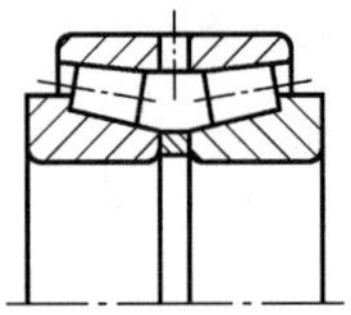	35	GB/T 299—1995
向心轴承	角接触向心轴承	角接触向心滚子轴承	圆锥滚子轴承	双列	可分离型	—		双外圈双列圆锥滚子轴承	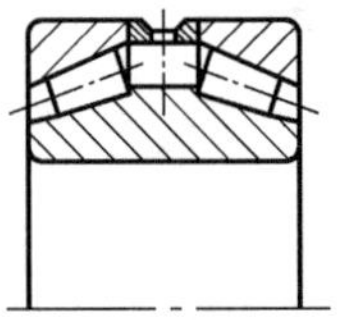	37	GB/T 299—1995
向心轴承	角接触向心轴承	角接触向心滚子轴承	圆锥滚子轴承	四列	可分离型	双内圈		四列圆锥滚子轴承	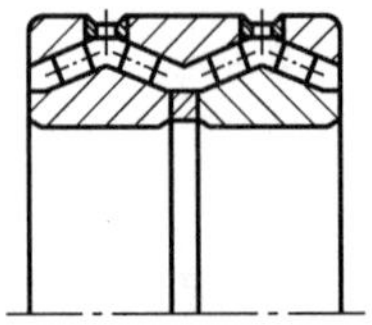	38	GB/T 300—1995
向心轴承	角接触向心轴承	角接触向心滚子轴承	调心滚子轴承	双列	不可分离型	外圈球面滚道		调心滚子轴承	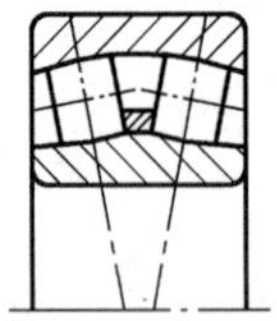	2	GB/T 288—1994
推力轴承	轴向接触轴承	轴向接触球轴承	推力球轴承	单列	可分离型	单向	平底型	推力球轴承	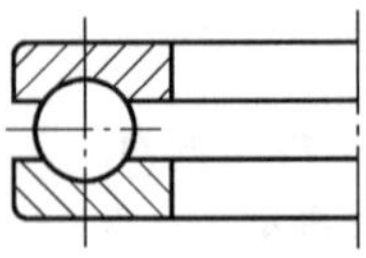	5	GB/T 301—1995
推力轴承	轴向接触轴承	轴向接触球轴承	推力球轴承	单列	可分离型	单向	球面型	球面型推力球轴承	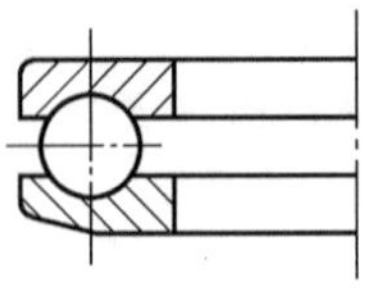	5	GB/T 301—1995

表 B.1(续)

轴承结构分类								名称	简图	类型代号	标准编号
推力轴承	轴向接触轴承	轴向接触球轴承	推力球轴承	双列		双向	平底型	双向推力球轴承	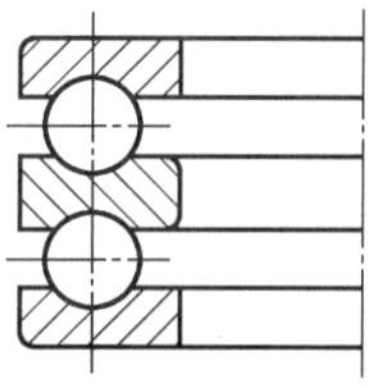	5	GB/T 301—1995
							球面型	球面型双向推力球轴承	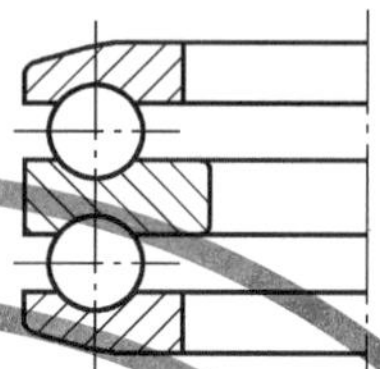		
		轴向接触滚子轴承	推力圆柱滚子轴承	单列	可分离型	单向	平底型	推力圆柱滚子轴承	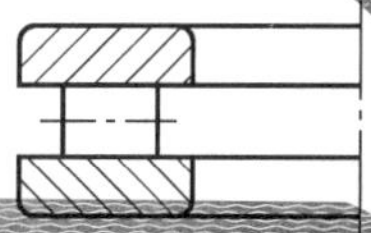	8	GB/T 4663—1994
				双列				双列或多列推力圆柱滚子轴承		8	—
						双向		双向推力圆柱滚子轴承	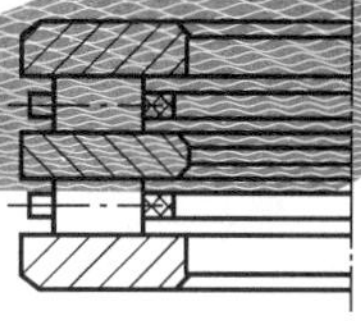	8	JB/T 10188—2000
			推力滚针轴承	—	—	单向	无垫圈	推力滚针和保持架组件		AXK	GB/T 4605—2003
	角接触推力轴承	角接触推力球轴承	推力角接触球轴承	—	可分离型	单向	平底型	推力角接触球轴承	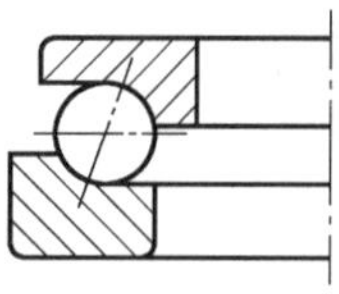	56	JB/T 8564—1997 JB/T 8717—1998
				双列		双向		双向推力角接触球轴承	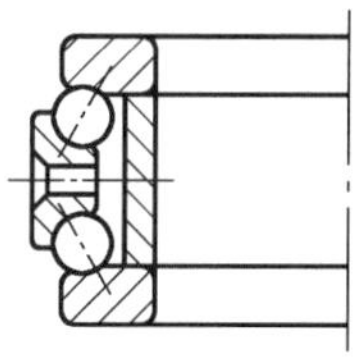	23	JB/T 6362—2007

表 B.1(续)

轴承结构分类								名称	简图	类型代号	标准编号
推力轴承	角接触推力轴承	角接触推力滚子轴承	推力圆锥滚子轴承	单列	可分离型	单向	平底型	推力圆锥滚子轴承	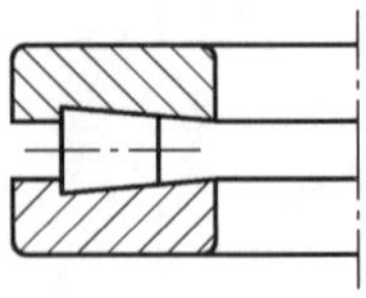	9	JB/T 10188—2000
推力轴承	角接触推力轴承	角接触推力滚子轴承	推力调心滚子轴承	单列	可分离型	单向	平底型	推力调心滚子轴承	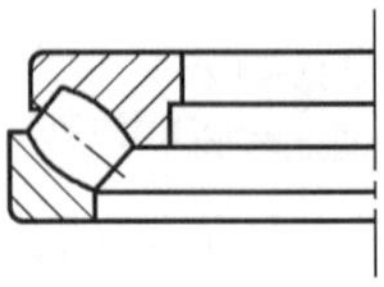	2	GB/T 5859—1994
组合轴承				可分离型	向心滚针	推力球轴承	单向	滚针和推力球组合轴承	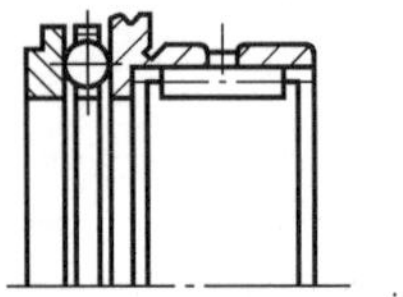	MKX	JB/T 3122—2007
组合轴承				可分离型	向心滚针	角接触推力球轴承	单向	滚针和角接触球组合轴承	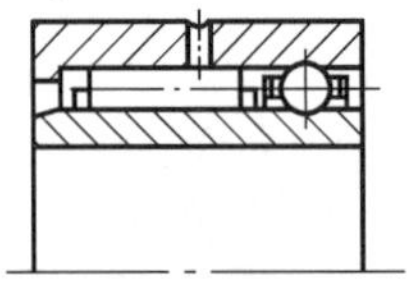	NKIA	JB/T 3123—2007
组合轴承				可分离型	向心滚针	角接触推力球轴承	双向	滚针和双向角接触球组合轴承	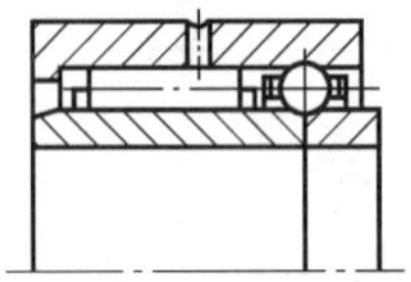	NKIB	JB/T 3123—2007
组合轴承				可分离型	向心滚针	推力圆柱滚子轴承	单向	滚针和推力圆柱滚子组合轴承	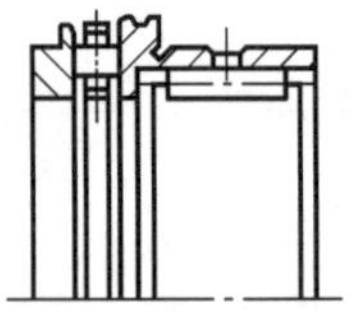	NKXR	GB/T 16643—1996
组合轴承				可分离型	向心滚针	推力圆柱滚子轴承	双向	滚针和双向推力圆柱滚子组合轴承	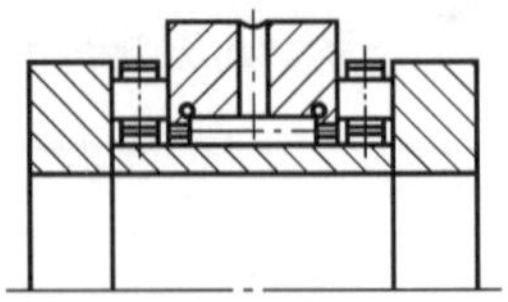	ZARN	JB/T 6644—2007

[a] 类型代号一般在轴承代号中省略,不表示。

中华人民共和国国家标准

GB/T 272—93

滚动轴承　代号方法

代替 GB 272—88

Rolling bearing—Identification code

滚动轴承代号是用字母加数字来表示滚动轴承的结构、尺寸、公差等级、技术性能等特征的产品符号。

1　主题内容与适用范围

本标准规定了滚动轴承及其分部件(以下简称轴承)代号的编制方法。

本标准适用于一般用途的轴承。

2　引用标准

GB 273.1　滚动轴承　圆锥滚子轴承　外形尺寸方案
GB 273.2　滚动轴承　推力轴承外形尺寸方案
GB 273.3　滚动轴承　向心轴承外形尺寸方案
GB 276　滚动轴承　深沟球轴承外形尺寸
GB 281　滚动轴承　调心球轴承外形尺寸
GB 283　滚动轴承　圆柱滚子轴承外形尺寸
GB 285　滚动轴承　双列圆柱滚子轴承外形尺寸
GB 288　滚动轴承　调心滚子轴承外形尺寸
GB 290　滚动轴承　冲压外圈滚针轴承外形尺寸
GB 292　向心轴承　角接触球轴承外形尺寸
GB 294　向心轴承　四点接触球轴承外形尺寸
GB 296　滚动轴承　双列角接触球轴承外形尺寸
GB 297　滚动轴承　圆锥滚子轴承外形尺寸
GB 301　滚动轴承　平底推力球轴承外形尺寸
GB 3882　外球面球轴承和偏心套　外形尺寸
GB 4221　滚动轴承　微型向心球轴承直径系列 7　外形尺寸
GB 4605　滚针轴承　推力滚针和保持架组件、推力垫圈
GB 4663　滚动轴承　推力圆柱滚子轴承外形尺寸
GB 5801　滚针轴承　轻、中系列尺寸和公差
GB 5846　滚针轴承　向心滚针和保持架组件
GB 5859　滚动轴承　推力调心滚子轴承外形尺寸
JB 2974　滚动轴承代号方法的补充规定

3　轴承代号的构成

轴承代号由基本代号、前置代号和后置代号构成,其排列按下图。

国家技术监督局1993-07-28批准　　　　1994-07-01实施

前置代号	基本代号	后置代号

3.1 基本代号

基本代号表示轴承的基本类型、结构和尺寸，是轴承代号的基础。

3.1.1 滚动轴承(滚针轴承除外)基本代号

轴承外形尺寸符合 GB 273.1、GB 273.2、GB 273.3、GB 3882 任一标准规定的外形尺寸，其基本代号由轴承类型代号、尺寸系列代号、内径代号构成。排列按表 1。

表 1

基本代号		
类型代号	尺寸系列代号	内径代号

表 1 中类型代号用阿拉伯数字(以下简称数字)或大写拉丁字母(以下简称字母)表示，尺寸系列代号和内径代号用数字表示。

例：6204　　6——类型代号，2——尺寸系列(02)代号，04——内径代号

N2210　　N——类型代号，22——尺寸系列代号，10——内径代号

3.1.1.1 类型代号

轴承类型代号用数字或字母按表 2 表示。

表 2

代　号	轴承类型	代　号	轴承类型
0	双列角接触球轴承	N	圆柱滚子轴承
1	调心球轴承		双列或多列用字母 NN 表示
2	调心滚子轴承和推力调心滚子轴承	U	外球面球轴承
3	圆锥滚子轴承	QJ	四点接触球轴承
4	双列深沟球轴承		
5	推力球轴承		
6	深沟球轴承		
7	角接触球轴承		
8	推力圆柱滚子轴承		

注：在表中代号后或前加字母或数字表示该类轴承中的不同结构。

3.1.1.2 尺寸系列代号

尺寸系列代号由轴承的宽(高)度系列代号和直径系列代号组合而成。

向心轴承、推力轴承尺寸系列代号按表 3。

表 3

直径系列代号	向心轴承								推力轴承			
	宽度系列代号								高度系列代号			
	8	0	1	2	3	4	5	6	7	9	1	2
	尺寸系列代号											
7	—	—	17	—	37	—	—	—	—	—	—	—
8	—	08	18	28	38	48	58	68	—	—	—	—
9	—	09	19	29	39	49	59	69	—	—	—	—
0	—	00	10	20	30	40	50	60	70	90	10	—
1	—	01	11	21	31	41	51	61	71	91	11	—
2	82	02	12	22	32	42	52	62	72	92	12	22
3	83	03	13	23	33	—	—	—	73	93	13	23
4	—	04	—	24	—	—	—	—	74	94	14	24
5	—	—	—	—	—	—	—	—	—	95	—	—

3.1.1.3 常用的轴承类型、尺寸系列代号及由轴承类型代号、尺寸系列代号组成的组合代号按表 4。

表 4

轴承类型	简图	类型代号	尺寸系列代号	组合代号	标准号
双列角接触球轴承		(0) (0)	32 33	32 33	GB 296
调心球轴承		1 (1) 1 (1)	(0)2 22 (0)3 23	12 22 13 23	GB 281
调心滚子轴承		2 2 2 2 2 2	13 22 23 30 31 32	213 222 223 230 231 232	GB 288

续表 4

轴承类型	简　　图	类型代号	尺寸系列代号	组合代号	标准号
调心滚子轴承		2	40	240	
		2	41	241	GB 288
推力调心滚子轴承	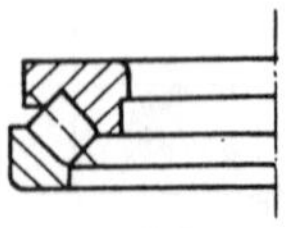	2	92	292	
		2	93	293	GB 5859
		2	94	294	
圆锥滚子轴承	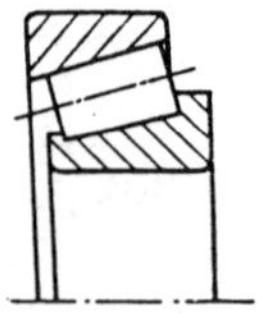	3	02	302	
		3	03	303	
		3	13	313	
		3	20	320	
		3	22	322	GB 297
		3	23	323	
		3	29	329	
		3	30	330	
		3	31	331	
		3	32	332	
双列深沟球轴承	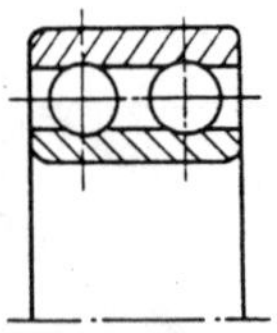	4	(2)2	42	
		4	(2)3	43	
推力球轴承	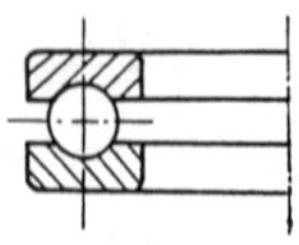	5	11	511	
		5	12	512	
		5	13	513	GB 301
		5	14	514	

续表 4

轴承类型		简　图	类型代号	尺寸系列代号	组合代号	标准号
推力球轴承	双向推力球轴承	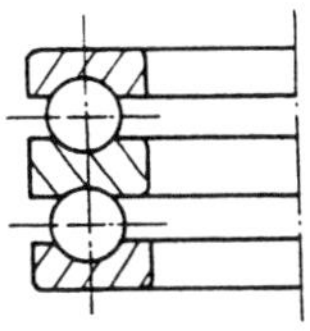	5 5 5	22 23 24	522 523 524	GB 301
	带球面座圈的推力球轴承	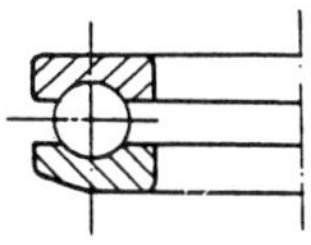	5 5 5	1) 32 33 34	532 533 534	—
	带球面座圈的双向推力球轴承	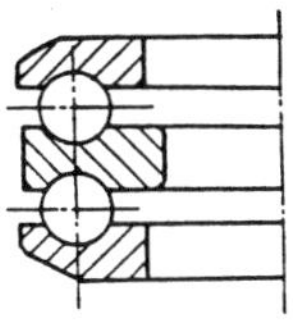	5 5 5	2) 42 43 44	542 543 544	
深沟球轴承		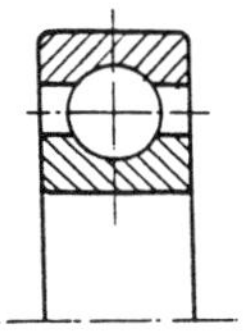	6 6 6 6 16 6 6 6 6	17 37 18 19 (0)0 (1)0 (0)2 (0)3 (0)4	617 637 618 619 160 60 62 63 64	GB 276 GB 4221
角接触球轴承		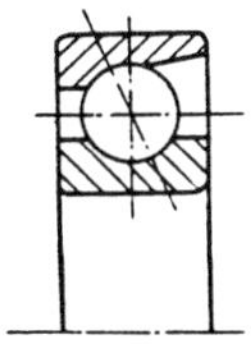	7 7 7 7 7	19 (1)0 (0)2 (0)3 (0)4	719 70 72 73 74	GB 292

续表 4

轴承类型		简图	类型代号	尺寸系列代号	组合代号	标准号
推力圆柱滚子轴承		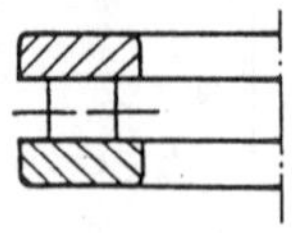	8 8	11 12	811 812	GB 4663
圆柱滚子轴承	外圈无挡边圆柱滚子轴承	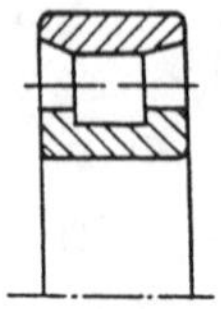	N N N N N N	10 (0)2 22 (0)3 23 (0)4	N 10 N 2 N 22 N 3 N 23 N 4	GB 283
	内圈无挡边圆柱滚子轴承	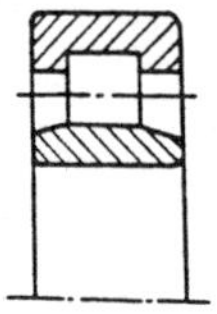	NU NU NU NU NU NU	10 (0)2 22 (0)3 23 (0)4	NU 10 NU 2 NU 22 NU 3 NU 23 NU 4	
	内圈单挡边圆柱滚子轴承	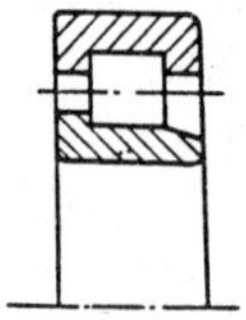	NJ NJ NJ NJ NJ	(0)2 22 (0)3 23 (0)4	NJ 2 NJ 22 NJ 3 NJ 23 NJ 4	
	内圈单挡边并带平挡圈圆柱滚子轴承	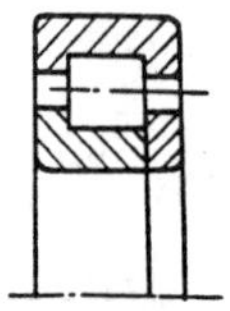	NUP NUP NUP NUP	(0)2 22 (0)3 23	NUP 2 NUP 22 NUP 3 NUP 23	
	外圈单挡边圆柱滚子轴承	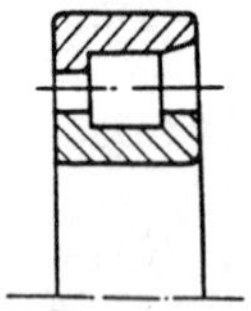	NF	(0)2 (0)3 23	NF 2 NF 3 NF 3	
	双列圆柱滚子轴承	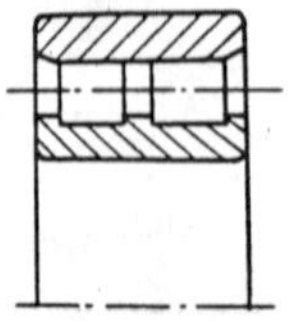	NN	30	NN30	GB 285
	内圈无挡边双列圆柱滚子轴承	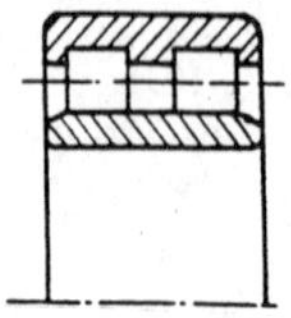	NNU	49	NNU 49	

续表 4

轴承类型		简　图	类型代号	尺寸系列代号	组合代号	标准号
外球面球轴承	带顶丝外球面球轴承		UC UC	2 3	UC 2 UC3	GB 3882
	带偏心套外球面球轴承		UEL UEL	2 3	UEL 2 UEL 3	
	圆锥孔外球面球轴承		UK UK	2 3	UK 2 UK 3	
四点接触球轴承			QJ	(0)2 (0)3	QJ 2 QJ 3	GB 294

注：表中用"()"号括住的数字表示在组合代号中省略。

1）尺寸系列实为 12,13,14,分别用 32,33,34 表示。

2）尺寸系列实为 22,23,24,分别用 42,43,44 表示。

3.1.1.4　表示轴承公称内径的内径代号按表 5。

表 5

轴承公称内径 mm		内径代号	示例
0.6 到 10(非整数)		用公称内径毫米数直接表示,在其与尺寸系列代号之间用"/"分开	深沟球轴承 618/2.5 d=2.5 mm
1 到 9(整数)		用公称内径毫米数直接表示,对深沟及角接触球轴承 7,8,9 直径系列,内径与尺寸系列代号之间用"/"分开	深沟球轴承 625　618/5 d=5 mm
10 到 17	10	00	深沟球轴承　6200
	12	01	
	15	02	d=10 mm
	17	03	
20 到 480 (22,28,32 除外)		公称内径除以 5 的商数,商数为个位数,需在商数左边加"0",如 08	调心滚子轴承　23208 d=40 mm

续表 5

轴承公称内径 mm	内径代号	示例
大于和等于 500 以及 22,28,32	用公称内径毫米数直接表示,但在与尺寸系列之间用"/"分开	调心滚子轴承 230/500 $d=500$ mm 深沟球轴承 62/22 $d=22$ mm

例:调心滚子轴承 23224 2——类型代号 32——尺寸系列代号 24——内径代号 $d=120$ mm

3.1.2 滚针轴承基本代号

轴承外形尺寸符合 GB 290、GB 4605、GB 5846 标准等,其基本代号由轴承类型代号和表示轴承配合安装特征的尺寸构成。排列按表 6。

表 6

<table>
<tr><th colspan="2">轴 承 基 本 代 号</th></tr>
<tr><td>类型代号</td><td>表示轴承配合安装特征的尺寸</td></tr>
</table>

代号中类型代号用字母表示,表示轴承配合安装特征的尺寸,用尺寸系列、内径代号或者直接用毫米数表示。类型代号和表示配合安装特征尺寸的轴承基本代号按表 7。

表 7

<table>
<tr><th colspan="2">轴承类型</th><th>简图</th><th>类型代号</th><th colspan="2">配合安装特征尺寸表示</th><th>轴承基本代号</th><th>标准号</th></tr>
<tr><td rowspan="2">滚针和保持架组件</td><td>滚针和保持架组件</td><td></td><td>K</td><td colspan="2">$F_w \times E_w \times B_c$</td><td>K $F_w \times E_w \times B_c$</td><td>GB 5846</td></tr>
<tr><td>推力滚针和保持架组件</td><td></td><td>AXK</td><td colspan="2">$D_{c1}D_c$ 1)</td><td>AXK $D_{c1}D_c$</td><td>GB 4605</td></tr>
<tr><td rowspan="4">滚针轴承</td><td rowspan="2">滚针轴承</td><td rowspan="2"></td><td rowspan="2">NA</td><td colspan="2">用尺寸系列代号、内径代号表示</td><td rowspan="2">NA 4800
NA 4900
NA 6900</td><td rowspan="2">GB 5801</td></tr>
<tr><td>尺寸系列代号
48
49
69</td><td>2) 内径代号按表 5</td></tr>
<tr><td>穿孔型冲压外圈滚针轴承</td><td></td><td>HK</td><td colspan="2">F_w B 1)</td><td>HK F_w B</td><td rowspan="2">GB 290</td></tr>
<tr><td>封口型冲压外圈滚针轴承</td><td></td><td>BK</td><td colspan="2">F_w B 1)</td><td>BK F_w B</td></tr>
</table>

注:表中 F_w——无内圈滚针轴承滚针总体内径(滚针保持架组件内径);E_w——滚针保持架组件外径;B——轴承公

称宽度；B_c——滚针保持架组件宽度；D_{c1}——推力滚针保持架组件内径；D_c——推力滚针保持架组件外径。

1）尺寸直接用毫米数表示时，如是个位数，需在其左边加“0”。如 8 mm 用 08 表示。

2）内径代号除 $d<10$ mm 用“/实际公称毫米数”表示外，其余按表 5。

3.1.3 基本代号编制规则

基本代号中当轴承类型代号用字母表示时，编排时应与表示轴承尺寸的系列代号、内径代号或安装配合特征尺寸的数字之间空半个汉字距。例：NJ 230、AXK 0821。

3.2 前置、后置代号

前置、后置代号是轴承在结构形状、尺寸、公差、技术要求等有改变时，在其基本代号左右添加的补充代号。其排列按表 8。

表 8

轴承代号									
前置代号	基本代号	后置代号(组)							
		1	2	3	4	5	6	7	8
成套轴承分部件		内部结构	密封与防尘 套圈变型	保持架及其材料	轴承材料	公差等级	游隙	配置	其他

3.2.1 前置代号

前置代号用字母表示。代号及其含义按表 9。

表 9

代号	含义	示例
L	可分离轴承的可分离内圈或外圈	LNU 207
		LN 207
R	不带可分离内圈或外圈的轴承	RNU 207
	（滚针轴承仅适用于 NA 型）	RNA 6904
K	滚子和保持架组件	K 81107
WS	推力圆柱滚子轴承轴圈	WS 81107
GS	推力圆柱滚子轴承座圈	GS 81107

3.2.2 后置代号

后置代号用字母（或加数字）表示。

3.2.2.1 后置代号的编制规则

a. 后置代号置于基本代号的右边并与基本代号空半个汉字距（代号中有符号“-”、“/”除）外。当改变项目多，具有多组后置代号，按表 8 所列从左至右的顺序排列；

b. 改变为 4 组（含 4 组）以后的内容，则在其代号前用“/”与前面代号隔开；

例：6205-2Z/P6　　22308/P63

c. 改变内容为第 4 组后的两组，在前组与后组代号中的数字或文字表示含义可能混淆时，两代号

间空半个汉字距。例:6208/P63 V1

3.2.2.2 后置代号及含义

a. 内部结构代号按表10。

表 10

代号	含义	示例
A、B C、D E	1) 表示内部结构改变 2) 表示标准设计,其含义随不同类型、结构而异	B ① 角接触球轴承 公称接触角 $\alpha=40°$ 7210 B ② 圆锥滚子轴承 接触角加大 32310 B C ① 角接触球轴承 公称接触角 $\alpha=15°$ 7005 C ② 调心滚子轴承 C型 23122 C E 加强型[1)] NU 207 E
AC	角接触球轴承 公称接触角 $\alpha=25°$	7210 AC
D	剖分式轴承	K 50×55×20 D
ZW	滚针保持架组件 双列	K 20×25×40 ZW

注:1) 加强型,即内部结构设计改进,增大轴承承载能力。

b. 密封、防尘与外部形状变化代号及含义按表11。

表 11

代号	含义	示例
K	圆锥孔轴承 锥度1:12(外球面球轴承除外)	1210 K
K30	圆锥孔轴承 锥度1:30	241 22 K30
R	轴承外圈有止动挡边(凸缘外圈) (不适用于内径小于10 mm的向心球轴承)	30307 R
N	轴承外圈上有止动槽	6210 N
NR	轴承外圈上有止动槽,并带止动环	6210 NR
-RS	轴承一面带骨架式橡胶密封圈(接触式)	6210-RS
-2RS	轴承两面带骨架式橡胶密封圈(接触式)	6210-2RS
-RZ	轴承一面带骨架式橡胶密封圈(非接触式)	6210-RZ
-2RZ	轴承两面带骨架式橡胶密封圈(非接触式)	6210-2RZ
-Z	轴承一面带防尘盖	6210-Z
-2Z	轴承两面带防尘盖	6210-2Z
-RSZ	轴承一面带骨架式橡胶密封圈(接触式)、一面带防尘盖	6210-RSZ
-RZZ	轴承一面带骨架式橡胶密封圈(非接触式)、一面带防尘盖	6210-RZZ
-ZN	轴承一面带防尘盖,另一面外圈有止动槽	6210-ZN

续表 11

代号	含义	示例
-ZNR	轴承一面带防尘盖，另一面外圈有止动槽并带止动环	6210-ZNR
-ZNB	轴承一面带防尘盖，同一面外圈有止动槽	6210-ZNB
-2ZN	轴承两面带防尘盖，外圈有止动槽	6210-2ZN
U	推力球轴承　带球面垫圈	53210 U

注：密封圈代号与防尘盖代号同样可以与止动槽代号进行多种组合。

c. 保持架结构、材料改变及轴承材料改变的代号按 JB 2974 的规定。

d. 公差等级代号按表 12。

表 12

代号	含义	示例
/P0	公差等级符合标准规定的　0 级，代号中省略不表示	6203
/P6	公差等级符合标准规定的　6 级	6203/P6
/P6x	公差等级符合标准规定的　6x 级	30210/P6x
/P5	公差等级符合标准规定的　5 级	6203/P5
/P4	公差等级符合标准规定的　4 级	6203/P4
/P2	公差等级符合标准规定的　2 级	6203/P2

e. 游隙代号按表 13。

表 13

代号	含义	示例
/C1	游隙符合标准规定的　1 组	NN 3006 K/Cl
/C2	游隙符合标准规定的　2 组	6210/C2
—	游隙符合标准规定的　0 组	6210
/C3	游隙符合标准规定的　3 组	6210/C3
/C4	游隙符合标准规定的　4 组	NN 3006K/C4
/C5	游隙符合标准规定的　5 组	NNU 4920 K/C5

公差等级代号与游隙代号需同时表示时，可进行简化，取公差等级代号加上游隙组号(0 组不表示)组合表示。

例：/P63 表示轴承公差等级 P6 级，径向游隙 3 组。

/P52 表示轴承公差等级 P5 级，径向游隙 2 组。

f. 配置代号按表 14。

表 14

代号	含义	示例
/DB	成对背对背安装	7210C/DB
/DF	成对面对面安装	32208/DF
/DT	成对串联安装	7210C/DT

g. 其他

在轴承振动、噪声、摩擦力矩、工作温度、润滑等要求特殊时，其代号按 JB 2974 的规定。

4 特殊表示法

4.1 圆锥滚子轴承

在轴承外形尺寸符合 GB 273.1 附录 A 规定的尺寸系列，轴承代号按本标准附录 A（参考件）的规定。

4.2 非标准轴承、英制轴承

轴承结构特殊、外形尺寸不符合标准规定的轴承及英制尺寸轴承的代号，按制造厂主管部门的规定。

5 编制规定

一般用途轴承应按本标准规定的方法编制轴承代号。当订户对代号有特殊要求时，在与制造厂协商同意后可以不采用本标准规定的方法。

附　录　A
圆锥滚子轴承代号
（补充件）

圆锥滚子轴承代号按 GB 273.1 附录 B“ISO 355—1977 规定的系列代号”表示时，采用本附录规定的方法。

代号由基本代号和后置代号构成。

A1　基本代号

圆锥滚子轴承基本代号由三部分组成

第一部分：英文字母“T”，表示圆锥滚子轴承

第二部分：GB 273.1 附录 B 中 ISO 355 表示的尺寸系列代号

第三部分：轴承内径，用三位数字表示轴承内径的毫米数

例如：T　2ED　　020　T——圆锥滚子轴承，2ED——尺寸系列，020——轴承内径 20 mm

A2　后置代号

当轴承技术条件有特殊要求时添加后置代号，其代号及含义按本标准的规定。

注：大锥角后置代号 B 不适于本附录。

附　录　B
新旧标准代号对照
（参考件）

B1　轴承类型

类型代号对照列入表 B1。

表 B1

轴承类型	本标准	原标准
双列角接触球轴承	0	6
调心球轴承	1	1
调心滚子轴承	2	3
推力调心滚子轴承	2	9
圆锥滚子轴承	3	7
双列深沟球轴承	4	0
推力球轴承	5	8
深沟球轴承	6	0
角接触球轴承	7	6
推力圆柱滚子轴承	8	9
圆柱滚子轴承	N	2
外球面球轴承	U	0
四点接触球轴承	QJ	6

B2 尺寸系列

B2.1 向心轴承直径系列，宽度系列代号对照列入表 B2。

表 B2

直径系列		宽度系列		直径系列		宽度系列	
本标准	原标准	本标准	原标准	本标准	原标准	本标准	原标准
7	超特轻 7	1	正常 1	1	特轻 7	0	窄 7
		3	特宽 3			1	正常 1
8	超轻 8	0	窄 7			2	宽 2
		1	正常 1			3	特宽 3
		2	宽 2			4	特宽 4
		3	特宽 3	2	轻 25[1)]	8	特窄 8
		4	特宽 4			0	窄 0
		5	特宽 5			1	正常 1
		6	特宽 6			2	宽 0[1)]
9	超轻 9	0	窄 7			3	特宽 3
		1	正常 1			4	特宽 4
		2	宽 2	3	中 36[2)]	8	特窄 8
		3	特宽 3			0	窄 0
		4	特宽 4			1	正常 1
		5	特宽 5			2	宽 0[2)]
		6	特宽 6			3	特宽 3
0	特轻 1	0	窄 7	4	重 4	0	窄 0
		1	正常 0			2	宽 2
		2	宽 2				
		3	特宽 3				
		4	特宽 4				
		5	特宽 5				
		6	特宽 6				

注：1）表示轻宽 5。

2）表示中宽 6。

B2.2 推力轴承直径系列、高度系列代号对照列于表 B3。

表 B3

直径系列		高度系列		直径系列		高度系列	
本标准	原标准	本标准	原标准	本标准	原标准	本标准	原标准
0	超轻 9	7	特低 7	3	中 3	7	特低 7
		9	低 9			9	低 9
		1	正常 1			1	正常 0
1	特轻 1	7	特低 7			2	正常 0[1)]
		9	低 9	4	重 4	7	特低 7
		1	正常 1			9	低 9
2	轻 2	7	特低 7			1	正常 0
		9	低 9			2	正常 0[1)]
		1	正常 0	5	特重 5	9	低 9
		2	正常 0[1)]				

注：1) 双向推力轴承高度系列。

B3 内径

轴承内径代号新旧标准相同。

B4 常用轴承类型、结构及轴承代号对照列入表 B4～B5。

表 B4 外形尺寸用尺寸系列、内径代号表示的轴承

轴承名称	本标准			原标准				
	类型代号	尺寸系列代号	轴承代号	宽度系列代号	结构代号	类型代号	直径系列代号	轴承代号
双列角接触球轴承	(0)	32	3200	3	05	6	2	3056200
	(0)	33	3300	3	05		3	3056300
调心球轴承	1	(0)2	1200	0	00	1	2	1200
	(1)	22	2200	0	00		5	1500
	1	(0)3	1300	0	00		3	1300
	(1)	23	2300	0	00		6	1600
调心滚子轴承	2	13	21300 C	0	05	3	3	53300
	2	22	22200 C	0	05		5	53500
	2	23	22300 C	0	05		6	53600
	2	30	23000 C	3	05		1	3053100
	2	31	23100 C	3	05		7	3053700
	2	32	23200 C	3	05		2	3053200

续表 B4

轴承名称	本标准			原标准				
	类型代号	尺寸系列代号	轴承代号	宽度系列代号	结构代号	类型代号	直径系列代号	轴承代号
调心滚子轴承	2	40	24000 C	4	05		1	4053100
	2	41	24100 C	4	05		7	4053700
推力调心滚子轴承	2	92	29200	9	03	9	2	9039200
	2	93	29300	9	03		3	9039300
	2	94	29400	9	03		4	9039400
圆锥滚子轴承	3	02	30200	0	00	7	2	7200
	3	03	30300	0	00		3	7300
	3	13	31300	0	02		3	27300
	3	20	32000	2	00		1	2007100
	3	22	32200	0	00		5	7500
	3	23	32300	0	00		6	7600
	3	29	32900	2	00		9	2007900
	3	30	33000	3	00		1	3007100
	3	31	33100	3	00		7	3007700
	3	32	33200	3	00		2	3007200
双列深沟球轴承	4	(2)2	4200	0	81	0	5	810500
	4	(2)3	4300	0	81		6	810600
推力球轴承	5	11	51100	0	00	8	1	8100
	5	12	51200	0	00		2	8200
	5	13	51300	0	00		3	8300
	5	14	51400	0	00		4	8400
双向推力球轴承	5	22	52200	0	03	8	2	38200
	5	23	52300	0	03		3	38300
	5	24	52400	0	03		4	38400
带球面座圈推力球轴承	5	12[1)]	53200	0	02		2	28200

续表 B4

轴承名称	本标准			原标准				
	类型代号	尺寸系列代号	轴承代号	宽度系列代号	结构代号	类型代号	直径系列代号	轴承代号
带球面座圈推力球轴承	5	13	53300	0	02	8	3	28300
	5	14	53400	0	02		4	28400
带球面座圈双向推力球轴承	5	22[2]	54200	0	05		2	58200
	5	23	54300	0	05	8	3	58300
	5	24	54400	0	05		4	58400
深沟球轴承	6	17	61700	1	00		7	1000700
	6	37	63700	3	00		7	3000700
	6	18	61800	1	00		8	1000800
	6	19	61900	1	00	0	9	1000900
	16	(0)0	16000	7	00		1	7000100
	6	(1)0	6000	0	00		1	100
	6	(0)2	6200	0	00		2	200
	6	(0)3	6300	0	00		3	300
	6	(0)4	6400	0	00		4	400
角接触球轴承	7	19	71900	1	03		9	1036900
	7	(1)0	7000	0	03	6	1	3 6100
	7	(0)2	7200	0	04		2	4 6200
	7	(0)3	7300	0	06		3	6 6300
	7	(0)4	7400	0			4	6400
推力圆柱滚子轴承	8	11	81100	0	00	9	1	9100
	8	12	81200	0	00		2	9200
内圈无挡边圆柱滚子轴承	NU	10	NU 1000	0	03		1	32100
	NU	(0)2	NU 200	0	03		2	32200
	NU	22	NU 2200	0	03	2	5	32500
	NU	(0)3	NU 300	0	03		3	32300

续表 B4

轴承名称	本标准			原标准				
	类型代号	尺寸系列代号	轴承代号	宽度系列代号	结构代号	类型代号	直径系列代号	轴承代号
内圈无挡边圆柱滚子轴承	NU	23	NU 2300	0	03		6	32600
	NU	(0)4	NU 400	0	03		4	32400
内圈单挡边圆柱滚子轴承	NJ	(0)2	NJ 200	0	04	2	2	42200
	NJ	22	NJ 2200	0	04		5	42500
	NJ	(0)3	NJ 300	0	04		3	42300
	NJ	23	NJ 2300	0	04		6	42600
	NJ	(0)4	NJ 400	0	04		4	42400
内圈单挡边并带平挡圈圆柱滚子轴承	NUP	(0)2	NUP200	0	09	2	2	92200
	NUP	22	NUP2200	0	09		5	92500
	NUP	(0)3	NUP300	0	09		3	92300
	NUP	23	NUP2300	0	09		6	92600
外圈无挡边圆柱滚子轴承	N	10	N 1000	0	00	2	1	2100
	N	(0)2	N 200	0	00		2	2200
	N	22	N 2200	0	00		5	2500
	N	(0)3	N 300	0	00		3	2300
	N	23	N 2300	0	00		6	2600
	N	(0)4	N 400	0	00		4	2400
外圈单挡边圆柱滚子轴承	NF	(0)2	NF 200	0	01	2	2	12200
	NF	(0)3	NF 300	0	01		3	12300
	NF	23	NF 2300	0	01		6	12600
双列圆柱滚子轴承	NN	30	NN 3000	3	28	2	1	3282100
内圈无挡边双列圆柱滚子轴承	NNU	49	NNU 4900	4	48	2	9	4482900
带顶丝外球面球轴承	UC	2	UC 200	0	09	0	5	90500
	UC	3	UC 300	0	09		6	90600

续表 B4

轴承名称	本标准			原标准				
	类型代号	尺寸系列代号	轴承代号	宽度系列代号	结构代号	类型代号	直径系列代号	轴承代号
带偏心套外球面球轴承	UEL	2	UEL 200	0	39		5	390500
	UEL	3	UEL 300	0	39	0	6	390600
圆锥孔外球面球轴承	UK	2	UK 200	0	19		5	190500
	UK	3	UK 300	0	19	0	6	190600
四点接触球轴承	QJ	(0)2	QJ 200	0	17		2	176200
	QJ	(0)3	QJ 300	0	17	6	3	176300
滚针轴承	NA	48	NA 4800	4	54		8	4544800
		49	NA 4900	4	54	4	9	4544900
		69	NA 6900	6	25	4	9	6254900

注：表中括号“()”，表示该数字在代号中省略。

1）尺寸系列分别为 12、13、14，表示成 32、33、34；

2）尺寸系列分别为 22、23、24，表示成 42、43、44。

表 B5　外形尺寸用轴承配合安装特征尺寸表示的滚针轴承

轴承名称	本标准			原标准		
	类型代号	尺寸表示	示例	类型代号	尺寸表示	示例
滚针和保持架组件	K	$F_w \times E_w \times B_c$	K 8×12×10	K	F_w E_w B_c	K081210
推力滚针和保持架组件	AXK	D_{c1} D_c	AXK 2030	889	用尺寸系列，内径代号表示	889106
穿孔型冲压外圈滚针轴承	HK	F_w B	HK 0408	HK	F_w DB	HK040808
封口型冲压外圈滚针轴承	BK	$F_w B$	BK 0408	BK	F_w DB	BK040808

表中 F_w、E_w、B、B_c、D_{c1}、D_c 含义同表 7 下注。

B5　前、后置代号

B5.1　前置代号

前置代号对照示例列入表 B6。

表 B6

代号对照		示例　对照	
本标准	原标准	本标准	原标准
L	—	LNU 207，表示 NU 207 轴承内圈	—

续表 B6

代号对照		示例　对照	
本标准	原标准	本标准	原标准
R	无代号，用轴承结构型式表示	RNU 207，表示无内圈的 NU 207 轴承	292207
		RNA 6904 表示无内圈的 NA 6904 轴承	6354904
K		K 81107，表示 81107 轴承的滚子与保持架组件	309707
WS	—	WS 81107，表示 81107 轴承轴圈	—
GS	—	GS 81107，表示 81107 轴承座圈	—

B5.2　后置代号

a.　内部结构代号对照列入表 B7。

表 B7

代号对照		示例　对照	
本标准	原标准	本标准	原标准
AC	无代号，用轴承结构型式表示	7210 AC，公称接触角 $\alpha=25°$的角接触球轴承	46210
B		7210 B，公称接触角 $\alpha=40°$的角接触球轴承	66210
		32310 B，接触角加大的圆锥滚子轴承	—
C		7210 C，公称接触角 $\alpha=15°$的角接触球轴承	36210
		23122 C，C 型调心滚子轴承	3053722
E		NU 207 E，加强型内圈无挡边圆柱滚子轴承	32207 E
D		K 50×55×20 D	KS505520
ZW		K 20×25×40 ZW　双列滚针保持架组件	KK 202540

b.　密封、防尘与外部形状变化对照表列入表 B8。

表 B8

代号对照		示例　对照	
本标准	原标准	本标准	原标准
K	无代号，用轴承结构型式表示	1210 K，有圆锥孔调心球轴承	111210
		23220 K，有圆锥孔调心滚子轴承	3153220
K 30		24122 K30，有圆锥孔（1∶30）调心滚子轴承	4453722
R		30307 R，凸缘外圈圆锥滚子轴承	67307
N		6210 N，外圈上有止动槽的深沟球轴承	50210
NR		6210 NR，外圈上有止动槽并带止动环的深沟球轴承	—

续表 B8

代号对照		示例　对照	
本标准	原标准	本标准	原标准
-RS		6210-RS，一面带密封圈(接触式)的深沟球轴承	160210
-2RS		6210-2RS，两面带密封圈(接触式)的深沟球轴承	180210
-RZ		6210-RZ，一面带密封圈(非接触式)的深沟球轴承	160210K
-2RZ		6210-2RZ，两面带密封圈(非接触式)的深沟球轴承	180210K
-Z		6210-Z，一面带防尘盖的深沟球轴承	60210
-2Z		6210-2Z，两面带防尘盖的深沟球轴承	80210
-RSZ		6210-RSZ，一面带密封圈(接触式)，另一面带防尘盖的深沟球轴承	—
-RZZ		6210-RZZ，一面带密封圈(非接触式)，另一面带防尘盖的深沟球轴承	—
-ZN		6210-ZN，一面带防尘盖，另一面外圈有止动槽的深沟球轴承	150210
-2ZN		6210-2ZN，两面带防尘盖，外圈有止动槽的深沟球轴承	250210
-ZNR		6210-ZNR，一面带防尘盖，另一面外圈有止动槽，并带止动环的深沟球轴承	—
-ZNB		6210-ZNB，防尘盖和止动槽在同一面上的深沟球轴承	—
U		53210U，带球面座圈的推力球轴承	18210

c.　公差等级代号对照按表 B9。

表 B9

代号对照		示例　对照	
本标准	原标准	本标准	原标准
/P0	G	6203 公差等级为 0 级的深沟球轴承	203
/P6	E	6203/P6 公差等级为 6 级的深沟球轴承	E203
/P6x	Ex	30210/P6x 公差等级为 6x 级的圆锥滚子轴承	Ex7210
/P5	D	6203/P5 公差等级为 5 级的深沟球轴承	D203
/P4	C	6203/P4 公差等级为 4 级的深沟球轴承	C203
/P2	B	6203/P2 公差等级为 2 级深沟球轴承	B203

d.　游隙代号对照列入表 B10。

表 B10

代号对照		示例　对照	
本标准	原标准	本标准	原标准
/C1	1	NN 3006/C1,径向游隙为 1 组的双列圆柱滚子轴承	1G3282106
/C2	2	6210/C2,径向游隙为 2 组的深沟球轴承	2G210
—	—	6210,径向游隙为 0 组的深沟球轴承	210
/C3	3	6210/C3,径向游隙为 3 组的深沟球轴承	3G210
/C4	4	NN 3006K/C4,径向游隙为 4 组的圆锥孔双列圆柱滚子轴承	4G3182106
/C5	5	NNU 4920K/C5,径向游隙为 5 组的圆锥孔内圈无挡边的双列圆柱滚子轴承	5G4382920

e.　配置代号对照示例列入表 B11。

表 B11

代号对照		示例　对照	
本标准	原标准	本标准	原标准
/DB /DF /DT	无代号,用轴承结构型式表示。	7210C/DB,背靠背成对安装的角接触球轴承 7210C/DF,面对面成对安装的角接触球轴承 7210C/DT,串联成对安装的角接触球轴承	236210 336210 436210

附加说明:

本标准由中华人民共和国机械工业部提出。

本标准由机械工业部洛阳轴承研究所归口。

本标准由滚动轴承行业标准化技术委员会“滚动轴承　代号”工作组起草。

ICS 21.100.20
J 11

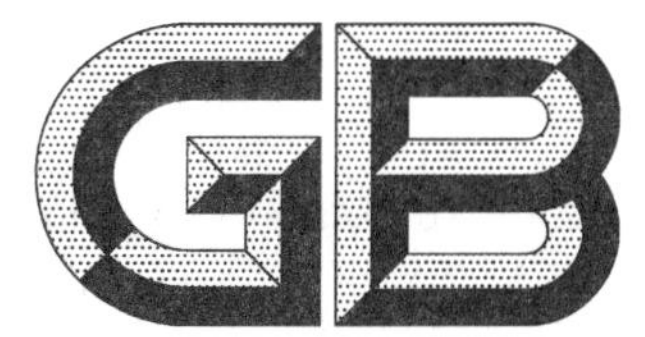

中华人民共和国国家标准

GB/T 273.1—2011/ISO 355:2007
代替 GB/T 273.1—2003,GB/T 4648—1996

滚动轴承　外形尺寸总方案 第1部分:圆锥滚子轴承

Rolling bearings—Boundary dimensions general plan—Part 1:Tapered roller bearings

(ISO 355:2007,Rolling bearings—Tapered rollerbearings—Boundary dimensions and series designations,IDT)

2011-11-21 发布　　2012-06-01 实施

中华人民共和国国家质量监督检验检疫总局
中国国家标准化管理委员会　发布

前　言

GB/T 273《滚动轴承　外形尺寸总方案》分为三个部分：

——第1部分:圆锥滚子轴承；

——第2部分:推力轴承；

——第3部分:向心轴承。

本部分为GB/T 273的第1部分。

本部分按照GB/T 1.1—2009给出的规则起草。

本部分代替GB/T 273.1—2003《滚动轴承　圆锥滚子轴承　外形尺寸总方案》和GB/T 4648—1996《滚动轴承　圆锥滚子轴承　凸缘外圈　外形尺寸》。本部分以GB/T 273.1—2003为主,整合了GB/T 4648—1996的内容,与GB/T 273.1—2003相比,除编辑性修改外主要技术变化如下：

——增加了双列圆锥滚子轴承的外形尺寸(见6.3)；

——增加了圆锥滚子轴承凸缘外圈的凸缘尺寸(见6.4)；

——将“系列代号”的内容移入正文(见第5章,2003年版的附录B)；

——修改了圆锥滚子轴承外形尺寸编排原则(见表4～表8,2003年版的表1～表5)；

——修改了倒角尺寸符号(见图1和第4章,2003年版的图1和第3章)。

本部分使用翻译法等同采用ISO 355:2007《滚动轴承　圆锥滚子轴承　外形尺寸及系列代号》。

本部分做了下列编辑性修改：

——为与现有标准系列一致,将标准名称改为《滚动轴承　外形尺寸总方案　第1部分:圆锥滚子轴承》。

本部分由中国机械工业联合会提出。

本部分由全国滚动轴承标准化技术委员会(SAC/TC 98)归口。

本部分起草单位:洛阳轴承研究所有限公司、襄阳汽车轴承股份有限公司、福建省永安轴承有限责任公司。

本部分主要起草人:宋玉聪、陈晓娟、蔡秉华。

本部分代替了GB/T 273.1—2003和GB/T 4648—1996。

GB/T 273.1—2003的历次版本发布情况为：

——GB 273.1—1964、GB 273.1—1981、GB 273.1—1987。

GB/T 4648—1996的历次版本发布情况为：

——GB 4648—1984。

滚动轴承 外形尺寸总方案
第1部分:圆锥滚子轴承

1 范围

GB/T 273的本部分规定了单列和双列圆锥滚子轴承及其组件的外形尺寸,还规定了该类轴承凸缘外圈的凸缘尺寸以供选择,同时还规定了每一轴承的系列代号。

2 规范性引用文件

下列文件对于本文件的应用是必不可少的。凡是注日期的引用文件,仅注日期的版本适用于本文件。凡是不注日期的引用文件,其最新版本(包括所有的修改单)适用于本文件。

GB/T 274—2000 滚动轴承 倒角尺寸最大值(idt ISO 582:1995)

GB/T 307.1—2005 滚动轴承 向心轴承 公差(ISO 492:2002,MOD)

GB/T 6930—2002 滚动轴承 词汇(ISO 5593:1997,IDT)

GB/T 7811—2007 滚动轴承 参数符号(ISO 15241:2001,IDT)

ISO 1132-1:2000 滚动轴承 公差 第1部分:术语和定义(Rolling bearings—Tolerances—Part 1: Terms and definitions)

3 术语和定义

GB/T 6930—2002和ISO 1132-1:2000界定的术语和定义适用于本文件。

4 符号

GB/T 7811—2007给出的以及下列符号适用于本文件。

除另有说明外,图1～图4中所示符号和表4～表16中所示数值均表示公称尺寸。

B:单列轴承内圈宽度

B_1:双列轴承宽度

C:单列轴承外圈宽度

C_1:双外圈宽度或两个单外圈和隔圈的总宽度

C_2:外圈凸缘宽度

D:外圈外径

D_1:外圈凸缘外径

d:内圈内径

E:外圈背面内径

h_1:外圈凸缘高度

r:内圈背面倒角尺寸

r_{smin}:内圈背面最小单一倒角尺寸

r_1:外圈背面倒角尺寸

$r_{1s\ min}$:外圈背面最小单一倒角尺寸

r_2:外圈和内圈前面倒角尺寸

T:单列轴承宽度

α:接触角

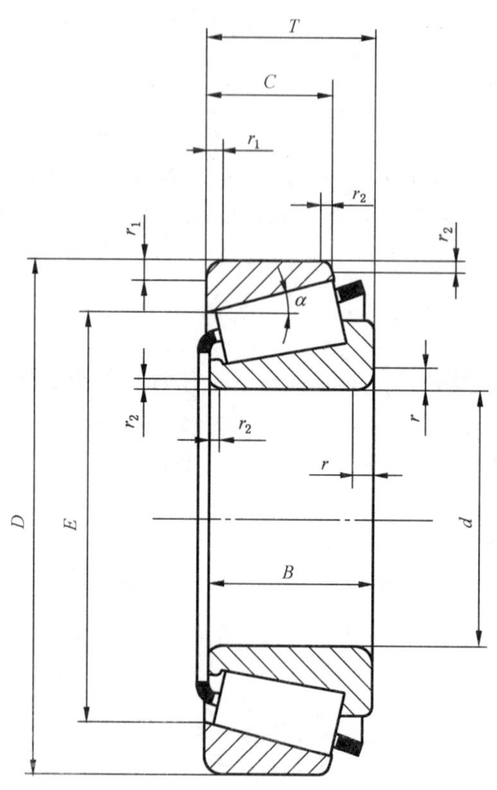

图 1 单列圆锥滚子轴承

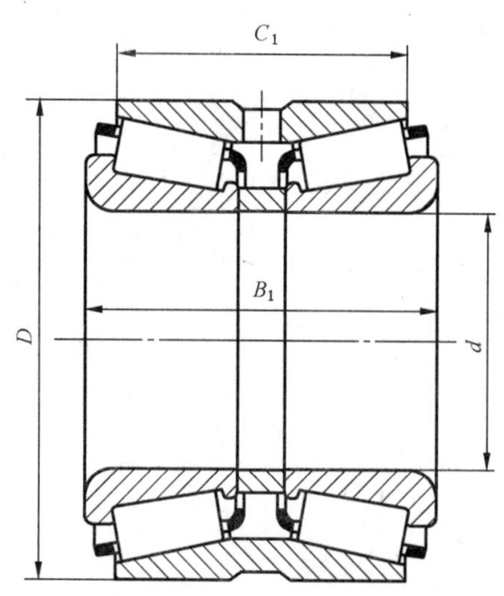

注:外圈可有或无润滑油槽、油孔。

图 2 双滚道的双列圆锥滚子轴承

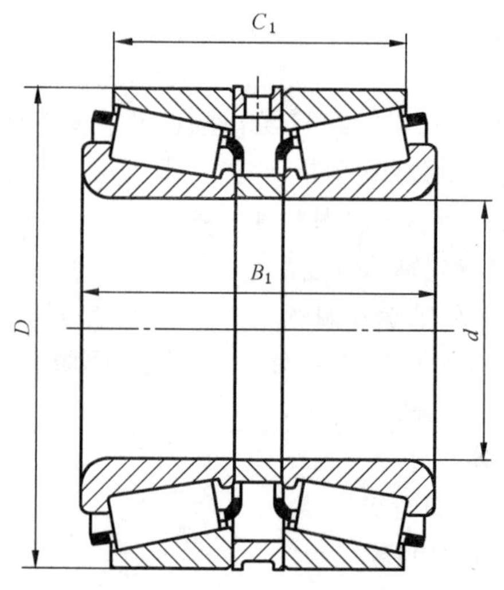

注:外隔圈可有或无润滑油槽、油孔。

图 3 有两个单外圈和隔圈的双列圆锥滚子轴承

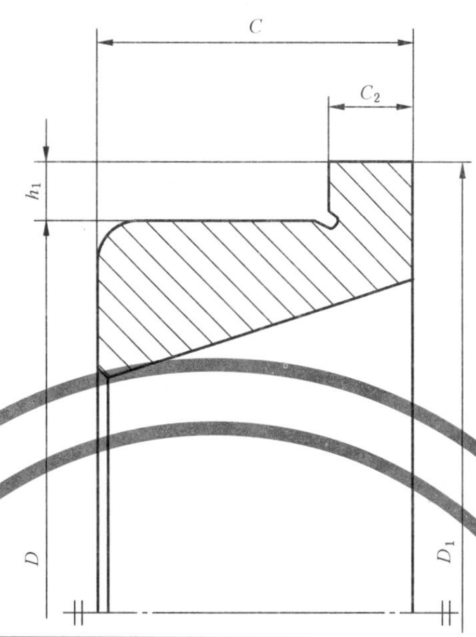

图 4 单列圆锥滚子轴承用凸缘外圈

5 系列代号

本部分所规定尺寸的每种轴承均对应于一个系列代号，该系列代号由三个符号组成，如 2AC。

第一个符号为数字，为接触角系列代号，表示接触角的范围。

第二个符号为字母，为直径系列代号，表示外径对内径相互关系的数值范围。

第三个符号为字母，为宽度系列代号，表示单列轴承宽度对高度相互关系的数值范围。

对已标准化的轴承，代号一般与表 1～表 3 给出的角度范围和表示相互关系的数值范围相对应。为避免同一内径的两种不同轴承用相同的代号，在某些情况下也有例外。

本章规定的系列代号除了第 6 章规定之外，其他轴承不适用。

表 1 接触角系列代号

接触角系列代号	α	
	>	≤
1	备用	
2	10°	13°52′
3	13°52′	15°59′
4	15°59′	18°55′
5	18°55′	23°
6	23°	27°
7	27°	30°

表 2 直径系列代号

直径系列代号	$\frac{D}{d^{0.77}}$	
	>	≤
A	备用	
B	3.4	3.8
C	3.8	4.4
D	4.4	4.7
E	4.7	5
F	5	5.6
G	5.6	7

表 3 宽度系列代号

宽度系列代号	$\frac{T}{(D-d)^{0.95}}$	
	>	≤
A	备用	
B	0.5	0.68
C	0.68	0.8
D	0.8	0.88
E	0.88	1

6 外形尺寸

6.1 总则

圆锥滚子轴承及其组件的外形尺寸见表 4～表 16，按接触角系列分组并以轴承内、外径和宽度的升序列出。轴承的尺寸公差规定在 GB/T 307.1—2005 中，最大倒角尺寸规定在 GB/T 274—2000 中。

本部分未规定内圈和外圈前端面倒角尺寸 r_2，但前端面倒角不应为锐角。

6.2 单列圆锥滚子轴承

接触角系列 2、3、4、5 和 7 的外形尺寸分别按表 4～表 8 的规定。

表 4 接触角系列 2

单位为毫米

d	D	T	B	r_{smin}[a]	C	r_{1smin}[a]	α	E	尺寸系列
15	42	14.25	13	1	11	1	10°45′29″	33.272	2FB
17	40	13.25	12	1	11	1	12°57′10″	31.408	2DB
17	40	17.25	16	1	14	1	11°45′	31.17	2DD
17	47	15.25	14	1	12	1	10°45′29″	37.42	2FB
17	47	20.25	19	1	16	1	10°45′29″	36.09	2FD
20	37	12	12	0.3	9	0.3	12°	29.621	2BD
20	45	17	17.5	1	13.5	1	12°	35.815	2DC
20	47	15.25	14	1	12	1	12°57′10″	37.304	2DB
20	47	19.25	18	1	15	1	12°28′	35.81	2DD
20	50	22	22	2	18.5	1.5	12°30′	38.063	2ED
20	52	16.25	15	1.5	13	1.5	11°18′36″	41.318	2FB
20	52	22.25	21	1.5	18	1.5	11°18′36″	39.518	2FD
22	40	12	12	0.3	9	0.3	12°	32.665	2BC
22	47	17	17.5	1	13.5	1	12°35′	37.542	2CC
22	52	22	22	2	18.5	1.5	12°14′	40.548	2ED
25	42	12	12	0.3	9	0.3	12°	34.608	2BD
25	47	17	17	0.6	14	0.6	10°55′	38.278	2CE
25	50	17	17.5	1.5	13.5	1	13°30′	40.205	2CC
25	52	19.25	18	1	16	1	13°30′	41.331	2CD
25	52	22	22	1	18	1	13°10′	40.441	2DE[b]
25	58	26	26	2	21	1.5	12°30′	44.805	2EE
25	62	18.25	17	1.5	15	1.5	11°18′36″	50.637	2FB
25	62	25.25	24	1.5	20	1.5	11°18′36″	48.637	2FD
28	45	12	12	0.3	9	0.3	12°	37.639	2BD
28	55	19	19.5	1.5	15.5	1.5	12°10′	44.888	2CD
28	58	24	24	1	19	1	12°45′	45.846	2DE
28	65	27	27	2	22	2	12°45′	50.33	2ED
30	47	12	12	0.3	9	0.3	12°	39.617	2BD
30	55	20	20	1	16	1	11°	45.283	2CE
30	58	19	19.5	1.5	15.5	1.5	12°50′	47.309	2CD
30	62	25	25	1	19.5	1	12°50′	49.524	2DE
30	68	29	29	2	24	2	12°28′	52.696	2EE
30	72	20.75	19	1.5	16	1.5	11°51′35″	58.287	2FB
30	72	28.75	27	1.5	23	1.5	11°51′35″	55.767	2FD

表 4（续）

单位为毫米

d	D	T	B	r_{smin}[a]	C	r_{1smin}[a]	α	E	尺寸系列
32	52	14	15	0.6	10	0.6	12°	44.261	2BD
32	62	21	21	1.5	17	1.5	12°30′	50.554	2CD
32	65	26	26	1	20.5	1	13°	51.791	2DE
32	72	29	29	2	24	2	12°41′30″	56.151	2ED
35	55	14	14	0.6	11.5	0.6	11°	47.22	2BD
35	62	21	21	1	17	1	11°30′	51.32	2CE
35	68	23	23	2	18.5	2	12°35′	55.4	2DD
35	72	28	28	1.5	22	1.5	13°15′	57.186	2DE
35	78	33	32.5	2.5	27	2	12°12′	61.925	2EE[b]
35	80	22.75	21	2	18	1.5	11°51′35″	65.769	2FB
35	80	32.75	31	2	25	1.5	11°51′35″	62.829	2FE
40	62	15	15	0.6	12	0.6	10°55′	53.388	2BC
40	68	22	22	1	18	1	10°40′	57.29	2BE[b]
40	75	24	24	2	19.5	2	12°07′	62.155	2CD
40	75	26	26	1.5	20.5	1.5	13°20′	61.169	2CE
40	80	32	32	1.5	25	1.5	13°25′	63.405	2DE
40	85	33	32.5	2.5	28	2	12°55′	66.612	2EE
40	90	25.25	23	2	20	1.5	12°57′10″	72.703	2FB
40	90	35.25	33	2	27	1.5	12°57′10″	69.253	2FD
45	68	15	15	0.6	12	0.6	12°	58.852	2BC
45	75	24	24	1	19	1	11°05′	63.116	2CE
45	80	24	24	2	19.5	2	13°	66.615	2CD
45	95	36	35	2.5	30	2.5	12°09′	75.712	2ED[b]
45	100	27.25	25	2	22	1.5	12°57′10″	81.78	2FB
45	100	38.25	36	2	30	1.5	12°57′10″	78.33	2FD
50	72	15	15	0.6	12	0.6	12°50′	62.748	2BC
50	80	24	24	1	19	1	11°55′	67.775	2CE
50	82	21.5	21.5	3	17	0.5	11°30′	70.594	2CC
50	85	24	24	2	19.5	2	13°52′	70.969	2CD
50	90	28	28	3	23	2.5	12°22′	74.538	2DD
50	100	36	35	2.5	30	2.5	12°51′	79.996	2ED
50	110	29.25	27	2.5	23	2	12°57′10″	90.633	2FB
50	110	42.25	40	2.5	33	2	12°57′10″	86.263	2FD
55	80	17	17	1	14	1	11°39′	69.503	2BC
55	85	18	18.5	2	14	2	12°49′	73.586	2CC
55	90	27	27	1.5	21	1.5	11°45′	76.656	2CE

表 4（续） 单位为毫米

d	D	T	B	r_{smin} [a]	C	r_{1smin} [a]	α	E	尺寸系列
55	95	27	27	2	21.5	2	12°43′30″	80.106	2CD
55	95	29	29	1.5	23.5	2.5	12°35′	79.593	2DD [b]
55	110	39	39	2.5	32	2.5	13°	88.446	2ED [b]
55	120	31.5	29	2.5	25	2	12°57′10″	99.146	2FB
55	120	45.5	43	2.5	35	2	12°57′10″	94.316	2FD
60	85	17	17	1	14	1	12°27′	74.185	2BC
60	90	18	18.5	2	14	2	13°38′30″	78.249	2CC
60	95	27	27	1.5	21	1.5	12°20′	80.422	2CE
60	100	27	27	2	21.5	2	13°27′	84.587	2CD
60	115	40	39	2.5	33	2.5	12°30′	93.46	2EE
60	130	33.5	31	3	26	2.5	12°57′10″	107.769	2FB
60	130	48.5	46	3	37	2.5	12°57′10″	102.939	2FD
65	90	17	17	1	14	1	13°15′	78.849	2BC
65	100	22	22	2	17.5	2	12°10′30″	87.433	2CC
65	100	27	27	1.5	21	1.5	13°05′	85.257	2CE
65	110	31	31	2	25	2	12°27′	93.09	2DD
65	120	39	38.5	3	32	2.5	12°40′	98.572	2ED
65	125	43	42	2.5	35	2.5	12°	102.378	2FD
65	140	36	33	3	28	2.5	12°57′10″	116.846	2GB
65	140	51	48	3	39	2.5	12°57′10″	111.786	2GD
70	100	20	20	1	16	1	11°53′	88.59	2BC
70	105	22	22	2	17.5	2	12°49′30″	92.004	2CC
70	110	31	31	1.5	25.5	1.5	10°45′	95.021	2CE
70	120	34	33	2	27	2	12°22′	101.343	2DD
70	130	43	42	3	35	2.5	12°31′30″	106.766	2ED
70	150	38	35	3	30	2.5	12°57′10″	125.244	2GB
70	150	54	51	3	42	2.5	12°57′10″	119.724	2GD
75	105	20	20	1	16	1	12°31′	93.223	2BC
75	115	25	25	2	20	2	12°	100.414	2CC
75	115	31	31	1.5	25.5	1.5	11°15′	99.4	2CE
75	125	34	33	2.5	27	2	12°55′	105.786	2DD
75	135	43	42	3	35	2.5	13°03′	111.153	2ED
75	145	51	51	3	42	2.5	13°34′	117.744	2FE
75	160	40	37	3	31	2.5	12°57′10″	134.097	2GB
75	160	58	55	3	45	2.5	12°57′10″	127.887	2GD
80	110	20	20	1	16	1	13°10′	97.974	2BC

表 4(续)

单位为毫米

d	D	T	B	r_{smin} [a]	C	r_{1smin} [a]	α	E	尺寸系列
80	120	25	25	2	20	2	12°33′30″	105.003	2CC
80	125	36	36	1.5	29.5	1.5	10°30′	107.75	2CE
80	130	34	33	2.5	27	2	13°30′	110.475	2DD
80	145	46	45	3	38	2.5	12°02′	120.366	2ED
80	170	42.5	39	3	33	2.5	12°57′10″	143.174	2GB
80	170	61.5	58	3	48	2.5	12°57′10″	136.504	2GD
85	120	23	23	1.5	18	1.5	12°18′	106.599	2BC[b]
85	125	25	25	2.5	20	2	13°07′30″	109.65	2CC
85	130	36	36	1.5	29.5	1.5	11°	112.838	2CE
85	135	34	33	2.5	28	2	13°02′	115.904	2DD
85	150	46	46	3	38	3	12°30′	124.965	2ED
85	180	44.5	41	4	34	3	12°57′10″	150.433	2GB
85	180	63.5	60	4	49	3	12°57′10″	144.223	2GD
90	125	23	23	1.5	18	1.5	12°51′	111.282	2BC[b]
90	135	28	27.5	2.5	23	2	12°01′30″	119.139	2CC
90	140	34	33	2.5	28	2.5	12°02′30″	121.86	2CD
90	140	39	39	2	32.5	1.5	10°10′	122.363	2CE
90	155	44	44	3	35.5	2.5	12°48′40″	130.944	2EC[b]
90	155	46	46	3	38	3	12° 17′	130.206	2ED
90	165	47	46	3	39	3	12°	140.251	2FC
90	190	46.5	43	4	36	3	12°57′10″	159.061	2GB
90	190	57.15	57.531	8	46.038	3.3	12°35′	157.96	2GC
90	190	67.5	64	4	53	3	12°57′10″	151.701	2GD
95	130	23	23	1.5	18	1.5	13°25′	116.082	2BC[b]
95	140	28	27.5	2.5	23	2.5	12°30′	123.797	2CC
95	145	34	33	2.5	28	2.5	12°30′	126.419	2CD
95	145	39	39	2	32.5	1.5	10°30′	126.346	2CE
95	160	46	46	3	38	3	12°43′	134.711	2ED
95	200	49.5	45	4	38	3	12°57′10″	165.861	2GB
95	200	71.5	67	4	55	3	12°57′10″	160.318	2GD
100	140	25	25	1.5	20	1.5	12°23′	125.717	2CC
100	145	28	27.5	2.5	23	2.5	12°58′30″	128.448	2DC[b]
100	150	34	33	2.5	28	2.5	12°57′30″	130.992	2CD
100	150	39	39	2	32.5	1.5	10°50′	130.323	2CE
100	165	47	46	3	39	3	12°	140.251	2EE
100	215	51.5	47	4	39	3	12°57′10″	178.578	2GB
100	215	66.675	66.675	7	53.975	3.3	12°15′	177.891	2GC
100	215	77.5	73	4	60	3	12°57′10″	171.65	2GD

表 4（续）

单位为毫米

d	D	T	B	r_{smin} [a]	C	r_{1smin} [a]	α	E	尺寸系列
105	145	25	25	1.5	20	1.5	12°51′	130.359	2CC
105	155	33	31.5	2.5	27	2.5	12°17′30″	137.045	2CD
105	160	38	37	3	31	2.5	12°17′30″	139.734	2DD
105	160	43	43	2.5	34	2	10°40′	139.304	2DE
105	170	47	46	3	39	3	12°18′30″	145.104	2EE
105	225	53.5	49	4	41	3	12°57′10″	186.752	2GB
105	225	81.5	77	4	63	3	12°57′10″	179.359	2GD
110	150	25	25	1.5	20	1.5	13°20′	135.182	2CC
110	160	33	31.5	2.5	27	2.5	12°42′30″	141.607	2CD
110	165	38	37	3	31	2.5	12°42′30″	144.376	2DD
110	170	47	47	2.5	37	2	10°50′	146.265	2DE
110	175	47	46	4	39	3	12°41′30″	149.543	2EE [b]
110	240	54.5	50	4	42	3	12°57′10″	199.925	2GB
110	240	84.5	80	4	65	3	12°57′10″	192.071	2GD
120	165	29	29	1.5	23	1.5	13°05′	148.464	2CC
120	175	36	35	2.5	29	2.5	12°08′	155.479	2DC [b]
120	180	41	40	3	33	2.5	12°08′30″	158.233	2DD
120	180	48	48	2.5	38	2	11°30′	154.777	2DE
120	190	50	49	4	41	3	12°09′30″	163.635	2EE
120	260	59.5	55	4	46	3	12°57′10″	214.892	2GB
120	260	90.5	86	4	69	3	12°57′10″	207.039	2GD
130	180	32	32	2	25	1.5	12°45′	161.652	2CC
130	185	36	35	3	29	2.5	12°52′	164.714	2DC [b]
130	190	41	40	3	33	2.5	12°51′30″	167.414	2DD
130	200	50	49	4	41	3	12°50′30″	172.653	2DE [b]
130	200	55	55	2.5	43	2	12°50′	172.017	2EE
130	280	63.75	58	5	49	4	12°57′10″	232.028	2GB
140	190	32	32	2	25	1.5	13°30′	171.032	2CC
140	200	39	38	3	31	2.5	12°	179.234	2DC
140	205	44	43	3	36	2.5	12°	181.645	2DD
140	210	56	56	2.5	44	2	13°30′	180.353	2DE
140	215	53	52	4	44	3	12°	187.051	2ED
140	300	67.75	62	5	53	4	12°57′10″	247.91	2GB
150	210	38	38	2.5	30	2	12°20′	187.926	2DC
150	215	44	43	3	36	3	12°37′	190.81	2DD
150	225	53	52	4	44	4	12°35′30″	196.097	2ED
150	225	59	59	3	46	2.5	13°40′	194.26	2EE
150	320	72	65	5	55	4	12°57′10″	265.955	2GB

表 4（续）

单位为毫米

d	D	T	B	r_{smin}[a]	C	r_{1smin}[a]	α	E	尺寸系列
160	220	38	38	2.5	30	2	13°	197.962	2DC
160	225	44	43	3	36	3	13°14′30″	200.146	2DD
160	235	53	52	4	44	4	13°11′30″	205.257	2ED
160	340	75	68	5	58	4	12°57′10″	282.751	2GB
170	235	44	43	3	36	3	12°13′30″	211.345	2DD
170	245	53	52	5	44	4	12°14′	216.61	2ED[b]
170	360	80	72	5	62	4	12°57′10″	299.991	2GB
180	240	39	38	3	31	3	12°47′	218.311	2DC
180	245	44	43	3	36	3	12°46′30″	220.684	2DD
180	255	53	52	5	44	4	12°46′	225.875	2ED[b]
190	255	41	40	3	33	3	12°15′	232.395	2DC
190	260	47	46	4	38	3	12°15′	234.615	2DD
190	270	56	55	5	46	4	12°15′30″	240.017	2ED
200	265	41	40	3	33	3	12°45′	241.71	2DC
200	270	47	46	4	38	3	12°45′	244.043	2DD
200	280	56	55	5	46	4	12°44′30″	249.3	2ED
220	285	41	40	4	33	3	12°	262.657	2DC
220	290	47	46	4	38	3	12°	265.261	2DD
220	300	56	55	5	46	4	12°04′30″	270.389	2ED
240	305	41	40	4	33	3	12°53′	281.653	2DC
240	310	47	46	4	38	3	12°52′	284.085	2DD
240	320	57	56	6	46	4	12°55′30″	289.075	2EE
260	325	41	40	4	33	4	13°46′	300.661	2DC
260	330	47	46	4	38	4	13°44′30″	303.004	2DD
260	340	57	56	6	46	4	12°07′30″	310.322	2DE
280	360	57	56	6	46	5	12°52′30″	329.164	2DE

[a] 最大倒角尺寸规定在 GB/T 274—2000 中。

[b] 尺寸系列与第 5 章不符。

表 5　接触角系列 3

单位为毫米

d	D	T	B	r_{smin} [a]	C	r_{1smin} [a]	α	E	尺寸系列
20	42	15	15	0.6	12	0.6	14°	32.781	3CC
22	44	15	15	0.6	11.5	0.6	14°50′	34.708	3CC
25	52	16.25	15	1	13	1	14°02′10″	41.135	3CC
30	62	17.25	16	1	14	1	14°02′10″	49.99	3DB
30	62	21.25	20	1	17	1	14°02′10″	48.982	3DC
32	65	18.25	17	1	15	1	14°	52.5	3DB
35	72	18.25	17	1.5	15	1.5	14°02′10″	58.844	3DB
35	72	24.25	23	1.5	19	1.5	14°02′10″	57.087	3DC
40	68	19	19	1	14.5	1	14°10′	56.897	3CD
40	80	19.75	18	1.5	16	1.5	14°02′10″	65.73	3DB
40	80	24.75	23	1.5	19	1.5	14°02′10″	64.715	3DC
45	75	20	20	1	15.5	1	14°40′	63.248	3CC
45	80	26	26	1.5	20.5	1.5	14°20′	65.7	3CE
45	85	20.75	19	1.5	16	1.5	15°06′34″	70.44	3DB
45	85	24.75	23	1.5	19	1.5	15°06′34″	69.61	3DC
45	85	32	32	1.5	25	1.5	14°25′	68.075	3DE
50	80	20	20	1	15.5	1	15°45′	67.841	3CC
50	85	26	26	1.5	20	1.5	15°20′	70.214	3CE
50	90	21.75	20	1.5	17	1.5	15°38′32″	75.078	3DB
50	90	24.75	23	1.5	19	1.5	15°38′32″	74.226	3DC
50	90	32	32	1.5	24.5	1.5	15°25′	72.727	3DE
55	90	23	23	1.5	17.5	1.5	15°10′	76.505	3CC
55	90	23	23	1.5	18.5	0.5	15°	75.417	3CB [b]
55	95	30	30	1.5	23	1.5	14°	78.893	3CE
55	100	22.75	21	2	18	1.5	15°06′34″	84.197	3DB
55	100	26.75	25	2	21	1.5	15°06′34″	82.837	3DC
55	100	35	35	2	27	1.5	14°55′	81.24	3DE
60	95	24	24	5	19	2.5	15°	80.256	3CD
60	100	30	30	1.5	23	1.5	14°50′	83.522	3CE
60	110	23.75	22	2	19	1.5	15°06′34″	91.876	3EB
60	110	29.75	28	2	24	1.5	15°06′34″	90.236	3EC
60	110	38	38	2	29	1.5	15°05′	89.032	3EE

表 5（续） 单位为毫米

d	D	T	B	r_{smin}[a]	C	r_{1smin}[a]	α	E	尺寸系列
65	110	28	28	3	22.5	2.5	15°	91.897	3DC
65	110	34	34	1.5	26.5	1.5	14°30′	91.653	3DE
65	120	24.75	23	2	20	1.5	15°06′34″	101.934	3EB
65	120	32.75	31	2	27	1.5	15°06′34″	99.484	3EC
65	120	41	41	2	32	1.5	14°35′	97.863	3EE
65	135	52	51	5	43	3	15°55′30″	102.611	3FE
70	120	37	37	2	29	1.5	14°10′	99.733	3DE
70	125	26.25	24	2	21	1.5	15°38′32″	105.748	3EB
70	125	33.25	31	2	27	1.5	15°38′32″	103.765	3EC
70	125	41	41	2	32	1.5	15°15′	102.275	3EE
75	125	37	37	2	29	1.5	14°50′	104.358	3DE
75	130	41	41	2	31	1.5	15°55′	106.675	3EE[b]
75	145	52	51	5	43	3	15°57′	112.507	3FE
80	125	29	29	1.5	22	1.5	15°45′	107.334	3CC
80	130	35	34	3	28.5	2.5	14°31′	108.958	3DD
80	130	37	37	2	29	1.5	15°30′	108.97	3DE
80	140	28.25	26	2.5	22	2	15°38′32″	119.169	3EB
80	140	35.25	33	2.5	28	2	15°38′32″	117.466	3EC
80	140	46	46	2.5	35	2	15°50′	114.582	3EE
85	140	39	38	3	31.5	2.5	15°11′	116.301	3DD
85	140	41	41	2.5	32	2	15°10′	117.097	3DE
85	150	30.5	28	2.5	24	2	15°38′32″	126.685	3EB
85	150	38.5	36	2.5	30	2	15°38′32″	124.97	3EC
85	150	49	49	2.5	37	2	15°35′	122.894	3EE
85	160	55	54	5	45	3	15°43′	126.101	3FE
90	140	32	32	2	24	1.5	15°45′	119.948	3CC
90	150	45	45	2.5	35	2	14°50′	125.283	3DE
90	160	32.5	30	2.5	26	2	15°38′32″	134.901	3FB
90	160	42.5	40	2.5	34	2	15°38′32″	132.615	3FC
90	160	55	55	2.5	42	2	15°40′	129.82	3FE
95	160	49	49	2.5	38	2	14°35′	133.24	3EE
95	170	34.5	32	3	27	2.5	15°38′32″	143.385	3FB
95	170	45.5	43	3	37	2.5	15°38′32″	140.259	3FC
95	170	58	58	3	44	2.5	15°15′	138.642	3FE
100	165	52	52	2.5	40	2	15°10′	137.129	3EE
100	180	37	34	3	29	2.5	15°38′32″	151.31	3FB
100	180	49	46	3	39	2.5	15°38′32″	148.184	3FC

表 5（续）

单位为毫米

d	D	T	B	r_{smin}[a]	C	r_{1smin}[a]	α	E	尺寸系列
100	180	63	63	3	48	2.5	15°05′	145.949	3FE
105	175	56	56	2.5	44	2	15°05′	144.427	3EE
105	190	39	36	3	30	2.5	15°38′32″	159.795	3FB
105	190	53	50	3	43	2.5	15°38′32″	155.269	3FC
105	190	68	68	3	52	2.5	15°	153.622	3FE
110	180	56	56	2.5	43	2	15°35′	149.127	3EE
110	190	58	57	6	47	3	15°48′	154.133	3FE
110	200	41	38	3	32	2.5	15°38′32″	168.548	3FB
110	200	56	53	3	46	2.5	15°38′32″	164.022	3FC
120	200	62	62	2.5	48	2	14°50′	166.144	3FE
130	210	58	57	6	47	4	15°50′30″	174.091	3EE
150	235	61	59	6	50	4	15°53′	196.798	3EE
170	230	38	38	2.5	30	2	14°20′	206.564	3DC
170	230	39	38	3	31	2.5	14°20′	206.562	3DD[b]
170	255	61	59	6	50	4	15°55′	216.949	3EE
180	280	64	64	3	48	2.5	15°45′	239.898	3FD
190	280	64	62	6	52	4	15°58′30″	239.995	3EE
200	280	51	51	3	39	2.5	14°45′	249.698	3EC
200	360	104	98	5	82	4	15°10′	294.88	3GD
220	300	51	51	3	39	2.5	15°50′	267.685	3EC
260	360	63.5	63.5	3	48	2.5	15°10′	320.783	3EC
300	420	76	76	4	57	3	14°45′	374.706	3FD
320	440	76	76	4	57	3	15°30′	393.406	3FD

[a] 最大倒角尺寸规定在 GB/T 274—2000 中。

[b] 尺寸系列与第 5 章不符。

表 6 接触角系列 4

单位为毫米

d	D	T	B	r_{smin}[a]	C	r_{1smin}[a]	α	E	尺寸系列
20	45	14	14	1	10	1	16°40′	35.679	4DB
22	47	14	14	1	10	1	17°30′	37.443	4CB
25	47	15	15	0.6	11.5	0.6	16°	37.393	4CC
25	50	14	14	1	10	1	18°45′	40.025	4CB
28	52	16	16	1	12	1	16°	41.991	4CC
28	55	15	14.5	1	11	1	17°30′	44.597	4CB
30	55	17	17	1	13	1	16°	44.438	4CC
30	60	17	16.5	1	12.5	1	17°30′	48.465	4CB
32	58	17	17	1	13	1	16°50′	46.708	4CC
32	65	18	17.5	1	13.5	1	17°30′	52.418	4DB
35	62	18	18	1	14	1	16°50′	50.51	4CC
35	70	19	18	1	14	1	16°49′30″	57.138	4DB
40	75	19	18	1	14	1	18°10′30″	61.526	4CB
45	85	21	20	2	15.5	2	16°55′30″	70.252	4DB
50	84	22	22	3.5	17.5	1.5	16°15′	69.283	4CC
50	90	21	20	2	15.5	2	18°04′30″	74.87	4DB
50	105	37	36	3	29	2.5	18°	80.243	4FD
50	105	41	40	4	34	2.5	16°41′	78.494	4FE
55	95	21	20	2	15.5	2	16°33′	80.79	4CB
55	115	44	42	5	37	2.5	16°15′	86.683	4FE
60	95	23	23	1.5	17.5	1.5	16°	80.634	4CC
60	100	21	20	2	15.5	2	17°30′	85.256	4CB
60	125	48	46	5	40	2.5	16°15′	94.207	4FE
65	100	23	23	1.5	17.5	1.5	17°	85.567	4CC
65	105	21	20	2	15.5	2	18°27′	89.709	4CB
65	105	24	23	3	18.5	1	16°50′	88.892	4CD[b]
70	110	21	20	2	15.5	2	17°05′	95.533	4CB
70	110	25	25	1.5	19	1.5	16°10′	93.633	4CC
70	110	26	25	1	20.5	2.5	18°	91.539	4CD[b]
70	115	29	29	3	23	2.5	16°	96.479	4DC[b]
70	140	52	51	5	43	3	16°34′30″	106.644	4FE

表 6（续）

单位为毫米

d	D	T	B	r_{smin} [a]	C	r_{1smin} [a]	α	E	尺寸系列
75	115	21	20	2	15.5	2	17°55′	100.019	4CB
75	115	25	25	1.5	19	1.5	17°	98.358	4CC
75	115	25	25	3	19	2.5	17°	98.358	4CC
75	120	31	29.5	3	25	2.5	16°30′	99.926	4CD
75	130	27.25	25	2	22	1.5	16°10′20″	110.408	4DB
75	130	33.25	31	2	27	1.5	16°10′20″	108.932	4DC
80	125	24	22.5	2	17.5	2	16°46′	108.745	4CB
80	150	52	51	5	43	3	16°33′	116.58	4FE
85	130	24	22.5	2	17.5	2	17°30′	113.315	4CB
85	130	29	29	1.5	22	1.5	16°25′	111.788	4CC
90	135	24	22.5	2	17.5	2	18°14′	117.895	4CB
90	145	35	34	3	27	2.5	16°30′	122.392	4DC
90	165	55	54	5	45	3	16°15′	130.224	4FE
95	140	24	22.5	2	17.5	2	16°51′	123.776	4CB
95	145	32	32	2	24	1.5	16°25′	124.927	4CC
95	150	35	34	3	27	2.5	16°25′	125.409	4DC
95	170	55	54	5	45	3	16°47′	134.331	4FE
100	145	24	22.5	3	17.5	3	17°30′	128.389	4CB
100	155	36	35	3	28	2.5	17°30′	130.754	4DC
100	160	41	40	3	32	2.5	17°25′	133.441	4DD
100	150	32	32	2	24	1.5	17°	129.269	4CC
100	175	55	54	6	45	3	16°	140.655	4FE
105	150	24	22.5	3	17.5	3	18°09′	132.982	4CB
105	160	35	35	2.5	26	2	16°30′	137.685	4DC
105	180	55	54	6	45	3	16°30′	144.884	4EE
110	160	27	25.5	3	19.5	3	16°24′	142.292	4CB
110	170	38	38	2.5	29	2	16°	146.29	4DC
115	165	28	27	3.3	21	3	17°	142.481	4CC
120	170	27	25	3	19.5	3	17°30′	151.495	4CB
120	180	38	38	2.5	29	2	17°	155.239	4DC
120	200	58	57	6	47	3	16°42′	162.59	4FE
120	215	43.5	40	3	34	2.5	16°10′20″	181.257	4FB
120	215	61.5	58	3	50	2.5	16°10′20″	174.825	4FD

表 6（续）

单位为毫米

d	D	T	B	r_{smin}[a]	C	r_{1smin}[a]	α	E	尺寸系列
130	185	29	27	3	21	3	17°30′	165.002	4CB
130	200	45	45	2.5	34	2	16°10′	172.043	4EC
130	230	43.75	40	4	34	3	16°10′20″	196.42	4FB
130	230	67.75	64	4	54	3	16°10′20″	187.088	4FD
140	195	29	27	3	21	3	18°32′	174.512	4CB
140	210	45	45	2.5	34	2	17°	180.72	4DC
140	220	58	57	6	47	4	16°39′30″	182.746	4EE
140	250	45.75	42	4	36	3	16°10′20″	212.27	4FB
140	250	71.75	68	4	58	3	16°10′20″	204.046	4FD
150	210	32	30	3	23	3	17°04′	188.281	4DB
150	225	48	48	3	36	2.5	17°	193.674	4EC
150	270	49	45	4	38	3	16°10′20″	227.408	4GB
150	270	77	73	4	60	3	16°10′20″	219.157	4GD
160	220	32	30	3	23	3	17°57′30″	197.895	4DB
160	240	46	44.5	3	37	2.5	16°15′	209.765	4EB[b]
160	240	51	51	3	38	2.5	17°	207.209	4EC
160	245	61	59	6	50	4	16°37′	205.576	4EE
160	290	52	48	4	40	3	16°10′20″	244.958	4GB
160	290	84	80	4	67	3	16°10′20″	234.942	4GD
170	230	32	30	3	23	3	17°06′	208.314	4DB
170	240	46	44.5	3	37	2.5	16°15′	209.765	4DD
170	260	57	57	3	43	2.5	16°30′	223.031	4EC
170	310	57	52	5	43	4	16°10′20″	262.483	4GB
170	310	91	86	5	71	4	16°10′20″	251.873	4GD
180	240	32	30	3	23	3	17°54′	217.699	4DB
180	250	45	45	2.5	34	2	17°45′	218.571	4DC
180	250	47	45	3	37	2.5	17°45′	218.569	4DD
180	265	61	59	6	50	4	16°35′	225.723	4EE
180	320	57	52	5	43	4	16°41′57″	270.928	4GB
180	320	91	86	5	71	4	16°41′57″	259.938	4GD
190	260	37	34	3	27	3	16°46′	234.451	4DB
190	260	45	45	2.5	34	2	17°39′	228.578	4DC
190	260	46	44	3	36.5	2.5	17°39′	228.577	4DD
190	290	64	64	3	48	2.5	16°25′	249.853	4FD
190	340	60	55	5	46	4	16°10′20″	291.083	4GB
190	340	97	92	5	75	4	16°10′20″	279.024	4GD
200	270	37	34	3	27	3	17°30′	244.35	4DB

表 6（续）

单位为毫米

d	D	T	B	r_{smin}[a]	C	r_{1smin}[a]	α	E	尺寸系列
200	290	64	62	6	52	4	16°34′	248.588	4EE
200	310	70	70	3	53	2.5	16°	266.039	4FD
200	360	64	58	5	48	4	16°10′20″	307.196	4GB
220	290	37	34	3	27	3	18°54′	263.12	4DB
220	340	76	76	4	57	3	16°	292.464	4FD
240	320	42	39	3	30	3	16°56′	291.676	4EB
240	320	51	51	3	39	2.5	17°	286.952	4EC
240	360	76	76	4	57	3	17°	310.356	4FD
260	340	42	39	3	30	3	18°04′	310.497	4DB
260	400	87	87	5	65	4	16°10′	344.432	4FC
280	370	48	44	3	34	3	17°30′	337.067	4EB
280	380	63.5	63.5	3	48	2.5	16°05′	339.778	4EC
280	420	87	87	5	65	4	17°	361.811	4FC
300	400	52	49	3	37	3	17°	364.238	4EB
300	460	100	100	5	74	4	16°10′	395.676	4GD
320	420	53	49	3	38	3	17°55′	382.798	4EB
320	480	100	100	5	74	4	17°	415.64	4GD
340	460	76	76	4	57	3	16°15′	412.043	4FD
360	480	76	76	4	57	3	17°	430.612	4FD

[a] 最大倒角尺寸规定在 GB/T 274—2000 中。

[b] 尺寸系列与第 5 章不符。

表 7　接触角系列 5

单位为毫米

d	D	T	B	r_{smin}[a]	C	r_{1smin}[a]	α	E	尺寸系列
20	47	19.25	18	1	15	1	19°	33.708	5DD
25	52	19.25	18	1	15	1	21°15′	37.555	5CD
28	58	20.25	19	1	16	1	20°34′	42.436	5DD
30	62	21.25	20	1	17	1	20°34′	46.389	5DC
30	72	28.75	27	1.5	23	1.5	20°	50.518	5FD
32	65	22	21.5	1	17	1	20°	48.523	5DC
32	75	29.75	28	1.5	23	1.5	20°	53.594	5FD

表 7（续）

单位为毫米

d	D	T	B	r_{smin}[a]	C	r_{1smin}[a]	α	E	尺寸系列
35	72	24.25	23	1.5	19	1.5	21°10′	53.052	5DC
35	80	32.75	31	2	25	1.5	20°	57.011	5FE
40	80	24.75	23	1.5	19	1.5	20°	61.438	5DC
40	80	27	26.5	4	21.5	2	20°43′30″	58.963	5DD
40	90	35.25	33	2	27	1.5	20°	63.708	5FD
45	85	24.75	23	1.5	19	1.5	21°35′	66.138	5DC
45	90	32	31	4	26	2	20°	66.466	5ED
45	100	38.25	36	2	30	1.5	20°	71.639	5FD
50	90	24.75	23	1.5	18	1.5	21°20′	72.169	5DC
50	100	36	34.5	4	29	2	19°27′30″	74.391	5ED
50	110	42.25	40	2.5	33	2	20°	78.582	5FD
55	100	30	28.5	4	24	2.5	20°	77.839	5DD
55	105	36	34.5	4	29	2.5	20°32′30″	78.283	5ED
55	120	45.5	43	2.5	35	2	20°	86.3	5FD
60	110	34	32	4	27	2.5	19°30′	85.698	5DD [b]
60	115	39	38	4	31	2.5	19°32′	87.309	5ED
60	130	48.5	46	3	37	2.5	20°	94.2	5FD
65	115	34	32	4	27	2.5	20°30′	89.829	5DD
65	120	39	38	4	31	2.5	20°28′	91.214	5ED
65	140	51	48	3	39	2.5	20°	102.319	5GD
70	125	37	34.5	4	30	2.5	19°34′	98.1	5DD [b]
70	130	42	40	4	34	2.5	19°11′	100.186	5ED
70	150	54	51	3	42	2.5	20°	110.219	5GD
75	130	37	34.5	4	30	2.5	20°26′	102.199	5DD
75	135	42	40	5	34	2.5	20°	104.21	5ED
75	160	58	55	3	45	2.5	20°	117.465	5GD
80	135	37	34.5	4	30	2.5	19°36′	108.128	5DD
80	140	42	40	5	34	3	20°49′	108.199	5ED
80	170	61.5	58	3	48	2.5	20°	125.001	5GD
85	140	37	34.5	4	30	3	20°24′	112.385	5DD
85	145	42	40	5	34	3	19°16′	115.106	5ED
85	180	63.5	60	4	49	3	20°	132.736	5GD
90	145	37	34.5	4	30	3	19°16′	118.567	5DD
90	150	42	40	5	34	3	20°	119.254	5ED [b]
95	150	37	34.5	4	30	3	20°	122.832	5DD
95	155	42	40	5	34	3	20°44′	123.374	5ED [b]
100	155	37	34.5	5	30	3	20°44′	127.221	5DD
100	160	42	40	5	34	3	19°20′	130.033	5ED [b]
105	160	37	34.5	5	30	3	19°40′	133.284	5DD

[a] 最大倒角尺寸规定在 GB/T 274—2000 中。

[b] 尺寸系列与第 5 章不符。

表 8　接触角系列 7

单位为毫米

d	D	T	B	r_{smin}[a]	C	r_{1smin}[a]	α	E	尺寸系列
25	62	18.25	17	1.5	13	1.5	28°48′39″	44.13	7FB
30	72	20.75	19	1.5	14	1.5	28°48′39″	51.771	7FB
35	80	22.75	21	2	15	1.5	28°48′39″	58.861	7FB
40	90	25.25	23	2	17	1.5	28°48′39″	66.984	7FB
45	95	29	26.5	2.5	20	2.5	30°	67.061	7FC
45	100	27.25	25	2	18	1.5	28°48′39″	75.107	7FB
50	105	32	29	3	22	3	30°	74.245	7FC
50	110	29.25	27	2.5	19	2	28°48′39″	82.747	7FB
55	115	34	31	3	23.5	3	30°	81.787	7FC
55	120	31.5	29	2.5	21	2	28°48′39″	89.563	7FB
60	125	37	33.5	3	26	3	28°39′	89.849	7FC
60	130	33.5	31	3	22	2.5	28°48′39″	98.236	7FB
65	130	37	33.5	3	26	3	30°	93.445	7FC
65	140	36	33	3	23	2.5	28°48′39″	106.359	7GB
70	140	39	35.5	3	27	3	30°	101.717	7FC
70	150	38	35	3	25	2.5	28°48′39″	113.449	7GB
75	150	42	38	3	29	3	30°	108.847	7FC
75	160	40	37	3	26	2.5	28°48′39″	122.122	7GB
80	160	45	41	3	31	3	30°	115.93	7FC
80	170	42.5	39	3	27	2.5	28°48′39″	129.213	7GB
85	170	48	45	4	33	4	28°04′30″	125.628	7FC
85	180	44.5	41	4	28	3	28°48′39″	137.403	7GB
90	175	48	45	4	33	4	29°02′30″	129.385	7FC
90	190	46.5	43	4	30	3	28°48′39″	145.527	7GB
95	180	49	45	4	33	4	30°	133.033	7FC
95	200	49.5	45	4	32	3	28°48′39″	151.584	7GB
100	190	52	47	4	35	4	30°	140.384	7FC
100	215	56.5	51	4	35	3	28°48′39″	162.739	7GB

表 8（续）

单位为毫米

d	D	T	B	r_{smin} [a]	C	r_{1smin} [a]	α	E	尺寸系列
105	200	54	49	4	37	4	30°	147.838	7FC
105	225	58	53	4	36	3	28°48′39″	170.724	7GB
110	210	57	51	4	39	4	28°25′	157.271	7GC
110	240	63	57	4	38	3	28°48′39″	182.014	7GB
120	220	57	51	4	39	4	30°	164.848	7FC
120	260	68	62	4	42	3	28°48′39″	197.022	7GB
130	230	57	51	5	39	5	30°	175.117	7FC
130	280	72	66	5	44	4	28°48′39″	211.753	7GB
140	240	57	52	5	39	5	28°37′	187.175	7FC
140	300	77	70	5	47	4	28°48′39″	227.999	7GB
150	250	57	52	5	39	5	30°	195.041	7FC
150	320	82	75	5	50	4	28°48′39″	244.244	7GB

[a] 最大倒角尺寸规定在 GB/T 274—2000 中。

6.3 双列圆锥滚子轴承

接触角系列 2、3、4 和 7 的外形尺寸分别按表 9～表 12 的规定。

注：表 9～表 12 规定的尺寸系列与表 4～表 8 中相应的单列轴承一致。

表 9 接触角系列 2

单位为毫米

d	D	B_1	C_1	尺寸系列
20	45	39	32	2DC
20	50	50	43	2ED
22	47	39	32	2CC
22	52	50	43	2ED
25	50	39	32	2CC
25	58	58	48	2EE
28	55	43	36	2CD
28	65	61	51	2ED
30	58	44	37	2CD
30	68	65	55	2EE

表 9（续）

单位为毫米

d	D	B_1	C_1	尺寸系列
32	62	47	39	2CD
32	72	65	55	2ED
35	68	51	42	2DD
35	78	73	61	2EE
40	75	53	44	2CD
40	85	73	63	2EE
45	80	53	44	2CD
45	95	79	67	2ED
50	85	53	44	2CD
50	100	79	67	2ED
55	85	41	33	2CC
55	95	60	49	2CD
55	110	87	73	2ED
60	90	42	34	2CC
60	100	60	49	2CD
60	115	88	74	2EE
65	100	50	41	2CC
65	110	70	58	2DD
65	125	95	79	2FD
70	105	50	41	2CC
70	120	76	62	2DD
70	130	95	79	2ED
75	115	56	46	2CC
75	125	76	62	2DD
75	135	95	79	2ED
80	120	56	46	2CC
80	130	76	62	2DD
80	145	104	88	2ED
85	125	58	48	2CC
85	135	76	64	2DD
85	150	104	88	2ED
90	135	64	54	2CC
90	140	76	64	2CD
90	155	104	88	2ED
90	165	104	88	2FC

表 9（续）

单位为毫米

d	D	B_1	C_1	尺寸系列
95	140	64	54	2CC
95	145	76	64	2CD
95	160	104	88	2ED
100	145	64	54	2DC
100	150	76	64	2CD
100	165	104	88	2EE
105	155	74	62	2CD
105	160	84	70	2DD
105	170	104	88	2EE
110	160	74	62	2CD
110	165	84	70	2DD
110	175	104	88	2EE
120	175	82	68	2DC
120	180	92	76	2DD
120	190	110	92	2EE
130	185	82	68	2DC
130	190	92	76	2DD
130	200	110	92	2DE
140	200	88	72	2DC
140	205	98	82	2DD
140	215	116	98	2ED
150	215	98	82	2DD
150	225	116	98	2ED
160	225	98	82	2DD
160	235	116	98	2ED
170	235	98	82	2DD
170	245	116	98	2ED
180	240	88	72	2DC
180	245	98	82	2DD
180	255	116	98	2ED
190	255	92	76	2DC
190	260	104	86	2DD
190	270	124	104	2ED
200	265	92	76	2DC
200	270	104	86	2DD
200	280	124	104	2ED

表 9（续）

单位为毫米

d	D	B_1	C_1	尺寸系列
220	285	92	76	2DC
220	290	104	86	2DD
220	300	124	104	2ED
240	305	92	76	2DC
240	310	104	86	2DD
240	320	126	104	2EE
260	325	92	76	2DC
260	330	104	86	2DD
260	340	126	104	2DE
280	360	126	104	2DE

表 10 接触角系列 3

单位为毫米

d	D	B_1	C_1	尺寸系列
20	42	34	28	3CC
22	44	34	27	3CC
40	68	44	35	3CD
45	75	46	37	3CC
50	80	46	37	3CC
55	90	52	41	3CC
65	135	112	94	3FE
75	145	112	94	3FE
80	125	66	52	3CC
85	160	118	98	3FE
90	140	73	57	3CC
110	190	126	104	3FE
130	210	126	104	3EE
150	235	132	110	3EE
170	255	132	110	3EE
180	280	142	110	3FD
190	280	140	116	3EE

表 11 接触角系列 4

单位为毫米

d	D	B_1	C_1	尺寸系列
25	47	34	27	4CC
28	52	37	29	4CC
30	55	39	31	4CC
32	58	39	31	4CC
35	62	41	33	4CC
50	105	88	74	4FE
55	115	95	81	4FE
60	95	52	41	4CC
60	125	104	88	4FE
65	100	52	41	4CC
70	110	57	45	4CC
70	140	112	94	4FE
75	115	58	46	4CC
80	150	112	94	4FE
85	130	67	53	4CC
90	165	120	100	4FE
95	145	73	57	4CC
95	170	120	100	4FE
100	150	73	57	4CC
100	175	120	100	4FE
105	160	80	62	4DC
105	180	120	100	4EE
110	170	86	68	4DC
120	180	88	70	4DC
120	200	126	104	4FE

表 11（续）

单位为毫米

d	D	B_1	C_1	尺寸系列
130	200	102	80	4EC
140	210	104	82	4DC
140	220	126	104	4EE
150	225	110	86	4EC
160	240	116	90	4EC
160	245	132	110	4EE
170	260	128	100	4EC
180	265	132	110	4EE
190	290	142	110	4FD
200	290	140	116	4EE
200	310	154	120	4FD
220	340	166	128	4FD
240	360	166	128	4FD
260	400	190	146	4FC
280	420	190	146	4FC
300	460	220	168	4GD
320	480	220	168	4GD

表 12 接触角系列 7

单位为毫米

d	D	B_1	C_1	尺寸系列
25	62	42	31.5	7FB
30	72	47	33.5	7FB
35	80	51	35.5	7FB
40	90	56	39.5	7FB
45	95	63	45	7FC
45	100	60	41.5	7FB

表 12（续）

单位为毫米

d	D	B_1	C_1	尺寸系列
50	105	69	49	7FC
50	110	64	43.5	7FB
55	115	73	52	7FC
55	120	70	49	7FB
60	125	79	57	7FC
60	130	74	51	7FB
65	130	79	57	7FC
65	140	79	53	7GB
70	140	83	59	7FC
70	150	83	57	7GB
75	150	89	63	7FC
75	160	88	60	7GB
80	160	95	67	7FC
80	170	94	63	7GB
85	170	102	72	7FC
85	180	99	66	7GB
90	175	102	72	7FC
90	190	103	70	7GB
95	180	104	72	7FC
95	200	109	74	7GB
100	190	110	76	7FC
100	215	124	81	7GB
105	200	114	80	7FC
105	225	127	83	7GB
110	210	120	84	7GC
110	240	137	87	7GB
120	220	120	84	7FC
120	260	148	96	7GB
130	230	120	84	7FC
130	280	156	100	7GB
140	240	120	84	7FC
140	300	168	108	7GB
150	250	120	84	7FC
150	320	178	114	7GB

6.4 圆锥滚子轴承凸缘外圈

接触角系列 2、3、4 和 7 的凸缘外形尺寸分别按表 13～表 16 的规定。

注：未在表 13～表 16 中规定的适用于凸缘外圈的凸缘尺寸按附录 A 的规定。

表 13 接触角系列 2

单位为毫米

D	D_1	C_2										
		尺寸系列										
		2CD	2CE	2DB	2DD	2DE	2EE	2FB	2FD	2FE	2GB	2GD
40	44	—	—	3	3	—	—	—	—	—	—	—
42	46	—	—	—	—	—	—	3	—	—	—	—
47	51	—	—	3	3	—	—	3	4	—	—	—
52	57	3.5	—	—	—	—	—	3.5	4.5	—	—	—
62	67	—	—	—	—	4.5	—	4	5	—	—	—
65	70	—	—	—	—	4.5	—	—	—	—	—	—
72	77	—	—	—	—	5	—	4	6	—	—	—
75	79	—	4.5[a]	—	—	—	—	—	—	—	—	—
75	80	—	4.5[b]	—	—	—	—	—	—	—	—	—
80	84	—	4.5	—	—	—	—	—	—	—	—	—
80	85	—	—	—	—	5	—	4.5	—	6	—	—
90	94	—	5	—	—	—	—	—	—	—	—	—
90	95	—	—	—	—	—	—	4.5	6	—	—	—
95	99	—	5	—	—	—	—	—	—	—	—	—
95	100	—	—	—	6	—	—	—	—	—	—	—
100	104	—	5	—	—	—	—	—	—	—	—	—
100	106	—	—	—	—	—	—	5	7	—	—	—
110	116	—	5	—	—	—	—	5	8	—	—	—
115	121	—	5	—	—	—	—	—	—	—	—	—
120	127	—	—	—	—	—	—	5.5	8	—	—	—
125	131	—	5.5	—	—	—	—	—	—	—	—	—
130	136	—	5.5	—	—	—	—	—	—	—	—	—
130	137	—	—	—	—	—	—	5.5	8	—	—	—
140	146	—	6	—	—	—	—	—	—	—	—	—
140	147	—	—	—	—	—	—	—	—	—	6	8
145	151	—	6	—	—	—	—	—	—	—	—	—
150	156	—	6	—	—	—	—	—	—	—	—	—
150	158	—	—	—	—	—	—	—	—	—	7	10

表 13（续）

单位为毫米

D	D_1	C_2										
		尺寸系列										
		2CD	2CE	2DB	2DD	2DE	2EE	2FB	2FD	2FE	2GB	2GD
160	168	—	—	—	—	7.5	—	—	—	—	7	10
170	178	—	—	—	—	8.5	—	—	—	—	—	—
170	179	—	—	—	—	—	—	—	—	—	7	11
180	188	—	—	—	—	8.5	—	—	—	—	—	—
180	190	—	—	—	—	—	—	—	—	—	8	11
190	200	—	—	—	—	—	—	—	—	—	8	11
200	208	—	—	—	—	—	9	—	—	—	—	—
200	210	—	—	—	—	—	—	—	—	—	8	11
210	218	—	—	—	—	9	—	—	—	—	—	—
215	225	—	—	—	—	—	—	—	—	—	9	12
225	233	—	—	—	—	—	10	—	—	—	—	—
225	236	—	—	—	—	—	—	—	—	—	9.5	12
240	251	—	—	—	—	—	—	—	—	—	9.5	12
260	272	—	—	—	—	—	—	—	—	—	11	13

[a] 仅适用于 2CE045 轴承。
[b] 仅适用于 2CE040 轴承。

表 14　接触角系列 3

单位为毫米

D	D_1	C_2													
		尺寸系列													
		3CC	3CD	3CE	3DB	3DC	3DD	3DE	3EB	3EC	3EE	3FB	3FC	3FD	3FE
42	46	3	—	—	—	—	—	—	—	—	—	—	—	—	—
44	48	3	—	—	—	—	—	—	—	—	—	—	—	—	—
52	57	3.5	—	—	—	—	—	—	—	—	—	—	—	—	—
62	67	—	—	—	3.5	4	—	—	—	—	—	—	—	—	—
65	70	—	—	—	3.5	—	—	—	—	—	—	—	—	—	—
68	72	—	3.5	—	—	—	—	—	—	—	—	—	—	—	—
72	77	—	—	—	4	4.5	—	—	—	—	—	—	—	—	—
75	79	3.5	—	—	—	—	—	—	—	—	—	—	—	—	—
80	84	3.5	—	—	—	—	—	—	—	—	—	—	—	—	—
80	85	—	—	4.5	4	4.5	—	—	—	—	—	—	—	—	—

表 14（续）

单位为毫米

D	D_1	C_2													
		尺寸系列													
		3CC	3CD	3CE	3DB	3DC	3DD	3DE	3EB	3EC	3EE	3FB	3FC	3FD	3FE
85	90	—	—	5	4	4.5	—	5	—	—	—	—	—	—	—
90	94	4	—	—	—	—	—	—	—	—	—	—	—	—	—
90	95	—	—	—	4	4.5	—	5.5	—	—	—	—	—	—	—
95	101	—	—	5	—	—	—	—	—	—	—	—	—	—	—
100	106	—	—	5	4.5	5	—	6	—	—	—	—	—	—	—
110	116	—	—	—	—	—	—	5.5	4.5	5	7	—	—	—	—
120	127	—	—	—	—	—	—	6	4.5	6	7	—	—	—	—
125	131	5	—	—	—	—	—	—	—	—	—	—	—	—	—
125	132	—	—	—	—	—	—	6	5	6	7	—	—	—	—
130	136.5	—	—	—	—	—	7	—	—	—	—	—	—	—	—
130	137	—	—	—	—	—	—	6	—	—	7	—	—	—	—
140	146	5.5	—	—	—	—	—	—	—	—	—	—	—	—	—
140	147	—	—	—	—	—	—	7	5	6	8	—	—	—	—
150	158	—	—	—	—	—	—	8	5	7	9	—	—	—	—
160	168	—	—	—	—	—	—	—	—	—	9	6	8	—	10[a]
165	173	—	—	—	—	—	—	—	—	—	9	—	—	—	—
170	179	—	—	—	—	—	—	—	—	—	—	6.5	8	—	10
175	184	—	—	—	—	—	—	—	—	—	9	—	—	—	—
180	190	—	—	—	—	—	—	—	—	—	9	7	8	—	10
190	200	—	—	—	—	—	—	—	—	—	—	7	9	—	11[b]
200	210	—	—	—	—	—	—	—	—	—	—	7	10	—	10
280	292	—	—	—	—	—	—	—	—	—	—	—	—	11	—

[a] 仅适用于 3FE090 轴承。

[b] 仅适用于 3FE105 轴承。

表 15 接触角系列 4

单位为毫米

D	D_1	C_2											
		尺寸系列											
		4CB	4CC	4CD	4DB	4DC	4EB	4EC	4FB	4FC	4FD	4GB	4GD
45	49	—	—	—	3	—	—	—	—	—	—	—	—
47	51	3	3	—	—	—	—	—	—	—	—	—	—
50	54	3	—	—	—	—	—	—	—	—	—	—	—
52	56	—	3	—	—	—	—	—	—	—	—	—	—
55	59	3	3	—	—	—	—	—	—	—	—	—	—
58	62	—	3	—	—	—	—	—	—	—	—	—	—
60	64	3	—	—	—	—	—	—	—	—	—	—	—
62	66	—	3	—	—	—	—	—	—	—	—	—	—
65	69	—	—	—	3	—	—	—	—	—	—	—	—
70	75	—	—	—	3	—	—	—	—	—	—	—	—
75	80	3	—	—	—	—	—	—	—	—	—	—	—
85	90	—	—	—	3	—	—	—	—	—	—	—	—
90	95	—	—	—	3	—	—	—	—	—	—	—	—
95	99	—	4	—	—	—	—	—	—	—	—	—	—
95	100	3	—	—	—	—	—	—	—	—	—	—	—
100	104	—	4	—	—	—	—	—	—	—	—	—	—
100	105	3	—	—	—	—	—	—	—	—	—	—	—
105	111	3	—	—	—	—	—	—	—	—	—	—	—
110	116	3	4.5	—	—	—	—	—	—	—	—	—	—
115	121	3	4.5	—	—	—	—	—	—	—	—	—	—
115	122	—	5	—	—	—	—	—	—	—	—	—	—
125	132	4	—	—	—	—	—	—	—	—	—	—	—
130	135.5	—	—	5.5	—	—	—	—	—	—	—	—	—
130	136	—	5	—	—	—	—	—	—	—	—	—	—
130	137	4	—	—	5	6	—	—	—	—	—	—	—
135	142	4	—	—	—	—	—	—	—	—	—	—	—
140	147	4	—	—	—	—	—	—	—	—	—	—	—

表 15（续）

单位为毫米

D	D_1	C_2											
		尺寸系列											
		4CB	4CC	4CD	4DB	4DC	4EB	4EC	4FB	4FC	4FD	4GB	4GD
145	151	—	5.5	—	—	—	—	—	—	—	—	—	—
145	152	4	—	—	—	—	—	—	—	—	—	—	—
150	156	—	5.5	—	—	—	—	—	—	—	—	—	—
150	157	4	—	—	—	—	—	—	—	—	—	—	—
160	167	5	—	—	—	—	—	—	—	—	—	—	—
160	168	—	—	—	—	6.5	—	—	—	—	—	—	—
165	172	—	5.5	—	—	—	—	—	—	—	—	—	—
170	177	5	—	—	—	—	—	—	—	—	—	—	—
170	178	—	—	—	—	6.5	—	—	—	—	—	—	—
180	188	—	—	—	—	6.5	—	—	—	—	—	—	—
185	192	5	—	—	—	—	—	—	—	—	—	—	—
195	202	5	—	—	—	—	—	—	—	—	—	—	—
200	208	—	—	—	—	—	—	8	—	—	—	—	—
210	218	—	—	—	6	8	—	—	—	—	—	—	—
215	225	—	—	—	—	—	—	—	8	—	11	—	—
220	228	—	—	—	6	—	—	—	—	—	—	—	—
225	233	—	—	—	—	—	—	8.5	—	—	—	—	—
230	238	—	—	—	6	—	—	—	—	—	—	—	—
230	241	—	—	—	—	—	—	—	8	—	11	—	—
240	248	—	—	—	6	—	—	9	—	—	—	—	—
250	261	—	—	—	—	—	—	—	9	—	12	—	—
260	268	—	—	—	7	—	—	10	—	—	—	—	—
270	278	—	—	—	7	—	—	—	—	—	—	—	—
270	282	—	—	—	—	—	—	—	—	—	—	9	12
290	298	—	—	—	7	—	—	—	—	—	—	—	—
320	330	—	—	—	—	—	8	—	—	—	—	—	—
340	350	—	—	—	8	—	—	—	—	—	—	—	—
370	380	—	—	—	—	—	9	—	—	—	—	—	—
400	410	—	—	—	—	—	10	—	—	—	—	—	—
420	432	—	—	—	—	—	10	—	—	—	—	—	—

表 16 接触角系列 7

单位为毫米

D	D_1	C_2		D	D_1	C_2	
		尺寸系列				尺寸系列	
		7FB	7GB			7FB	7GB
62	67	4	—	160	168	—	7
72	77	4	—	170	179	—	7
80	85	4.5	—	180	190	—	8
90	95	4.5	—	190	200	—	8
100	106	5	—	200	210	—	8
110	116	5	—	215	225	—	9
120	127	5.5	—	225	236	—	9.5
130	137	5.5	—	240	251	—	9.5
140	147	—	6	260	272	—	11
150	158	—	7				

附　录　A
（资料性附录）
补充规格的外圈凸缘尺寸

A.1　范围

本附录规定的凸缘尺寸适用于未在本部分正文中规定的米制圆锥滚子轴承凸缘外圈。因此，本附录规定的凸缘外圈应视为非标外圈。

A.2　凸缘尺寸

凸缘宽度见表 A.1，凸缘高度见表 A.2。

表 A.1　凸缘宽度　　单位为毫米

C		C_2				
		接触角系列[a]				
>	≤	2	3	4	5	6 和 7
—	16	3	3	3	3	3
16	19	3	4	4	4	4
19	22	4	5	5	5	6
22	25	5	5	6	6	7
25	28	6	6	7	7	8
28	31	6	7	8	8	9
31	35	7	8	9	9	10
35	40	8	9	10	11	11
40	45	9	10	11	12	12
45	52	10	11	12	13	13
52	60	10	12	13	14	14
60	70	11	13	14	15	15

[a] 接触角系列按表 1 的规定。

表 A.2 凸缘高度

单位为毫米

C_2	D		h_1
	>	≤	
3	—	65	2
3	65	100	2.5
3	100	—	3
4	—	所有尺寸	3.5
5	—	所有尺寸	3.5
6	—	所有尺寸	4
7	—	所有尺寸	4
8	—	所有尺寸	5
9	—	所有尺寸	5
10	—	400	5
10	400	—	6
11	—	所有尺寸	6
12	—	所有尺寸	6
13	—	所有尺寸	6
14	—	所有尺寸	7
15	—	所有尺寸	7

ICS 21.100.20
J 11

中华人民共和国国家标准

GB/T 273.2—2006/ISO 104:2002
代替 GB/T 273.2—1998

滚动轴承　推力轴承　外形尺寸总方案

Rolling bearings—Thrust bearings—Boundary dimensions, general plan

(ISO 104:2002, IDT)

2006-01-09 发布　　2006-08-01 实施

中华人民共和国国家质量监督检验检疫总局
中国国家标准化管理委员会　发布

前　言

GB/T 273 分为 3 个部分：

——第 1 部分：滚动轴承　圆锥滚子轴承　外形尺寸总方案；

——第 2 部分：滚动轴承　推力轴承　外形尺寸总方案；

——第 3 部分：滚动轴承　向心轴承　外形尺寸总方案。

本部分为 GB/T 273 的第 2 部分。

本部分等同采用 ISO 104:2002《滚动轴承　推力轴承　外形尺寸总方案》。

本部分代替 GB/T 273.2—1998《滚动轴承　推力轴承　外形尺寸总方案》。

本部分等同翻译 ISO 104:2002。为便于使用，本部分作了下列编辑性修改：

——“本国际标准”一词改为“本部分”；

——用小数点“.”代替作为小数点的逗号“,”；

——删除了国际标准的前言。

本部分与 GB/T 273.2—1998 相比，主要变化如下：

——删除了 ISO 前言(1998 年版的 ISO 前言)；

——增加了 3 项、删除了 1 项引用标准(1998 年版和本版的第 2 章)；

——增加了“术语和定义”(见第 3 章)；

——调整了符号的编排顺序，更改了单向轴承轴圈公称外径、轴承座圈公称内径、双向轴承中圈公称外径的符号、修改了轴圈(单向轴承)和座圈背面倒角尺寸、中圈端面倒角尺寸的符号(见第 4 章)；

——增加了“总则”(见 5.1)；

——增加了参考文献(见参考文献)。

本部分的附录 A 为资料性附录。

本部分由中国机械工业联合会提出。

本部分由全国滚动轴承标准化技术委员会(SAC/TC 98)归口。

本部分起草单位：洛阳轴承研究所。

本部分主要起草人：马素青。

本部分所代替标准的历次版本发布情况为：

——GB 273.2—1964、GB 273.2—1981、GB 273.2—1987、GB/T 273.2—1998。

滚动轴承　推力轴承　外形尺寸总方案

1　范围

GB/T 273 的本部分规定了单向和双向平底推力轴承的主要外形尺寸。此外，本部分还规定了尺寸系列为 11、12、13、14、22、23 和 24 轴承的座圈最小内径和轴圈最大外径。

本部分还规定了单向推力轴承外形尺寸总方案的延伸规则，参见附录 A。

2　规范性引用文件

下列文件中的条款通过 GB/T 273 的本部分的引用而成为本部分的条款。凡是注日期的引用文件，其随后所有的修改单(不包括勘误的内容)或修订版均不适用于本部分，然而，鼓励根据本部分达成协议的各方研究是否可使用这些文件的最新版本。凡是不注日期的引用文件，其最新版本适用于本部分。

GB/T 274—2000　滚动轴承　倒角尺寸最大值(idt ISO 582:1995)

GB/T 6930—2002　滚动轴承　词汇(ISO 5593:1997,IDT)

ISO 1132-1:2000　滚动轴承　公差　第 1 部分:术语和定义

ISO 15241:2001　滚动轴承　参数符号

3　术语和定义

GB/T 6930—2002、ISO 1132-1:2000 和 ISO 15241:2001 中确立的术语和定义适用于本部分。

4　符号

B——中圈高度；

D——座圈外径；

D_1——座圈内径；

D_{1smin}——座圈最小单一内径；

d——单向轴承轴圈内径；

d_1——单向轴承轴圈外径；

d_{1smax}——轴圈最大单一外径；

d_2——双向轴承中圈内径；

d_3——双向轴承中圈外径；

d_{3smax}——中圈最大单一外径；

r——轴圈(单向轴承)和座圈背面倒角尺寸；

r_{smin}——轴圈(单向轴承)和座圈背面最小单一倒角尺寸；

r_1——中圈端面倒角尺寸；

r_{1smin}——中圈端面最小单一倒角尺寸；

T——单向轴承高度；

T_1——双向轴承高度。

5　外形尺寸

5.1　总则

除另有说明外，图 1 和图 2 中所示符号及表 1～表 9 中所给数值均表示公称尺寸。

对应于表 1～表 9 中 r_{smin} 和 r_{1smin} 尺寸的最大单一倒角尺寸规定在 GB/T 274—2000 中。

倒角表面的确切形状不予规定，但是在轴向平面内其轮廓不应超出与垫圈背面和内孔或外圆柱表面相切的半径为 r_{smin} 的假想圆弧，同时也不应超出与垫圈端面和圆柱孔表面相切的半径为 r_{1smin} 的假想圆弧。

倒角尺寸 r 和 r_1 仅适用于图 1 和图 2 所注明的倒角，其他倒角未规定尺寸，但不应为尖角。

5.2 单向推力轴承

图 1 所示的尺寸见表 1～表 6。

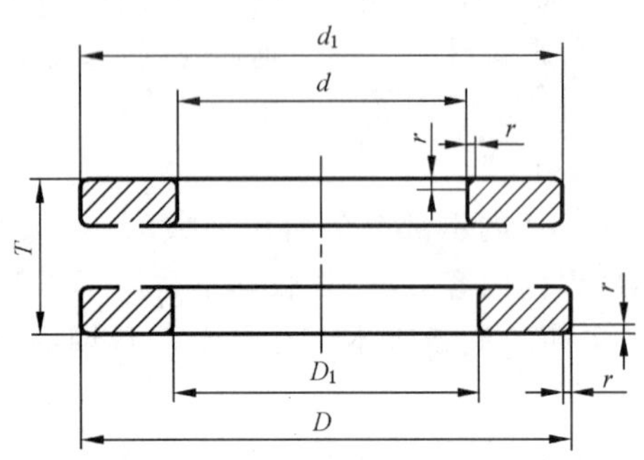

图 1 单向推力轴承

5.3 双向推力轴承

图 2 所示的尺寸见表 7～表 9。

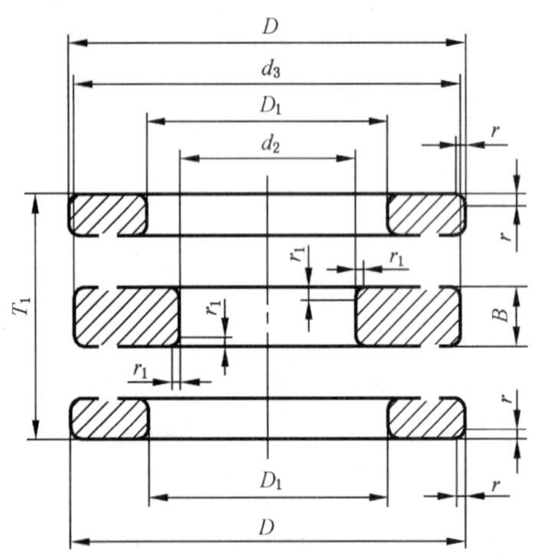

图 2 双向推力轴承

表 1 单向推力轴承—直径系列 0

单位为毫米

d	D	r_{smin}	尺寸系列			d	D	r_{smin}	尺寸系列		
			70	90	10				70	90	10
			T						T		
4	12	0.3	4	—	6	15	26	0.3	5	—	7
6	16	0.3	5	—	7	17	28	0.3	5	—	7
8	18	0.3	5	—	7	20	32	0.3	6	—	8
10	20	0.3	5	—	7	25	37	0.3	6	—	8
12	22	0.3	5	—	7	30	42	0.3	6	—	8

表 1(续)

单位为毫米

d	D	r_{smin}	尺寸系列			d	D	r_{smin}	尺寸系列		
			70	90	10				70	90	10
			T						T		
35	47	0.3	6	—	8	440	480	1	18	24	30
40	52	0.3	6	—	9						
45	60	0.3	7	—	10	460	500	1	18	24	30
50	65	0.3	7	—	10	480	520	1	18	24	30
55	70	0.3	7	—	10	500	540	1	18	24	30
						530	580	1.1	23	30	38
60	75	0.3	7	—	10	560	610	1.1	23	30	38
65	80	0.3	7	—	10						
70	85	0.3	7	—	10	600	650	1.1	23	30	38
75	90	0.3	7	—	10	630	680	1.1	23	30	38
80	95	0.3	7	—	10	670	730	1.5	27	36	45
						710	780	1.5	32	42	53
85	100	0.3	7	—	10	750	820	1.5	32	42	53
90	105	0.3	7	—	10						
100	120	0.6	9	—	14	800	870	1.5	32	42	53
110	130	0.6	9	—	14	850	920	1.5	32	42	53
120	140	0.6	9	—	14	900	980	2	36	48	63
						950	1 030	2	36	48	63
130	150	0.6	9	—	14	1 000	1 090	2.1	41	54	70
140	160	0.6	9	—	14						
150	170	0.6	9	—	14	1 060	1 150	2.1	41	54	70
160	180	0.6	9	—	14	1 120	1 220	2.1	45	60	80
170	190	0.6	9	—	14	1 180	1 280	2.1	45	60	80
						1 250	1 360	3	50	67	85
180	200	0.6	9	—	14	1 320	1 440	3	—	—	95
190	215	1	11	—	17						
200	225	1	11	—	17	1 400	1 520	3	—	—	95
220	250	1	14	—	22	1 500	1 630	4	—	—	105
240	270	1	14	—	22	1 600	1 730	4	—	—	105
						1 700	1 840	4	—	—	112
260	290	1	14	—	22	1 800	1 950	4	—	—	120
280	310	1	14	—	22						
300	340	1	18	24	30	1 900	2 060	5	—	—	130
320	360	1	18	24	30	2 000	2 160	5	—	—	130
340	380	1	18	24	30	2 120	2 300	5	—	—	140
						2 240	2 430	5	—	—	150
360	400	1	18	24	30	2 360	2 550	5	—	—	150
380	420	1	18	24	30						
400	440	1	18	24	30	2 500	2 700	5	—	—	160
420	460	1	18	24	30						

表 2　单向推力轴承—直径系列 1

单位为毫米

d	D	r_{smin}	尺寸系列					d	D	r_{smin}	尺寸系列				
			71	91	11						71	91	11		
			T			d_{1smax}	D_{1smin}				T			d_{1smax}	D_{1smin}
10	24	0.3	6	—	9	24	11	360	440	2	36	48	65	436	364
12	26	0.3	6	—	9	26	13	380	460	2	36	48	65	456	384
15	28	0.3	6	—	9	28	16	400	480	2	36	48	65	476	404
17	30	0.3	6	—	9	30	18								
20	35	0.3	7	—	10	35	21	420	500	2	36	48	65	495	424
								440	540	2.1	45	60	80	535	444
25	42	0.6	8	—	11	42	26	460	560	2.1	45	60	80	555	464
30	47	0.6	8	—	11	47	32	480	580	2.1	45	60	80	575	484
35	52	0.6	8	—	12	52	37	500	600	2.1	45	60	80	595	504
40	60	0.6	9	—	13	60	42								
45	65	0.6	9	—	14	65	47	530	640	3	50	67	85	635	534
								560	670	3	50	67	85	665	564
50	70	0.6	9	—	14	70	52	600	710	3	50	67	85	705	604
55	78	0.6	10	—	16	78	57	630	750	3	54	73	95	745	634
60	85	1	11	—	17	85	62	670	800	4	58	78	105	795	674
65	90	1	11	—	18	90	67								
70	95	1	11	—	18	95	72	710	850	4	63	85	112	845	714
								750	900	4	67	90	120	895	755
75	100	1	11	—	19	100	77	800	950	4	67	90	120	945	805
80	105	1	11	—	19	105	82	850	1 000	4	67	90	120	995	855
85	110	1	11	—	19	110	87	900	1 060	5	73	95	130	1 055	905
90	120	1	14	—	22	120	92								
100	135	1	16	21	25	135	102	950	1 120	5	78	103	135	1 115	955
								1 000	1 180	5	82	109	140	1 175	1 005
110	145	1	16	21	25	145	112	1 060	1 250	5	85	115	150	1 245	1 065
120	155	1	16	21	25	155	122	1 120	1 320	5	90	122	160	1 315	1 125
130	170	1	18	24	30	170	132	1 180	1 400	6	100	132	175	1 395	1 185
140	180	1	18	24	31	178	142								
150	190	1	18	24	31	188	152	1 250	1 460	6	—	—	175	1 455	1 255
								1 320	1 540	6	—	—	175	1 535	1 325
160	200	1	18	24	31	198	162	1 400	1 630	6	—	—	180	1 620	1 410
170	215	1.1	20	27	34	213	172	1 500	1 750	6	—	—	195	1 740	1 510
180	225	1.1	20	27	34	222	183	1 600	1 850	6	—	—	195	1 840	1 610
190	240	1.1	23	30	37	237	193								
200	250	1.1	23	30	37	247	203	1 700	1 970	7.5	—	—	212	1 960	1 710
								1 800	2 080	7.5	—	—	220	2 070	1 810
220	270	1.1	23	30	37	267	223	1 900	2 180	7.5	—	—	220	2 170	1 910
240	300	1.5	27	36	45	297	243	2 000	2 300	7.5	—	—	236	2 290	2 010
260	320	1.5	27	36	45	317	263	2 120	2 430	7.5	—	—	243	2 420	2 130
280	350	1.5	32	42	53	347	283								
300	380	2	36	48	62	376	304	2 240	2 570	9.5	—	—	258	2 560	2 250
								2 360	2 700	9.5	—	—	265	2 690	2 370
320	400	2	36	48	63	396	324	2 500	2 850	9.5	—	—	272	2 840	2 510
340	420	2	36	48	64	416	344								

表 3 单向推力轴承—直径系列 2

单位为毫米

d	D	r_{smin}	尺寸系列					d	D	r_{smin}	尺寸系列				
			72	92	12						72	92	12		
			T			d_{1smax}	D_{1smin}				T			d_{1smax}	D_{1smin}
4	16	0.3	6	—	8	16	4	260	360	2.1	45	60	79	355	264
6	20	0.3	6	—	9	20	6	280	380	2.1	45	60	80	375	284
8	22	0.3	6	—	9	22	8	300	420	3	54	73	95	415	304
10	26	0.6	7	—	11	26	12	320	440	3	54	73	95	435	325
12	28	0.6	7	—	11	28	14	340	460	3	54	73	96	455	345
15	32	0.6	8	—	12	32	17	360	500	4	63	85	110	495	365
17	35	0.6	8	—	12	35	19	380	520	4	63	85	112	515	385
20	40	0.6	9	—	14	40	22	400	540	4	63	85	112	535	405
25	47	0.6	10	—	15	47	27	420	580	5	73	95	130	575	425
30	52	0.6	10	—	16	52	32	440	600	5	73	95	130	595	445
35	62	1	12	—	18	62	37	460	620	5	73	95	130	615	465
40	68	1	13	—	19	68	42	480	650	5	78	103	135	645	485
45	73	1	13	—	20	73	47	500	670	5	78	103	135	665	505
50	78	1	13	—	22	78	52	530	710	5	82	109	140	705	535
55	90	1	16	21	25	90	57	560	750	5	85	115	150	745	565
60	95	1	16	21	26	95	62	600	800	5	90	122	160	795	605
65	100	1	16	21	27	100	67	630	850	6	100	132	175	845	635
70	105	1	16	21	27	105	72	670	900	6	103	140	180	895	675
75	110	1	16	21	27	110	77	710	950	6	109	145	190	945	715
80	115	1	16	21	28	115	82	750	1 000	6	112	150	195	995	755
85	125	1	18	24	31	125	88	800	1 060	7.5	118	155	205	1 055	805
90	135	1.1	20	27	35	135	93	850	1 120	7.5	122	160	212	1 115	855
100	150	1.1	23	30	38	150	103	900	1 180	7.5	125	170	220	1 175	905
110	160	1.1	23	30	38	160	113	950	1 250	7.5	136	180	236	1 245	955
120	170	1.1	23	30	39	170	123	1 000	1 320	9.5	145	190	250	1 315	1 005
130	190	1.5	27	36	45	187	133	1 060	1 400	9.5	155	206	265	1 395	1 065
140	200	1.5	27	36	46	197	143	1 120	1 460	9.5	—	206	—	—	—
150	215	1.5	29	39	50	212	153	1 180	1 520	9.5	—	206	—	—	—
160	225	1.5	29	39	51	222	163	1 250	1 610	9.5	—	216	—	—	—
170	240	1.5	32	42	55	237	173	1 320	1 700	9.5	—	228	—	—	—
180	250	1.5	32	42	56	247	183	1 400	1 790	12	—	234	—	—	—
190	270	2	36	48	62	267	194	1 500	1 920	12	—	252	—	—	—
200	280	2	36	48	62	277	204	1 600	2 040	15	—	264	—	—	—
220	300	2	36	48	63	297	224	1 700	2 160	15	—	276	—	—	—
240	340	2.1	45	60	78	335	244	1 800	2 280	15	—	288	—	—	—

表 4　单向推力轴承—直径系列 3

单位为毫米

d	D	r_{smin}	尺寸系列					d	D	r_{smin}	尺寸系列				
			73	93	13						73	93	13		
			T			d_{1smax}	D_{1smin}				T			d_{1smax}	D_{1smin}
4	20	0.6	7	—	11	20	4	260	420	5	73	95	130	415	265
6	24	0.6	8	—	12	24	6	280	440	5	73	95	130	435	285
8	26	0.6	8	—	12	26	8	300	480	5	82	109	140	475	305
10	30	0.6	9	—	14	30	10	320	500	5	82	109	140	495	325
12	32	0.6	9	—	14	32	12	340	540	5	90	122	160	535	345
15	37	0.6	10	—	15	37	15	360	560	5	90	122	160	555	365
17	40	0.6	10	—	16	40	19	380	600	6	100	132	175	595	385
20	47	1	12	—	18	47	22	400	620	6	100	132	175	615	405
25	52	1	12	—	18	52	27	420	650	6	103	140	180	645	425
30	60	1	14	—	21	60	32	440	680	6	109	145	190	675	445
35	68	1	15	—	24	68	37	460	710	6	112	150	195	705	465
40	78	1	17	22	26	78	42	480	730	6	112	150	195	725	485
45	85	1	18	24	28	85	47	500	750	6	112	150	195	745	505
50	95	1.1	20	27	31	95	52	530	800	7.5	122	160	212	795	535
55	105	1.1	23	30	35	105	57	560	850	7.5	132	175	224	845	565
60	110	1.1	23	30	35	110	62	600	900	7.5	136	180	236	895	605
65	115	1.1	23	30	36	115	67	630	950	9.5	145	190	250	945	635
70	125	1.1	25	34	40	125	72	670	1 000	9.5	150	200	258	995	675
75	135	1.5	27	36	44	135	77	710	1 060	9.5	160	212	272	1 055	715
80	140	1.5	27	36	44	140	82	750	1 120	9.5	165	224	290	1 115	755
85	150	1.5	29	39	49	150	88	800	1 180	9.5	170	230	300	1 175	805
90	155	1.5	29	39	50	155	93	850	1 250	12	180	243	315	1 245	855
100	170	1.5	32	42	55	170	103	900	1 320	12	190	250	335	1 315	905
110	190	2	36	48	63	187	113	950	1 400	12	200	272	355	1 395	955
120	210	2.1	41	54	70	205	123	1 000	1 460	12	—	276	—	—	—
130	225	2.1	42	58	75	220	134	1 060	1 540	15	—	288	—	—	—
140	240	2.1	45	60	80	235	144	1 120	1 630	15	—	306	—	—	—
150	250	2.1	45	60	80	245	154	1 180	1 710	15	—	318	—	—	—
160	270	3	50	67	87	265	164	1 250	1 800	19	—	330	—	—	—
170	280	3	50	67	87	275	174	1 320	1 900	19	—	348	—	—	—
180	300	3	54	73	95	295	184	1 400	2 000	19	—	360	—	—	—
190	320	4	58	78	105	315	195	1 500	2 140	19	—	384	—	—	—
200	340	4	63	85	110	335	205	1 600	2 270	19	—	402	—	—	—
220	360	4	63	85	112	355	225								
240	380	4	63	85	112	375	245								

表 5 单向推力轴承—直径系列 4

单位为毫米

d	D	r_{smin}	尺寸系列					d	D	r_{smin}	尺寸系列				
			74	94	14						74	94	14		
			T			d_{1smax}	D_{1smin}				T			d_{1smax}	D_{1smin}
25	60	1	16	21	24	60	27	300	540	6	109	145	190	535	305
30	70	1	18	24	28	70	32	320	580	7.5	118	155	205	575	325
35	80	1.1	20	27	32	80	37	340	620	7.5	125	170	220	615	345
40	90	1.1	23	30	36	90	42	360	640	7.5	125	170	220	635	365
45	100	1.1	25	34	39	100	47	380	670	7.5	132	175	224	665	385
50	110	1.5	27	36	43	110	52	400	710	7.5	140	185	243	705	405
55	120	1.5	29	39	48	120	57	420	730	7.5	140	185	243	725	425
60	130	1.5	32	42	51	130	62	440	780	9.5	155	206	265	775	445
65	140	2	34	45	56	140	68	460	800	9.5	155	206	265	795	465
70	150	2	36	48	60	150	73	480	850	9.5	165	224	290	845	485
75	160	2	38	51	65	160	78	500	870	9.5	165	224	290	865	505
80	170	2.1	41	54	68	170	83	530	920	9.5	175	236	308	915	535
85	180	2.1	42	58	72	177	88	560	980	12	190	250	335	975	565
90	190	2.1	45	60	77	187	93	600	1 030	12	195	258	335	1 025	605
100	210	3	50	67	85	205	103	630	1 090	12	206	280	365	1 085	635
110	230	3	54	73	95	225	113	670	1 150	15	218	290	375	1 145	675
120	250	4	58	78	102	245	123	710	1 220	15	230	308	400	1 215	715
130	270	4	63	85	110	265	134	750	1 280	15	236	315	412	1 275	755
140	280	4	63	85	112	275	144	800	1 360	15	250	335	438	1 355	805
150	300	4	67	90	120	295	154	850	1 440	15	—	354	—	—	—
160	320	5	73	95	130	315	164	900	1 520	15	—	372	—	—	—
170	340	5	78	103	135	335	174	950	1 600	15	—	390	—	—	—
180	360	5	82	109	140	355	184	1 000	1 670	15	—	402	—	—	—
190	380	5	85	115	150	375	195	1 060	1 770	15	—	426	—	—	—
200	400	5	90	122	155	395	205	1 120	1 860	15	—	444	—	—	—
220	420	6	90	122	160	415	225	1 180	1 950	19	—	462	—	—	—
240	440	6	90	122	160	435	245	1 250	2 050	19	—	480	—	—	—
260	480	6	100	132	175	475	265	1 320	2 160	19	—	505	—	—	—
280	520	6	109	145	190	515	285	1 400	2 280	19	—	530	—	—	—

表 6 单向推力轴承—直径系列 5

单位为毫米

d	D	r_{smin}	尺寸系列 95 T	d	D	r_{smin}	尺寸系列 95 T
17	52	1	21	180	420	6	145
20	60	1	24	190	440	6	150
25	73	1.1	29	200	460	7.5	155
30	85	1.1	34	220	500	7.5	170
35	100	1.1	39	240	540	7.5	180
40	110	1.5	42	260	580	9.5	190
45	120	2	45	280	620	9.5	206
50	135	2	51	300	670	9.5	224
55	150	2.1	58	320	710	9.5	236
60	160	2.1	60	340	750	12	243
65	170	2.1	63	360	780	12	250
70	180	3	67	380	820	12	265
75	190	3	69	400	850	12	272
80	200	3	73	420	900	15	290
85	215	4	78	440	950	15	308
90	225	4	82	460	980	15	315
100	250	4	90	480	1000	15	315
110	270	5	90	500	1060	15	335
120	300	5	109	530	1090	15	335
130	320	5	115	560	1150	15	355
140	340	5	122	600	1220	15	375
150	360	6	125	630	1280	15	388
160	380	6	132	670	1320	15	388
170	400	6	140	710	1400	15	412

表 7 双向推力轴承—直径系列 2—尺寸系列 22

单位为毫米

d_2	d[a]	D	r_{smin}	r_{1smin}	T_1	B	d_{3smax}	D_{1smin}
10	15	32	0.6	0.3	22	5	32	17
15	20	40	0.6	0.3	26	6	40	22
20	25	47	0.6	0.3	28	7	47	27
25	30	52	0.6	0.3	29	7	52	32
30	35	62	1	0.3	34	8	62	37
30	40	68	1	0.6	36	9	68	42
35	45	73	1	0.6	37	9	73	47
40	50	78	1	0.6	39	9	78	52
45	55	90	1	0.6	45	10	90	57
50	60	95	1	0.6	46	10	95	62

表 7(续)

单位为毫米

d_2	d^a	D	r_{smin}	r_{1smin}	T_1	B	d_{3smax}	D_{1smin}
55	65	100	1	0.6	47	10	100	67
55	70	105	1	1	47	10	105	72
60	75	110	1	1	47	10	110	77
65	80	115	1	1	48	10	115	82
70	85	125	1	1	55	12	125	88
75	90	135	1.1	1	62	14	135	93
85	100	150	1.1	1	67	15	150	103
95	110	160	1.1	1	67	15	160	113
100	120	170	1.1	1.1	68	15	170	123
110	130	190	1.5	1.1	80	18	189.5	133
120	140	200	1.5	1.1	81	18	199.5	143
130	150	215	1.5	1.1	89	20	214.5	153
140	160	225	1.5	1.1	90	20	224.5	163
150	170	240	1.5	1.1	97	21	239.5	173
150	180	250	1.5	2	98	21	249	183
160	190	270	2	2	109	24	269	194
170	200	280	2	2	109	24	279	204
190	220	300	2	2	110	24	299	224

a d 为表 3 中相应直径系列 2 单向轴承的轴圈内径。

表 8 双向推力轴承—直径系列 3—尺寸系列 23

单位为毫米

d_2	d^a	D	r_{smin}	r_{1smin}	T_1	B	d_{3smax}	D_{1smin}
20	25	52	1	0.3	34	8	52	27
25	30	60	1	0.3	38	9	60	32
30	35	68	1	0.3	44	10	68	37
30	40	78	1	0.6	49	12	78	42
35	45	85	1	0.6	52	12	85	47
40	50	95	1.1	0.6	58	14	95	52
45	55	105	1.1	0.6	64	15	105	57
50	60	110	1.1	0.6	64	15	110	62
55	65	115	1.1	0.6	65	15	115	67
55	70	125	1.1	1	72	16	125	72
60	75	135	1.5	1	79	18	135	77
65	80	140	1.5	1	79	18	140	82
70	85	150	1.5	1	87	19	150	88
75	90	155	1.5	1	88	19	155	93
85	100	170	1.5	1	97	21	170	103
95	110	190	2	1	110	24	189.5	113
100	120	210	2.1	1.1	123	27	209.5	123
110	130	225	2.1	1.1	130	30	224	134

表 8(续)

单位为毫米

d_2	d[a]	D	r_{smin}	r_{1smin}	T_1	B	d_{3smax}	D_{1smin}
120	140	240	2.1	1.1	140	31	239	144
130	150	250	2.1	1.1	140	31	249	154
140	160	270	3	1.1	153	33	269	164
150	170	280	3	1.1	153	33	279	174
150	180	300	3	2	165	37	299	184
160	190	320	4	2	183	40	319	195
170	200	340	4	2	192	42	339	205

a　d 为表 4 中相应直径系列 3 单向轴承的轴圈内径。

表 9　双向推力轴承—直径系列 4—尺寸系列 24

单位为毫米

d_2	d[a]	D	r_{smin}	r_{1smin}	T_1	B	d_{3smax}	D_{1smin}
15	25	60	1	0.6	45	11	60	27
20	30	70	1	0.6	52	12	70	32
25	35	80	1.1	0.6	59	14	80	37
30	40	90	1.1	0.6	65	15	90	42
35	45	100	1.1	0.6	72	17	100	47
40	50	110	1.5	0.6	78	18	110	52
45	55	120	1.5	0.6	87	20	120	57
50	60	130	1.5	0.6	93	21	130	62
50	65	140	2	1	101	23	140	68
55	70	150	2	1	107	24	150	73
60	75	160	2	1	115	26	160	78
65	80	170	2.1	1	120	27	170	83
65	85	180	2.1	1.1	128	29	179.5	88
70	90	190	2.1	1.1	135	30	189.5	93
80	100	210	3	1.1	150	33	209.5	103
90	110	230	3	1.1	166	37	229	113
95	120	250	4	1.5	177	40	249	123
100	130	270	4	2	192	42	269	134
110	140	280	4	2	196	44	279	144
120	150	300	4	2	209	46	299	154
130	160	320	5	2	226	50	319	164
135	170	340	5	2.1	236	50	339	174
140	180	360	5	3	245	52	359	184

a　d 为表 5 中相应直径系列 4 单向轴承的轴圈内径。

附 录 A
(资料性附录)
单向推力轴承外形尺寸总方案的延伸规则

A.1 总则

对于本部分未规定数值的任何新尺寸,应遵循以下规则进行计算。然而,外径和高度值的计算公式不应作为最终确定外形尺寸值的唯一依据。因为,为了保持本部分的连续性,以获得合适的轴承比例和采用优先尺寸,计算出的外形尺寸应适当加以修正。

因此,任何新尺寸都应取得全国滚动轴承标准化技术委员会的认可。

A.2 内径

轴圈内径 d,在 d 大于 500 mm 时,从 GB/T 321—1980 的 R40 优先数系中选取。

A.3 外径

座圈外径 D 按下式计算,单位为毫米:

$$D = d + f_D d^{0.8}$$

式中,f_D 系数按表 A.1 选取。

表 A.1 f_D 值

直径系列	0	1	2	3	4	5
f_D	0.36	0.72	1.2	1.84	2.68	3.8

算得的值,如和标准中已有的外径尺寸接近,应优先按标准选取;新的外径尺寸应按表 A.2 进行圆整。

表 A.2 D 的圆整

D/mm		圆整到最接近值
超过	到	
—	3	0.5 mm
3	80	1 mm
80	230	5 mm
230	—	10 mm

A.4 轴承高度

轴承高度 T 按下式计算,单位为毫米:

$$T = f_T \frac{D-d}{2}$$

式中,f_T 系数按表 A.3 选取。

表 A.3 f_T 值

高度系列	7	9	1
f_T	0.9	1.2	1.6

新的高度尺寸值应按表 A.4 进行圆整。

表 A.4 *T* 的圆整

T/mm		圆整到最接近值
超过	到	
—	3	0.1 mm
3	4	0.5 mm
4	500	1 mm
500	—	5 mm

A.5 最小单一倒角尺寸

最小单一倒角尺寸 r_{smin}应从 GB/T 274—2000 所列的 r_{smin}值中选取，原则上其数值应是最接近于但不应大于轴承高度 T 的 7%和截面$\frac{D-d}{2}$宽度的 7%两值中的较小者。

参 考 文 献

[1] GB/T 321—1980 优先数和优先数系.

ICS 21.100.20
J 11

中华人民共和国国家标准

GB/T 273.3—2015/ISO 15:2011
代替 GB/T 273.3—1999

滚动轴承　外形尺寸总方案
第3部分:向心轴承

Rolling bearings—Boundary dimensions,general plan—
Part 3:Radial bearings

(ISO 15:2011,Rolling bearings—Radial bearings—Boundary dimensions,general plan,IDT)

2015-02-04 发布　　2015-10-01 实施

中华人民共和国国家质量监督检验检疫总局
中国国家标准化管理委员会　发布

前　言

GB/T 273《滚动轴承　外形尺寸总方案》分为三个部分：

——第 1 部分：圆锥滚子轴承；

——第 2 部分：推力轴承；

——第 3 部分：向心轴承。

本部分为 GB/T 273 的第 3 部分。

本部分按照 GB/T 1.1—2009 给出的规则起草。

本部分代替 GB/T 273.3—1999《滚动轴承　向心轴承　外形尺寸总方案》。与 GB/T 273.3—1999 相比，除编辑性修改外，主要技术变化如下：

——修改了标准名称(见封面和首页，1999 年版的封面和首页)；

——修改了范围的表述(见第 1 章，1999 年版的第 1 章)；

——增加了部分规范性引用文件(见第 2 章)；

——增加了“术语和定义”(见第 3 章)；

——修改了部分外形尺寸表的表头(见表 1 和表 8，1999 年版的表 1 和表 8)。

本部分使用翻译法等同采用 ISO 15:2011《滚动轴承　向心轴承　外形尺寸总方案》。

与本部分中规范性引用的国际文件有一致性对应关系的我国文件如下：

——GB/T 274—2000　滚动轴承　倒角尺寸最大值(idt ISO 582:1995)；

——GB/T 305—1998　滚动轴承　外圈上的止动槽和止动环　尺寸和公差(eqv ISO 464:1995)；

——GB/T 6930—2002　滚动轴承　词汇(ISO 5593:1997，IDT)；

——GB/T 7811—2007　滚动轴承　参数符号(ISO 15241:2001，IDT)；

——GB/T 20057—2012　滚动轴承　圆柱滚子轴承　平挡圈和套圈无挡边端倒角尺寸(ISO 12043:2007，IDT)；

——GB/T 20058—2006　滚动轴承　单列角接触球轴承　外圈非推力端倒角尺寸(ISO 12044:1995，IDT)。

本部分做了下列编辑性修改：

——为与现有系列标准一致，将标准名称改为《滚动轴承　外形尺寸总方案　第 3 部分：向心轴承》。

本部分由中国机械工业联合会提出。

本部分由全国滚动轴承标准化技术委员会(SAC/TC 98)归口。

本部分起草单位：洛阳轴承研究所有限公司、襄阳汽车轴承股份有限公司。

本部分主要起草人：宋玉聪、严卫国。

本部分所代替标准的历次版本发布情况为：

——GB 273—1964；

——GB 273.3—1982、GB 273.3—1988、GB/T 273.3—1999。

引　言

本方案(GB/T 273 的本部分)旨在限制向心轴承的尺寸数目,以充分保证生产的经济性,但还能提供足够的尺寸数目满足轴承用户当前和将来的需要。

这些需求是综合且变化的。因此,本方案必须涵盖了较宽的尺寸和比例范围,需要时,甚至还可按照本标准附录 A 给出的规则进行延伸。

由于本部分给出的外形尺寸对于下述轴承而言并非是最佳的,因此已标准化的圆锥滚子轴承、外球面轴承、一些类型的滚针轴承和仪器精密轴承不需符合本部分。

滚动轴承　外形尺寸总方案 第3部分:向心轴承

1　范围

GB/T 273的本部分规定了直径系列7、8、9、0、1、2、3和4的向心轴承的优先外形尺寸。

2　规范性引用文件

下列文件对于本文件的应用是必不可少的。凡是注日期的引用文件,仅注日期的版本适用于本文件。凡是不注日期的引用文件,其最新版本(包括所有的修改单)适用于本文件。

ISO 464　滚动轴承　带定位止动环的向心轴承　外形尺寸和公差(Rolling bearings—Radial bearings with locating snap ring—Dimensions and tolerances)

ISO 582　滚动轴承　倒角尺寸　最大值(Rolling bearings—Chamfer dimensions—Maximum values)

ISO 5593　滚动轴承　词汇(Rolling bearings—Vocabulary)

ISO 12043　滚动轴承　单列圆柱滚子轴承　平挡圈和套圈无挡边端倒角尺寸(Rolling bearings—Single-row cylindrical roller bearings—Chamfer dimensions for loose rib and non-rib sides)

ISO 12044　滚动轴承　单列角接触球轴承　外圈非推力端倒角尺寸(Rolling bearings—Single-row angular contact ball bearings—Chamfer dimensions for outer ring non-thrust side)

ISO 15241　滚动轴承　参数符号(Rolling bearings—Symbols for quantities)

3　术语和定义

ISO 5593界定的术语和定义适用于本文件。

4　符号

ISO 15241给出的以及下列符号适用于本文件。

除另有说明外,图1中所示符号和表1～表8中所示数值均表示公称尺寸。

B:轴承宽度。

D:轴承外径。

d:轴承内径。

r:倒角尺寸。

r_{smin}:最小单一倒角尺寸。

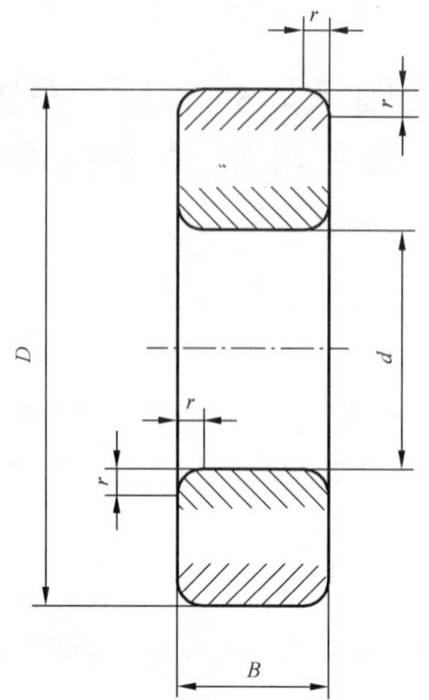

图 1　向心轴承

5　外形尺寸

直径系列 7、8、9、0、1、2、3 和 4 的向心轴承的外形尺寸按表 1～表 8 的规定。

表 1～表 8 中规定的倒角尺寸不完全适用于：

——有止动槽轴承套圈的止动槽端，该部分内容规定在 ISO 464 中；

——圆柱滚子轴承套圈的无挡边和平挡边端，该部分内容规定在 ISO 12043 中；

——角接触轴承外圈的非推力端，该部分内容规定在 ISO 12044 中。

倒角尺寸 r 适用于图 1 所示的倒角处，所对应的 r_{smin} 按表 1～表 8 的规定。

圆锥孔轴承的内圈倒角尺寸可小于表 1～表 8 中规定的倒角尺寸。

与表 1～表 8 中的 r_{smin} 尺寸对应的最大单一倒角尺寸规定在 ISO 582 中。

表 1　直径系列 7

单位为毫米

d	D	尺寸系列				r_{smin}
		17	27	37	47	
		B				
0.6	2	0.8	—	—	—	0.05
1	2.5	1	—	—	—	0.05
1.5	3	1	—	1.8	—	0.05
2	4	1.2	—	2	—	0.05
2.5	5	1.5	1.8	2.3	—	0.08
3	6	2	2.5	3	—	0.08
4	7	2	2.5	3	—	0.08
5	8	2	2.5	3	—	0.08
6	10	2.5	3	3.5	—	0.1

表 1（续）

单位为毫米

d	D	尺寸系列				r_{smin}
		17	27	37	47	
		B				
7	11	2.5	3	3.5	—	0.1
8	12	2.5	—	3.5	—	0.1
9	14	3	—	4.5	—	0.1
10	15	3	—	4.5	—	0.1
12	18	4	—	5	—	0.2
15	21	4	—	5	—	0.2
17	23	4	—	5	—	0.2
20	27	4	—	5	7	0.2
22	30	4	—	5	7	0.2
25	32	4	—	5	7	0.2
28	35	4	—	5	7	0.2
30	37	4	—	5	7	0.2
32	40	4	—	6	8	0.2
35	44	5	—	7	9	0.3
40	50	6	—	8	10	0.3
45	55	6	—	8	10	0.3
50	62	6	—	10	12	0.3
55	68	7	—	10	13	0.3
60	75	7	—	12	15	0.3
65	80	7	—	12	15	0.3
70	85	7	—	12	15	0.3
75	90	7	—	12	15	0.3
80	95	7	—	12	15	0.3
85	105	10	—	15	—	0.6
90	110	10	—	15	—	0.6
95	115	10	—	15	—	0.6
100	120	10	—	15	—	0.6
105	125	10	—	15	—	0.6
110	135	13	—	19	—	1
120	145	13	—	19	—	1
130	160	16	—	23	—	1
140	170	16	—	23	—	1
150	180	16	—	23	—	1
160	190	16	—	23	—	1
170	200	16	—	23	—	1
180	215	18	—	26	—	1.1
190	230	20	—	30	—	1.1
200	240	20	—	30	—	1.1

表 2 直径系列 8

单位为毫米

d	D	尺寸系列								
		08	18	28	38	48	58	68	08	18～68
		B							r_{smin}	
0.6	2.5	—	1	—	1.4	—	—	—	—	0.05
1	3	—	1	—	1.5	—	—	—	—	0.05
1.5	4	—	1.2	—	2	—	—	—	—	0.05
2	5	—	1.5	—	2.3	—	—	—	—	0.08
2.5	6	—	1.8	—	2.6	—	—	—	—	0.08
3	7	—	2	—	3	—	—	—	—	0.1
4	9	—	2.5	3.5	4	—	—	—	—	0.1
5	11	—	3	4	5	—	—	—	—	0.15
6	13	—	3.5	5	6	—	—	—	—	0.15
7	14	—	3.5	5	6	—	—	—	—	0.15
8	16	—	4	5	6	8	—	—	—	0.2
9	17	—	4	5	6	8	—	—	—	0.2
10	19	—	5	6	7	9	—	—	—	0.3
12	21	—	5	6	7	9	—	—	—	0.3
15	24	—	5	6	7	9	—	—	—	0.3
17	26	—	5	6	7	9	—	—	—	0.3
20	32	4	7	8	10	12	16	22	0.3	0.3
22	34	4	7	—	10	—	16	22	0.3	0.3
25	37	4	7	8	10	12	16	22	0.3	0.3
28	40	4	7	—	10	—	16	22	0.3	0.3
30	42	4	7	8	10	12	16	22	0.3	0.3
32	44	4	7	—	10	—	16	22	0.3	0.3
35	47	4	7	8	10	12	16	22	0.3	0.3
40	52	4	7	8	10	12	16	22	0.3	0.3
45	58	4	7	8	10	13	18	23	0.3	0.3
50	65	5	7	10	12	15	20	27	0.3	0.3
55	72	7	9	11	13	17	23	30	0.3	0.3
60	78	7	10	12	14	18	24	32	0.3	0.3
65	85	7	10	13	15	20	27	36	0.3	0.6
70	90	8	10	13	15	20	27	36	0.3	0.6
75	95	8	10	13	15	20	27	36	0.3	0.6
80	100	8	10	13	15	20	27	36	0.3	0.6
85	110	9	13	16	19	25	34	45	0.3	1
90	115	9	13	16	19	25	34	45	0.3	1
95	120	9	13	16	19	25	34	45	0.3	1
100	125	9	13	16	19	25	34	45	0.3	1

表 2（续）

单位为毫米

d	D	尺寸系列								
		08	18	28	38	48	58	68	08	18～68
		B							r_{smin}	
105	130	9	13	16	19	25	34	45	0.3	1
110	140	10	16	19	23	30	40	54	0.6	1
120	150	10	16	19	23	30	40	54	0.6	1
130	165	11	18	22	26	35	46	63	0.6	1.1
140	175	11	18	22	26	35	46	63	0.6	1.1
150	190	13	20	24	30	40	54	71	0.6	1.1
160	200	13	20	24	30	40	54	71	0.6	1.1
170	215	14	22	27	34	45	60	80	0.6	1.1
180	225	14	22	27	34	45	60	80	0.6	1.1
190	240	16	24	30	37	50	67	90	1	1.5
200	250	16	24	30	37	50	67	90	1	1.5
220	270	16	24	30	37	50	67	90	1	1.5
240	300	19	28	36	45	60	80	109	1	2
260	320	19	28	36	45	60	80	109	1	2
280	350	22	33	42	52	69	95	125	1.1	2
300	380	25	38	48	60	80	109	145	1.5	2.1
320	400	25	38	48	60	80	109	145	1.5	2.1
340	420	25	38	48	60	80	109	145	1.5	2.1
360	440	25	38	48	60	80	109	145	1.5	2.1
380	480	31	46	60	75	100	136	180	2	2.1
400	500	31	46	60	75	100	136	180	2	2.1
420	520	31	46	60	75	100	136	180	2	2.1
440	540	31	46	60	75	100	136	180	2	2.1
460	580	37	56	72	90	118	160	218	2.1	3
480	600	37	56	72	90	118	160	218	2.1	3
500	620	37	56	72	90	118	160	218	2.1	3
530	650	37	56	72	90	118	160	218	2.1	3
560	680	37	56	72	90	118	160	218	2.1	3
600	730	42	60	78	98	128	175	236	3	3
630	780	48	69	88	112	150	200	272	3	4
670	820	48	69	88	112	150	200	272	3	4
710	870	50	74	95	118	160	218	290	4	4
750	920	54	78	100	128	170	230	308	4	5
800	980	57	82	106	136	180	243	325	4	5
850	1 030	57	82	106	136	180	243	325	4	5
900	1 090	60	85	112	140	190	258	345	5	5

表 2（续）

单位为毫米

d	D	尺寸系列								
		08	18	28	38	48	58	68	08	18～68
		B							r_{smin}	
950	1 150	63	90	118	150	200	272	355	5	5
1 000	1 220	71	100	128	165	218	300	400	5	6
1 060	1 280	71	100	128	165	218	300	400	5	6
1 120	1 360	78	106	140	180	243	325	438	5	6
1 180	1 420	78	106	140	180	243	325	438	5	6
1 250	1 500	80	112	145	185	250	335	450	6	6
1 320	1 600	88	122	165	206	280	375	500	6	6
1 400	1 700	95	132	175	224	300	400	545	6	7.5
1 500	1 820	—	140	185	243	315	—	—	—	7.5
1 600	1 950	—	155	200	265	345	—	—	—	7.5
1 700	2 060	—	160	206	272	355	—	—	—	7.5
1 800	2 180	—	165	218	290	375	—	—	—	9.5
1 900	2 300	—	175	230	300	400	—	—	—	9.5
2 000	2 430	—	190	250	325	425	—	—	—	9.5

表 3　直径系列 9

单位为毫米

d	D	尺寸系列									
		09	19	29	39	49	59	69	09	19～39	49～69
		B							r_{smin}		
1	4	—	1.6	—	2.3	—	—	—	—	0.1	—
1.5	5	—	2	—	2.6	—	—	—	—	0.15	—
2	6	—	2.3	—	3	—	—	—	—	0.15	—
2.5	7	—	2.5	—	3.5	—	—	—	—	0.15	—
3	8	—	3	—	4	—	—	—	—	0.15	—
4	11	—	4	—	5	—	—	—	—	0.15	—
5	13	—	4	—	6	10	—	—	—	0.2	0.15
6	15	—	5	—	7	10	—	—	—	0.2	0.15
7	17	—	5	—	7	10	—	—	—	0.3	0.15
8	19	—	6	—	9	11	—	—	—	0.3	0.2
9	20	—	6	—	9	11	—	—	—	0.3	0.3
10	22	—	6	8	10	13	16	22	—	0.3	0.3
12	24	—	6	8	10	13	16	22	—	0.3	0.3
15	28	—	7	8.5	10	13	18	23	—	0.3	0.3
17	30	—	7	8.5	10	13	18	23	—	0.3	0.3
20	37	7	9	11	13	17	23	30	0.3	0.3	0.3

表 3（续）

单位为毫米

d	D	尺寸系列									
		09	19	29	39	49	59	69	09	19～39	49～69
		B							r_{smin}		
22	39	7	9	11	13	17	23	30	0.3	0.3	0.3
25	42	7	9	11	13	17	23	30	0.3	0.3	0.3
28	45	7	9	11	13	17	23	30	0.3	0.3	0.3
30	47	7	9	11	13	17	23	30	0.3	0.3	0.3
32	52	7	10	13	15	20	27	36	0.3	0.6	0.6
35	55	7	10	13	15	20	27	36	0.3	0.6	0.6
40	62	8	12	14	16	22	30	40	0.3	0.6	0.6
45	68	8	12	14	16	22	30	40	0.3	0.6	0.6
50	72	8	12	14	16	22	30	40	0.3	0.6	0.6
55	80	9	13	16	19	25	34	45	0.3	1	1
60	85	9	13	16	19	25	34	45	0.3	1	1
65	90	9	13	16	19	25	34	45	0.3	1	1
70	100	10	16	19	23	30	40	54	0.6	1	1
75	105	10	16	19	23	30	40	54	0.6	1	1
80	110	10	16	19	23	30	40	54	0.6	1	1
85	120	11	18	22	26	35	46	63	0.6	1.1	1.1
90	125	11	18	22	26	35	46	63	0.6	1.1	1.1
95	130	11	18	22	26	35	46	63	0.6	1.1	1.1
100	140	13	20	24	30	40	54	71	0.6	1.1	1.1
105	145	13	20	24	30	40	54	71	0.6	1.1	1.1
110	150	13	20	24	30	40	54	71	0.6	1.1	1.1
120	165	14	22	27	34	45	60	80	0.6	1.1	1.1
130	180	16	24	30	37	50	67	90	1	1.5	1.5
140	190	16	24	30	37	50	67	90	1	1.5	1.5
150	210	19	28	36	45	60	80	109	1	2	2
160	220	19	28	36	45	60	80	109	1	2	2
170	230	19	28	36	45	60	80	109	1	2	2
180	250	22	33	42	52	69	95	125	1.1	2	2
190	260	22	33	42	52	69	95	125	1.1	2	2
200	280	25	38	48	60	80	109	145	1.5	2.1	2.1
220	300	25	38	48	60	80	109	145	1.5	2.1	2.1
240	320	25	38	48	60	80	109	145	1.5	2.1	2.1
260	360	31	46	60	75	100	136	180	2	2.1	2.1
280	380	31	46	60	75	100	136	180	2	2.1	2.1
300	420	37	56	72	90	118	160	218	2.1	3	3
320	440	37	56	72	90	118	160	218	2.1	3	3

表 3（续）

单位为毫米

d	D	尺寸系列									
		09	19	29	39	49	59	69	09	19～39	49～69
		B							r_{smin}		
340	460	37	56	72	90	118	160	218	2.1	3	3
360	480	37	56	72	90	118	160	218	2.1	3	3
380	520	44	65	82	106	140	190	250	3	4	4
400	540	44	65	82	106	140	190	250	3	4	4
420	560	44	65	82	106	140	190	250	3	4	4
440	600	50	74	95	118	160	218	290	4	4	4
460	620	50	74	95	118	160	218	290	4	4	4
480	650	54	78	100	128	170	230	308	4	5	5
500	670	54	78	100	128	170	230	308	4	5	5
530	710	57	82	106	136	180	243	325	4	5	5
560	750	60	85	112	140	190	258	345	5	5	5
600	800	63	90	118	150	200	272	355	5	5	5
630	850	71	100	128	165	218	300	400	5	6	6
670	900	73	103	136	170	230	308	412	5	6	6
710	950	78	106	140	180	243	325	438	5	6	6
750	1 000	80	112	145	185	250	335	450	6	6	6
800	1 060	82	115	150	195	258	355	462	6	6	6
850	1 120	85	118	155	200	272	365	488	6	6	6
900	1 180	88	122	165	206	280	375	500	6	6	6
950	1 250	95	132	175	224	300	400	545	6	7.5	7.5
1 000	1 320	103	140	185	236	315	438	580	6	7.5	7.5
1 060	1 400	109	150	195	250	335	462	615	7.5	7.5	7.5
1 120	1 460	109	150	195	250	335	462	615	7.5	7.5	7.5
1 180	1 540	115	160	206	272	355	488	650	7.5	7.5	7.5
1 250	1 630	122	170	218	280	375	515	690	7.5	7.5	7.5
1 320	1 720	128	175	230	300	400	545	710	7.5	7.5	7.5
1 400	1 820	—	185	243	315	425	—	—	—	9.5	9.5
1 500	1 950	—	195	258	335	450	—	—	—	9.5	9.5
1 600	2 060	—	200	265	345	462	—	—	—	9.5	9.5
1 700	2 180	—	212	280	355	475	—	—	—	9.5	9.5
1 800	2 300	—	218	290	375	500	—	—	—	12	12
1 900	2 430	—	230	308	400	530	—	—	—	12	12

表 4 直径系列 0

单位为毫米

d	D	尺寸系列								
		00	10	20	30	40	50	60	00	10～60
		B							r_{smin}	
1.5	6	—	2.5	—	3	—	—	—	—	0.15
2	7	—	2.8	—	3.5	—	—	—	—	0.15
2.5	8	—	2.8	—	4	—	—	—	—	0.15
3	9	—	3	—	5	—	—	—	—	0.15
4	12	—	4	—	6	—	—	—	—	0.2
5	14	—	5	—	7	—	—	—	—	0.2
6	17	—	6	—	9	—	—	—	—	0.3
7	19	—	6	8	10	—	—	—	—	0.3
8	22	—	7	9	11	14	19	25	—	0.3
9	24	—	7	10	12	15	20	27	—	0.3
10	26	—	8	10	12	16	21	29	—	0.3
12	28	7	8	10	12	16	21	29	0.3	0.3
15	32	8	9	11	13	17	23	30	0.3	0.3
17	35	8	10	12	14	18	24	32	0.3	0.3
20	42	8	12	14	16	22	30	40	0.3	0.6
22	44	8	12	14	16	22	30	40	0.3	0.6
25	47	8	12	14	16	22	30	40	0.3	0.6
28	52	8	12	15	18	24	32	43	0.3	0.6
30	55	9	13	16	19	25	34	45	0.3	1
32	58	9	13	16	20	26	35	47	0.3	1
35	62	9	14	17	20	27	36	48	0.3	1
40	68	9	15	18	21	28	38	50	0.3	1
45	75	10	16	19	23	30	40	54	0.6	1
50	80	10	16	19	23	30	40	54	0.6	1
55	90	11	18	22	26	35	46	63	0.6	1.1
60	95	11	18	22	26	35	46	63	0.6	1.1
65	100	11	18	22	26	35	46	63	0.6	1.1
70	110	13	20	24	30	40	54	71	0.6	1.1
75	115	13	20	24	30	40	54	71	0.6	1.1
80	125	14	22	27	34	45	60	80	0.6	1.1
85	130	14	22	27	34	45	60	80	0.6	1.1
90	140	16	24	30	37	50	67	90	1	1.5
95	145	16	24	30	37	50	67	90	1	1.5
100	150	16	24	30	37	50	67	90	1	1.5
105	160	18	26	33	41	56	75	100	1	2
110	170	19	28	36	45	60	80	109	1	2

表 4（续）

单位为毫米

d	D	尺寸系列								
		00	10	20	30	40	50	60	00	10～60
		B							r_{smin}	
120	180	19	28	36	46	60	80	109	1	2
130	200	22	33	42	52	69	95	125	1.1	2
140	210	22	33	42	53	69	95	125	1.1	2
150	225	24	35	45	56	75	100	136	1.1	2.1
160	240	25	38	48	60	80	109	145	1.5	2.1
170	260	28	42	54	67	90	122	160	1.5	2.1
180	280	31	46	60	74	100	136	180	2	2.1
190	290	31	46	60	75	100	136	180	2	2.1
200	310	34	51	66	82	109	150	200	2	2.1
220	340	37	56	72	90	118	160	218	2.1	3
240	360	37	56	72	92	118	160	218	2.1	3
260	400	44	65	82	104	140	190	250	3	4
280	420	44	65	82	106	140	190	250	3	4
300	460	50	74	95	118	160	218	290	4	4
320	480	50	74	95	121	160	218	290	4	4
340	520	57	82	106	133	180	243	325	4	5
360	540	57	82	106	134	180	243	325	4	5
380	560	57	82	106	135	180	243	325	4	5
400	600	63	90	118	148	200	272	355	5	5
420	620	63	90	118	150	200	272	355	5	5
440	650	67	94	122	157	212	280	375	5	6
460	680	71	100	128	163	218	300	400	5	6
480	700	71	100	128	165	218	300	400	5	6
500	720	71	100	128	167	218	300	400	5	6
530	780	80	112	145	185	250	335	450	6	6
560	820	82	115	150	195	258	355	462	6	6
600	870	85	118	155	200	272	365	488	6	6
630	920	92	128	170	212	290	388	515	6	7.5
670	980	100	136	180	230	308	425	560	6	7.5
710	1 030	103	140	185	236	315	438	580	6	7.5
750	1 090	109	150	195	250	335	462	615	7.5	7.5
800	1 150	112	155	200	258	345	475	630	7.5	7.5
850	1 220	118	165	212	272	365	500	670	7.5	7.5
900	1 280	122	170	218	280	375	515	690	7.5	7.5
950	1 360	132	180	236	300	412	560	730	7.5	7.5
1 000	1 420	136	185	243	308	412	560	750	7.5	7.5

表 4（续）

单位为毫米

d	*D*	尺寸系列								
		00	10	20	30	40	50	60	00	10～60
		B							r_{smin}	
1 060	1 500	140	195	250	325	438	600	800	9.5	9.5
1 120	1 580	145	200	265	345	462	615	825	9.5	9.5
1 180	1 660	155	212	272	355	475	650	875	9.5	9.5
1 250	1 750	—	218	290	375	500	—	—	—	9.5
1 320	1 850	—	230	300	400	530	—	—	—	12
1 400	1 950	—	243	315	412	545	—	—	—	12
1 500	2 120	—	272	355	462	615	—	—	—	12
1 600	2 240	—	280	365	475	630	—	—	—	12
1 700	2 360	—	290	375	500	650	—	—	—	15
1 800	2 500	—	308	400	530	690	—	—	—	15

表 5　直径系列 1

单位为毫米

d	*D*	尺寸系列								
		01	11	21	31	41	51	61	01	11～61
		B							r_{smin}	
5	15	—	—	—	7	—	—	—	—	0.3
6	18	—	—	8	10	—	—	—	—	0.3
7	21	—	—	9	11	14	19	25	—	0.3
8	23	—	—	10	12	15	20	27	—	0.3
9	25	—	—	10	12	16	21	29	—	0.3
10	28	—	—	12	14	18	24	32	—	0.3
12	30	—	—	12	14	18	24	32	—	0.3
15	33	—	—	12	14	18	24	32	—	0.3
17	37	—	—	13	15	20	27	36	—	0.6
20	44	—	—	15	18	24	32	43	—	0.6
22	47	—	—	16	19	25	34	45	—	1
25	50	—	—	16	19	25	34	45	—	1
28	55	—	—	17	20	27	36	48	—	1
30	58	—	—	18	21	28	38	50	—	1
32	62	—	—	19	23	30	40	54	—	1
35	68	—	—	21	25	33	43	60	—	1.1
40	75	—	—	22	26	35	46	63	—	1.1
45	80	—	—	22	26	35	46	63	—	1.1
50	85	—	—	22	26	35	46	63	—	1.1
55	95	—	—	24	30	40	54	71	—	1.1

表 5（续）

单位为毫米

d	D	尺寸系列								
		01	11	21	31	41	51	61	01	11～61
		B							r_{smin}	
60	100	—	—	24	30	40	54	71	—	1.1
65	110	—	—	27	34	45	60	80	—	1.5
70	115	—	—	27	34	45	60	80	—	1.5
75	125	—	—	30	37	50	67	90	—	1.5
80	130	—	—	30	37	50	67	90	—	1.5
85	140	—	—	31	41	56	75	100	—	1.5
90	150	—	—	33	45	60	80	109	—	2
95	160	—	—	39	52	65	88	118	—	2
100	165	21	30	39	52	65	88	118	1.1	2
105	175	22	33	42	56	69	95	125	1.1	2
110	180	22	33	42	56	69	95	125	1.1	2
120	200	25	38	48	62	80	109	145	1.5	2
130	210	25	38	48	64	80	109	145	1.5	2
140	225	27	40	50	68	85	115	155	1.5	2.1
150	250	31	46	60	80	100	136	180	2	2.1
160	270	34	51	66	86	109	150	200	2	2.1
170	280	34	51	66	88	109	150	200	2	2.1
180	300	37	56	72	96	118	160	218	2.1	3
190	320	42	60	78	104	128	175	236	3	3
200	340	44	65	82	112	140	190	250	3	3
220	370	48	69	88	120	150	200	272	3	4
240	400	50	74	95	128	160	218	290	4	4
260	440	57	82	106	144	180	243	325	4	4
280	460	57	82	106	146	180	243	325	4	5
300	500	63	90	118	160	200	272	355	5	5
320	540	71	100	128	176	218	300	400	5	5
340	580	78	106	140	190	243	325	438	5	5
360	600	78	106	140	192	243	325	438	5	5
380	620	78	106	140	194	243	325	438	5	5
400	650	80	112	145	200	250	335	450	6	6
420	700	88	122	165	224	280	375	500	6	6
440	720	88	122	165	226	280	375	500	6	6
460	760	95	132	175	240	300	400	545	6	7.5
480	790	100	136	180	248	308	425	560	6	7.5
500	830	106	145	190	264	325	450	600	7.5	7.5
530	870	109	150	195	272	335	462	615	7.5	7.5

表 5（续）

单位为毫米

d	D	尺寸系列								
		01	11	21	31	41	51	61	01	11～61
		B							r_{smin}	
560	920	115	160	206	280	355	488	650	7.5	7.5
600	980	122	170	218	300	375	515	690	7.5	7.5
630	1 030	128	175	230	315	400	545	710	7.5	7.5
670	1 090	136	185	243	336	412	560	750	7.5	7.5
710	1 150	140	195	250	345	438	600	800	9.5	9.5
750	1 220	150	206	272	365	475	630	—	9.5	9.5
800	1 280	155	212	272	375	475	650	—	9.5	9.5
850	1 360	165	224	290	400	500	690	—	12	12
900	1 420	165	230	300	412	515	710	—	12	12
950	1 500	175	243	315	438	545	750	—	12	12
1 000	1 580	185	258	335	462	580	775	—	12	12
1 060	1 660	190	265	345	475	600	800	—	12	15
1 120	1 750	—	280	365	475	630	—	—	—	15
1 180	1 850	—	290	388	500	670	—	—	—	15
1 250	1 950	—	308	400	530	710	—	—	—	15
1 320	2 060	—	325	425	560	750	—	—	—	15
1 400	2 180	—	345	450	580	775	—	—	—	19
1 500	2 300	—	355	462	600	800	—	—	—	19

表 6　直径系列 2

单位为毫米

d	D	尺寸系列									
		82	02	12	22	32	42	52	62	82	02～62
		B								r_{smin}	
3	10	2.5	4	—	—	5	—	—	—	0.1	0.15
4	13	3	5	—	—	7	—	—	—	0.15	0.2
5	16	3.5	5	—	—	8	—	—	—	0.15	0.3
6	19	4	6	—	—	10	—	18	23	0.2	0.3
7	22	5	7	—	—	11	—	20	27	0.3	0.3
8	24	5	8	—	—	12	—	21	29	0.3	0.3
9	26	6	8	—	—	13	—	23	30	0.3	0.3
10	30	7	9	—	14	14.3	—	27	36	0.3	0.6
12	32	7	10	—	14	15.9	—	27	36	0.3	0.6
15	35	8	11	—	14	15.9	20	27	36	0.3	0.6
17	40	8	12	—	16	17.5	22	30	40	0.3	0.6
20	47	9	14	—	18	20.6	27	36	48	0.3	1

表 6（续）

单位为毫米

d	D	尺寸系列									
		82	02	12	22	32	42	52	62	82	02～62
		B								r_{smin}	
22	50	9	14	—	18	20.6	27	36	48	0.3	1
25	52	10	15	—	18	20.6	27	36	48	0.3	1
28	58	10	16	—	19	23	30	40	54	0.6	1
30	62	10	16	—	20	23.8	32	43	58	0.6	1
32	65	11	17	—	21	25	33	43	60	0.6	1
35	72	12	17	—	23	27	37	50	67	0.6	1.1
40	80	13	18	—	23	30.2	40	54	71	0.6	1.1
45	85	13	19	—	23	30.2	40	54	71	0.6	1.1
50	90	13	20	—	23	30.2	40	54	71	0.6	1.1
55	100	14	21	—	25	33.3	45	60	80	0.6	1.5
60	110	16	22	—	28	36.5	50	67	90	1	1.5
65	120	18	23	—	31	38.1	56	75	100	1	1.5
70	125	18	24	—	31	39.7	56	75	100	1	1.5
75	130	18	25	—	31	41.3	56	75	100	1	1.5
80	140	19	26	—	33	44.4	60	80	109	1	2
85	150	21	28	—	36	49.2	65	88	118	1.1	2
90	160	22	30	—	40	52.4	69	95	125	1.1	2
95	170	24	32	—	43	55.6	75	100	136	1.1	2.1
100	180	25	34	—	46	60.3	80	109	145	1.5	2.1
105	190	27	36	—	50	65.1	85	115	155	1.5	2.1
110	200	28	38	—	53	69.8	90	122	160	1.5	2.1
120	215	—	40	42	58	76	95	128	170	—	2.1
130	230	—	40	46	64	80	100	136	180	—	3
140	250	—	42	50	68	88	109	150	200	—	3
150	270	—	45	54	73	96	118	160	218	—	3
160	290	—	48	58	80	104	128	175	236	—	3
170	310	—	52	62	86	110	140	190	250	—	4
180	320	—	52	62	86	112	140	190	250	—	4
190	340	—	55	65	92	120	150	200	272	—	4
200	360	—	58	70	98	128	160	218	290	—	4
220	400	—	65	78	108	144	180	243	325	—	4
240	440	—	72	85	120	160	200	272	355	—	4
260	480	—	80	90	130	174	218	300	400	—	5
280	500	—	80	90	130	176	218	300	400	—	5
300	540	—	85	98	140	192	243	325	438	—	5
320	580	—	92	105	150	208	258	355	462	—	5

表 6（续）

单位为毫米

d	*D*	尺寸系列									
		82	02	12	22	32	42	52	62	82	02～62
		B								r_{smin}	
340	620	—	92	118	165	224	280	375	500	—	6
360	650	—	95	122	170	232	290	388	515	—	6
380	680	—	95	132	175	240	300	400	545	—	6
400	720	—	103	140	185	256	315	438	580	—	6
420	760	—	109	150	195	272	335	462	615	—	7.5
440	790	—	112	155	200	280	345	475	630	—	7.5
460	830	—	118	165	212	296	365	500	670	—	7.5
480	870	—	125	170	224	310	388	530	710	—	7.5
500	920	—	136	185	243	336	412	560	750	—	7.5
530	980	—	145	200	258	355	450	600	—	—	9.5
560	1 030	—	150	206	272	365	475	630	—	—	9.5
600	1 090	—	155	212	280	388	488	670	—	—	9.5
630	1 150	—	165	230	300	412	515	710	—	—	12
670	1 220	—	175	243	315	438	545	750	—	—	12
710	1 280	—	180	250	325	450	560	775	—	—	12
750	1 360	—	195	265	345	475	615	825	—	—	15
800	1 420	—	200	272	355	488	615	—	—	—	15
850	1 500	—	206	280	375	515	650	—	—	—	15
900	1 580	—	218	300	388	515	670	—	—	—	15
950	1 660	—	230	315	412	530	710	—	—	—	15
1 000	1 750	—	243	330	425	560	750	—	—	—	15

表 7　直径系列 3

单位为毫米

d	*D*	尺寸系列						
		83	03	13	23	33	83	03～33
		B					r_{smin}	
3	13	—	5	—	—	7	—	0.2
4	16	—	5	—	—	9	—	0.3
5	19	—	6	—	—	10	—	0.3
6	22	—	7	—	11	13	—	0.3
7	26	—	9	—	13	15	—	0.3
8	28	—	9	—	13	15	—	0.3
9	30	—	10	—	14	16	—	0.6
10	35	9	11	—	17	19	0.3	0.6

表 7（续）

单位为毫米

d	D	尺寸系列						
		83	03	13	23	33	83	03～33
		B					r_{smin}	
12	37	9	12	—	17	19	0.3	1
15	42	9	13	—	17	19	0.3	1
17	47	10	14	—	19	22.2	0.6	1
20	52	10	15	—	21	22.2	0.6	1.1
22	56	11	16	—	21	25	0.6	1.1
25	62	12	17	—	24	25.4	0.6	1.1
28	68	13	18	—	24	30	0.6	1.1
30	72	13	19	—	27	30.2	0.6	1.1
32	75	14	20	—	28	32	0.6	1.1
35	80	14	21	—	31	34.9	0.6	1.5
40	90	16	23	—	33	36.5	1	1.5
45	100	17	25	—	36	39.7	1	1.5
50	110	19	27	—	40	44.4	1	2
55	120	21	29	—	43	49.2	1.1	2
60	130	22	31	—	46	54	1.1	2.1
65	140	24	33	—	48	58.7	1.1	2.1
70	150	25	35	—	51	63.5	1.5	2.1
75	160	27	37	—	55	68.3	1.5	2.1
80	170	28	39	—	58	68.3	1.5	2.1
85	180	30	41	—	60	73	2	3
90	190	30	43	—	64	73	2	3
95	200	33	45	—	67	77.8	2	3
100	215	36	47	51	73	82.6	2.1	3
105	225	37	49	53	77	87.3	2.1	3
110	240	42	50	57	80	92.1	3	3
120	260	44	55	62	86	106	3	3
130	280	48	58	66	93	112	3	4
140	300	50	62	70	102	118	4	4
150	320	—	65	75	108	128	—	4
160	340	—	68	79	114	136	—	4
170	360	—	72	84	120	140	—	4
180	380	—	75	88	126	150	—	4

表 7（续）

单位为毫米

d	D	尺寸系列						
		83	03	13	23	33	83	03～33
		B					r_{smin}	
190	400	—	78	92	132	155	—	5
200	420	—	80	97	138	165	—	5
220	460	—	88	106	145	180	—	5
240	500	—	95	114	155	195	—	5
260	540	—	102	123	165	206	—	6
280	580	—	108	132	175	224	—	6
300	620	—	109	140	185	236	—	7.5
320	670	—	112	155	200	258	—	7.5
340	710	—	118	165	212	272	—	7.5
360	750	—	125	170	224	290	—	7.5
380	780	—	128	175	230	300	—	7.5
400	820	—	136	185	243	308	—	7.5
420	850	—	136	190	250	315	—	9.5
440	900	—	145	200	265	345	—	9.5
460	950	—	155	212	280	365	—	9.5
480	980	—	160	218	290	375	—	9.5
500	1 030	—	170	230	300	388	—	12
530	1 090	—	180	243	325	412	—	12
560	1 150	—	190	258	335	438	—	12
600	1 220	—	200	272	355	462	—	15
630	1 280	—	206	280	375	488	—	15
670	1 360	—	218	300	400	515	—	15
710	1 420	—	224	308	412	530	—	15
750	1 500	—	236	325	438	560	—	15
800	1 600	—	258	355	462	600	—	15
850	1 700	—	272	375	488	630	—	19
900	1 780	—	280	388	500	650	—	19
950	1 850	—	290	400	515	670	—	19
1 000	1 950	—	300	412	545	710	—	19

表 8 直径系列 4

单位为毫米

d	D	尺寸系列		r_{smin}	d	D	尺寸系列		r_{smin}
		04	24				04	24	
		B					B		
8	30	10	14	0.6	140	360	82	132	5
9	32	11	15	0.6	150	380	85	138	5
10	37	12	16	0.6	160	400	88	142	5
12	42	13	19	1	170	420	92	145	5
15	52	15	24	1.1	180	440	95	150	6
17	62	17	29	1.1	190	460	98	155	6
20	72	19	33	1.1	200	480	102	160	6
25	80	21	36	1.5	220	540	115	180	6
30	90	23	40	1.5	240	580	122	190	6
35	100	25	43	1.5	260	620	132	206	7.5
40	110	27	46	2	280	670	140	224	7.5
45	120	29	50	2	300	710	150	236	7.5
50	130	31	53	2.1	320	750	155	250	9.5
55	140	33	57	2.1	340	800	165	265	9.5
60	150	35	60	2.1	360	850	180	280	9.5
65	160	37	64	2.1	380	900	190	300	9.5
70	180	42	74	3	400	950	200	315	12
75	190	45	77	3	420	980	206	325	12
80	200	48	80	3	440	1 030	212	335	12
85	210	52	86	4	460	1 060	218	345	12
90	225	54	90	4	480	1 120	230	365	15
95	240	55	95	4	500	1 150	236	375	15
100	250	58	98	4	530	1 220	250	400	15
105	260	60	100	4	560	1 280	258	412	15
110	280	65	108	4	600	1 360	272	438	15
120	310	72	118	5	630	1 420	280	450	15
130	340	78	128	5	670	1 500	290	475	15

附 录 A
(资料性附录)
向心轴承外形尺寸总方案的延伸规则

A.1 总则

本部分未规定数值的任何新尺寸,宜遵循以下规则进行计算。然而,计算外径和宽度值的公式不宜作为最终确定外形尺寸值的唯一依据。为了保持本部分的连续性,以获得合适的轴承尺寸比例和采用优先尺寸,计算出的外形尺寸可能需要加以修正。

A.2 轴承内径

大于 500 mm 的轴承内径 d,宜从 ISO 3 的 R40 优先数系中选取。本部分出现过的轴承内径尺寸宜优先选取。

A.3 轴承外径

轴承外径 D(mm)按式(A.1)计算:

$$D = d + f_D d^{0.9} \qquad \text{(A.1)}$$

式中,系数 f_D 参见表 A.1。

表 A.1 f_D 值

直径系列	7	8	9	0	1	2	3	4
f_D	0.34	0.45	0.62	0.84	1.12	1.48	1.92	2.56

本部分出现过的轴承外径尺寸宜优先选取。新的外径尺寸宜按表 A.2 进行修约。

表 A.2 D 的修约

单位为毫米

D		修约到最接近值
>	≤	
—	3	0.5
3	80	1
80	230	5
230	—	10

A.4 轴承宽度

轴承宽度 B(mm)按式(A.2)计算:

$$B = 0.5 f_B (D - d) \qquad \text{(A.2)}$$

式中,系数 f_B 参见表 A.3。

表 A.3 f_B 值

宽度系列	0	1	2	3	4	5	6	7
f_B	0.64	0.88	1.15	1.5	2	2.7	3.6	4.8

新的轴承宽度尺寸宜从 ISO 3 的 R80 优先数系中选取,按表 A.4 进行修约。

表 A.4 B 的修约

单位为毫米

B		修约到最接近值
>	≤	
—	3	0.1
3	4	0.5
4	500	1
500	—	5

A.5 最小单一倒角尺寸

最小单一倒角尺寸 r_{smin} 宜从 ISO 582:1995 的表 1 中选取。原则上,其值最接近于但不大于轴承宽度 B 的 7%和截面高度$(D-d)/2$ 的 7%二值中的较小值。

参 考 文 献

[1] ISO 3 Preferred numbers—Series of preferred numbers

前　　言

本标准等同采用ISO 582:1995《滚动轴承　倒角尺寸　最大值》,是对GB/T 274—1991的修订。本次主要修订内容如下:

a) 修改了标准的名称;

b) 补充了引用标准;

c) 增加了表2、表3,原标准的表2、表3现为表4、表5;

d) 取消了原标准的第6章和附录A。

本标准自实施之日起,同时代替GB/T 274—1991。

本标准由国家机械工业局提出。

本标准由全国滚动轴承标准化技术委员会归口。

本标准起草单位:国家机械工业局洛阳轴承研究所。

本标准起草人:陈原、宋玉聪。

本标准1964年首次发布,1982年第一次修订,1991年第二次修订。

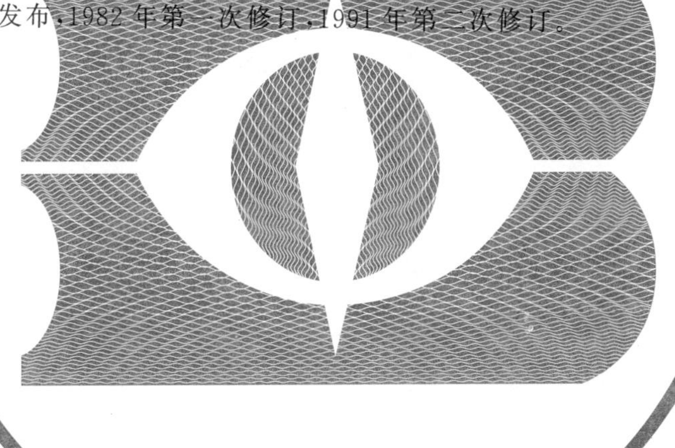

ISO 前言

ISO 582 由 ISO/TC 4(滚动轴承技术委员会)起草。

ISO 582:1995(第三版)代替 ISO 582:1979(第二版),对第二版进行了技术修订。

引　　言

为了保证滚动轴承的倒角尺寸适应于与之相接触的零件尺寸,需要规定倒角尺寸的极限值,而轴承用户和轴承应用的设计者主要关心的则是倒角的最小极限值。

本标准旨在通过规定倒角尺寸来达到滚动轴承的互换性,从而最大限度地减少轴承在应用中可能出现的不协调性。

中华人民共和国国家标准

GB/T 274—2000
idt ISO 582:1995

滚动轴承 倒角尺寸最大值

代替 GB/T 274—1991

Rolling bearings—Chamfer dimension—Maximum values

1 范围

本标准规定了滚动轴承倒角尺寸定义、符号、尺寸最大值以及轴和外壳孔的单一倒角尺寸。

本标准适用于 GB/T 273.1、GB/T 273.2、GB/T 273.3、GB/T 283、GB/T 292、GB/T 305 规定的公制系列滚动轴承套圈或垫圈、圆柱滚子轴承平挡圈和斜挡圈的倒角。

2 引用标准

下列标准所包含的条文，通过在本标准中引用而构成为本标准的条文。本标准出版时，所示版本均为有效。所有标准都会被修订，使用本标准的各方应探讨使用下列标准最新版本的可能性。

GB/T 273.1—1987 滚动轴承 圆锥滚子轴承 外形尺寸方案(neq ISO 355:1977)

GB/T 273.2—1998 滚动轴承 推力轴承 外形尺寸总方案(eqv ISO 104:1994)

GB/T 273.3—1999 滚动轴承 向心轴承 外形尺寸总方案(eqv ISO 15:1998)

GB/T 283—1994 滚动轴承 圆柱滚子轴承 外形尺寸

GB/T 292—1994 滚动轴承 角接触球轴承 外形尺寸

GB/T 305—1998 滚动轴承 外圈上的止动槽和止动环 尺寸和公差(eqv ISO 464:1995)

3 定义

3.1 轴承套圈、垫圈或挡圈的径向倒角尺寸

套圈、垫圈或挡圈的假想尖角处至倒角表面和套圈、垫圈或挡圈端面相交点之间的距离。

3.2 轴承的套圈、垫圈或挡圈的轴向倒角尺寸

套圈、垫圈或挡圈的假想尖角处至倒角表面和套圈、垫圈或挡圈内孔或外圆柱表面相交点之间的距离。

4 符号和缩略语(见图 1 和表 1～表 5)

d:轴承公称内径；

D:轴承公称外径；

r_s:向心轴承、圆锥滚子轴承和推力轴承的单一倒角尺寸；

r_{1s}:圆柱滚子轴承平挡圈和斜挡圈以及止动槽一侧外圈的单一倒角尺寸；圆柱滚子轴承内、外圈窄端面和角接触球轴承外圈窄端面单一倒角尺寸；推力轴承中圈单一倒角尺寸；

r_{as}:轴或外壳孔的单一倒角尺寸；

r_{smin},r_{1smin}:r_s 或 r_{1s}允许的最小单一倒角尺寸；

r_{smax},r_{1smax}:r_s 或 r_{1s}允许的最大单一倒角尺寸；

r_{asmax}:轴或外壳孔允许的最大单一倒角尺寸；

国家质量技术监督局 2000-10-17 批准 2001-05-01 实施

注：倒角表面的确切形状不予规定，但是在轴向平面内其轮廓不应超出与套圈端面和内孔或外圆柱表面相切的圆弧，见图1。

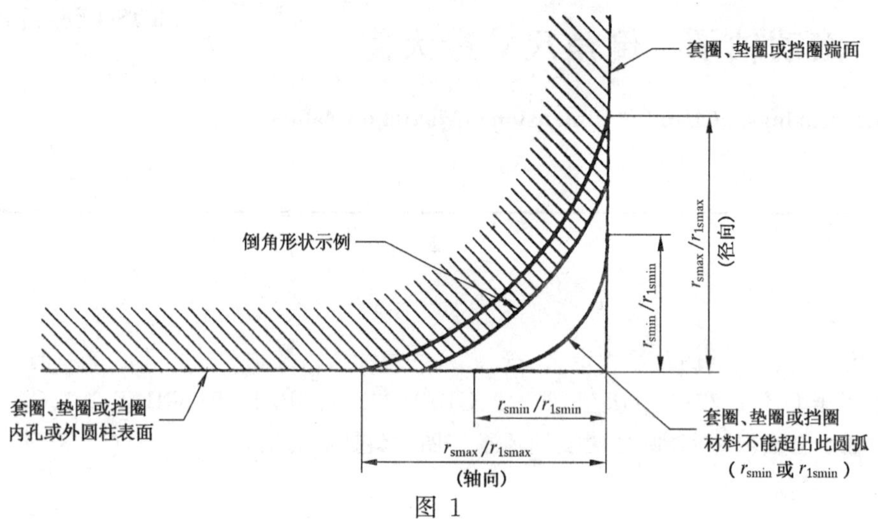

图 1

5 倒角尺寸最大值

5.1 向心轴承(圆锥滚子轴承除外)

5.1.1 符合 GB/T 273.3 规定的向心轴承倒角尺寸最大值按表1的规定。

5.1.2 符合 GB/T 283 规定的平挡圈和斜挡圈以及符合 GB/T 305 规定的止动槽一侧外圈倒角尺寸最大值按表2的规定。

5.1.3 符合 GB/T 283 规定的内、外圈窄端面以及符合 GB/T 292 规定的外圈窄端面倒角尺寸最大值按表3的规定。

5.2 圆锥滚子轴承

符合 GB/T 273.1 规定的内、外圈大端面倒角尺寸最大值按表4的规定。

5.3 推力轴承

符合 GB/T 273.2 规定的推力轴承倒角尺寸最大值按表5的规定。

表1 向心轴承倒角尺寸最大值 mm

r_{smin} 1)	d		r_{smax} 2)	
	超过	到	径向	轴向
0.05	—	—	0.1	0.2
0.08	—	—	0.16	0.3
0.1	—	—	0.2	0.4
0.15	—	—	0.3	0.6
0.2	—	—	0.5	0.8
0.3	—	40	0.6	1
	40	—	0.8	1
0.6	—	40	1	2
	40	—	1.3	2
1	—	50	1.5	3
	50	—	1.9	3
1.1	—	120	2	3.5
	120	—	2.5	4
1.5	—	120	2.3	4
	120	—	3	5

表 1(完) mm

r_{smin} [1]	d		r_{smax} [2]	
	超过	到	径向	轴向
2	— 80 220	80 220 —	3 3.5 3.8	4.5 5 6
2.1	— 280	280 —	4 4.5	6.5 7
2.5[3]	— 100 280	100 280 —	3.8 4.5 5	6 6 7
3	— 280	280 —	5 5.5	8 8
4 5 6 7.5 9.5 12 15 19	— — — — — — — —	— — — — — — — —	6.5 8 10 12.5 15 18 21 25	9 10 13 17 19 24 30 38

1) 轴和外壳孔的最大单一倒角尺寸见第 6 章。

2) 对于宽度≤2 mm 的轴承，r_{smax}的径向值也适用于轴向。

3) GB/T 273.3 中未规定该倒角尺寸。

表 2 圆柱滚子轴承平挡圈和斜挡圈以及止动槽一侧外圈的倒角尺寸最大值 mm

r_{1smin} [1]	d 或 D		r_{1smax}	
	超过	到	径向	轴向
0.2	—	—	0.5	0.5
0.3	— 40	40 —	0.6 0.8	0.8 0.8
0.5	— 40	40 —	1 1.3	1.5 1.5
0.6	— 40	40 —	1 1.3	1.5 1.5
1	— 50	50 —	1.5 1.9	2.2 2.2
1.1	— 120	120 —	2 2.5	2.7 2.7
1.5	— 120	120 —	2.3 3	3.5 3.5
2	— 80 220	80 220 —	3 3.5 3.8	4 4 4
2.1	— 280	280 —	4 4.5	4.5 4.5

表 2(完) mm

r_{1smin}[1)]	d 或 D		r_{1smax}	
	超过	到	径向	轴向
2.5[2)]	—	100	3.8	5
	100	280	4.5	5
	280	—	5	5
3	—	280	5	5.5
	280	—	5.5	5.5
4	—	—	6.5	6.5
5	—	—	8	8
6	—	—	10	10

1) 轴和外壳孔的最大单一倒角尺寸见第 6 章。

2) GB/T 283 和 GB/T 305 中未规定该倒角尺寸。

表 3 圆柱滚子轴承内、外圈窄端面和角接触球轴承外圈窄端面倒角尺寸最大值 mm

r_{1smin}[1)]	d 或 D		r_{1smax}	
	超过	到	径向	轴向
0.1	—	—	0.2	0.4
0.15	—	—	0.3	0.6
0.2[2)]	—	—	0.5	0.8
0.3	—	40	0.6	1
	40	—	0.8	1
0.6	—	40	1	2
	40	—	1.3	2
1	—	50	1.5	3
	50	—	1.9	3
1.1	—	120	2	3.5
	120	—	2.5	4
1.5	—	120	2.3	4
	120	—	3	5
2	—	80	3	4.5
	80	220	3.5	5
	220	—	3.8	6

1) 轴和外壳孔的最大单一倒角尺寸见第 6 章。

2) GB/T 283 和 GB/T 292 中未规定该倒角尺寸。

表 4 圆锥滚子轴承倒角尺寸最大值 mm

r_{smin}[1)]	d 或 D		r_{smax}	
	超过	到	径向	轴向
0.3	—	40	0.7	1.4
	40	—	0.9	1.6
0.6	—	40	1.1	1.7
	40	—	1.3	2
1	—	50	1.6	2.5
	50	—	1.9	3

表 4(完) mm

r_{smin}[1)]	d 或 D		r_{smax}	
	超过	到	径向	轴向
1.5	—	120	2.3	3
	120	250	2.8	3.5
	250	—	3.5	4
2	—	120	2.8	4
	120	250	3.5	4.5
	250	—	4	5
2.5	—	120	3.5	5
	120	250	4	5.5
	250	—	4.5	6
3	—	120	4	5.5
	120	250	4.5	6.5
	250	400	5	7
	400	—	5.5	7.5
4	—	120	5	7
	120	250	5.5	7.5
	250	400	6	8
	400	—	6.5	8.5
5	—	180	6.5	8
	180	—	7.5	9
6	—	180	7.5	10
	180	—	9	11

1) 轴和外壳孔的最大单一倒角尺寸见第 6 章。

表 5 推力轴承倒角尺寸最大值 mm

r_{smin}[1)]或 r_{1smin}[1)]	r_{smax}或 r_{1smax}
	径向和轴向
0.3	0.8
0.6	1.5
1	2.2
1.1	2.7
1.5	3.5
2	4
2.1	4.5
3	5.5
4	6.5
5	8
6	10
7.5	12.5
9.5	15
12	18
15	21
19	25

表 5(完)

mm

r_{smin} [1] 或 r_{1smin} [1]	r_{smax} 或 r_{1smax}
	径向和轴向

注：表中规定的倒角尺寸适用于：

a）座圈的底面及外圆柱面倒角；

b）单向轴承的轴圈底面及内孔表面倒角；

c）双向轴承的中圈端面及内孔表面倒角。

1）轴和外壳孔的最大单一倒角尺寸见第 6 章。

6 轴和外壳孔的单一倒角尺寸

轴和外壳孔允许的最大单一倒角尺寸 r_{asmax} 不应大于相应的套圈或垫圈允许的最小单一倒角尺寸 r_{smin} 或 r_{1smin}。

ICS 21.100.20
J 11

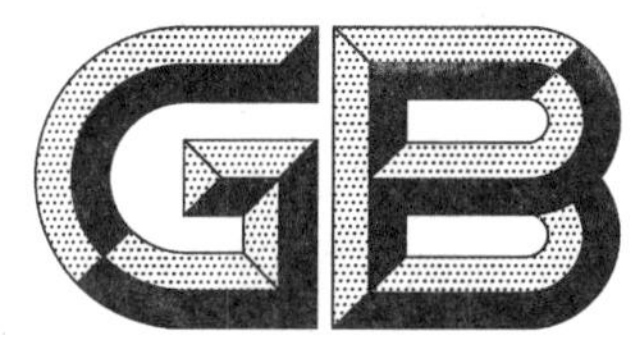

中华人民共和国国家标准

GB/T 275—2015
代替 GB/T 275—1993

滚动轴承　配合

Rolling bearings—Fits

2015-02-04 发布　　2015-10-01 实施

中华人民共和国国家质量监督检验检疫总局
中国国家标准化管理委员会　发布

前　言

本标准按照 GB/T 1.1—2009 给出的规则起草。

本标准代替 GB/T 275—1993《滚动轴承与轴和外壳的配合》，与 GB/T 275—1993 相比，主要技术变化如下：

——修改了标准名称（见封面和首页，1993 年版的封面和首页）；

——修改了轴承公差等级代号表示方法（见第 1 章和表 6，1993 年版的第 1 章和表 6）；

——细化并重新编排了配合选择的基本原则（见第 3 章，1993 年版的第 3 章）；

——增加了“套圈运转及承载情况”表（见表 1）；

——修改了向心轴承载荷大小的划分标准（见表 2，1993 年版的表 1）；

——细化了向心轴承与轴和轴承座孔配合表中的示例（见表 3、表 4，1993 年版的表 2、表 3）；

——修改了基准标注符号（见图 4，1993 年版的图 4）；

——删除了表面粗糙度代号 Rz 及其数值（见 1993 年版的表 7）；

——增加了直径 500 mm 以上轴承座孔的几何公差和配合表面的粗糙度（见表 7 和表 8）；

——修改了附录的性质，增加了向心轴承（圆锥滚子轴承除外）与直径 500 mm 以上轴承座孔配合的计算值（见附录 A，1993 年版的附录 A）；

——删除了公称内径 400 mm～500 mm 圆锥滚子轴承与轴配合的计算值（见 1993 年版的表 A.5）。

本标准由中国机械工业联合会提出。

本标准由全国滚动轴承标准化技术委员会（SAC/TC 98）归口。

本标准起草单位：洛阳轴承研究所有限公司、苏州轴承厂股份有限公司、浙江优特轴承有限公司、上海斐赛轴承科技有限公司、慈兴集团有限公司。

本标准主要起草人：李飞雪、张小玲、郑子勋、赵联春、黎桂华。

本标准所代替标准的历次版本发布情况为：

——GB 275—1964、GB 275—1984、GB/T 275—1993。

滚动轴承　配合

1　范围

本标准规定了一般工作条件下的滚动轴承(以下简称“轴承”)与轴和轴承座孔配合选择的基本原则和要求。

注：一般工作条件系指主机对旋转精度、运转平稳性、工作温度等无特殊要求的情况。

本标准规定的配合适用于下列情况：

a)　轴承外形尺寸符合 GB/T 273.1—2011、GB/T 273.2—2006、GB/T 273.3—2015，且公称内径$d \leqslant 500$ mm；

b)　轴承公差符合 GB/T 307.1—2005 中的 0、6(6X)级；

c)　轴承游隙符合 GB/T 4604.1—2012 中的 N 组；

d)　轴为实心或厚壁钢制轴；

e)　轴承座为钢或铸铁件。

本标准不适用于无内(外)圈轴承和特殊用途轴承(如飞机机架轴承、仪器轴承、机床主轴轴承等)。

2　配合选择的基本原则

2.1　运转条件

套圈相对于载荷方向旋转或摆动时，应选择过盈配合；套圈相对于载荷方向固定时，可选择间隙配合，见表 1。载荷方向难以确定时，宜选择过盈配合。

表 1　套圈运转及承载情况

套圈运转情况	典型示例	示意图	套圈承载情况	推荐的配合
内圈旋转 外圈静止 载荷方向恒定	皮带驱动轴		内圈承受旋转载荷 外圈承受静止载荷	内圈过盈配合 外圈间隙配合
内圈静止 外圈旋转 载荷方向恒定	传送带托辊 汽车轮毂轴承		内圈承受静止载荷 外圈承受旋转载荷	内圈间隙配合 外圈过盈配合
内圈旋转 外圈静止 载荷随内圈旋转	离心机、振动筛、 振动机械		内圈承受静止载荷 外圈承受旋转载荷	内圈间隙配合 外圈过盈配合
内圈静止 外圈旋转 载荷随外圈旋转	回转式破碎机		内圈承受旋转载荷 外圈承受静止载荷	内圈过盈配合 外圈间隙配合

2.2　载荷大小

载荷越大，选择的配合过盈量应越大。当承受冲击载荷或重载荷时，一般应选择比正常、轻载荷时更紧的配合。对向心轴承，载荷的大小用径向当量动载荷 P_r 与径向额定动载荷 C_r 的比值区分，见表 2。

表 2 向心轴承载荷大小

载荷大小	P_r/C_r
轻载荷	≤0.06
正常载荷	>0.06～0.12
重载荷	>0.12

2.3 轴承尺寸

随着轴承尺寸的增大，选择的过盈配合过盈量应越大或间隙配合间隙量应越大。

2.4 轴承游隙

采用过盈配合会导致轴承游隙减小，应检验安装后轴承的游隙是否满足使用要求，以便正确选择配合及轴承游隙。

2.5 温度

轴承在运转时，其温度通常要比相邻零件的温度高，造成轴承内圈与轴的配合变松，外圈可能因为膨胀而影响轴承在轴承座中的轴向移动。因此，应考虑轴承与轴和轴承座的温差和热的流向。

2.6 旋转精度

对旋转精度和运转平稳性有较高要求的场合，一般不采用间隙配合。在提高轴承公差等级的同时，轴承配合部位也应相应提高精度。

注：与 0、6(6X)级轴承配合的轴，其尺寸公差等级一般为 IT6，轴承座孔一般为 IT7。

2.7 轴和轴承座的结构和材料

对于剖分式轴承座，外圈不宜采用过盈配合。当轴承用于空心轴或薄壁、轻合金轴承座时，应采用比实心轴或厚壁钢或铸铁轴承座更紧的过盈配合。

2.8 安装和拆卸

间隙配合更易于轴承的安装和拆卸。对于要求采用过盈配合且便于安装和拆卸的应用场合，可采用可分离轴承或锥孔轴承。

2.9 游动端轴承的轴向移动

当以不可分离轴承作游动支承时，应以相对于载荷方向固定的套圈作为游动套圈，选择间隙或过渡配合。

3 公差带的选择

3.1 向心轴承

3.1.1 向心轴承和轴的配合，轴公差带按表 3 选择。

表 3　向心轴承和轴的配合——轴公差带

圆柱孔轴承							
载荷情况			举例	深沟球轴承、调心球轴承和角接触球轴承	圆柱滚子轴承和圆锥滚子轴承	调心滚子轴承	公差带
				轴承公称内径/mm			
内圈承受旋转载荷或方向不定载荷	轻载荷		输送机、轻载齿轮箱	≤18 >18～100 >100～200 —	— ≤40 >40～140 >140～200	— ≤40 >40～100 >100～200	h5 j6[a] k6[a] m6[a]
	正常载荷		一般通用机械、电动机、泵、内燃机、正齿轮传动装置	≤18 >18～100 >100～140 >140～200 >200～280 — —	— ≤40 >40～100 >100～140 >140～200 >200～400 —	— ≤40 >40～65 >65～100 >100～140 >140～280 >280～500	j5　js5 k5[b] m5[b] m6 n6 p6 r6
	重载荷		铁路机车车辆轴箱、牵引电机、破碎机等	—	>50～140 >140～200 >200 —	>50～100 >100～140 >140～200 >200	n6[c] p6[c] r6[c] r7[c]
内圈承受固定载荷	所有载荷	内圈需在轴向易移动	非旋转轴上的各种轮子	所有尺寸			f6 g6
		内圈不需在轴向易移动	张紧轮、绳轮				h6 j6
仅有轴向载荷			所有尺寸				j6、js6

圆锥孔轴承				
所有载荷	铁路机车车辆轴箱	装在退卸套上	所有尺寸	h8(IT6)[d,e]
	一般机械传动	装在紧定套上	所有尺寸	h9(IT7)[d,e]

[a] 凡精度要求较高的场合，应用 j5、k5、m5 代替 j6、k6、m6。

[b] 圆锥滚子轴承、角接触球轴承配合对游隙影响不大，可用 k6、m6 代替 k5、m5。

[c] 重载荷下轴承游隙应选大于 N 组。

[d] 凡精度要求较高或转速要求较高的场合，应选用 h7(IT5)代替 h8(IT6)等。

[e] IT6、IT7 表示圆柱度公差数值。

3.1.2　向心轴承和轴承座孔的配合，孔公差带按表 4 选择。

表 4　向心轴承和轴承座孔的配合——孔公差带

<table>
<tr><th colspan="2" rowspan="2">载荷情况</th><th rowspan="2">举例</th><th rowspan="2">其他状况</th><th colspan="2">公差带[a]</th></tr>
<tr><th>球轴承</th><th>滚子轴承</th></tr>
<tr><td rowspan="2">外圈承受固定载荷</td><td>轻、正常、重</td><td rowspan="2">一般机械、铁路机车车辆轴箱</td><td>轴向易移动,可采用剖分式轴承座</td><td colspan="2">H7、G7[b]</td></tr>
<tr><td>冲击</td><td rowspan="2">轴向能移动,可采用整体或剖分式轴承座</td><td colspan="2" rowspan="2">J7、JS7</td></tr>
<tr><td rowspan="3">方向不定载荷</td><td>轻、正常</td><td rowspan="2">电机、泵、曲轴主轴承</td></tr>
<tr><td>正常、重</td><td rowspan="5">轴向不移动,采用整体式轴承座</td><td colspan="2">K7</td></tr>
<tr><td>重、冲击</td><td>牵引电机</td><td colspan="2">M7</td></tr>
<tr><td rowspan="3">外圈承受旋转载荷</td><td>轻</td><td>皮带张紧轮</td><td>J7</td><td>K7</td></tr>
<tr><td>正常</td><td rowspan="2">轮毂轴承</td><td>M7</td><td>N7</td></tr>
<tr><td>重</td><td>—</td><td>N7、P7</td></tr>
<tr><td colspan="6">[a] 并列公差带随尺寸的增大从左至右选择。对旋转精度有较高要求时,可相应提高一个公差等级。
[b] 不适用于剖分式轴承座。</td></tr>
</table>

3.1.3　向心轴承与轴、轴承座孔配合的计算值参见附录 A。

3.2　推力轴承

3.2.1　推力轴承和轴的配合,轴公差带按表 5 选择。

表 5　推力轴承和轴的配合——轴公差带

<table>
<tr><th colspan="2">载荷情况</th><th>轴承类型</th><th>轴承公称内径/mm</th><th>公差带</th></tr>
<tr><td colspan="2">仅有轴向载荷</td><td>推力球和推力圆柱滚子轴承</td><td>所有尺寸</td><td>j6、js6</td></tr>
<tr><td rowspan="2">径向和轴向联合载荷</td><td>轴圈承受固定载荷</td><td rowspan="2">推力调心滚子轴承、推力角接触球轴承、推力圆锥滚子轴承</td><td>≤250
>250</td><td>j6
js6</td></tr>
<tr><td>轴圈承受旋转载荷或方向不定载荷</td><td>≤200
>200～400
>400</td><td>k6[a]
m6
n6</td></tr>
<tr><td colspan="5">[a] 要求较小过盈时,可分别用 j6、k6、m6 代替 k6、m6、n6。</td></tr>
</table>

3.2.2　推力轴承和轴承座孔的配合,孔公差带按表 6 选择。

表 6　推力轴承和轴承座孔的配合——孔公差带

<table>
<tr><th colspan="2">载荷情况</th><th>轴承类型</th><th>公差带</th></tr>
<tr><td colspan="2" rowspan="3">仅有轴向载荷</td><td>推力球轴承</td><td>H8</td></tr>
<tr><td>推力圆柱、圆锥滚子轴承</td><td>H7</td></tr>
<tr><td>推力调心滚子轴承</td><td>—[a]</td></tr>
<tr><td rowspan="3">径向和轴向联合载荷</td><td>座圈承受固定载荷</td><td rowspan="3">推力角接触球轴承、推力调心滚子轴承、推力圆锥滚子轴承</td><td>H7</td></tr>
<tr><td rowspan="2">座圈承受旋转载荷或方向不定载荷</td><td>K7[b]</td></tr>
<tr><td>M7[c]</td></tr>
<tr><td colspan="4">[a] 轴承座孔与座圈间间隙为 0.001D(D 为轴承公称外径)。
[b] 一般工作条件。
[c] 有较大径向载荷时。</td></tr>
</table>

4　轴承与轴和轴承座孔配合的常用公差带

0 级公差轴承与轴和轴承座孔配合的常用公差带见图 1、图 2。

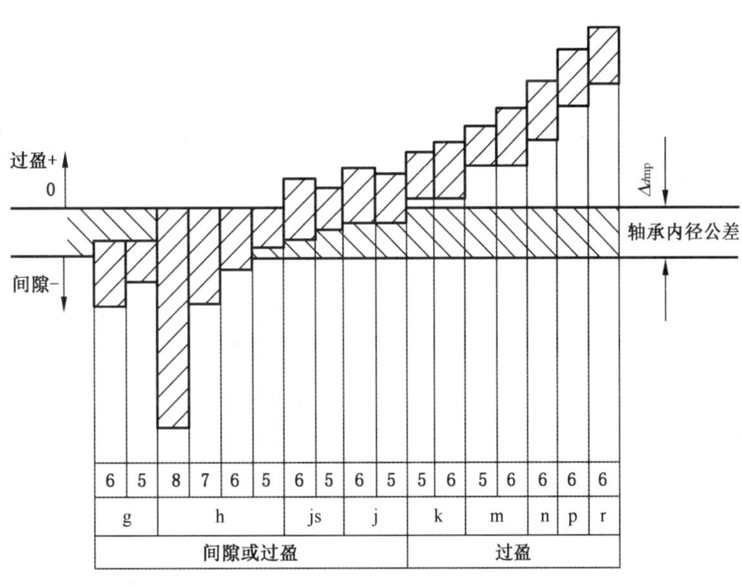

图 1　0 级公差轴承与轴配合的常用公差带关系图

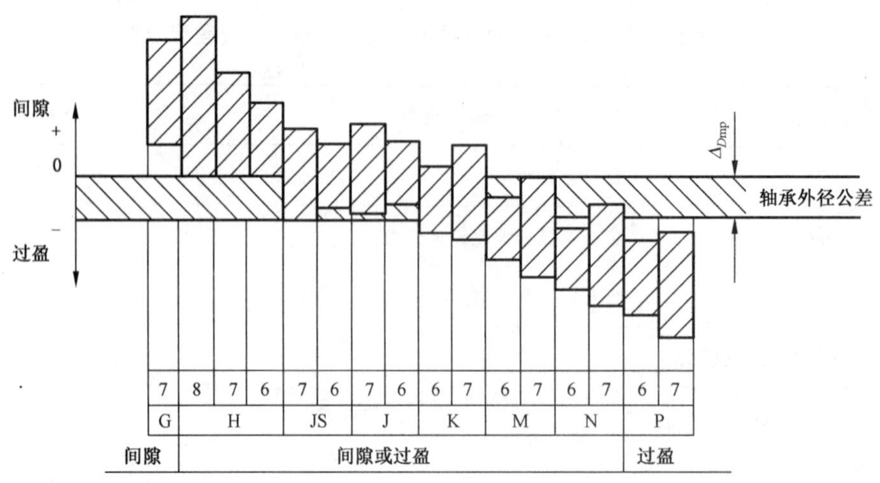

图 2　0 级公差轴承与轴承座孔配合常用公差带关系图

5　配合表面及挡肩的几何公差

轴颈和轴承座孔表面的圆柱度公差、轴肩及轴承座孔肩的轴向圆跳动(见图 3、图 4)按表 7 的规定。

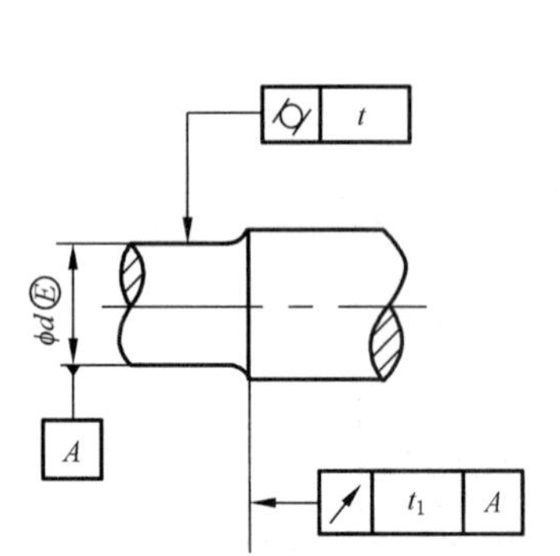

图 3　轴颈的圆柱度公差和轴肩的轴向圆跳动

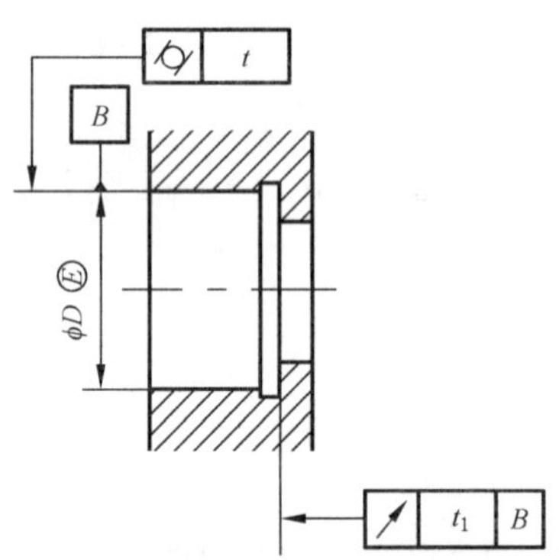

图 4　轴承座孔表面的圆柱度公差和孔肩的轴向圆跳动

表 7　轴和轴承座孔的几何公差

公称尺寸/mm		圆柱度 t/μm				轴向圆跳动 t_1/μm			
		轴颈		轴承座孔		轴肩		轴承座孔肩	
		轴承公差等级							
>	≤	0	6(6X)	0	6(6X)	0	6(6X)	0	6(6X)
—	6	2.5	1.5	4	2.5	5	3	8	5
6	10	2.5	1.5	4	2.5	6	4	10	6
10	18	3	2	5	3	8	5	12	8
18	30	4	2.5	6	4	10	6	15	10
30	50	4	2.5	7	4	12	8	20	12
50	80	5	3	8	5	15	10	25	15

表 7（续）

公称尺寸/mm		圆柱度 t/μm				轴向圆跳动 t_1/μm			
		轴颈		轴承座孔		轴肩		轴承座孔肩	
		轴承公差等级							
>	≤	0	6(6X)	0	6(6X)	0	6(6X)	0	6(6X)
80	120	6	4	10	6	15	10	25	15
120	180	8	5	12	8	20	12	30	20
180	250	10	7	14	10	20	12	30	20
250	315	12	8	16	12	25	15	40	25
315	400	13	9	18	13	25	15	40	25
400	500	15	10	20	15	25	15	40	25
500	630	—	—	22	16	—	—	50	30
630	800	—	—	25	18	—	—	50	30
800	1 000	—	—	28	20	—	—	60	40
1 000	1 250	—	—	33	24	—	—	60	40

6 配合表面及端面的表面粗糙度

轴颈和轴承座孔配合表面的表面粗糙度要求按表 8 的规定。

表 8 配合表面及端面的表面粗糙度

轴或轴承座孔直径/mm		轴或轴承座孔配合表面直径公差等级					
		IT7		IT6		IT5	
		表面粗糙度 Ra/μm					
>	≤	磨	车	磨	车	磨	车
—	80	1.6	3.2	0.8	1.6	0.4	0.8
80	500	1.6	3.2	1.6	3.2	0.8	1.6
500	1 250	3.2	6.3	1.6	3.2	1.6	3.2
端面		3.2	6.3	6.3	6.3	6.3	3.2

附　录　A
（资料性附录）
向心轴承与轴和轴承座孔配合的计算值

A.1　向心轴承(圆锥滚子轴承除外)与轴和轴承座孔配合的计算值

参见表 A.1～表 A.4。

A.2　圆锥滚子轴承与轴和轴承座孔配合的计算值

参见表 A.5～表 A.6。

表 A.1　0 级公差向心轴承(圆锥滚子轴承除外)与轴的配合

公称尺寸/mm		轴承内径偏差 $\Delta_{d\mathrm{mp}}$/μm		轴公差带																													
				g6		g5		h6		h5		j5		j6		js6		k5		k6		m5		m6		n6		p6		r6		r7	
				轴颈直径的极限偏差/μm																													
>	≤	上	下	上	下	上	下	上	下	上	下	上	下	上	下	上	下	上	下	上	下	上	下	上	下	上	下	上	下	上	下	上	下
3	6	0	−8	−4	−12	−4	−9	0	−8	0	−5	+3	−2	+6	−2	+4	−4	+6	+1	+9	+1	+9	+4	+12	+4	+16	+8	+20	+12	—	—	—	—
6	10	0	−8	−5	−14	−5	−11	0	−9	0	−6	+4	−2	+7	−2	+4.5	−4.5	+7	+1	+10	+1	+12	+6	+15	+6	+19	+10	+24	+15	—	—	—	—
10	18	0	−8	−6	−17	−6	−14	0	−11	0	−8	+5	−3	+8	−3	+5.5	−5.5	+9	+1	+12	+1	+15	+7	+18	+7	+23	+12	+29	+18	—	—	—	—
18	30	0	−10	−7	−20	−7	−16	0	−13	0	−9	+5	−4	+9	−4	+6.5	−6.5	+11	+2	+15	+2	+17	+8	+21	+8	+28	+15	+35	+22	—	—	—	—
30	50	0	−12	−9	−25	−9	−20	0	−16	0	−11	+6	−5	+11	−5	+8	−8	+13	+2	+18	+2	+20	+9	+25	+9	+33	+17	+42	+26	—	—	—	—
50	80	0	−15	−10	−29	−10	−23	0	−19	0	−13	+6	−7	+12	−7	+9.5	−9.5	+15	+2	+21	+2	+24	+11	+30	+11	+39	+20	+51	+32	—	—	—	—
80	120	0	−20	−12	−34	−12	−27	0	−22	0	−15	+6	−9	+13	−9	+11	−11	+18	+3	+25	+3	+28	+13	+35	+13	+45	+23	+59	+37	—	—	—	—
120 140 160	140 160 180	0	−25	−14	−39	−14	−32	0	−25	0	−18	+7	−11	+14	−11	+12.5	−12.5	+21	+3	+28	+3	+33	+15	+40	+15	+52	+27	+68	+43	+88 +90 +93	+63 +65 +68	—	—
180 200 225	200 225 250	0	−30	−15	−44	−15	−35	0	−29	0	−20	+7	−13	+16	−13	+14.5	−14.5	+24	+4	+33	+4	+37	+17	+46	+17	+60	+31	+79	+50	+106 +109 +113	+77 +80 +84	+123 +126 +130	+77 +80 +84
250 280	280 315	0	−35	−17	−49	−17	−40	0	−32	0	−23	+7	−16	—	—	+16	−16	+27	+4	+36	+4	+43	+20	+52	+20	+66	+34	+88	+58	+126 +130	+94 +98	+146 +150	+94 +98
315 355	355 400	0	−40	−18	−54	−18	−43	0	−36	0	−25	+7	−18	—	—	+18	−18	+29	+4	+40	+4	+46	+21	+57	+21	+73	+37	+98	+62	+144 +150	+108 +114	+165 +171	+108 +114
400 450	450 500	0	−45	−20	−60	−20	−47	0	−40	0	−27	+7	−20	—	—	+20	−20	+32	+5	+45	+5	+50	+23	+63	+23	+80	+40	+108	+68	+166 +172	+126 +132	+189 +195	+126 +132

公称尺寸/mm		间隙或过盈/μm														过盈/μm															
>	≤	最大间隙	最大过盈	最大间隙	最大过盈	最大间隙	最大过盈	最大间隙	最大过盈	最大间隙	最大过盈	最大间隙	最大过盈	最大间隙	最大过盈	最小	最大	最小	最大	最小	最大	最小	最大	最小	最大	最小	最大	最小	最大	最小	最大
3	6	12	4	9	4	8	8	5	8	2	11	2	14	4	12	1	14	1	17	4	17	4	20	8	24	12	28	—	—	—	—
6	10	14	3	11	3	9	8	6	8	2	12	2	15	4.5	12.5	1	15	1	18	6	20	6	23	10	27	15	32	—	—	—	—
10	18	17	2	14	2	11	8	8	8	3	13	3	16	5.5	13.5	1	17	1	20	7	23	7	26	12	31	18	37	—	—	—	—
18	30	20	3	16	3	13	10	9	10	4	15	4	19	6.5	16.5	2	21	2	25	8	27	8	31	15	38	22	45	—	—	—	—
30	50	25	3	20	3	16	12	11	12	5	18	5	23	8	20	2	25	2	30	9	32	9	37	17	45	26	54	—	—	—	—
50	80	29	5	23	5	19	15	13	15	7	21	7	27	9.5	24.5	2	30	2	36	11	39	11	45	20	54	32	68	—	—	—	—
80	120	34	8	27	8	22	20	15	20	9	26	9	33	11	31	3	38	3	45	13	48	13	55	23	65	37	79	—	—	—	—
120 140 160	140 160 180	39	11	32	11	25	25	18	25	11	32	11	39	12.5	37.5	3	46	3	53	15	58	15	65	27	77	43	93	63 65 68	113 115 118	—	—
180 200 225	200 225 250	44	15	35	15	29	30	20	30	13	37	13	46	14.5	44.5	4	54	4	53	17	67	17	76	31	90	50	109	77 80 84	136 139 143	77 80 84	153 156 160
250 280	280 315	49	18	40	18	32	35	23	35	16	42	—	—	16	51	4	62	4	71	20	78	20	87	34	101	58	123	94 98	161 165	94 98	181 185
315 355	355 400	54	22	43	22	36	40	25	40	18	47	—	—	18	58	4	69	4	80	21	86	21	97	37	113	62	138	108 114	184 190	108 114	205 211
400 450	450 500	60	25	47	25	40	45	27	45	20	52	—	—	20	65	5	77	5	90	23	95	23	108	40	125	68	153	126 132	211 217	126 132	234 240

表 A.2 0级公差向心轴承(圆锥滚子轴承除外)与轴承座孔的配合

公称尺寸/mm		轴承外径偏差 Δ_{Dmp}/μm		孔公差带																															
				G7		H8		H7		H6		J7		J6		JS7		JS6		K6		K7		M6		M7		N6		N7		P6		P7	
				轴承座孔直径的极限偏差/μm																															
>	≤	上	下	上	下	上	下	上	下	上	下	上	下	上	下	上	下	上	下	上	下	上	下	上	下	上	下	上	下	上	下	上	下	上	下
10	18	0	−8	+24	+6	+27	0	+18	0	+11	0	+10	−8	+6	−5	+9	−9	+5.5	−5.5	+2	−9	+6	−12	−4	−15	0	−18	−9	−20	−5	−23	−15	−26	−11	−29
18	30	0	−9	+28	+7	+33	0	+21	0	+13	0	+12	−9	+8	−5	+10	−10	+6.5	−6.5	+2	−11	+6	−15	−4	−17	0	−21	−11	−24	−7	−28	−18	−31	−14	−35
30	50	0	−11	+34	+9	+39	0	+25	0	+16	0	+14	−11	+10	−6	+12	−12	+8	−8	+3	−13	+7	−18	−4	−20	0	−25	−12	−28	−8	−33	−21	−37	−17	−42
50	80	0	−13	+40	+10	+46	0	+30	0	+19	0	+18	−12	+13	−6	+15	−15	+9.5	−9.5	+4	−15	+9	−21	−5	−24	0	−30	−14	−33	−9	−39	−26	−45	−21	−51
80	120	0	−15	+47	+12	+54	0	+35	0	+22	0	+22	−13	+16	−6	+17	−17	+11	−11	+4	−18	+10	−25	−6	−28	0	−35	−16	−38	−10	−45	−30	−52	−24	−59
120	150	0	−18	+54	+14	+63	0	+40	0	+25	0	+26	−14	+18	−7	+20	−20	+12.5	−12.5	+4	−21	+12	−28	−8	−33	0	−40	−20	−45	−12	−52	−36	−61	−28	−68
150	180	0	−25	+54	+14	+63	0	+40	0	+25	0	+26	−14	+18	−7	+20	−20	+12.5	−12.5	+4	−21	+12	−28	−8	−33	0	−40	−20	−45	−12	−52	−36	−61	−28	−68
180	250	0	−30	+61	+15	+72	0	+46	0	+29	0	+30	−16	+22	−7	+23	−23	+14.5	−14.5	+5	−24	+13	−33	−8	−37	0	−46	−22	−51	−14	−60	−41	−70	−33	−79
250	315	0	−35	+69	+17	+81	0	+52	0	+32	0	+36	−16	+25	−7	+26	−26	+16	−16	+5	−27	+16	−36	−9	−41	0	−52	−25	−57	−14	−66	−47	−79	−36	−88
315	400	0	−40	+75	+18	+89	0	+57	0	+36	0	+39	−18	+29	−7	+28	−28	+18	−18	+7	−29	+17	−40	−10	−46	0	−57	−26	−62	−16	−73	−51	−87	−41	−98
400	500	0	−45	+83	+20	+97	0	+63	0	+40	0	+43	−20	+33	−7	+31	−31	+20	−20	+8	−32	+18	−45	−10	−50	0	−63	−27	−67	−17	−80	−55	−95	−45	−108
500	630	0	−50	+92	+22	+110	0	+70	0	+44	0	—	—	—	—	+35	−35	+22	−22	0	−44	0	−70	−26	−70	−26	−96	−44	−88	−44	−114	−78	−122	−78	−148
630	800	0	−75	+104	+24	+125	0	+80	0	+50	0	—	—	—	—	+40	−40	+25	−25	0	−50	0	−80	−30	−80	−30	−110	−50	−100	−50	−130	−88	−138	−88	−168
800	1 000	0	−100	+116	+26	+140	0	+90	0	+56	0	—	—	—	—	+45	−45	+28	−28	0	−56	0	−90	−34	−90	−34	−124	−56	−112	−56	−146	−100	−156	−100	−190
1 000	1 250	0	−125	+133	+28	+165	0	+105	0	+66	0	—	—	—	—	+52	−52	+33	−33	0	−66	0	−105	−40	−106	−40	−145	−66	−132	−66	−171	−120	−186	−120	−225

公称尺寸/mm		间隙/μm		间隙或过盈/μm																										过盈/μm			
>	≤	最大	最小	最大间隙	最大过盈	最大间隙	最大过盈	最大间隙	最大过盈	最大间隙	最大过盈	最大间隙	最大过盈	最大间隙	最大过盈	最大间隙	最大过盈	最大间隙	最大过盈	最大间隙	最大过盈	最大间隙	最大过盈	最大间隙	最大过盈	最大间隙[a]	最大过盈	最大间隙	最大过盈	最小	最大	最小	最大
10	18	32	6	35	0	26	0	19	0	18	8	14	5	17	9	13.5	5.5	10	9	14	12	4	15	8	18	−1	20	3	23	7	26	3	29
18	30	37	7	42	0	30	0	22	0	21	9	17	5	19	10	15.5	6.5	11	11	15	15	5	17	9	21	−2	24	2	28	9	31	5	35
30	50	45	9	50	0	36	0	27	0	25	11	21	6	23	12	19	8	14	13	18	18	7	20	11	25	−1	28	3	33	10	37	6	42
50	80	53	10	59	0	43	0	32	0	31	12	26	6	28	15	22.5	9.5	17	15	22	21	8	24	13	30	−1	33	4	39	13	45	8	51
80	120	62	12	69	0	50	0	37	0	37	13	31	6	32	17	26	11	19	18	25	25	9	28	15	35	−1	38	5	45	15	52	9	59
120	150	72	14	81	0	58	0	43	0	44	14	36	7	38	20	30.5	12.5	22	21	30	28	10	33	18	40	−2	45	6	52	18	61	10	68
150	180	79	14	88	0	65	0	50	0	51	14	43	7	45	20	37.5	12.5	29	21	37	28	17	33	25	40	5	45	13	52	11	61	3	68
180	250	91	15	102	0	76	0	59	0	60	16	52	7	53	23	44.5	14.5	35	24	43	33	22	37	30	46	8	51	16	60	11	70	3	79
250	315	104	17	116	0	87	0	67	0	71	16	60	7	61	26	51	16	40	27	51	36	26	41	35	52	10	57	21	66	12	79	1	88
315	400	115	18	129	0	97	0	76	0	79	18	69	7	68	28	58	18	47	29	57	40	30	46	40	57	14	62	24	73	11	87	1	98
400	500	128	20	142	0	108	0	85	0	88	20	78	7	76	31	65	20	53	32	63	45	35	50	45	63	18	67	28	80	10	95	0	108
500	630	142	22	160	0	120	0	94	0	—	—	—	—	85	35	72	22	50	44	50	70	24	70	24	96	6	88	6	114	28	122	28	148
630	800	179	24	200	0	155	0	125	0	—	—	—	—	115	40	100	25	75	50	75	80	45	80	45	110	25	100	25	130	13	138	13	168
800	1 000	216	26	240	0	190	0	156	0	—	—	—	—	145	45	128	28	100	56	100	90	66	90	66	124	44	112	44	146	0	156	0	190
1 000	1 250	258	28	290	0	230	0	191	0	—	—	—	—	177	52	158	33	125	66	125	105	85	106	85	145	59	132	59	171	−5[b]	186	−5[b]	225

[a] "—"号表示过盈。

[b] "—"号表示间隙。

表 A.3　6 级公差向心轴承(圆锥滚子轴承除外)与轴的配合

公称尺寸/mm		轴承内径偏差 Δ_{dmp}/μm		轴公差带																											
				g6		g5		h6		h5		j5		j6		js6		k5		k6		m5		m6		n6		p6		r6		r7	
				轴颈直径的极限偏差/μm																											
>	≤	上	下	上	下	上	下	上	下	上	下	上	下	上	下	上	下	上	下	上	下	上	下	上	下	上	下	上	下	上	下	上	下
3	6	0	−7	−4	−12	−4	−9	0	−8	0	−5	+3	−2	+6	−2	+4	−4	+6	+1	+9	+1	+9	+4	+12	+4	+16	+8	+20	+12	—	—	—	—
6	10	0	−7	−5	−14	−5	−11	0	−9	0	−6	+4	−2	+7	−2	+4.5	−4.5	+7	+1	+10	+1	+12	+6	+15	+6	+19	+10	+24	+15	—	—	—	—
10	18	0	−7	−6	−17	−6	−14	0	−11	0	−8	+5	−3	+8	−3	+5.5	−5.5	+9	+1	+12	+1	+15	+7	+18	+7	+23	+12	+29	+18	—	—	—	—
18	30	0	−8	−7	−20	−7	−16	0	−13	0	−9	+5	−4	+9	−4	+6.5	−6.5	+11	+2	+15	+2	+17	+8	+21	+8	+28	+15	+35	+22	—	—	—	—
30	50	0	−10	−9	−25	−9	−20	0	−16	0	−11	+6	−5	+11	−5	+8	−8	+13	+2	+18	+2	+20	+9	+25	+9	+33	+17	+42	+26	—	—	—	—
50	80	0	−12	−10	−29	−10	−23	0	−19	0	−13	+6	−7	+12	−7	+9.5	−9.5	+15	+2	+21	+2	+24	+11	+30	+11	+39	+20	+51	+32	—	—	—	—
80	120	0	−15	−12	−34	−12	−27	0	−22	0	−15	+6	−9	+13	−9	+11	−11	+18	+3	+25	+3	+28	+13	+35	+13	+45	+23	+59	+37	—	—	—	—
120 140 160	140 160 180	0	−18	−14	−39	−14	−32	0	−25	0	−18	+7	−11	+14	−11	+12.5	−12.5	+21	+3	+28	+3	+33	+15	+40	+15	+52	+27	+68	+43	+88 +90 +93	+63 +65 +68	—	—
180 200 225	200 225 250	0	−22	−15	−44	−15	−35	0	−29	0	−20	+7	−13	+16	−13	+14.5	−14.5	+24	+4	+33	+4	+37	+17	+46	+17	+60	+31	+79	+50	+106 +109 +113	+77 +80 +84	+123 +126 +130	+77 +80 +84
250 280	280 315	0	−25	−17	−49	−17	−40	0	−32	0	−23	+7	−16	—	—	+16	−16	+27	+4	+36	+4	+43	+20	+52	+20	+68	+34	+88	+56	+126 +130	+94 +98	+146 +150	+94 +98
315 355	355 400	0	−30	−18	−54	−18	−43	0	−36	0	−25	+7	−18	—	—	+18	−18	+29	+4	+40	+4	+46	+21	+57	+21	+73	+37	+98	+62	+144 +150	+108 +114	+165 +171	+108 +114
400 450	450 500	0	−35	−20	−60	−20	−47	0	−40	0	−27	+7	−20	—	—	+20	−20	+32	+5	+45	+5	+50	+23	+63	+23	+80	+40	+108	+68	+166 +172	+126 +132	+189 +195	+126 +132

公称尺寸/mm		间隙或过盈/μm																		过盈/μm											
>	≤	最大间隙	最大过盈	最大间隙	最大过盈	最大间隙	最大过盈	最大间隙	最大过盈	最大间隙	最大过盈	最大间隙	最大过盈	最大间隙	最大过盈	最小	最大	最小	最大	最小	最大	最小	最大	最小	最大	最小	最大	最小	最大	最小	最大
3	6	12	3	9	3	8	7	5	7	2	10	2	13	4	11	1	13	1	16	4	16	4	19	8	23	12	27	—	—	—	—
6	10	14	2	11	2	9	7	6	7	2	11	2	14	4.5	11.5	1	14	1	17	6	19	6	22	10	26	15	31	—	—	—	—
10	18	17	1	14	1	11	7	8	7	3	12	3	15	5.5	12.5	1	16	1	19	7	22	7	25	12	30	18	39	—	—	—	—
18	30	20	1	16	1	13	8	9	8	4	13	4	17	6.5	14.5	2	19	2	23	8	25	8	29	15	36	22	43	—	—	—	—
30	50	25	1	20	1	16	10	11	10	5	16	5	21	8	18	2	23	2	28	9	30	9	35	17	43	26	52	—	—	—	—
50	80	29	2	23	2	19	12	13	12	7	18	7	24	9.5	21.5	2	27	2	33	11	36	11	42	20	51	32	63	—	—	—	—
80	120	34	3	27	3	22	15	15	15	9	21	9	28	11	26	3	33	3	40	13	43	13	50	23	60	37	74	—	—	—	—
120 140 160	140 160 180	39	4	32	4	25	18	18	18	11	25	11	32	12.5	30.5	3	39	3	46	15	51	15	58	27	70	43	86	63 65 68	106 108 111	—	—
180 200 225	200 225 250	44	7	35	7	29	22	20	22	13	29	13	38	14.5	36.5	4	46	4	55	17	59	17	68	31	82	50	101	77 80 84	128 131 135	77 80 84	145 148 152
250 280	280 315	49	8	40	8	32	25	23	25	16	32	—	—	16	41	4	52	4	61	20	68	20	77	34	91	58	113	94 98	151 155	94 98	171 175
315 355	355 400	54	12	43	12	36	30	25	30	18	37	—	—	18	48	4	59	4	70	21	76	21	87	37	103	62	128	108 114	174 180	108 114	195 201
400 450	450 500	60	15	47	15	40	35	27	35	20	42	—	—	20	55	5	67	5	80	23	85	23	98	40	115	68	143	126 132	201 207	126 132	224 230

表 A.4　6 级公差向心轴承(圆锥滚子轴承除外)与轴承座孔的配合

公称尺寸/mm		轴承外径偏差 Δ_{Dmp}/μm		孔公差带																															
				G7		H8		H7		H6		J7		J6		JS7		JS6		K6		K7		M6		M7		N6		N7		P6		P7	
				轴承座孔直径的极限偏差/μm																															
>	≤	上	下	上	下	上	下	上	下	上	下	上	下	上	下	上	下	上	下	上	下	上	下	上	下	上	下	上	下	上	下	上	下	上	下
10	18	0	−7	+24	+6	+27	0	+18	0	+11	0	+10	−8	+6	−5	+9	−9	+5.5	−5.5	+2	−9	+6	−12	−4	−15	0	−18	−9	−20	−5	−23	−15	−26	−11	−29
18	30	0	−8	+28	+7	+33	0	+21	0	+13	0	+12	−9	+8	−5	+10	−10	+6.5	−6.5	+2	−11	+6	−15	−4	−17	0	−21	−11	−24	−7	−28	−18	−31	−14	−35
30	50	0	−9	+34	+9	+39	0	+25	0	+16	0	+14	−11	+10	−6	+12	−12	+8	−8	+3	−13	+7	−18	−4	−20	0	−25	−12	−28	−8	−33	−21	−37	−17	−42
50	80	0	−11	+40	+10	+46	0	+30	0	+19	0	+18	−12	+13	−6	+15	−15	+9.5	−9.5	+4	−15	+9	−21	−5	−24	0	−30	−14	−33	−9	−39	−26	−45	−21	−51
80	120	0	−13	+47	+12	+54	0	+35	0	+22	0	+22	−13	+16	−6	+17	−17	+11	−11	+4	−18	+10	−25	−6	−28	0	−35	−16	−38	−10	−45	−30	−52	−24	−59
120	150	0	−15	+54	+14	+63	0	+40	0	+25	0	+26	−14	+18	−7	+20	−20	+12.5	−12.5	+4	−21	+12	−28	−8	−33	0	−40	−20	−45	−12	−52	−36	−61	−28	−68
150	180	0	−18	+54	+14	+63	0	+40	0	+25	0	+26	−14	+18	−7	+20	−20	+12.5	−12.5	+4	−21	+12	−28	−8	−33	0	−40	−20	−45	−12	−52	−36	−61	−28	−68
180	250	0	−20	+61	+15	+72	0	+46	0	+29	0	+30	−16	+22	−7	+23	−23	+14.5	−14.5	+5	−24	+13	−33	−8	−37	0	−46	−22	−51	−14	−60	−41	−70	−33	−79
250	315	0	−25	+69	+17	+81	0	+52	0	+32	0	+36	−16	+25	−7	+26	−26	+16	−16	+5	−27	+16	−36	−9	−41	0	−52	−25	−57	−14	−66	−47	−79	−36	−88
315	400	0	−28	+75	+18	+89	0	+57	0	+36	0	+39	−18	+29	−7	+28	−28	+18	−18	+7	−29	+17	−40	−10	−46	0	−57	−26	−62	−16	−73	−51	−87	−41	−98
400	500	0	−33	+83	+20	+97	0	+63	0	+40	0	+43	−20	+33	−7	+31	−31	+20	−20	+8	−32	+18	−45	−10	−50	0	−63	−27	−67	−17	−80	−55	−95	−45	−108
500	630	0	−38	+92	+22	+110	0	+70	0	+44	0	—	—	—	—	+35	−35	+22	−22	0	−44	0	−70	−26	−70	−26	−96	−44	−88	−44	−114	−78	−122	−78	−148
630	800	0	−45	+104	+24	+125	0	+80	0	+50	0	—	—	—	—	+40	−40	+25	−25	0	−50	0	−80	−30	−80	−30	−110	−50	−100	−50	−130	−88	−138	−88	−168
800	1 000	0	−60	+116	+26	+140	0	+90	0	+56	0	—	—	—	—	+45	−45	+28	−28	0	−56	0	−90	−34	−90	−34	−124	−56	−112	−56	−146	−100	−156	−100	−190

公称尺寸/mm		间隙/μm		间隙或过盈/μm																										过盈/μm			
>	≤	最大	最小	最大间隙	最大过盈	最大间隙	最大过盈	最大间隙	最大过盈	最大间隙	最大过盈	最大间隙	最大过盈	最大间隙	最大过盈	最大间隙	最大过盈	最大间隙	最大过盈	最大间隙	最大过盈	最大间隙	最大过盈	最大间隙	最大过盈	最大间隙[a]	最大过盈	最大间隙[a]	最大过盈	最小	最大	最小	最大
10	18	31	6	34	0	25	0	18	0	17	8	13	5	16	9	12.5	5.5	9	9	13	12	3	15	7	18	−2	20	2	23	8	26	4	29
18	30	36	7	41	0	29	0	21	0	20	9	16	5	18	10	14.5	6.5	10	11	14	15	4	17	8	21	−3	24	1	28	10	31	6	35
30	50	43	9	48	0	34	0	25	0	23	11	19	6	21	12	17	8	12	13	16	18	5	20	9	25	−3	28	1	33	12	37	8	42
50	80	51	10	57	0	41	0	30	0	29	12	24	6	26	15	20.5	9.5	15	15	20	21	6	24	11	30	−3	33	2	39	15	45	10	51
80	120	60	12	67	0	48	0	35	0	35	13	29	6	30	17	24	11	17	18	23	25	7	28	13	35	−3	38	3	45	17	52	11	59
120	150	69	14	78	0	55	0	40	0	41	14	33	7	35	20	27.5	12.5	19	21	27	28	7	33	15	40	−5	45	3	52	21	61	13	68
150	180	72	14	81	0	58	0	43	0	44	14	36	7	38	20	30.5	12.5	22	21	30	28	10	33	18	40	−2	45	6	52	18	61	10	68
180	250	81	15	92	0	66	0	49	0	50	16	42	7	43	23	34.5	14.5	25	24	33	33	12	37	20	46	−2	51	6	60	21	70	13	79
250	315	94	17	106	0	77	0	57	0	61	16	50	7	51	26	41	16	30	27	41	36	16	41	25	52	0	57	11	66	22	79	11	88
315	400	103	18	117	0	85	0	64	0	67	18	57	7	56	28	46	18	35	29	45	40	18	46	28	57	2	62	12	73	23	87	13	98
400	500	116	20	130	0	96	0	73	0	76	20	66	7	64	31	53	20	41	32	51	45	23	50	33	63	6	67	16	80	22	95	12	108
500	630	130	22	148	0	108	0	82	0	—	—	—	—	73	35	60	22	50	44	38	70	12	70	12	96	−6	88	−6	114	40	122	40	148
630	800	149	24	170	0	125	0	95	0	—	—	—	—	85	40	70	25	75	50	45	80	15	80	15	110	−5	100	−5	130	43	138	43	168
800	1 000	176	26	200	0	150	0	116	0	—	—	—	—	105	45	88	28	100	56	60	90	26	90	26	124	4	112	4	146	40	156	40	190

[a] “—”号表示过盈。

表 A.5　0、6X 级公差圆锥滚子轴承与轴的配合

公称尺寸/mm		轴承内径偏差 Δ_{dmp}/μm		轴公差带																									
				f6		g6		g5		h6		h5		j5		j6		js6		k5		k6		m5		m6		n6		p6		r6	
				轴颈直径的极限偏差/μm																									
>	≤	上	下	上	下	上	下	上	下	上	下	上	下	上	下	上	下	上	下	上	下	上	下	上	下	上	下	上	下	上	下
10	18	0	−12	−16	−27	−6	−17	−6	−14	0	−11	0	−8	+5	−3	+8	−3	+5.5	−5.5	+9	+1	+12	+1	+15	+7	+18	+7	+23	+12	+29	+18	—	—
18	30	0	−12	−20	−33	−7	−20	−7	−16	0	−13	0	−9	+5	−4	+9	−4	+6.5	−6.5	+11	+2	+15	+2	+17	+8	+21	+8	+28	+15	+35	+22	—	—
30	50	0	−12	−25	−41	−9	−25	−9	−20	0	−16	0	−11	+6	−5	+11	−5	+8	−8	+13	+2	+18	+2	+20	+9	+25	+9	+33	+17	+42	+26	—	—
50	80	0	−15	−30	−49	−10	−29	−10	−23	0	−19	0	−13	+6	−7	+12	−7	+9.5	−9.5	+15	+2	+21	+2	+24	+11	+30	+11	+39	+20	+51	+32	—	—
80	120	0	−20	−36	−58	−12	−34	−12	−27	0	−22	0	−15	+6	−9	+13	−9	+11	−11	+18	+3	+25	+3	+28	+13	+35	+13	+45	+23	+59	+37	—	—
120 140 160	140 160 180	0	−25	−43	−68	−14	−39	−14	−32	0	−25	0	−18	+7	−11	+14	−11	+12.5	−12.5	+21	+3	+28	+3	+33	+15	+40	+15	+52	+27	+68	+43	+88 +90 +93	+63 +65 +68
180 200 225	200 225 250	0	−30	−50	−79	−15	−44	−15	−35	0	−29	0	−20	+7	−13	+16	−13	+14.5	−14.5	+24	+4	+33	+4	+37	+17	+46	+17	+60	+31	+79	+50	+106 +109 +113	+77 +80 +84
250 280	280 315	0	−35	−56	−88	−17	−49	−17	−40	0	−32	0	−23	+7	−16	—	—	+16	−16	+27	+4	+36	+4	+43	+20	+52	+20	+66	+34	+88	+56	+126 +130	+94 +98
315 355	355 400	0	−40	−62	−98	−18	−54	−18	−43	0	−36	0	−25	+7	−18	—	—	+18	−18	+29	+4	+40	+4	+46	+21	+57	+21	+73	+37	+98	+62	+144 +150	+108 +114

公称尺寸/mm		间隙/μm		间隙或过盈/μm																过盈/μm											
>	≤	最大	最小	最大间隙	最大过盈	最大间隙	最大过盈	最大间隙	最大过盈	最大间隙	最大过盈	最大间隙	最大过盈	最大间隙	最大过盈	最大间隙	最大过盈	最大间隙	最大过盈	最小	最大	最小	最大	最小	最大	最小	最大	最小	最大	最小	最大
10	18	27	4	17	6	14	6	11	12	8	12	3	18	3	20	5.5	17.5	—	—	—	—	—	—	—	—	—	—	—	—	—	—
18	30	33	8	20	5	16	5	13	12	9	12	4	18	4	21	6.5	18.5	2	23	2	27	—	—	—	—	—	—	—	—	—	—
30	50	41	13	25	3	20	3	16	12	11	12	5	18	5	23	8	20	2	25	2	30	9	32	9	37	—	—	—	—	—	—
50	80	49	15	29	5	23	5	19	15	13	15	7	21	7	27	9.5	24.5	2	30	2	36	11	39	11	45	20	54	—	—	—	—
80	120	58	16	34	8	27	8	22	20	15	20	9	26	9	33	11	31	3	38	3	45	13	48	13	55	23	65	37	79	—	—
120 140 160	140 160 180	68	18	39	11	32	11	25	25	18	25	11	32	11	39	12.5	37.5	3	46	3	53	15	58	15	65	27	77	43	93	63 65 68	113 115 118
180 200 225	200 225 250	79	20	44	15	35	15	29	30	20	30	13	37	13	46	14.5	44.5	4	54	4	63	17	67	17	67	31	90	50	109	77 80 84	136 139 143
250 280	280 315	88	21	49	18	40	18	32	35	23	35	16	42	—	—	16	51	4	62	4	71	20	78	20	87	34	101	56	123	94 98	161 165
315 355	355 400	98	22	54	22	43	22	36	40	25	40	18	47	—	—	18	58	4	69	4	80	21	86	21	97	37	113	62	138	108 114	184 190

表 A.6　0、6X 级公差圆锥滚子轴承与轴承座孔的配合

公称尺寸/mm		轴承外径偏差 Δ_{Dmp}/μm		孔公差带																															
				G7		H8		H7		H6		J7		J6		JS7		JS6		K6		K7		M6		M7		N6		N7		P6		P7	
				轴承座孔直径的极限偏差/μm																															
>	≤	上	下	上	下	上	下	上	下	上	下	上	下	上	下	上	下	上	下	上	下	上	下	上	下	上	下	上	下	上	下	上	下	上	下
30	50	0	−14	+34	+9	+39	0	+25	0	+16	0	+14	−11	+10	−6	+12	−12	+8.5	−8.5	+3	−13	+7	−18	−4	−20	0	−25	−12	−28	−8	−33	−21	−37	−17	−42
50	80	0	−16	+40	+10	+46	0	+30	0	+19	0	+18	−12	+13	−6	+15	−15	+9.5	−9.5	+4	−15	+9	−21	−5	−24	0	−30	−14	−33	−9	−39	−26	−45	−21	−51
80	120	0	−18	+47	+12	+54	0	+35	0	+22	0	+22	−13	+16	−6	+17	−17	+11	−11	+4	−18	+10	−25	−6	−28	0	−35	−16	−38	−10	−45	−30	−52	−24	−59
120	150	0	−20	+54	+14	+63	0	+40	0	+25	0	+26	−14	+18	−7	+20	−20	+12.5	−12.5	+4	−21	+12	−28	−8	−33	0	−40	−20	−45	−12	−52	−36	−61	−28	−68
150	180	0	−25	+54	+14	+63	0	+40	0	+25	0	+26	−14	+18	−7	+20	−20	+12.5	−12.5	+4	−21	+12	−28	−8	−33	0	−40	−20	−45	−12	−52	−36	−61	−28	−68
180	250	0	−30	+61	+15	+72	0	+46	0	+29	0	+30	−16	+22	−7	+23	−23	+14.5	−14.5	+5	−24	+13	−33	−8	−37	0	−46	−22	−51	−14	−60	−41	−70	−33	−79
250	315	0	−35	+69	+17	+81	0	+52	0	+32	0	+36	−16	+25	−7	+26	−26	+16	−16	+5	−27	+16	−36	−9	−41	0	−52	−25	−57	−14	−66	−47	−79	−36	−88
315	400	0	−40	+75	+18	+89	0	+57	0	+36	0	+39	−18	+29	−7	+28	−28	+18	−18	+7	−29	+17	−40	−10	−46	0	−57	−26	−62	−16	−73	−51	−87	−41	−98
400	500	0	−45	+83	+20	+97	0	+63	0	+40	0	+43	−20	+33	−7	+31	−31	+20	−20	+8	−32	+18	−45	−10	−50	0	−63	−27	−67	−17	−80	−55	−95	−45	−108

公称尺寸/mm		间隙/μm		间隙或过盈/μm																										过盈/μm			
>	≤	最大	最小	最大间隙	最大过盈	最大间隙	最大过盈	最大间隙	最大过盈	最大间隙	最大过盈	最大间隙	最大过盈	最大间隙	最大过盈	最大间隙	最大过盈	最大间隙	最大过盈	最大间隙	最大过盈	最大间隙	最大过盈	最大间隙	最大过盈	最大间隙	最大过盈	最大间隙	最大过盈	最小	最大	最小	最大
30	50	48	9	50	0	39	0	30	0	28	11	24	6	26	12	22	8	17	13	21	18	10	20	14	25	2	28	6	33	7	37	3	42
50	80	56	10	59	0	46	0	35	0	34	12	29	6	31	15	25.5	9.5	20	15	25	21	11	24	16	30	2	33	7	39	10	45	5	51
80	120	65	12	69	0	53	0	40	0	40	13	34	6	35	17	29	11	22	18	28	25	12	28	18	35	2	38	8	45	12	52	6	59
120	150	74	14	81	0	60	0	45	0	46	14	38	7	40	20	32.5	12.5	24	21	32	28	12	33	20	40	0	45	8	52	16	61	8	68
150	180	79	14	88	0	65	0	50	0	51	14	43	7	45	20	37.5	12.5	29	21	37	28	17	33	25	40	5	45	13	52	11	61	3	68
180	250	91	15	102	0	76	0	59	0	60	16	52	7	53	23	44.5	14.5	35	24	43	33	22	37	30	46	8	51	16	60	11	70	3	79
250	315	104	17	116	0	87	0	67	0	71	16	60	7	61	26	51	16	40	27	51	36	26	41	35	52	10	57	21	66	12	79	1	88
315	400	115	18	129	0	97	0	76	0	79	18	69	7	68	28	58	18	47	29	57	40	30	46	40	57	14	62	24	73	11	87	1	98
400	500	128	20	142	0	108	0	85	0	88	20	78	7	76	31	65	20	53	32	63	45	35	50	45	63	18	67	28	80	10	95	0	108

参 考 文 献

[1] GB/T 273.1—2011 滚动轴承 外形尺寸总方案 第1部分:圆锥滚子轴承
[2] GB/T 273.2—2006 滚动轴承 推力轴承 外形尺寸总方案
[3] GB/T 273.3—2015 滚动轴承 外形尺寸总方案 第3部分:向心轴承
[4] GB/T 307.1—2005 滚动轴承 向心轴承 公差
[5] GB/T 4604.1—2012 滚动轴承 游隙 第1部分:向心轴承的径向游隙

ICS 21.100.20
J 11

中华人民共和国国家标准

GB/T 307.1—2005
代替 GB/T 307.1—1994

滚动轴承 向心轴承 公差

Rolling bearings—Radial bearings—Tolerances

(ISO 492:2002,MOD)

2005-02-21 发布 2005-08-01 实施

中华人民共和国国家质量监督检验检疫总局
中国国家标准化管理委员会 发布

前　言

GB/T 307 分为四个部分：

——第 1 部分：滚动轴承　向心轴承　公差；

——第 2 部分：滚动轴承　测量和检验的原则及方法；

——第 3 部分：滚动轴承　通用技术规则；

——第 4 部分：滚动轴承　推力轴承　公差。

本部分为 GB/T 307 的第 1 部分。

本部分修改采用 ISO 492：2002《滚动轴承　向心轴承　公差》。

本部分根据 ISO 492：2002 重新起草。对于 ISO 492：2002 引用的其他国际标准中有被修改采用为我国标准的，本部分引用我国的这些国家标准代替对应的国际标准（见本部分第 2 章）。

为了便于使用，本部分还做了下列编辑性修改：

——“本国际标准”一词改为“本部分”；

——删除了国际标准的目次和前言；

——用小数点“. ”代替作为小数点的逗号“，”。

本部分代替 GB/T 307.1—1994《滚动轴承　向心轴承　公差》。

本部分与 GB/T 307.1—1994 相比，主要变化如下：

——修改了部分符号及其名称，如 V_{dp}→V_{dsp}、V_{Dp}→V_{Dsp}（1994 年版和本版的第 4 章及各表）；

——增加了 0、6X、5、4 级圆锥滚子轴承部分尺寸段轴承的公差值（1994 年版和本版的表 11～表 16，1994 年版的表 17 和表 18，本版的表 17～表 20）和 2 级圆锥滚子轴承的公差值（见表 21～表 23）；

——增加了 $d \leqslant 50$ mm 锥度 1：30 圆锥孔的公差（1994 年版的表 21；本版的表 26）；

——修改了部分表的脚注的内容（1994 年版和本版的表 1～表 10）；

——修改了表 12 中 $500 < D \leqslant 630$ 尺寸段轴承的 V_{Dsp} 值（1994 年版和本版的表 12）。

本部分由中国机械工业联合会提出。

本部分由全国滚动轴承标准化技术委员会（SAC/TC 98）归口。

本部分起草单位：洛阳轴承研究所。

本部分主要起草人：李飞雪。

本部分所代替标准的历次版本发布情况为：

——GB 307—1964（部分）、GB 307—1977（部分）、GB/T 307.1—1984（部分）、GB 7812—1987、GB/T 307.1—1994。

滚动轴承　向心轴承　公差

1　范围

GB/T 307 的本部分规定了符合 GB/T 273.1—2003、GB/T 273.3—1999 和 GB/T 7217—2002 的向心滚动轴承的外形尺寸(倒角尺寸除外)和旋转精度公差。

本部分不适用于某些特殊类型的向心轴承(如冲压外圈滚针轴承)或特殊场合使用的向心轴承(如飞机机架轴承和仪器精密轴承)。这些轴承的公差规定在相应的标准中。

倒角尺寸极限规定在 GB/T 274—2000 中。

2　规范性引用文件

下列文件中的条款通过 GB/T 307 的本部分的引用而成为本部分的条款。凡是注日期的引用文件,其随后所有的修改单(不包括勘误的内容)或修订版均不适用于本部分,然而,鼓励根据本部分达成协议的各方研究是否可使用这些文件的最新版本。凡是不注日期的引用文件,其最新版本适用于本部分。

GB/T 273.1—2003　滚动轴承　圆锥滚子轴承　外形尺寸总方案(ISO 355:1977,Rolling bearings—Metric tapered roller bearings—Boundary dimensions and series designations,MOD)

GB/T 273.3—1999　滚动轴承　向心轴承　外形尺寸总方案(eqv ISO 15:1998)

GB/T 274—2000　滚动轴承　倒角尺寸最大值(idt ISO 582:1995)

GB/T 4199—2003　滚动轴承　公差　定义(ISO 1132-1:2000,Rolling bearings—Tolerances—Part 1:Terms and definitions,MOD)

GB/T 6930—2002　滚动轴承　词汇(ISO 5593:1997,IDT)

GB/T 7217—2002　滚动轴承　凸缘外圈向心球轴承　凸缘尺寸(ISO 8443:1999,IDT)

GB/T 7811—1999　滚动轴承　参数符号

3　术语和定义

GB/T 4199—2003 和 GB/T 6930—2002 确立的术语和定义适用于本部分。

4　符号

4.1　总则

GB/T 7811—1999 确立的以及下列符号适用于本部分。

除另有说明外,图 1～图 4 中所示符号(公差除外)和表 1～表 26 中示值均表示公称尺寸。

4.2　外形尺寸和旋转精度符号

尺寸符号见图 1。

B——内圈宽度

V_{Bs}——内圈宽度变动量

Δ_{Bs}——内圈单一宽度偏差

C——外圈宽度

C_1——外圈凸缘宽度

V_{Cs}——外圈宽度变动量

V_{C1s}——外圈凸缘宽度变动量

Δ_{Cs}——外圈单一宽度偏差

Δ_{C1s}——外圈凸缘单一宽度偏差

d——内径

d_1——基本圆锥孔在理论大端的直径

V_{dmp}——平均内径变动量(仅适用于基本圆柱孔)

V_{dsp}——单一平面内径变动量

Δ_{dmp}——单一平面平均内径偏差(对于基本圆锥孔,Δ_{dmp}仅指内孔的理论小端)

Δ_{ds}——单一内径偏差

Δ_{d1mp}——基本圆锥孔在理论大端的单一平面平均内径偏差

D——外径

D_1——外圈凸缘外径

V_{Dmp}——平均外径变动量

V_{Dsp}——单一平面外径变动量

Δ_{Dmp}——单一平面平均外径偏差

Δ_{Ds}——单一外径偏差

Δ_{D1s}——外圈凸缘单一外径偏差

K_{ea}——成套轴承外圈径向跳动

K_{ia}——成套轴承内圈径向跳动

S_d——内圈端面对内孔的垂直度

S_D——外圈外表面对端面的垂直度

S_{D1}——外圈外表面对凸缘背面的垂直度

S_{ea}——成套轴承外圈轴向跳动

S_{ea1}——成套轴承外圈凸缘背面轴向跳动

S_{ia}——成套轴承内圈轴向跳动

α——内圈内孔锥角(半锥角)

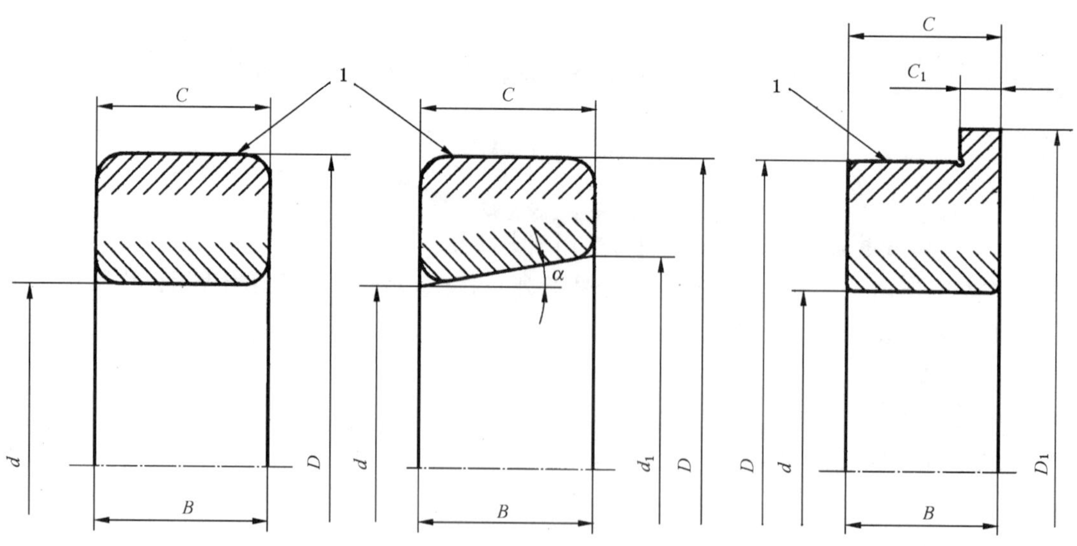

1——轴承外表面

图 1 外形尺寸符号

4.3 圆锥滚子轴承附加符号

见图 2。

T——成套轴承宽度

T_1——内组件有效宽度

T_2——外圈有效宽度

Δ_{Ts}——成套轴承实际宽度偏差

Δ_{T1s}——内组件实际有效宽度偏差

Δ_{T2s}——外圈实际有效宽度偏差

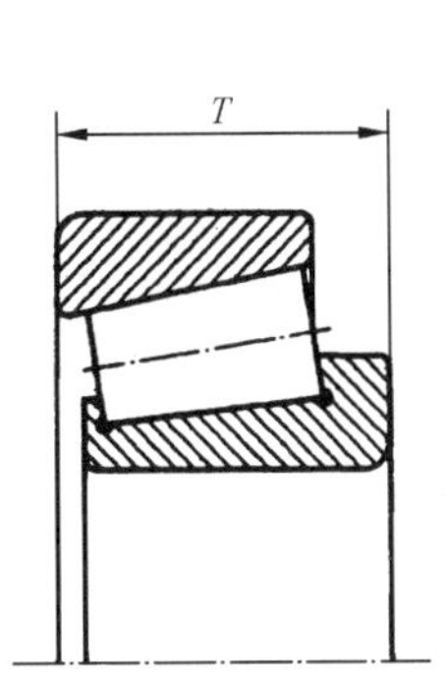

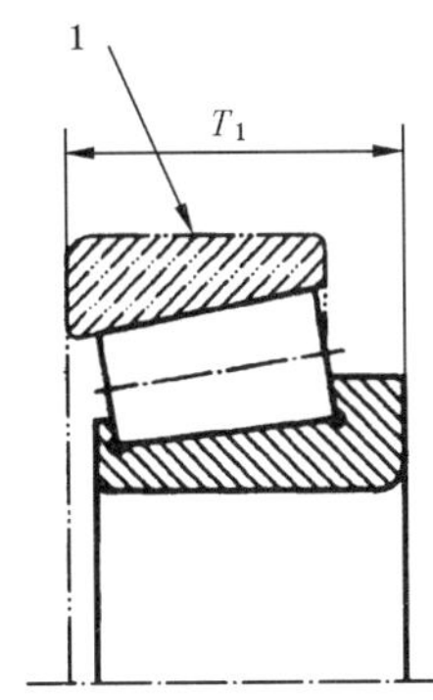

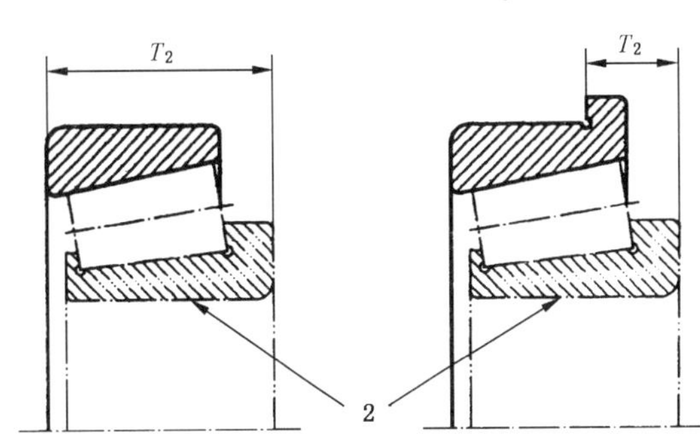

1——标准外圈

2——标准内组件

图 2 圆锥滚子轴承附加符号

5 公差

5.1 向心轴承(圆锥滚子轴承除外)

5.1.1 总则

本条规定的内径公差适用于基本圆柱孔。圆锥孔公差规定在 5.4 中。

表 1～表 8 引用的直径系列规定在 GB/T 273.3—1999 中。

5.1.2 0 级公差

见表 1 和表 2。

表 1 内圈 单位为微米

d/mm		Δ_{dmp}		V_{dsp} 直径系列			V_{dmp}	K_{ia}	Δ_{Bs}			V_{Bs}
				9	0、1	2、3、4			全部	正常	修正[a]	
超过	到	上偏差	下偏差	max			max	max	上偏差	下偏差		max
—	0.6	0	−8	10	8	6	6	10	0	−40	—	12
0.6	2.5	0	−8	10	8	6	6	10	0	−40	—	12
2.5	10	0	−8	10	8	6	6	10	0	−120	−250	15
10	18	0	−8	10	8	6	6	10	0	−120	−250	20
18	30	0	−10	13	10	8	8	13	0	−120	−250	20
30	50	0	−12	15	12	9	9	15	0	−120	−250	20
50	80	0	−15	19	19	11	11	20	0	−150	−380	25
80	120	0	−20	25	25	15	15	25	0	−200	−380	25
120	180	0	−25	31	31	19	19	30	0	−250	−500	30

表 1(续)

单位为微米

d/mm		Δ_{dmp}		V_{dsp}			V_{dmp}	K_{ia}	Δ_{Bs}			V_{Bs}
				直径系列					全部	正常	修正[a]	
				9	0、1	2、3、4						
超过	到	上偏差	下偏差	max			max	max	上偏差	下偏差		max
180	250	0	−30	38	38	23	23	40	0	−300	−500	30
250	315	0	−35	44	44	26	26	50	0	−350	−500	35
315	400	0	−40	50	50	30	30	60	0	−400	−630	40
400	500	0	−45	56	56	34	34	65	0	−450	—	50
500	630	0	−50	63	63	38	38	70	0	−500	—	60
630	800	0	−75	—	—	—	—	80	0	−750	—	70
800	1 000	0	−100	—	—	—	—	90	0	−1 000	—	80
1 000	1 250	0	−125	—	—	—	—	100	0	−1 250	—	100
1 250	1 600	0	−160	—	—	—	—	120	0	−1 600	—	120
1 600	2 000	0	−200	—	—	—	—	140	0	−2 000	—	140

[a] 适用于成对或成组安装时单个轴承的内、外圈，也适用于 $d \geqslant 50$ mm 锥孔轴承的内圈。

表 2 外圈

单位为微米

D/mm		Δ_{Dmp}		V_{Dsp}[a]				V_{Dmp}[a]	K_{ea}	Δ_{Cs} Δ_{C1s}[b]		V_{Cs} V_{C1s}[b]
				开型轴承			闭型轴承					
				直径系列								
				9	0、1	2、3、4	2、3、4					
超过	到	上偏差	下偏差	max				max	max	上偏差	下偏差	max
—	2.5	0	−8	10	8	6	10	6	15	与同一轴承内圈的 Δ_{Bs} 及 V_{Bs} 相同		
2.5	6	0	−8	10	8	6	10	6	15			
6	18	0	−8	10	8	6	10	6	15			
18	30	0	−9	12	9	7	12	7	15			
30	50	0	−11	14	11	8	16	8	20			
50	80	0	−13	16	13	10	20	10	25			
80	120	0	−15	19	19	11	26	11	35			
120	150	0	−18	23	23	14	30	14	40			
150	180	0	−25	31	31	19	38	19	45			
180	250	0	−30	38	38	23	—	23	50			
250	315	0	−35	44	44	26	—	26	60			
315	400	0	−40	50	50	30	—	30	70			
400	500	0	−45	56	56	34	—	34	80			
500	630	0	−50	63	63	38	—	38	100			
630	800	0	−75	94	94	55	—	55	120			
800	1 000	0	−100	125	125	75	—	75	140			
1 000	1 250	0	−125	—	—	—	—	—	160			
1 250	1 600	0	−160	—	—	—	—	—	190			
1 600	2 000	0	−200	—	—	—	—	—	220			
2 000	2 500	0	−250	—	—	—	—	—	250			

注：外圈凸缘外径 D_1 的公差规定在表 24 中。

[a] 适用于内、外止动环安装前或拆卸后。

[b] 仅适用于沟型球轴承。

5.1.3 6级公差

见表3和表4。

表3 内圈

单位为微米

d/mm		Δ_{dmp}		V_{dsp} 直径系列			V_{dmp}	K_{ia}	Δ_{Bs}			V_{Bs}
				9	0、1	2、3、4			全部	正常	修正[a]	
超过	到	上偏差	下偏差	max			max	max	上偏差	下偏差		max
—	0.6	0	−7	9	7	5	5	5	0	−40	—	12
0.6	2.5	0	−7	9	7	5	5	5	0	−40	—	12
2.5	10	0	−7	9	7	5	5	6	0	−120	−250	15
10	18	0	−7	9	7	5	5	7	0	−120	−250	20
18	30	0	−8	10	8	6	6	8	0	−120	−250	20
30	50	0	−10	13	10	8	8	10	0	−120	−250	20
50	80	0	−12	15	15	9	9	10	0	−150	−380	25
80	120	0	−15	19	19	11	11	13	0	−200	−380	25
120	180	0	−18	23	23	14	14	18	0	−250	−500	30
180	250	0	−22	28	28	17	17	20	0	−300	−500	30
250	315	0	−25	31	31	19	19	25	0	−350	−500	35
315	400	0	−30	38	38	23	23	30	0	−400	−630	40
400	500	0	−35	44	44	26	26	35	0	−450	—	45
500	630	0	−40	50	50	30	30	40	0	−500	—	50

a 适用于成对或成组安装时单个轴承的内、外圈，也适用于 $d \geqslant 50$ mm 锥孔轴承的内圈。

表4 外圈

单位为微米

D/mm		Δ_{Dmp}		V_{Dsp}[a] 开型轴承 直径系列			V_{Dsp}[a] 闭型轴承	V_{Dmp}[a]	K_{ea}	Δ_{Cs} Δ_{C1s}[b]		V_{Cs} V_{C1s}[b]
				9	0、1	2、3、4	0、1、2、3、4					
超过	到	上偏差	下偏差	max				max	max	上偏差	下偏差	max
—	2.5	0	−7	9	7	5	9	5	8	与同一轴承内圈的 Δ_{Bs} 及 V_{Bs} 相同		
2.5	6	0	−7	9	7	5	9	5	8			
6	18	0	−7	9	7	5	9	5	8			
18	30	0	−8	10	8	6	10	6	9			
30	50	0	−9	11	9	7	13	7	10			
50	80	0	−11	14	11	8	16	8	13			
80	120	0	−13	16	16	10	20	10	18			
120	150	0	−15	19	19	11	25	11	20			
150	180	0	−18	23	23	14	30	14	23			
180	250	0	−20	25	25	15	—	15	25			
250	315	0	−25	31	31	19	—	19	30			
315	400	0	−28	35	35	21	—	21	35			
400	500	0	−33	41	41	25	—	25	40			
500	630	0	−38	48	48	29	—	29	50			
630	800	0	−45	56	56	34	—	34	60			
800	1 000	0	−60	75	75	45	—	45	75			

注：外圈凸缘外径 D_1 的公差规定在表24中。

a 适用于内、外止动环安装前或拆卸后。

b 仅适用于沟型球轴承。

5.1.4 5 级公差

见表 5 和表 6。

表 5 内圈

单位为微米

d/mm		Δ_{dmp}		V_{dsp}		V_{dmp}	K_{ia}	S_d	S_{ia}[a]	Δ_{Bs}			V_{Bs}
				直径系列						全部	正常	修正[b]	
				9	0、1、2、3、4								
超过	到	上偏差	下偏差	max		max	max	max	max	上偏差	下偏差		max
—	0.6	0	−5	5	4	3	4	7	7	0	−40	−250	5
0.6	2.5	0	−5	5	4	3	4	7	7	0	−40	−250	5
2.5	10	0	−5	5	4	3	4	7	7	0	−40	−250	5
10	18	0	−5	5	4	3	4	7	7	0	−80	−250	5
18	30	0	−6	6	5	3	4	8	8	0	−120	−250	5
30	50	0	−8	8	6	4	5	8	8	0	−120	−250	5
50	80	0	−9	9	7	5	5	8	8	0	−150	−250	6
80	120	0	−10	10	8	5	6	9	9	0	−200	−380	7
120	180	0	−13	13	10	7	8	10	10	0	−250	−380	8
180	250	0	−15	15	12	8	10	11	13	0	−300	−500	10
250	315	0	−18	18	14	9	13	13	15	0	−350	−500	13
315	400	0	−23	23	18	12	15	15	20	0	−400	−630	15

[a] 仅适用于沟型球轴承。

[b] 适用于成对或成组安装时单个轴承的内、外圈，也适用于 $d \geqslant 50$ mm 锥孔轴承的内圈。

表 6 外圈

单位为微米

D/mm		Δ_{Dmp}		V_{Dsp}		V_{Dmp}	K_{ea}	S_D[a] S_{D1}[b]	S_{ea}[a,b]	S_{ea1}[b]	Δ_{Cs} Δ_{C1s}[b]		V_{Cs} V_{C1s}[b]
				直径系列									
				9	0、1、2、3、4								
超过	到	上偏差	下偏差	max		max	max	max	max	max	上偏差	下偏差	max
—	2.5	0	−5	5	4	3	5	8	8	11	与同一轴承内圈的 Δ_{Bs} 相同		5
2.5	6	0	−5	5	4	3	5	8	8	11			5
6	18	0	−5	5	4	3	5	8	8	11			5
18	30	0	−6	6	5	3	6	8	8	11			5
30	50	0	−7	7	5	4	7	8	8	11			5
50	80	0	−9	9	7	5	8	8	10	14			6
80	120	0	−10	10	8	5	10	9	11	16			8
120	150	0	−11	11	8	6	11	10	13	18			8
150	180	0	−13	13	10	7	13	10	14	20			8
180	250	0	−15	15	11	8	15	11	15	21			10
250	315	0	−18	18	14	9	18	13	18	25			11
315	400	0	−20	20	15	10	20	13	20	28			13
400	500	0	−23	23	17	12	23	15	23	33			15
500	630	0	−28	28	21	14	25	18	25	35			18
630	800	0	−35	35	26	18	30	20	30	42			20

注：外圈凸缘外径 D_1 的公差规定在表 24 中。

[a] 不适用于凸缘外圈轴承。

[b] 仅适用于沟型球轴承。

5.1.5 4级公差

见表7和表8。

表7 内圈 单位为微米

d/mm		Δ_{dmp} Δ_{ds}[a]		V_{dsp} 直径系列		V_{dmp}	K_{ia}	S_d	S_{ia}[b]	Δ_{Bs}			V_{Bs}
				9	0、1、2、3、4					全部	正常	修正[c]	
超过	到	上偏差	下偏差	max		max	max	max	max	上偏差	下偏差		max
—	0.6	0	−4	4	3	2	2.5	3	3	0	−40	−250	2.5
0.6	2.5	0	−4	4	3	2	2.5	3	3	0	−40	−250	2.5
2.5	10	0	−4	4	3	2	2.5	3	3	0	−40	−250	2.5
10	18	0	−4	4	3	2	2.5	3	3	0	−80	−250	2.5
18	30	0	−5	5	4	2.5	3	4	4	0	−120	−250	2.5
30	50	0	−6	6	5	3	4	4	4	0	−120	−250	3
50	80	0	−7	7	5	3.5	4	5	5	0	−150	−250	4
80	120	0	−8	8	6	4	5	5	5	0	−200	−380	4
120	180	0	−10	10	8	5	6	6	7	0	−250	−380	5
180	250	0	−12	12	9	6	8	7	8	0	−300	−500	6

a 仅适用于直径系列0、1、2、3和4。

b 仅适用于沟型球轴承。

c 适用于成对或成组安装时单个轴承的内、外圈。

表8 外圈 单位为微米

D/mm		Δ_{Dmp} Δ_{Ds}[a]		V_{Dsp} 直径系列		V_{Dmp}	K_{ea}	S_D[b] S_{D1}[c]	S_{ea}[b,c]	S_{ea1}[c]	Δ_{Cs} Δ_{C1s}[c]		V_{Cs} V_{C1s}[c]
				9	0、1、2、3、4								
超过	到	上偏差	下偏差	max		max	max	max	max	max	上偏差	下偏差	max
—	2.5	0	−4	4	3	2	3	4	5	7	与同一轴承内圈的 Δ_{Bs} 相同		2.5
2.5	6	0	−4	4	3	2	3	4	5	7			2.5
6	18	0	−4	4	3	2	3	4	5	7			2.5
18	30	0	−5	5	4	2.5	4	4	5	7			2.5
30	50	0	−6	6	5	3	5	4	5	7			2.5
50	80	0	−7	7	5	3.5	5	4	5	7			3
80	120	0	−8	8	6	4	6	5	6	8			4
120	150	0	−9	9	7	5	7	5	7	10			5
150	180	0	−10	10	8	5	8	5	8	11			5
180	250	0	−11	11	8	6	10	7	10	14			7
250	315	0	−13	13	10	7	11	8	10	14			7
315	400	0	−15	15	11	8	13	10	13	18			8

注：外圈凸缘外径 D_1 的公差规定在表24中。

a 仅适用于直径系列0、1、2、3和4。

b 不适用于凸缘外圈轴承。

c 仅适用于沟型球轴承。

5.1.6 2级公差

见表9和表10。

表 9　内圈

单位为微米

d/mm		Δ_{dmp} Δ_{ds}[a]		V_{dsp}[a]	V_{dmp}	K_{ia}	S_d	S_{ia}[b]	Δ_{Bs}			V_{Bs}
									全部	正常	修正[c]	
超过	到	上偏差	下偏差	max	max	max	max	max	上偏差	下偏差		max
—	0.6	0	−2.5	2.5	1.5	1.5	1.5	1.5	0	−40	−250	1.5
0.6	2.5	0	−2.5	2.5	1.5	1.5	1.5	1.5	0	−40	−250	1.5
2.5	10	0	−2.5	2.5	1.5	1.5	1.5	1.5	0	−40	−250	1.5
10	18	0	−2.5	2.5	1.5	1.5	1.5	1.5	0	−80	−250	1.5
18	30	0	−2.5	2.5	1.5	2.5	1.5	2.5	0	−120	−250	1.5
30	50	0	−2.5	2.5	1.5	2.5	1.5	2.5	0	−120	−250	1.5
50	80	0	−4	4	2	2.5	1.5	2.5	0	−150	−250	1.5
80	120	0	−5	5	2.5	2.5	2.5	2.5	0	−200	−380	2.5
120	150	0	−7	7	3.5	2.5	2.5	2.5	0	−250	−380	2.5
150	180	0	−7	7	3.5	5	4	5	0	−250	−380	4
180	250	0	−8	8	4	5	5	5	0	−300	−500	5

[a] 仅适用于直径系列 0、1、2、3 和 4。

[b] 仅适用于沟型球轴承。

[a] 适用于成对或成组安装时单个轴承的内、外圈。

表 10　外圈

单位为微米

D/mm		Δ_{Dmp} Δ_{Ds}[a]		V_{Dsp}[a]	V_{Dmp}	K_{ea}	S_D[b] S_{D1}[c]	S_{ea}[b,c]	S_{ea1}[c]	Δ_{Cs} Δ_{C1s}[c]		V_{Cs} V_{C1s}[c]
超过	到	上偏差	下偏差	max	max	max	max	max	max	上偏差	下偏差	max
—	2.5	0	−2.5	2.5	1.5	1.5	1.5	1.5	3	与同一轴承内圈的 Δ_{Bs} 相同		1.5
2.5	6	0	−2.5	2.5	1.5	1.5	1.5	1.5	3			1.5
6	18	0	−2.5	2.5	1.5	1.5	1.5	1.5	3			1.5
18	30	0	−4	4	2	2.5	1.5	2.5	4			1.5
30	50	0	−4	4	2	2.5	1.5	2.5	4			1.5
50	80	0	−4	4	2	4	1.5	4	6			1.5
80	120	0	−5	5	2.5	5	2.5	5	7			2.5
120	150	0	−5	5	2.5	5	2.5	5	7			2.5
150	180	0	−7	7	3.5	5	2.5	5	7			2.5
180	250	0	−8	8	4	7	4	7	10			4
250	315	0	−8	8	4	7	5	7	10			5
315	400	0	−10	10	5	8	7	8	11			7

注：外圈凸缘外径 D_1 的公差规定在表 24 中。

[a] 仅适用于直径系列 0、1、2、3 和 4 的开型和闭型轴承。

[b] 不适用于凸缘外圈轴承。

[c] 仅适用于沟型球轴承。

5.2　圆锥滚子轴承

5.2.1　总则

本条规定的内径公差适用于基本圆柱孔。圆锥孔公差规定在 5.4 中。

5.2.2　0 级公差

见表 11～表 13。

表 11 内圈

单位为微米

d/mm		Δ_{dmp}		V_{dsp}	V_{dmp}	K_{ia}
超 过	到	上偏差	下偏差	max	max	max
—	10	0	−12	12	9	15
10	18	0	−12	12	9	15
18	30	0	−12	12	9	18
30	50	0	−12	12	9	20
50	80	0	−15	15	11	25
80	120	0	−20	20	15	30
120	180	0	−25	25	19	35
180	250	0	−30	30	23	50
250	315	0	−35	35	26	60
315	400	0	−40	40	30	70
400	500	0	−45	45	34	80
500	630	0	−60	60	40	90
630	800	0	−75	75	45	100
800	1 000	0	−100	100	55	115
1 000	1 250	0	−125	125	65	130
1 250	1 600	0	−160	160	80	150
1 600	2 000	0	−200	200	100	170

表 12 外圈

单位为微米

D/mm		Δ_{Dmp}		V_{Dsp}	V_{Dmp}	K_{ea}
超 过	到	上偏差	下偏差	max	max	max
—	18	0	−12	12	9	18
18	30	0	−12	12	9	18
30	50	0	−14	14	11	20
50	80	0	−16	16	12	25
80	120	0	−18	18	14	35
120	150	0	−20	20	15	40
150	180	0	−25	25	19	45
180	250	0	−30	30	23	50
250	315	0	−35	35	26	60
315	400	0	−40	40	30	70
400	500	0	−45	45	34	80
500	630	0	−50	60	38	100
630	800	0	−75	80	55	120
800	1 000	0	−100	100	75	140
1 000	1 250	0	−125	130	90	160
1 250	1 600	0	−160	170	100	180
1 600	2 000	0	−200	210	110	200
2 000	2 500	0	−250	265	120	220

注：外圈凸缘外径 D_1 的公差规定在表 24 中。

表 13 宽度——内、外圈、单列轴承及组件

单位为微米

d/mm		Δ_{Bs}		Δ_{Cs}		Δ_{Ts}		Δ_{T1s}		Δ_{T2s}	
超过	到	上偏差	下偏差	上偏差	下偏差	上偏差	下偏差	上偏差	下偏差	上偏差	下偏差
—	10	0	−120	0	−120	+200	0	+100	0	+100	0
10	18	0	−120	0	−120	+200	0	+100	0	+100	0
18	30	0	−120	0	−120	+200	0	+100	0	+100	0
30	50	0	−120	0	−120	+200	0	+100	0	+100	0
50	80	0	−150	0	−150	+200	0	+100	0	+100	0
80	120	0	−200	0	−200	+200	−200	+100	−100	+100	−100
120	180	0	−250	0	−250	+350	−250	+150	−150	+200	−100
180	250	0	−300	0	−300	+350	−250	+150	−150	+200	−100
250	315	0	−350	0	−350	+350	−250	+150	−150	+200	−100
315	400	0	−400	0	−400	+400	−400	+200	−200	+200	−200
400	500	0	−450	0	−450	+450	−450	+225	−225	+225	−225
500	630	0	−500	0	−500	+500	−500	—	—	—	—
630	800	0	−750	0	−750	+600	−600	—	—	—	—
800	1 000	0	−1 000	0	−1 000	+750	−750	—	—	—	—
1 000	1 250	0	−1 250	0	−1 250	+900	−900	—	—	—	—
1 250	1 600	0	−1 600	0	−1 600	+1 050	−1 050	—	—	—	—
1 600	2 000	0	−2 000	0	−2 000	+1 200	−1 200	—	—	—	—

5.2.3 6X 级公差

本公差级内圈和外圈的直径公差和径向跳动与表 11、表 12 中 0 级公差规定的数值相同。

宽度公差规定在表 14 中。

表 14 宽度——内、外圈、单列轴承及组件

单位为微米

d/mm		Δ_{Bs}		Δ_{Cs}		Δ_{Ts}		Δ_{T1s}		Δ_{T2s}	
超过	到	上偏差	下偏差	上偏差	下偏差	上偏差	下偏差	上偏差	下偏差	上偏差	下偏差
—	10	0	−50	0	−100	+100	0	+50	0	+50	0
10	18	0	−50	0	−100	+100	0	+50	0	+50	0
18	30	0	−50	0	−100	+100	0	+50	0	+50	0
30	50	0	−50	0	−100	+100	0	+50	0	+50	0
50	80	0	−50	0	−100	+100	0	+50	0	+50	0
80	120	0	−50	0	−100	+100	0	+50	0	+50	0
120	180	0	−50	0	−100	+150	0	+50	0	+100	0
180	250	0	−50	0	−100	+150	0	+50	0	+100	0
250	315	0	−50	0	−100	+200	0	+100	0	+100	0
315	400	0	−50	0	−100	+200	0	+100	0	+100	0
400	500	0	−50	0	−100	+200	0	+100	0	+100	0

5.2.4 5 级公差

见表 15～表 17。

表 15　内圈

单位为微米

d/mm		Δ_{dmp}		V_{dsp}	V_{dmp}	K_{ia}	S_d
超过	到	上偏差	下偏差	max	max	max	max
—	10	0	−7	5	5	5	7
10	18	0	−7	5	5	5	7
18	30	0	−8	6	5	5	8
30	50	0	−10	8	5	6	8
50	80	0	−12	9	6	7	8
80	120	0	−15	11	8	8	9
120	180	0	−18	14	9	11	10
180	250	0	−22	17	11	13	11
250	315	0	−25	19	13	13	13
315	400	0	−30	23	15	15	15
400	500	0	−35	28	17	20	17
500	630	0	−40	35	20	25	20
630	800	0	−50	45	25	30	25
800	1 000	0	−60	60	30	37	30
1 000	1 250	0	−75	75	37	45	40
1 250	1 600	0	−90	90	45	55	50

表 16　外圈

单位为微米

D/mm		Δ_{Dmp}		V_{Dsp}	V_{Dmp}	K_{ea}	S_D[a] S_{D1}
超过	到	上偏差	下偏差	max	max	max	max
—	18	0	−8	6	5	6	8
18	30	0	−8	6	5	6	8
30	50	0	−9	7	5	7	8
50	80	0	−11	8	6	8	8
80	120	0	−13	10	7	10	9
120	150	0	−15	11	8	11	10
150	180	0	−18	14	9	13	10
180	250	0	−20	15	10	15	11
250	315	0	−25	19	13	18	13
315	400	0	−28	22	14	20	13
400	500	0	−33	26	17	24	17
500	630	0	−38	30	20	30	20
630	800	0	−45	38	25	36	25
800	1 000	0	−60	50	30	43	30
1 000	1 250	0	−80	65	38	52	38
1 250	1 600	0	−100	90	50	62	50
1 600	2 000	0	−125	120	65	73	65

注：外圈凸缘外径 D_1 的公差规定在表 24 中。

[a] 不适用于凸缘外圈轴承。

表 17　宽度——内、外圈、单列轴承及组件

单位为微米

d/mm		Δ_{Bs}		Δ_{Cs}		Δ_{Ts}		Δ_{T1s}		Δ_{T2s}	
超过	到	上偏差	下偏差	上偏差	下偏差	上偏差	下偏差	上偏差	下偏差	上偏差	下偏差
—	10	0	−200	0	−200	+200	−200	+100	−100	+100	−100
10	18	0	−200	0	−200	+200	−200	+100	−100	+100	−100
18	30	0	−200	0	−200	+200	−200	+100	−100	+100	−100
30	50	0	−240	0	−240	+200	−200	+100	−100	+100	−100
50	80	0	−300	0	−300	+200	−200	+100	−100	+100	−100
80	120	0	−400	0	−400	+200	−200	+100	−100	+100	−100
120	180	0	−500	0	−500	+350	−250	+150	−150	+200	−100
180	250	0	−600	0	−600	+350	−250	+150	−150	+200	−100
250	315	0	−700	0	−700	+350	−250	+150	−150	+200	−100
315	400	0	−800	0	−800	+400	−400	+200	−200	+200	−200
400	500	0	−900	0	−900	+450	−450	+225	−225	+225	−225
500	630	0	−1 100	0	−1 100	+500	−500	—	—	—	—
630	800	0	−1 600	0	−1 600	+600	−600	—	—	—	—
800	1 000	0	−2 000	0	−2 000	+750	−750	—	—	—	—
1 000	1 250	0	−2 000	0	−2 000	+750	−750	—	—	—	—
1 250	1 600	0	−2 000	0	−2 000	+900	−900	—	—	—	—

5.2.5　4 级公差

见表 18～表 20。

表 18　内圈

单位为微米

d/mm		Δ_{dmp} Δ_{ds}		V_{dsp}	V_{dmp}	K_{ia}	S_d	S_{ia}
超过	到	上偏差	下偏差	max	max	max	max	max
—	10	0	−5	4	4	3	3	3
10	18	0	−5	4	4	3	3	3
18	30	0	−6	5	4	3	4	4
30	50	0	−8	6	5	4	4	4
50	80	0	−9	7	5	4	5	4
80	120	0	−10	8	5	5	5	5
120	180	0	−13	10	7	6	6	7
180	250	0	−15	11	8	8	7	8
250	315	0	−18	12	9	9	8	9

表 19　外圈

单位为微米

D/mm		Δ_{Dmp} Δ_{Ds}		V_{Dsp}	V_{Dmp}	K_{ea}	S_D [a] S_{D1}	S_{ea} [a]	S_{ea1}
超过	到	上偏差	下偏差	max	max	max	max	max	max
—	18	0	−6	5	4	4	4	5	7
18	30	0	−6	5	4	4	4	5	7
30	50	0	−7	5	5	5	4	5	7
50	80	0	−9	7	5	5	4	5	7
80	120	0	−10	8	5	6	5	6	8
120	150	0	−11	8	6	7	5	7	10
150	180	0	−13	10	7	8	5	8	11
180	250	0	−15	11	8	10	7	10	14
250	315	0	−18	14	9	11	8	10	14
315	400	0	−20	15	10	13	10	13	18

注：外圈凸缘外径 D_1 的公差规定在表 24 中。

[a] 不适用于凸缘外圈轴承。

表 20 宽度——内、外圈、单列轴承及组件 单位为微米

d/mm		Δ_{Bs}		Δ_{Cs}		Δ_{Ts}		Δ_{T1s}		Δ_{T2s}	
超过	到	上偏差	下偏差	上偏差	下偏差	上偏差	下偏差	上偏差	下偏差	上偏差	下偏差
—	10	0	−200	0	−200	+200	−200	+100	−100	+100	−100
10	18	0	−200	0	−200	+200	−200	+100	−100	+100	−100
18	30	0	−200	0	−200	+200	−200	+100	−100	+100	−100
30	50	0	−240	0	−240	+200	−200	+100	−100	+100	−100
50	80	0	−300	0	−300	+200	−200	+100	−100	+100	−100
80	120	0	−400	0	−400	+200	−200	+100	−100	+100	−100
120	180	0	−500	0	−500	+350	−250	+150	−150	+200	−100
180	250	0	−600	0	−600	+350	−250	+150	−150	+200	−100
250	315	0	−700	0	−700	+350	−250	+150	−150	+200	−100

5.2.6 2 级公差

见表 21～表 23。

表 21 内圈 单位为微米

d/mm		Δ_{dmp} Δ_{ds}		V_{dsp}	V_{dmp}	K_{ia}	S_d	S_{ia}
超过	到	上偏差	下偏差	max	max	max	max	max
—	10	0	−4	2.5	1.5	2	1.5	2
10	18	0	−4	2.5	1.5	2	1.5	2
18	30	0	−4	2.5	1.5	2.5	1.5	2.5
30	50	0	−5	3	2	2.5	2	2.5
50	80	0	−5	4	2	3	2	3
80	120	0	−6	5	2.5	3	2.5	3
120	180	0	−7	7	3.5	4	3.5	4
180	250	0	−8	7	4	5	5	5
250	315	0	−8	8	5	6	5.5	6

表 22 外圈 单位为微米

D/mm		Δ_{Dmp} Δ_{Ds}		V_{Dsp}	V_{Dmp}	K_{ea}	S_D[a] S_{D1}	S_{ea}[a]	S_{ea1}
超过	到	上偏差	下偏差	max	max	max	max	max	max
—	18	0	−5	4	2.5	2.5	1.5	2.5	4
18	30	0	−5	4	2.5	2.5	1.5	2.5	4
30	50	0	−5	4	2.5	2.5	2	2.5	4
50	80	0	−6	4	2.5	4	2.5	4	6
80	120	0	−6	5	3	5	3	5	7
120	150	0	−7	5	3.5	5	3.5	5	7
150	180	0	−7	7	4	5	4	5	7
180	250	0	−8	8	5	7	5	7	10
250	315	0	−9	8	5	7	6	7	10
315	400	0	−10	10	6	8	7	8	11
注：外圈凸缘外径 D_1 的公差规定在表 24 中。									
a 不适用于凸缘外圈轴承。									

表 23　宽度——内、外圈、单列轴承及组件

单位为微米

d/mm		Δ_{Bs}		Δ_{Cs}		Δ_{Ts}		Δ_{T1s}		Δ_{T2s}	
超过	到	上偏差	下偏差	上偏差	下偏差	上偏差	下偏差	上偏差	下偏差	上偏差	下偏差
—	10	0	−200	0	−200	+200	−200	+100	−100	+100	−100
10	18	0	−200	0	−200	+200	−200	+100	−100	+100	−100
18	30	0	−200	0	−200	+200	−200	+100	−100	+100	−100
30	50	0	−240	0	−240	+200	−200	+100	−100	+100	−100
50	80	0	−300	0	−300	+200	−200	+100	−100	+100	−100
80	120	0	−400	0	−400	+200	−200	+100	−100	+100	−100
120	180	0	−500	0	−500	+200	−250	+100	−100	+100	−150
180	250	0	−600	0	−600	+200	−300	+100	−150	+100	−150
250	315	0	−700	0	−700	+200	−300	+100	−150	+100	−150

5.3　向心轴承外圈凸缘

表 24 规定的凸缘外径公差适用于向心球轴承和圆锥滚子轴承。

表 24　凸缘外径公差

单位为微米

D_1/mm		Δ_{D1s}			
		定位凸缘		非定位凸缘	
超过	到	上偏差	下偏差	上偏差	下偏差
—	6	0	−36	+220	−36
6	10	0	−36	+220	−36
10	18	0	−43	+270	−43
18	30	0	−52	+330	−52
30	50	0	−62	+390	−62
50	80	0	−74	+460	−74
80	120	0	−87	+540	−87
120	180	0	−100	+630	−100
180	250	0	−115	+720	−115
250	315	0	−130	+810	−130
315	400	0	−140	+890	−140
400	500	0	−155	+970	−155
500	630	0	−175	+1 100	−175
630	800	0	−200	+1 250	−200
800	1 000	0	−230	+1 400	−230
1 000	1 250	0	−260	+1 650	−260
1 250	1 600	0	−310	+1 950	−310
1 600	2 000	0	−370	+2 300	−370
2 000	2 500	0	−440	+2 800	−440

5.4 基本圆锥孔，锥度 1∶12 和 1∶30

见图 3 和图 4。

a) 锥度 1∶12

锥角(半锥角)为：

$\alpha = 2°23'9.4'' = 2.385\ 94° = 0.041\ 643\ \text{rad}$

内孔理论大端的直径为：

$$d_1 = d + \frac{1}{12}B$$

b) 锥度 1∶30

锥角(半锥角)为：

$\alpha = 0°57'17.4'' = 0.954\ 84° = 0.016\ 665\ \text{rad}$

内孔理论大端的直径为：

$$d_1 = d + \frac{1}{30}B$$

锥孔公差包括：

——平均直径公差，用内孔理论小端平均直径偏差 Δ_{dmp} 的极限表示；

——锥度公差，用内孔两端平均直径偏差之差值($\Delta_{d1mp} - \Delta_{dmp}$)的极限表示；

——直径变动量公差，用内孔任一径向平面内 V_{dsp} 的最大值表示。

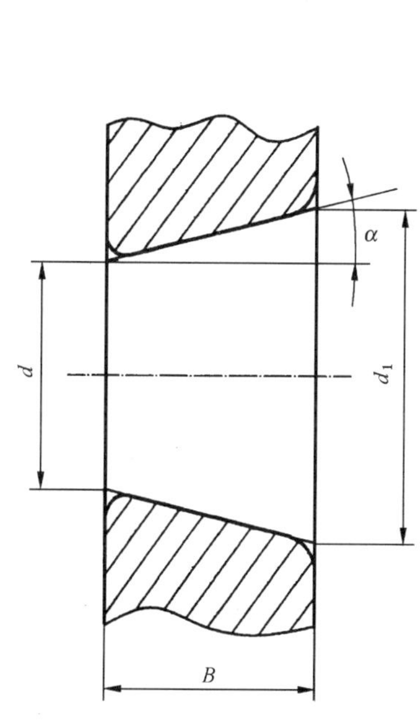

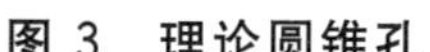

图 3 理论圆锥孔

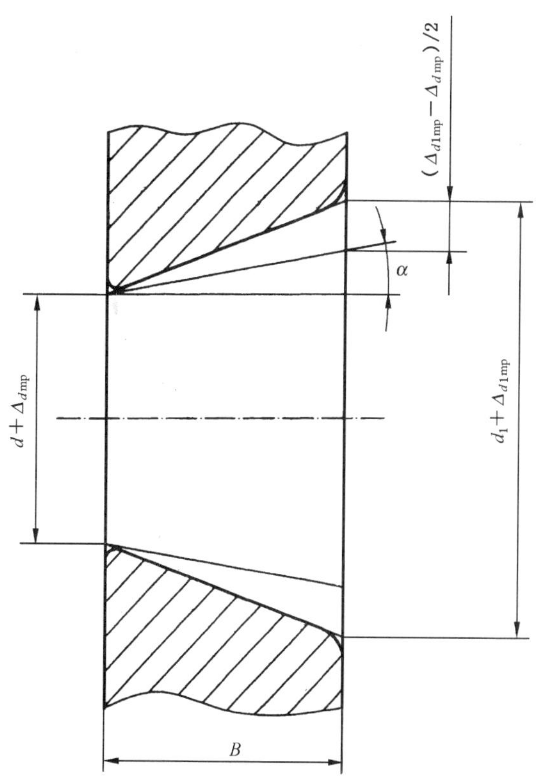

图 4 有平均直径及其偏差的圆锥孔

圆锥孔的 0 级公差见表 25 和表 26。

表 25　圆锥孔(锥度 1∶12)

单位为微米

d/mm		Δ_{dmp}		$\Delta_{d1mp}-\Delta_{dmp}$		V_{dsp} [a、b]
超过	到	上偏差	下偏差	上偏差	下偏差	max
—	10	+22	0	+15	0	9
10	18	+27	0	+18	0	11
18	30	+33	0	+21	0	13
30	50	+39	0	+25	0	16
50	80	+46	0	+30	0	19
80	120	+54	0	+35	0	22
120	180	+63	0	+40	0	40
180	250	+72	0	+46	0	46
250	315	+81	0	+52	0	52
315	400	+89	0	+57	0	57
400	500	+97	0	+63	0	63
500	630	+110	0	+70	0	70
630	800	+125	0	+80	0	—
800	1 000	+140	0	+90	0	—
1 000	1 250	+165	0	+105	0	—
1 250	1 600	+195	0	+125	0	—

a 适用于内孔的任一单一径向平面。

b 不适用于直径系列 7 和 8。

表 26　圆锥孔(锥度 1∶30)

单位为微米

d/mm		Δ_{dmp}		$\Delta_{d1mp}-\Delta_{dmp}$		V_{dsp} [a、b]
超过	到	上偏差	下偏差	上偏差	下偏差	max
—	50	+15	0	+30	0	19
50	80	+15	0	+30	0	19
80	120	+20	0	+35	0	22
120	180	+25	0	+40	0	40
180	250	+30	0	+46	0	46
250	315	+35	0	+52	0	52
315	400	+40	0	+57	0	57
400	500	+45	0	+63	0	63
500	630	+50	0	+70	0	70

a 适用于内孔的任一单一径向平面。

b 不适用于直径系列 7 和 8。

ICS 21.100.20
J 11

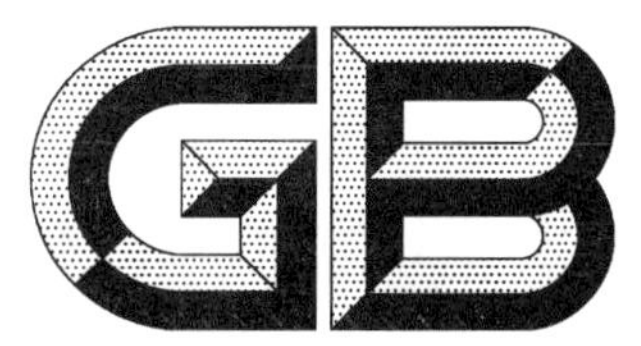

中华人民共和国国家标准

GB/T 307.2—2005
代替 GB/T 307.2—1995

滚动轴承　测量和检验的原则及方法

Rolling bearings—Measuring and gauging principles and methods

(ISO 1132-2:2001,Rolling bearings—Tolerances—
Part 2:Measuring and gauging principles and methods,MOD)

2005-02-21 发布　　2005-08-01 实施

中华人民共和国国家质量监督检验检疫总局
中国国家标准化管理委员会　发布

前　言

GB/T 307 分为四个部分：

——第 1 部分：滚动轴承　向心轴承　公差；

——第 2 部分：滚动轴承　测量和检验的原则及方法；

——第 3 部分：滚动轴承　通用技术规则；

——第 4 部分：滚动轴承　推力轴承　公差。

本部分为 GB/T 307 的第 2 部分。

本部分修改采用 ISO 1132-2:2001《滚动轴承　公差　第 2 部分：测量和检验的原则及方法》。

本部分代替 GB/T 307.2—1995《滚动轴承　测量和检验的原则及方法》。

本部分根据 ISO 1132-2:2001 重新起草。标准未包括 ISO 1132-2:2001 中的第 16 章“测量径向游隙的原则”这部分内容（这部分内容另有标准规定）；对于 ISO 1132-2:2001 引用的其他国际标准中有被修改采用为我国标准的，本部分引用我国的这些国家标准代替对应的国际标准（见本部分第 2 章）。

为了便于使用，本部分还做了下列编辑性修改：

——删除了国际标准的目次和前言；

——用小数点“.”代替作为小数点的逗号“,”。

本部分与 GB/T 307.2—1995 相比，主要变化如下：

——调整了术语和定义的编排顺序，增加了术语“测量载荷”及其定义。修改了标准正文中所用的术语和定义（1995 年版和本版的第 3 章）；

——增加了部分符号，修改了个别符号（1995 年版和本版的第 4 章）；

——减小了测量力（1995 年版和本版的表 2）；

——修改了中心轴向测量载荷（1995 年版的附录 A；本版的 5.6）；

——修改了环规的最小径向截面尺寸（1995 年版的附录 B 和本版的 7.3～7.5）；

——删除了外径的间距测量（1995 年版的 7.3.2）；

——修改了塞规过端尺寸（1995 年版的 7.2；本版的 7.5）；

——增加了部分公差项目的测量和检验方法（见 7.2、7.4、7.6、8.2、8.3、9.4、9.6、9.7、10.1、11.1、11.2、12.4、13.1、13.2、14.5、15.3）；

——删除了原标准的附录“测量载荷”和“环规的最小径向截面积”（1995 年版的附录 A 和附录 B），增加了规范性附录“与 GB/T 4199—2003 相互参照的条款”（见附录 A）。

本部分的附录 A 为规范性附录。

本部分由中国机械工业联合会提出。

本部分由全国滚动轴承标准化技术委员会（SAC/TC 98）归口。

本部分起草单位：洛阳轴承研究所。

本部分主要起草人：李飞雪。

本部分所代替标准的历次版本发布情况为：

——GB 307—1964（部分）、GB 307—1977（部分）、GB/T 307.2—1984、GB/T 307.2—1995。

滚动轴承　测量和检验的原则及方法

1　范围

GB/T 307 的本部分确立了滚动轴承尺寸和旋转精度的测量准则，旨在概述所使用的各种测量和检验原则的基本原理，以阐明符合于 GB/T 4199—2003 和 GB/T 6930—2002 中的定义。

本部分所规定的测量和检验方法之间互不相同，所提供的也不是唯一的解释。鉴于还有其他适用的测量和检验方法，且随着技术进步，会有更方便的方法出现。因此，本部分不限定必须使用某一特殊方法。但在有争议的情况下，应按本部分规定的方法。

本部分适用于生产厂及订户对轴承的测量、检验和验收。

2　规范性引用文件

下列文件中的条款通过 GB/T 307 的本部分的引用而成为本部分的条款。凡是注日期的引用文件，其随后所有的修改单(不包括勘误的内容)或修订版均不适用于本部分，然而，鼓励根据本部分达成协议的各方研究是否可使用这些文件的最新版本。凡是不注日期的引用文件，其最新版本适用于本部分。

GB/T 273.2—1998　滚动轴承　推力轴承　外形尺寸总方案(eqv ISO 104:1994)

GB/T 1800.2—1998　极限与配合　基础　第 2 部分：公差、偏差和配合的基本规定(eqv ISO 286-1:1988)

GB/T 4199—2003　滚动轴承　公差　定义(ISO 1132-1:2000, Rolling bearings—Tolerances—Part 1: Terms and definitions, MOD)

GB/T 4605—2003　滚动轴承　推力滚针和保持架组件及推力垫圈(ISO 3031:2000, Rolling bearings—Thrust needle roller and cage assemblies, thrust washers—Boundary dimensions and tolerances, NEQ)

GB/T 4662—2003　滚动轴承　额定静载荷(ISO 76:1987, IDT)

GB/T 6930—2002　滚动轴承　词汇(ISO 5593:1997, IDT)

GB/T 7235—2004　产品几何量技术规范(GPS)　评定圆度误差的方法　半径变化量测量

GB/T 7811—1999　滚动轴承　参数符号

JB/T 7918—1997　滚动轴承　向心滚针和保持架组件(neq ISO 3030:1996)

JB/T 8878—2001　滚动轴承冲压外圈滚针轴承　技术条件(neq ISO 3245:1997)

3　术语和定义

GB/T 4199—2003 和 GB/T 6930—2002 确立的以及下列术语和定义适用于本部分。与 GB/T 4199—2003 所规定的相关符号对应的方法索引见附录 A。

3.1

测量　measurement

为确定物体特征尺寸或变动量而进行的一组操作。

3.2

量规　gauge

几何形状和尺寸已界定的装置，用于评定零件的某一特性与尺寸规范的一致性。

注：该装置只能给出“过”和/或“止”的结果(如塞规)。

3.3

检验　gauging

用量规检查尺寸或形状的操作。

3.4

测量和检验原则　measuring and gauging principle

测量或检验几何特征所遵循的基本几何原理。

3.5

测量和检验方法　measuring and gauging method

测量原则在使用不同类型的测量、检验设备和操作时的实际应用。

3.6

测量和检验设备　measuring and gauging equipment

完成特定的测量方法所需的技术装置(如已校准的千分表)。

3.7

测量力　measuring force

由指示仪或记录仪的测头施加于被测物体上的力。

3.8

测量载荷　measuring load

为完成测量而施加到被测样品上的外力。

4　符号

GB/T 7811—1999 确立的以及下列符号适用于本部分。

除另有说明外,图中所示符号(公差除外)和表中示值均表示公称尺寸。表1所给制图符号适用于本部分。

表1　制图符号

符　　　号	说　　明
	平台(测量平面)
 (主视图) (俯视图或仰视图)	固定支点
	固定测量支点
 (主视图) (俯视图或仰视图)	指示仪或记录仪
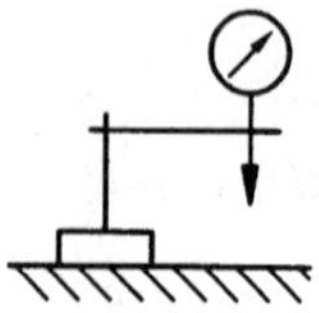	带指示仪或记录仪的测量支架 根据所使用的测量设备,测量支架的符号可画成不同型式

表 1(续)

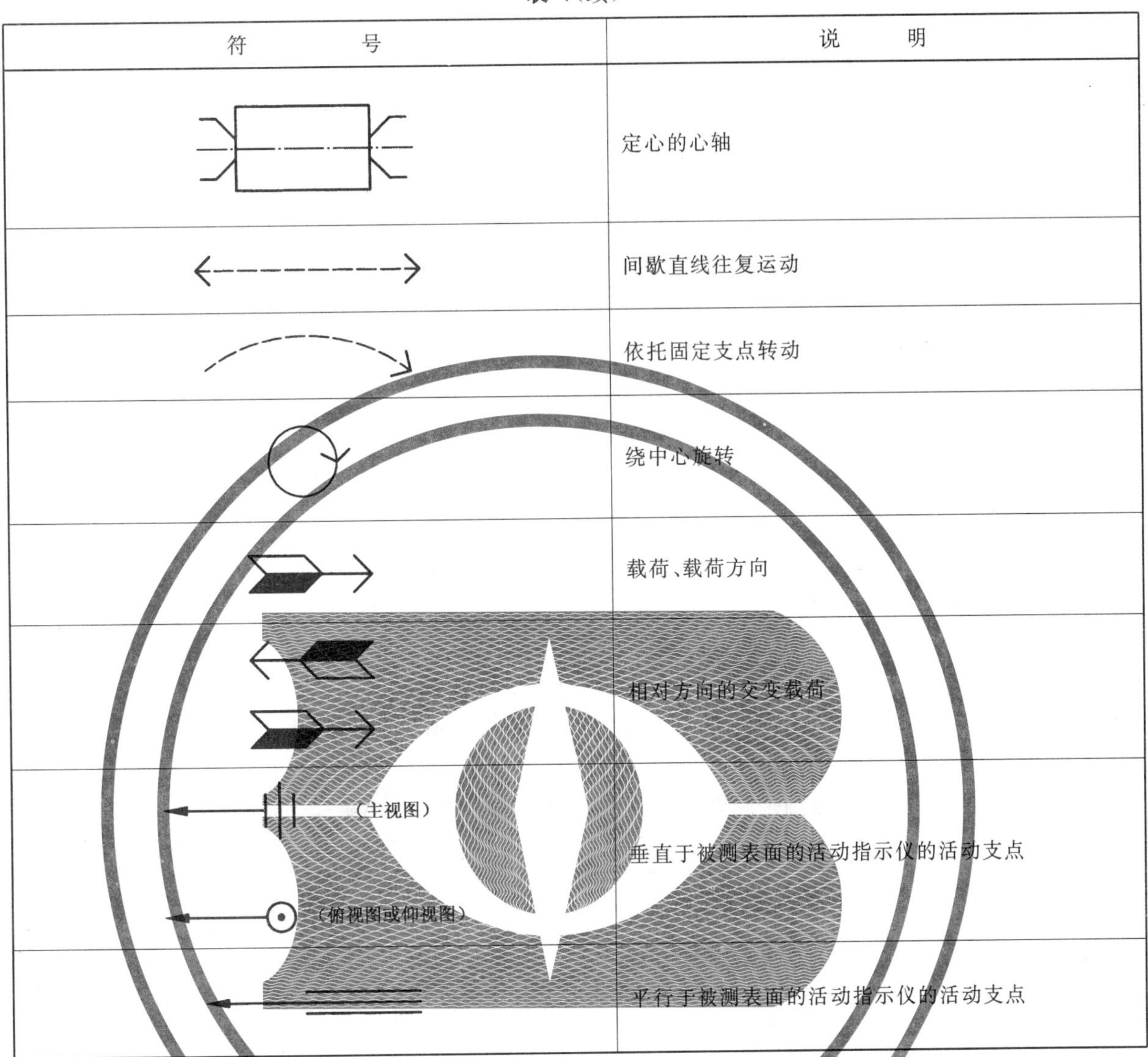

符　　　　号	说　　明
	定心的心轴
	间歇直线往复运动
	依托固定支点转动
	绕中心旋转
	载荷、载荷方向
	相对方向的交变载荷
(主视图) (俯视图或仰视图)	垂直于被测表面的活动指示仪的活动支点
	平行于被测表面的活动指示仪的活动支点

5　一般条件

5.1　测量设备

各种尺寸和跳动的测量可在不同种类的测量设备上以不同精度完成。轴承制造厂和用户常采用本部分所规定的原则,而且其精度通常均能满足实际需要。原则上测量总误差不应超过实际公差带的10%。然而,该测量和检验方法往往不能完全满足所提要求,这些方法能否满足要求和可否被接受,取决于偏离理想尺寸或形状的实际偏差值和检测环境。

轴承制造厂经常采用专用测量设备来测量单个零件和组件,以提高测量速度和精度。采用本部分任何方法所示的设备时,如果尺寸或形状误差超过有关技术规定,则应向轴承制造厂咨询。

5.2　标准件和指示仪

尺寸是通过将实测零件与相应的量块或标准件进行比较确定的。量块和标准件应校准,并按规定进行传递。这样的比较测量应使用经校准并具有合适灵敏度的指示仪。

5.3　心轴

使用心轴测量跳动时,应确定心轴的旋转精度,以便在随后的轴承测量中,对心轴误差进行适当的校正。可使用锥度约为 1∶5 000 的精密心轴。

使用心轴测量滚子总体内径时,可使用锥度约为 1∶2 000 的精密心轴。

5.4 温度

测量前应使被测零件、测量设备和标准件均处于测量室的温度，推荐的室温为+20℃。测量中应尽量避免热量传递到零件或成套轴承上。

5.5 测量力和测头半径

为避免薄壁套圈的过度变形，测量力应尽量减至最小。若出现明显的变形，则应引入载荷变形系数将测值修正成自由、无载荷状态下的值。最大测量力和最小测头半径见表 2。

表 2 最大测量力和最小测头半径

轴承部位	公称尺寸范围/mm		测量力[a]/N	测头半径[b]/mm
	超过	到	max	min
内径 d	—	10	2	0.8
	10	30	2	2.5
	30	—	2	2.5
外径 D	—	30	2	2.5
	30	—	2	2.5

a 最大测量力系指在无样品变形的情况下、可给出复验性测量结果的测量力。

b 随着所施加测量力的适当减小，可使用更小的半径。

5.6 中心轴向测量载荷

为保持轴承零件各自处于正常的相对位置，对于某些条款规定的测量方法，应采用表 3 和表 4 规定的中心轴向测量载荷。

表 3 向心球轴承和接触角≤30°角接触球轴承的中心轴向测量载荷

外径 D/mm		轴承上的中心轴向载荷/N
超　过	到	min
—	30	5
30	50	10
50	80	20
80	120	35
120	180	70
180	—	140

表 4 圆锥滚子轴承、接触角>30°角接触球轴承和推力轴承的中心轴向测量载荷

外径 D/mm		轴承上的中心轴向载荷/N
超　过	到	min
—	30	40
30	50	80
50	80	120
80	120	150
120	—	150

5.7 测量区域

内径或外径偏差极限仅适用于在距套圈端面或凸缘端面大于 a 距离的径向平面内测量，a 值见表 5。

最大实体尺寸只适用于测量区域之外。

表 5 测量区极限

单位为毫米

r_{smin}		a
超过	到	
—	0.6	$r_{smax}+0.5$
0.6	—	$1.2\times r_{smax}$

5.8 测量前的准备

粘附于轴承上的可能影响测量结果的油脂或防锈剂均应除去。测量前，轴承应用低黏度油润滑。

预润滑轴承和密封、防尘轴承的某些结构可能会影响测量精度。为消除差异，测量应在拆除了密封圈/防尘盖和(或)清除了润滑剂的开型轴承上进行。

注：测量完成后，轴承应立即防锈。

5.9 测量基准面

基准面是由轴承制造厂指定的表面，通常可作为测量的基准。

注：套圈的测量基准面通常为非标志面。当不能确定对称套圈的基准面时，可认为公差分别适用于任一端面。

推力轴承轴圈和座圈的基准面系指承受轴向载荷的端面，通常为滚道的背面。

单列角接触球轴承套圈和圆锥滚子轴承套圈的基准面为承受轴向载荷的背面。

凸缘外圈轴承的基准面为承受轴向载荷的凸缘端面。

6 测量和检验的原则及方法

6.1 总则

针对 GB/T 4199—2003 中的定义，规定了测量和检验原则，本部分第 7 章～第 15 章对不同类型的轴承规定了测量方法。规定的方法多于一种时，确定了一种主要方法。GB/T 4199—2003 中的许多术语源自测量特征，可在说明中得到。

形位公差(如圆度误差、圆柱度和球形误差)的测量按 GB/T 7235—2004 的规定。

6.2 条款的格式

第 7 章～第 15 章的格式分为 3 部分：

a) 包括条款号在内的表示原则和方法的标题。

b) 左边“方法”栏表示：
——说明方法示意图；
——测量方法的基本特征；
——读取数据；
——重复测量要求。

c) 右边“说明”栏提供补充信息，如：
——特殊应用；
——应用的限制条件；
——误差的特殊原因；
——对设备的特殊要求；
——设备实例；
——读数的处理。

6.3 注意事项

测量设备的精度、设计及操作者的技巧均未考虑。有时这些因素会对测量或检验结果产生显著的影响。

测量和检验的原则及方法未作详尽图示且不适用于成品图。

测量和检验的原则及方法的编号不表示测量的先后顺序。

7 测量内径的原则

7.1 单一内径的测量

方　　法	说　　明
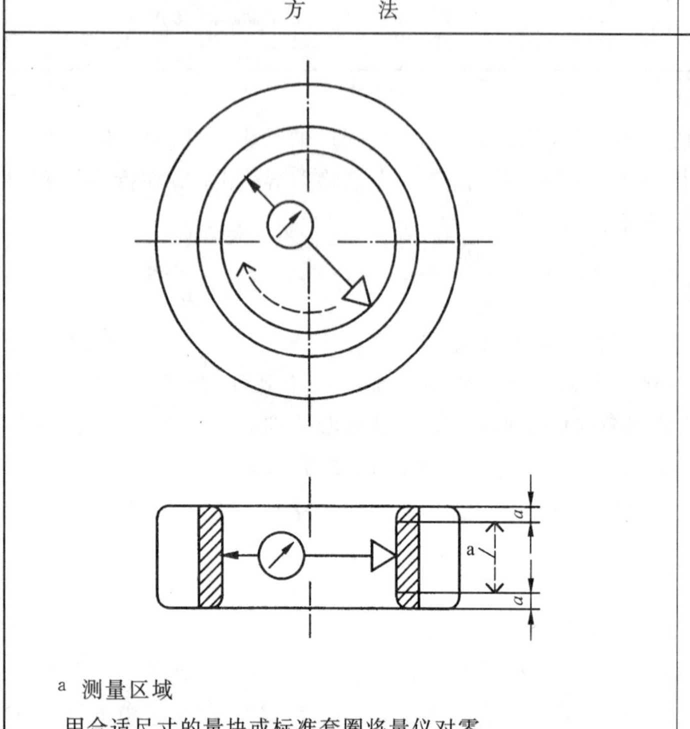 [a] 测量区域 用合适尺寸的量块或标准套圈将量仪对零。 在5.7所规定的测量区域内，在一单一径向平面内和若干个角方向上，测量并记录最大和最小单一内径 d_{spmax} 和 d_{spmin}。 在若干个径向平面内重复测量并记下读数，以确定单个套圈的最大和最小单一内径 d_{smax} 和 d_{smin}。	此方法适用于所有类型滚动轴承的套圈、轴圈及中圈。 单一内径 d_{sp} 或 d_s 可从指示仪直接测得。 此方法还适用于测量可分离圆柱滚子轴承或滚针轴承外圈内径，但测点应避开滚道引导倒角。 轴承套圈或垫圈的轴线应置于铅垂位置，以避免重力的影响。 以下可根据 d_{spmax} 和 d_{spmin} 的测值求得： d_{mp}——单一平面平均内径 Δ_{dmp}——单一平面平均内径偏差 V_{dsp}——单一平面内径变动量 V_{dmp}——平均内径变动量 以下可根据 d_s、d_{smax} 和 d_{smin} 的测值求得： d_m——平均内径 Δ_{dm}——平均内径偏差 Δ_{ds}——单一内径偏差 V_{ds}——内径变动量

7.2 推力滚针和保持架组件及推力垫圈的最小单一内径的功能检验

方　　法	说　　明
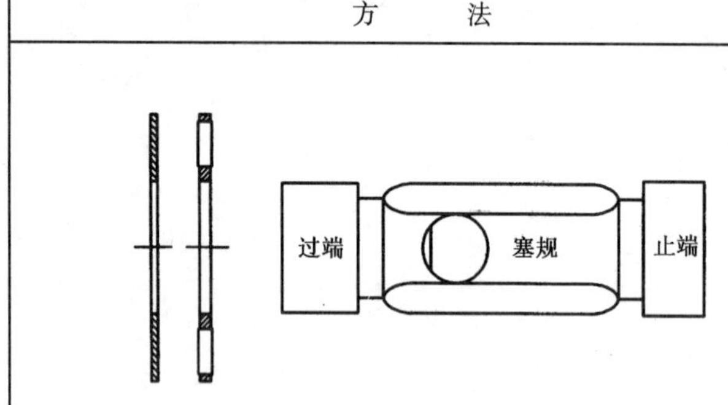 自由状态下，推力滚针和保持架组件或推力垫圈的内径用塞规过端和止端测量。 塞规过端尺寸分别为GB/T 4605—2003中规定的推力滚针和保持架组件或推力垫圈的最小内径 d_{csmin} 或 d_{smin}。 塞规止端尺寸分别为GB/T 4605—2003中规定的推力滚针和保持架组件或推力垫圈的最大内径。	此方法适用于GB/T 4605—2003中所规定的推力滚针和保持架组件及推力垫圈。 本方法也可用于测量GB/T 273.2—1998中规定的座圈最小内径 D_{1smin}。 组件或垫圈借助自重，应能从塞规过端自由落下。 塞规止端应插不进组件或垫圈内孔。若塞规止端用力能插进内孔，则组件或垫圈借助自重，不应从塞规落下。 塞规只用于检验尺寸极限而不直接测量内径。 注：由于推力滚针和保持架组件及相应推力垫圈各自的公差不同，因此需用不同的塞规。

7.3 滚动体总体单一内径的测量

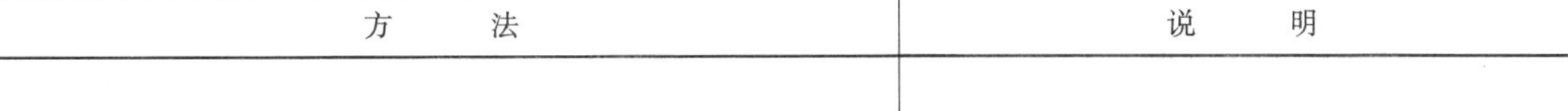

方 法	说 明

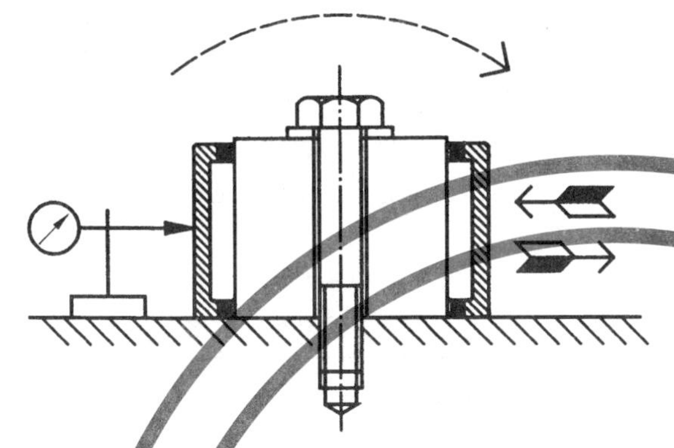

将标准量规固定于平台上。

机制套圈轴承在自由状态下测量。

对于冲压外圈滚针轴承，先将轴承压入一淬硬钢制环规中，环规内径按 JB/T 8878—2001 的规定。环规的最小径向截面尺寸见右表。

轴承套在标准量规上，并沿径向将指示仪置于外圈宽度中部的外表面。

在与指示仪相同的径向方向上，对外圈往复施加足够的径向载荷，测出外圈在径向的移动量。施加的径向载荷见右表。

在外圈径向极限位置记录指示仪读数。旋转轴承，在若干个不同的角位置上重复测量，以确定最大和最小读数 F_{wsmax} 和 F_{wsmin}。

此方法适用于所有无内圈圆柱滚子轴承、滚针轴承和冲压外圈滚针轴承。

滚动体总体单一内径 F_{ws} 等于测值加上标准量规直径。

以下可根据 F_{wsmax} 和 F_{wsmin} 求得：

F_{wm}——滚动体总体平均内径

ΔF_{wm}——滚动体总体平均内径偏差

冲压外圈滚针轴承用环规的最小径向截面尺寸

环规公称内径/mm		环规径向截面尺寸/mm
超过	到	min[a]
6	10	10
10	18	12
18	30	15
30	50	18
50	80	20
80	120	25
120	150	30

a 为保证精确的测量，可采用较大的环规径向截面尺寸。

径向测量载荷

F_w/mm		测量载荷/N
超过	到	min
—	30	50
30	50	60
50	80	70
80	—	80

7.4 滚动体总体最小单一内径的测量

方　　法

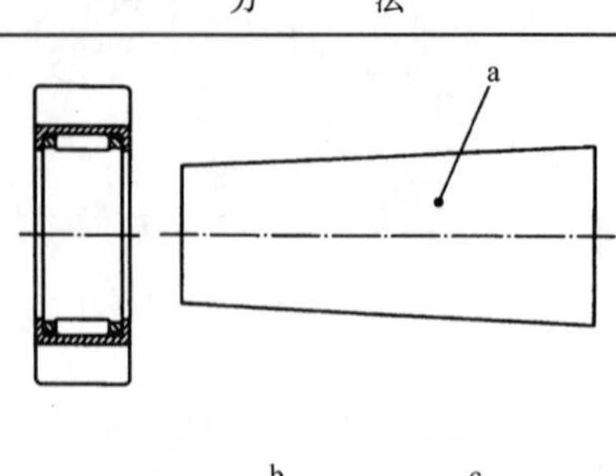

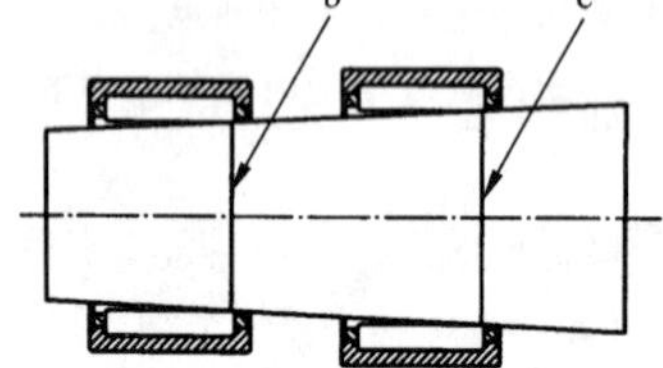

a 锥度心轴

b 标定过的最小直径

c 标定过的最大直径

滚动体总体内径用一圆形、标定过的锥度心轴测量。锥度心轴包括内孔尺寸的范围，其锥度约为 1:2 000。

机制套圈轴承在自由状态下测量。

对于冲压外圈滚针轴承，先将轴承压入一淬硬钢制环规中，环规内径按 JB/T 8878—2001 的规定。环规的最小径向截面尺寸见右表。

锥度心轴插入轴承内孔并轻微振动，以消除径向间隙和调整滚子而又不使轴承胀大。插入心轴的轴向载荷见右表。拔出心轴，在滚子总体位于最大心轴直径处测量其直径。

注：测量前可在轴承上涂一薄层防护剂，以显示滚动体在心轴上的精确止点。

说　　明

此方法适用于所有 $F_w \leqslant 150$ mm 的无内圈圆柱滚子轴承、滚针轴承和冲压外圈滚针轴承。

此方法用于测量滚动体总体最小单一内径 F_{wsmin}。滚动体总体单一内径 F_{ws} 不直接测量。

此方法也可用于检验。在位于轴承内径公差范围极限处的直径上，对心轴进行标志。若滚子总体接触位置处的心轴直径超过标志的最小直径标定线但不超过标志的最大直径标定线，则滚动体总体内径的公差极限满足要求。

冲压外圈滚针轴承用
环规的最小径向截面尺寸

环规公称内径/mm		环规径向截面尺寸/mm
超过	到	min[a]
6	10	10
10	18	12
18	30	15
30	50	18
50	80	20
80	120	25
120	150	30

a 为保证精确的测量，可采用较大的环规径向截面尺寸。

用锥度心轴测量时的轴向插入载荷

F_w/mm		轴向载荷[a]/N
超过	到	
8	15	10
15	30	15
30	80	30
80	150	50

a 若对测量无影响，也可采用较大的载荷。

7.5 滚动体总体最小单一内径的功能检验

方　　法

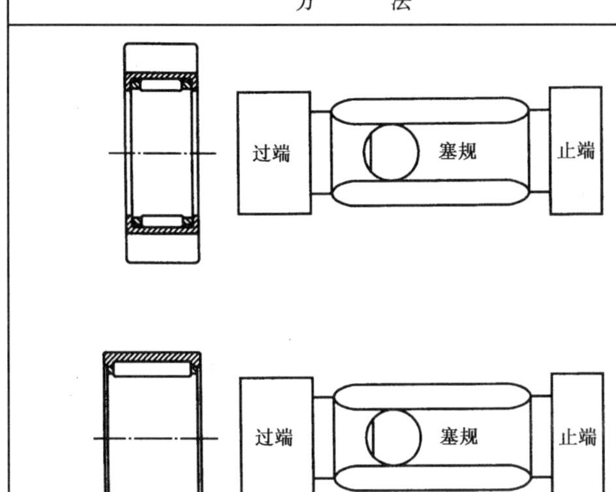

滚动体总体内径 F_w 用塞规过端和止端检验。

机制套圈轴承在自由状态下测量。

对于冲压外圈滚针轴承，先将轴承压入一淬硬钢制环规中，环规内径按 JB/T 8878—2001 的规定。环规的最小径向截面尺寸见右表。

然后，滚动体总体内径用塞规过端和止端检验。

塞规过端尺寸为滚动体总体的最小内径。

塞规止端尺寸比滚动体总体的最大内径大 0.002 mm。

说　　明

此方法适用于所有 $F_w \leqslant 150$ mm 的无内圈圆柱滚子轴承、滚针轴承和冲压外圈滚针轴承。

轴承借助自重(装入环规中的冲压外圈滚针轴承借助环规和轴承的总重量)，应能从塞规过端自由落下，但不能从塞规止端自由落下。

塞规只用于检验尺寸极限而不直接测量滚动体总体单一内径 F_{ws}。此检验方法可确定 F_{wsmin} 的范围是否在公差极限范围内。

冲压外圈滚针轴承用
环规的最小径向截面尺寸

环规公称内径/mm		环规径向截面尺寸/mm
超过	到	min[a]
6	10	10
10	18	12
18	30	15
30	50	18
50	80	20
80	120	25
120	150	30

a 为保证精确的测量，可采用较大的环规径向截面尺寸。

7.6 滚动体总体最小单一内径的功能检验(向心滚针和保持架组件)

方　　法

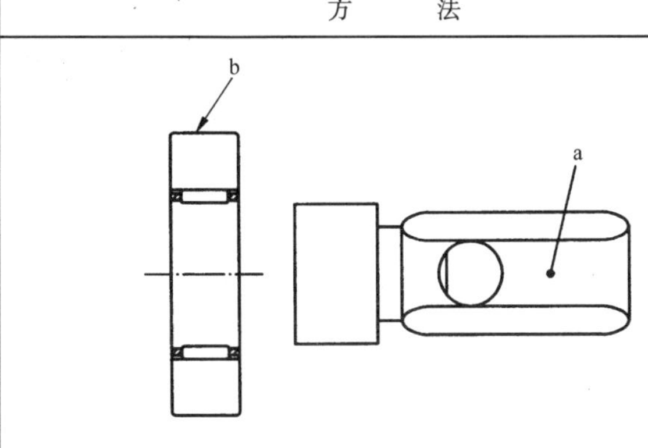

a 塞规

b 环规

将向心滚针和保持架组件置于一环规中，环规外滚道尺寸按 JB/T 7918—1997 的规定。环规尺寸等于滚动体总体公称外径 E_w 与公差级 G6(见 GB/T 1800.2—1998)的下偏差之和。

插入塞规，其尺寸等于 JB/T 7918—1997 中规定的滚动体总体公称内径 F_w。

环规和塞规彼此相互转动时，向心滚针和保持架组件应旋转灵活。

说　　明

此方法适用于向心滚针和保持架组件。

滚动体总体单一内径 F_{ws} 和外径 E_{ws} 不直接测量。

8 测量外径的原则

8.1 单一外径的测量

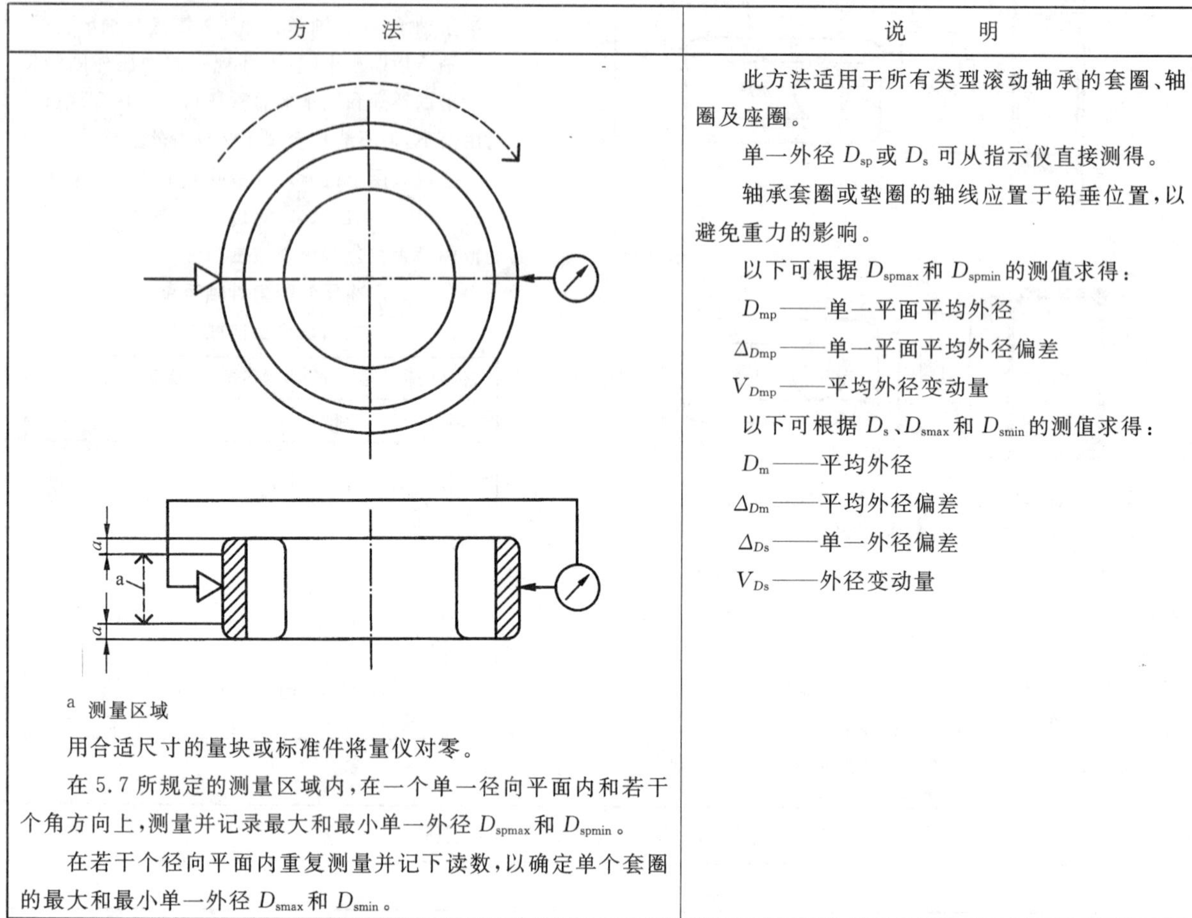

方　　法	说　　明
[a] 测量区域 用合适尺寸的量块或标准件将量仪对零。 在5.7所规定的测量区域内，在一个单一径向平面内和若干个角方向上，测量并记录最大和最小单一外径 D_{spmax} 和 D_{spmin}。 在若干个径向平面内重复测量并记下读数，以确定单个套圈的最大和最小单一外径 D_{smax} 和 D_{smin}。	此方法适用于所有类型滚动轴承的套圈、轴圈及座圈。 单一外径 D_{sp} 或 D_s 可从指示仪直接测得。 轴承套圈或垫圈的轴线应置于铅垂位置，以避免重力的影响。 以下可根据 D_{spmax} 和 D_{spmin} 的测值求得： D_{mp}——单一平面平均外径 Δ_{Dmp}——单一平面平均外径偏差 V_{Dmp}——平均外径变动量 以下可根据 D_s、D_{smax} 和 D_{smin} 的测值求得： D_m——平均外径 Δ_{Dm}——平均外径偏差 Δ_{Ds}——单一外径偏差 V_{Ds}——外径变动量

8.2 滚动体总体单一外径的测量

方　　法	说　　明
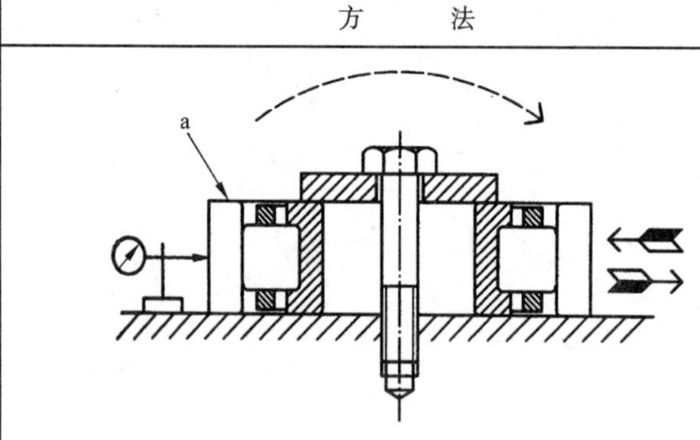 [a] 环规 将无外圈轴承的内圈固定于平台上。 将一环规套在滚动体总体的外径上，指示仪置于环规的外径表面，正对内圈宽度的中部。 在与指示仪相同的径向方向上，对环规往复施加足够的径向载荷，测出环规在径向的移动量。施加的径向载荷见右表。 在环规的径向极限位置记录指示仪读数。在轴承若干个不同的角位置上重复测量，以确定最大和最小读数 E_{wsmax} 和 E_{wsmin}。	此方法适用于无外圈圆柱滚子轴承和滚针轴承。 滚动体总体单一外径 E_{ws} 等于环规内径减去测值。 以下可根据 E_{wsmax} 和 E_{wsmin} 求得： E_{wm}——滚动体总体平均外径 Δ_{Ewm}——滚动体总体平均外径偏差

径向测量载荷

E_w/mm		测量载荷/N
超过	到	min
—	30	50
30	50	60
50	80	70
80	—	80

8.3 滚动体总体最大单一外径的功能检验

方法	说明
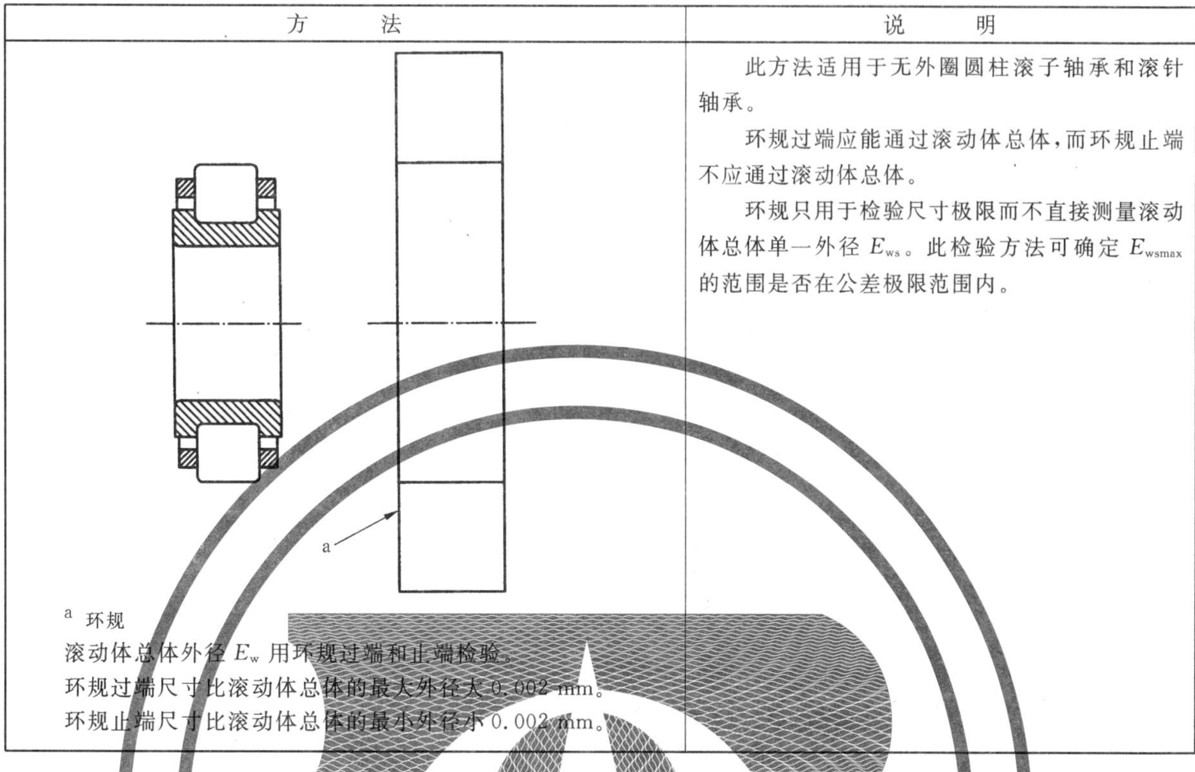 a 环规 滚动体总体外径 E_w 用环规过端和止端检验。 环规过端尺寸比滚动体总体的最大外径大 0.002 mm。 环规止端尺寸比滚动体总体的最小外径小 0.002 mm。	此方法适用于无外圈圆柱滚子轴承和滚针轴承。 环规过端应能通过滚动体总体，而环规止端不应通过滚动体总体。 环规只用于检验尺寸极限而不直接测量滚动体总体单一外径 E_{ws}。此检验方法可确定 E_{wsmax} 的范围是否在公差极限范围内。

9 测量宽度和高度的原则

9.1 套圈单一宽度的测量

方法	说明
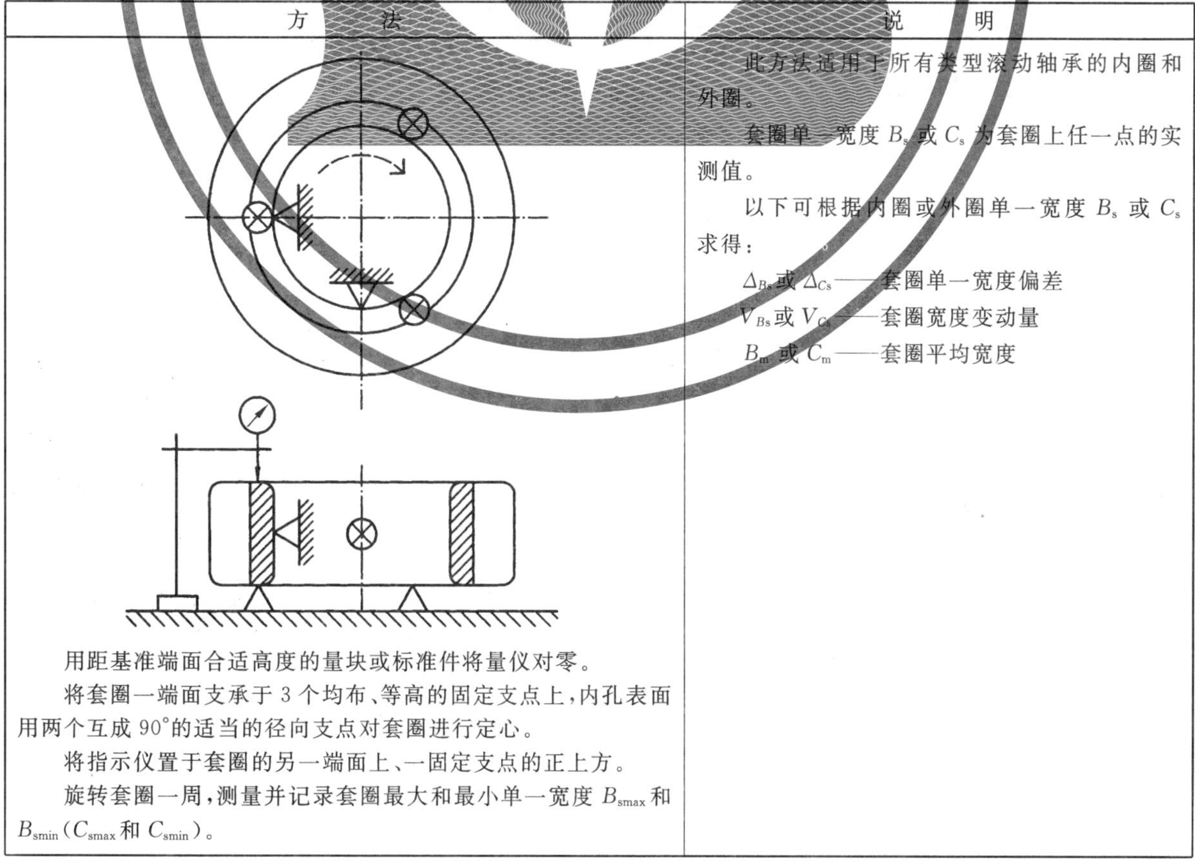 用距基准端面合适高度的量块或标准件将量仪对零。 将套圈一端面支承于 3 个均布、等高的固定支点上，内孔表面用两个互成 90°的适当的径向支点对套圈进行定心。 将指示仪置于套圈的另一端面上、一固定支点的正上方。 旋转套圈一周，测量并记录套圈最大和最小单一宽度 B_{smax} 和 B_{smin}（C_{smax} 和 C_{smin}）。	此方法适用于所有类型滚动轴承的内圈和外圈。 套圈单一宽度 B_s 或 C_s 为套圈上任一点的实测值。 以下可根据内圈或外圈单一宽度 B_s 或 C_s 求得： Δ_{Bs} 或 Δ_{Cs}——套圈单一宽度偏差 V_{Bs} 或 V_{Cs}——套圈宽度变动量 B_m 或 C_m——套圈平均宽度

9.2 外圈凸缘单一宽度的测量

方　　法	说　　明
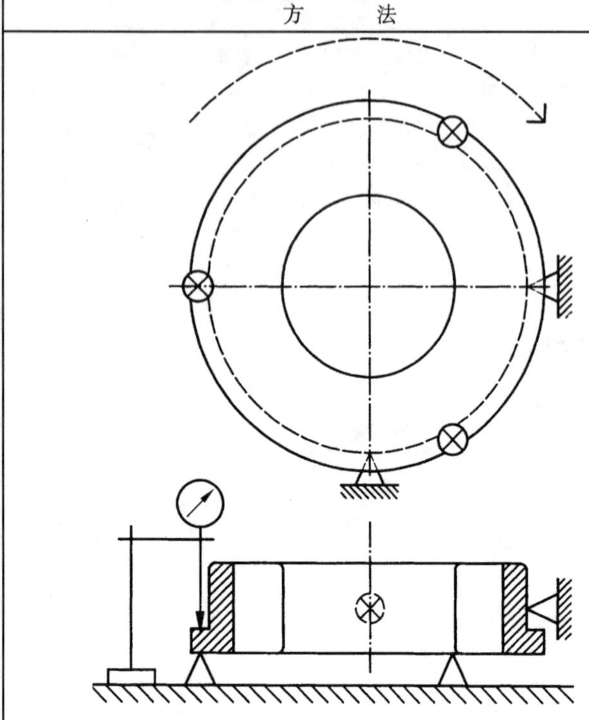 用距固定支点合适高度的量块或标准件将量仪对零。 将外圈凸缘前面支承于3个均布、等高的固定支点上，轴承外表面用两个互成90°的适当的径向支点对外圈进行定心。 将指示仪置于凸缘背面、一固定支点的正上方。 旋转外圈一周，测量并记录外圈凸缘最大和最小单一宽度 C_{1smax} 和 C_{1smin}。	此方法适用于所有类型的凸缘外圈向心轴承。 外圈凸缘单一宽度 C_{1s} 为凸缘背面任一点的实测值。 以下可根据外圈凸缘单一宽度 C_{1s} 求得： Δ_{C1s}——外圈凸缘单一宽度偏差 V_{C1s}——外圈凸缘宽度变动量

9.3 轴承实际宽度的测量(主要方法)

方　　法	说　　明
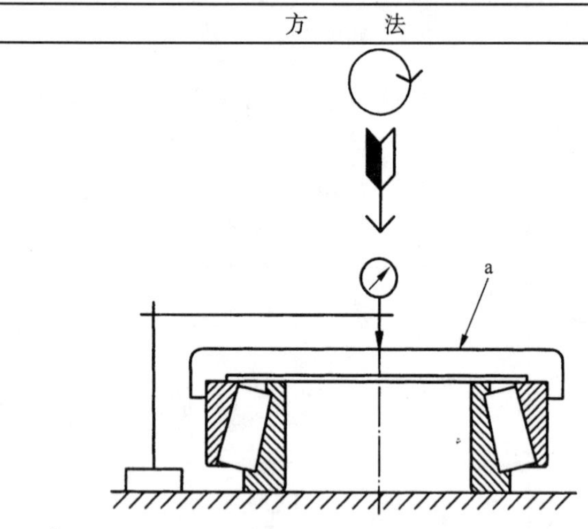 a 平板 用距平台合适高度的量块或标准件将量仪对零。 支住轴承的内圈基准端面，并保证滚动体与滚道接触。对于圆锥滚子轴承，应保证滚动体与内圈背面挡边和滚道接触。 将一已知高度的平板置于外圈基准端面，施加一稳定的中心轴向载荷，载荷值按5.6的规定，并将指示仪置于平板中心。 旋转外圈若干次，务必达到最小宽度，读取指示仪读数。	此方法为测量由一内圈端面和一外圈端面限定轴承宽度的向心和角接触轴承实际宽度的主要方法。 此测量方法不包括套圈端面平面度的影响。 轴承实际宽度 T_s 等于指示仪读数减去已知的平板高度。 轴承实际宽度偏差 Δ_{Ts} 可根据 T_s 的测值求得。

9.4 轴承实际宽度的测量(另一种方法)

<table>
<tr><th>方　　法</th><th>说　　明</th></tr>
<tr><td> 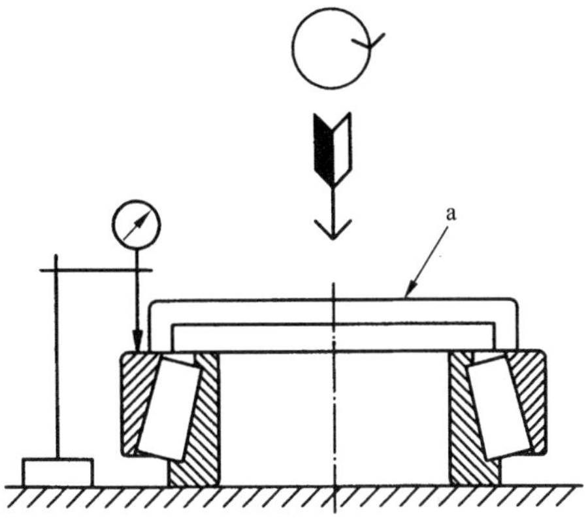a 稳定平板
用距平台合适高度的量块或标准件将量仪对零。
支住轴承的内圈基准端面,并保证滚动体与滚道接触。对于圆锥滚子轴承,应保证滚动体与内圈背面挡边和滚道接触。
将一稳定平板置于外圈基准端面,施加一稳定的中心轴向载荷,载荷值按 5.6 的规定。
将指示仪置于外圈基准端面。旋转外圈,读取指示仪读数。
在外圈背面的若干个圆周和径向位置上重复读数,以确定轴承实际宽度 T_s 的值。</td><td>此方法适用于由一内圈端面和一外圈端面限定轴承宽度的轴承。它适用于圆锥滚子轴承、单列球面滚子轴承、单列角接触球轴承和推力调心滚子轴承。
轴承实际宽度偏差 Δ_{Ts} 可根据 T_s 的测值求得。
此方法为测量轴承实际宽度 T_s 的另一种方法。轴承实际宽度 T_s 为所取指示仪读数的算术平均值。
大型轴承不需使用稳定平板或套圈。
此测量方法包括外圈基准端面平面度的影响。</td></tr>
</table>

9.5 轴承实际高度的测量(推力轴承)

方　　法	说　　明
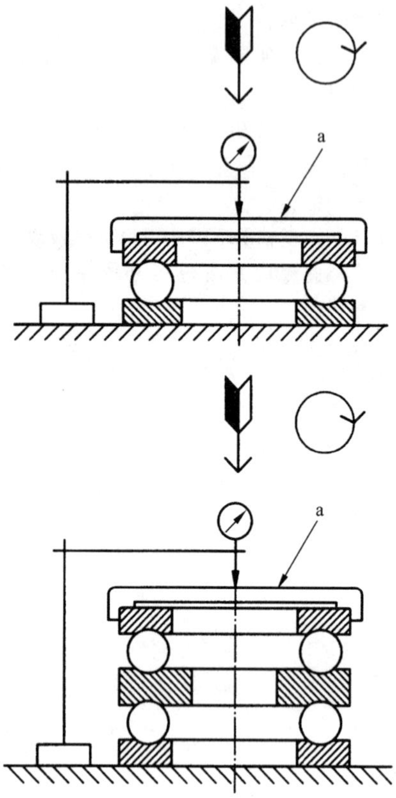 [a] 平板 将轴承支在一平台上。用距平面合适高度的量块或标准件将量仪对零。 将一已知高度的平板置于成套轴承上,施加一稳定的中心轴向载荷,载荷值按5.6的规定,并将指示仪置于平板中心。 旋转轴承若干次,务必达到最小高度,读取指示仪读数。	此方法适用于所有类型推力轴承,包括推力球轴承、推力圆柱滚子轴承和推力圆锥滚子轴承。 轴承实际高度 T_s 等于指示仪读数减去已知的平板高度。 此测量方法不包括垫圈端面平面度的影响。 轴承实际高度偏差 Δ_{Ts} 可根据 T_s 的测值求得。

9.6 内组件实际有效宽度的测量(圆锥滚子轴承)

<table>
<tr><th>方　　法</th><th>说　　明</th></tr>
<tr><td>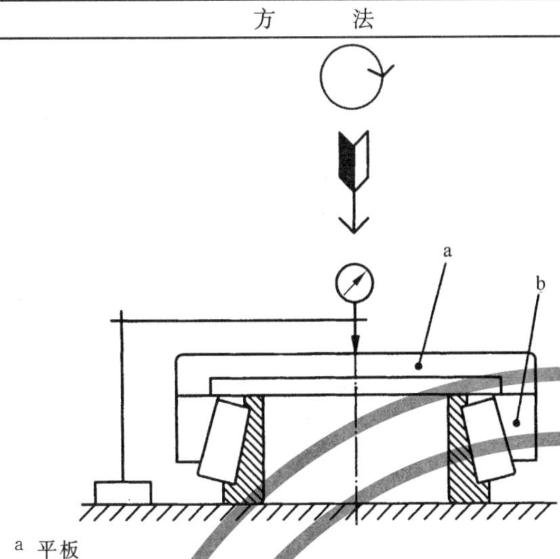

a 平板
b 标准外圈
用距平台合适高度的量块或标准件将量仪对零。
支住内组件的内圈基准端面,并保证滚子与内圈背面挡边和滚道接触。
将标准外圈置于内组件上。
将一已知高度的平板置于标准外圈的背面,施加一稳定的中心轴向载荷,载荷值按5.6的规定,并将指示仪置于平板中心。
旋转标准外圈若干次,务必达到最小宽度,读取指示仪读数。</td><td>此方法适用于圆锥滚子轴承内组件,它需要使用标准外圈。
内组件实际有效宽度 T_{1s} 基于标准外圈的高度,等于指示仪读数减去已知的平板高度。
此测量方法不包括套圈端面平面度的影响。</td></tr>
</table>

9.7 外圈实际有效宽度的测量(圆锥滚子轴承)

<table>
<tr><th>方　　法</th><th>说　　明</th></tr>
<tr><td>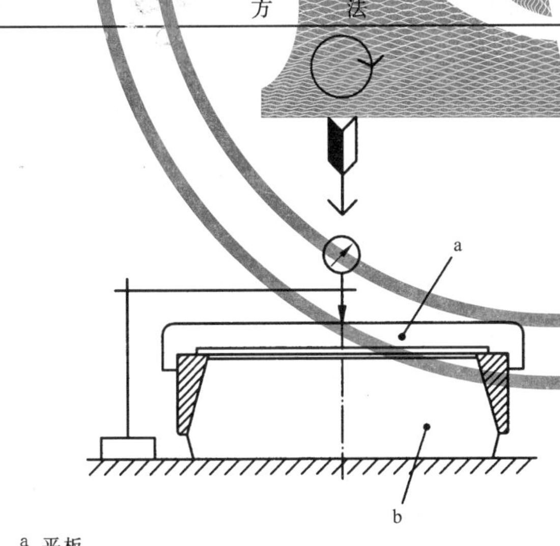

a 平板
b 内标准塞规
用距平台合适高度的量块或标准件将量仪对零。
将内标准塞规的背面支在一平台上,外圈置于塞规上。
将一已知高度的平板置于外圈背面,施加一稳定的中心轴向载荷,载荷值按5.6的规定,并将指示仪置于平板中心。
旋转外圈若干次,务必达到最小宽度,读取指示仪读数。</td><td>此方法适用于圆锥滚子轴承外圈,它需要使用内标准塞规。
外圈实际有效宽度 T_{2s} 基于内标准塞规的高度,等于指示仪读数减去已知的平板高度。
此测量方法不包括套圈端面平面度的影响。
若需要,可用标定过的内组件(内圈、保持架和滚动体的分部件)代替内标准塞规。</td></tr>
</table>

10 测量套圈和垫圈倒角尺寸的原则

10.1 单一倒角尺寸的测量(主要方法)

<table>
<tr><th>方　　法</th><th>说　　明</th></tr>
<tr><td>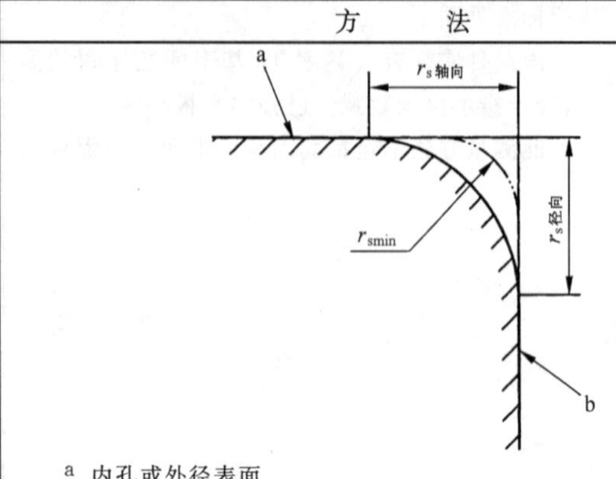
a 内孔或外径表面
b 端面
用至少×20的放大倍数画出倒角剖面轮廓,延长直径表面和端面的轮廓母线至交点,测量从交点至直径表面和端面起始点的水平和垂直距离。
画出半径等于 r_{smin} 的圆弧。若轴向和径向公称倒角尺寸不同,可使用两个倒角尺寸中较小的一个。</td><td>测量半径 r_s 的方法适用于所有类型滚动轴承的内、外圈及推力垫圈。
套圈倒角不应超出半径为 r_{smin} 的圆弧。
注1:r_{smax}的轴向和径向极限可以不同。
注2:此方法同样适用于指定半径 r_1、r_2 等的测量。</td></tr>
</table>

10.2 单一倒角尺寸的功能检验(另一种方法)

<table>
<tr><th>方　　法</th><th>说　　明</th></tr>
<tr><td>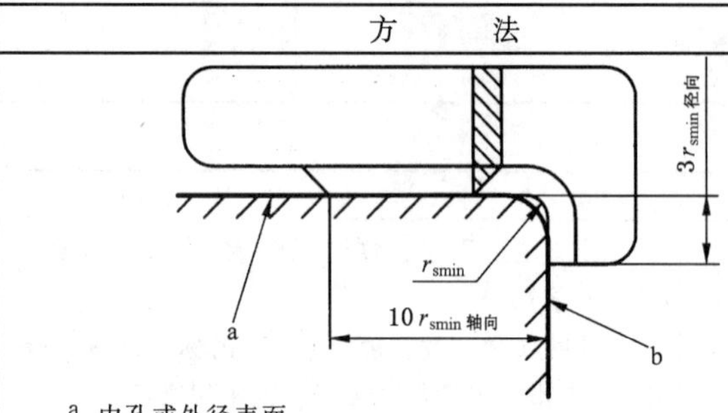
a 内孔或外径表面
b 端面
将最小倒角样板置于套圈或垫圈上,样板应靠住直径表面和端面。将套圈或垫圈倒角与样板的轮廓进行比较。
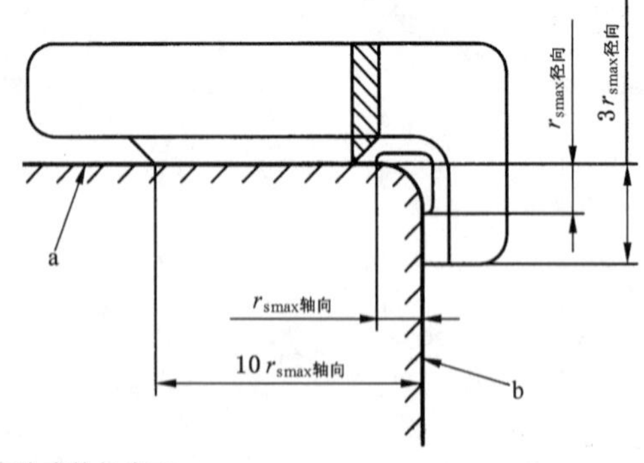
a 内孔或外径表面
b 端面
将最大倒角样板置于套圈或垫圈上,样板应靠住直径表面和端面。将套圈或垫圈倒角与样板的标记线进行比较。</td><td>检验半径 r_s 的方法适用于所有类型滚动轴承的内、外圈及推力垫圈。
套圈或垫圈倒角不应与最小倒角 r_{smin} 样板发生干涉。
套圈或垫圈倒角不应超过最大倒角 r_{smax} 样板上的标记线。
注1:r_{smax}的轴向和径向极限可以不同。
注2:此方法同样适用于指定半径 r_1、r_2 等的检验。</td></tr>
</table>

11 测量滚道平行度的原则

11.1 内圈滚道对端面平行度的测量

方　　法	说　　明
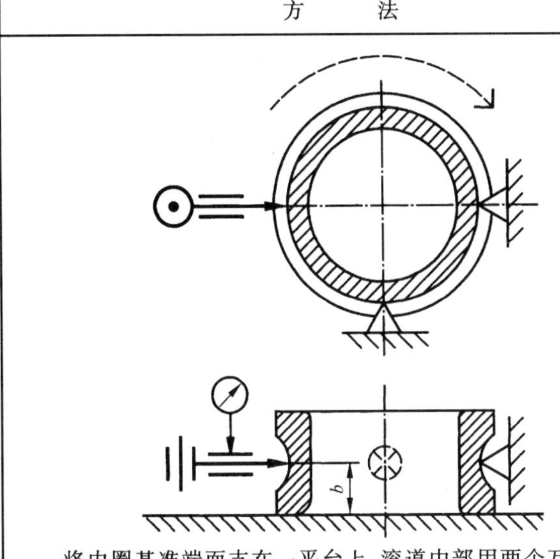 将内圈基准端面支在一平台上，滚道中部用两个互成90°的支点支承滚道表面，以对内圈进行定心。 测头正对一固定支点，并保证测头以一恒定压力压在滚道上，压力方向与套圈轴线平行。 内圈旋转一周，读取指示仪读数。	此方法适用于所有向心球轴承。 内圈滚道对端面的平行度 S_i 为指示仪最大与最小读数之差。 测头高度 b 位于滚道接触直径处。 实际中，可通过使用具有滚道曲率的测头来改善测头的轴向摆动(见下图)。 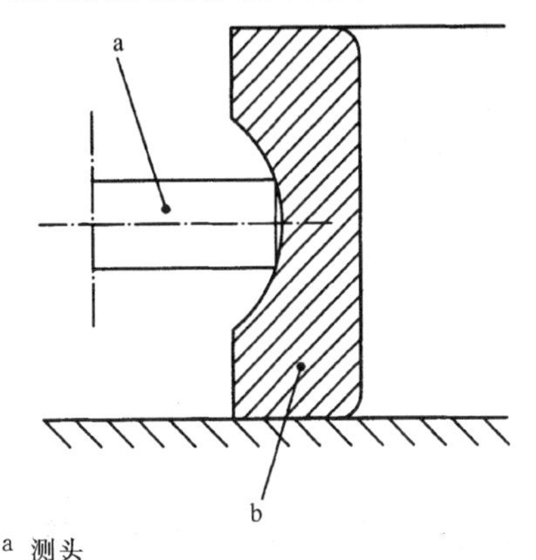 a 测头 b 内圈

11.2 外圈滚道对端面平行度的测量

方　　法	说　　明
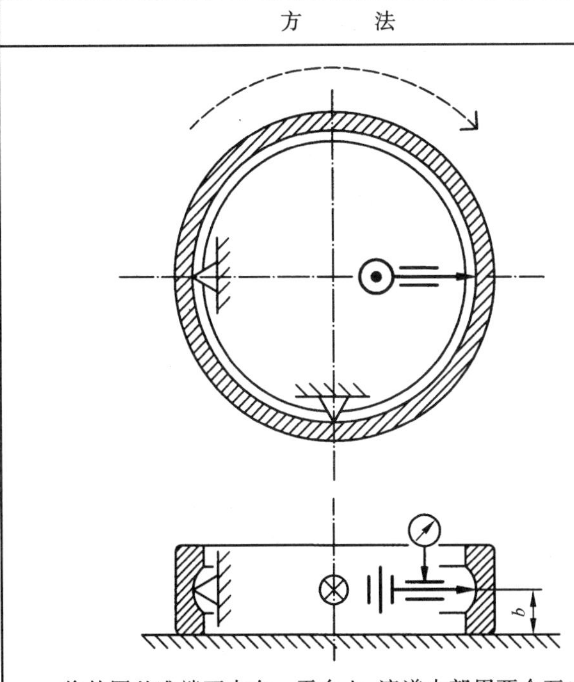 将外圈基准端面支在一平台上，滚道中部用两个互成90°的支点支承滚道表面，以对外圈进行定心。 测头正对一固定支点，并保证测头以一恒定压力压在滚道上，压力方向与套圈轴线平行。 外圈旋转一周，读取指示仪读数。	此方法适用于所有向心球轴承。 外圈滚道对端面的平行度 S_e 为指示仪最大与最小读数之差。 测头高度 b 位于滚道接触直径处。 实际中，可通过使用具有滚道曲率的测头来改善测头的轴向摆动(见下图)。 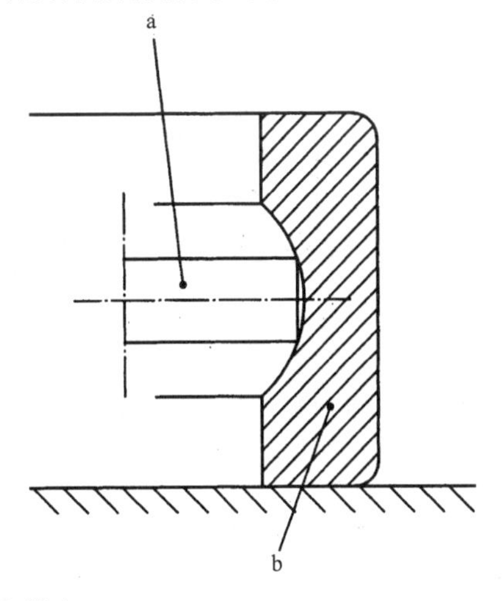 a 测头 b 外圈

12　测量表面垂直度的原则

12.1　内圈端面对内孔垂直度的测量(方法 A)

方　　法	说　　明
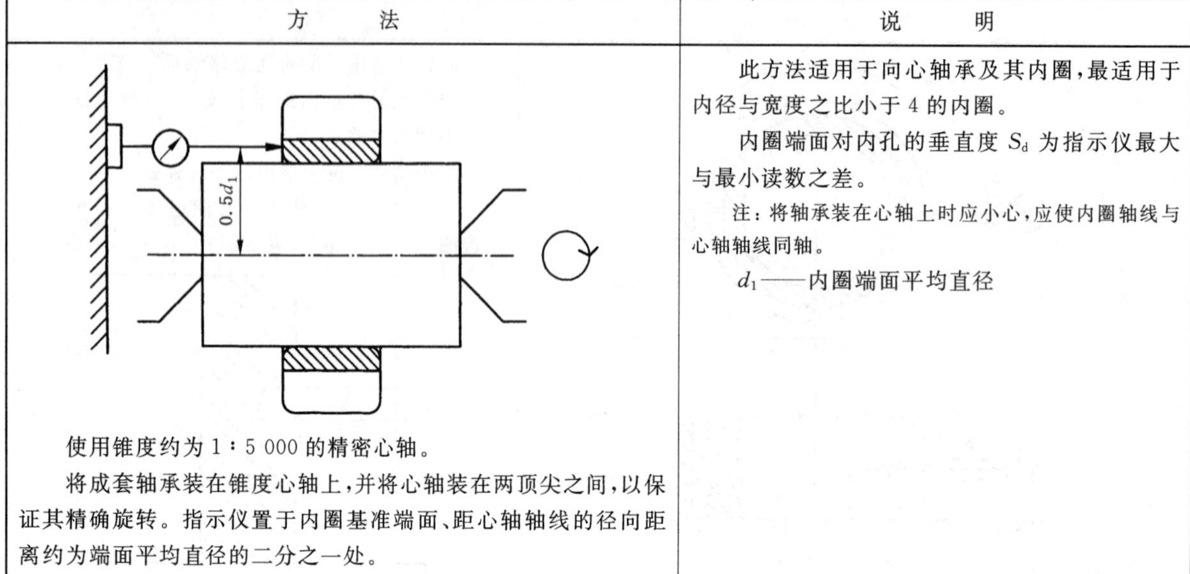 使用锥度约为 1∶5 000 的精密心轴。 将成套轴承装在锥度心轴上,并将心轴装在两顶尖之间,以保证其精确旋转。指示仪置于内圈基准端面、距心轴轴线的径向距离约为端面平均直径的二分之一处。 内圈旋转一周,读取指示仪读数。	此方法适用于向心轴承及其内圈,最适用于内径与宽度之比小于 4 的内圈。 内圈端面对内孔的垂直度 S_d 为指示仪最大与最小读数之差。 注:将轴承装在心轴上时应小心,应使内圈轴线与心轴轴线同轴。 d_1——内圈端面平均直径

12.2　内圈端面对内孔垂直度的测量(方法 B)

方　　法	说　　明
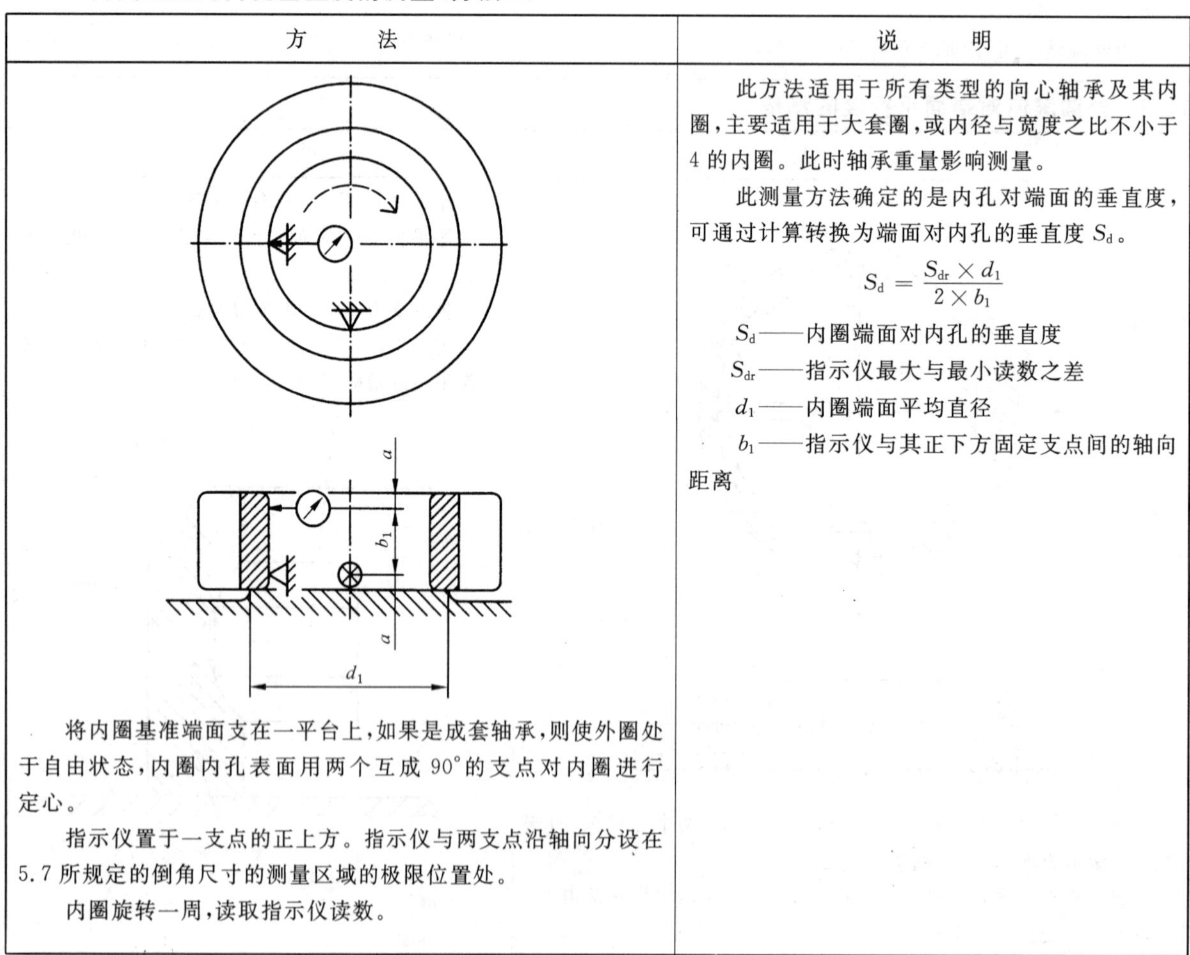 将内圈基准端面支在一平台上,如果是成套轴承,则使外圈处于自由状态,内圈内孔表面用两个互成 90°的支点对内圈进行定心。 指示仪置于一支点的正上方。指示仪与两支点沿轴向分设在 5.7 所规定的倒角尺寸的测量区域的极限位置处。 内圈旋转一周,读取指示仪读数。	此方法适用于所有类型的向心轴承及其内圈,主要适用于大套圈,或内径与宽度之比不小于 4 的内圈。此时轴承重量影响测量。 此测量方法确定的是内孔对端面的垂直度,可通过计算转换为端面对内孔的垂直度 S_d。 $S_d = \dfrac{S_{dr} \times d_1}{2 \times b_1}$ S_d——内圈端面对内孔的垂直度 S_{dr}——指示仪最大与最小读数之差 d_1——内圈端面平均直径 b_1——指示仪与其正下方固定支点间的轴向距离

12.3 外圈外表面对端面垂直度的测量

方　　法	说　　明
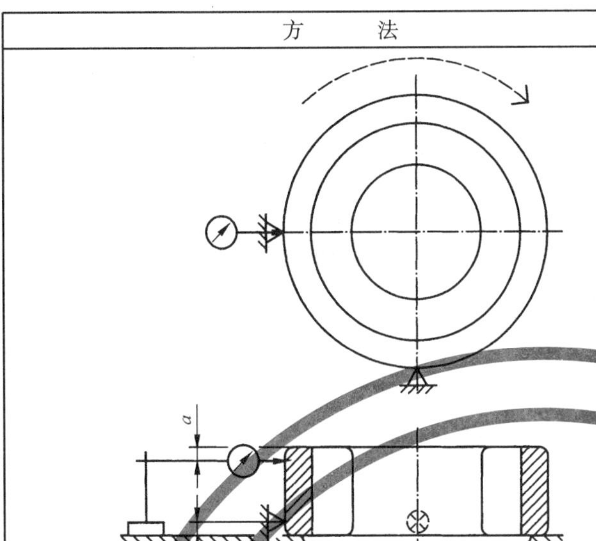 将外圈基准端面支在一平台上，如果是成套轴承，则使内圈处于自由状态，外圈外圆柱表面用两个互成90°的支点对外圈进行定心。 指示仪置于一支点的正上方。指示仪与两支点沿轴向分设在5.7所规定的倒角尺寸的测量区域的极限位置处。 外圈旋转一周，读取指示仪读数。	此方法适用于所有类型的向心轴承及其外圈，尤其适用于大套圈，或内径与宽度之比不小于4的外圈。此时轴承重量影响测量。 外圈外表面对端面的垂直度 S_D 为指示仪最大与最小读数之差。

12.4 外圈外表面对凸缘背面垂直度的测量

方　　法	说　　明
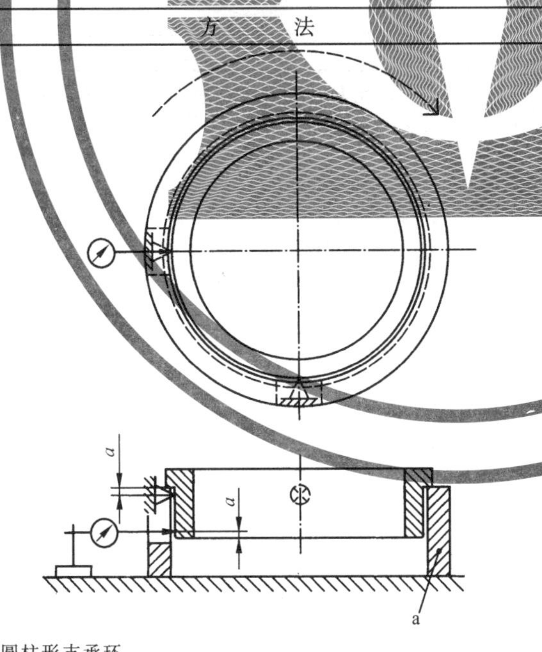 a 圆柱形支承环 将外圈凸缘背面支在一圆柱形支承环的端面上，如果是成套轴承，则使内圈处于自由状态，支承环的内径等于凸缘平均直径。外圈外表面用两个互成90°的支点对外圈进行定心。 注：支承环上的槽允许侧面的支点进入。 指示仪置于一支点的正下方。指示仪与两支点沿轴向分设在5.7所规定的倒角尺寸的测量区域的极限位置处。 外圈旋转一周，读取指示仪读数。	此方法适用于所有类型的凸缘外圈向心轴承。 外圈外表面对凸缘背面的垂直度 S_{D1} 为指示仪最大与最小读数之差。

13 测量厚度变动量的原则

13.1 内圈滚道与内孔间厚度变动量的测量

方　　法	说　　明
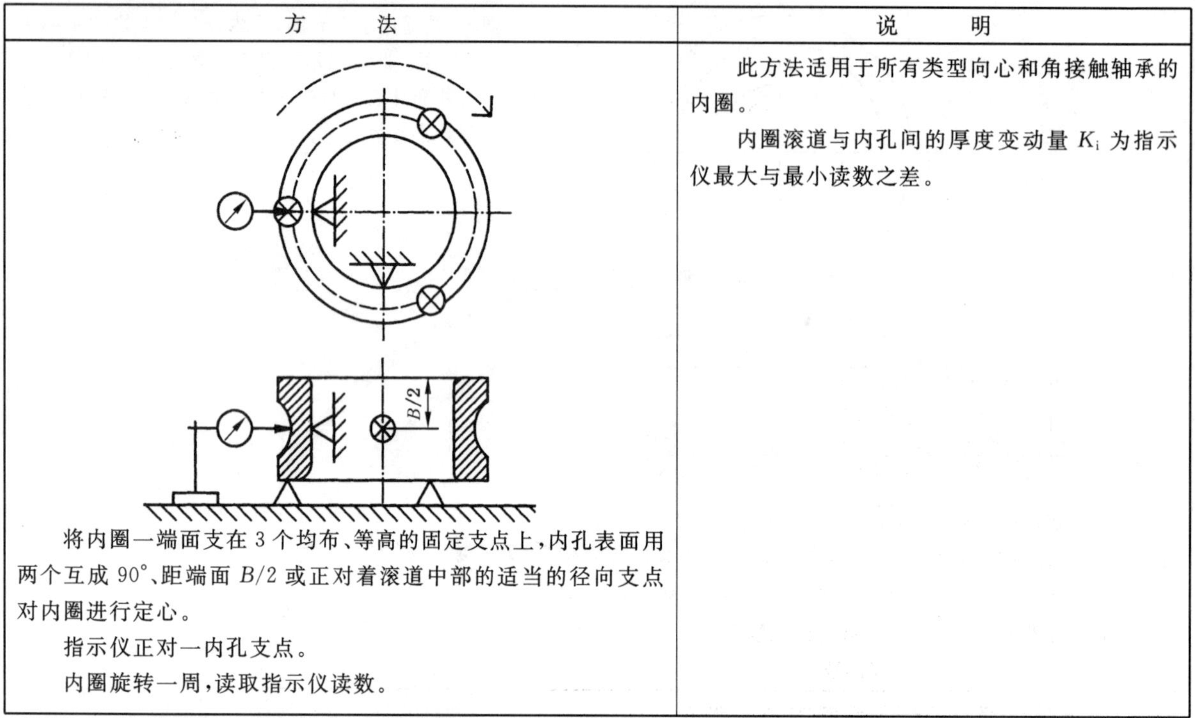 将内圈一端面支在3个均布、等高的固定支点上，内孔表面用两个互成90°、距端面 $B/2$ 或正对着滚道中部的适当的径向支点对内圈进行定心。 指示仪正对一内孔支点。 内圈旋转一周，读取指示仪读数。	此方法适用于所有类型向心和角接触轴承的内圈。 内圈滚道与内孔间的厚度变动量 K_i 为指示仪最大与最小读数之差。

13.2 外圈滚道与外表面间厚度变动量的测量

方　　法	说　　明
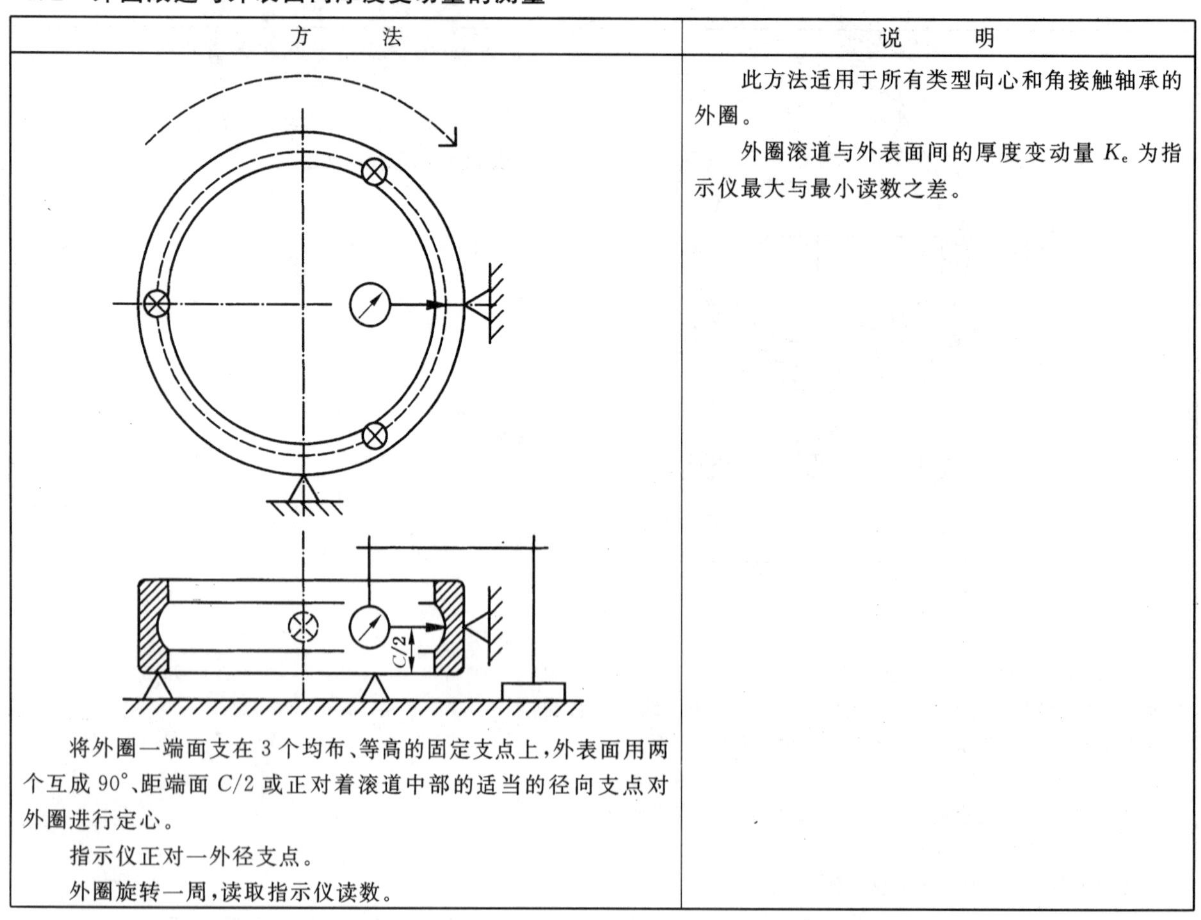 将外圈一端面支在3个均布、等高的固定支点上，外表面用两个互成90°、距端面 $C/2$ 或正对着滚道中部的适当的径向支点对外圈进行定心。 指示仪正对一外径支点。 外圈旋转一周，读取指示仪读数。	此方法适用于所有类型向心和角接触轴承的外圈。 外圈滚道与外表面间的厚度变动量 K_e 为指示仪最大与最小读数之差。

13.3 轴圈滚道与背面间厚度变动量的测量

方　　法	说　　明
将轴圈的平底面支在3个均布、等高的固定支点上，内孔表面用两个互成90°的适当的径向支点对轴圈进行定心。 指示仪置于滚道中部、一固定支点的正上方。 轴圈与支点接触，轴圈旋转一周，读取指示仪读数。	此方法适用于具有平滚道或成型滚道及平底面的轴圈。 轴圈滚道与背面间的厚度变动量 S_i 为指示仪最大与最小读数之差。

13.4 中圈滚道与背面间厚度变动量的测量

方　　法	说　　明
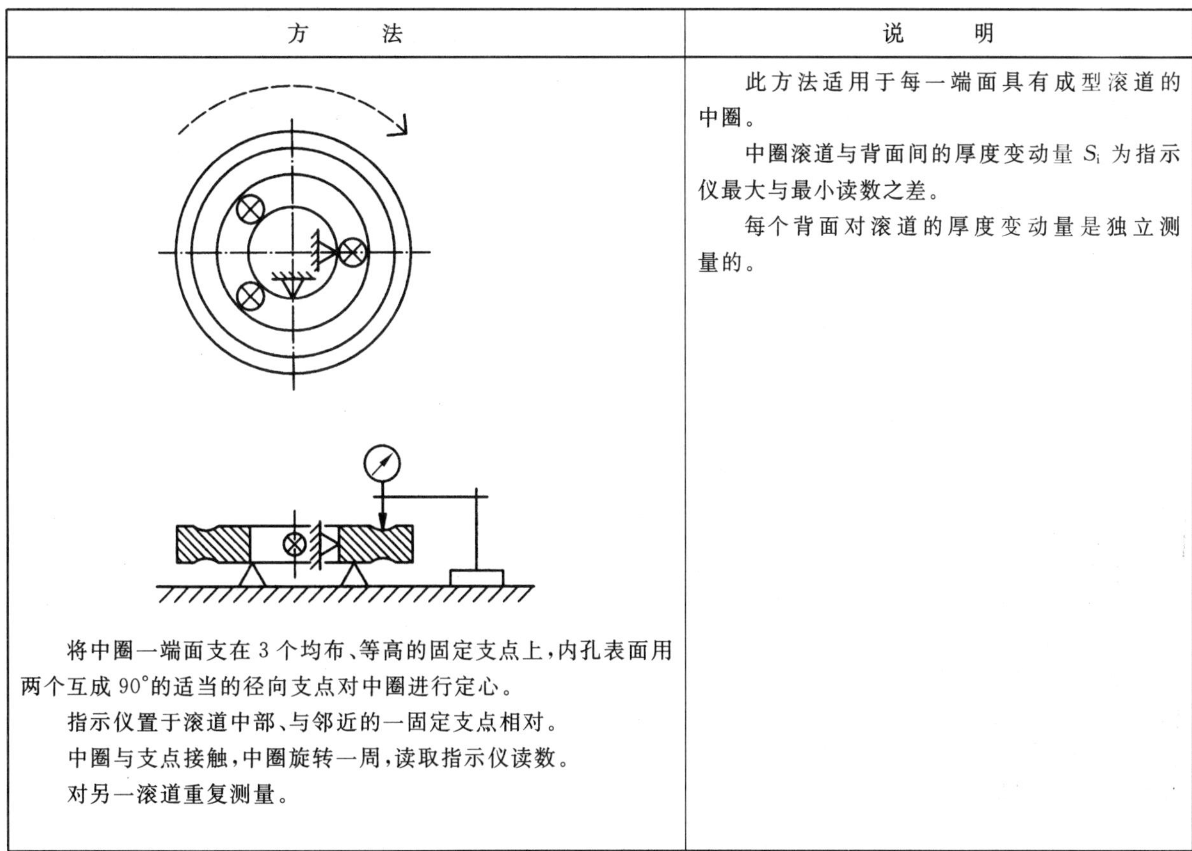 将中圈一端面支在3个均布、等高的固定支点上，内孔表面用两个互成90°的适当的径向支点对中圈进行定心。 指示仪置于滚道中部、与邻近的一固定支点相对。 中圈与支点接触，中圈旋转一周，读取指示仪读数。 对另一滚道重复测量。	此方法适用于每一端面具有成型滚道的中圈。 中圈滚道与背面间的厚度变动量 S_i 为指示仪最大与最小读数之差。 每个背面对滚道的厚度变动量是独立测量的。

13.5 座圈滚道与背面间厚度变动量的测量

方　　法	说　　明
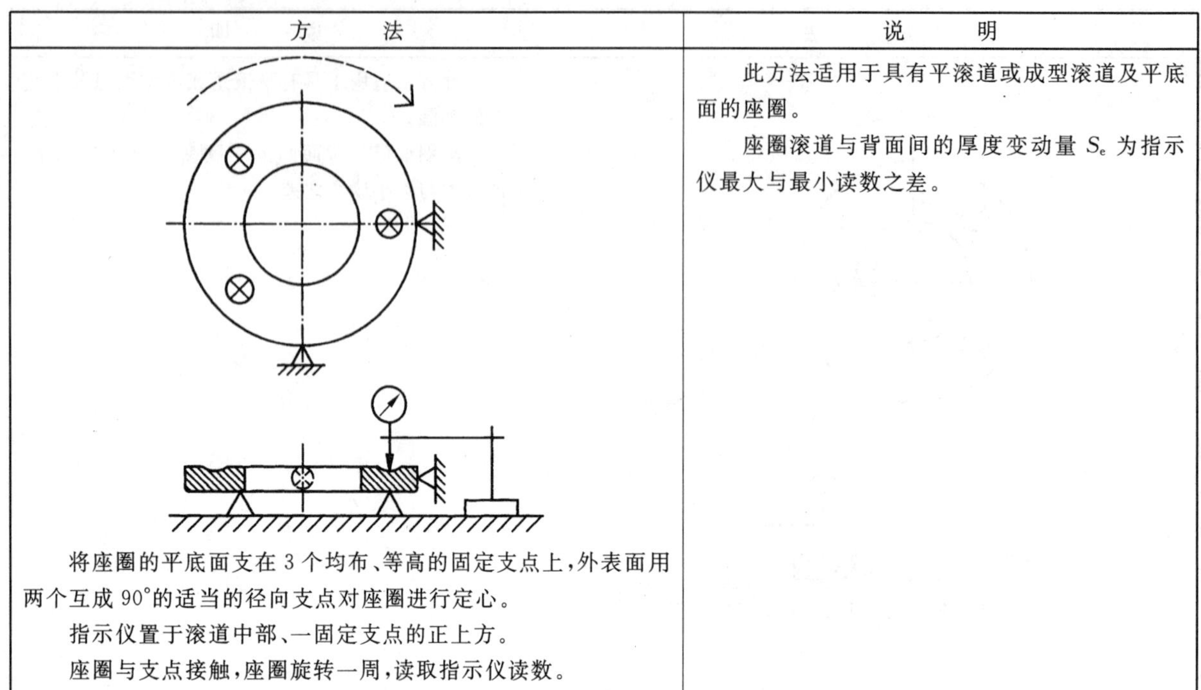 将座圈的平底面支在3个均布、等高的固定支点上，外表面用两个互成90°的适当的径向支点对座圈进行定心。 指示仪置于滚道中部、一固定支点的正上方。 座圈与支点接触，座圈旋转一周，读取指示仪读数。	此方法适用于具有平滚道或成型滚道及平底面的座圈。 座圈滚道与背面间的厚度变动量 S_e 为指示仪最大与最小读数之差。

14 测量径向跳动的原则

14.1 成套轴承内圈径向跳动的测量(主要方法)

方　　法	说　　明
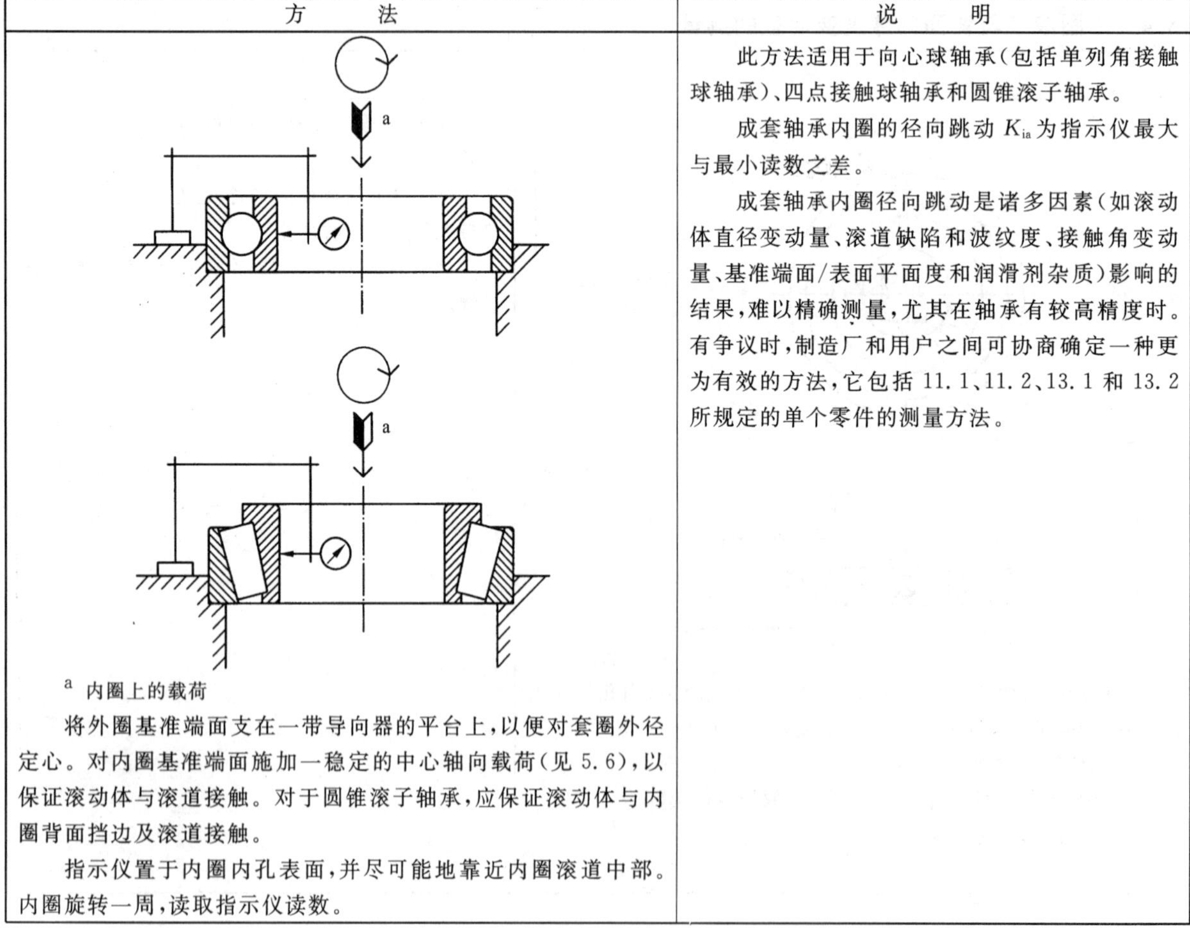 [a] 内圈上的载荷 将外圈基准端面支在一带导向器的平台上，以便对套圈外径定心。对内圈基准端面施加一稳定的中心轴向载荷(见5.6)，以保证滚动体与滚道接触。对于圆锥滚子轴承，应保证滚动体与内圈背面挡边及滚道接触。 指示仪置于内圈内孔表面，并尽可能地靠近内圈滚道中部。内圈旋转一周，读取指示仪读数。	此方法适用于向心球轴承(包括单列角接触球轴承)、四点接触球轴承和圆锥滚子轴承。 成套轴承内圈的径向跳动 K_{ia} 为指示仪最大与最小读数之差。 成套轴承内圈径向跳动是诸多因素(如滚动体直径变动量、滚道缺陷和波纹度、接触角变动量、基准端面/表面平面度和润滑剂杂质)影响的结果，难以精确测量，尤其在轴承有较高精度时。有争议时，制造厂和用户之间可协商确定一种更为有效的方法，它包括11.1、11.2、13.1和13.2所规定的单个零件的测量方法。

14.2 成套轴承内圈径向跳动的测量(另一种方法)

方　　法	说　　明
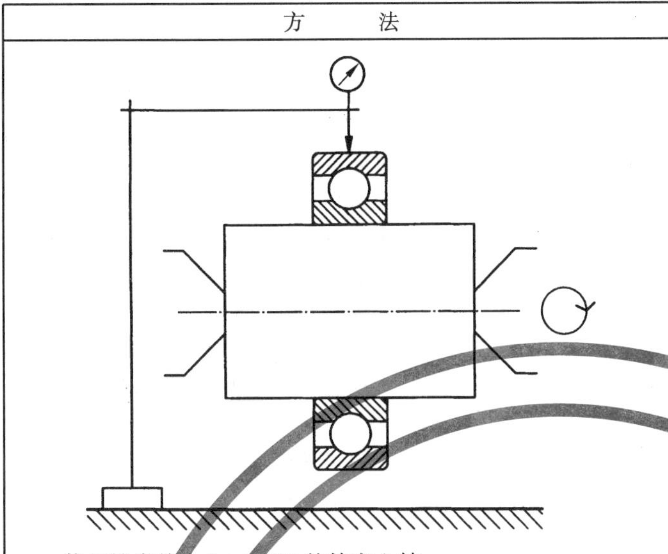 使用锥度约为 1∶5 000 的精密心轴。 将成套轴承装在锥度心轴上,并将心轴装在两顶尖之间,以保证其精确旋转。 指示仪置于外圈外表面,并尽可能地靠近外圈滚道中部。 外圈保持静止,并保证其重量由滚动体承受。心轴旋转一周,读取指示仪读数。	此方法适用于向心球轴承(单列角接触球轴承除外)、圆柱滚子轴承、调心滚子轴承和滚针轴承。 成套轴承内圈的径向跳动 K_{ia} 为指示仪最大与最小读数之差。 成套轴承内圈径向跳动是诸多因素(如滚动体直径变动量、滚道缺陷和波纹度、接触角变动量、基准端面/表面平面度和润滑剂杂质)影响的结果,难以精确测量,尤其在轴承有较高精度时。有争议时,制造厂和用户之间可协商确定一种更为有效的方法,它包括 11.1、11.2、13.1 和 13.2 所规定的单个零件的测量方法。

14.3 成套轴承外圈径向跳动的测量(主要方法)

方　　法	说　　明
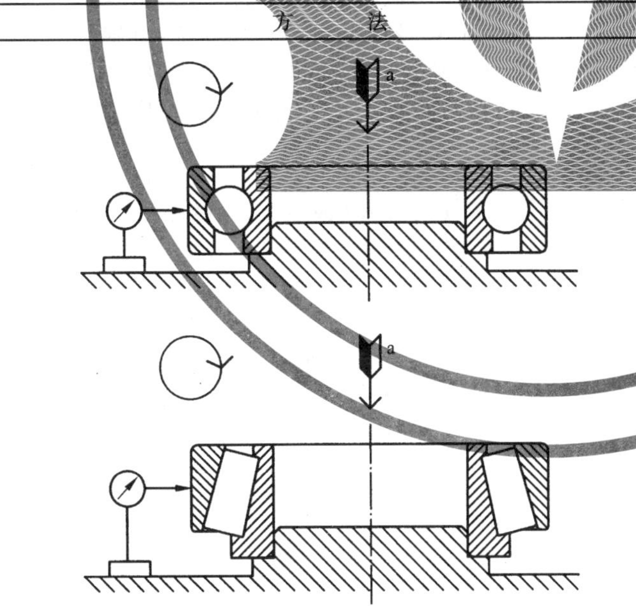 a 外圈上的载荷 将内圈基准端面支在一带导向器的平台上,以便对套圈内孔定心。对外圈基准端面施加一稳定的中心轴向载荷(见 5.6),以保证滚动体与滚道接触。对于圆锥滚子轴承,应保证滚动体与内圈背面挡边及滚道接触。 指示仪置于外圈外表面,并尽可能地靠近外圈滚道中部。外圈旋转一周,读取指示仪读数。	此方法适用于向心球轴承(包括单列角接触球轴承)、四点接触球轴承和圆锥滚子轴承。 成套轴承外圈的径向跳动 K_{ea} 为指示仪最大与最小读数之差。 成套轴承外圈径向跳动是诸多因素(如滚动体直径变动量、滚道缺陷和波纹度、接触角变动量、基准端面/表面平面度和润滑剂杂质)影响的结果,难以精确测量,尤其在轴承有较高精度时。有争议时,制造厂和用户之间可协商确定一种更为有效的方法,它包括 11.1、11.2、13.1 和 13.2 所规定的单个零件的测量方法。

14.4 成套轴承外圈径向跳动的测量(另一种方法)

方　　法	说　　明
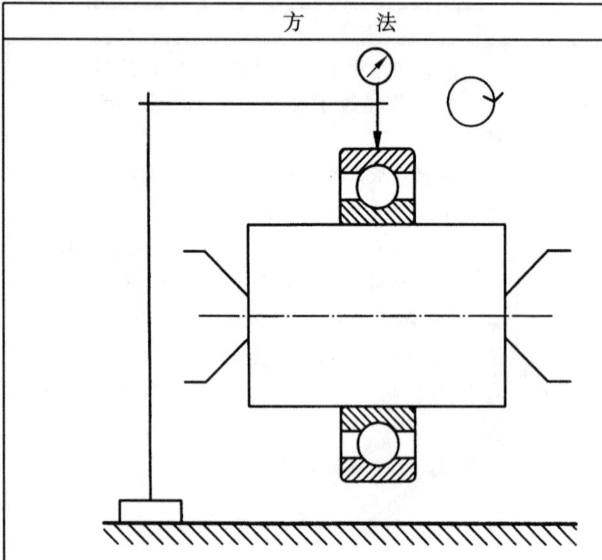 使用锥度约为 1∶5 000 的精密心轴。 将成套轴承装在锥度心轴上,并将心轴装在两顶尖之间,以保证其精确旋转。 指示仪置于外圈外表面,并尽可能地靠近外圈滚道中部。 内圈保持静止。外圈旋转一周,读取指示仪读数。	此方法适用于向心球轴承(单列角接触球轴承除外)、圆柱滚子轴承、调心滚子轴承和滚针轴承。 成套轴承外圈的径向跳动 K_{ea} 为指示仪最大与最小读数之差。 成套轴承外圈径向跳动是诸多因素(如滚动体直径变动量、滚道缺陷和波纹度、接触角变动量、基准端面/表面平面度和润滑剂杂质)影响的结果,难以精确测量,尤其在轴承有较高精度时。有争议时,制造厂和用户之间可协商确定一种更为有效的方法,它包括 11.1、11.2、13.1 和 13.2 所规定的单个零件的测量方法。

14.5 成套轴承内圈异步径向跳动的测量

方　　法	说　　明
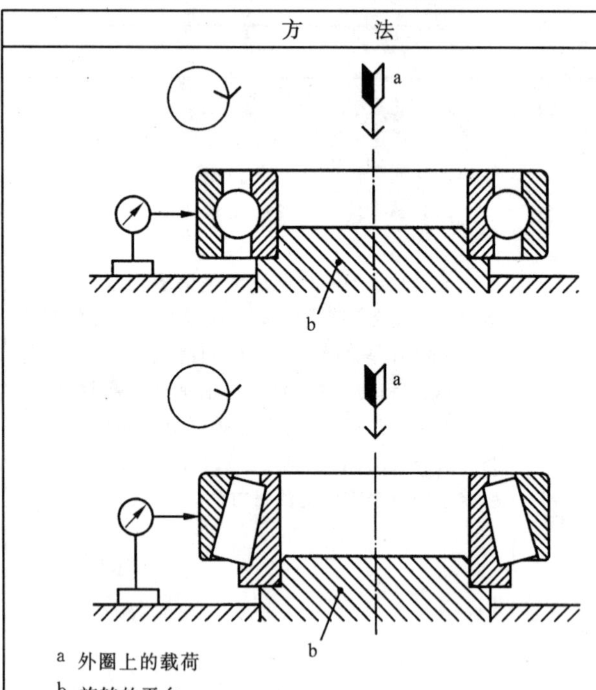 a 外圈上的载荷 b 旋转的平台 将内圈基准端面支在一带导向器的旋转平台上,以便对套圈内孔定心。轴承内圈和平台之间无相对旋转。对外圈基准端面施加一稳定的中心轴向载荷(见 5.6),以保证滚动体与滚道接触。对于圆锥滚子轴承,应保证滚动体与内圈背面挡边及滚道接触。 指示仪置于静止外圈的外表面,并尽可能地靠近外圈滚道中部。内圈(带平台)正反向旋转若干周,记录每一周指示仪最大读数。 指示仪置于外圈外表面另一径向位置,内圈正反向旋转若干周重复测量。指示仪置于外圈外表面不同的径向位置,重复测量。	此方法适用于向心球轴承(包括单列角接触球轴承)、四点接触球轴承和圆锥滚子轴承。 成套轴承内圈的异步径向跳动 K_{iaa} 为内圈旋转若干周、在外圈不同固定点测量时的指示仪的最大读数。 测量时,内圈应正反向旋转若干周。 成套轴承内圈异步径向跳动是诸多因素(如滚动体直径变动量、滚道缺陷和波纹度、接触角变动量、基准端面/表面平面度和润滑剂杂质)影响的结果,难以精确测量,尤其在轴承有较高精度时。有争议时,制造厂和用户之间可协商确定一种更为有效的方法,它包括 11.1、11.2、13.1 和 13.2 所规定的单个零件的测量方法。

15 测量轴向跳动的原则

15.1 成套轴承内圈轴向跳动的测量

方　　法	说　　明
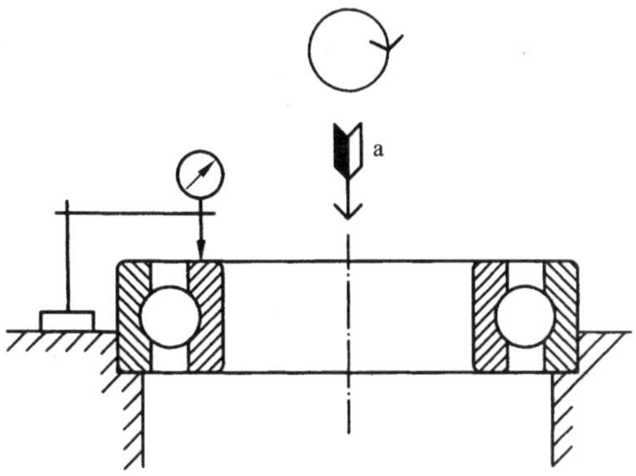 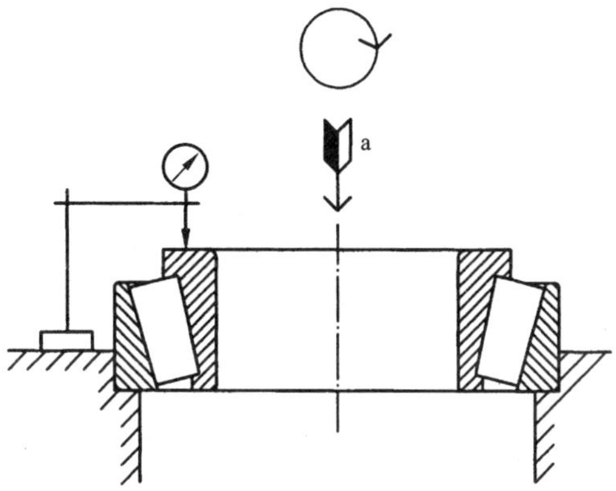 a 内圈上的载荷 将外圈基准端面支在一带导向器的平台上，以便对套圈外径定心。对内圈基准端面施加一稳定的中心轴向载荷(见 5.6)，以保证滚动体与滚道接触。对于圆锥滚子轴承，应保证滚动体与内圈背面挡边及滚道接触。 指示仪置于内圈基准端面。内圈旋转一周，读取指示仪读数。	此方法适用于向心球轴承(包括单列角接触球轴承)、四点接触球轴承和圆锥滚子轴承。 成套轴承内圈的轴向跳动 S_{ia} 为指示仪最大与最小读数之差。 成套轴承内圈轴向跳动是诸多因素(如滚动体直径变动量、滚道缺陷和波纹度、接触角变动量、基准端面/表面平面度和润滑剂杂质)影响的结果，难以精确测量，尤其在轴承有较高精度时。有争议时，制造厂和用户之间可协商确定一种更为有效的方法，它包括 11.1、11.2、13.1 和 13.2 所规定的单个零件的测量方法。

15.2 成套轴承外圈轴向跳动的测量

方　　法	说　　明
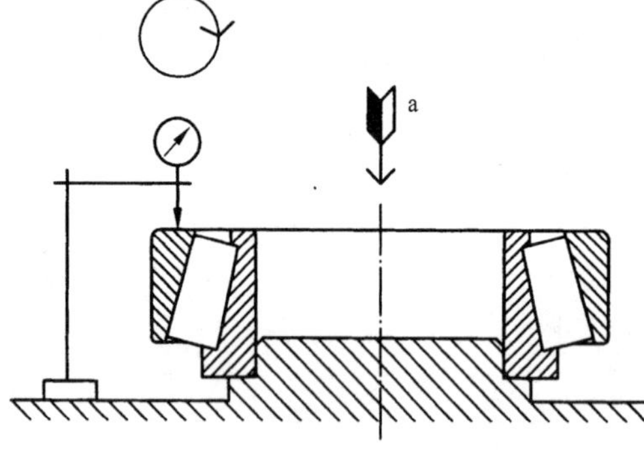 a 外圈上的载荷 将内圈基准端面支在一带导向器的平台上，以便对内圈内孔定心。对外圈基准端面施加一稳定的中心轴向载荷(见 5.6)，以保证滚动体与滚道接触。对于圆锥滚子轴承，应保证滚动体与内圈背面挡边及滚道接触。 指示仪置于外圈基准端面。外圈旋转一周，读取指示仪读数。	此方法适用于向心球轴承(包括单列角接触球轴承)、四点接触球轴承和圆锥滚子轴承。 成套轴承外圈的轴向跳动 S_{ea} 为指示仪最大与最小读数之差。 成套轴承外圈轴向跳动是诸多因素(如滚动体直径变动量、滚道缺陷和波纹度、接触角变动量、基准端面/表面平面度和润滑剂杂质)影响的结果，难以精确测量，尤其在轴承有较高精度时。有争议时，制造厂和用户之间可协商确定一种更为有效的方法，它包括 11.1、11.2、13.1 和 13.2 所规定的单个零件的测量方法。

15.3 成套轴承外圈凸缘背面轴向跳动的测量

方法	说明
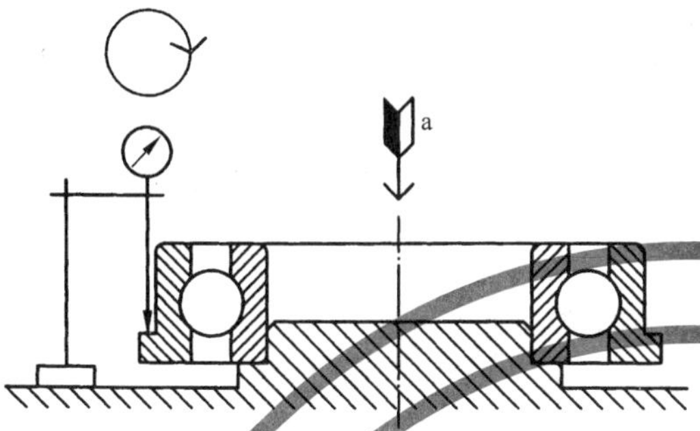 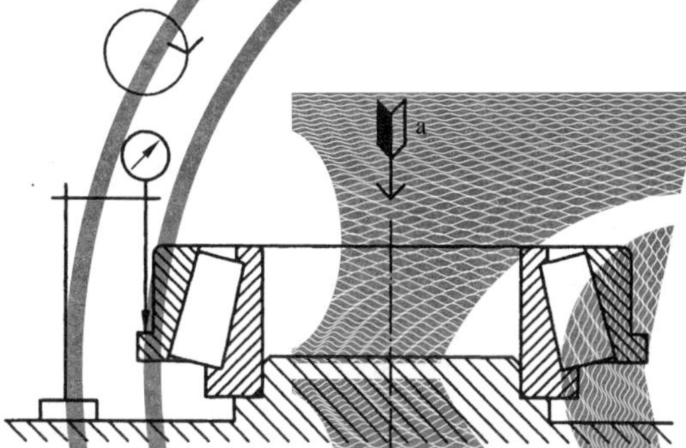 a 外圈上的载荷 将内圈基准端面支在一带导向器的平台上，以便对内圈内孔定心。对外圈基准端面施加一稳定的中心轴向载荷(见 5.6)，以保证滚动体与滚道接触。对于圆锥滚子轴承，应保证滚动体与内圈背面挡边及滚道接触。 指示仪置于外圈凸缘背面、凸缘的中部。外圈旋转一周，读取指示仪读数。	此方法适用于有外圈凸缘的向心球轴承(包括单列角接触球轴承)、四点接触球轴承和圆锥滚子轴承。 成套轴承外圈凸缘背面的轴向跳动 S_{ea1} 为指示仪最大与最小读数之差。 成套轴承外圈凸缘背面轴向跳动是诸多因素(如滚动体直径变动量、滚道缺陷和波纹度、接触角变动量、基准端面/表面平面度和润滑剂杂质)影响的结果，难以精确测量，尤其在轴承有较高精度时。有争议时，制造厂和用户之间可协商确定一种更为有效的方法，它包括 11.1、11.2、13.1 和 13.2 所规定的单个零件的测量方法。

附 录 A
（规范性附录）
与 GB/T 4199 — 2003 相互参照的条款

表 A.1 相互参照的条款和符号

本部分的条款和方法		符号	GB/T 4199—2003 的参照条款
7	**测量内径的原则**		
7.1	单一内径的测量(包括单一平面单一内径)	d_s，d_{sp}	5.1.2,5.1.3
7.2	推力滚针和保持架组件及推力垫圈的最小单一内径的功能检验	d_{csmin}，d_{smin}，D_{1smin}	—
7.3	滚动体总体单一内径的测量	F_{ws}	5.1.13
7.4	滚动体总体最小单一内径的测量	F_{wsmin}	5.1.14
7.5	滚动体总体最小单一内径的功能检验	F_{wsmin}	—
7.6	滚动体总体最小单一内径的功能检验(向心滚针和保持架组件)	F_{wsmin}	—
8	**测量外径的原则**		
8.1	单一外径的测量(包括单一平面单一外径)	D_s，D_{sp}	5.2.2,5.2.3
8.2	滚动体总体单一外径的测量	E_{ws}	5.2.13
8.3	滚动体总体最大单一外径的功能检验	E_{wsmax}	—
9	**测量宽度和高度的原则**		
9.1	套圈单一宽度的测量	B_s，C_s	5.3.2
9.2	外圈凸缘单一宽度的测量	C_{1s}	5.3.7
9.3	轴承实际宽度的测量(主要方法)	T_s	5.3.11
9.4	轴承实际宽度的测量(另一种方法)	T_s	5.3.11
9.5	轴承实际高度的测量(推力轴承)	T_s	5.3.14
9.6	内组件实际有效宽度的测量(圆锥滚子轴承)	T_{1s}	5.3.17
9.7	外圈实际有效宽度的测量(圆锥滚子轴承)	T_{2s}	5.3.20
10	**测量套圈和垫圈倒角尺寸的原则**		
10.1	单一倒角尺寸的测量(主要方法)	r_s	5.4.2
10.2	单一倒角尺寸的功能检验(另一种方法)	r_{smax}，r_{smin}	—
11	**测量滚道平行度的原则**		
11.1	内圈滚道对端面平行度的测量	S_i	6.2.1
11.2	外圈滚道对端面平行度的测量	S_e	6.2.2
12	**测量表面垂直度的原则**		
12.1	内圈端面对内孔垂直度的测量(方法 A)	S_d	6.3.1
12.2	内圈端面对内孔垂直度的测量(方法 B)	S_d	6.3.1
12.3	外圈外表面对端面垂直度的测量	S_D	6.3.2
12.4	外圈外表面对凸缘背面垂直度的测量	S_D	6.3.3
13	**测量厚度变动量的原则**		
13.1	内圈滚道与内孔间厚度变动量的测量	K_i	6.4.1
13.2	外圈滚道与外表面间厚度变动量的测量	K_e	6.4.2
13.3	轴圈滚道与背面间厚度变动量的测量	S_i	6.4.3

表 A.1(续)

本部分的条款和方法		符号	GB/T 4199—2003 的参照条款
13.4	中圈滚道与背面间厚度变动量的测量	S_i	6.4.3
13.5	座圈滚道与背面间厚度变动量的测量	S_e	6.4.4
14	**测量径向跳动的原则**		
14.1	成套轴承内圈径向跳动的测量(主要方法)	K_{ia}	7.1.1
14.2	成套轴承内圈径向跳动的测量(另一种方法)	K_{ia}	7.1.1
14.3	成套轴承外圈径向跳动的测量(主要方法)	K_{ea}	7.1.2
14.4	成套轴承外圈径向跳动的测量(另一种方法)	K_{ea}	7.1.2
14.5	成套轴承内圈异步径向跳动的测量	K_{iaa}	7.1.3
15	**测量轴向跳动的原则**		
15.1	成套轴承内圈轴向跳动的测量	S_{ia}	7.2.1,7.2.2
15.2	成套轴承外圈轴向跳动的测量	S_{ea}	7.2.3,7.2.4
15.3	成套轴承外圈凸缘背面轴向跳动的测量	S_{ea1}	7.2.5,7.2.6

ICS 21.100.20
J 11

中华人民共和国国家标准

GB/T 307.3—2005
代替 GB/T 307.3—1996

滚动轴承　通用技术规则

Rolling bearings—General technical regulations

2005-02-21 发布　　　　2005-08-01 实施

中华人民共和国国家质量监督检验检疫总局
中国国家标准化管理委员会　发布

前　言

GB/T 307 分为四个部分：

——第 1 部分：滚动轴承　向心轴承　公差；

——第 2 部分：滚动轴承　测量和检验的原则及方法；

——第 3 部分：滚动轴承　通用技术规则；

——第 4 部分：滚动轴承　推力轴承　公差。

本部分为 GB/T 307 的第 3 部分。

本部分代替 GB/T 307.3—1996《滚动轴承　通用技术规则》。

本部分与 GB/T 307.3—1996 相比，主要变化如下：

——引用文件的引用方式改为不注日期引用(1996 年版和本版的第 2 章)；

——增加了圆锥滚子轴承 2 级(1996 年版和本版的 4.2)；

——轴承套圈和滚动体的材料不再规定具体的钢种和钢号(1996 年版和本版的 4.8)；

——零件硬度不再按具体的钢种和钢号规定数值(1996 年版和本版的 4.9)。

本部分由中国机械工业联合会提出。

本部分由全国滚动轴承标准化技术委员会(SAC/TC 98)归口。

本部分起草单位：洛阳轴承研究所。

本部分主要起草人：李飞雪。

本部分所代替标准的历次版本发布情况为：

——GB 307—1964(部分)、GB 307—1977(部分)、GB/T 307.3—1984、GB/T 307.3—1996。

滚动轴承　通用技术规则

1　范围

GB/T 307 的本部分规定了滚动轴承的通用技术规则。

本部分适用于一般用途的滚动轴承。对于特殊用途的轴承，应另行制定补充技术条件。

2　规范性引用文件

下列文件中的条款通过 GB/T 307 的本部分的引用而成为本部分的条款。凡是注日期的引用文件，其随后所有的修改单(不包括勘误的内容)或修订版均不适用于本部分，然而，鼓励根据本部分达成协议的各方研究是否可使用这些文件的最新版本。凡是不注日期的引用文件，其最新版本适用于本部分。

GB/T 271　滚动轴承　分类

GB/T 272　滚动轴承　代号方法

GB/T 273.1　滚动轴承　圆锥滚子轴承　外形尺寸总方案(GB/T 273.1－2003，ISO 355:1977，Rolling bearings—Metric tapered roller bearings—Boundary dimensions and series designations，MOD)

GB/T 273.2　滚动轴承　推力轴承　外形尺寸总方案(GB/T 273.2—1998，eqv ISO 104:1994)

GB/T 273.3　滚动轴承　向心轴承　外形尺寸总方案(GB/T 273.3—1999，eqv ISO 15:1998)

GB/T 274　滚动轴承　倒角尺寸最大值(GB/T 274—2000，idt ISO 582:1995)

GB/T 275　滚动轴承与轴和外壳的配合

GB/T 305　滚动轴承　外圈上的止动槽和止动环　尺寸和公差(GB/T 305—1998，eqv ISO 464:1995)

GB/T 307.1　滚动轴承　向心轴承　公差(GB/T 307.1—2005，ISO 492:2002，MOD)

GB/T 307.2　滚动轴承　测量和检验的原则及方法(GB/T 307.2—2005，ISO 1132-2:2001，Rolling bearings—Tolerances—Part 2:Measuring and gauging principles and methods，MOD)

GB/T 307.4　滚动轴承　推力轴承　公差(GB/T 307.4—2002，ISO 199:1997，IDT)

GB/T 308　滚动轴承　钢球(GB/T 308—2002，ISO 3290:1998，NEQ)

GB/T 309　滚动轴承　滚针(GB/T 309—2000，neq ISO 3096:1996)

GB/T 4604　滚动轴承　径向游隙(GB/T 4604—1993，eqv ISO 5753:1991)

GB/T 4661　滚动轴承　圆柱滚子

GB/T 4662　滚动轴承　额定静载荷(GB/T 4662—2003，ISO 76:1987，IDT)

GB/T 5868　滚动轴承　安装尺寸

GB/T 6391　滚动轴承　额定动载荷和额定寿命(GB/T 6391—2003，ISO 281:1990，IDT)

GB/T 6930　滚动轴承　词汇(GB/T 6930—2002，ISO 5593:1997，IDT)

GB/T 7811　滚动轴承　参数符号

GB/T 7813　滚动轴承附件　轴承座　外形尺寸(GB/T 7813—1998，neq ISO 113:1994)

GB/T 8597　滚动轴承　防锈包装

GB/T 18254　高碳铬轴承钢

JB/T 1255　高碳铬轴承钢滚动轴承零件　热处理技术条件

JB/T 2974　滚动轴承　代号方法的补充规定

JB/T 3573　滚动轴承　径向游隙的测量方法
JB/T 3574　滚动轴承　产品标志
JB/T 5313　滚动轴承　振动(速度)测量方法
JB/T 5314　滚动轴承　振动(加速度)测量方法
JB/T 6641　滚动轴承　残磁及其评定方法
JB/T 7047　滚动轴承　深沟球轴承振动(加速度)技术条件
JB/T 7361　滚动轴承　零件硬度试验方法
JB/T 7919.1　滚动轴承　附件　退卸衬套
JB/T 7919.2　滚动轴承　附件　紧定套
JB/T 8874　滚动轴承座　技术条件
JB/T 8921　滚动轴承及其商品零件　检验规则
JB/T 8922　滚动轴承　圆柱滚子轴承振动(速度)技术条件
JB/T 10187　滚动轴承　深沟球轴承振动(速度)技术条件
JB/T 10236　滚动轴承　圆锥滚子轴承振动(速度)技术条件
JB/T 10237　滚动轴承　圆锥滚子轴承振动(加速度)技术条件

3　术语、定义和符号

GB/T 6930 确立的术语及其定义、GB/T 7811 确立的符号适用于本部分。

3.1　术语及其定义

与轴承相关的主要术语及其定义按 GB/T 6930 的规定。

3.2　符号

与轴承相关的主要符号按 GB/T 7811 的规定。

4　轴承

4.1　分类

轴承的分类按 GB/T 271 的规定。

4.2　公差等级与公差

轴承按尺寸公差与旋转精度分级。公差等级依次由低到高排列，其公差值按 GB/T 307.1、GB/T 307.4 的规定。

向心轴承(圆锥滚子轴承除外)分为 0、6、5、4、2 五级。

圆锥滚子轴承分为 0、6X、5、4、2 五级。

推力轴承分为 0、6、5、4 四级。

4.3　代号

轴承的代号按 GB/T 272、JB/T 2974 的规定。

4.4　外形尺寸

轴承的外形尺寸按 GB/T 273.1、GB/T 273.2、GB/T 273.3 的规定。

4.5　倒角尺寸最大值

轴承的倒角尺寸最大值按 GB/T 274 的规定。

4.6　径向游隙

轴承的径向游隙按 GB/T 4604 的规定。

4.7　表面粗糙度

轴承配合表面和端面的表面粗糙度按表 1 的规定。

表 1 轴承配合表面和端面的表面粗糙度值 单位为微米

表面名称	轴承公差等级	轴承公称直径[a]/mm				
		—	>30	>80	>500	>1 600
		≤30	≤80	≤500	≤1 600	≤2 500
		Ra				
		max				
内圈内孔表面	0	0.8	0.8	1	1.25	1.6
	6、6X	0.63	0.63	1	1.25	—
	5	0.5	0.5	0.8	1	—
	4	0.25	0.25	0.5	—	—
	2	0.16	0.2	0.4	—	—
外圈外圆柱表面	0	0.63	0.63	1	1.25	1.6
	6、6X	0.32	0.32	0.63	1	—
	5	0.32	0.32	0.63	0.8	—
	4	0.25	0.25	0.5	—	—
	2	0.16	0.2	0.4	—	—
套圈端面	0	0.8	0.8	1	1.25	1.6
	6、6X	0.63	0.63	1	1	—
	5	0.5	0.5	0.8	0.8	—
	4	0.4	0.4	0.63	—	—
	2	0.32	0.32	0.4	—	—

a 内圈内孔及其端面按内孔直径查表，外圈外圆柱表面及其端面按外径查表。单向推力轴承垫圈及其端面，按轴圈内孔直径查表，双向推力轴承垫圈（包括中圈）及其端面按座圈化整的内孔直径查表。

4.8 轴承套圈和滚动体的材料

轴承套圈和滚动体的材料一般为符合 GB/T 18254 规定的高碳铬轴承钢，也可采用能满足性能要求的其他材料。

4.9 零件硬度

采用高碳铬轴承钢制造的零件的硬度按 JB/T 1255 的规定，采用其他材料制造的零件的硬度按相关标准的规定。

4.10 残磁值

轴承残磁值按 JB/T 6641 的规定。

4.11 振动值

轴承振动值分别按 JB/T 7047、JB/T 8922、JB/T 10187、JB/T 10236、JB/T 10237 的规定。

4.12 互换性

4.12.1 0 级公差的分离型角接触球轴承（S70000 型），0 级、6X 级公差的圆锥滚子轴承，其分部件应能互换。

4.12.2 0 级公差的圆柱滚子轴承，有内、外圈及保持架的滚针轴承，当订户有互换性要求时，应按互换提交。

4.13 测量方法

4.13.1 轴承的尺寸公差和旋转精度的测量按 GB/T 307.2 的规定。

4.13.2 下列轴承允许用成品零件检查代替成套轴承的检查。零件的各项公差值按成品零件标准执行。

a) 分离型角接触球轴承(S70000 型);

b) 内径小于 10 mm 的调心球轴承;

c) 滚道表面带凸度的圆锥滚子轴承;

d) 直径系列 7 的向心轴承;

e) 外径大于 300 mm 或内径小于 3 mm 的其他类型的轴承;

f) 推力轴承。

4.13.3 轴承径向游隙的测量按 JB/T 3573 的规定。

4.13.4 轴承硬度的测量按 JB/T 7361 的规定。

4.13.5 轴承残磁的测量按 JB/T 6641 的规定。

4.13.6 轴承振动的测量按 JB/T 5313 或 JB/T 5314 的规定。

4.14 额定载荷与额定寿命的计算方法

轴承的基本额定动载荷与额定寿命的计算方法按 GB/T 6391 的规定。

轴承的额定静载荷的计算方法按 GB/T 4662 的规定。

4.15 标志

轴承的标志按 JB/T 3574 的规定。

4.16 检验规则

4.16.1 轴承成品应由制造厂质量管理部门进行检验。提交给用户的轴承,其检验规则按 JB/T 8921 的规定。

4.16.2 轴承振动、残磁的检验规则按有关标准的规定。

4.16.3 质量合格的产品,应附有质量合格证,合格证上应注明:

a) 制造厂厂名(或商标);

b) 轴承代号;

c) 本标准编号或补充技术条件编号;

d) 包装日期。

4.17 包装

轴承的包装按 GB/T 8597 的规定。

5 轴承用零件

5.1 滚动体

轴承用钢球按 GB/T 308 的规定;圆柱滚子按 GB/T 4661 的规定;滚针按 GB/T 309 的规定。

5.2 止动环

轴承用止动环按 GB/T 305 的规定。

6 轴承用附件

6.1 轴承座

轴承用轴承座按 GB/T 7813 和 JB/T 8874 的规定。

6.2 紧定套

轴承用紧定套按 JB/T 7919.2 的规定。

6.3 退卸套

轴承用退卸套按 JB/T 7919.1 的规定。

7 轴承的应用

轴承的安装尺寸按 GB/T 5868 的规定。

轴承的配合按 GB/T 275 的规定。

ICS 21.100.20
J 11

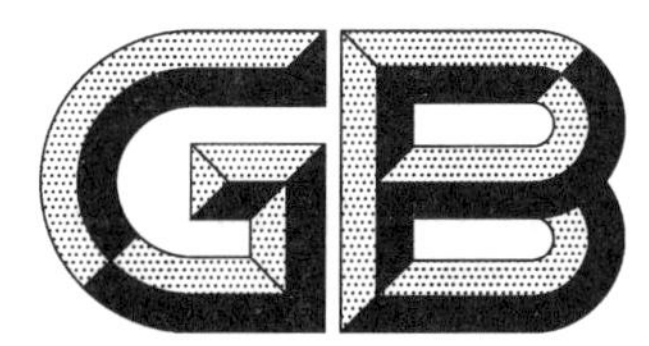

中华人民共和国国家标准

GB/T 307.4—2012/ISO 199:2005
代替 GB/T 307.4—2002

滚动轴承　公差
第4部分:推力轴承公差

Rolling bearings—Tolerances—Part 4:Tolerances for thrust bearings

(ISO 199:2005,Rolling bearings—Thrust bearings—Tolerances,IDT)

2012-09-03 发布　　2013-03-01 实施

中华人民共和国国家质量监督检验检疫总局
中国国家标准化管理委员会　发布

前　言

GB/T 307 分为四个部分：

——滚动轴承　向心轴承　公差；

——滚动轴承　测量和检验的原则及方法；

——滚动轴承　通用技术规则；

——滚动轴承　公差　第 4 部分：推力轴承公差。

本部分为 GB/T 307 的第 4 部分。

本部分按照 GB/T 1.1—2009 给出的规则起草。

本部分代替 GB/T 307.4—2002《滚动轴承　推力球轴承　公差》，与 307.4—2002 相比，主要技术变化如下：

——修改了部分符号及其名称(见第 4 章和表 1～表 8，2002 年版的第 4 章和表 1～表 8)；

——调整了部分符号的排列顺序(见第 4 章，2002 年版的第 4 章)；

——增加了图形(见图 1、图 2)；

——增加了对测量和检验的规定(见第 6 章)。

本部分使用翻译法等同采用 ISO 199:2005《滚动轴承　推力轴承　公差》。

与本部分中规范性引用的国际文件有一致性对应关系的我国文件如下：

——GB/T 273.2—2006　滚动轴承　推力轴承　外形尺寸总方案(ISO 104:2002，IDT)

——GB/T 274—2000　滚动轴承　倒角尺寸　最大值(ISO 582:1995，IDT)

——GB/T 307.2—2005　滚动轴承　测量和检验的原则及方法(ISO 1132-2:2001，MOD)

——GB/T 4199—2003　滚动轴承　公差　定义(ISO 1132-1:2000，MOD)

——GB/T 6930—2002　滚动轴承　词汇(ISO 5593:1997，IDT)

——GB/T 7811—2007　滚动轴承　参数符号(ISO 15241:2001，IDT)

本部分还做了下列编辑性修改：

——用小数点符号“.”代替“，”；

——用“本部分”代替“本国际标准”；

——删除国际标准中资料性概述要素。

本部分由中国机械工业联合会提出。

本部分由全国滚动轴承标准化技术委员会(SAC/TC 98)归口。

本部分起草单位：洛阳轴承研究所有限公司、嵊州市美亚特种轴承厂、大连冶金轴承股份有限公司。

本部分主要起草人：李飞雪、周友华、祝端峰、周友峰。

本部分所代替标准的历次版本发布情况为：

——GB 307—1964、GB 307—1977；

——GB 307.1—1984；

——GB/T 307.4—1994、GB/T 307.4—2002。

滚动轴承　公差
第4部分:推力轴承公差

1　范围

GB/T 307的本部分规定了符合ISO 104的平底推力轴承的外形尺寸(倒角尺寸除外)公差和旋转精度公差。

本部分不适用于某些推力轴承,如推力滚针轴承;也不适用于特殊场合下使用的某些推力轴承,如特殊精度的推力轴承。

倒角尺寸极限规定在ISO 582中。

2　规范性引用文件

下列文件对于本文件的应用是必不可少的。凡是注日期的引用文件,仅注日期的版本适用于本文件。凡是不注日期的引用文件,其最新版本(包括所有的修改单)适用于本文件。

ISO 104　滚动轴承　推力轴承　外形尺寸总方案(Rolling bearings—Thrust bearings—Boundary dimensions,general plan)

ISO 582　滚动轴承　倒角尺寸　最大值(Rolling bearings—Chamfer dimensions—Maximum values)

ISO 1132-1　滚动轴承　公差　第1部分:术语和定义(Rolling bearings—Tolerances—Part 1:Terms and definitions)

ISO 1132-2　滚动轴承　公差　第2部分:测量和检验的原则及方法(Rolling bearings—Tolerances—Part 2:Measuring and gauging principles and methods)

ISO 5593　滚动轴承　词汇(Rolling bearings—Vocabulary)

ISO 15241　滚动轴承　参数符号(Rolling bearings—Symbols for quantities)

3　术语和定义

ISO 1132-1和ISO 5593界定的术语和定义适用于本文件。

4　符号

ISO 15241给出的以及下列符号适用于本文件。

除另有说明外,图1、图2中所示符号(公差符号除外)和表1～表8中所示数值均表示公称尺寸。

D:座圈外径

d:单向轴承轴圈内径

d_2:双向轴承中轴圈内径

S_e:座圈滚道与背面间的厚度变动量

注:只适用于接触角为90°的推力球轴承和推力圆柱滚子轴承。

S_i:轴圈滚道与背面间的厚度变动量

注：只适用于接触角为90°的推力球轴承和推力圆柱滚子轴承。

T:单向轴承轴承高度

T_1:双向轴承轴承高度

V_{Dsp}:座圈单一平面外径变动量

V_{dsp}:单向轴承轴圈单一平面内径变动量

V_{d2sp}:双向轴承中轴圈单一平面内径变动量

Δ_{Dmp}:座圈单一平面平均外径偏差

Δ_{dmp}:单向轴承轴圈单一平面平均内径偏差

Δ_{d2mp}:双向轴承中轴圈单一平面平均内径偏差

Δ_{Ts}:单向轴承轴承实际高度偏差

Δ_{T1s}:双向轴承轴承实际高度偏差

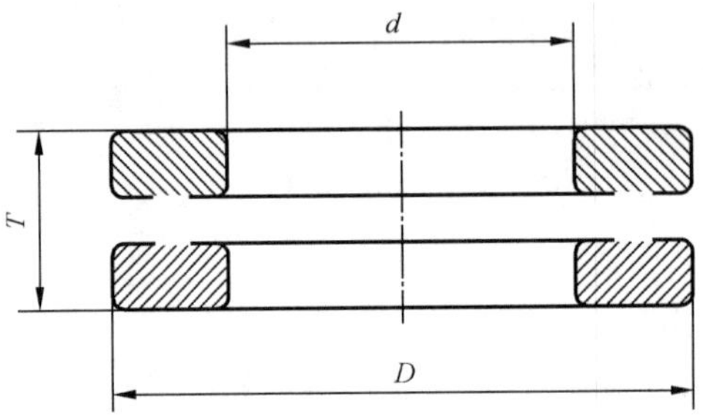

图1 单向轴承

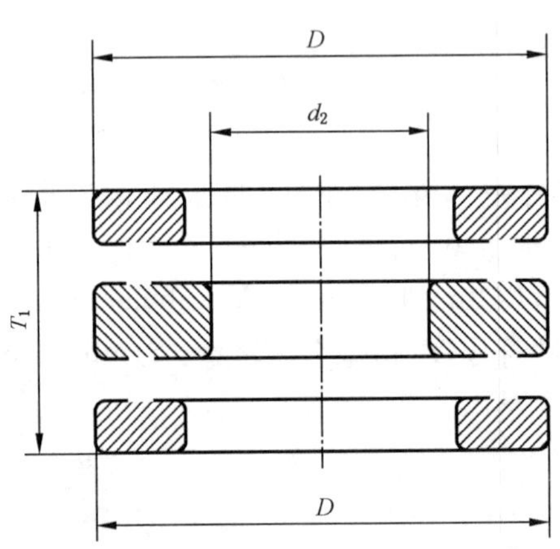

图2 双向轴承

5 公差

5.1 总则

单向和双向推力轴承的公差见表1～表8。

5.2 0级公差

见表1和表2。

表 1　轴圈、中轴圈和轴承高度

单位为微米

d 和 d_2 mm		Δ_{dmp},Δ_{d2mp}		V_{dsp},V_{d2sp}	S_i	Δ_{Ts}		Δ_{T1s}	
>	≤	上极限偏差	下极限偏差	max	max	上极限偏差	下极限偏差	上极限偏差	下极限偏差
—	18	0	−8	6	10	+20	−250	+150	−400
18	30	0	−10	8	10	+20	−250	+150	−400
30	50	0	−12	9	10	+20	−250	+150	−400
50	80	0	−15	11	10	+20	−300	+150	−500
80	120	0	−20	15	15	+25	−300	+200	−500
120	180	0	−25	19	15	+25	−400	+200	−600
180	250	0	−30	23	20	+30	−400	+250	−600
250	315	0	−35	26	25	+40	−400	—	—
315	400	0	−40	30	30	+40	−500	—	—
400	500	0	−45	34	30	+50	−500	—	—
500	630	0	−50	38	35	+60	−600	—	—
630	800	0	−75	55	40	+70	−750	—	—
800	1 000	0	−100	75	45	+80	−1 000	—	—
1 000	1 250	0	−125	95	50	+100	−1 400	—	—
1 250	1 600	0	−160	120	60	+120	−1 600	—	—
1 600	2 000	0	−200	150	75	+140	−1 900	—	—
2 000	2 500	0	−250	190	90	+160	−2 300	—	—

注：对于双向轴承，公差值只适用于 $d_2 \leq 190$ mm 的轴承。

表 2　座圈

单位为微米

D mm		Δ_{Dmp}		V_{Dsp}	S_e
>	≤	上极限偏差	下极限偏差	max	max
10	18	0	−11	8	与同一轴承轴圈的 S_i 值相同
18	30	0	−13	10	
30	50	0	−16	12	
50	80	0	−19	14	
80	120	0	−22	17	
120	180	0	−25	19	
180	250	0	−30	23	
250	315	0	−35	26	
315	400	0	−40	30	
400	500	0	−45	34	

表 2（续） 单位为微米

D mm		Δ_{Dmp}		V_{Dsp}	S_e
>	≤	上极限偏差	下极限偏差	max	max
500	630	0	−50	38	与同一轴承轴圈的 S_i 值相同
630	800	0	−75	55	
800	1 000	0	−100	75	
1 000	1 250	0	−125	95	
1 250	1 600	0	−160	120	
1 600	2 000	0	−200	150	
2 000	2 500	0	−250	190	
2 500	2 850	0	−300	225	
注：对于双向轴承，公差值只适用于 D≤360 mm 的轴承。					

5.3 6 级公差

见表 3 和表 4。

表 3 轴圈、中轴圈和轴承高度 单位为微米

d 和 d_2 mm		Δ_{dmp}，Δ_{d2mp}		V_{dsp}，V_{d2sp}	S_i	Δ_{Ts}		Δ_{T1s}	
>	≤	上极限偏差	下极限偏差	max	max	上极限偏差	下极限偏差	上极限偏差	下极限偏差
—	18	0	−8	6	5	+20	−250	+150	−400
18	30	0	−10	8	5	+20	−250	+150	−400
30	50	0	−12	9	6	+20	−250	+150	−400
50	80	0	−15	11	7	+20	−300	+150	−500
80	120	0	−20	15	8	+25	−300	+200	−500
120	180	0	−25	19	9	+25	−400	+200	−600
180	250	0	−30	23	10	+30	−400	+250	−600
250	315	0	−35	26	13	+40	−400	—	—
315	400	0	−40	30	15	+40	−500	—	—
400	500	0	−45	34	18	+50	−500	—	—
500	630	0	−50	38	21	+60	−600	—	—
630	800	0	−75	55	25	+70	−750	—	—
800	1 000	0	−100	75	30	+80	−1 000	—	—
1 000	1 250	0	−125	95	35	+100	−1 400	—	—
1 250	1 600	0	−160	120	40	+120	−1 600	—	—
1 600	2 000	0	−200	150	45	+140	−1 900	—	—
2 000	2 500	0	−250	190	50	+160	−2 300	—	—
注：对于双向轴承，公差值只适用于 d_2≤190 mm 的轴承。									

表 4 座圈

单位为微米

D mm		Δ_{Dmp}		V_{Dsp}	S_e
>	≤	上极限偏差	下极限偏差	max	max
10	18	0	−11	8	与同一轴承轴圈的 S_i 值相同
18	30	0	−13	10	
30	50	0	−16	12	
50	80	0	−19	14	
80	120	0	−22	17	
120	180	0	−25	19	
180	250	0	−30	23	
250	315	0	−35	26	
315	400	0	−40	30	
400	500	0	−45	34	
500	630	0	−50	38	
630	800	0	−75	55	
800	1 000	0	−100	75	
1 000	1 250	0	−125	95	
1 250	1 600	0	−160	120	
1 600	2 000	0	−200	150	
2 000	2 500	0	−250	190	
2 500	2 850	0	−300	225	
注：对于双向轴承，公差值只适用于 $D \leqslant 360$ mm 的轴承。					

5.4 5 级公差

见表 5 和表 6。

表 5 轴圈、中轴圈和轴承高度

单位为微米

d 和 d_2 mm		Δ_{dmp}，Δ_{d2mp}		V_{dsp}，V_{d2sp}	S_i	Δ_{Ts}		Δ_{T1s}	
>	≤	上极限偏差	下极限偏差	max	max	上极限偏差	下极限偏差	上极限偏差	下极限偏差
—	18	0	−8	6	3	+20	−250	+150	−400
18	30	0	−10	8	3	+20	−250	+150	−400
30	50	0	−12	9	3	+20	−250	+150	−400
50	80	0	−15	11	4	+20	−300	+150	−500
80	120	0	−20	15	4	+25	−300	+200	−500
120	180	0	−25	19	5	+25	−400	+200	−600
180	250	0	−30	23	5	+30	−400	+250	−600
250	315	0	−35	26	7	+40	−400	—	—
315	400	0	−40	30	7	+40	−500	—	—
400	500	0	−45	34	9	+50	−500	—	—

表 5（续）

单位为微米

d 和 d_2 mm		Δ_{dmp},Δ_{d2mp}		V_{dsp},V_{d2sp}	S_i	Δ_{Ts}		Δ_{T1s}	
>	≤	上极限偏差	下极限偏差	max	max	上极限偏差	下极限偏差	上极限偏差	下极限偏差
500	630	0	−50	38	11	+60	−600	—	—
630	800	0	−75	55	13	+70	−750	—	—
800	1 000	0	−100	75	15	+80	−1 000	—	—
1 000	1 250	0	−125	95	18	+100	−1 400	—	—
1 250	1 600	0	−160	120	25	+120	−1 600	—	—
1 600	2 000	0	−200	150	30	+140	−1 900	—	—
2 000	2 500	0	−250	190	40	+160	−2 300	—	—
注：对于双向轴承，公差值只适用于 d_2≤190 mm 的轴承。									

表 6　座圈

单位为微米

D mm		Δ_{Dmp}		V_{Dsp}	S_e
>	≤	上极限偏差	下极限偏差	max	max
10	18	0	−11	8	与同一轴承轴圈的 S_i 值相同
18	30	0	−13	10	
30	50	0	−16	12	
50	80	0	−19	14	
80	120	0	−22	17	
120	180	0	−25	19	
180	250	0	−30	23	
250	315	0	−35	26	
315	400	0	−40	30	
400	500	0	−45	34	
500	630	0	−50	38	
630	800	0	−75	55	
800	1 000	0	−100	75	
1 000	1 250	0	−125	95	
1 250	1 600	0	−160	120	
1 600	2 000	0	−200	150	
2 000	2 500	0	−250	190	
2 500	2 850	0	−300	225	
注：对于双向轴承，公差值只适用于 D≤360 mm 的轴承。					

5.5　4 级公差

见表 7 和表 8。

表 7 轴圈、中轴圈和轴承高度

单位为微米

d 和 d_2 mm		Δ_{dmp},Δ_{d2mp}		V_{dsp},V_{d2sp}	S_i	Δ_{Ts}		Δ_{T1s}	
>	≤	上极限偏差	下极限偏差	max	max	上极限偏差	下极限偏差	上极限偏差	下极限偏差
—	18	0	−7	5	2	+20	−250	+150	−400
18	30	0	−8	6	2	+20	−250	+150	−400
30	50	0	−10	8	2	+20	−250	+150	−400
50	80	0	−12	9	3	+20	−300	+150	−500
80	120	0	−15	11	3	+25	−300	+200	−500
120	180	0	−18	14	4	+25	−400	+200	−600
180	250	0	−22	17	4	+30	−400	+250	−600
250	315	0	−25	19	5	+40	−400	—	—
315	400	0	−30	23	5	+40	−500	—	—
400	500	0	−35	26	6	+50	−500	—	—
500	630	0	−40	30	7	+60	−600	—	—
630	800	0	−50	40	8	+70	−750	—	—

注：对于双向轴承，公差值只适用于 $d_2 \leqslant 190$ mm 的轴承。

表 8 座圈

单位为微米

D mm		Δ_{Dmp}		V_{Dsp}	S_e
>	≤	上极限偏差	下极限偏差	max	max
10	18	0	−7	5	与同一轴承轴圈的 S_i 值相同
18	30	0	−8	6	
30	50	0	−9	7	
50	80	0	−11	8	
80	120	0	−13	10	
120	180	0	−15	11	
180	250	0	−20	15	
250	315	0	−25	19	
315	400	0	−28	21	
400	500	0	−33	25	
500	630	0	−38	29	
630	800	0	−45	34	
800	1 000	0	−60	45	

注：对于双向轴承，公差值只适用于 $D \leqslant 360$ mm 的轴承。

6 测量和检验

对表1～表8所规定的公差进行测量和(或)检验时,可采用ISO 1132-2中规定的原则和方法。

ICS 21.100.20
J 11

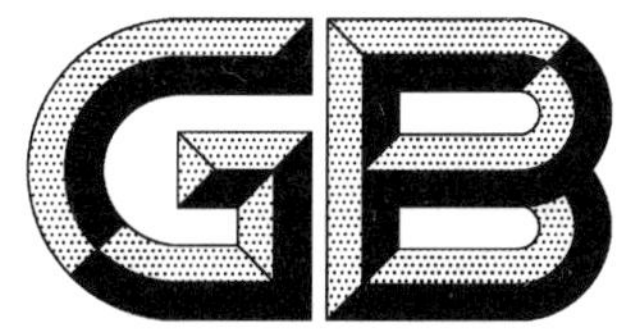

中华人民共和国国家标准

GB/T 4199—2003
代替 GB/T 4199—1984

滚动轴承　公差　定义

Rolling bearings—Tolerances—Definitions

(ISO 1132-1:2000,Rolling bearings—Tolerances—
Part 1:Terms and definitions,MOD)

2003-11-25 发布　　2004-06-01 实施

中华人民共和国
国家质量监督检验检疫总局 发布

前　言

本标准修改采用 ISO 1132-1:2000《滚动轴承　公差　第 1 部分:术语和定义》(英文版)。

本标准代替 GB/T 4199—1984《滚动轴承　公差定义》。

本标准根据 ISO 1132-1:2000 重新起草。由于标准中引用的文件与相应的国际标准非“等同”关系,在采用 ISO 1132-1:2000 时,本标准做了一些修改,有关技术性差异用垂直单线(|)标识在它们所涉及的条款的页边空白处。

为了便于使用,本标准还做了下列编辑性修改:

——“本部分”一词改为“本标准”;

——删除了国际标准的目次和前言;

——从包括四种语言文本的版本中删除其中三种语言文本;

——改变了标准名称;

——为了便于使用,增加了按汉语拼音字母顺序给出的汉语索引。

本标准与 GB/T 4199—1984 相比,主要变化如下:

——第 1 章“范围”中增加了部分内容(1984 年版的第 1 章;本版的第 1 章);

——增加了第 2 章“规范性引用文件”(见第 2 章);

——第 3 章“总则”中增加了部分内容(1984 年版的第 3 章;本版的第 3 章);

——第 4 章增加了部分术语及其定义(见 4.9～4.13);删除了术语“圆柱和圆锥”的名称及其定义(1984 年版的 3.11);

——第 5、第 6 章增加了部分术语及其符号、定义(见 5.1.3、5.1.12～5.1.16、5.2.3、5.2.12～5.2.16、5.3.6～5.3.9、5.3.16～5.3.21、6.3.3);

——对“外形尺寸”和“旋转精度”两章中所包括的定义进行了调整,将“形状”、“表面垂直度”、“滚道平行度”、“厚度变动量”划归到新增加的“形位公差”一章中(1984 年版的 4.3、5.3～5.6;本版的 6.1～6.4);

——第 7 章增加了部分术语及其符号、定义(见 7.1.3、7.2.5、7.2.6);对术语“端面对滚道的跳动”的名称进行了修改(1984 年版的 5.2;本版的 7.2);对术语“端面对内孔的跳动 S_d”、“外表面母线对基准端面倾斜度的变动量 S_D”的名称及其定义进行了修改(1984 年版的 5.3、5.5;本版的 6.3.1、6.3.2);

——删除了原附录“新旧术语符号对照表”,增加了资料性附录“直径尺寸公差的说明”(见附录 A);

——增加了参考文献(见参考文献);

——增加了按术语的字母顺序给出的索引(见索引)。

本标准的附录 A 为资料性附录。

本标准由中国机械工业联合会提出。

本标准由全国滚动轴承标准化技术委员会(CSBTS/TC98)归口。

本标准起草单位:洛阳轴承研究所。

本标准主要起草人:李飞雪。

本标准所代替标准的历次版本发布情况为:

——GB/T 4199—1984。

滚动轴承　公差　定义

1　范围

本标准规定了适用于滚动轴承的外形尺寸公差、形位公差、旋转精度及内部游隙的术语，并规定了这些公差所适用的一般条件及所定义的若干概念的符号。

按照本标准中的定义所确定的测量和检验的原则及方法参见 GB/T 307.2—1995。GB/T 6930—2002 为滚动轴承词汇，是本标准的重要补充部分。

2　规范性引用文件

下列文件中的条款通过本标准的引用而成为本标准的条款。凡是注日期的引用文件，其随后所有的修改单(不包括勘误的内容)或修订版均不适用于本标准，然而，鼓励根据本标准达成协议的各方研究是否可使用这些文件的最新版本。凡是不注日期的引用文件，其最新版本适用于本标准。

GB/T 1800.1—1997　极限与配合　基础　第1部分：词汇(neq ISO 286-1:1988)

GB/T 16892—1997　形状和位置公差　非刚性零件注法(eqv ISO 10579:1993)

ISO 1:1975　工业长度测量的标准温度

3　总则

根据 ISO 1:1975，在 20℃ 温度下，且轴承零件完全不受外载荷(包括测量载荷和零件自重)时，轴承或轴承零件的外形尺寸不应超出其公称尺寸的公差范围。根据 GB/T 16892—1997 中的定义，本原则不适用于非刚性零件，如冲压外圈滚针轴承，在检验其尺寸和公差时，应对其零件进行限制。

只有内径的下偏差和外径的上偏差才适用于整个宽度的套圈内孔及外表面。其余 5.1、5.2 及 6.1 中的定义则只适用于套圈倒角之间的表面。

除非特别说明，否则本标准中的“套圈”、“内圈”及“外圈”等术语还分别包括“垫圈”、“轴圈”及“座圈”。

对于圆锥滚子轴承，现在使用术语“内圈”或“内组件”来定义“圆锥内圈”，使用“外圈”来定义“圆锥外圈”。

在滚动轴承术语中，术语“单一”(如单一内径、单一外径等)早已使用，但在其他标准中，它是指“局部、实际的”，其定义规定在 GB/T 1800.1—1997 中。

下标符号含义如下：

a——适用于成套轴承或轴向游隙；

e——适用于外圈；

i——适用于内圈；

m——测值的算术平均值；

p——测量所在平面；

r——适用于径向游隙；

s——单一或实际测值；

w——适用于滚动体；

1、2……——直径或宽度不止一个时的标志符号，适用于套圈或组件。

4 轴线、方向、平面、位置及表面

4.1

轴承轴线 bearing axis

滚动轴承旋转的理论轴线。

4.2

内圈轴线 inner ring axis

基本圆柱孔内接圆柱体或基本圆锥孔内接圆锥体的轴线。

4.3

外圈轴线 outer ring axis

基本圆柱外表面外接圆柱体的轴线。

4.4

套圈基准端面 reference face of a ring

由轴承制造厂指定的可作为测量基准的端面。

注：对于承受轴向载荷的轴承，其基准端面一般为背面。

4.5

径向平面 radial plane

垂直于轴线的平面。

注：对于轴承套圈，通常可将与套圈基准端面的切平面平行的平面认为是径向平面。

4.6

径向 radial direction

在径向平面内通过轴线的方向。

4.7

轴向平面 axial plane

包含轴线的平面。

4.8

轴向 axial direction

平行于轴线的方向。

注：对于轴承套圈，通常可将与套圈基准端面的切平面垂直的方向认为是轴向。

4.9

单一平面 single plane

能够进行测量的任一径向或轴向平面。

4.10

单一尺寸 single dimension

任意两相对点之间测得的任一距离。

注：也可将它看作是“局部实际尺寸”(见 GB/T 1800.1—1997)。

例如：直径、宽度等。

4.11

实际尺寸 actual dimension

通过测量获得的某一零件的尺寸。

例如：直径、宽度等等。

4.12

圆柱面 cylinder

平行于轴线的一直线旋转所形成的表面。

4.13

圆锥面　cone

与轴线相交的一直线旋转所形成的表面。

4.14

滚道接触直径　raceway contact diameter

通过滚道名义接触点的圆的直径。

注：滚子轴承的名义接触点一般在滚子中部。

4.15

滚道中部　middle of raceway

滚道表面上，滚道两边缘之间的中点或中线。

5　外形尺寸

注：本章规定的直径(宽度)变动量和平均直径(宽度)分别是实际最大和最小单一尺寸的差值和算术平均值，不是单一尺寸的允许极限。与直径尺寸公差相关的详细说明参见附录A。

5.1　内径

5.1.1

公称内径　nominal bore diameter

d

包容基本圆柱孔理论内孔表面的圆柱体的直径。

在一指定的径向平面内，包容基本圆锥孔理论内孔表面的圆锥体的直径。

注：滚动轴承的公称内径一般作为实际内孔表面偏差的基准值(基本直径)

5.1.2

单一内径　single bore diameter

d_s

与实际内孔表面和一径向平面的交线相切的两条平行切线之间的距离。

5.1.3

单一平面单一内径　single bore diameter in a single plane

d_{sp}

与一特定径向平面相关的单一内径。

5.1.4

单一内径偏差　deviation of a single bore diameter

Δ_{ds}

单一内径与公称内径之差。$\Delta_{ds}=d_s-d$。

5.1.5

内径变动量〈基本圆柱孔〉　**variation of bore diameter**

V_{ds}

单个套圈最大与最小单一内径之差。$V_{ds}=d_{s\,max}-d_{s\,min}$。

5.1.6

平均内径〈基本圆柱孔〉　**mean bore diameter**

d_m

单个套圈最大与最小单一内径的算术平均值。$d_m=(d_{s\,max}+d_{s\,min})/2$。

5.1.7

平均内径偏差〈基本圆柱孔〉　**deviation of mean bore diameter**

Δ_{dm}

平均内径与公称内径之差。$\Delta_{dm}=d_{m}-d$。

5.1.8

单一平面平均内径　mean bore diameter in a single plane

d_{mp}

最大与最小单一平面单一内径的算术平均值。$d_{mp}=(d_{sp\ max}+d_{sp\ min})/2$。

5.1.9

单一平面平均内径偏差　deviation of mean bore diameter in a single plane

Δ_{dmp}

单一平面平均内径与公称内径之差。$\Delta_{dmp}=d_{mp}-d$。

5.1.10

单一平面内径变动量　variation of bore diameter in a single plane

V_{dsp}

最大与最小单一平面单一内径之差。$V_{dsp}=d_{sp\ max}-d_{sp\ min}$。

5.1.11

平均内径变动量〈基本圆柱孔〉　**variation of mean bore diameter**

V_{dmp}

单个套圈最大与最小单一平面平均内径之差。$V_{dmp}=d_{mp\ max}-d_{mp\ min}$。

5.1.12

滚动体组公称内径〈无内圈向心轴承〉　**nominal bore diameter of rolling element complement**

F_{w}

所有滚动体内接理论圆柱体的直径。

5.1.13

滚动体组单一内径〈无内圈向心轴承〉　**single bore diameter of rolling element complement**

F_{ws}

与滚动体组内接包络轮廓和一径向平面的交线相切的两条平行切线之间的距离。

5.1.14

滚动体组最小单一内径〈无内圈向心轴承〉　**smallest single bore diameter of rolling element complement**

$F_{ws\ min}$

滚动体组单一内径的最小值。

注：滚动体组最小单一内径是指将一圆柱体装入滚动体组内孔，至少在一个径向方向上径向游隙为零时圆柱体的直径。

5.1.15

滚动体组平均内径〈无内圈向心轴承〉　**mean bore diameter of rolling element complement**

F_{wm}

滚动体组最大与最小单一内径的算术平均值。$F_{wm}=(F_{ws\ max}+F_{ws\ min})/2$。

5.1.16

滚动体组平均内径偏差〈无内圈向心轴承〉　**deviation of mean bore diameter of rolling element complement**

Δ_{Fwm}

滚动体组平均内径与公称内径之差。$\Delta_{Fwm}=F_{wm}-F_{w}$。

5.2　外径

5.2.1

公称外径〈基本圆柱外表面〉　**nominal outside diameter**

D

包容理论外表面的圆柱体的直径。

注：滚动轴承的公称外径一般作为实际外表面偏差的基准值(基本直径)。

5.2.2

单一外径　single outside diameter

D_s

与实际外表面和一径向平面的交线相切的两条平行切线之间的距离。

5.2.3

单一平面单一外径　single outside diameter in a single plane

D_{sp}

与一特定径向平面相关的单一外径。

5.2.4

单一外径偏差〈基本圆柱外表面〉　**deviation of a single outside diameter**

Δ_{Ds}

单一外径与公称外径之差。$\Delta_{Ds}=D_s-D$。

5.2.5

外径变动量〈基本圆柱外表面〉　**variation of outside diameter**

V_{Ds}

单个套圈最大与最小单一外径之差。$V_{Ds}=D_{s\,max}-D_{s\,min}$。

5.2.6

平均外径〈基本圆柱外表面〉　**mean outside diameter**

D_m

单个套圈最大与最小单一外径的算术平均值。$D_m=(D_{s\,max}+D_{s\,min})/2$。

5.2.7

平均外径偏差〈基本圆柱外表面〉　**deviation of mean outside diameter**

Δ_{Dm}

平均外径与公称外径之差。$\Delta_{Dm}=D_m-D$。

5.2.8

单一平面平均外径　mean outside diameter in a single plane

D_{mp}

最大与最小单一平面单一外径的算术平均值。$D_{mp}=(D_{sp\,max}+D_{sp\,min})/2$。

5.2.9

单一平面平均外径偏差(基本圆柱外表面)　deviation of mean outside diameter in a single plane

Δ_{Dmp}

单一平面平均外径与公称外径之差。$\Delta_{Dmp}=D_{mp}-D$。

5.2.10

单一平面外径变动量　variation of outside diameter in a single plane

V_{Dsp}

最大与最小单一平面单一外径之差。$V_{Dsp}=D_{sp\,max}-D_{sp\,min}$。

5.2.11

平均外径变动量〈基本圆柱外表面〉　**variation of mean outside diameter**

V_{Dmp}

单个套圈最大与最小单一平面平均外径之差。$V_{Dmp}=D_{mp\,max}-D_{mp\,min}$。

5.2.12

滚动体组公称外径〈无外圈向心轴承〉 nominal outside diameter of rolling element complement

E_{w}

所有滚动体外接理论圆柱体的直径。

5.2.13

滚动体组单一外径〈无外圈向心轴承〉 single outside diameter of rolling element complement

E_{ws}

与滚动体组外接包络轮廓和一径向平面的交线相切的两条平行切线之间的距离。

5.2.14

滚动体组最大单一外径〈无外圈向心轴承〉 largest single outside diameter of rolling element complement

$E_{ws\ max}$

滚动体组单一外径的最大值。

注：滚动体组最大单一外径是指将滚动体组装入一圆柱体中，至少在一个径向方面上径向游隙为零时圆柱体的直径。

5.2.15

滚动体组平均外径〈无外圈向心轴承〉 mean outside diameter of rolling element complement

E_{wm}

滚动体组最大与最小单一外径的算术平均值。$E_{wm}=(E_{ws\ max}+E_{ws\ min})/2$。

5.2.16

滚动体组平均外径偏差〈无外圈向心轴承〉 deviation of mean outside diameter of rolling element complement

Δ_{Ewm}

滚动体组平均外径与公称外径之差。$\Delta_{Ewm}=E_{wm}-E_{m}$。

5.3 宽度和高度

5.3.1

套圈公称宽度 nominal ring width

B(内圈)或 C(外圈)

套圈两理论端面间的距离。

注：滚动轴承公称宽度一般作为实际宽度偏差的基准值(基本尺寸)。

5.3.2

套圈单一宽度 single ring width

B_{s}或 C_{s}

套圈两实际端面与基准端面切平面的垂直线交点间的距离。

5.3.3

套圈单一宽度偏差 deviation of a single ring width

Δ_{Bs}或 Δ_{Cs}

套圈单一宽度与公称宽度之差。$\Delta_{Bs}=B_{s}-B$ 或 $\Delta_{Cs}=C_{s}-C$。

5.3.4

套圈宽度变动量 variation of ring width

V_{Bs}或 V_{Cs}

单个套圈最大与最小单一宽度之差。$V_{Bs}=B_{s\ max}-B_{s\ min}$或 $V_{Cs}=C_{s\ max}-C_{s\ min}$。

5.3.5

套圈平均宽度　mean ring width

B_m或C_m

单个套圈最大与最小单一宽度的算术平均值。$B_m=(B_{s\,max}+B_{s\,min})/2$或$C_m=(C_{s\,max}+C_{s\,min})/2$。

5.3.6

外圈凸缘公称宽度　nominal outer ring flange width

C_1

外圈凸缘两理论端面间的距离。

5.3.7

外圈凸缘单一宽度　single outer ring flange width

C_{1s}

外圈凸缘两实际端面与凸缘基准端面(背面)切平面的垂直线交点间的距离。

5.3.8

外圈凸缘单一宽度偏差　deviation of a single outer ring flange width

Δ_{C1s}

外圈凸缘单一宽度与外圈凸缘公称宽度之差。$\Delta_{C1s}=C_{1s}-C_1$。

5.3.9

外圈凸缘宽度变动量　variation of outer ring flange width

V_{C1s}

单个外圈凸缘最大与最小单一宽度之差。$V_{C1s}=C_{1s\,max}-C_{1s\,min}$。

5.3.10

轴承公称宽度〈向心轴承〉　**nominal bearing width**

B、C或T

限定轴承宽度的两套圈理论端面间的距离。

注:轴承公称宽度一般作为轴承实际宽度偏差的基准值(基本尺寸)。符号B表示内圈公称宽度以及内、外圈宽度相等且其端面名义上是齐端面时的轴承宽度;符号C表示外圈公称宽度(如符号B不适用时);符号T表示轴承公称宽度。

5.3.11

轴承实际宽度〈由内圈一端面和外圈一端面来限定轴承宽度的向心轴承〉　**actual bearing width**

T_s

轴承轴线与限定轴承宽度的套圈实际端面两切平面交点间的距离。

注:单列圆锥滚子轴承实际宽度为轴承轴线与下述两平面交点间的距离:一平面是内圈实际背面的切平面,另一平面是外圈实际背面的切平面。此时,内、外圈滚道以及内圈背面挡边均与所有滚子接触。

5.3.12

轴承实际宽度偏差〈由内圈一端面和外圈一端面来限定轴承宽度的向心轴承〉　**deviation of the actual bearing width**

Δ_{Ts}

轴承实际宽度与轴承公称宽度之差。$\Delta_{Ts}=T_s-T$。

5.3.13

轴承公称高度〈推力轴承〉　**nominal bearing height**

T

限定轴承高度的两垫圈理论背面间的距离。

注:轴承公称高度一般作为轴承实际高度偏差的基准值(基本尺寸)。

5.3.14

轴承实际高度〈推力轴承〉 **actual bearing height**

T_s

轴承轴线与限定轴承高度的垫圈实际背面两切平面交点间的距离。

5.3.15

轴承实际高度偏差〈推力轴承〉 **deviation of the actual bearing height**

Δ_{Ts}

轴承实际高度与公称高度之差。$\Delta_{Ts}=T_s-T$。

5.3.16

内组件公称有效宽度〈圆锥滚子轴承〉 **nominal effective width of inner subunit**

T_1

内组件理论背面与标准外圈理论基准端面间的距离。

5.3.17

内组件实际有效宽度〈圆锥滚子轴承〉 **actual effective width of inner subunit**

T_{1s}

内组件轴线与内组件实际背面切平面和标准外圈基准端面切平面交点间的距离。

注：只有内圈和标准外圈滚道以及内圈背面挡边均与所有滚子接触时，测值才有效。

5.3.18

内组件实际有效宽度偏差〈圆锥滚子轴承〉 **deviation of the actual effective width of inner subunit**

Δ_{T1s}

内组件实际有效宽度与内组件公称有效宽度之差。$\Delta_{T1s}=T_{1s}-T_1$。

5.3.19

外圈公称有效宽度〈圆锥滚子轴承〉 **nominal effective width of outer ring**

T_2

外圈理论背面与标准内组件理论基准端面间的距离。

注：对于凸缘外圈单列圆锥滚子轴承，它为凸缘理论背面与标准内组件理论基准端面间的距离。

5.3.20

外圈实际有效宽度〈圆锥滚子轴承〉 **actual effective width of outer ring**

T_{2s}

外圈轴线与外圈实际背面切平面和标准内组件基准端面交点间的距离。

注：对于凸缘外圈单列圆锥滚子轴承，它为凸缘实际背面与标准内组件基准端面间的距离。

5.3.21

外圈实际有效宽度偏差〈圆锥滚子轴承〉 **deviation of the actual effective width of outer ring**

Δ_{T2s}

外圈实际有效宽度与外圈公称有效宽度之差。$\Delta_{T2s}=T_{2s}-T_2$。

5.4 套圈倒角尺寸

5.4.1

公称倒角尺寸 **nominal chamfer dimension**

r

作为基准的倒角尺寸值。

注：公称倒角尺寸与最小单向倒角尺寸相对应。

5.4.2

单一倒角尺寸　single chamfer dimension

r_s

单一轴向平面内，套圈的假想尖角到倒角表面与套圈端面交点间的〈径向〉距离。

单一轴向平面内，套圈的假想尖角到倒角表面与套圈内孔或外表面交点间的〈轴向〉距离。

5.4.3

最小单一倒角尺寸〈最小极限尺寸〉　**smallest single chamfer dimension**

$r_{s\,min}$

允许的最小径向和轴向单一倒角尺寸。

注：它是在轴向平面内、与套圈端面及内孔或套圈外表面相切的一假想圆弧的半径，套圈材料不应超出其外。

5.4.4

最大单一倒角尺寸〈最大极限尺寸〉　**largest single chamfer dimension**

$r_{s\,max}$

允许的最大径向和轴向单一倒角尺寸。

6　形位公差

6.1　形状

6.1.1

圆度误差〈沿表面基本圆形线的〉　**deviation from circular form**

线(内表面)的内切圆或线(外表面)的外接圆与线上任意点间的最大径向距离。

6.1.2

圆柱度误差〈基本圆柱面的〉　**deviation from cylindrical form**

表面(内表面)的内切圆柱体或围绕表面(外表面)的外接圆柱体与表面上任意点间在任意径向平面内的最大径向距离。

6.1.3

球形误差〈基本球形表面的〉　**deviation from spherical form**

表面(内表面)的内切球体或围绕表面(外表面)的外接球体与表面上任意点间在任意赤道平面内的最大径向距离。

6.2　滚道平行度

6.2.1

内圈滚道对端面的平行度〈沟型向心球轴承〉　**parallelism of inner ring raceway with respect to the face**

S_i

基准端面的切平面与内圈滚道中部间的最大与最小轴向距离之差。

6.2.2

外圈滚道对端面的平行度〈沟型向心球轴承〉　**parallelism of outer ring raceway with respect to the face**

S_e

基准端面的切平面与外圈滚道中部间的最大与最小轴向距离之差。

6.3　表面垂直度

6.3.1

内圈端面对内孔的垂直度　perpendicularity of inner ring face with respect to the bore

S_d

在距轴线的径向距离等于端面平均直径一半处，垂直于内圈轴线的平面与内圈基准端面间的最大与最小轴向距离之差。

注：该参数通常为“内圈端面对内孔的跳动”，且公差也基于此定义。若测量值为“内孔对端面的跳动”，则通过计算可转换为“端面对内孔的跳动”。

6.3.2

外圈外表面对端面的垂直度〈基本圆柱面〉 **perpendicularity of outer ring outside surface with respect to the face**

S_D

在与外圈基准端面的切平面平行的径向，在距离外圈两端面1.2倍最大轴向单一倒角尺寸的距离内，外表面同一素线上各点相对位置的总变动量。

6.3.3

外圈外表面对凸缘背面的垂直度〈基本圆柱面〉 **perpendicularity of outer ring outside surface with respect to the flange back face**

S_{D1}

在与外圈凸缘背面的切平面平行的径向，在距离凸缘背面及其对面1.2倍最大轴向单一倒角尺寸的距离内，轴承外表面同一素线上各点相对位置的总变动量。

6.4 厚度变动量

6.4.1

内圈滚道与内孔间的厚度变动量〈向心轴承〉 **variation in thickness between inner ring raceway and bore**

$\boldsymbol{K_i}$

内孔表面与内圈滚道中部间的最大与最小径向距离之差。

6.4.2

外圈滚道与外表面间的厚度变动量〈向心轴承〉 **variation in thickness between outer ring raceway and outside surface**

K_e

外表面与外圈滚道中部间的最大与最小径向距离之差。

6.4.3

轴圈滚道与背面间的厚度变动量〈推力轴承的平底面〉 **variation in thickness between shaft washer raceway and back face**

S_i

轴圈背面与其对面滚道中部间的最大与最小轴向距离之差。

6.4.4

座圈滚道与背面间的厚度变动量〈推力轴承的平底面〉 **variation in thickness between housing washer raceway and back face**

S_e

座圈背面与其对面滚道中部间的最大与最小轴向距离之差。

7 旋转精度

7.1 径向跳动

注：成套轴承的径向跳动是诸多独立、累积因素的结果。

7.1.1

成套轴承内圈径向跳动〈向心轴承〉 **radial runout of inner ring of assembled bearing**

K_{ia}

内圈内孔表面在内圈不同的角位置相对外圈一固定点间的最大与最小径向距离之差。

注：在上述点的角位置或在其附近两边，滚动体应与内、外圈滚道以及圆锥滚子轴承内圈背面挡边接触。

7.1.2

成套轴承外圈径向跳动〈向心轴承〉 **radial runout of outer ring of assembled bearing**

K_{ea}

外圈外表面在外圈不同的角位置相对内圈一固定点间的最大与最小径向距离之差。

注：在上述点的角位置或在其附近两边，滚动体应与内、外圈滚道以及圆锥滚子轴承内圈背面挡边接触。

7.1.3

成套轴承内圈异步径向跳动〈向心轴承〉 **asynchronous radial runout of inner ring of assembled bearing**

K_{iaa}

内圈正反向旋转若干圈测量时，外圈外表面上任一固定点相对内圈内孔表面上一固定点间的最大与最小径向距离之差。

注1：滚动体应与内、外圈滚道以及圆锥滚子内圈背面挡边接触。

注2：应进行多次测量，每次应取外圈和内圈上不同的固定点。

注3：异步径向跳动是非重复性的。

7.2 **轴向跳动**

注：成套轴承的轴向跳动是诸多独立、累积因素的结果。

7.2.1

成套轴承内圈轴向跳动〈沟型向心球轴承〉 **axial runout of inner ring of assembled bearing**

S_{ia}

在距内圈轴线的径向距离等于内圈滚道接触直径一半处，内圈基准端面在内圈不同的角位置相对外圈一固定点间的最大与最小轴向距离之差。

注：内、外圈滚道应与所有球接触。

7.2.2

成套轴承内圈轴向跳动〈圆锥滚子轴承〉 **axial runout of inner ring of assembled bearing**

S_{ia}

在距内圈轴线的径向距离等于内圈滚道平均接触直径一半处，内圈背面在内圈不同的角位置相对外圈一固定点间的最大与最小轴向距离之差。

注：内、外圈滚道以及内圈背面挡边应与所有滚子接触。

7.2.3

成套轴承外圈轴向跳动〈沟型向心球轴承〉 **axial runout of outer ring of assembled bearing**

S_{ea}

在距外圈轴线的径向距离等于外圈滚道接触直径一半处，外圈基准端面在外圈不同的角位置相对内圈一固定点间的最大与最小轴向距离之差。

注：内、外圈滚道应与所有球接触。

7.2.4

成套轴承外圈轴向跳动〈圆锥滚子轴承〉 **axial runout of outer ring of assembled bearing**

S_{ea}

在距外圈轴线的径向距离等于外圈滚道平均接触直径一半处，外圈背面在外圈不同的角位置相对内圈一固定点间的最大与最小轴向距离之差。

注：内、外圈滚道以及内圈背面挡边应与所有滚子接触。

7.2.5

成套轴承外圈凸缘背面轴向跳动〈沟型向心球轴承〉 **axial runout of outer ring flange back face of**

assembled bearing

S_{ea1}

在距外圈轴线的径向距离等于凸缘背面平均直径一半处，外圈凸缘背面在外圈不同的角位置相对内圈一固定点间的最大与最小轴向距离之差。

注：内、外圈滚道应与所有球接触。

7.2.6

成套轴承外圈凸缘背面轴向跳动〈圆锥滚子轴承〉 **axial runout of outer ring flange back face of assembled bearing**

S_{ea1}

在距外圈轴线的径向距离等于凸缘背面平均直径一半处，外圈凸缘背面在外圈不同的角位置相对内圈一固定点间的最大与最小轴向距离之差。

注：内、外圈滚道以及内圈背面挡边应与所有滚子接触。

8 内部游隙

8.1 径向游隙

8.1.1

径向游隙〈能承受纯径向载荷的轴承，非预紧状态〉 **radial internal clearance**

G_r

在不同的角度方向，不承受任何外载荷，一套圈相对另一套圈从一个径向偏心极限位置移到相反的极限位置的径向距离的算术平均值。

注1：该平均值包括套圈在不同角位置彼此相对的位移量以及滚动体组在不同角位置相对套圈的位移量。

注2：在套圈彼此相对的每一极限偏心位置，其相对轴向位置和滚动体组相对滚道的位置，实际上应使一套圈相对另一套圈处于极限偏心位置。

8.1.2

理论径向游隙〈向心轴承〉 **theoretical radial internal clearance**

外圈滚道接触直径减去内圈滚道接触直径再减去两倍滚动体直径。

注：对于可忽略形状误差的标准轴承，若滚动体的位置与位移角度方向一致，则8.1.1中定义的径向游隙与理论游隙相同。

8.2 轴向游隙

8.2.1

轴向游隙〈能承受两个方向轴向载荷的轴承，非预紧状态〉 **axial internal clearance**

G_a

不承受任何外载荷，一套圈相对另一套圈从一个轴向极限位置移到相反的极限位置的轴向距离的算术平均值。

注1：该平均值包括套圈在不同角位置彼此相对的位移量以及滚动体组在不同角位置相对套圈的位移量。

注2：在套圈彼此相对的每一极限轴向位置，其相对径向位置和滚动体组相对滚道的位置，实际上应使一套圈相对另一套圈处于极限轴向位置。

附　录　A
（资料性附录）
直径尺寸公差的说明

A.1　内径

A.1.1　单一内径，d_s 或 d_{sp}

每个独立项有 m 个单一平面，且每一个单一平面（见图 A.1）内有 n 个单一内径（测量尺寸）。与特定单一径向平面相关的尺寸附加下标“p”，即 d_{sp}。

表 A.1　单一内径

平面号	实　测　尺　寸
1	d_{s11}，d_{s12}，d_{s13}，……，d_{s1j}，……，d_{s1n}
2	d_{s21}，d_{s22}，d_{s23}，……，d_{s2j}，……，d_{s2n}
3	d_{s31}，d_{s32}，d_{s33}，……，d_{s3j}，……，d_{s3n}
……	……
i	d_{si1}，d_{si2}，d_{si3}，……，d_{sij}[a]，……，d_{sin}
……	……
m	d_{sm1}，d_{sm2}，d_{sm3}，……，d_{smj}，……，d_{smn}
a　d_{sij} 表示任意一个（i）单一平面内的任意一个（j）单一内径。	

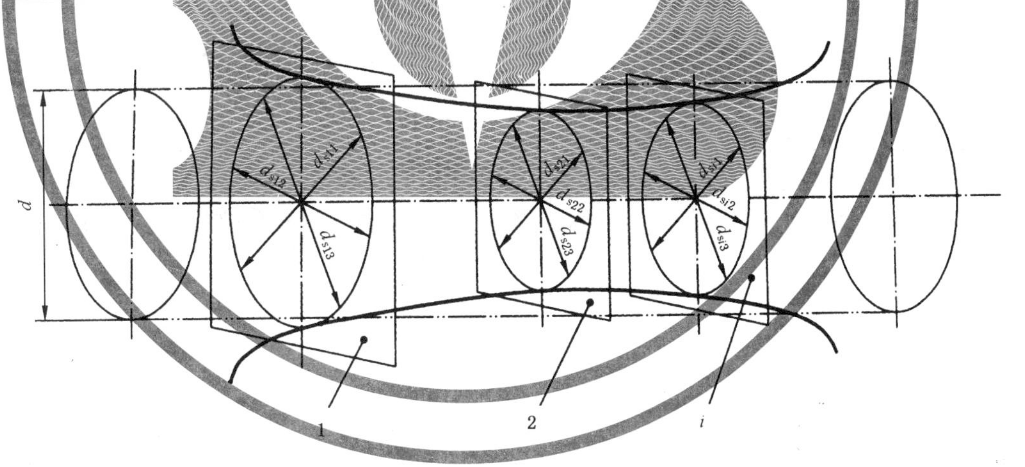

图 A.1　1，2，……，i 个单一平面和单一内径

A.1.2　平均内径，d_m

每个独立项的平均直径为每个独立项的全部单一内径的最大值与最小值的算术平均值，如下列公式所示：

$$d_m=[\mathrm{MAX}(d_{s11},d_{s12},d_{s13},\cdots\cdots,d_{sij},\cdots\cdots,d_{smn})+\mathrm{MIN}(d_{s11},d_{s12},d_{s13},\cdots\cdots,d_{sij},\cdots\cdots d_{smn})]/2$$

每个独立项仅有一个 d_m 值。

注：MAX（a_1，a_2，a_3，……a_n）表示 a_1，a_2，a_3，……a_n 的最大值，MIN（a_1，a_2，a_3，……a_n）表示 a_1，a_2，a_3，……a_n 的最小值。

A.1.3　单一平面平均内径，d_{mp}

根据下列公式，每个独立项的单一平面平均内径为任一单一平面内最大值与最小值的算术平均值。

每一单一平面有一个 d_{mp} 值。

表 A.2 单一平面平均内径

平面号	d_{mp}	公式
1	d_{mp1}	$[MAX(d_{s11},\cdots\cdots,d_{s1n})+MIN(d_{s11},\cdots\cdots,d_{s1n})]/2$
2	d_{mp2}	$[MAX(d_{s21},\cdots\cdots,d_{s2n})+MIN(d_{s21},\cdots\cdots,d_{s2n})]/2$
3	d_{mp3}	$[MAX(d_{s31},\cdots\cdots,d_{s3n})+MIN(d_{s31},\cdots\cdots,d_{s3n})]/2$
……	……	……
i	d_{mpi}	$[MAX(d_{si1},\cdots\cdots,d_{sin})+MIN(d_{si1},\cdots\cdots,d_{sin})]/2$
……	……	……
m	d_{mpm}	$[MAX(d_{sm1},\cdots\cdots,d_{smn})+MIN(d_{sm1},\cdots\cdots,d_{smn})]/2$

A.1.4 平均内径变动量，V_{dmp}

平均内径变动量为每个独立项所有平面的单一平面平均内径的最大值与最小值之差，每个独立项仅有一个 V_{dmp} 值，该特性可表示圆柱度。

$$V_{dmp}=MAX(d_{mp1},d_{mp2},d_{mp3},\cdots\cdots,d_{mpm})-MIN(d_{mp1},d_{mp2},d_{mp3},\cdots\cdots,d_{mpm})$$

A.1.5 单一平面内径变动量，V_{dsp}

单一平面内径变动量表示单一平面内实测的单一内径的最大值与最小值之差。每个独立项有多个 V_{dsp} 值，该特性可表示圆度。

表 A.3 单一平面内径变动量

平面号	V_{dsp}	公式
1	V_{dsp1}	$MAX(d_{s11},\cdots\cdots,d_{s1n})-MIN(d_{s11},\cdots\cdots,d_{s1n})$
2	V_{dsp2}	$MAX(d_{s21},\cdots\cdots,d_{s2n})-MIN(d_{s21},\cdots\cdots,d_{s2n})$
3	V_{dsp3}	$MAX(d_{s31},\cdots\cdots,d_{s3n})-MIN(d_{s31},\cdots\cdots,d_{s3n})$
……	……	……
i	V_{dspi}	$MAX(d_{si1},\cdots\cdots,d_{sin})-MIN(d_{si1},\cdots\cdots,d_{sin})$
……	……	……
m	V_{dspm}	$MAX(d_{sm1},\cdots\cdots,d_{smn})-MIN(d_{sm1},\cdots\cdots,d_{smn})$

A.1.6 内径变动量，V_{ds}

该符号表示每个独立项的所有单一内径(实测值)的最大值与最小值之差。每个独立项仅有一个 V_{ds} 值。

$$V_{ds}=MAX(d_{s11},d_{s12},d_{s13},\cdots\cdots,d_{smn})-MIN(d_{s11},d_{s12},d_{s13},\cdots\cdots,d_{smn})$$

A.2 外径

根据 A.1 中的内径尺寸公差，可得到外径尺寸公差。相应的外径参数包括：

——单一外径，D_s 或 D_{sp}；

——平均外径，D_m；

——单一平面平均外径，D_{mp}；

——平均外径变动量，V_{Dmp}；

——单一平面外径变动量，V_{Dsp}；

——外径变动量，V_{Ds}。

参 考 文 献

GB/T 307.2—1995 滚动轴承 测量和检验的原则及方法(neq ISO/TR 9274:1991)
GB/T 6930—2002 滚动轴承 词汇(ISO 5593:1997,IDT)

中 文 索 引

英 文 索 引

A

B

C

D

E

F

G

I

K

L

M

N

O

P

R

S

T

V

Δ

ICS 21.100.20
J 11

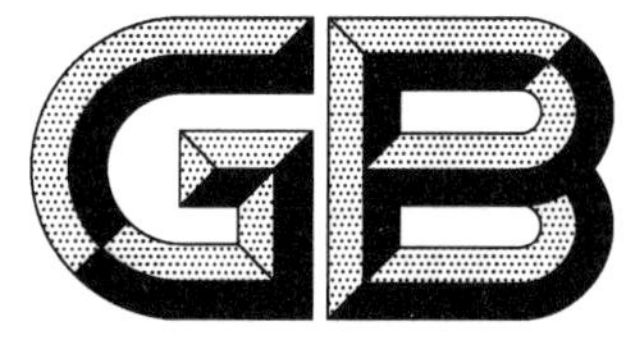

中华人民共和国国家标准

GB/T 4604.1—2012/ISO 5753.1:2009
代替 GB/T 4604—2006

滚动轴承　游隙 第1部分:向心轴承的径向游隙

Rolling bearings—Internal clearance—
Part 1:Radial internal clearance for radial bearings

(ISO 5753-1:2009,IDT)

2012-09-03 发布　　　　2013-03-01 实施

中华人民共和国国家质量监督检验检疫总局
中国国家标准化管理委员会　发布

前言

GB/T 4604《滚动轴承　游隙》分为两个部分:

——第1部分:向心轴承的径向游隙;

——第2部分:四点接触球轴承的轴向游隙。

本部分为GB/T 4604的第1部分。

本部分按照GB/T 1.1—2009给出的规则起草。

本部分代替GB/T 4604—2006《滚动轴承　径向游隙》。与GB/T 4604—2006相比,除编辑性修改外,主要技术变化如下:

——增加了"长弧面滚子轴承"的术语和定义(见3.2);

——增加了深沟球轴承、调心球轴承、圆柱滚子轴承和滚针轴承部分尺寸段的游隙值(见表1~表4);

——增加了圆锥孔圆柱滚子轴承径向游隙值(见表5);

——增加了圆柱孔和圆锥孔长弧面滚子轴承径向游隙值(见表6和表7);

——删除了"机床用双列圆柱滚子轴承径向游隙"(2006版的附录A)。

本部分使用翻译法等同采用ISO 5753-1:2009《滚动轴承　游隙　第1部分:向心轴承的径向游隙》。

与本部分中规范性引用的国际文件有一致性对应关系的我国文件如下:

——GB/T 3882—1995　滚动轴承　外球面球轴承和偏心套外形尺寸(neq ISO 9628:1992)

——GB/T 4199—2003　滚动轴承　公差　定义(ISO 1132-1:2000,MOD)

——GB/T 6930—2002　滚动轴承　词汇(ISO 5593:1997,IDT)

——GB/T 7811—2007　滚动轴承　参数符号(ISO 15241:2001,IDT)

本部分由中国机械工业联合会提出。

本部分由全国滚动轴承标准化技术委员会(SAC/TC 98)归口。

本部分起草单位:洛阳轴承研究所有限公司、苏州轴承厂有限公司、常熟长城轴承有限公司、大连冶金轴承股份有限公司。

本部分主要起草人:郭宝霞、张小玲、邵彦、王德惠、姚进。

GB/T 4604历次版本发布情况为:

——GB 4604—1984、GB/T 4604—1993、GB/T 4604—2006。

滚动轴承　游隙
第1部分:向心轴承的径向游隙

1　范围

GB/T 4604的本部分规定了下列类型向心轴承的径向游隙值:

——径向接触沟型球轴承,外球面球轴承除外;

——调心球轴承;

——圆柱滚子轴承;

——滚针轴承,冲压外圈滚针轴承除外;

——长弧面滚子轴承;

——调心滚子轴承。

本部分给出了六种类型圆柱孔轴承的径向游隙值,也给出了圆锥孔调心球轴承、圆柱滚子轴承、长弧面滚子轴承和调心滚子轴承的径向游隙值。

外球面球轴承的径向游隙值规定在ISO 9628中。

2　规范性引用文件

下列文件对于本文件的应用是必不可少的。凡是注日期的引用文件,仅注日期的版本适用于本文件。凡是不注日期的引用文件,其最新版本(包括所有的修改单)适用于本文件。

ISO 1132-1:2000　滚动轴承　公差　第1部分:术语和定义(Rolling bearings—Tolerances—Part 1:Terms and definitions)

ISO 5593　滚动轴承　词汇(Rolling bearings—Vocabulary)

ISO 9628　滚动轴承　外球面球轴承和偏心套　外形尺寸和公差(Rolling bearings—Insert bearings and eccentric locking collars—Boundary dimensions and tolerances)

ISO 15241　滚动轴承　参数符号(Rolling bearings—Symbols for quantities)

3　术语和定义

ISO 1132-1、ISO 5593界定的以及下列术语和定义适用于本文件。

3.1

径向游隙　radial internal clearance

〈能承受纯径向载荷的轴承,非预紧状态〉在不同的角度方向,不承受任何外载荷,一套圈相对另一套圈从一个径向偏心极限位置移到相反的极限位置的径向距离的算术平均值。

注1:该平均值包括套圈在不同角位置彼此相对的位移量以及滚动体组在不同角位置相对套圈的位移量。

注2:在套圈彼此相对的每一极限偏心位置,其相对轴向位置和滚动体组相对滚道的位置,实际上应使一套圈相对另一套圈处于极限偏心位置。

[ISO 1132-1:2000,定义8.1.1]

3.2

长弧面滚子轴承　toroidal roller bearing

滚动体为凸球面滚子、内圈和外圈轴向平面滚道半径均大于外圈滚道半径的单列调心滚子轴承。

4 符号

ISO 15241 给出的以及下列符号适用于本文件。

除另有说明外，所示符号（游隙值除外）和表 1～表 9 中所示数值均表示公称尺寸。

d：内径

G_r：径向游隙

5 径向游隙

5.1 径向接触沟型球轴承

圆柱孔径向接触沟型球轴承的径向游隙值按表 1 的规定。

表 1 中的游隙值不适用于外球面球轴承，外球面球轴承的游隙值见 ISO 9628。

表 1 圆柱孔径向接触沟型球轴承

单位为微米

d mm		G_r									
		2 组		N 组		3 组		4 组		5 组	
>	≤	min	max	min	max	min	max	min	max	min	max
2.5	6	0	7	2	13	8	23	—	—	—	—
6	10	0	7	2	13	8	23	14	29	20	37
10	18	0	9	3	18	11	25	18	33	25	45
18	24	0	10	5	20	13	28	20	36	28	48
24	30	1	11	5	20	13	28	23	41	30	53
30	40	1	11	6	20	15	33	28	46	40	64
40	50	1	11	6	23	18	36	30	51	45	73
50	65	1	15	8	28	23	43	38	61	55	90
65	80	1	15	10	30	25	51	46	71	65	105
80	100	1	18	12	36	30	58	53	84	75	120
100	120	2	20	15	41	36	66	61	97	90	140
120	140	2	23	18	48	41	81	71	114	105	160
140	160	2	23	18	53	46	91	81	130	120	180
160	180	2	25	20	61	53	102	91	147	135	200
180	200	2	30	25	71	63	117	107	163	150	230
200	225	2	35	25	85	75	140	125	195	175	265
225	250	2	40	30	95	85	160	145	225	205	300
250	280	2	45	35	105	90	170	155	245	225	340
280	315	2	55	40	115	100	190	175	270	245	370
315	355	3	60	45	125	110	210	195	300	275	410
355	400	3	70	55	145	130	240	225	340	315	460

表 1（续） 单位为微米

d mm		G_r									
		2 组		N 组		3 组		4 组		5 组	
>	≤	min	max	min	max	min	max	min	max	min	max
400	450	3	80	60	170	150	270	250	380	350	520
450	500	3	90	70	190	170	300	280	420	390	570
500	560	10	100	80	210	190	330	310	470	440	630
560	630	10	110	90	230	210	360	340	520	490	700
630	710	20	130	110	260	240	400	380	570	540	780
710	800	20	140	120	290	270	450	430	630	600	860
800	900	20	160	140	320	300	500	480	700	670	960
900	1 000	20	170	150	350	330	550	530	770	740	1 040
1 000	1 120	20	180	160	380	360	600	580	850	820	1 150
1 120	1 250	20	190	170	410	390	650	630	920	890	1 260
1 250	1 400	30	200	190	440	420	700	680	1 000	—	—
1 400	1 600	30	210	210	470	450	750	730	1 060	—	—

5.2 调心球轴承

圆柱孔和圆锥孔调心球轴承的径向游隙值分别按表 2 和表 3 的规定。

表 2 圆柱孔调心球轴承 单位为微米

d mm		G_r									
		2 组		N 组		3 组		4 组		5 组	
>	≤	min	max	min	max	min	max	min	max	min	max
2.5	6	1	8	5	15	10	20	15	25	21	33
6	10	2	9	6	17	12	25	19	33	27	42
10	14	2	10	6	19	13	26	21	35	30	48
14	18	3	12	8	21	15	28	23	37	32	50
18	24	4	14	10	23	17	30	25	39	34	52
24	30	5	16	11	24	19	35	29	46	40	58
30	40	6	18	13	29	23	40	34	53	46	66
40	50	6	19	14	31	25	44	37	57	50	71
50	65	7	21	16	36	30	50	45	69	62	88
65	80	8	24	18	40	35	60	54	83	76	108
80	100	9	27	22	48	42	70	64	96	89	124
100	120	10	31	25	56	50	83	75	114	105	145
120	140	10	38	30	68	60	100	90	135	125	175
140	160	15	44	35	80	70	120	110	161	150	210
160	180	15	50	40	92	82	138	126	185	—	—

表 2（续）

单位为微米

d mm		G_r									
		2 组		N 组		3 组		4 组		5 组	
>	≤	min	max	min	max	min	max	min	max	min	max
180	200	17	57	47	105	93	157	144	212	—	—
200	225	18	62	50	115	100	170	155	230	—	—
225	250	20	70	57	130	115	195	175	255	—	—
250	280	23	78	65	145	125	220	200	295	—	—
280	315	27	90	75	165	145	250	230	335	—	—
315	355	32	100	85	185	165	285	260	380	—	—
355	400	35	110	90	205	185	325	295	430	—	—
400	450	38	125	100	230	205	345	315	465	—	—
450	500	40	135	110	255	230	380	345	510	—	—

表 3　圆锥孔调心球轴承

单位为微米

d mm		G_r									
		2 组		N 组		3 组		4 组		5 组	
>	≤	min	max	min	max	min	max	min	max	min	max
18	24	7	17	13	26	20	33	28	42	37	55
24	30	9	20	15	28	23	39	33	50	44	62
30	40	12	24	19	35	29	46	40	59	52	72
40	50	14	27	22	39	33	52	45	65	58	79
50	65	18	32	27	47	41	61	56	80	73	99
65	80	23	39	35	57	50	75	69	98	91	123
80	100	29	47	42	68	62	90	84	116	109	144
100	120	35	56	50	81	75	108	100	139	130	170
120	140	40	68	60	98	90	130	120	165	155	205
140	160	45	74	65	110	100	150	140	191	180	240
160	180	50	85	75	127	117	173	161	220	—	—
180	200	55	95	85	143	131	195	182	250	—	—
200	225	63	107	95	160	145	215	200	275	—	—
225	250	70	120	107	180	165	145	230	310	—	—
250	280	78	133	120	200	180	275	255	350	—	—
280	315	87	150	135	225	205	310	280	385	—	—
315	355	97	165	150	250	220	340	310	430	—	—
355	400	105	180	160	275	245	375	335	470	—	—
400	450	115	200	170	300	260	400	360	510	—	—
450	500	120	215	180	325	275	425	380	545	—	—

5.3 圆柱滚子轴承和滚针轴承

圆柱孔圆柱滚子轴承和滚针轴承及圆锥孔圆柱滚子轴承的的径向游隙值分别按表 4 和表 5 的规定。

滚针轴承的径向游隙值仅适用于带内圈、按成套轴承制造和交货的组合件。对于内圈作为一个分离零件交货的滚针轴承，其径向游隙由内圈滚道直径和滚针总体内径决定。在这种情况下，这些直径值可从轴承制造厂获得。

表 4　圆柱孔圆柱滚子轴承和滚针轴承

单位为微米

d mm		G_r									
		2 组		N 组		3 组		4 组		5 组	
>	≤	min	max	min	max	min	max	min	max	min	max
—	10	0	25	20	45	35	60	50	75	—	—
10	24	0	25	20	45	35	60	50	75	65	90
24	30	0	25	20	45	35	60	50	75	70	95
30	40	5	30	25	50	45	70	60	85	80	105
40	50	5	35	30	60	50	80	70	100	95	125
50	65	10	40	40	70	60	90	80	110	110	140
65	80	10	45	40	75	65	100	90	125	130	165
80	100	15	50	50	85	75	110	105	140	155	190
100	120	15	55	50	90	85	125	125	165	180	220
120	140	15	60	60	105	100	145	145	190	200	245
140	160	20	70	70	120	115	165	165	215	225	275
160	180	25	75	75	125	120	170	170	220	250	300
180	200	35	90	90	145	140	195	195	250	275	330
200	225	45	105	105	165	160	220	220	280	305	365
225	250	45	110	110	175	170	235	235	300	330	395
250	280	55	125	125	195	190	260	260	330	370	440
280	315	55	130	130	205	200	275	275	350	410	485
315	355	65	145	145	225	225	305	305	385	455	535
355	400	100	190	190	280	280	370	370	460	510	600
400	450	110	210	210	310	310	410	410	510	565	665
450	500	110	220	220	330	330	440	440	550	625	735
500	560	120	240	240	360	360	480	480	600	—	—
560	630	140	260	260	380	380	500	500	620	—	—
630	710	145	285	285	425	425	565	565	705	—	—
710	800	150	310	310	470	470	630	630	790	—	—
800	900	180	350	350	520	520	690	690	860	—	—
900	1 000	200	390	390	580	580	770	770	960	—	—
1 000	1 120	220	430	430	640	640	850	850	1 060	—	—
1 120	1 250	230	470	470	710	710	950	950	1 190	—	—
1 250	1 400	270	530	530	790	790	1 050	1 050	1 310	—	—
1 400	1 600	330	610	610	890	890	1 170	1 170	1 450	—	—
1 600	1 800	380	700	700	1 020	1 020	1 340	1 340	1 660	—	—
1 800	2 000	400	760	760	1 120	1 120	1 480	1 480	1 840	—	—

表 5 圆锥孔圆柱滚子轴承

单位为微米

d mm		G_r							
		2 组		N 组		3 组		4 组	
>	≤	min	max	min	max	min	max	min	max
—	10	15	40	30	55	40	65	50	75
10	24	15	40	30	55	40	65	50	75
24	30	20	45	35	60	45	70	55	80
30	40	20	45	40	65	55	80	70	95
40	50	25	55	45	75	60	90	75	105
50	65	30	60	50	80	70	100	90	120
65	80	35	70	60	95	85	120	110	145
80	100	40	75	70	105	95	130	120	155
100	120	50	90	90	130	115	155	140	180
120	140	55	100	100	145	130	175	160	205
140	160	60	110	110	160	145	195	180	230
160	180	75	125	125	175	160	210	195	245
180	200	85	140	140	195	180	235	220	275
200	225	95	155	155	215	200	260	245	305
225	250	105	170	170	235	220	285	270	335
250	280	115	185	185	255	240	310	295	365
280	315	130	205	205	280	265	340	325	400
315	355	145	225	225	305	290	370	355	435
355	400	165	255	255	345	330	420	405	495
400	450	185	285	285	385	370	470	455	555
450	500	205	315	315	425	410	520	505	615
500	560	230	350	350	470	455	575	560	680
560	630	260	380	380	500	500	620	620	740
630	710	295	435	435	575	565	705	695	835
710	800	325	485	485	645	630	790	775	935
800	900	370	540	540	710	700	870	860	1 030
900	1 000	410	600	600	790	780	970	960	1 150
1 000	1 120	455	665	665	875	865	1 075	1 065	1 275
1 120	1 250	490	730	730	970	960	1 200	1 200	1 440
1 250	1 400	550	810	810	1 070	1 070	1 330	1 330	1 590
1 400	1 600	640	920	920	1 200	1 200	1 480	1 480	1 760
1 600	1 800	700	1 020	1 020	1 340	1 340	1 660	1 660	1 980
1 800	2 000	760	1 120	1 120	1 480	1 480	1 840	1 840	2 200

5.4 长弧面滚子轴承

圆柱孔和圆锥孔长弧面滚子轴承的径向游隙值分别按表 6 和表 7 的规定。

表 6 圆柱孔长弧面滚子轴承

单位为微米

d mm		G_r									
		2 组		N 组		3 组		4 组		5 组	
>	≤	min	max	min	max	min	max	min	max	min	max
18	24	15	30	25	40	35	55	50	65	65	85
24	30	15	35	30	50	45	60	60	80	75	95
30	40	20	40	35	55	55	75	70	95	90	120
40	50	25	45	45	65	65	85	85	110	105	140
50	65	30	55	50	80	75	105	100	140	135	175
65	80	40	70	65	100	95	125	120	165	160	210
80	100	50	85	80	120	120	160	155	210	205	260
100	120	60	100	100	145	140	190	185	245	240	310
120	140	75	120	115	170	165	215	215	280	280	350
140	160	85	140	135	195	195	250	250	325	320	400
160	180	95	155	150	220	215	280	280	365	360	450
180	200	105	175	170	240	235	310	305	395	390	495
200	225	115	190	185	265	260	340	335	435	430	545
225	250	125	205	200	285	280	370	365	480	475	605
250	280	135	225	220	310	305	410	405	520	515	655
280	315	150	240	235	330	330	435	430	570	570	715
315	355	160	260	255	360	360	485	480	620	620	790
355	400	175	280	280	395	395	530	525	675	675	850
400	450	190	310	305	435	435	580	575	745	745	930
450	500	205	335	335	475	475	635	630	815	810	1 015
500	560	220	360	360	520	510	690	680	890	890	1 110
560	630	240	400	390	570	560	760	750	980	970	1 220
630	710	260	440	430	620	610	840	830	1 080	1 070	1 340
710	800	300	500	490	680	680	920	920	1 200	1 200	1 480
800	900	320	540	530	760	750	1 020	1 010	1 330	1 320	1 660
900	1 000	370	600	590	830	830	1 120	1 120	1 460	1 460	1 830
1 000	1 120	410	660	660	930	930	1 260	1 260	1 640	1 640	2 040
1 120	1 250	450	720	720	1 020	1 020	1 380	1 380	1 800	1 800	2 240
1 250	1 400	490	800	800	1 130	1 130	1 510	1 510	1 970	1 970	2 460
1 400	1 600	570	890	890	1 250	1 250	1 680	1 680	2 200	2 200	2 740
1 600	1 800	650	1 010	1 010	1 390	1 390	1 870	1 870	2 430	2 430	3 000

表 7　圆锥孔长弧面滚子轴承

单位为微米

d mm		G_r									
		2 组		N 组		3 组		4 组		5 组	
>	≤	min	max	min	max	min	max	min	max	min	max
18	24	15	35	30	45	40	55	55	70	65	85
24	30	20	40	35	55	50	65	65	85	80	100
30	40	25	50	45	65	60	80	80	100	100	125
40	50	30	55	50	75	70	95	90	120	115	145
50	65	40	65	60	90	85	115	110	150	145	185
65	80	50	80	75	110	105	140	135	180	175	220
80	100	60	100	95	135	130	175	170	220	215	275
100	120	75	115	115	155	155	205	200	255	255	325
120	140	90	135	135	180	180	235	230	295	290	365
140	160	100	155	155	215	210	270	265	340	335	415
160	180	115	175	170	240	235	305	300	385	380	470
180	200	130	195	190	260	260	330	325	420	415	520
200	225	140	215	210	290	285	365	360	460	460	575
225	250	160	235	235	315	315	405	400	515	510	635
250	280	170	260	255	345	340	445	440	560	555	695
280	315	195	285	280	380	375	485	480	620	615	765
315	355	220	320	315	420	415	545	540	680	675	850
355	400	250	350	350	475	470	600	595	755	755	920
400	450	280	385	380	525	525	655	650	835	835	1 005
450	500	305	435	435	575	575	735	730	915	910	1 115
500	560	330	480	470	640	630	810	800	1 010	1 000	1 230
560	630	380	530	530	710	700	890	880	1 110	1 110	1 350
630	710	420	590	590	780	770	990	980	1 230	1 230	1 490
710	800	480	680	670	860	860	1 100	1 100	1 380	1 380	1 660
800	900	520	740	730	960	950	1 220	1 210	1 530	1 520	1 860
900	1 000	580	820	810	1 040	1 040	1 340	1 340	1 670	1 670	2 050
1 000	1 120	640	900	890	1 170	1 160	1 500	1 490	1 880	1 870	2 280
1 120	1 250	700	980	970	1 280	1 270	1 640	1 630	2 060	2 050	2 500
1 250	1 400	770	1 080	1 080	1 410	1 410	1 790	1 780	2 250	2 250	2 740
1 400	1 600	870	1 200	1 200	1 550	1 550	1 990	1 990	2 500	2 500	3 050
1 600	1 800	950	1 320	1 320	1 690	1 690	2 180	2 180	2 730	2 730	3 310

5.5 调心滚子轴承

圆柱孔和圆锥孔调心滚子轴承的径向游隙值分别按表 8 和表 9 的规定。

表 8 圆柱孔调心滚子轴承

单位为微米

d mm		G_r									
		2 组		N 组		3 组		4 组		5 组	
>	≤	min	max	min	max	min	max	min	max	min	max
14	18	10	20	20	35	35	45	45	60	60	75
18	24	10	20	20	35	35	45	45	60	60	75
24	30	15	25	25	40	40	55	55	75	75	95
30	40	15	30	30	45	45	60	60	80	80	100
40	50	20	35	35	55	55	75	75	100	100	125
50	65	20	40	40	65	65	90	90	120	120	150
65	80	30	50	50	80	80	110	110	145	145	180
80	100	35	60	60	100	100	135	135	180	180	225
100	120	40	75	75	120	120	160	160	210	210	260
120	140	50	95	95	145	145	190	190	240	240	300
140	160	60	110	110	170	170	220	220	280	280	350
160	180	65	120	120	180	180	240	240	310	310	390
180	200	70	130	130	200	200	260	260	340	340	430
200	225	80	140	140	220	220	290	290	380	380	470
225	250	90	150	150	240	240	320	320	420	420	520
250	280	100	170	170	260	260	350	350	460	460	570
280	315	110	190	190	280	280	370	370	500	500	630
315	355	120	200	200	310	310	410	410	550	550	690
355	400	130	220	220	340	340	450	450	600	600	750
400	450	140	240	240	370	370	500	500	660	660	820
450	500	140	260	260	410	410	550	550	720	720	900
500	560	150	280	280	440	440	600	600	780	780	1 000
560	630	170	310	310	480	480	650	650	850	850	1 100
630	710	190	350	350	530	530	700	700	920	920	1 190
710	800	210	390	390	580	580	770	770	1 010	1 010	1 300
800	900	230	430	430	650	650	860	860	1 120	1 120	1 440
900	1 000	260	480	480	710	710	930	930	1 220	1 220	1 570

表 9 圆锥孔调心滚子轴承

单位为微米

d mm		G_r									
		2 组		N 组		3 组		4 组		5 组	
>	≤	min	max	min	max	min	max	min	max	min	max
18	24	15	25	25	35	35	45	45	60	60	75
24	30	20	30	30	40	40	55	55	75	75	95
30	40	25	35	35	50	50	65	65	85	85	105
40	50	30	45	45	60	60	80	80	100	100	130
50	65	40	55	55	75	75	95	95	120	120	160
65	80	50	70	70	95	95	120	120	150	150	200
80	100	55	80	80	110	110	140	140	180	180	230
100	120	65	100	100	135	135	170	170	220	220	280
120	140	80	120	120	160	160	200	200	260	260	330
140	160	90	130	130	180	180	230	230	300	300	380
160	180	100	140	140	200	200	260	260	340	340	430
180	200	110	160	160	220	220	290	290	370	370	470
200	225	120	180	180	250	250	320	320	410	410	520
225	250	140	200	200	270	270	350	350	450	450	570
250	280	150	220	220	300	300	390	390	490	490	620
280	315	170	240	240	330	330	430	430	540	540	680
315	355	190	270	270	360	360	470	470	590	590	740
355	400	210	300	300	400	400	520	520	650	650	820
400	450	230	330	330	440	440	570	570	720	720	910
450	500	260	370	370	490	490	630	630	790	790	1 000
500	560	290	410	410	540	540	680	680	870	870	1 100
560	630	320	460	460	600	600	760	760	980	980	1 230
630	710	350	510	510	670	670	850	850	1 090	1 090	1 360
710	800	390	570	570	750	750	960	960	1 220	1 220	1 500
800	900	440	640	640	840	840	1 070	1 070	1 370	1 370	1 690
900	1 000	490	710	710	930	930	1 190	1 190	1 520	1 520	1 860

参考文献

[1] ISO 1132-2, Rolling bearings—Tolerances—Part 2: Measuring and gauging principles and methods

ICS 21.100.20
J 11

中华人民共和国国家标准

GB/T 4604.2—2013/ISO 5753-2:2010

滚动轴承　游隙
第 2 部分:四点接触球轴承的轴向游隙

Rolling bearings—Internal clearance—
Part 2: Axial internal clearance for four-point-contact ball bearings

(ISO 5753-2:2010,IDT)

2013-09-18 发布　　2014-06-01 实施

中华人民共和国国家质量监督检验检疫总局
中国国家标准化管理委员会　发布

前　言

GB/T 4604《滚动轴承　游隙》分为两个部分：

——第1部分：向心轴承的径向游隙；

——第2部分：四点接触球轴承的轴向游隙。

本部分为GB/T 4604的第2部分。

本部分按照GB/T 1.1—2009给出的规则起草。

本部分使用翻译法等同采用ISO 5753-2:2010《滚动轴承　游隙　第2部分：四点接触球轴承的轴向游隙》。

与本部分中规范性引用的国际文件有一致性对应关系的我国文件如下：

——GB/T 6930—2002　滚动轴承　词汇(ISO 5593:1997,IDT)；

——GB/T 7811—2007　滚动轴承　参数符号(ISO 15241:2001,IDT)。

本部分由中国机械工业联合会提出。

本部分由全国滚动轴承标准化技术委员会(SAC/TC 98)归口。

本部分起草单位：洛阳轴承研究所有限公司、瓦房店轴承集团有限责任公司、常熟长城轴承有限公司、中山市盈科轴承制造有限公司。

本部分主要起草人：李飞雪、林秀清、姚进、王冰、邵彦。

引　言

四点接触球轴承是滚道设计成可在两个方向承受轴向载荷的单列向心角接触球轴承。

轴向游隙值适用于可在两个方向承受纯轴向载荷的轴承,但该轴承处于未安装或未预紧以及不承受任何外载荷(即不施加测量载荷)状态下。

与轴承结构和检验方法有关,由于检验的不确定性,测量结果可能会有一些离散,希望测量者和用户对此予以考虑。

滚动轴承　游隙
第2部分:四点接触球轴承的轴向游隙

1　范围

GB/T 4604 的本部分规定了接触角为35°的四点接触球轴承的轴向游隙值。

本部分适用于四点接触球轴承。

2　规范性引用文件

下列文件对于本文件的应用是必不可少的。凡是注日期的引用文件,仅注日期的版本适用于本文件。凡是不注日期的引用文件,其最新版本(包括所有的修改单)适用于本文件。

GB/T 4199—2003　滚动轴承　公差　定义(ISO 1132-1:2000,IDT)

ISO 5593　滚动轴承　词汇(Rolling bearings—Vocabulary)

ISO 15241　滚动轴承　参数符号(Rolling bearings—Symbols for quantities)

3　术语和定义

GB/T 4199—2003 和 ISO 5593 界定的术语和定义适用于本文件。

注:为便于本文件的使用,下列定义被转述。

3.1

轴向游隙　axial internal clearance

G_a

〈能承受两个方向轴向载荷、非预紧状态下的轴承〉不承受任何外载荷,一套圈相对另一套圈从一个轴向极限位置移到相反的极限位置的轴向距离的算术平均值。

注1:该平均值包括套圈相互角位置不同以及滚动体组相对套圈角位置不同时套圈的位移量。

注2:为保证测量的有效性,在套圈彼此相对的每一极限轴向位置,其相对径向位置和滚动体组相对滚道的位置确保一套圈相对另一套圈处于极限轴向位置。

[GB/T 4199—2003,定义 8.2.1]

3.2

四点接触球轴承　four-point-contact ball bearing

承受纯径向载荷时,每个承载球与每个滚道有两点接触的单列角接触球轴承。

注1:轴承承受纯轴向载荷时,每个球与每个滚道只有一点接触。

注2:尽管该轴承的公称接触角一般不超过45°,但常被用作推力轴承。

注3:根据 ISO 5593:1997 中定义 01.05.09 修改。

4　符号

ISO 15241 给出的以及下列符号适用于本文件。

除另有说明外,表1中所示符号(游隙值符号除外)和数值均表示公称尺寸。

d:内圈内径

G_a:轴向游隙

α:接触角

5 四点接触球轴承的轴向游隙

内径不大于 1 000 mm 的四点接触球轴承的轴向游隙值见表 1。

表 1 接触角为 35°的四点接触球轴承

单位为微米

d mm		G_a							
		2 组		N 组		3 组		4 组	
>	≤	min.	max.	min.	max.	min.	max.	min.	max.
10	18	15	65	50	95	85	130	120	165
18	40	25	75	65	110	100	150	135	185
40	60	35	85	75	125	110	165	150	200
60	80	45	100	85	140	125	175	165	215
80	100	55	110	95	150	135	190	180	235
100	140	70	130	115	175	160	220	205	265
140	180	90	155	135	200	185	250	235	300
180	220	105	175	155	225	210	280	260	330
220	260	120	195	175	250	230	305	290	360
260	300	135	215	195	275	255	335	315	390
300	350	155	240	220	305	285	370	350	430
350	400	175	265	245	330	310	400	380	470
400	450	190	285	265	360	340	435	415	510
450	500	210	310	290	390	365	470	445	545
500	560	225	335	315	420	400	505	485	595
560	630	250	365	340	455	435	550	530	645
630	710	270	395	375	500	475	600	580	705
710	800	290	425	405	540	520	655	635	770
800	900	315	460	440	585	570	715	695	840
900	1 000	335	490	475	630	615	770	755	910

ICS 21.100.20
J 11

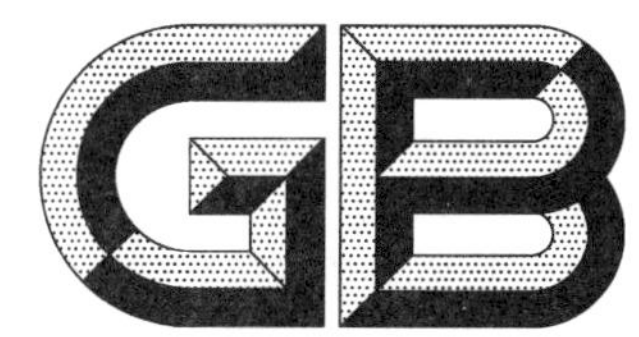

中华人民共和国国家标准

GB/T 4662—2012/ISO 76:2006
代替 GB/T 4662—2003

滚动轴承　额定静载荷

Rolling bearings—Static load ratings

(ISO 76:2006,IDT)

2012-11-05 发布　　　　2013-03-01 实施

中华人民共和国国家质量监督检验检疫总局
中国国家标准化管理委员会　发布

前　言

本标准按照 GB/T 1.1—2009 给出的规则起草。

本标准代替 GB/T 4662—2003《滚动轴承　额定静载荷》，与 GB/T 4662—2003 相比，主要技术变化如下：

——修改了“范围”(见第 1 章，2003 年版的第 1 章)；

——增加了规范性引用文件(见第 2 章)；

——增加了“静安全系数”的术语和定义(见第 3 章)；

——增加了符号“S_0”并修改了部分符号(见第 4 章，2003 年版的第 3 章)；

——增加了 $\alpha=5°$ 和 $\alpha=10°$ 的载荷系数 X_0、Y_0 的值(见表 2，2003 年版的表 2)；

——增加了对公式(7)和公式(11)的说明[见公式(7)和公式(11)的注]；

——增加了对 ISO/TR 10657:1991 的引用(见 5.1.1、6.1)；

——增加了对“静安全系数”的要求(见第 9 章)。

本标准使用翻译法等同采用 ISO 76:2006《滚动轴承　额定静载荷》。

与本标准中规范性引用的国际文件有一致性对应关系的我国文件如下：

——GB/T 6930—2002　滚动轴承　词汇(ISO 5593:1997，IDT)

——GB/T 7811—2007　滚动轴承　参数符号(ISO 15241:2001，IDT)

本标准由中国机械工业联合会提出。

本标准由全国滚动轴承标准化技术委员会(SAC/TC 98)归口。

本标准起草单位：洛阳轴承研究所有限公司。

本标准主要起草人：马素青。

本标准所代替标准的历次版本发布情况为：

——GB/T 4662—1984、GB/T 4662—1993、GB/T 4662—2003。

引　　言

滚动轴承在中等以上静载荷的作用下，其滚动体和滚道上将产生永久变形，该变形量随载荷的增加而增大。

对于每一特定应用场合所选用的轴承，若都通过大量的轴承试验来确定轴承所产生的变形是否允许的话，这往往是不现实的，因此需要用其他方法来确定所选轴承是否适用。

经验表明，轴承在大多数的应用场合中，最大载荷滚动体和滚道接触中心处可以允许有滚动体直径0.000 1倍的总永久变形量，而不致于对轴承以后的运转产生有害影响。因此，将引起如此大小永久变形量的当量静载荷规定为轴承的额定静载荷。

实验表明，基本额定静载荷可以认为是在最大载荷滚动体和滚道接触中心处产生下列计算接触应力所对应的载荷：

——4 600 MPa[1)]　调心球轴承；

——4 200 MPa　所有其他的球轴承；

——4 000 MPa　所有滚子轴承。

基本额定静载荷的计算公式和系数均以这些接触应力为基础。

根据对运转平稳性和摩擦要求的不同，以及实际接触表面的几何形状，允许的当量静载荷可选择小于、等于或大于额定静载荷。缺乏这方面经验的轴承用户应向轴承制造厂咨询。

1）　1bar＝0.1 MPa＝10^5 Pa；1 MPa ＝1 N/mm^2。

滚动轴承　额定静载荷

1　范围

本标准规定了滚动轴承基本额定静载荷和当量静载荷的计算方法。本标准适用于尺寸范围符合有关国家标准规定、采用常用优质淬硬轴承钢、按照良好的加工方法制造、且滚动接触表面的形状基本上为常规设计的滚动轴承。

本标准不适用于由于使用条件或(和)轴承内部结构造成滚动体与套圈滚道的接触区出现明显截断的轴承，如若按本标准计算，则不能得到满意的结果。同样，本标准也不适用于由于使用条件引起轴承中载荷偏离正常分布的场合，例如倾斜、预紧或过大的游隙、表面进行过处理或涂敷等。如果出现这些情况，用户应与轴承制造厂协商如何计算当量静载荷。

本标准还不适用于滚动体直接在轴或轴承座表面上运转的结构，除非这些表面在各方面均与其所代替的轴承套圈滚道表面相当。

对于双列向心轴承和双向推力轴承，如若参照本标准，则应假定其结构具有对称性。

此外，本标准也适用于在重载荷条件下静安全系数的确定。

2　规范性引用文件

下列文件对于本文件的应用是必不可少的。凡是注日期的引用文件，仅注日期的版本适用于本文件。凡是不注日期的引用文件，其最新版本(包括所有的修改单)适用于本文件。

ISO 5593　滚动轴承　词汇(Rolling bearings—Vocabulary)

ISO 15241　滚动轴承　参数符号(Rolling bearings—Symbols for quantities)

ISO/TR 10657:1991　对 ISO 76 的注释(Explanatory notes on ISO 76)

3　术语和定义

ISO 5593 界定的以及下列术语和定义适用于本文件。

3.1

静载荷　static load

轴承套圈或垫圈彼此相对转速为零时，作用在轴承上的载荷。

3.2

径向基本额定静载荷　basic static radial load rating

在最大载荷滚动体和滚道接触中心处产生下列计算接触应力所对应的径向静载荷：

——4 600 MPa　调心球轴承；

——4 200 MPa　其他类型的向心球轴承；

——4 000 MPa　向心滚子轴承。

注 1：对于单列角接触球轴承，径向额定静载荷是指引起轴承套圈相互间纯径向位移的载荷的径向分量。

注 2：在静载荷条件下，这些接触应力系指引起滚动体与滚道产生总永久变形量约为滚动体直径的 0.000 1 倍时的应力。

3.3

轴向基本额定静载荷　basic static axial load rating

在最大载荷滚动体和滚道接触中心处产生下列计算接触应力所对应的中心轴向静载荷：

——4 200 MPa　推力球轴承；

——4 000 MPa　推力滚子轴承。

注：在静载荷条件下，这些接触应力系指引起滚动体与滚道产生总永久变形量约为滚动体直径的 0.000 1 倍时的应力。

3.4

径向当量静载荷　static equivalent radial load

系指在最大载荷滚动体与滚道接触中心处产生与实际载荷条件下相同接触应力的径向静载荷。

3.5

轴向当量静载荷　static equivalent axial load

系指在最大载荷滚动体与滚道接触中心处产生与实际载荷条件下相同接触应力的中心轴向静载荷。

3.6

静安全系数　static safety factor

基本额定静载荷与当量静载荷之比。表示阻止滚动体和滚道上产生不允许的永久变形的安全裕度。

3.7

滚子直径　roller diameter

对于对称滚子，〈用于额定载荷计算的〉滚子直径系指通过滚子长度中部的径向平面内的理论直径。

注 1：对于圆锥滚子，滚子直径取滚子大端和小端假想的理论尖角处直径的平均值。

注 2：对于非对称球面滚子，滚子直径近似地取零载荷下滚子与无挡边滚道接触点处的直径。

3.8

滚子有效长度　effective roller length

滚子有效长度系指滚子与滚道在最短接触处的最大理论接触长度〈用于额定载荷计算的〉。

注：通常取滚子理论尖角之间的距离减去滚子倒角，或者取不包括磨削越程槽的滚道长度，两者中择其小者。

3.9

公称接触角　nominal contact angle

垂直于轴承轴线的平面(径向平面)与通过轴承套圈或垫圈向滚动体传递力的合力名义作用线之间的夹角。

注：对于非对称球面滚子轴承，与无挡边滚道的接触决定了公称接触角。

3.10

球组节圆直径　pitch diameter of a ball set

包容轴承一列球中心的圆的直径。

3.11

滚子组节圆直径　pitch diameter of a roller set

在轴承一列滚子的中部，贯穿滚子轴线的圆的直径。

4　符号

ISO 15241 给出的以及下列符号适用于本文件。

C_{0a}：轴向基本额定静载荷，N

C_{0r}：径向基本额定静载荷，N

D_{pw}：球组或滚子组节圆直径，mm

D_w：球公称直径，mm

D_{we}:用于额定载荷计算的滚子直径,mm

F_a:轴承轴向载荷=(轴承实际载荷的轴向分量),N

F_r:轴承径向载荷=(轴承实际载荷的径向分量),N

f_0:基本额定静载荷的计算系数

i:滚动体的列数

L_{we}:用于额定载荷计算的滚子有效长度,mm

P_{0a}:轴向当量静载荷,N

P_{0r}:径向当量静载荷,N

S_0:静安全系数

X_0:径向载荷系数,N

Y_0:轴向载荷系数,N

Z:单列轴承中的滚动体数;每列滚动体数相同的多列轴承中的每列滚动体数

α:公称接触角,(°)

5 向心球轴承

5.1 径向基本额定静载荷

5.1.1 单一轴承的径向基本额定静载荷

向心球轴承的径向基本额定静载荷按式(1)计算:

$$C_{0r} = f_0 i Z D_w{}^2 \cos\alpha \qquad \cdots\cdots(1)$$

公式(1)中的 f_0 值由表 1 给出。

公式(1)适用于内圈滚道沟曲率半径不大于 $0.52D_w$、外圈滚道沟曲率半径不大于 $0.53D_w$ 的径向接触和角接触球轴承,以及内圈滚道沟曲率半径不大于 $0.53D_w$ 的调心球轴承。

采用更小的滚道沟曲率半径未必能提高轴承的承载能力,但采用大于上述值的沟曲率半径,则会降低承载能力。在后一种情况下,应采用相应减小的 f_0 值,减小的 f_0 值由 ISO/TR 10657:1991 中公式(3-18)计算得出。

5.1.2 轴承组的径向基本额定静载荷

5.1.2.1 两套单列径向接触球轴承作为一个整体运转

两套相同的单列径向接触球轴承并排安装在同一轴上,作为一个整体(成对安装)运转,计算其径向基本额定静载荷时,应按一套单列径向接触球轴承额定静载荷的两倍来考虑。

5.1.2.2 单列角接触球轴承“背对背”或“面对面”配置

两套相同的单列角接触球轴承以“背对背”或“面对面”配置,并排安装在同一轴上,作为一个整体(成对安装)运转,计算其径向基本额定静载荷时,应按一套单列角接触球轴承额定静载荷的两倍来考虑。

5.1.2.3 串联配置

两套或多套相同的单列径向接触球轴承或两套或多套相同的单列角接触球轴承以“串联”配置,并排安装在同一轴上,作为一个整体(成对安装或成组安装)运转,该轴承组的径向基本额定静载荷等于轴承套数乘以一套单列轴承的径向基本额定动载荷。为保证轴承之间载荷均匀分布,轴承应正确制造和安装。

表 1　球轴承的 f_0 值

$\frac{D_w\cos\alpha}{D_{pw}}$	f_0 系数		
	向心球轴承		推力球轴承
	径向接触和角接触球轴承	调心球轴承	
0	14.7	1.9	61.6
0.01	14.9	2	60.8
0.02	15.1	2	59.9
0.03	15.3	2.1	59.1
0.04	15.5	2.1	58.3
0.05	15.7	2.1	57.5
0.06	15.9	2.2	56.7
0.07	16.1	2.2	55.9
0.08	16.3	2.3	55.1
0.09	16.5	2.3	54.3
0.1	16.4	2.4	53.5
0.11	16.1	2.4	52.7
0.12	15.9	2.4	51.9
0.13	15.6	2.5	51.2
0.14	15.4	2.5	50.4
0.15	15.2	2.6	49.6
0.16	14.9	2.6	48.8
0.17	14.7	2.7	48
0.18	14.4	2.7	47.3
0.19	14.2	2.8	46.5
0.2	14	2.8	45.7
0.21	13.7	2.8	45
0.22	13.5	2.9	44.2
0.23	13.2	2.9	43.5
0.24	13	3	42.7
0.25	12.8	3	41.9
0.26	12.5	3.1	41.2
0.27	12.3	3.1	40.5
0.28	12.1	3.2	39.7
0.29	11.8	3.2	39
0.3	11.6	3.3	38.2
0.31	11.4	3.3	37.5
0.32	11.2	3.4	36.8
0.33	10.9	3.4	36
0.34	10.7	3.5	35.3
0.35	10.5	3.5	34.6
0.36	10.3	3.6	—
0.37	10	3.6	—
0.38	9.8	3.7	—
0.39	9.6	3.8	—
0.4	9.4	3.8	—

注：此表基于 Hertz 点接触公式，取弹性模量＝2.07×10^5 MPa，泊松比为 0.3。对于向心球轴承，假定其载荷分布中最大承载球的载荷为$\frac{5F_r}{Z\cos\alpha}$；对于推力球轴承，假定其载荷分布中最大承载球的载荷为$\frac{F_a}{Z\sin\alpha}$。对于$\frac{D_w\cos\alpha}{D_{pw}}$的中间值，其 f_0 值可用线性内插法求得。

5.2 径向当量静载荷

5.2.1 单套轴承的径向当量静载荷

向心球轴承的径向当量静载荷取下列式(2)、式(3)计算值的较大者：

$$P_{0r}=X_0F_r+Y_0F_a \qquad \cdots\cdots(2)$$

$$P_{0r}=F_r \qquad \cdots\cdots(3)$$

公式中的 X_0 和 Y_0 值见表 2。这些系数适用于滚道沟曲率半径符合 5.1.1 规定的轴承。对于其他的滚道沟曲率半径，其 X_0 和 Y_0 值可通过 ISO/TR 10657:1991 计算求得。

表 2 中未给出的中间接触角的 Y_0 值可通过线性内插法求得。

5.2.2 轴承组的径向当量静载荷

5.2.2.1 单列角接触球轴承“背对背”或“面对面”配置

两套相同的单列角接触球轴承以“背对背”或“面对面”配置，并排安装在同一轴上，作为一个整体(成对安装)运转，计算其径向当量静载荷时，X_0 和 Y_0 应按一套双列角接触轴承来考虑，F_r 和 F_a 值按作用在该轴承组上的总载荷计算。

5.2.2.2 串联配置

两套或多套相同的单列径向接触球轴承或两套或多套相同的单列角接触球轴承以“串联”配置，并排安装在同一轴上，作为一个整体(成对安装或成组安装)运转，计算其径向当量静载荷时，采用单列轴承的 X_0 和 Y_0 值，F_r 和 F_a 值按作用在该轴承组上的总载荷计算。

表 2 向心球轴承的 X_0 和 Y_0 值

轴承类型		单列轴承		双列轴承	
		X_0	Y_0	X_0	Y_0
径向接触球轴承[a]		0.6	0.5	0.6	0.5
角接触球轴承	α = 5°	0.5	0.52	1	1.04
	10°	0.5	0.5	1	1
	15°	0.5	0.46	1	0.92
	20°	0.5	0.42	1	0.84
	25°	0.5	0.38	1	0.76
	30°	0.5	0.33	1	0.66
	35°	0.5	0.29	1	0.58
	40°	0.5	0.26	1	0.52
	45°	0.5	0.22	1	0.44
调心球轴承 α≠0°		0.5	0.22cotα	1	0.44cotα

[a] 允许的 F_a/C_{0r} 最大值取决于轴承设计(内部游隙和沟道深度)。

6 推力球轴承

6.1 轴向基本额定静载荷

单向或双向推力球轴承的轴向基本额定静载荷按式(4)计算：

$$C_{0a}=f_0 Z D_w{}^2 \sin\alpha \qquad \cdots\cdots(4)$$

式中：

f_0——由表1给出；

Z——在一个方向上承受载荷的球数。

该公式适用于滚道沟曲率半径不大于0.54D_w的轴承。

采用更小的滚道沟曲率半径未必能提高轴承的承载能力，但采用大于上述值的沟曲率半径，则会降低承载能力。在后一种情况下，应采用相应减小的f_0值，减小的f_0值由ISO/TR 10657:1991中的公式(3-30)计算得出。

6.2 轴向当量静载荷

$\alpha\neq 90°$的推力球轴承，其轴向当量静载荷按式(5)计算：

$$P_{0a}=2.3\,F_r\tan\alpha+F_a \qquad \cdots\cdots(5)$$

对于双向轴承，该公式适用于所有的F_r/F_a值。

对于单向轴承，当$F_r/F_a\leqslant 0.44\cot\alpha$时，该公式能给出满意的结果；当$F_r/F_a$增大至0.67$\cot\alpha$时，公式(5)仍可给出满意的$P_{0a}$值，但可靠性低。

$\alpha=90°$的推力球轴承，只能承受轴向载荷。此类轴承的轴向当量静载荷按式(6)计算：

$$P_{0a}=F_a \qquad \cdots\cdots(6)$$

7 向心滚子轴承

7.1 径向基本额定静载荷

7.1.1 单套轴承的径向基本额定静载荷

向心滚子轴承的径向基本额定静载荷按式(7)计算：

$$C_{0r}=44\left(1-\frac{D_{we}\cos\alpha}{D_{pw}}\right)iZL_{we}D_{we}\cos\alpha \qquad \cdots\cdots(7)$$

注：公式(7)是建立在与表1注中给出的弹性模量、泊松比和滚动体载荷分布相同的基础上给出的。

7.1.2 轴承组的径向基本额定静载荷

7.1.2.1 “背对背”或“面对面”配置

两套相同的单列向心滚子轴承以“背对背”或“面对面”配置，并排安装在同一轴上，作为一个整体(成对安装)运转，计算其径向基本额定静载荷时应按一套单列轴承额定静载荷的两倍来考虑。

7.1.2.2 串联配置

两套或多套相同的单列向心滚子轴承以“串联”配置，并排安装在同一轴上，作为一个整体(成对安装或成组安装)运转，该轴承组的径向基本额定静载荷等于轴承套数乘以一套单列轴承的径向基本额定静载荷。为保证轴承之间载荷均匀分布，轴承应正确制造和安装。

7.2 径向当量静载荷

7.2.1 单套轴承的径向当量静载荷

对于 $\alpha \neq 0°$ 的向心滚子轴承，其径向当量静载荷取式(8)和式(9)计算值的较大者：

$$P_{0r} = X_0 F_r + Y_0 F_a \quad \cdots\cdots (8)$$

$$P_{0r} = F_r \quad \cdots\cdots (9)$$

式(8)中的 X_0 和 Y_0 值由表 3 给出。

表 3 $\alpha \neq 0°$ 的向心滚子轴承的 X_0 和 Y_0 值

轴承类型	X_0	Y_0
单列	0.5	0.22 $\cot\alpha$
双列	1	0.44 $\cot\alpha$

对于 $\alpha = 0°$ 且仅承受径向载荷的向心滚子轴承，其径向当量静载荷按式(10)计算：

$$P_{0r} = F_r \quad \cdots\cdots (10)$$

$\alpha = 0°$ 的向心滚子轴承承受轴向载荷的能力与轴承设计和制造方法关系极大。因此，$\alpha = 0°$ 的向心滚子轴承在承受轴向载荷时，轴承用户应向轴承制造厂咨询有关当量静载荷的推荐值。

7.2.2 轴承组的径向当量静载荷

7.2.2.1 单列角接触滚子轴承“背对背”或“面对面”配置

两套相同的单列角接触滚子轴承以“背对背”或“面对面”配置，并排安装在同一轴上，作为一个整体(成对安装)运转，计算其径向当量静载荷时，X_0 和 Y_0 应按双列轴承的值，F_r 和 F_a 按作用在该轴承组上的总载荷来考虑。

7.2.2.2 串联配置

两套或多套相同的单列角接触滚子轴承以“串联”配置，并排安装在同一轴上，作为一个整体(成对安装或成组安装)运转，计算其径向当量静载荷时，X_0 和 Y_0 采用单列轴承的值，F_r 和 F_a 按作用在该轴承组上的总载荷来考虑。

8 推力滚子轴承

8.1 轴向基本额定静载荷

8.1.1 单向和双向轴承的轴向基本额定静载荷

单向和双向推力滚子轴承的轴向基本额定静载荷按式(11)计算：

$$C_{0a} = 220\left(1 - \frac{D_{we}\cos\alpha}{D_{pw}}\right) Z L_{we} D_{we} \sin\alpha \quad \cdots\cdots (11)$$

式中：

Z——同一方向上承受载荷的滚子数。

当滚子长度不同时，ZL_{we}应按 3.8 的规定，为同一方向上承受载荷的所有滚子的长度总和。

注：公式(11)是建立在与表 1 注中给出的弹性模量、泊松比和滚动体载荷分布相同的基础上给出的。

8.1.2 串联配置轴承的轴向基本额定静载荷

两套或多套相同的单向推力滚子轴承以“串联”配置，并排安装在同一轴上，作为一个整体(成对安装或成组安装)运转，该轴承组的轴向基本额定静载荷等于轴承套数乘以一套单向轴承的轴向基本额定静载荷。为保证轴承之间载荷均匀分布，轴承应正确制造和安装。

8.2 轴向当量静载荷

8.2.1 单向和双向轴承的轴向当量静载荷

$\alpha \neq 90°$的推力滚子轴承，其轴向当量静载荷按式(12)计算：

$$P_{0a} = 2.3\ F_r \tan\alpha + F_a \qquad \cdots\cdots\cdots\cdots (12)$$

对于双向轴承，式(12)适用于所有的 F_r/F_a 值。

对于单向轴承，当 $F_r/F_a \leqslant 0.44\ \cot\alpha$ 时，式(12)能给出满意的结果；当 F_r/F_a 增大至 $0.67\ \cot\alpha$ 时，式(12)仍可给出满意的 P_{0a}值，但可靠性低。

$\alpha = 90°$的推力滚子轴承，只能承受轴向载荷。这类轴承的当量静载荷按式(13)计算：

$$P_{0a} = F_a \qquad \cdots\cdots\cdots\cdots (13)$$

8.2.2 串联配置轴承的轴向当量静载荷

两套或多套相同的推力滚子轴承以“串联”配置，并排安装在同一轴上，作为一个整体(成对安装或成组安装)运转，计算其轴向当量静载荷时，F_r 和 F_a 按作用在该轴承组上的总载荷来考虑。

9 静安全系数

9.1 总则

重载荷条件下所用的轴承首先应检验其适用性，以保证其基本额定静载荷是充足的，这时可借助于静安全系数 S_0。S_0 由式(14)、式(15)确定：

$$S_0 = C_{0r}/P_{0r} \qquad \cdots\cdots\cdots\cdots (14)$$

$$S_0 = C_{0a}/P_{0a} \qquad \cdots\cdots\cdots\cdots (15)$$

式(14)应用于向心轴承，式(15)应用于推力轴承。

当轴承处于变载状态下应根据寿命进行选择，另外，适当的核对基本额定静载荷也可检验轴承是否满足应用时的性能要求。

9.2 和 9.3 中给出各种工况及应用的 S_0 推荐值，要求运转平稳、无振动，其可适用于旋转轴承是基于经验得出的。

对于其他特殊的运行条件，用户应向轴承制造厂咨询，以确定可用 S_0 值的指导意见。

9.2 球轴承

球轴承的静安全系数 S_0 的推荐值见表 4。

表 4 球轴承的静安全系数 S_0 的推荐值

工作条件	S_0 min
运转条件平稳： 运转平稳、无振动、旋转精度高	2
运转条件正常： 运转平稳、无振动、正常旋转精度	1
承受冲击载荷条件： 显著的冲击载荷[a]	1.5
[a] 当载荷大小是未知的时，S_0 值至少取 1.5；当冲击载荷的大小可精确地得到时，可采用较小的 S_0 值。	

9.3 滚子轴承

滚子轴承的静安全系数 S_0 的推荐值见表 5。

表 5 滚子轴承的静安全系数 S_0 的推荐值

工作条件	S_0 min
运转条件平稳： 运转平稳、无振动、旋转精度高	3
运转条件正常： 运转平稳、无振动、正常旋转精度	1.5
承受冲击载荷条件： 显著的冲击载荷[a]	3
对于推力球面滚子轴承在所有的工作条件下，S_0 的最小推荐值为 4。对于表面硬化的冲压外圈滚子轴承在所有的工作条件下，S_0 的最小推荐值为 3。	
[a] 当载荷大小是未知的时，S_0 值至少取 3；当冲击载荷的大小可精确地得到时，可采用较小的 S_0 值。	

附 录 A
（资料性附录）
基本额定静载荷计算中的间断点

A.1 总则

按照本标准，用于计算向心和推力角接触球轴承基本额定静载荷 C_{0r} 和 C_{0a} 的系数略有不同。

因此，将一套接触角 $\alpha = 45°$ 的轴承看作是向心轴承时（$C_{0r} = C_{0a}/Y_0$）和将其看作是推力轴承时，在轴向额定静载荷 C_{0a} 的计算中存在一个间断点。

本附录解释了额定载荷系数不同的原因，并说明了重新计算额定载荷的方法，以便在同一条件下进行正确比较。

A.2 符号

本标准第 4 章给出的以及下列符号适用于本附录。

C_{0aa}：推力轴承（$\alpha > 45°$）的修正轴向基本额定静载荷，N

C_{0ar}：向心轴承（$\alpha \leqslant 45°$）的修正轴向基本额定静载荷，N

r_e：外圈沟曲率半径，mm

r_i：内圈沟曲率半径，mm

A.3 计算向心和推力角接触球轴承基本额定静载荷时的不同系数

A.3.1 角接触向心球轴承

对于角接触向心球轴承，在 C_{0r} 的计算中，球和滚道之间的密合度根据 5.1.1 的要求为：$r_i/D_w \leqslant 0.52$ 和 $r_e/D_w \leqslant 0.53$。

A.3.2 角接触推力球轴承

对于角接触推力球轴承，在 C_{0a} 的计算中，球和滚道之间的密合度根据 6.1 的要求为：$r_i/D_w \leqslant 0.54$ 和 $r_e/D_w \leqslant 0.54$。

A.4 向心和推力角接触球轴承轴向基本额定静载荷修正值 C_{0ar} 和 C_{0aa} 的比较

A.4.1 总则

对于某些应用场合，接触角 $\alpha \leqslant 45°$ 和 $\alpha > 45°$ 的角接触球轴承具有相同的密合度，有时需要计算并比较其实际的轴向额定载荷。

基本额定静载荷 C_{0a} 和 C_{0r} 可根据本标准通过计算或从轴承制造厂提供的产品样本中得到。

但是，如 A.3 所述，对于向心和推力轴承，计算 C_{0a} 和 C_{0r} 时，采用了不同的密合度。如果需进行正确计算和比较，则应按相同的密合度重新计算 C_{0a} 和 C_{0r}，算出修正的轴向基本额定静载荷 C_{0ar} 和 C_{0aa}。

在两种不同密合度下重新计算可借助式（A.1）～式（A.4）来完成——向心轴承和推力轴承的密合度分别规定在 A.3.1 和 A.3.2 中。

额定载荷的比较主要应用于轴承承受的载荷主要为轴向载荷，因此，本附录给出了轴向基本额定静载荷的比较。

假设接触角 α 与轴向载荷无关，恒定不变，那么就意味着具有小接触角、承受重载的轴承，其计算精度将降低。

A.4.2 具有向心轴承密合度的角接触球轴承

($r_i/D_w \leqslant 0.52$ 和 $r_e/D_w \leqslant 0.53$)

$$C_{0ar}=C_{0r}/Y_0 \qquad \cdots\cdots(\text{A.1})$$

$$C_{0aa}=1.43C_{0a} \qquad \cdots\cdots(\text{A.2})$$

A.4.3 具有推力轴承密合度的角接触球轴承

($r_i/D_w \leqslant 0.54$ 和 $r_e/D_w \leqslant 0.54$)

$$C_{0ar}=0.7C_{0r}/Y_0 \qquad \cdots\cdots(\text{A.3})$$

$$C_{0aa}=C_{0a} \qquad \cdots\cdots(\text{A.4})$$

A.5 实例

A.5.1 $\alpha=45°$的角接触球轴承

将 $\alpha=45°$ 的单列角接触球轴承分别看作是向心轴承和推力轴承时，比较其修正轴向基本额定静载荷。

所选的轴承$(D_w\cos\alpha)/D_{pw}=0.16$，$i=1$，该轴承具有向心轴承的密合度。

作为向心轴承时：

C_{0r}的计算是根据公式(1)计算，即：$C_{0r}=f_0 iZD_w{}^2\cos\alpha$

根据表 1，查得 $f_0=14.9$；根据表 2，查得 $Y_0=0.22$

代入公式(1)，得：$C_{0r}=14.9\times Z\times D_w{}^2\times\cos45°=10.54ZD_w{}^2$

将 C_{0r}和 Y_0 值代入公式(A.1)，得：

$$C_{0ar}=10.54\times Z\times D_w{}^2/0.22=47.9ZD_w{}^2$$

作为推力轴承时：

C_{0a}的计算是根据公式(4)计算，即：$C_{0a}=f_0 ZD_w{}^2\ \sin\alpha$，然后再代入公式(A.2)计算得出。

根据表 1，查得 $f_0=48.8$

代入公式，得：$C_{0aa}=14.3\times48.8\times Z\times D_w{}^2\times\sin 45°=49.3\ ZD_w{}^2$

这些计算显示的基本额定静载荷值 $C_{0ar}\approx C_{0aa}$，证实没有间断点存在。

A.5.2 $\alpha=40°$的角接触球轴承

计算接触角 $\alpha=40°$的单列角接触球轴承的修正轴向基本额定静载荷 C_{0ar}时，假定轴承具有推力轴承密合度，$D_w/D_{pw}=0.091$，球径 $D_w=7.5$ mm，球滚道数 $Z=1$，球数 $Z=27$。

根据表 1，查得 $f_0=16.1$，计算出：$(D_w\cos40°)/D_{pw}=0.091\times\cos40°=0.07$

根据表 2，查得 $Y_0=0.26$，代入公式(1)，得：

$$C_{0r}=f_0 iZD_w{}^2\cos\alpha=16.1\times27\times7.5^2\times\cos40°=18\ 731$$

注：这个额定载荷值是建立在向心轴承密合度基础上得出的。

根据公式(A.3),得:

$$C_{0ar}=0.7\times 18\ 731/0.26=50\ 430$$

$$C_{0ar}=50\ 400\ \text{N}$$

A.5.3 α=60°的角接触球轴承

计算接触角 $\alpha=60°$ 的单列角接触球轴承的修正轴向基本额定静载荷 C_{0ar}时,假定轴承具有推力轴承密合度,$D_w/D_{pw}=0.091$,球径 $D_w=7.5$ mm,球滚道数 $Z=1$,球数 $Z=27$。

根据表1,查得 $f_0=57.82$,计算出:$(D_w\cos60°)/D_{pw}=0.091\times\cos60°=0.046$

代入公式(4),得:

$$C_{0a}=f_0ZD_w^2\sin\alpha=57.82\times 27\times 7.5^2\times\sin60°=76\ 049$$

注:这个额定载荷值是建立在推力轴承密合度基础上得出的。

根据公式(A.4),得:

$$C_{0aa}=C_{0a}=76\ 049$$

$$C_{0aa}=76\ 000\ \text{N}$$

ICS 21.100.20
J 11

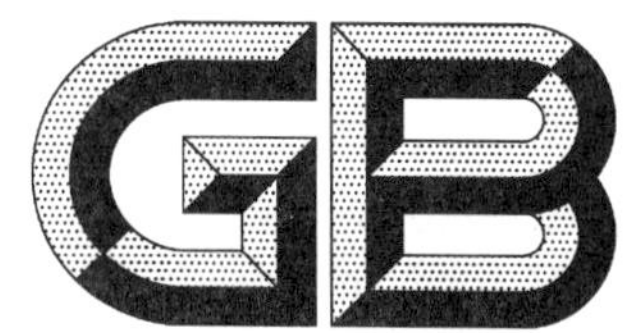

中华人民共和国国家标准

GB/T 5868—2003
代替 GB/T 5868—1986

滚动轴承 安装尺寸

Rolling bearings—Mounting dimensions

2003-10-29 发布　　2004-05-01 实施

中华人民共和国
国家质量监督检验检疫总局 发布

前　　言

本标准代替 GB/T 5868—1986《滚动轴承　安装尺寸》。

本标准与 GB/T 5868—1986 相比主要变化如下：

——按照 GB/T 1.1—2000 修改了编写格式；

——更改了各类轴承代号(1986 年版的表 1～表 5 及附录 A 的表 A.1,本版的表 1～表 13)；

——增加了符号的含义(见第 3 章)；

——更改了参数符号(1986 年版的第 5 章～第 7 章及附录 A,本版的 4.5～4.7)；

——将"安装尺寸"合为一章(1986 年版的第 3 章～第 7 章,本版的第 4 章)；

——增加了圆柱滚子轴承"F_w"或"E_w"尺寸(见表 3、表 4)；

——更改了圆柱滚子轴承、圆锥滚子轴承个别尺寸段的安装尺寸(1986 年版的表 3、表 4,本版的表 3、表 4、表 6～表 10)；

——增加了实体外圈滚针轴承的安装尺寸(见 4.4)；

——将原附录中的"推力调心滚子轴承安装尺寸"移至标准正文(1986 年版的附录 A,本版的 4.7)；

——增加了资料性附录"带紧定套向心轴承的安装尺寸"(见附录 A)。

本标准的附录 A 为资料性附录。

本标准由中国机械工业联合会提出。

本标准由全国滚动轴承标准化技术委员会(CSBTS/TC 98)归口。

本标准起草单位:洛阳轴承研究所。

本标准主要起草人:马素青。

本标准所代替标准的历次版本发布情况为：

——GB/T 5868—1986。

滚动轴承　安装尺寸

1　范围

本标准规定了安装滚动轴承的轴及外壳等与轴承有关连的尺寸(以下简称安装尺寸)。

本标准适用于普通使用条件下、外形尺寸符合 GB/T 273.1—2003、GB/T 273.2—1998 和 GB/T 273.3—1999的轴承。

2　规范性引用文件

下列文件中的条款通过本标准的引用而成为本标准的条款。凡是注日期的引用文件，其随后所有的修改单(不包括勘误的内容)或修订版均不适用于本标准，然而，鼓励根据本标准达成协议的各方研究是否可使用这些文件的最新版本。凡是不注日期的引用文件，其最新版本适用于本标准。

GB/T 273.1—2003　滚动轴承　圆锥滚子轴承　外形尺寸总方案(ISO 355:1977,MOD)

GB/T 273.2—1998　滚动轴承　推力轴承　外形尺寸　总方案(eqv ISO 104:1994)

GB/T 273.3—1999　滚动轴承　向心轴承　外形尺寸　总方案(eqv ISO 15:1998)

GB/T 274—2000　滚动轴承　倒角尺寸　最大值(idt ISO 582:1995)

3　符号(见图 1～图 6)

B_a、B_b—隔圈内孔宽度

D—轴承公称外径

D_a—外壳孔挡肩直径

D_b—外圈、挡圈等的内径或外壳孔挡肩的直径

d—轴承公称内径

d_a—轴肩直径

d_b、d_c、d_d—内圈、挡圈、隔圈等的外径或轴、内孔的直径

d_1—紧定衬套内径

E_w—滚子(针)组外径

F_w—滚子(针)组内径

h—轴和外壳孔的挡肩高度

N_b、N_t—隔离宽度

r_{smin}—轴承最小单一倒角尺寸

r_{asmax}—轴和外壳孔最大单一圆角半径

S_a—与圆锥滚子轴承保持架相对的外圈宽端面安装用退刀槽宽度

S_b—与圆锥滚子轴承保持架相对的外圈窄端面安装用退刀槽宽度

4　安装尺寸

4.1　轴和外壳孔的最大单一圆角半径(r_{asmax})

为了保证轴承端面与挡肩接触，轴上与外壳孔内的圆角与滚动轴承内、外圈倒角之间应留有间隙，安装向心轴承或推力轴承的轴和外壳孔的最大单一圆角半径(r_{asmax})应符合表 1 的规定。

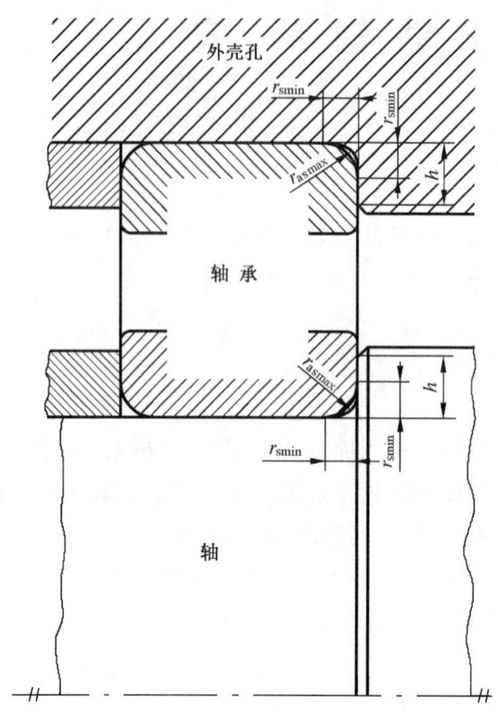

图 1

表 1 轴和外壳孔的最大单一圆角半径

单位为毫米

r_{smin}	r_{asmax}	r_{smin}	r_{asmax}
0.05	0.05	2	2
0.08	0.08	2.1	2
0.1	0.1	3	2.5
0.15	0.15	4	3
0.2	0.2	5	4
0.3	0.3	6	5
0.6	0.6	7.5	6
1	1	9.5	8
1.1	1.1	12	10
1.5	1.5	15	12

4.2 深沟球轴承、角接触球轴承、调心球轴承及调心滚子轴承的挡肩高度(h)

确定挡肩高度时,应保证挡肩与轴承端面充分接触,同时还应便于轴承安装和拆卸工具的使用。在一般和特殊情况下,挡肩最小高度(h_{min})应符合表 2 的规定。

表 2 挡肩最小高度

单位为毫米

r_{smin}	h min		r_{smin}	h min	
	一般情况	特殊情况[a]		一般情况	特殊情况[a]
0.05	0.2	—	2	5	4.5
0.08	0.3	—	2.1	6	5.5
0.1	0.4	—	3	7	6.5
0.15	0.6	—	4	9	8
0.2	0.8	—	5	11	10
0.3	1.2	1	6	14	12
0.6	2.5	2	7.5	18	—
1	3	2.5	9.5	22	—
1.1	3.5	3.3	12	27	—
1.5	4.5	4	15	32	—

[a] 特殊情况是指推力载荷极小，或设计上要求挡肩必须小的情况。

4.3 圆柱滚子轴承的安装尺寸

圆柱滚子轴承为可分离型轴承，为使其分部件便于分别安装与拆卸，该类轴承的安装尺寸应符合表3、表4的规定。

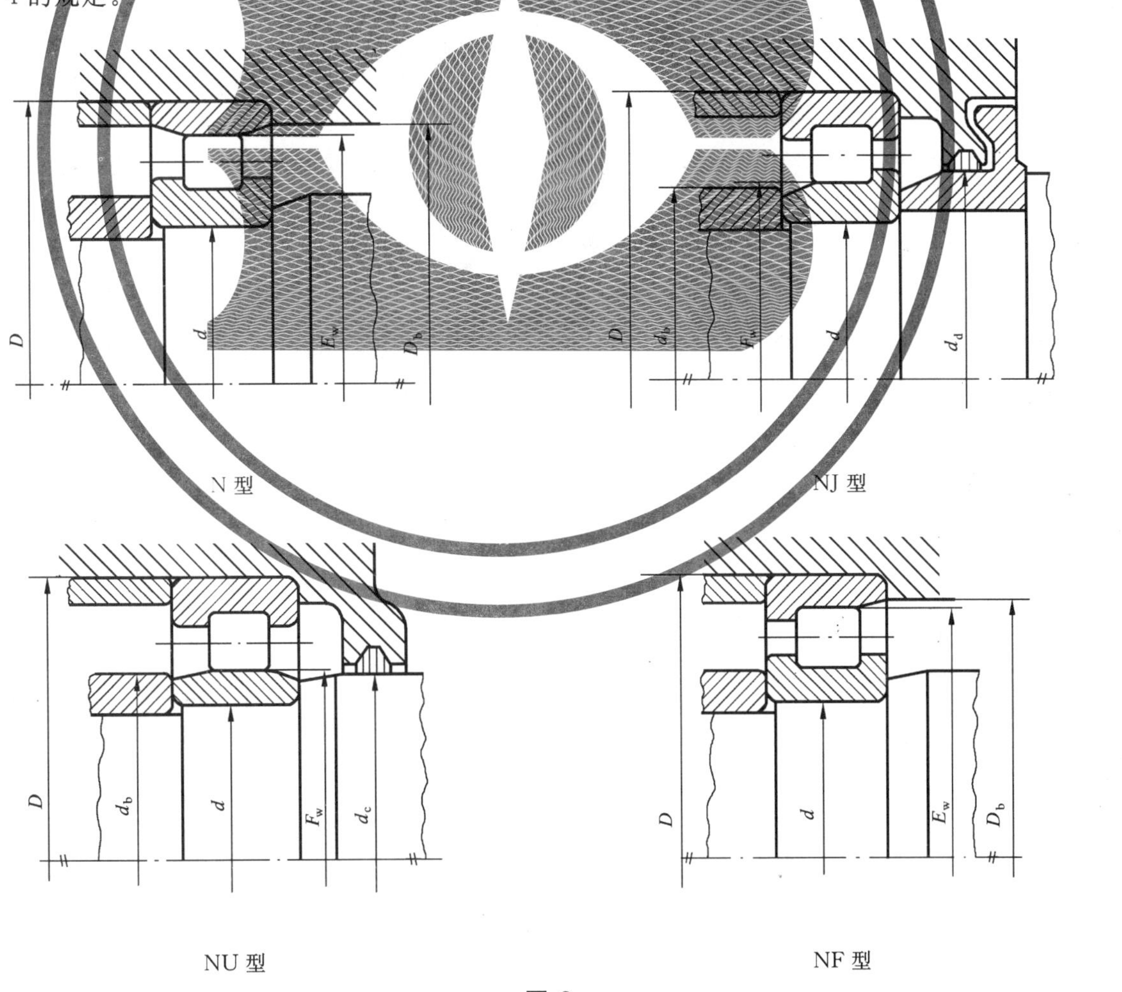

图 2

表 3　10 系列、02 系列圆柱滚子轴承安装尺寸

单位为毫米

d	10 系列				02 系列						
	D	NU 1000E			D	NU 200E NJ 200E		NU 200E	NJ 200E	N 200E NF 200E	
		F_w	d_b max	d_c min		F_w	d_b max	d_c min	d_d min	E_w	D_b min
20	—	—	—	—	47	26.5	26	29	32	41.5	42
25	47	30.5	30	32	52	31.5	31	34	37	46.5	47
30	55	36.5	35	38	62	37.5	37	40	44	55.5	56
35	62	42	41	44	72	44	43	46	50	64	64
40	68	47	46	49	80	49.5	49	52	56	71.5	72
45	75	52.5	52	54	85	54.5	54	57	61	76.5	77
50	80	57.5	57	59	90	59.5	58	62	67	81.5	83
55	90	64.5	63	66	100	66	65	68	73	90	91
60	95	69.5	68	71	110	72	71	75	80	100	100
65	100	74.5	73	76	120	78.5	77	81	87	108.5	109
70	110	80	78	82	125	83.5	82	86	92	113.5	114
75	115	85	83	87	130	88.5	87	90	96	118.5	120
80	125	91.5	90	94	140	95.3	94	97	104	127.3	128
85	130	96.5	95	99	150	100.5	99	104	110	136.5	137
90	140	103	101	106	160	107	105	110	116	145	146
95	145	108	106	111	170	112.5	111	116	123	154.5	155
100	150	113	111	116	180	119	117	122	130	163	164
105	160	119.5	118	122	190	125	124	130	137	173	173
110	170	125	124	128	200	132.5	130	137	144	180.5	182
120	180	135	134	138	215	143.5	141	144	156	195.5	196
130	200	148	146	151	230	153.5	151	158	168	209.5	208
140	210	158	156	161	250	169	166	171	182	225	225
150	225	169.5	167	173	270	182	179	184	196	242	242
160	240	180	178	184	290	195	192	197	210	259	261
170	260	193	190	197	310	207	204	211	223	279	280
180	280	205	203	209	320	217	214	221	233	289	290
190	290	215	213	219	340	230	227	234	247	306	307
200	310	229	226	233	360	243	240	247	261	323	323
220	340	250	248	254	400	268	266	273	289	—	—
240	360	270	268	275	440	293	290	298	316	—	—
260	400	296	292	300	480	317	315	323	343	—	—

表 4　03 系列、04 系列圆柱滚子轴承安装尺寸　　单位为毫米

d	03 系列							04 系列				
	D	NU 300E NJ 300E		NU 300E	NJ 300E	N 300E NF 300E		D	NU 400 NJ 400		NU 400	NJ 400
		F_w	d_b max	d_c min	d_d min	E_w	D_b min		F_w	d_b max	d_c min	d_d min
20	52	27.5	27	30	33	45.4	47	—	—	—	—	—
25	62	34	33	37	40	54	55	—	—	—	—	—
30	72	40.5	40	44	48	62.6	64	90	45	44	47	52
35	80	46.2	45	48	53	70.2	71	100	53	52	55	61
40	90	52	51	55	60	80	80	110	58	57	60	67
45	100	58.5	57	60	66	88.5	89	120	64.5	63	66	74
50	110	65	63	67	73	97	98	130	70.8	69	73	81
55	120	70.5	69	72	80	106.5	107	140	77.2	76	79	87
60	130	77	75	79	86	115	116	150	83	82	85	94
65	140	82.5	81	85	93	124.5	125	160	89.5	88	91	100
70	150	89	87	92	100	133	134	180	100	99	102	112
75	160	95	93	97	106	143	143	190	104.5	103	107	118
80	170	101	99	105	114	151	151	200	110	109	112	124
85	180	108	106	110	119	160	160	210	115.5	111	115	128
90	190	113.5	111	117	127	169.5	170	225	123.5	122	125	139
95	200	121.5	119	124	134	177.5	178	240	133.5	132	136	149
100	215	127.5	125	132	143	191.5	192	250	139	137	141	156
105	225	133	132	137	149	201	201	260	144.5	143	147	162
110	240	143	140	145	158	211	211	280	155	153	157	173
120	260	154	151	156	171	230	230	310	170	168	172	190
130	280	167	164	169	184	247	247	340	185	183	187	208
140	300	180	176	182	198	260	260	360	196	195	200	222
150	320	193	190	195	213	283	283	380	209	208	216	237
160	340	204	200	211	228	300	300	—	—	—	—	—
170	360	218	216	223	241	318	318	—	—	—	—	—
180	380	231	227	235	255	—	—	—	—	—	—	—
190	400	245	240	248	268	—	—	—	—	—	—	—
200	420	258	254	263	283	—	—	—	—	—	—	—

4.4　实体外圈滚针轴承的安装尺寸

实体外圈滚针轴承为可分离型轴承，为使其分部件便于分别安装与拆卸，该类轴承的安装尺寸应符合表 5 的规定。

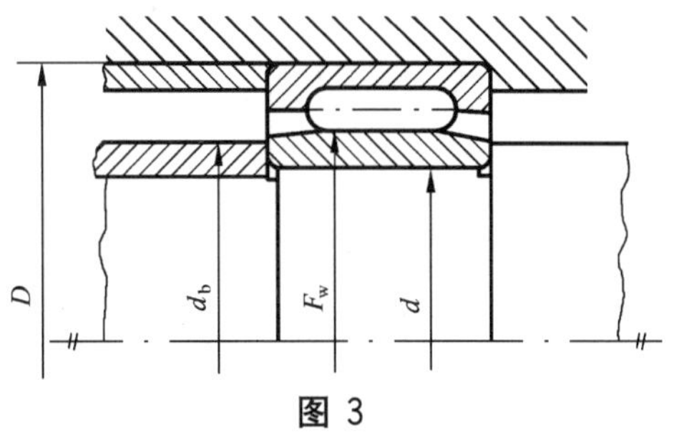

图 3

表 5　实体外圈滚针轴承安装尺寸

单位为毫米

d	NA 48 系列			NA 49 系列		
	D	F_w	d_b max	D	F_w	d_b max
15	—	—	—	28	20	19
17	—	—	—	30	22	21
20	—	—	—	37	25	24
22	—	—	—	39	28	27
25	—	—	—	42	30	29
28	—	—	—	45	32	31
30	—	—	—	47	35	34
32	—	—	—	52	40	39
35	—	—	—	55	42	41
40	—	—	—	62	48	47
45	—	—	—	68	52	51
50	—	—	—	72	58	57
55	—	—	—	80	63	61
60	—	—	—	85	68	66
65	—	—	—	90	72	70
70	—	—	—	100	80	78
75	—	—	—	105	85	83
80	—	—	—	110	90	88
85	—	—	—	120	100	98
90	—	—	—	125	105	103
95	—	—	—	130	110	108
100	—	—	—	140	115	113
110	140	120	118	150	125	123
120	150	130	128	165	135	133
130	165	145	143	180	150	148
140	175	155	153	190	160	158
150	190	165	163	—	—	—
160	200	175	173	—	—	—
170	215	185	183	—	—	—
180	225	195	193	—	—	—
190	240	210	203	—	—	—
200	250	220	218	—	—	—

4.5　圆锥滚子轴承的安装尺寸

圆锥滚子轴承的保持架凸出外圈端面，为避免保持架与相关机器零件接触，圆锥滚子轴承的安装尺寸应符合表 6～表 11 的规定。

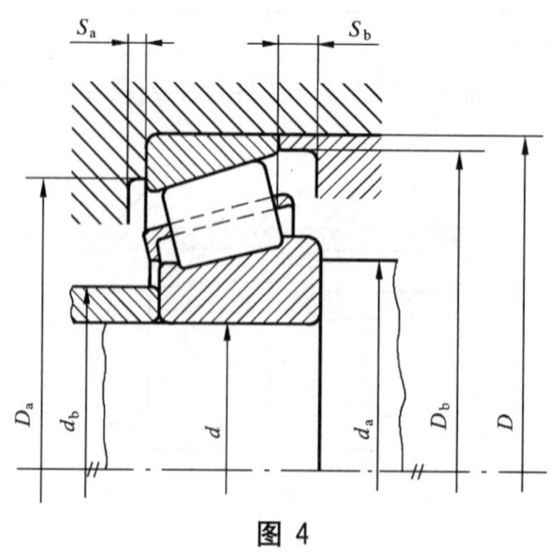

图 4

表 6　02 系列圆锥滚子轴承安装尺寸　　单位为毫米

d	302 系列							
	D	d_a min	d_b max	D_a min	D_a max	D_b min	S_a min	S_b min
17	40	23	23	34	34	37	2	2.5
20	47	26	27	40	41	43	2	3.5
25	52	31	31	44	46	48	2	3.5
30	62	36	37	53	56	57	2	3.5
32	65	38	39	56	59	60	3	3.5
35	72	42	44	62	65	67	3	3.5
40	80	47	49	69	73	74	3	4.0
45	85	52	54	74	78	80	3	5.0
50	90	57	58	79	83	85	3	5.0
55	100	64	64	88	91	94	4	5.0
60	110	69	70	96	101	103	4	5.0
65	120	74	77	106	111	113	4	5.0
70	125	79	81	110	116	118	4	5.5
75	130	84	86	115	121	124	4	5.5
80	140	90	91	124	130	133	4	6.0
85	150	95	97	132	140	141	5	6.5
90	160	100	103	140	150	151	5	6.5
95	170	107	109	149	158	160	5	7.5
100	180	112	115	157	168	169	5	8.0
105	190	117	122	165	178	178	6	9.0
110	200	122	129	174	188	188	6	9.0
120	215	132	140	187	203	202	6	9.5
130	230	144	152	203	216	218	7	10.0
140	250	154	163	219	236	235	9	11.0
150	270	164	175	234	256	251	9	11.0
160	290	174	189	252	276	270	9	12.0
170	310	188	201	269	292	290	9	14.0
180	320	198	209	278	302	299	9	14.0
190	340	208	223	298	322	320	9	14.0
200	360	218	235	315	342	338	9	16.0

表 7　03 系列圆锥滚子轴承安装尺寸

单位为毫米

d	303 系列							
	D	d_a min	d_b max	D_a min	D_a max	D_b min	S_a min	S_b min
15	42	21	22	36	36	38	2	3.5
17	47	23	25	40	41	42	3	3.5
20	52	27	28	44	45	47	3	3.5
25	62	32	35	54	55	57	3	3.5
30	72	37	41	62	65	66	3	5.0
35	80	44	45	70	71	74	3	5.0
40	90	49	52	77	81	82	3	5.5
45	100	54	59	86	91	92	3	5.5
50	110	60	65	95	100	102	4	6.5
55	120	65	71	104	110	112	4	6.5
60	130	72	77	112	118	121	5	7.5
65	140	77	83	122	128	131	5	8.0
70	150	82	89	130	138	140	5	8.0
75	160	87	95	139	148	149	5	9.0
80	170	92	102	148	158	159	5	9.5
85	180	99	107	156	166	168	6	10.5
90	190	104	113	165	176	177	6	10.5
95	200	109	118	172	186	185	6	11.5
100	215	114	127	184	201	198	6	12.5
105	225	119	133	193	211	207	7	12.5
110	240	124	142	206	226	221	8	12.5
120	260	134	153	221	246	238	8	13.5
130	280	145	164	239	262	257	8	15.0
140	300	155	176	255	282	275	9	15.0
150	320	165	189	273	302	294	9	17.0
160	340	175	201	290	322	312	9	17.0
170	360	185	214	307	342	331	10	18.0
180	380	198	228	327	362	351	10	19.0

表 8　13 系列圆锥滚子轴承安装尺寸

单位为毫米

d	313 系列							
	D	d_a	d_b	D_a		D_b	S_a	S_b
		min	max	min	max	min	min	min
25	62	32	33	47	55	59	3	5.5
30	72	37	38	55	65	68	3	7.0
35	80	44	43	62	71	76	4	8.0
40	90	49	49	71	81	86	4	8.5
45	100	54	55	79	91	95	4	9.5
50	110	60	60	87	100	105	4	10.5
55	120	65	64	94	110	114	4	10.5
60	130	72	70	103	118	124	5	11.5
65	140	77	76	111	128	133	5	13.0
70	150	82	81	118	138	142	5	13.0
75	160	87	87	127	148	153	6	14.0
80	170	92	92	134	158	160	6	15.5
85	180	99	98	143	166	170	6	16.5
90	190	104	103	151	176	180	6	16.5
95	200	109	108	157	186	188	6	17.5
100	215	114	117	168	201	203	7	21.5
105	225	119	122	176	211	212	7	22.0
110	240	124	132	188	226	225	7	25.0
120	260	134	141	203	246	245	9	26.0
130	280	147	151	218	262	263	9	28.0
140	300	157	163	235	282	282	9	30.0
150	320	167	174	251	302	302	9	32.0

表 9　20 系列圆锥滚子轴承安装尺寸　　单位为毫米

d	320 系列							
	D	d_a min	d_b max	D_a min	D_a max	D_b min	S_a min	S_b min
28	52	34	33	45	46	49	3	4.0
30	55	36	35	48	49	52	3	4.0
32	58	38	38	50	52	55	3	4.0
35	62	41	40	54	56	59	4	4.0
40	68	46	46	60	62	65	4	4.5
45	75	51	51	67	69	72	4	4.5
50	80	56	56	72	74	77	4	4.5
55	90	62	63	81	83	86	4	5.5
60	95	67	67	85	88	91	4	5.5
65	100	72	72	90	93	97	4	5.5
70	110	77	78	98	103	105	5	6.0
75	115	82	83	103	108	110	5	6.0
80	125	87	89	112	117	120	6	7.0
85	130	92	94	117	122	125	6	7.0
90	140	99	100	125	131	134	6	8.0
95	145	104	105	130	136	140	6	8.0
100	150	109	109	134	141	144	6	8.0
105	160	115	116	143	150	154	6	9.0
110	170	120	122	152	160	163	7	9.0
120	180	130	131	161	170	173	7	9.0
130	200	140	144	178	190	192	8	11.0
140	210	150	153	187	200	202	8	11.0
150	225	162	164	200	213	216	8	12.0
160	240	172	175	213	228	231	8	13.0
170	260	182	187	230	248	249	10	14.0
180	280	192	199	247	268	267	10	16.0
190	290	202	209	257	278	279	10	16.0
200	310	212	221	273	298	297	11	17.0
220	340	234	243	300	326	326	12	19.0
240	360	254	261	318	346	346	12	19.0
260	400	278	287	352	382	383	14	22.0
280	420	298	305	370	402	402	14	22.0
300	460	318	329	404	442	439	15	26.0
320	480	338	350	424	462	461	15	26.0

表 10　22 系列圆锥滚子轴承安装尺寸　　　　单位为毫米

d	322 系列							
	D	d_a min	d_b max	D_a		D_b min	S_a min	S_b min
				min	max			
30	62	36	37	52	56	58	3	4.5
35	72	42	43	61	65	67	3	5.5
40	80	47	48	68	73	75	3	6.0
45	85	52	53	73	78	80	3	6.0
50	90	57	58	78	83	85	3	6.0
55	100	64	63	87	91	95	4	6.0
60	110	69	69	95	101	104	4	6.0
65	120	74	75	104	111	115	4	6.0
70	125	79	80	108	116	119	4	6.5
75	130	84	85	115	121	125	4	6.5
80	140	90	90	122	130	134	5	7.5
85	150	95	96	130	140	143	5	8.5
90	160	100	101	138	150	153	5	8.5
95	170	107	107	145	158	162	5	8.5
100	180	112	113	154	168	171	5	10.0
105	190	117	119	161	178	180	5	10.0
110	200	122	125	170	188	191	6	10.0
120	215	132	135	181	203	205	7	11.5
130	230	144	144	193	216	220	7	14.0
140	250	154	157	210	236	239	8	14.0
150	270	164	170	226	256	256	8	17.0
160	290	174	181	242	276	276	10	17.0
170	310	188	194	259	292	296	10	20.0
180	320	198	202	267	302	305	10	20.0
190	340	208	215	286	322	325	10	22.0
200	360	218	222	302	342	342	11	22.0

表 11 23 系列圆锥滚子轴承安装尺寸

单位为毫米

d	323 系列							
	D	d_a min	d_b max	D_a min	D_a max	D_b min	S_a min	S_b min
17	47	23	24	39	41	43	3	4.5
20	52	27	27	43	45	47	3	4.5
25	62	32	33	52	55	57	3	5.5
30	72	37	39	59	65	66	4	6.0
35	80	44	44	66	71	74	4	8.0
40	90	49	50	73	81	82	4	8.5
45	100	54	56	82	91	93	4	8.5
50	110	60	62	90	100	102	5	9.5
55	120	65	68	99	110	111	5	10.5
60	130	72	73	107	118	121	6	11.5
65	140	77	80	117	128	131	6	12.0
70	150	82	86	125	138	140	6	12.0
75	160	87	91	133	148	150	7	13.0
80	170	92	98	142	158	160	7	13.5
85	180	99	103	150	166	168	8	14.5
90	190	104	108	157	176	178	8	14.5
95	200	109	114	166	186	187	8	16.5
100	215	114	123	177	201	201	8	17.5
105	225	119	128	185	211	210	8	18.5
110	240	124	137	198	226	223	9	19.5
120	260	134	148	213	246	241	9	21.5

4.6 推力球轴承的安装尺寸

安装推力球轴承时，轴肩直径(d_a)及外壳孔的挡肩直径(D_a)应符合表 12 的规定。

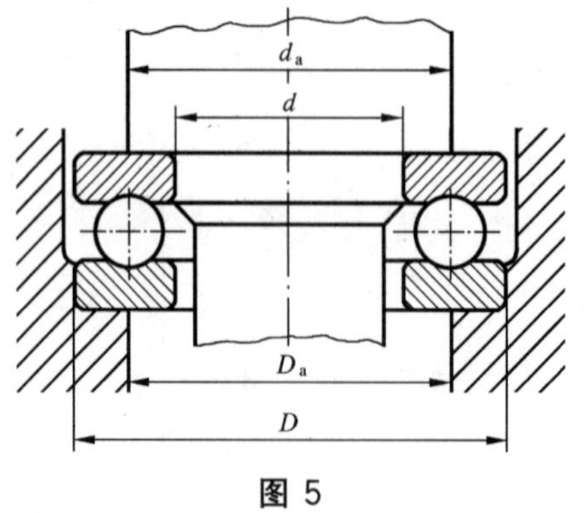

图 5

表 12 推力球轴承安装尺寸

单位为毫米

d	511 系列			512 系列			513 系列			514 系列		
	D	d_a min	D_a max	D	d_a min	D_a max	D	d_a min	D_a max	D	d_a min	D_a max
10	24	18	16	26	20	16	—	—	—	—	—	—
12	26	20	18	28	22	18	—	—	—	—	—	—
15	28	23	20	32	25	22	—	—	—	—	—	—
17	30	25	22	35	28	24	—	—	—	—	—	—
20	35	29	26	40	32	28	—	—	—	—	—	—
25	42	35	32	47	38	34	52	41	36	60	46	39
30	47	40	37	52	43	39	60	48	42	70	54	46
35	52	45	42	62	51	46	68	55	48	80	62	53
40	60	52	48	68	57	51	78	63	55	90	70	60
45	65	57	53	73	62	56	85	69	61	100	78	67
50	70	62	58	78	67	61	95	77	68	110	86	74
55	78	69	64	90	76	69	105	85	75	120	94	81
60	85	75	70	95	81	74	110	90	80	130	102	88
65	90	80	75	100	86	79	115	95	85	140	110	95
70	95	85	80	105	91	84	125	103	92	150	118	102
75	100	90	85	110	96	89	135	111	99	160	125	110
80	105	95	90	115	101	94	140	116	104	170	133	117
85	110	100	95	125	109	101	150	124	111	180	141	124
90	120	108	102	135	117	108	155	129	116	190	149	131
100	135	121	114	150	130	120	170	142	128	210	165	145
110	145	131	124	160	140	130	190	158	142	230	181	159
120	155	141	134	170	150	140	210	173	157	250	196	174
130	170	154	146	190	166	154	225	186	169	270	212	188
140	180	164	156	200	176	164	240	199	181	280	222	198
150	190	174	166	215	189	176	250	209	191	300	238	212
160	200	184	176	225	199	186	270	225	205	—	—	—
170	215	197	188	240	212	198	280	235	215	—	—	—
180	225	207	198	250	222	208	300	251	229	—	—	—
190	240	220	210	270	238	222	320	266	244	—	—	—
200	250	230	220	280	248	232	340	282	258	—	—	—
220	270	250	240	300	268	252	—	—	—	—	—	—
240	300	276	264	340	299	281	—	—	—	—	—	—
260	320	296	284	360	319	301	—	—	—	—	—	—
280	350	322	308	380	339	321	—	—	—	—	—	—
300	380	348	332	420	371	349	—	—	—	—	—	—
320	400	368	352	440	391	369	—	—	—	—	—	—
340	420	388	372	460	411	389	—	—	—	—	—	—
360	440	408	392	500	442	418	—	—	—	—	—	—

4.7 推力调心滚子轴承的安装尺寸

安装推力调心滚子轴承时，轴肩直径(d_a)及外壳孔的挡肩直径(D_a)应符合表 13 的规定。

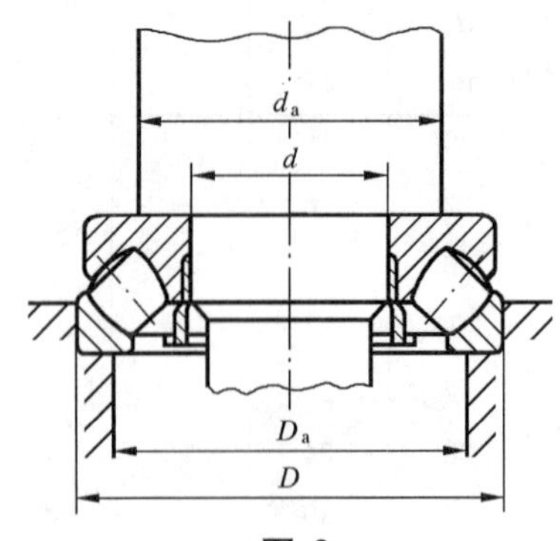

图 6

表 13 推力调心滚子轴承安装尺寸

单位为毫米

d	292 系列			293 系列			294 系列		
	D	d_a min	D_a max	D	d_a min	D_a max	D	d_a min	D_a max
60	—	—	—	—	—	—	130	90	107
65	—	—	—	—	—	—	140	100	115
70	—	—	—	—	—	—	150	105	124
75	—	—	—	—	—	—	160	115	132
80	—	—	—	—	—	—	170	120	141
85	—	—	—	150	115	129	180	130	150
90	—	—	—	155	118	135	190	135	158
100	—	—	—	170	132	148	210	150	175
110	—	—	—	190	145	165	230	165	192
120	—	—	—	210	160	182	250	180	210
130	—	—	—	225	170	195	270	195	227
140	—	—	—	240	185	208	280	205	237
150	—	—	—	250	195	220	300	220	253
160	—	—	—	270	210	236	320	230	271
170	—	—	—	280	220	247	340	245	288
180	—	—	—	300	235	263	360	260	305
190	—	—	—	320	250	281	380	275	322
200	280	235	258	340	265	298	400	290	338
220	300	260	277	360	285	316	420	310	360
240	340	285	311	380	300	337	440	330	381
260	360	305	331	420	330	372	480	360	419
280	380	325	351	440	350	394	520	390	446
300	420	355	386	480	380	429	540	410	471
320	440	375	406	500	400	449	580	435	507
340	460	395	427	540	430	484	620	465	541
360	500	420	461	560	450	504	640	485	560
380	520	440	480	600	480	538	670	510	587

表 13(续)

单位为毫米

d	292 系列			293 系列			294 系列		
	D	d_a min	D_a max	D	d_a min	D_a max	D	d_a min	D_a max
400	540	460	500	620	500	557	710	540	622
420	580	490	534	650	525	585	730	560	643
440	600	510	554	680	548	614	780	595	684
460	620	530	575	710	575	638	800	615	704
480	650	555	603	730	593	660	850	645	744
500	670	575	622	750	615	683	870	670	765
530	710	611	661	800	650	724	920	700	810
560	750	645	697	850	691	770	980	750	860
600	800	690	744	900	735	815	1 030	800	900
表中所列数值适用于轻、中载荷的情况，当载荷增大时应增大 d_a 减小 D_a。									

4.8 带紧定套向心轴承的安装尺寸

带紧定套向心轴承的安装尺寸参见附录 A。

附 录 A
（资料性附录）
带紧定套向心轴承的安装尺寸

为将带紧定套向心轴承精确地固定在轴上，一般使用隔圈，隔圈的内部尺寸应能保证轴承轴向精确定位，并易于紧定套的拆卸，隔圈内部尺寸参见表 A.1、表 A.2。

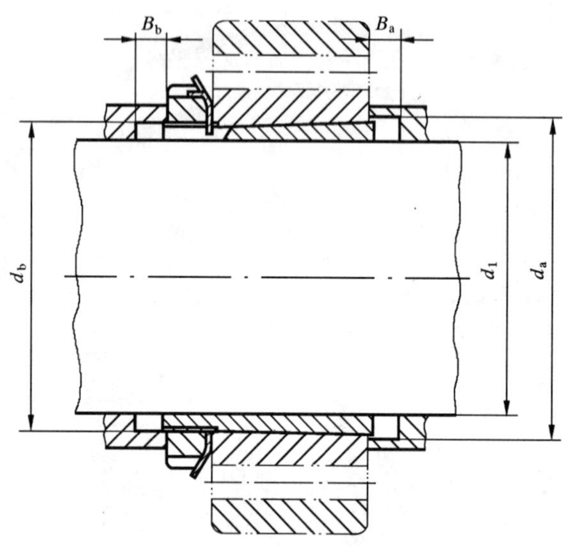

图 A.1

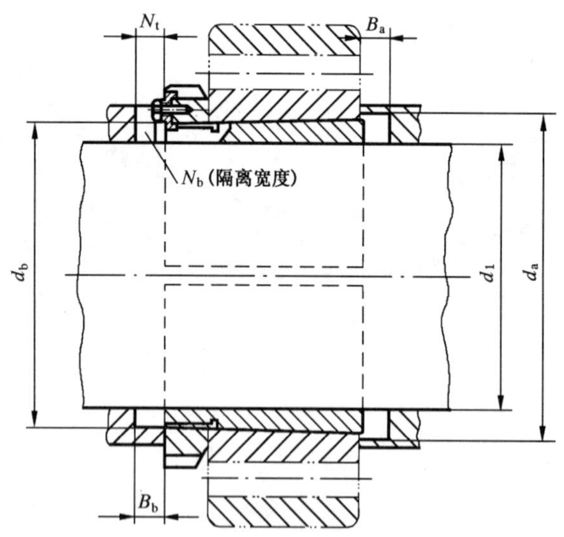

图 A.2

表 A.1 带 H2、H3、H23 系列紧定套向心轴承安装尺寸 单位为毫米

d_1	d	d_b min	B_b min	紧定套系列							
				H2		H3			H23		
				d_a min	轴承尺寸系列	d_a min	轴承尺寸系列		d_a min	轴承尺寸系列	
					02		22	03		32	23
					B_a min		B_a min			B_a min	
17	20	21	5	23	5	23	5	8	24	—	5
20	25	26	5	28	6	28	5	6	30	—	5
25	30	31	5	33	6	33	5	6	35	—	5
30	35	36	5	38	5	39	5	7	40	—	5
35	40	41	6	43	5	44	5	5	45	—	5
40	45	46	6	48	5	50	7	5	50	—	5
45	50	51	6	53	5	55	9	5	56	—	5
50	55	56	6	60	6	60	10	6	61	—	6
55	60	61	7	64	6	65	9	6	66	—	6
60	65	66	7	70	6	70	8	6	72	—	6
60	70	71	7	75	6	75	9	6	76	—	6
65	75	76	7	80	6	80	12	6	82	—	6
70	80	81	7	85	6	85	12	6	88	—	6
75	85	86	7	90	7	91	12	7	94	—	7
80	90	91	7	95	7	96	10	7	100	18	7
85	95	96	8	100	7	102	9	7	105	18	7
90	100	101	8	106	7	108	8	7	110	19	7
95	105	106	8	116	7	113	—	8	—	—	—
100	110	111	8	116	7	118	6	9	121	17	7
110	120	121	8	—	—	—	—	—	131	17	7
115	130	131	8	—	—	—	—	—	142	21	8
125	140	141	9	—	—	—	—	—	152	22	8
135	150	151	9	—	—	—	—	—	163	20	8
140	160	161	9	—	—	—	—	—	174	18	8
150	170	171	9	—	—	—	—	—	185	18	8
160	180	181	9	—	—	—	—	—	195	22	8
170	190	191	10	—	—	—	—	—	206	21	9
180	200	201	10	—	—	—	—	—	216	19	9
200	220	221	10	—	—	—	—	—	236	10	9
220	240	241	—	—	—	—	—	—	257	6	11
240	260	261	—	—	—	—	—	—	278	2	11
260	280	281	—	—	—	—	—	—	299	11	12

表 A.2 带 H30、H31、H32、H39 系列紧定套向心轴承安装尺寸 单位为毫米

d_1	d	d_b min	B_b min	紧定套系列													
				H30 H39	H31 H32	H30 H39	H31 H32	H30			H31			H32		H39	
				N_b min		N_t min		d_a min	轴承尺寸系列		d_a min	轴承尺寸系列		d_a min	轴承尺寸系列	d_a min	轴承尺寸系列
									30	02		31	32		32		39
									B_a min			B_a min			B_a min		B_a min
90	100	101	8	—	—	—	—	—	—	—	106	6	—	—	—	—	—
100	110	111	8	—	—	—	—	—	—	—	117	7	—	—	—	—	—
110	120	121	8	—	—	—	—	127	7	13	128	7	11	—	—	—	—
115	130	131	8	—	—	—	—	137	8	20	138	8	8	—	—	—	—
125	140	141	9	—	—	—	—	147	8	19	149	8	8	—	—	—	—
135	150	151	9	—	—	—	—	158	8	19	160	8	15	—	—	—	—
140	160	161	9	—	—	—	—	168	8	20	170	8	14	—	—	—	—
150	170	171	9	—	—	—	—	179	8	23	180	8	10	—	—	—	—
160	180	181	9	—	—	—	—	189	8	30	191	8	18	—	—	—	—
170	190	191	10	—	—	—	—	199	9	29	202	9	21	—	—	—	—
180	200	201	10	—	—	—	—	210	9	33	212	9	24	—	—	—	—
200	220	221	10	20	—	14	—	231	9	34	233	9	21	—	—	229	12
220	240	241	12	20	—	15	—	251	11	31	254	11	19	—	—	249	12
240	260	261	12	20	—	15	—	272	11	35	276	11	25	—	—	270	12
260	280	281	12	24	—	15	—	292	12	38	296	12	28	—	—	290	12
280	300	301	12	24	24	15	16	313	12	45	318	12	32	321	12	312	12
300	320	321	12	24	24	16	18	334	13	42	338	13	39	343	13	332	13
320	340	341	14	24	28	16	22	355	14	—	360	14	—	364	14	352	14
340	360	361	14	28	28	16	22	375	14	—	380	14	—	385	14	372	14
360	380	381	14	28	32	18	22	396	15	—	401	15	—	405	15	394	15
380	400	401	14	28	32	18	24	417	15	—	421	15	—	427	15	414	15
400	420	421	16	32	32	18	24	437	16	—	443	16	—	449	16	434	16
410	440	441	16	32	36	22	24	458	17	—	463	17	—	469	17	454	17
430	460	461	16	32	36	22	24	478	17	—	484	17	—	490	17	474	17
450	480	481	16	36	36	22	24	499	18	—	505	18	—	512	18	496	18
470	500	501	16	36	40	22	24	519	18	—	527	18	—	534	18	516	18
500	530	531	20	40	40	26	30	551	20	—	558	20	—	566	20	547	20
530	560	561	20	40	45	26	30	582	20	—	589	20	—	596	20	577	20
560	600	601	20	40	45	26	30	623	22	—	632	22	—	639	22	619	22
600	630	631	20	45	50	26	30	654	22	—	663	22	—	672	22	650	22
630	670	671	20	45	50	26	30	695	22	—	704	22	—	712	22	690	22
670	710	711	20	50	55	26	34	736	26	—	745	26	—	753	26	732	26
710	750	751	20	55	60	26	34	778	26	—	787	26	—	796	26	772	26
750	800	801	24	55	60	26	34	829	28	—	838	28	—	848	28	825	28
800	850	851	24	60	70	30	34	880	28	—	890	28	—	900	28	876	28
850	900	901	24	60	70	30	34	931	30	—	942	30	—	950	30	924	30
900	950	951	24	60	70	30	34	983	30	—	994	30	—	1 000	30	976	30
950	1 000	1 001	24	60	70	30	39	1 034	33	—	1 047	33	—	1 055	33	1 028	33
1 000	1 060	1 061	24	60	70	30	39	1 096	33	—	1 110	33	—	—	—	1 090	33

ICS 21.100.20
J 11

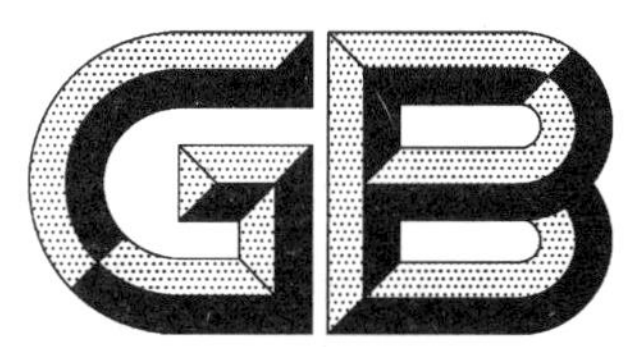

中华人民共和国国家标准

GB/T 6391—2010/ISO 281:2007
代替 GB/T 6391—2003
GB/T 20059—2006

滚动轴承　额定动载荷和额定寿命

Rolling bearings—Dynamic load ratings and rating life

(ISO 281:2007,IDT)

2011-01-14 发布　　2011-10-01 实施

中华人民共和国国家质量监督检验检疫总局
中国国家标准化管理委员会　发布

前　言

本标准等同采用ISO 281:2007《滚动轴承　额定动载荷和额定寿命》。

本标准等同翻译ISO 281:2007。

为了便于使用,本标准做了下列编辑性修改:

——“本国际标准”一词改为“本标准”;

——删除了国际标准的目次和前言;

——用小数点“.”代替作为小数点的逗号“,”。

本标准代替GB/T 6391—2003《滚动轴承　额定动载荷和额定寿命》和GB/T 20059—2006《滚动轴承　额定动载荷和额定寿命　基本额定动载荷计算中的间断点》。

本标准与GB/T 6391—2003相比,主要变化如下:

——增加了部分术语和定义(见第3章);

——增加了部分符号(见第4章);

——可靠度寿命修正系数a_1值略有改变,并且可靠度由99%延伸至99.95%(2003年版和本版的表12);

——增加了“疲劳载荷极限”方面的内容(见9.3.2);

——增加了“估算寿命修正系数的实用方法”方面的内容(见9.3.3);

——增加了附录“估算污染系数的详细方法”(见附录A);

——增加了附录“疲劳载荷极限的计算方法”(见附录B);

——将GB/T 20059—2006的内容纳入,增加了附录“基本额定动载荷计算中的间断点”(见附录C);

——删除了附录“参考文献”(2003年版的附录A);

——删除了附录“计算可靠度寿命修正系数a_1的公式”(2003年版的附录B)。

本标准的附录A、附录B和附录C均为资料性附录。

本标准由中国机械工业联合会提出。

本标准由全国滚动轴承标准化技术委员会(SAC/TC 98)归口。

本标准起草单位:洛阳轴承研究所有限公司、上海斐赛轴承科技有限公司。

本标准主要起草人:李飞雪、赵联春。

本标准所代替标准的历次版本发布情况为:

——GB 6391—1986、GB 6391—1995、GB/T 6391—2003;

——GB/T 20059—2006。

引　言

对于每一特定应用场合所选用的轴承，若都通过大量的试验来确定其是否适用，通常是不现实的。然而寿命(见3.1)是适用性的一种主要表现形式，因此，可以认为，可靠的寿命计算可以恰当和方便地替代试验。本标准旨在为寿命计算提供必要的依据。

GB/T 6391 自1995年发布以来，人们关于污染、润滑、安装内应力、淬硬应力、材料的疲劳载荷极限等因素对轴承寿命影响方面的知识增加了许多。在GB/T 6391—2003 轴承的修正额定寿命计算中，提出了一种笼统的方法，来考虑这些影响因素。本标准提出了一种实用的方法，来考虑润滑条件、被污染的润滑剂和轴承材料的疲劳载荷对轴承寿命的影响。

ISO/TS 16281[1]引入了先进的计算方法，可以使用户对常规载荷条件下轴承工作游隙和偏斜对轴承寿命的影响予以考虑。用户也可向轴承制造厂咨询这样的工作条件以及其他影响因素(如滚动体离心力或其他高速效应)下当量载荷和寿命的推荐值和估算值。

对于由使用条件和(或)内部结构造成滚动体与套圈滚道的接触区出现明显截断的轴承，按照本标准进行计算则不能得到满意的结果。例如，有装填槽的球轴承，当轴承在使用中承受轴向载荷时，装填槽实际上会伸入到球与沟道的接触区，其计算结果应进行修正方可适用。此时，用户应向轴承制造厂咨询。

可靠度寿命修正系数 a_1 略有改变，并已扩展至99.95%可靠度。

根据特殊轴承类型和材料的发展或其新信息，本标准尚需不断地进行修订。

关于本标准所列公式和系数推导的背景资料参见ISO/TR 8646[1)]和ISO/TR 1281-2[2]。

---

1) 已以ISO/TR 1281-1:2008发布。

滚动轴承　额定动载荷和额定寿命

1　范围

本标准规定了滚动轴承基本额定动载荷的计算方法，适用于尺寸范围符合有关标准规定、采用当代常用优质淬硬轴承钢，按良好的加工方法制造，且滚动接触表面的形状基本上为常规设计的滚动轴承。

本标准还规定了基本额定寿命的计算方法，该寿命是与90%的可靠度、常用优质材料和良好加工质量以及常规运转条件相关的寿命。此外，本标准还规定了考虑了不同可靠度、润滑条件、被污染的润滑剂和轴承疲劳载荷的修正额定寿命的计算方法。

本标准不包括磨损、腐蚀和电蚀对轴承寿命的影响。

本标准不适用于滚动体直接在轴或轴承座表面上运转的结构，除非该表面在各方面均与轴承套圈(或垫圈)滚道相当。

本标准中的双列向心轴承和双向推力轴承，均假定为对称结构。

有关各类轴承的其他限制条件，在相关条款中说明。

2　规范性引用文件

下列文件中的条款通过本标准的引用而成为本标准的条款。凡是注日期的引用文件，其随后所有的修改单(不包括勘误的内容)或修订版均不适用于本标准，然而，鼓励根据本标准达成协议的各方研究是否可使用这些文件的最新版本。凡是不注日期的引用文件，其最新版本适用于本标准。

GB/T 4662—2003　滚动轴承　额定静载荷(ISO 76:1987,IDT)

GB/T 6930—2002　滚动轴承　词汇(ISO 5593:1997,IDT)

GB/T 7811—2007　滚动轴承　参数符号(ISO 15241:2001,IDT)

ISO/TR 8646:1985　滚动轴承　对ISO 281/1-1977的注释[2)]

3　术语和定义

GB/T 6930—2002确立的以及下列术语和定义适用于本标准。

3.1

寿命　life

〈单套滚动轴承的〉寿命系指轴承的一个套圈或垫圈或滚动体材料上出现第一个疲劳扩展迹象之前，轴承的一个套圈或垫圈相对另一个套圈或垫圈旋转的转数。

注：寿命也可用某一给定的恒定转速下运转的小时数表示。

3.2

可靠度　reliability

〈轴承寿命范畴的可靠度〉系指一组在相同条件下运转、近于相同的滚动轴承期望达到或超过规定寿命的百分率。

注：单套滚动轴承的可靠度为该轴承达到或超过规定寿命的概率。

3.3

额定寿命　rating life

基于径向基本额定动载荷或轴向基本额定动载荷的寿命预期值。

---

2)　已以ISO/TR 1281-1:2008发布。

3.4

基本额定寿命　basic rating life

对于采用当代常用优质材料和具有良好加工质量并在常规运转条件下运转的轴承，系指与90%的可靠度相关的额定寿命。

3.5

修正额定寿命　modified rating life

考虑90%或其他可靠度水平、轴承疲劳载荷和(或)特殊的轴承性能和(或)被污染的润滑剂和(或)其他非常规运转条件，对基本额定寿命进行修正所得到的额定寿命。

3.6

径向基本额定动载荷　basic dynamic radial load rating

系指一套滚动轴承理论上所能承受的恒定不变的径向载荷。在该载荷作用下，轴承的基本额定寿命为一百万转。

注：对于单列角接触轴承，该载荷系指引起轴承套圈相互间产生纯径向位移的载荷的径向分量。

3.7

轴向基本额定动载荷　basic dynamic axial load rating

系指一套滚动轴承理论上所能承受的恒定的中心轴向载荷。在该载荷作用下，轴承的基本额定寿命为一百万转。

3.8

径向当量动载荷　dynamic equivalent radial load

系指一恒定不变的径向载荷，在该载荷作用下，滚动轴承具有与实际载荷条件下相同的寿命。

3.9

轴向当量动载荷　dynamic equivalent axial load

系指一恒定的中心轴向载荷，在该载荷作用下，滚动轴承具有与实际载荷条件下相同的寿命。

3.10

疲劳载荷极限　fatigue load limit

滚道最大承载接触处应力刚好达到疲劳应力极限 σ_u 时的轴承载荷。

3.11

滚子直径　roller diameter

对于对称滚子，〈用于额定载荷计算的〉滚子直径系指通过滚子长度中部的径向平面内的理论直径。

注：对于圆锥滚子，取滚子大端和小端理论尖角处直径的平均值。

对于非对称凸球面滚子，近似地取零载荷下滚子与无挡边滚道接触点处的直径。

3.12

滚子有效长度　effective roller length

〈用于额定载荷计算的〉滚子有效长度系指滚子与滚道在最短接触处的最大理论接触长度。

注：通常取滚子理论尖角之间的距离减去滚子倒角，或者取不包括磨削越程槽的滚道长度，择其小者。

3.13

公称接触角　nominal contact angle

垂直于轴承轴线的平面(径向平面)与通过轴承套圈或垫圈向滚动体传递力的合力名义作用线之间的夹角。

注：对于非对称滚子轴承，与无挡边滚道的接触决定了公称接触角。

3.14

球组节圆直径　pitch diameter of a ball set

包容轴承一列球的中心的圆的直径。

3.15

滚子组节圆直径　pitch diameter of a roller set

在轴承一列滚子的中部,贯穿滚子轴线的圆的直径。

3.16

常规运转条件　conventional operating conditions

可以假定这种运转条件为:轴承正确安装,无外来物侵入,润滑充分,按常规加载,工作温度不很苛刻,运转速度不是特别高或特别低。

3.17

黏度比　viscosity ratio

工作温度下油的实际运动黏度除以为达到充分润滑所需的参考运动黏度。

3.18

油膜参数　film parameter

油膜厚度与综合表面粗糙度之比,用于评定润滑对轴承寿命的影响。

3.19

黏压系数　pressure-viscosity coefficient

表征滚动体接触处油压对油黏度影响的参数。

3.20

黏度指数　viscosity index

表征温度对润滑油黏度影响程度的指数。

4　符号

GB/T 7811—2007 给出的以及下列符号适用于本标准。

a_{ISO}:寿命修正系数,基于寿命计算的系统方法

a_1:可靠度寿命修正系数

b_m:当代常用优质淬硬轴承钢和良好加工方法的额定系数,该值随轴承类型和设计不同而异

C_a:轴向基本额定动载荷,N

C_r:径向基本额定动载荷,N

C_u:疲劳载荷极限,N

C_{0a}:轴向基本额定静载荷[3)],N

C_{0r}:径向基本额定静载荷[3)],N

D:轴承外径,mm

D_{pw}:球组或滚子组节圆直径,mm

D_w:球公称直径,mm

D_{we}:用于额定载荷计算的滚子直径,mm

d:轴承内径,mm

e:适用于不同 X 和 Y 系数值的 F_a/F_r 的极限值

e_C:污染系数

F_a:轴承轴向载荷(轴承实际载荷的轴向分量),N

F_r:轴承径向载荷(轴承实际载荷的径向分量),N

f_c:与轴承零件几何形状、制造精度及材料有关的系数

f_0:用于基本额定静载荷计算的系数[3)]

3)　其定义、计算方法和数值见 GB/T 4662—2003。

i:滚动体列数

L_{nm}:修正额定寿命,百万转

L_{we}:用于额定载荷计算的滚子有效长度,mm

L_{10}:基本额定寿命,百万转

n:转速,r/min

n:失效概率的下标,%

P:当量动载荷,N

P_a:轴向当量动载荷,N

P_r:径向当量动载荷,N

S:可靠度(幸存概率),%

X:径向动载荷系数

Y:轴向动载荷系数

Z:单列轴承中的滚动体数;每列滚动体数相同的多列轴承中的每列滚动体数

α:公称接触角,(°)

κ:黏度比,ν/ν_1

Λ:油膜参数

ν:工作温度下润滑剂的实际运动黏度,mm^2/s

ν_1:为达到充分润滑条件所要求的参考运动黏度,mm^2/s

σ:用于疲劳判据的实际应力,N/mm^2

σ_u:滚道材料的疲劳应力极限,N/mm^2

5 向心球轴承

5.1 径向基本额定动载荷

5.1.1 单套轴承的径向基本额定动载荷

向心球轴承的径向基本额定动载荷公式为:

$D_w \leqslant 25.4$ mm 时,

$$C_r = b_m f_c (i \cos \alpha)^{0.7} Z^{2/3} D_w^{1.8} \quad \cdots\cdots(1)$$

$D_w > 25.4$mm 时,

$$C_r = 3.647 b_m f_c (i \cos \alpha)^{0.7} Z^{2/3} D_w^{1.4} \quad \cdots\cdots(2)$$

式中 b_m 值和 f_c 值分别见表 1 和表 2。表中数值适用于内圈滚道沟曲率半径不大于 $0.52D_w$、外圈滚道沟曲率半径不大于 $0.53D_w$ 的径向接触和角接触球轴承以及内圈滚道沟曲率半径不大于 $0.53D_w$ 的调心球轴承。

采用更小的滚道沟曲率半径未必能提高轴承的承载能力,但采用大于上述值的沟曲率半径,则会降低承载能力。在后一种情况下,应采用相应减小的 f_c 值,减小的 f_c 值由 ISO/TR 8646:1985 中的公式(3-15)计算得出。

表 1 向心球轴承的 b_m 值

轴 承 类 型	b_m
径向接触和角接触球轴承(有装填槽的轴承除外)以及调心球轴承和外球面轴承	1.3
有装填槽的轴承	1.1

5.1.2 轴承组的径向基本额定动载荷

5.1.2.1 两套单列径向接触球轴承作为一个整体运转

两套相同的单列径向接触球轴承并排安装在同一轴上,作为一个整体(成对安装)运转,计算其径向基本额定动载荷时，应按一套双列径向接触球轴承来考虑。

5.1.2.2 单列角接触球轴承“背对背”或“面对面”配置

两套相同的单列角接触球轴承以“背对背”或“面对面”配置，并排安装在同一轴上，作为一个整体(成对安装)运转，计算其径向基本额定动载荷时，应按一套双列角接触球轴承来考虑。

表 2 向心球轴承的 f_c 值

$\frac{D_w\cos\alpha}{D_{pw}}$ [a]	f_c 系数			
	单列径向接触球轴承、单列和双列角接触球轴承	双列径向接触球轴承	单列和双列调心球轴承	分离型单列径向接触球轴承(磁电机轴承)
0.01	29.1	27.5	9.9	9.4
0.02	35.8	33.9	12.4	11.7
0.03	40.3	38.2	14.3	13.4
0.04	43.8	41.5	15.9	14.9
0.05	46.7	44.2	17.3	16.2
0.06	49.1	46.5	18.6	17.4
0.07	51.1	48.4	19.9	18.5
0.08	52.8	50	21.1	19.5
0.09	54.3	51.4	22.3	20.6
0.1	55.5	52.6	23.4	21.5
0.11	56.6	53.6	24.5	22.5
0.12	57.5	54.5	25.6	23.4
0.13	58.2	55.2	26.6	24.4
0.14	58.8	55.7	27.7	25.3
0.15	59.3	56.1	28.7	26.2
0.16	59.6	56.5	29.7	27.1
0.17	59.8	56.7	30.7	27.9
0.18	59.9	56.8	31.7	28.8
0.19	60	56.8	32.6	29.7
0.2	59.9	56.8	33.5	30.5
0.21	59.8	56.6	34.4	31.3
0.22	59.6	56.5	35.2	32.1
0.23	59.3	56.2	36.1	32.9
0.24	59	55.9	36.8	33.7
0.25	58.6	55.5	37.5	34.5
0.26	58.2	55.1	38.2	35.2
0.27	57.7	54.6	38.8	35.9
0.28	57.1	54.1	39.4	36.6
0.29	56.6	53.6	39.9	37.2
0.3	56	53	40.3	37.8
0.31	55.3	52.4	40.6	38.4
0.32	54.6	51.8	40.9	38.9
0.33	53.9	51.1	41.1	39.4
0.34	53.2	50.4	41.2	39.8
0.35	52.4	49.7	41.3	40.1
0.36	51.7	48.9	41.3	40.4
0.37	50.9	48.2	41.2	40.7
0.38	50	47.4	41	40.8
0.39	49.2	46.6	40.7	40.9
0.4	48.4	45.8	40.4	40.9

[a] 对于 $\frac{D_w\cos\alpha}{D_{pw}}$ 的中间值，其 f_c 值可由线性内插法求得。

表 3　向心球轴承的 X 和 Y 值

轴承类型		“相对轴向载荷”[a,b]		单列轴承				双列轴承				e
				$\frac{F_a}{F_r}\leqslant e$		$\frac{F_a}{F_r}>e$		$\frac{F_a}{F_r}\leqslant e$		$\frac{F_a}{F_r}>e$		
				X	Y	X	Y	X	Y	X	Y	
径向接触球轴承		$\frac{f_0F_a}{C_{0r}}$ [c]	$\frac{F_a}{iZD_w^2}$									
		0.172	0.172				2.3				2.3	0.19
		0.345	0.345				1.99				1.99	0.22
		0.689	0.689				1.71				1.71	0.26
		1.03	1.03				1.55				1.55	0.28
		1.38	1.38	1	0	0.56	1.45	1	0	0.56	1.45	0.3
		2.07	2.07				1.31				1.31	0.34
		3.45	3.45				1.15				1.15	0.38
		5.17	5.17				1.04				1.04	0.42
		6.89	6.89				1				1	0.44
角接触球轴承		$\frac{f_0iF_a}{C_{0r}}$ [c]	$\frac{F_a}{ZD_w^2}$									
	$\alpha=5°$	0.173	0.172			此类轴承的 X、Y 和 e 值采用单列径向接触球轴承的值			2.78		3.74	0.23
		0.346	0.345						2.4		3.23	0.26
		0.692	0.689						2.07		2.78	0.3
		1.04	1.03						1.87		2.52	0.34
		1.38	1.38	1	0			1	1.75	0.78	2.36	0.36
		2.08	2.07						1.58		2.13	0.4
		3.46	3.45						1.39		1.87	0.45
		5.19	5.17						1.26		1.69	0.5
		6.92	6.89						1.21		1.63	0.52
	$\alpha=10°$	0.175	0.172				1.88		2.18		3.06	0.29
		0.35	0.345				1.71		1.98		2.78	0.32
		0.7	0.689				1.52		1.76		2.47	0.36
		1.05	1.03				1.41		1.63		2.29	0.38
		1.4	1.38	1	0	0.46	1.34	1	1.55	0.75	2.18	0.4
		2.1	2.07				1.23		1.42		2	0.44
		3.5	3.45				1.1		1.27		1.79	0.49
		5.25	5.17				1.01		1.17		1.64	0.54
		7	6.89				1		1.16		1.63	0.54
	$\alpha=15°$	0.178	0.172				1.47		1.65		2.39	0.38
		0.357	0.345				1.4		1.57		2.28	0.4
		0.714	0.689				1.3		1.46		2.11	0.43
		1.07	1.03				1.23		1.38		2	0.46
		1.43	1.38	1	0	0.44	1.19	1	1.34	0.72	1.93	0.47
		2.14	2.07				1.12		1.26		1.82	0.5
		3.57	3.45				1.02		1.14		1.66	0.55
		5.35	5.17				1		1.12		1.63	0.56
		7.14	6.89				1		1.12		1.63	0.56
	$\alpha=20°$	—	—			0.43	1		1.09	0.7	1.63	0.57
	$\alpha=25°$	—	—			0.41	0.87		0.92	0.67	1.41	0.68
	$\alpha=30°$	—	—	1	0	0.39	0.76	1	0.78	0.63	1.24	0.8
	$\alpha=35°$	—	—			0.37	0.66		0.66	0.6	1.07	0.95
	$\alpha=40°$	—	—			0.35	0.57		0.55	0.57	0.93	1.14
	$\alpha=45°$	—	—			0.33	0.5		0.47	0.54	0.81	1.34
调心球轴承				1	0	0.4	$0.4\cot\alpha$	1	$0.42\cot\alpha$	0.65	$0.65\cot\alpha$	$1.5\tan\alpha$
分离型单列径向接触球轴承（磁电机轴承）				1	0	0.5	2.5	—	—	—	—	0.2

[a] 允许的最大值取决于轴承设计（游隙和沟道深度）。可根据已知条件，采用第 1 栏或第 2 栏的值。

[b] 对于“相对轴向载荷”和（或）接触角的中间值，其 X、Y 和 e 值可由线性内插法求得。

[c] f_0 的值见 GB/T 4662—2003。

5.1.2.3 串联配置

两套或多套相同的单列径向接触球轴承或两套或多套相同的单列角接触球轴承以“串联”配置，并排安装在同一轴上，作为一个整体(成对安装或成组安装)运转，该轴承组的径向基本额定动载荷等于轴承套数的0.7次幂乘以一套单列轴承的径向基本额定动载荷。为保证轴承之间载荷均匀分布，轴承应正确制造和安装。

5.1.2.4 可单独更换的轴承

如果由于某些技术上的原因，轴承组被视为若干套彼此可单独更换的专门加工的单列轴承，则5.1.2.3的规定不适用。

5.2 径向当量动载荷

5.2.1 单套轴承的径向当量动载荷

径向接触和角接触球轴承在恒定的径向和轴向载荷作用下的径向当量动载荷为：

$$P_r = XF_r + YF_a \quad \cdots\cdots(3)$$

式中 X、Y 值见表3。这些系数适用于滚道沟曲率半径符合5.1.1规定的轴承。对于其他的滚道沟曲率半径，其 X、Y 值可通过ISO/TR 8646:1985中的4.2计算求得。

5.2.2 轴承组的径向当量动载荷

5.2.2.1 单列角接触球轴承“背对背”或“面对面”配置

两套相同的单列角接触球轴承以“背对背”或“面对面”配置，并排安装在同一轴上，作为一个整体(成对安装)运转，计算其径向当量动载荷时，应按一套双列角接触轴承来考虑。

注：如果两套相同的单列径向接触球轴承以“背对背”或“面对面”配置运转，用户应向轴承制造厂咨询其径向当量动载荷的计算方法。

5.2.2.2 串联配置

两套或多套相同的单列径向接触球轴承或两套或多套相同的单列角接触球轴承以“串联”配置，并排安装在同一轴上，作为一个整体(成对安装或成组安装)运转，计算其径向当量动载荷时，采用单列轴承的 X 和 Y 值。

“相对轴向载荷”(见表3)按 $i=1$ 和一套轴承的 F_a 和 C_{0r} 值确定(即使 F_r 和 F_a 值为计算整个轴承组当量载荷时用的总载荷)。

5.3 基本额定寿命

5.3.1 寿命公式

向心球轴承的基本额定寿命公式为：

$$L_{10} = \left(\frac{C_r}{P_r}\right)^3 \quad \cdots\cdots(4)$$

C_r 和 P_r 的值按5.1和5.2计算。

该寿命公式也适用于5.1.2中所述的两套或多套单列轴承组成的轴承组的寿命估算。此时，额定载荷 C_r 按整个轴承组计算，当量载荷 P_r 按作用于该轴承组上的总载荷计算，所用的 X 和 Y 值按5.2.2的规定。

5.3.2 寿命公式的载荷限制条件

该寿命公式在很宽的轴承载荷范围内均能给出满意的结果。但是，载荷过大会在球与沟道的接触处产生有害的塑性变形。因此，当 P_r 大于 C_{0r} 或 $0.5C_r$ 两者中的较小者时，用户应向轴承制造厂咨询，以确定该寿命公式的适用性。

载荷过小会造成其他失效模式发生，本标准不包括这些失效模式。

6 推力球轴承

6.1 轴向基本额定动载荷

6.1.1 单列轴承的轴向基本额定动载荷

单列、单向或双向推力球轴承的轴向基本额定动载荷为：

$D_w \leqslant 25.4\text{mm}$、$\alpha = 90^\circ$时，

$$C_a = b_m f_c Z^{2/3} D_w^{1.8} \qquad \cdots\cdots(5)$$

$D_w \leqslant 25.4\text{mm}$、$\alpha \neq 90^\circ$时，

$$C_a = b_m f_c (\cos\alpha)^{0.7} \tan\alpha Z^{2/3} D_w^{1.8} \qquad \cdots\cdots(6)$$

$D_w > 25.4\text{mm}$、$\alpha = 90^\circ$时，

$$C_a = 3.647 b_m f_c Z^{2/3} D_w^{1.4} \qquad \cdots\cdots(7)$$

$D_w > 25.4\text{mm}$、$\alpha \neq 90^\circ$时，

$$C_a = 3.647 b_m f_c (\cos\alpha)^{0.7} \tan\alpha Z^{2/3} D_w^{1.4} \qquad \cdots\cdots(8)$$

式中：

Z——同一方向上承受载荷的球数；

$b_m = 1.3$。

f_c 值见表 4，适用于滚道沟曲率半径不大于 $0.54D_w$ 的轴承。

采用更小的滚道沟曲率半径未必能提高轴承的承载能力，但采用大于上述值的沟曲率半径，则会降低承载能力。在后一种情况下，应采用相应减小的 f_c 值。对于 $\alpha \neq 90^\circ$的轴承，其减小的 f_c 值可通过 ISO/TR 8646:1985 中的公式(3-20)计算求得；对于 $\alpha = 90^\circ$的轴承，其减小的 f_c 值可通过 ISO/TR 8646:1985 中的公式(3-25)计算求得。

6.1.2 双列或多列球轴承的轴向基本额定动载荷

承受同一方向载荷的双列或多列推力球轴承的轴向基本额定动载荷为：

$$C_a = (Z_1 + Z_2 + \cdots + Z_n) \times \left[\left(\frac{Z_1}{C_{a1}}\right)^{10/3} + \left(\frac{Z_2}{C_{a2}}\right)^{10/3} + \cdots + \left(\frac{Z_n}{C_{an}}\right)^{10/3}\right]^{-3/10} \qquad \cdots\cdots(9)$$

球数为 Z_1、Z_2、…、Z_n的各列的额定载荷 C_{a1}、C_{a2}、…C_{an}，按 6.1.1 中相应的单列轴承的公式计算。

6.2 轴向当量动载荷

$\alpha \neq 90^\circ$的推力球轴承，在恒定的径向和轴向载荷作用下的轴向当量动载荷为：

$$P_a = XF_r + YF_a \qquad \cdots\cdots(10)$$

式中 X 和 Y 值见表 5。这些系数适用于滚道沟曲率半径符合 6.1.1 规定的轴承。对于其他的滚道沟曲率半径，其 X、Y 值可通过 ISO/TR 8646:1985 中的 4.2 计算求得。

$\alpha = 90^\circ$的推力球轴承，只能承受轴向载荷。此类轴承的轴向当量动载荷为：

$$P_a = F_a \qquad \cdots\cdots(11)$$

6.3 基本额定寿命

6.3.1 寿命公式

推力球轴承的基本额定寿命公式为：

$$L_{10} = \left(\frac{C_a}{P_a}\right)^3 \qquad \cdots\cdots(12)$$

C_a 和 P_a 的值按 6.1 和 6.2 计算。

6.3.2 寿命公式的载荷限制条件

该寿命公式在很宽的轴承载荷范围内均能给出满意的结果。但是，载荷过大会在球与沟道的接触处产生有害的塑性变形。因此，当 $P_a > 0.5C_a$ 时，用户应向轴承制造厂咨询，以确定该寿命公式的适用性。

载荷过小会造成其他失效模式发生，本标准不包括这些失效模式。

表 4　推力球轴承的 f_c 值

$\frac{D_w}{D_{pw}}$ [a]	f_c	$\frac{D_w \cos\alpha}{D_{pw}}$ [a]	f_c		
	$\alpha=90°$		$\alpha=45°$[b]	$\alpha=60°$	$\alpha=75°$
0.01	36.7	0.01	42.1	39.2	37.3
0.02	45.2	0.02	51.7	48.1	45.9
0.03	51.1	0.03	58.2	54.2	51.7
0.04	55.7	0.04	63.3	58.9	56.1
0.05	59.5	0.05	67.3	62.6	59.7
0.06	62.9	0.06	70.7	65.8	62.7
0.07	65.8	0.07	73.5	68.4	65.2
0.08	68.5	0.08	75.9	70.7	67.3
0.09	71	0.09	78	72.6	69.2
0.1	73.3	0.1	79.7	74.2	70.7
0.11	75.4	0.11	81.1	75.5	
0.12	77.4	0.12	82.3	76.6	
0.13	79.3	0.13	83.3	77.5	
0.14	81.1	0.14	84.1	78.3	
0.15	82.7	0.15	84.7	78.8	
0.16	84.4	0.16	85.1	79.2	
0.17	85.9	0.17	85.4	79.5	
0.18	87.4	0.18	85.5	79.6	
0.19	88.8	0.19	85.5	79.6	
0.2	90.2	0.2	85.4	79.5	
0.21	91.5	0.21	85.2		
0.22	92.8	0.22	84.9		
0.23	94.1	0.23	84.5		
0.24	95.3	0.24	84		
0.25	96.4	0.25	83.4		
0.26	97.6	0.26	82.8		
0.27	98.7	0.27	82		
0.28	99.8	0.28	81.3		
0.29	100.8	0.29	80.4		
0.3	101.9	0.3	79.6		
0.31	102.9				
0.32	103.9				
0.33	104.8				
0.34	105.8				
0.35	106.7				

a　对于 $\frac{D_w}{D_{pw}}$ 或 $\frac{D_w \cos\alpha}{D_{pw}}$ 和(或)接触角非表中所列值时，其 f_c 值可用线性内插法求得。

b　对于 $\alpha>45°$ 的推力轴承，$\alpha=45°$ 的值可用于 α 在 45°和 60°之间的内插计算。

表 5　推力球轴承的 X 和 Y 值

α[a]	单向轴承[b]		双向轴承				e
	$\frac{F_a}{F_r}>e$		$\frac{F_a}{F_r}\leqslant e$		$\frac{F_a}{F_r}>e$		
	X	Y	X	Y	X	Y	
45°[c]	0.66	1	1.18	0.59	0.66	1	1.25
50°	0.73		1.37	0.57	0.73		1.49
55°	0.81		1.6	0.56	0.81		1.79
60°	0.92		1.9	0.55	0.92		2.17
65°	1.06		2.3	0.54	1.06		2.68
70°	1.28		2.9	0.53	1.28		3.43
75°	1.66		3.89	0.52	1.66		4.67
80°	2.43		5.86	0.52	2.43		7.09
85°	4.8		11.75	0.51	4.8		14.29
$\alpha\neq 90°$	$1.25\tan\alpha\left(1-\frac{2}{3}\sin\alpha\right)$	1	$\frac{20}{13}\tan\alpha\left(1-\frac{1}{3}\sin\alpha\right)$	$\frac{10}{13}\left(1-\frac{1}{3}\sin\alpha\right)$	$1.25\tan\alpha\left(1-\frac{2}{3}\sin\alpha\right)$	1	$1.25\tan\alpha$

a　对于 α 的中间值，其 X、Y 和 e 的值由线性内插法求得。

b　$\frac{F_a}{F_r}\leqslant e$ 不适用于单向轴承。

c　对于 $\alpha>45°$ 的推力轴承，$\alpha=45°$ 的值可用于 α 在 45°和 50°之间的内插计算。

7　向心滚子轴承

7.1　径向基本额定动载荷

7.1.1　单套轴承的径向基本额定动载荷

向心滚子轴承的径向基本额定动载荷为：

$$C_r=b_m f_c(iL_{we}\cos\alpha)^{7/9}Z^{3/4}D_{we}^{29/27} \quad\cdots\cdots(13)$$

式中 b_m 值和 f_c 值分别见表 6 和表 7。仅对于在轴承载荷作用下接触应力沿受载最大的滚子与滚道的接触区大致均匀分布的滚子轴承，表 6、表 7 中所列的值才是适用的最大值。

如果在载荷作用下，滚子与滚道接触的某些部分出现严重的应力集中，则应使用小于表 7 所列的 f_c 值。可以预计，这样的应力集中发生在诸如名义接触点的中心、线接触的两端、滚子未被精确引导的轴承以及滚子长度大于 2.5 倍滚子直径的轴承中。

7.1.2　轴承组的径向基本额定动载荷

7.1.2.1　“背对背”或“面对面”配置

两套相同的单列向心滚子轴承以“背对背”或“面对面”配置，并排安装在同一轴上，作为一个整体(成对安装)运转，计算其径向基本额定动载荷时应按一套双列轴承来考虑。

7.1.2.2　“背对背”或“面对面”配置中可单独更换的轴承

如果由于某些技术上的原因，轴承组被视为两套彼此可单独更换的轴承，则 7.1.2.1 的规定不适用。

表 6　向心滚子轴承的 b_m 值

轴承类型	b_m
圆柱滚子轴承、圆锥滚子轴承和机制套圈滚针轴承	1.1
冲压外圈滚针轴承	1
调心滚子轴承	1.15

表 7　向心滚子轴承 f_c 的最大值

$\frac{D_{we}\cos\alpha}{D_{pw}}$ [a]	f_c
0.01	52.1
0.02	60.8
0.03	66.5
0.04	70.7
0.05	74.1
0.06	76.9
0.07	79.2
0.08	81.2
0.09	82.8
0.1	84.2
0.11	85.4
0.12	86.4
0.13	87.1
0.14	87.7
0.15	88.2
0.16	88.5
0.17	88.7
0.18	88.8
0.19	88.8
0.2	88.7
0.21	88.5
0.22	88.2
0.23	87.9
0.24	87.5
0.25	87
0.26	86.4
0.27	85.8
0.28	85.2
0.29	84.5
0.3	83.8

[a] 对于$\frac{D_{we}\cos\alpha}{D_{pw}}$的中间值，其 f_c 值可由线性内插法求得。

7.1.2.3　串联配置

两套或多套相同的单列滚子轴承以“串联”配置，并排安装在同一轴上，作为一个整体(成对安装或成组安装)运转，该轴承组的径向基本额定动载荷等于轴承套数的 7/9 次幂乘以一套单列轴承的径向基本额定载荷。为保证轴承之间载荷均匀分布，轴承应正确制造和安装。

7.1.2.4　串联配置中可单独更换的轴承

如果由于某些技术上的原因，轴承组被视为若干套彼此可单独更换的单列轴承，则 7.1.2.3 的规定不适用。

7.2　径向当量动载荷

7.2.1　单套轴承的径向当量动载荷

$\alpha\neq0°$的向心滚子轴承在恒定的径向和轴向载荷作用下的径向当量动载荷为：

$$P_r = XF_r + YF_a \quad \cdots\cdots(14)$$

式中 X 和 Y 值见表 8。

$\alpha=0°$的向心滚子轴承，只能承受径向载荷，其径向当量载荷为：

$$P_r = F_r \quad \cdots\cdots(15)$$

注：$\alpha=0°$的向心滚子轴承承受轴向载荷的能力与轴承设计和制造方法关系极大。因此，$\alpha=0°$的向心滚子轴承在承受轴向载荷时，用户应向轴承制造厂咨询有关当量载荷和寿命的推荐值。

7.2.2 轴承组的径向当量动载荷

7.2.2.1 单列角接触滚子轴承“背对背”或“面对面”配置

两套相同的单列角接触滚子轴承以“背对背”或“面对面”配置，并排安装在同一轴上，作为一个整体（成对安装）运转，计算其径向当量动载荷时，根据 7.1.2.1，应按一套双列轴承来考虑，X 和 Y 值采用表 8 中双列轴承的值。

7.2.2.2 串联配置

两套或多套相同的单列角接触滚子轴承以“串联”配置，并排安装在同一轴上，作为一个整体（成对安装或成组安装）运转，计算其径向当量载荷时，采用表 8 中单列轴承的 X 和 Y 值。

表 8 向心滚子轴承的 X 和 Y 值

轴承类型	$\frac{F_a}{F_r} \leqslant e$		$\frac{F_a}{F_r} > e$		e
	X	Y	X	Y	
单列 $\alpha \neq 0$	1	0	0.4	$0.4\cot\alpha$	$1.5\tan\alpha$
双列 $\alpha \neq 0$	1	$0.45\cot\alpha$	0.67	$0.67\cot\alpha$	$1.5\tan\alpha$

7.3 基本额定寿命

7.3.1 寿命公式

向心滚子轴承的基本额定寿命公式为：

$$L_{10} = \left(\frac{C_r}{P_r}\right)^{10/3} \quad \cdots\cdots(16)$$

C_r 和 P_r 的值按 7.1 和 7.2 计算。

该寿命公式也适用于 7.1.2 所述的两套或多套单列轴承组成的轴承组的寿命估算。此时，额定载荷 C_r 按整个轴承组计算，当量载荷 P_r 按作用于轴承组上的总载荷计算，所用的 X、Y 值按 7.2.2 的规定。

7.3.2 寿命公式的载荷限制条件

该寿命公式在很宽的轴承载荷范围内均能给出满意的结果。但是，载荷过大会使滚子与滚道接触的某些部分产生严重的应力集中。因此，当 $P_r > 0.5C_r$ 时，用户应向轴承制造厂咨询，以确定该寿命公式的适用性。

载荷过小会造成其他失效模式发生，本标准不包括这些失效模式。

8 推力滚子轴承

8.1 轴向基本额定动载荷

8.1.1 单列轴承的轴向基本额定动载荷

如果承受同一方向载荷的全部滚子只与同一垫圈滚道区域接触，则此推力滚子轴承应按一套单列轴承来考虑。

单列、单向或双向推力滚子轴承的轴向基本额定动载荷为：

$\alpha=90°$时，

$$C_a = b_m f_c L_{we}{}^{7/9} Z^{3/4} D_{we}{}^{29/27} \quad \cdots\cdots(17)$$

$\alpha \neq 90°$时，

$$C_a = b_m f_c (L_{we} \cos\alpha)^{7/9} \tan\alpha Z^{3/4} D_{we}{}^{29/27} \quad \cdots\cdots(18)$$

式中：

Z——同一方向上承受载荷的滚子数。

如果轴承轴线的同一侧装有若干个轴线重合的滚子，则可将这些滚子视为一个滚子，其长度 L_{we}（见 3.12）等于这几个滚子长度之和。

b_m 值和 f_c 值分别见表 9 和表 10。仅对于在轴承载荷作用下接触应力沿受载最大的滚子与滚道的接触区大致均匀分布的滚子轴承，表 9 和表 10 中所列的值才是适用的最大值。

如果在载荷作用下，滚子与滚道接触的某些部分出现严重的应力集中，则应使用小于表 10 所列的 f_c 值。可以预计，这样的应力集中发生在诸如名义接触点的中心、线接触的两端、滚子未被精确引导的轴承以及滚子长度大于 2.5 倍滚子直径的轴承中。

如果推力滚子轴承的内部几何参数使滚子与滚道接触区产生较大的滑动，例如：推力圆柱滚子轴承的滚子长度与滚子组节圆直径之比较大时，也应取较小的 f_c 值。

表 9　推力滚子轴承的 b_m 值

轴承类型	b_m
推力圆柱滚子轴承和推力滚针轴承	1
推力圆锥滚子轴承	1.1
推力调心滚子轴承	1.15

8.1.2　双列或多列推力滚子轴承的轴向基本额定动载荷

承受同一方向载荷的双列或多列推力滚子轴承的轴向基本额定动载荷为：

$$C_a = (Z_1 L_{we1} + Z_2 L_{we2} + \cdots + Z_n L_{wen}) \times \left[\left(\frac{Z_1 L_{we1}}{C_{a1}}\right)^{9/2} + \left(\frac{Z_2 L_{we2}}{C_{a2}}\right)^{9/2} + \cdots + \left(\frac{Z_n L_{wen}}{C_{an}}\right)^{9/2}\right]^{-2/9} \quad \cdots\cdots(19)$$

滚子数为 Z_1、Z_2…、Z_n、长度为 L_{we1}、L_{we2}、…、L_{wen} 的各列的额定载荷 C_{a1}、C_{a2}、…、C_{an}，按 8.1.1 中相应的单列轴承的公式计算。

与同一垫圈滚道区域接触的滚子或部分滚子属于一列。

8.1.3　轴承组的轴向基本额定动载荷

8.1.3.1　串联配置

两套或多套相同的单向推力滚子轴承，以“串联”配置，并排安装在同一轴上，作为一个整体（成对安装或成组安装）运转，该轴承组的轴向基本额定动载荷等于轴承套数的 7/9 次幂乘以一套轴承的额定载荷。为保证轴承之间载荷均匀分布，轴承应正确制造和安装。

8.1.3.2　可单独更换的轴承

如果由于某些技术上的原因，轴承组被视为若干套彼此可单独更换的单向轴承，则 8.1.3.1 的规定不适用。

8.2　轴向当量动载荷

$\alpha \neq 90°$的推力滚子轴承在恒定的径向和轴向载荷作用下的轴向当量动载荷为：

$$P_a = XF_r + YF_a \quad \cdots\cdots(20)$$

式中 X 和 Y 值见表 11。

$\alpha = 90°$的推力滚子轴承，只能承受轴向载荷，此类轴承的轴向当量动载荷为：

$$P_a = F_a \quad \cdots\cdots(21)$$

8.3　基本额定寿命

8.3.1　寿命公式

推力滚子轴承的基本额定寿命公式为：

$$L_{10}=\left(\frac{C_{a}}{P_{a}}\right)^{10/3} \quad \cdots\cdots(22)$$

C_a 和 P_a 的值按 8.1 和 8.2 计算。

该寿命公式也适用于 8.1.3 中所述的两套或多套单向推力滚子轴承组成的轴承组的寿命估算。此时，额定载荷 C_a 按整个轴承组计算，当量载荷 P_a 按作用于轴承组上的总载荷计算，所用的 X 和 Y 值按 8.2 中单向轴承的值。

表 10　推力滚子轴承 f_c 的最大值

$\frac{D_{we}}{D_{pw}}$ [a]	f_c	$\frac{D_{we}\cos\alpha}{D_{pw}}$ [a]	f_c		
	$\alpha=90°$		$\alpha=50°$ [b]	$\alpha=65°$ [c]	$\alpha=80°$ [d]
0.01	105.4	0.01	109.7	107.1	105.6
0.02	122.9	0.02	127.8	124.7	123
0.03	134.5	0.03	139.5	136.2	134.3
0.04	143.4	0.04	148.3	144.7	142.8
0.05	150.7	0.05	155.2	151.5	149.4
0.06	156.9	0.06	160.9	157	154.9
0.07	162.4	0.07	165.6	161.6	159.4
0.08	167.2	0.08	169.5	165.5	163.2
0.09	171.7	0.09	172.8	168.7	166.4
0.1	175.7	0.1	175.5	171.4	169
0.11	179.5	0.11	177.8	173.6	171.2
0.12	183	0.12	179.7	175.4	173
0.13	186.3	0.13	181.1	176.8	174.4
0.14	189.4	0.14	182.3	177.9	175.5
0.15	192.3	0.15	183.1	178.8	176.3
0.16	195.1	0.16	183.7	179.3	
0.17	197.7	0.17	184	179.6	
0.18	200.3	0.18	184.1	179.7	
0.19	202.7	0.19	184	179.6	
0.2	205	0.2	183.7	179.3	
0.21	207.2	0.21	183.2		
0.22	209.4	0.22	182.6		
0.23	211.5	0.23	181.8		
0.24	213.5	0.24	180.9		
0.25	215.4	0.25	179.8		
0.26	217.3	0.26	178.7		
0.27	219.1				
0.28	220.9				
0.29	222.7				
0.3	224.3				

[a] 对于 $\frac{D_{we}}{D_{pw}}$ 或 $\frac{D_{we}\cos\alpha}{D_{pw}}$ 的中间值，其 f_c 值可由线性内插法求得。

[b] 用于 $45°<\alpha<60°$。

[c] 用于 $60°\leqslant\alpha<75°$。

[d] 用于 $75°\leqslant\alpha<90°$。

8.3.2 寿命公式的载荷限制条件

该寿命公式在很宽的轴承载荷范围内均能给出满意的结果。但是，载荷过大会使滚子与滚道接触的某些部分产生严重的应力集中。因此，当 $P_a > 0.5C_a$ 时，用户应向轴承制造厂咨询，以确定该寿命公式的适用性。

载荷过小会造成其他失效模式发生，本标准不包括这些失效模式。

表 11 推力滚子轴承的 *X* 和 *Y* 值

轴承类型	$\frac{F_a}{F_r} \leqslant e$		$\frac{F_a}{F_r} > e$		e
	X	Y	X	Y	
单向，$\alpha \neq 90°$	—[a]	—[a]	$\tan\alpha$	1	$1.5\tan\alpha$
双向，$\alpha \neq 90°$	$1.5\tan\alpha$	0.67	$\tan\alpha$	1	$1.5\tan\alpha$
a $\frac{F_a}{F_r} \leqslant e$ 不适用于单向轴承。					

9 修正额定寿命

9.1 总则

多年来，采用基本额定寿命 L_{10} 作为轴承性能的判据，获得了令人满意的结果，该寿命是与 90% 可靠度、常用优质材料和良好加工质量以及常规运转条件相关联的寿命。

然而，对于许多应用场合，还希望计算不同水平可靠度下的寿命，和(或)更精确地计算特定润滑和污染条件下的寿命。业经证实，采用当代优质轴承钢的轴承在良好的运转条件下且在低于某一赫兹滚动体接触应力下运转，如果不超过轴承钢的疲劳极限，轴承寿命远远高于 L_{10} 寿命。反之，在不良的运转条件下，轴承寿命则远远低于 L_{10} 寿命。

本标准采用系统方法计算疲劳寿命。采用该方法，各相互关联因素的变化和相互作用对系统寿命的影响，均可通过对该滚动接触表面或表面下引起的附加应力而予以考虑。

本标准不仅引入了修正系数 a_1，还引入了基于寿命计算系统方法的寿命修正系数 a_{ISO}。这些系数用于修正额定寿命公式：

$$L_{nm} = a_1 a_{ISO} L_{10} \quad \cdots\cdots(23)$$

可靠度范围内的可靠度寿命修正系数 a_1 见 9.2，基于系统方法的修正系数 a_{ISO} 的估算方法详见 9.3。

9.2 可靠度寿命修正系数 a_1

可靠度的定义见 3.2。修正额定寿命按公式(23)计算，可靠度寿命修正系数 a_1 的数值见表 12。

注：表 12 中，可靠度 95%～99% 的 a_1 值较本标准以前版本中的相应数值略有改变。

表 12 可靠度寿命修正系数 a_1

可靠度%	L_{nm}	a_1	可靠度%	L_{nm}	a_1
90	L_{10m}	1	99.2	$L_{0.8m}$	0.22
95	L_{5m}	0.64	99.4	$L_{0.6m}$	0.19
96	L_{4m}	0.55	99.6	$L_{0.4m}$	0.16
97	L_{3m}	0.47	99.8	$L_{0.2m}$	0.12
98	L_{2m}	0.37	99.9	$L_{0.1m}$	0.093
99	L_{1m}	0.25	99.92	$L_{0.08m}$	0.087
			99.94	$L_{0.06m}$	0.080
			99.95	$L_{0.05m}$	0.077

9.3 系统方法的寿命修正系数

9.3.1 总则

如果润滑条件、清洁度和其他运转条件良好，低于一定载荷的当代高质量轴承能够达到无限长的寿命。

对于采用优质材料和良好加工质量的滚动轴承，在其接触应力约为 1 500 MPa 时达到疲劳应力极限。该应力值考虑了由于加工误差和运转条件引起的附加应力。如果加工精度和(或)材料质量降低，疲劳应力极限将会下降。

然而，在许多应用场合，接触应力大于 1 500 MPa。此外，运转条件可能会引起附加应力，从而进一步降低轴承寿命。

可将所有运转影响因素与作用应力和材料强度联系起来，如：

——压痕产生边缘应力；

——油膜厚度减小则增大滚道和滚动体接触区内的应力；

——温升则降低材料的疲劳应力极限，即强度；

——内圈配合过紧产生环向应力。

轴承寿命的不同影响因素之间是相互关联的。由于在系统方法中考虑了各相互关联因素的变化和相互作用对系统寿命的影响，因此，采用系统方法计算疲劳寿命是恰当的。为采用修正寿命系统方法进行计算，已制定了切实可行的方法来确定寿命修正系数 a_{ISO}，这些方法考虑了轴承钢的疲劳应力极限，并易于估算出润滑和污染对轴承寿命的影响，见 9.3.3。

关于轴承的工作游隙以及由于轴承偏斜造成滚道压应力分布不均匀而对轴承寿命的附加影响的理论说明，参见 ISO/TS 16281[1]。

9.3.2 疲劳载荷极限

a_{ISO}可用σ_u/σ(疲劳应力极限与实际应力之比)的函数表示，它包含了所能考虑到的诸多影响因素(见图 1)。

图 1 中，对于某一给定的润滑条件，曲线还表明了使用疲劳判据时，如果实际应力 σ 降至疲劳应力极限σ_u，a_{ISO}如何逐渐趋近于无限大。传统的轴承寿命计算是将正交剪切应力作为疲劳判据的(参见参考文献[3])，因此，图 1 中的曲线也是以剪切疲劳强度为基础的。

图 1 中的曲线可用下列公式表示：

$$a_{ISO} = f\left(\frac{\sigma_u}{\sigma}\right) \qquad \cdots\cdots(24)$$

滚道上决定疲劳的应力主要取决于轴承内部载荷分布和最大承载接触处次表面应力的分布。为便于实际计算，引入疲劳载荷极限 C_u(参见参考文献[3])。

与 GB/T 4662—2003 中的额定静载荷类似，C_u 定义为滚道最大承载接触处刚好达到疲劳应力极限时的载荷。于是，比值 σ_u/σ 十分接近比值 C_u/P，寿命修正系数 a_{ISO}则可表示为：

$$a_{ISO} = f\left(\frac{C_u}{P}\right) \qquad \cdots\cdots(25)$$

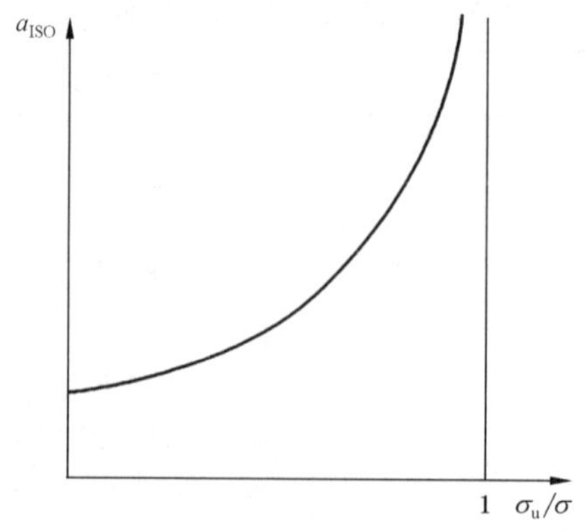

图 1 寿命修正系数 a_{ISO}

计算 C_u 时,应考虑下列影响因素:

——轴承的类型、尺寸和内部几何结构;

——滚动体和滚道的轮廓形状;

——加工质量;

——滚道材料的疲劳极限。

疲劳载荷极限 C_u 值可使用附录 B 中的公式确定。

9.3.3 估算寿命修正系数的实用方法

9.3.3.1 总则

现代技术已可以通过计算机应用理论与试验技术和实际经验的结合来确定 a_{ISO}。除了轴承类型、疲劳载荷和轴承载荷,本标准中的 a_{ISO} 还考虑了下列影响因素:

——润滑(如润滑剂类型、黏度、轴承转速、轴承尺寸、添加剂);

——环境(如污染程度、密封);

——污染物颗粒(如硬度、相对于轴承尺寸的颗粒尺寸、润滑方法、过滤法);

——安装(安装中的清洁度,如仔细清洗,过滤供给油)。

轴承游隙和偏斜对轴承寿命的影响参见 ISO/TS 16281[1]。

可从下列公式中推导出轴承寿命修正系数 a_{ISO}:

$$a_{ISO} = f\left(\frac{e_C C_u}{P}, \kappa\right) \qquad (26)$$

e_C 和 κ 系数考虑了污染和润滑条件,见 9.3.3.2 和 9.3.3.3。

各轴承类型的寿命修正系数 a_{ISO} 值可从图 3~图 6 中得到。

P 为当量动载荷,由公式(3)、公式(10)、公式(11)、公式(14)、公式(15)、公式(20)和公式(21)确定。

9.3.3.2 污染系数

如果润滑剂被固体颗粒污染,当这些颗粒被滚碾时,滚道上将产生永久性压痕。在这些压痕处,局部应力升高,这将导致轴承寿命降低。这种由润滑油膜中的污染物造成的寿命降低,可通过污染系数 e_C 来予以考虑。

由润滑油膜中的固体颗粒引起的寿命降低取决于:

——颗粒的类型、尺寸、硬度和数量;

——润滑油膜厚度(黏度比 κ,见 9.3.3.3);

——轴承尺寸。

污染系数的参考值见表 13,表 13 仅列出了润滑良好的轴承的常见的污染级别。更精确、更详细的参考值可从附录 A 中的线图或公式得到。这些数值对于不同硬度和韧性的颗粒混合物是有效的,混合物中的硬颗粒决定修正额定寿命。如果存在较大的硬颗粒,其尺寸超过了 GB/T 14039—2002[7] 清洁度级别中的规定尺寸,轴承寿命将明显低于计算额定寿命。

表 13 污染系数 e_C

污染级别	e_C	
	$D_{pw}<100$ mm	$D_{pw}\geqslant100$ mm
极度清洁 颗粒尺寸约为润滑油膜厚度; 实验室条件	1	1
高度清洁 油经过极精细的过滤器过滤; 密封型脂润滑(终身润滑)轴承的一般情况	0.8~0.6	0.9~0.8

表 13（续）

污染级别	e_C	
	D_{pw}<100 mm	D_{pw}≥100 mm
一般清洁 油经过精细的过滤器过滤； 防尘型脂润滑（终身润滑）轴承的一般情况	0.6～0.5	0.8～0.6
轻度污染 润滑剂轻度污染	0.5～0.3	0.6～0.4
常见污染 非整体密封轴承的一般情况；一般过滤； 有磨损颗粒并从周围侵入	0.3～0.1	0.4～0.2
严重污染 轴承环境被严重污染且轴承配置密封不合适	0.1～0	0.1～0
极严重污染	0	0

本标准未考虑水或其他液体造成的污染。

严重污染（$e_C \to 0$）时，将产生磨损失效，轴承的寿命将远远低于计算的修正额定寿命。

9.3.3.3 黏度比

9.3.3.3.1 黏度比的计算

润滑剂的有效性主要取决于滚动接触表面的分离程度。若要形成充分润滑分离油膜，润滑剂在达到其工作温度时应具有一定的最小黏度。润滑剂将表面分离所需的条件可用黏度比（实际运动黏度 ν 与参考运动黏度 ν_1 之比）来表示。实际运动黏度 ν 系指润滑剂在工作温度下的运动黏度。

$$\kappa=\frac{\nu}{\nu_1} \qquad (27)$$

为在滚动接触表面之间形成充分的润滑油膜，润滑剂在工作温度下应保持一定的最小黏度。如果工作黏度 ν 增大，则轴承寿命可延长。

参考运动黏度 ν_1 可利用图 2 中的线图来估算，它取决于轴承转速和节圆直径 D_{pw}[也可采用轴承平均直径 $0.5(d+D)$]，或按公式(28)和公式(29)来计算：

n<1 000 r/min 时，

$$\nu_1 = 45\ 000\ n^{-0.83} D_{pw}{}^{-0.5} \qquad (28)$$

n≥1 000 r/min 时，

$$\nu_1 = 4\ 500\ n^{-0.5} D_{pw}{}^{-0.5} \qquad (29)$$

9.3.3.3.2 计算黏度比的限制条件

κ 的计算是以矿物油和具有良好加工质量的轴承滚道表面为基础的。

合成烃(SHC)类的合成油也可参照使用图 2 中的线图以及公式(28)和公式(29)。相对于矿物油，其较大的黏度指数（黏度随温度变化不大），可通过其较大的黏压系数来补偿。因此，虽然两种类型的油在 40℃时具有相同的黏度，但其形成大致相同油膜的工作温度却不相同。

如果需要更精确地估算 κ 值，如：尤其是对于机加工滚道表面的粗糙度、特殊的黏压系数和特殊的密度等等，可使用油膜参数 Λ。油膜参数在许多文献（如文献 [4]）中都有介绍。

计算出 Λ 后，κ 值可用下列公式近似地估算：

$$\kappa \approx \Lambda^{1.3} \qquad (30)$$

9.3.3.3.3 脂润滑

图 2 中的线图以及公式(28)和公式(29)也同样适用于润滑脂的基础油黏度。采用脂润滑，由于润滑脂的析油能力较弱，接触处可能在严重贫油的状态下运转，导致润滑不良，并可能导致轴承寿命降低。

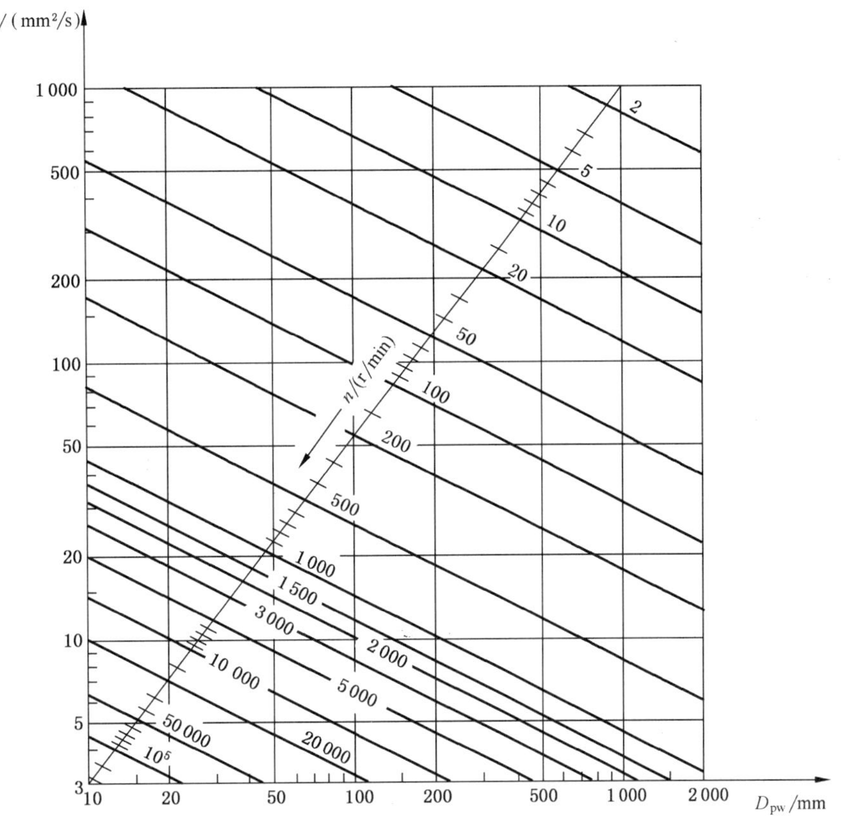

图 2　参考运动黏度 ν_1

9.3.3.3.4　极压(EP)添加剂

黏度比 $\kappa<1$、污染系数 $e_C\geqslant0.2$ 时，如果润滑剂中加入了经证实是有效的极压(EP)添加剂，则可在 e_C 和 a_{ISO} 的计算中采用 $\kappa=1$。此时，相对于按实际 κ 值计算出来的使用正常润滑剂的寿命修正系数 a_{ISO}，如果该 $a_{ISO}>3$，也应将 a_{ISO} 限制在 $a_{ISO}\leqslant3$ 的范围内。

如果使用一种有效的 EP 添加剂，能产生对接触表面有利的磨平效应，则可增大 κ 值。严重污染($e_C\leqslant0.2$时，应根据润滑剂的实际污染程度，确认 EP 添加剂的有效性。EP 添加剂的有效性应通过实际应用或合适的轴承试验进行验证。

9.3.3.4　寿命修正系数的计算

寿命修正系数 a_{ISO} 可利用图 3～图 6 很容易地估算出来或按照公式(31)～公式(42)计算求得。如何确定线图和公式中的系数 C_u、e_C 和 κ，在 9.3.2、9.3.3.2 和 9.3.3.3 中说明。

污染系数的参考值见表 13。更精确、更详细的参考值可从附录 A 中的线图或公式得到。

根据实际情况，寿命修正系数 a_{ISO} 应限制到 $a_{ISO}\leqslant50$ 的范围内。$\frac{e_C C_u}{P}>5$ 时，该极限也适用。

$\kappa>4$ 时，按 $\kappa=4$ 计。

$\kappa<0.1$ 时，按目前的经验无法计算 a_{ISO} 系数，而且 $\kappa<0.1$ 的 a_{ISO} 值也超出了公式和线图的范围。

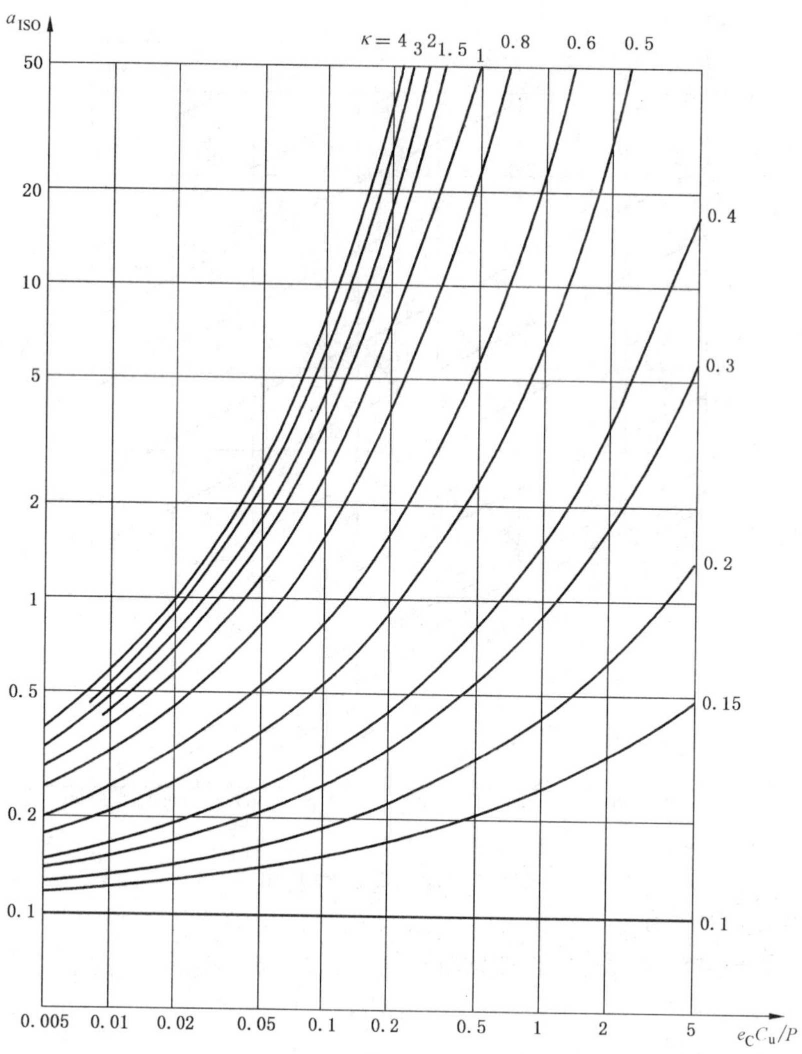

图 3　向心球轴承的寿命修正系数 a_{ISO}

图 3 中的曲线基于下列公式：

0.1≤κ<0.4 时，

$$a_{ISO} = 0.1\left[1-\left(2.5671-\frac{2.2649}{\kappa^{0.054381}}\right)^{0.83}\left(\frac{e_C C_u}{P}\right)^{1/3}\right]^{-9.3} \qquad (31)$$

0.4≤κ<1 时，

$$a_{ISO} = 0.1\left[1-\left(2.5671-\frac{1.9987}{\kappa^{0.19087}}\right)^{0.83}\left(\frac{e_C C_u}{P}\right)^{1/3}\right]^{-9.3} \qquad (32)$$

1≤κ≤4 时，

$$a_{ISO} = 0.1\left[1-\left(2.5671-\frac{1.9987}{\kappa^{0.071739}}\right)^{0.83}\left(\frac{e_C C_u}{P}\right)^{1/3}\right]^{-9.3} \qquad (33)$$

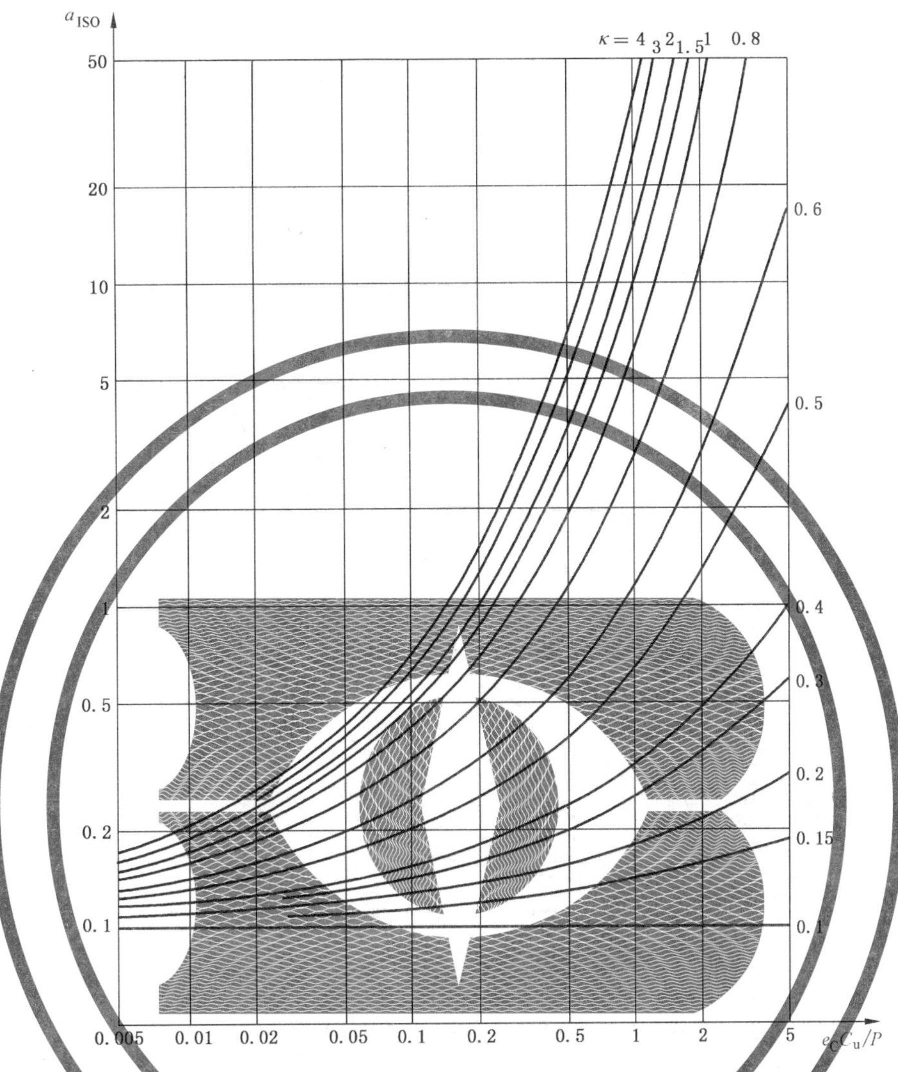

图 4　向心滚子轴承的寿命修正系数 a_{ISO}

图 4 中的曲线基于下列公式：

0.1≤κ<0.4 时，

$$a_{ISO}=0.1\left[1-\left(1.5859-\frac{1.3993}{\kappa^{0.054381}}\right)\left(\frac{e_C C_u}{P}\right)^{0.4}\right]^{-9.185} \qquad (34)$$

0.4≤κ<1 时，

$$a_{ISO}=0.1\left[1-\left(1.5859-\frac{1.2348}{\kappa^{0.19087}}\right)\left(\frac{e_C C_u}{P}\right)^{0.4}\right]^{-9.185} \qquad (35)$$

1≤κ≤4 时，

$$a_{ISO}=0.1\left[1-\left(1.5859-\frac{1.2348}{\kappa^{0.071739}}\right)\left(\frac{e_C C_u}{P}\right)^{0.4}\right]^{-9.185} \qquad (36)$$

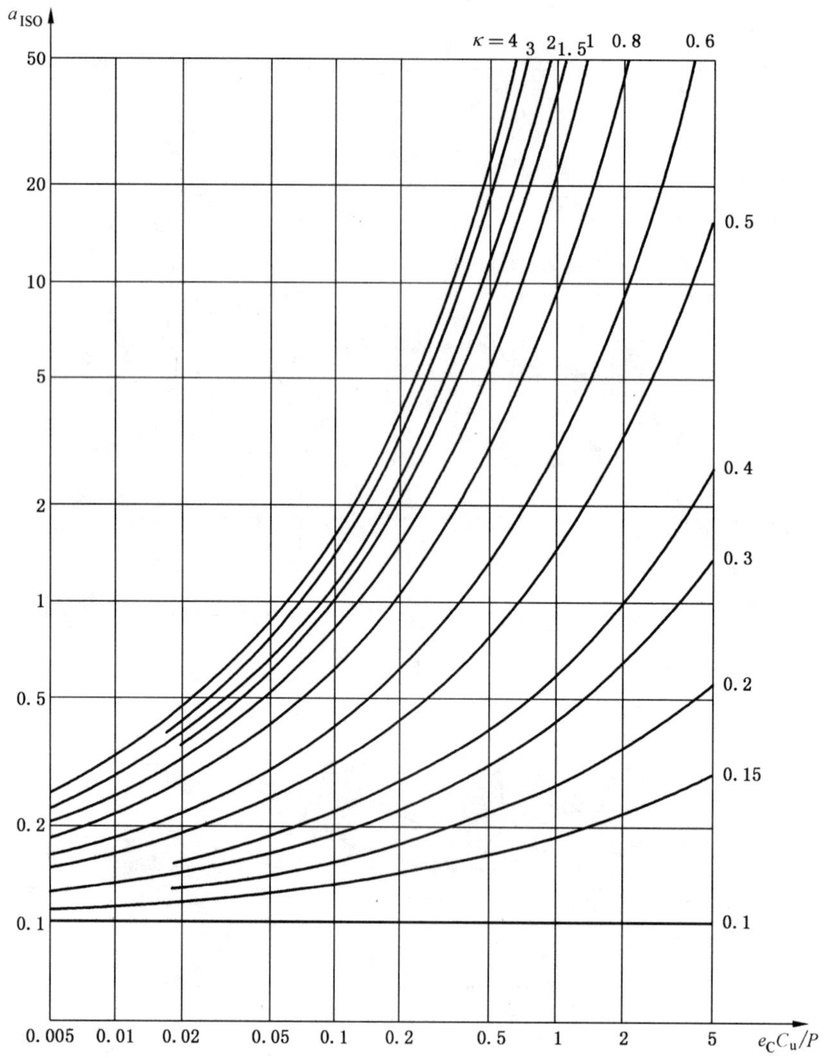

图 5　推力球轴承的寿命修正系数 a_{ISO}

图 5 中的曲线基于下列公式：

$0.1 \leqslant \kappa < 0.4$ 时，

$$a_{ISO} = 0.1\left[1-\left(2.5671-\frac{2.2649}{\kappa^{0.054381}}\right)^{0.83}\left(\frac{e_C C_u}{3P}\right)^{1/3}\right]^{-9.3} \quad \cdots\cdots(37)$$

$0.4 \leqslant \kappa < 1$ 时，

$$a_{ISO} = 0.1\left[1-\left(2.5671-\frac{1.9987}{\kappa^{0.19087}}\right)^{0.83}\left(\frac{e_C C_u}{3P}\right)^{1/3}\right]^{-9.3} \quad \cdots\cdots(38)$$

$1 \leqslant \kappa \leqslant 4$ 时，

$$a_{ISO} = 0.1\left[1-\left(2.5671-\frac{1.9987}{\kappa^{0.071739}}\right)^{0.83}\left(\frac{e_C C_u}{3P}\right)^{1/3}\right]^{-9.3} \quad \cdots\cdots(39)$$

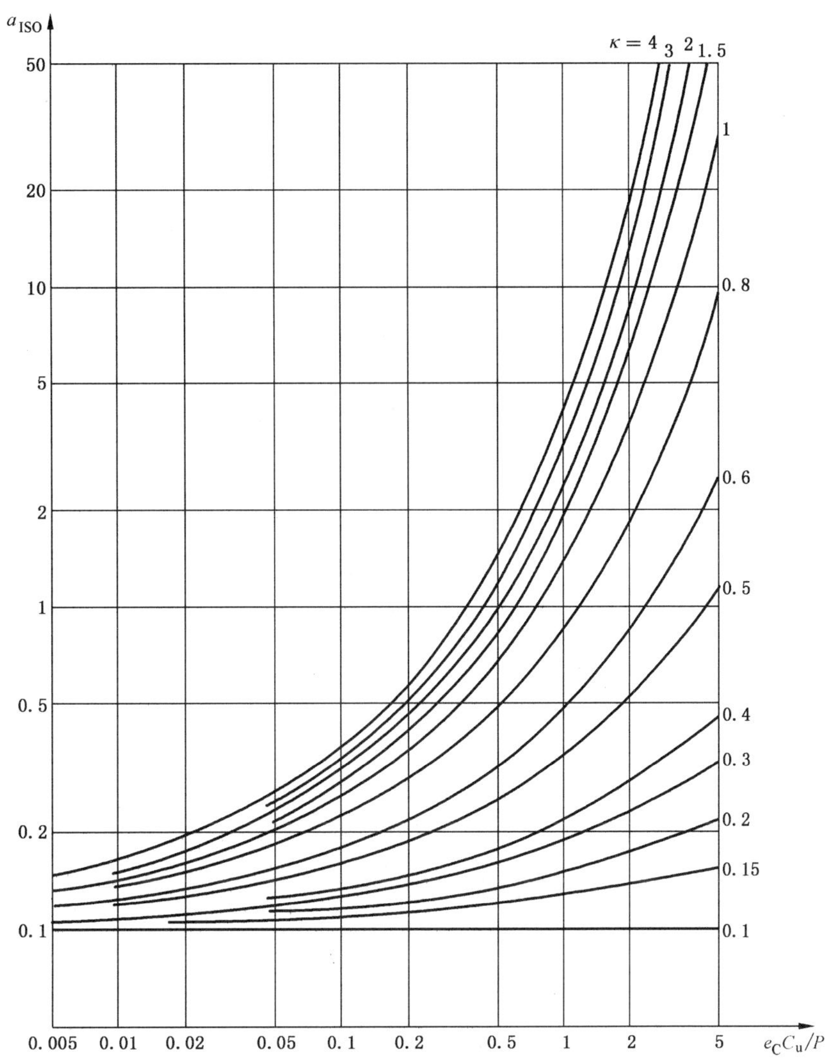

图 6　推力滚子轴承的寿命修正系数 a_{ISO}

图 6 中的曲线基于下列公式：

$0.1 \leqslant \kappa < 0.4$ 时，

$$a_{ISO} = 0.1\left[1-\left(1.585\,9-\frac{1.399\,3}{\kappa^{0.054\,381}}\right)\left(\frac{e_C C_u}{2.5P}\right)^{0.4}\right]^{-9.185} \quad \cdots\cdots(40)$$

$0.4 \leqslant \kappa < 1$ 时，

$$a_{ISO} = 0.1\left[1-\left(1.585\,9-\frac{1.234\,8}{\kappa^{0.190\,87}}\right)\left(\frac{e_C C_u}{2.5P}\right)^{0.4}\right]^{-9.185} \quad \cdots\cdots(41)$$

$1 \leqslant \kappa \leqslant 4$ 时，

$$a_{ISO} = 0.1\left[1-\left(1.585\,9-\frac{1.234\,8}{\kappa^{0.071\,739}}\right)\left(\frac{e_C C_u}{2.5P}\right)^{0.4}\right]^{-9.185} \quad \cdots\cdots(42)$$

附 录 A
（资料性附录）
估算污染系数的详细方法

A.1 总则

9.3.3.2 给出了估算污染系数 e_C 大小的简化方法。本附录提出了更先进、更详细的方法来计算 e_C 系数，并在线图中说明了不同影响因素对污染的影响程度。e_C 确定后，按照 9.3.3.4 计算寿命修正系数。

下列润滑方法的污染系数可用线图或公式确定：

——油供给轴承之前经过在线过滤的循环油润滑；

——油浴润滑或使用离线过滤器的循环油润滑；

——脂润滑。

采用油雾润滑时，估算污染对 e_C 系数的影响，参见 ISO/TR 1281-2[2]。

A.2 符号

第 4 章给出的以及下列符号适用于本附录。

x：按照 GB/T 18854—2002[5] 标定的污染物颗粒尺寸，μm(c)

$\beta_{x(c)}$：对污染物颗粒尺寸 x 的过滤比

代号(c)表示计数尺寸为 x μm 的颗粒计数器是按照 GB/T 18854—2002[5] 校准的自动光学单粒计数器(APC)。

A.3 不同润滑方法所选用的公式和线图的条件

A.3.1 使用在线过滤器的循环油润滑

选用线图和公式时，根据 GB/T 18853－2002[6]，颗粒尺寸 x μm(c)的过滤比 $\beta_{x(c)}$ 是最大的影响因素。这些线图还给出了一定范围内的清洁度代号(符合 GB/T 14039—2002[7] 的规定)适用的污染级别。污染级别主要对应于通过在线过滤器之前的润滑油的状况。

注：利用样品油测量润滑油清洁度的研究表明：若要准确地确定润滑油的清洁度是非常困难的。即使采取一切可能的预防措施，也很难不污染样品油，而且在计数颗粒时，还可能包含润滑油添加剂的沉淀物。因此，即使是分析非常清洁的润滑油，也极有可能由于外部污染而不能得到正确的测量结果。

润滑油经过滤器过滤了一定时间之后，使用在线过滤器的循环油的清洁度通常会有所提高。因此，一般情况下，润滑油经过在线过滤器之前的污染级别最适合代表循环油系统的实际清洁度。由于难以准确地测量润滑油的清洁度，因此，如果使用在线过滤的循环油系统，在选择适用的 e_C 线图或公式时，应将颗粒尺寸 x 的过滤比 $\beta_{x(c)}$ 作为主要影响因素。

A.3.2 油浴润滑

对于油浴和仅使用离线过滤器的循环油系统，线图和公式的选用应根据所要求的污染级别确定，污染级别用一定范围内的清洁度代号(符合 GB/T 14039—2002 的规定)表示。

A.3.3 脂润滑

对于脂润滑，各种清洁度级别推荐选用的线图和公式参见表 A.1，应根据此表选用线图和公式。

A.3.4 轴承安装和供油

为得到预期寿命，从启动开始和新油供给润滑系统之后，应使轴承在期望的工作条件下转动。

因此，安装后应对轴承周围环境进行认真清洁，尤其是当轴承必需在所期望的最洁净的环境中运转时更应如此。新油在供给润滑油系统之前进行过滤也同样重要，因此，过滤器的过滤效果至少应和润滑油系统所用的过滤器一样，但效率最好更高些。

A.4 使用在线过滤器的循环油润滑的污染系数 e_C

对于使用在线过滤器的循环油系统，在润滑油供给轴承之前，污染系数 e_C 可用图 A.1～图 A.4 中的线图或公式确定。线图或公式的选用基本上由过滤比 $\beta_{x(c)}$ 决定，而且所选 x(c)的 $\beta_{x(c)}$ 值应等于或大于每一线图中的示值。润滑油系统的清洁度也应在清洁度代号(符合 GB/T 14039—2002 的规定)所示范围内。

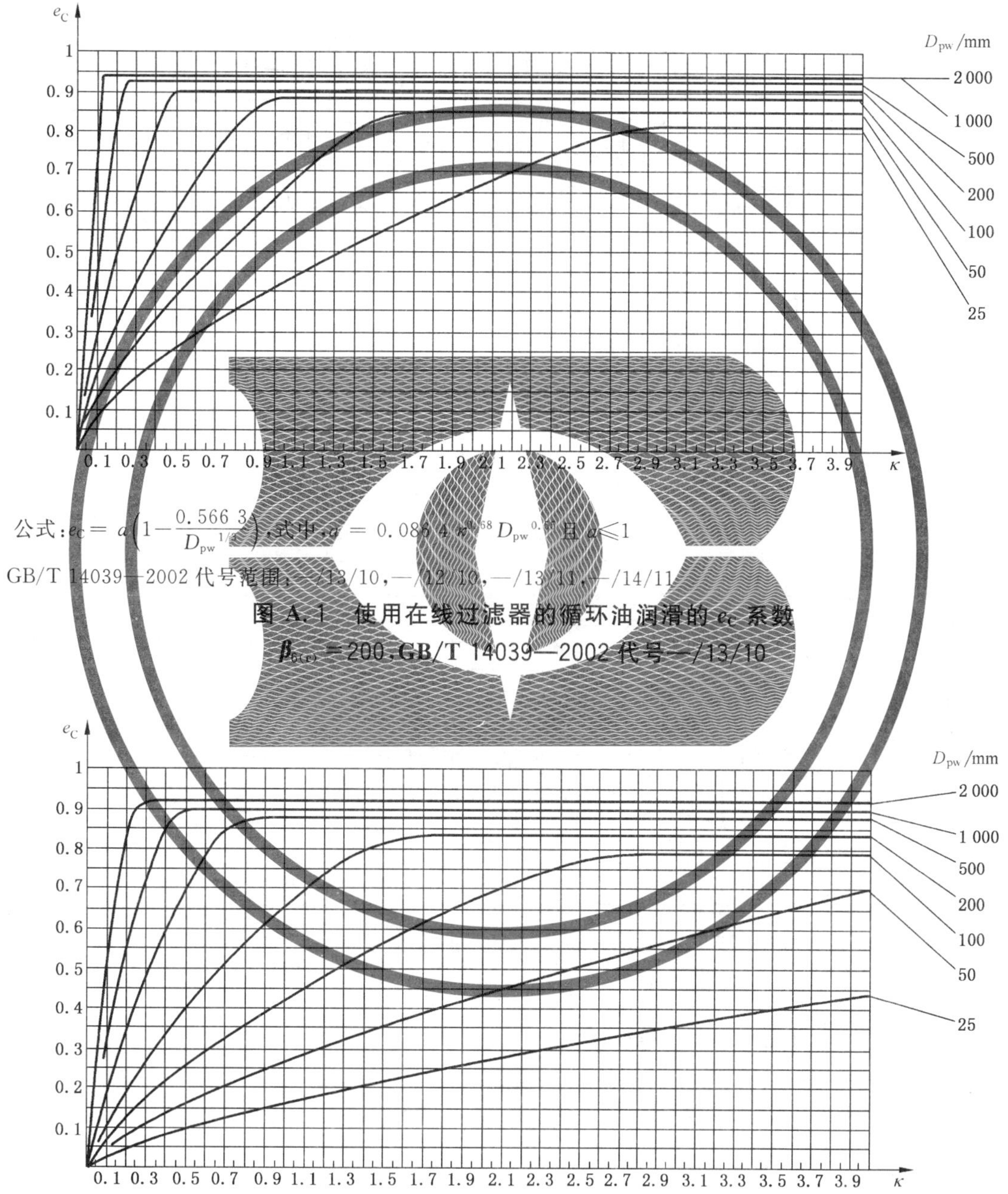

公式：$e_C = a\left(1-\frac{0.566\ 3}{D_{pw}{}^{1/3}}\right)$，式中，$a = 0.086\ 4\ \kappa^{0.68} D_{pw}{}^{0.55}$ 且 $a \leqslant 1$

GB/T 14039—2002 代号范围：—/13/10、—/12/10、—/13/11、—/14/11

图 A.1 使用在线过滤器的循环油润滑的 e_C 系数

$\beta_{6(c)}$＝200，GB/T 14039—2002 代号—/13/10

公式：$e_C = a\left(1-\frac{0.998\ 7}{D_{pw}{}^{1/3}}\right)$，式中，$a = 0.043\ 2\ \kappa^{0.68} D_{pw}{}^{0.55}$ 且 $a \leqslant 1$

GB/T 14039—2002 代号范围：—/15/12、—/16/12、—/15/13、—/16/13

图 A.2 使用在线过滤器的循环油润滑的 e_C 系数

$\beta_{12(c)}$＝200，GB/T 14039—2002 代号—/15/12

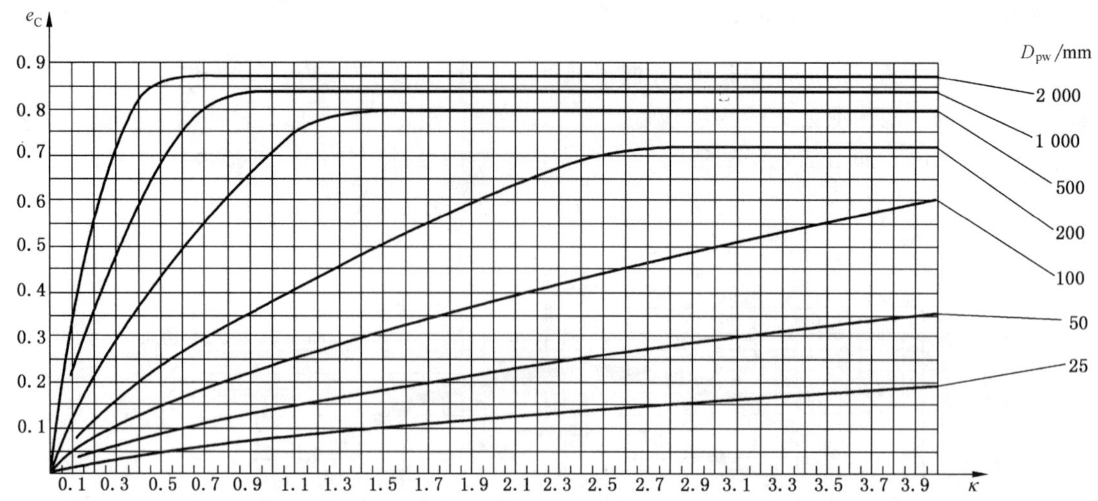

公式：$e_C = a\left(1-\frac{1.632\ 9}{D_{pw}^{1/3}}\right)$，式中，$a = 0.028\ 8\ \kappa^{0.68} D_{pw}^{0.55}$ 且 $a \leqslant 1$

GB/T 14039—2002 代号范围：—/17/14，—/18/14，—/18/15，—/19/15

图 A.3 使用在线过滤器的循环油润滑的 e_C 系数

$\beta_{25(c)} \geqslant 75$，GB/T 14039—2002 代号—/17/14

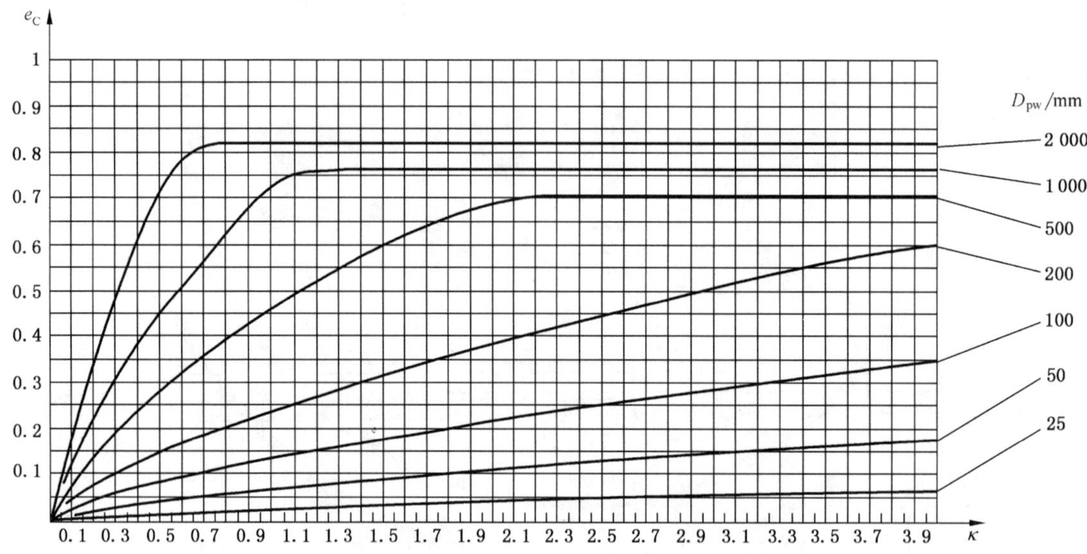

公式：$e_C = a\left(1-\frac{2.336\ 2}{D_{pw}^{1/3}}\right)$，式中，$a = 0.021\ 6\ \kappa^{0.68} D_{pw}^{0.55}$ 且 $a \leqslant 1$

GB/T 14039—2002 代号范围：—/19/16，—/20/17，—/21/18，—/22/18

图 A.4 使用在线过滤器的循环油润滑的 e_C 系数

$\beta_{40(c)} \geqslant 75$，GB/T 14039—2002 代号—/19/16

A.5 未经过滤或使用离线过滤器的油润滑的污染系数 e_C

对于未经过滤或使用离线过滤器的油润滑，污染系数 e_C 可用图 A.5～图 A.9 中的线图或公式确定。每一线图中所示的清洁度代号（符合 GB/T 14039—2002 的规定）范围用于选择适用的线图或公式。

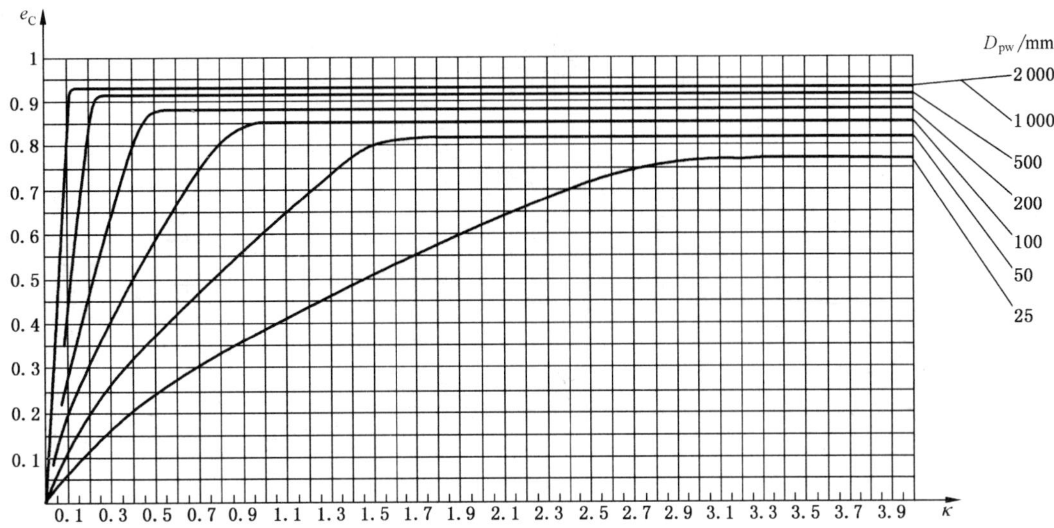

公式：$e_C = a\left(1-\frac{0.679\ 6}{D_{pw}^{1/3}}\right)$，式中，$a = 0.086\ 4\ \kappa^{0.68} D_{pw}^{0.55}$ 且 $a \leqslant 1$

GB/T 14039—2002 代号范围：—/13/10，—/12/10，—/11/9，—/12/9

图 A.5 未经过滤或使用离线过滤器的油润滑的 e_C 系数

GB/T 14039—2002 代号—/13/10

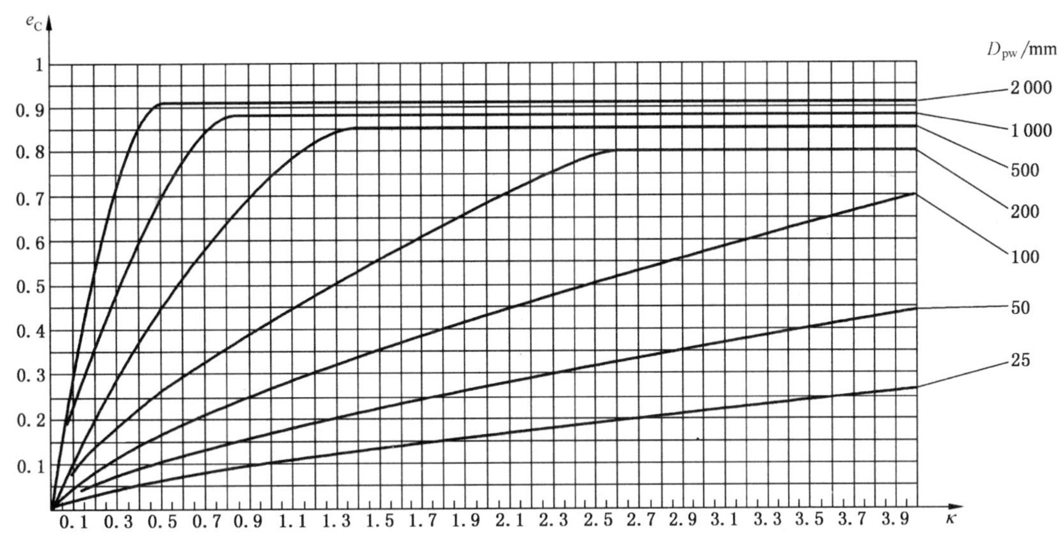

公式：$e_C = a\left(1-\frac{1.141}{D_{pw}^{1/3}}\right)$，式中，$a = 0.028\ 8\ \kappa^{0.68} D_{pw}^{0.55}$ 且 $a \leqslant 1$

GB/T 14039—2002 代号范围：—/15/12，—/14/12，—/16/12，—/16/13

图 A.6 未经过滤或使用离线过滤器的油润滑的 e_C 系数

GB/T 14039—2002 代号—/15/12

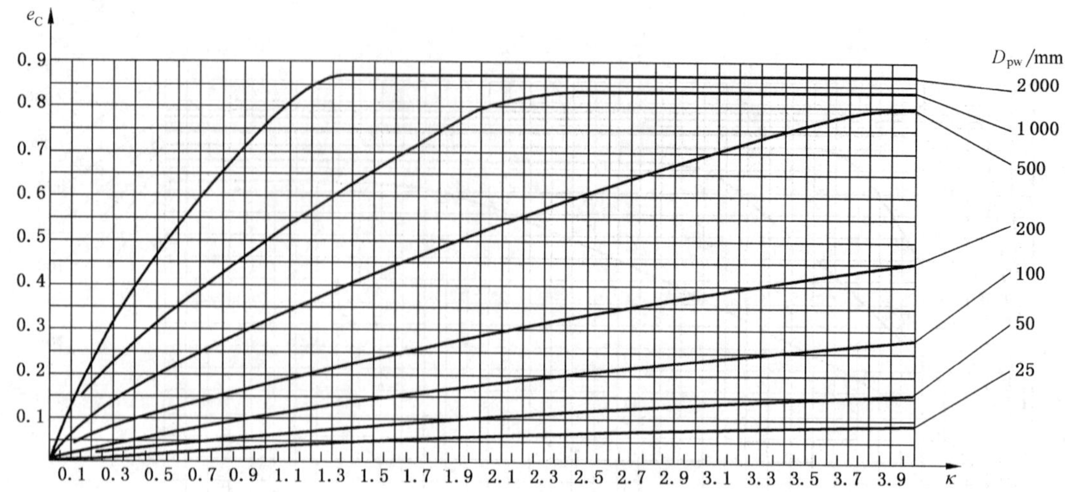

公式：$e_C = a\left(1-\frac{1.67}{D_{pw}^{1/3}}\right)$，式中，$a = 0.013\,3\ \kappa^{0.68} D_{pw}^{0.55}$ 且 $a \leqslant 1$

GB/T 14039—2002 代号范围：—/17/14，—/18/14，—/18/15，—/19/15

图 A.7　未经过滤或使用离线过滤器的油润滑的 e_C 系数

GB/T 14039—2002 代号—/17/14

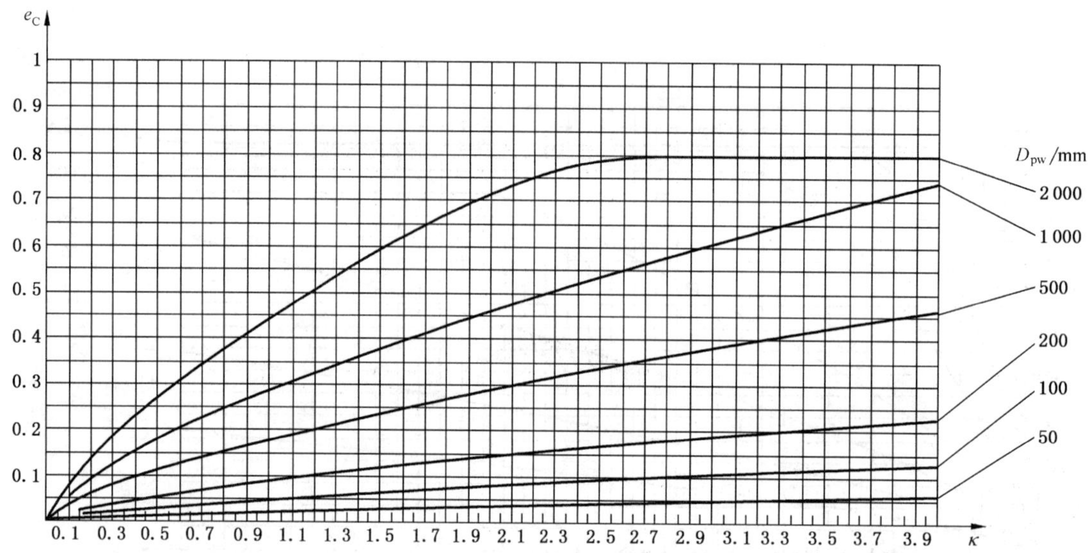

公式：$e_C = a\left(1-\frac{2.516\,4}{D_{pw}^{1/3}}\right)$，式中，$a = 0.008\,64\ \kappa^{0.68} D_{pw}^{0.55}$ 且 $a \leqslant 1$

GB/T 14039—2002 代号范围：—/19/16，—/18/16，—/20/17，—/21/17

图 A.8　未经过滤或使用离线过滤器的油润滑的 e_C 系数

GB/T 14039—2002 代号—/19/16

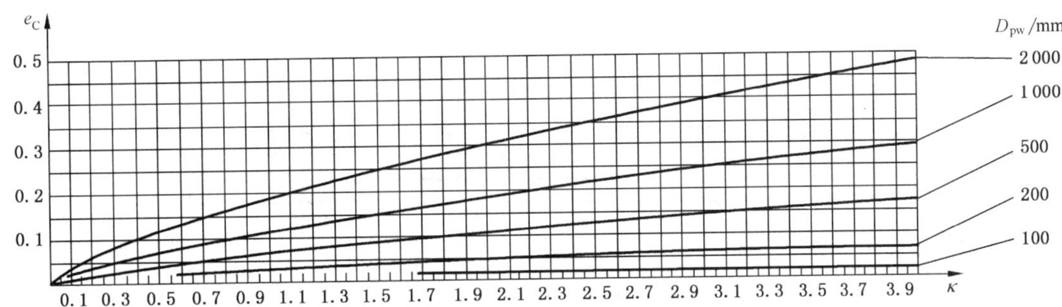

公式：$e_C = a\left(1-\frac{3.8974}{D_{pw}^{1/3}}\right)$，式中，$a = 0.00411\ \kappa^{0.68} D_{pw}^{0.55}$ 且 $a \leqslant 1$

GB/T 14039—2002 代号范围：—/21/18，—/21/19，—/22/19，—/23/19

图 A.9 未经过滤或使用离线过滤器的油润滑的 e_C 系数
GB/T 14039—2002 代号—/21/18

A.6 脂润滑的污染系数 e_C

对于脂润滑，污染系数 e_C 可用图 A.10～图 A.14 中的线图或公式确定。表 A.1 用于选择适用的线图或公式。根据现有的工作条件，选择表中最适用的行。

表 A.1 脂润滑选用的线图和公式

工作条件	污染级别
仔细清洗、极洁净安装；密封相对工作条件优良；连续或在很短的间隔内再加脂 脂润滑（终身润滑）密封轴承，且密封能力相对工作条件有效	高度清洁 图 A.10
清洗、洁净安装；密封相对工作条件良好；按照制造厂的规定再加脂 脂润滑（终身润滑）密封轴承，密封能力相对工作条件适当，如防尘轴承	一般清洁 图 A.11
洁净安装；密封能力相对工作条件一般；按照制造厂的规定再加脂	轻度至常见污染 图 A.12
在车间安装；安装后，轴承和应用场合未充分清洗；密封能力相对工作条件较差； 再加脂间隔长于制造厂推荐的时间	严重污染 图 A.13
在污染的环境下安装；密封不适；再加脂间隔长	极严重污染 图 A.14

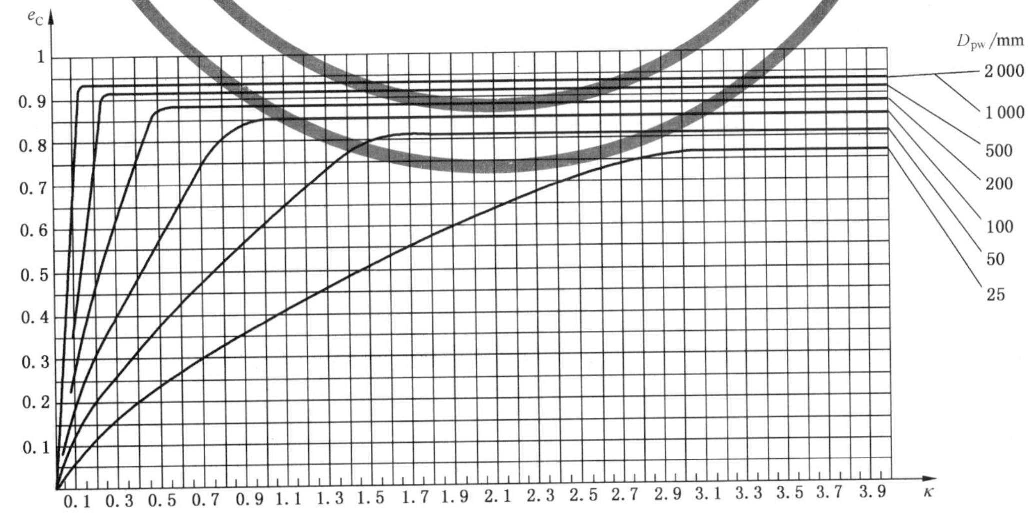

公式：$e_C = a\left(1-\frac{0.6796}{D_{pw}^{1/3}}\right)$，式中，$a = 0.0864\ \kappa^{0.68} D_{pw}^{0.55}$ 且 $a \leqslant 1$

图 A.10 高度清洁的脂润滑的 e_C 系数

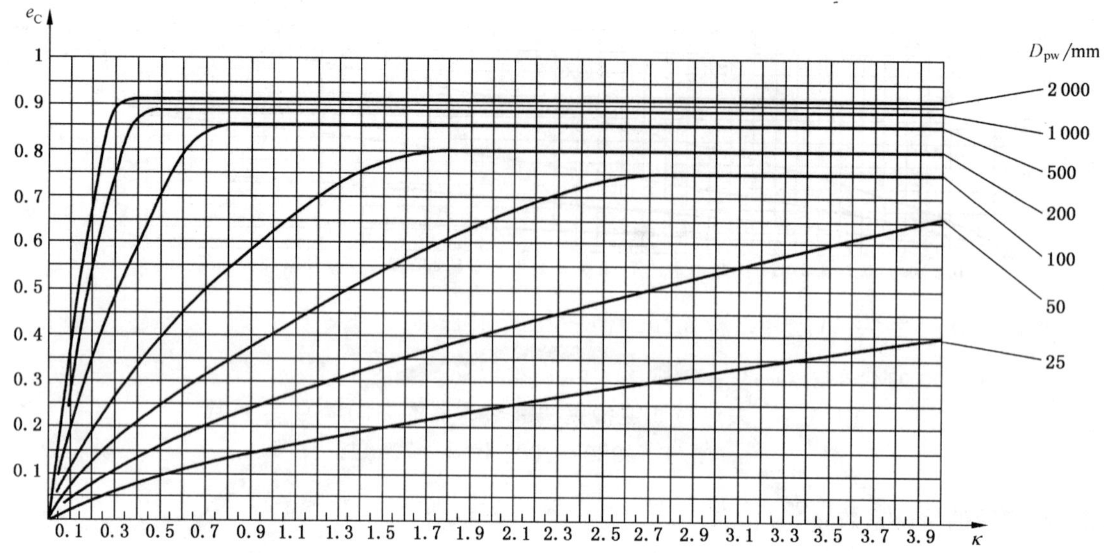

公式：$e_C = a\left(1-\frac{1.141}{D_{pw}{}^{1/3}}\right)$，式中，$a = 0.043\,2\ \kappa^{0.68} D_{pw}{}^{0.55}$ 且 $a \leqslant 1$

图 A.11　一般清洁的脂润滑的 e_C 系数

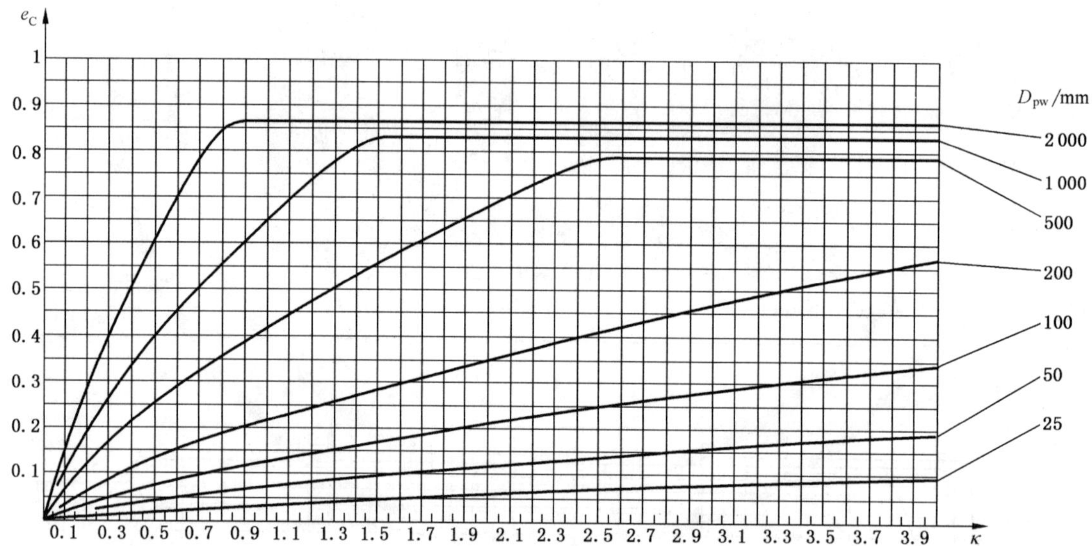

公式：$D_{pw} < 500$ mm 时，$e_C = a\left(1-\frac{1.887}{D_{pw}{}^{1/3}}\right)$，式中，$a = 0.017\,7\ \kappa^{0.68} D_{pw}{}^{0.55}$ 且 $a \leqslant 1$

$D_{pw} \geqslant 500$ mm 时，$e_C = a\left(1-\frac{1.677}{D_{pw}{}^{1/3}}\right)$，式中，$a = 0.017\,7\ \kappa^{0.68} D_{pw}{}^{0.55}$ 且 $a \leqslant 1$

图 A.12　轻度至常见污染的脂润滑的 e_C 系数

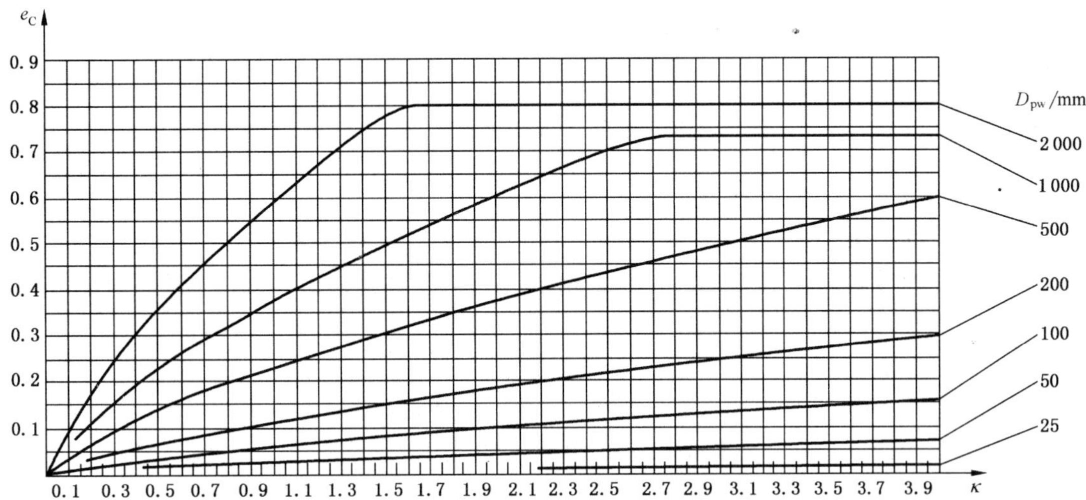

公式：$e_C = a\left(1-\frac{2.662}{D_{pw}^{1/3}}\right)$，式中，$a = 0.011\,5\ \kappa^{0.68} D_{pw}^{0.55}$ 且 $a \leqslant 1$

图 A.13　严重污染的脂润滑的 e_C 系数

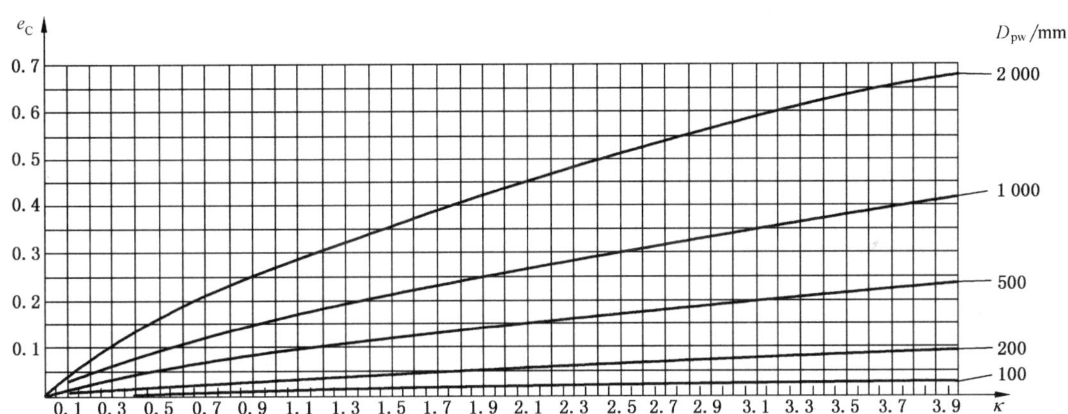

公式：$e_C = a\left(1-\frac{4.06}{D_{pw}^{1/3}}\right)$，式中，$a = 0.006\,17\ \kappa^{0.68} D_{pw}^{0.55}$ 且 $a \leqslant 1$

图 A.14　极严重污染的脂润滑的 e_C 系数

附 录 B
（资料性附录）
疲劳载荷极限的计算方法

B.1 总则

本附录包含了疲劳载荷极限 C_u 值的推荐计算方法，考虑了轴承类型、大小、内部几何形状、滚动体和滚道的轮廓以及滚道材料的疲劳极限。

本标准正文中的说明和限制条件也适用于本方法。

疲劳载荷极限 C_u 并不能作为选用轴承的唯一判据。即使轴承载荷小于疲劳极限时，滚动轴承也不一定具有无限长的寿命。在轴承的实际应用中，边界或混合润滑以及润滑剂污染将导致滚道材料的应力增大，因此，即使轴承载荷小于疲劳载荷极限时，局部也会超过滚道材料的疲劳极限。润滑和润滑剂污染的影响在9.3额定寿命的计算方法和附录A中予以考虑。

B.2 符号

第4章给出的以及下列符号适用于本附录。

E：弹性模量，N/mm^2

$E(\chi)$：第二类完全椭圆积分

e：外圈或座圈的下标

$F(\rho)$：相对曲率差

i：内圈或轴圈的下标

$K(\chi)$：第一类完全椭圆积分

Q_u：单个接触处的疲劳载荷极限，N

r_e：外圈沟曲率半径，mm

r_i：内圈沟曲率半径，mm

χ：接触椭圆长半轴与短半轴之比

γ：辅助参数，$\gamma = \dfrac{D_w \cos\alpha}{D_{pw}}$

φ：滚动体的角位置，(°)

ν_E：泊松比

ρ：接触表面的曲率，mm^{-1}

$\sum\rho$：曲率和，mm^{-1}

σ_{Hu}：达到滚道材料疲劳载荷极限时的赫兹接触应力，N/mm^2

B.3 疲劳载荷极限 C_u

B.3.1 总则

寿命修正系数 a_{ISO} 可表示为比率 C_u/P（疲劳载荷极限除以当量动载荷）的函数，见9.3.2。

计算轴承疲劳载荷极限 C_u 的一种先进方法见B.3.2，其中滚动体和滚道间的接触应力为1 500 MPa[4)]，该接触应力系采用常用优质材料和良好加工质量轴承的推荐值。

只需粗略估算 C_u 时，其简化方法见B.3.3。

4) 1 MPa = 1 N/mm^2。

B.3.2 计算疲劳载荷极限 C_u 的先进方法

B.3.2.1 单个接触的疲劳载荷极限

B.3.2.1.1 总则

单个接触的疲劳载荷极限系滚道表面的应力刚好达到该材料的疲劳极限时的载荷。对于点接触，该载荷可解析计算;但对于修形的线接触,则需要进行更复杂的数值分析。

B.3.2.1.2 球轴承

计算疲劳载荷极限时,应使用球和滚道的实际曲率半径。

单个内圈[轴圈]滚道接触处和单个外圈[座圈]滚道接触处的疲劳载荷极限按公式(B.1)计算:

$$Q_{\mathrm{u\,i,e}}=\sigma_{\mathrm{Hu}}{}^{3}\times\frac{32\pi\chi_{\mathrm{i,e}}}{3}\left[\frac{1-\nu_{\mathrm{E}}{}^{2}}{E}\times\frac{E(\chi_{\mathrm{i,e}})}{\sum\rho_{\mathrm{i,e}}}\right]^{2} \quad\cdots\cdots(\mathrm{B.1})$$

接触椭圆长半轴与短半轴之比可从公式(B.2)推出:

$$1-\frac{2}{\chi^{2}-1}\left(\frac{K(\chi)}{E(\chi)}-1\right)-F(\rho)=0 \quad\cdots\cdots(\mathrm{B.2})$$

公式(B.2)中的第一类完全椭圆积分为:

$$K(\chi)=\int_{0}^{\frac{\pi}{2}}\left[1-\left(1-\frac{1}{\chi^{2}}\right)(\sin\varphi)^{2}\right]^{-\frac{1}{2}}\mathrm{d}\varphi \quad\cdots\cdots(\mathrm{B.3})$$

第二类完全椭圆积分为:

$$E(\chi)=\int_{0}^{\frac{\pi}{2}}\left[1-\left(1-\frac{1}{\chi^{2}}\right)(\sin\varphi)^{2}\right]^{\frac{1}{2}}\mathrm{d}\varphi \quad\cdots\cdots(\mathrm{B.4})$$

公式(B.1)中内圈[轴圈]滚道接触处的曲率和为:

$$\sum\rho_{\mathrm{i}}=\frac{2}{D_{\mathrm{w}}}\left(2+\frac{\gamma}{1-\gamma}-\frac{D_{\mathrm{w}}}{2r_{\mathrm{i}}}\right) \quad\cdots\cdots(\mathrm{B.5})$$

外圈[座圈]滚道接触处的曲率和为:

$$\sum\rho_{\mathrm{e}}=\frac{2}{D_{\mathrm{w}}}\left(2-\frac{\gamma}{1+\gamma}-\frac{D_{\mathrm{w}}}{2r_{\mathrm{e}}}\right) \quad\cdots\cdots(\mathrm{B.6})$$

内圈[轴圈]滚道接触处的相对曲率差为:

$$F_{\mathrm{i}}(\rho)=\frac{\dfrac{\gamma}{1-\gamma}+\dfrac{D_{\mathrm{w}}}{2r_{\mathrm{i}}}}{2+\dfrac{\gamma}{1-\gamma}-\dfrac{D_{\mathrm{w}}}{2r_{\mathrm{i}}}} \quad\cdots\cdots(\mathrm{B.7})$$

外圈[座圈]滚道接触处的相对曲率差为:

$$F_{\mathrm{e}}(\rho)=\frac{\dfrac{-\gamma}{1+\gamma}+\dfrac{D_{\mathrm{w}}}{2r_{\mathrm{e}}}}{2-\dfrac{\gamma}{1+\gamma}-\dfrac{D_{\mathrm{w}}}{2r_{\mathrm{e}}}} \quad\cdots\cdots(\mathrm{B.8})$$

计算内圈[轴圈]滚道最大承载接触处的疲劳载荷极限 Q_{ui} 和外圈[座圈]滚道最大承载接触处的疲劳载荷极限 Q_{ue} 时,应考虑实际的接触几何形状,即球和滚道实际的曲率半径。

计算疲劳载荷极限 C_{u} 时,使用计算值 Q_{ui} 和 Q_{ue} 两者的最小值,即

$$Q_{\mathrm{u}}=\min(Q_{\mathrm{ui}},Q_{\mathrm{ue}}) \quad\cdots\cdots(\mathrm{B.9})$$

对于调心球轴承,外圈滚道接触处的疲劳载荷极限允许高于向心球轴承相应值的 60%。与 GB/T 4662—2003中的额定静载荷类似,外圈滚道接触处可承受较高的接触应力。

B.3.2.1.3 滚子轴承

计算内圈[轴圈]滚道最大承载接触处的疲劳载荷极限 Q_{ui} 和外圈[座圈]滚道最大承载接触处的疲劳载荷极限 Q_{ue} 时,应考虑实际的接触几何形状,即滚动体和滚道的轮廓和实际的曲率半径。

计算修形线接触处的接触应力，需要进行复杂的数值分析。适用的计算方法在参考文献[8]、[9]、[10]中有所描述。而对于文献[11]中的圆柱体线接触，赫兹公式则不适用。

B.3.2.2 成套轴承的疲劳载荷极限 C_u

B.3.2.2.1 总则

成套轴承的疲劳载荷极限 C_u 可通过将最大承载接触处的疲劳载荷极限的最小值 Q_u[见公式(B.9)]代入公式(B.10)～公式(B.17)来确定。

B.3.2.2.2 向心球轴承

$D_{pw}\leqslant 100$ mm 时，

$$C_u = 0.228\,8\ Z\,Q_u\ i\ \cos\alpha \qquad \text{(B.10)}$$

$D_{pw}>100$ mm 时，

$$C_u = 0.228\,8\ Z\,Q_u\ i\ \cos\alpha\left(\frac{100}{D_{pw}}\right)^{0.5} \qquad \text{(B.11)}$$

B.3.2.2.3 推力球轴承

$D_{pw}\leqslant 100$ mm 时，

$$C_u = Z\,Q_u\ \sin\alpha \qquad \text{(B.12)}$$

$D_{pw}>100$ mm 时，

$$C_u = Z\,Q_u\ \sin\alpha\left(\frac{100}{D_{pw}}\right)^{0.5} \qquad \text{(B.13)}$$

B.3.2.2.4 向心滚子轴承

$D_{pw}\leqslant 100$ mm 时，

$$C_u = 0.245\,3\ Z\,Q_u\ i\ \cos\alpha \qquad \text{(B.14)}$$

$D_{pw}>100$ mm 时，

$$C_u = 0.245\,3\ Z\,Q_u\ i\ \cos\alpha\left(\frac{100}{D_{pw}}\right)^{0.3} \qquad \text{(B.15)}$$

B.3.2.2.5 推力滚子轴承

$D_{pw}\leqslant 100$ mm 时，

$$C_u = Z\,Q_u\ \sin\alpha \qquad \text{(B.16)}$$

$D_{pw}>100$ mm 时，

$$C_u = Z\,Q_u\ \sin\alpha\left(\frac{100}{D_{pw}}\right)^{0.3} \qquad \text{(B.17)}$$

B.3.3 计算疲劳载荷极限 C_u 的简化方法

B.3.3.1 总则

简单估算球轴承和滚子轴承的疲劳载荷极限 C_u 时，可使用公式(B.18)～公式(B.21)。

注：简单估算的结果与采用 B.3.2 中给出的先进方法得出的结果可能有显著差异，应优先采用先进方法得出的结果。

B.3.3.2 球轴承

$D_{pw}\leqslant 100$ mm 的轴承，

$$C_u = \frac{C_0}{22} \qquad \text{(B.18)}$$

$D_{pw}>100$ mm 的轴承，

$$C_u = \frac{C_0}{22}\left(\frac{100}{D_{pw}}\right)^{0.5} \qquad \text{(B.19)}$$

B.3.3.3 滚子轴承

$D_{pw} \leqslant 100$ mm 的轴承，

$$C_u = \frac{C_0}{8.2} \quad \text{(B.20)}$$

$D_{pw} > 100$ mm 的轴承，

$$C_u = \frac{C_0}{8.2}\left(\frac{100}{D_{pw}}\right)^{0.3} \quad \text{(B.21)}$$

注：比率 $C_0/C_u = 8.2$ 考虑了滚子轮廓的部分影响。

附 录 C
（资料性附录）
基本额定动载荷计算中的间断点

C.1 总则

根据本标准，用于计算向心和推力角接触球轴承基本额定动载荷 C_r 和 C_a 的系数略有差异，考虑轴向载荷对轴承寿命影响的方法也不相同。

因此，将一套接触角 $\alpha=45°$ 的轴承看作是向心轴承时和将其看作是推力轴承时，在寿命计算中存在一间断点。在这两种情况下，轴承均只承受相同的外部轴向载荷 F_a。

本附录解释了在计算向心和推力角接触球轴承基本额定动载荷 C_r 和 C_a 时，额定载荷系数不同的原因，并说明了重新计算这些额定载荷的方法，以便在同一条件进行准确比较。

C.2 符号

第 4 章给出的以及下列符号适用于本附录。

C_{aa}：推力轴承（$\alpha>45°$）的修正轴向基本额定动载荷，N

C_{ar}：向心轴承（$\alpha\leqslant45°$）的修正轴向基本额定动载荷，N

r_e：外圈沟曲率半径，mm

r_i：内圈沟曲率半径，mm

λ：接触应力系数

C.3 计算向心和推力角接触球轴承额定载荷与当量载荷的不同系数

比较向心和推力轴承的寿命时，假定这两类轴承只承受相同的外部轴向载荷 F_a。

a) 角接触推力球轴承

$$L_{10}=\left(\frac{C_a}{P_a}\right)^3=\left(\frac{C_a}{F_a}\right)^3$$

在 C_a 的计算中包括：

——球与滚道的密合度 $r_i/D_w\leqslant0.54$ 和 $r_e/D_w\leqslant0.54$；

——接触应力系数 $\lambda=0.9$；

——系数 $Y(C_a=C_r/Y)$。

其中，$Y=\dfrac{0.4\cot\alpha}{1-0.333\sin\alpha}$ …………（C.1）

b) 角接触向心球轴承

$$C_a=\frac{C_r}{Y}$$

$$L_{10}=\left(\frac{C_r}{P_r}\right)^3=\left(\frac{C_r}{YF_a}\right)^3=\left(\frac{C_a}{F_a}\right)^3 \quad \text{…………（C.2）}$$

在 C_r 的计算中包括：

——球与滚道的密合度 $r_i/D_w\leqslant0.52$ 和 $r_e/D_w\leqslant0.53$；

——接触应力系数 $\lambda=0.95$。

如果所有球均受载，大多数的推力轴承属于这种情况，可按公式（C.1）计算系数 Y。公式（C.1）中表达式 $1-0.333\sin\alpha$ 考虑了所有球都受载时的不利影响；对于角接触推力球轴承，表 4 中的 f_c 值包括了这种不利影响。

向心轴承主要承受径向载荷且许多球不受载或轻微受载，因此计算表 3 中角接触向心球轴承的系数 Y 时，表达式 $1-0.333\sin\alpha$ 的不利影响降低了。

C.4 向心和推力角接触球轴承修正轴向基本额定动载荷 C_{ar} 和 C_{aa} 的比较

C.4.1 总则

对于某些应用场合，要求接触角 $\alpha \leqslant 45°$ 和 $\alpha > 45°$ 角接触球轴承的球和滚道具有相同的密合度，有时还需要计算并比较其实际的轴向额定载荷。

基本额定动载荷 C_r 和 C_a 可使用本标准计算或从轴承产品样本中得到。

但是，如 C.3 所述，对于向心和推力轴承，计算 C_r 和 C_a 时采用了不同的密合度、系数 λ 和系数 Y。若进行正确计算和比较，则应按相同的密合度、系数 λ 和系数 Y，重新计算 C_r 和 C_a，算出修正的轴向基本额定动载荷 C_{ar} 和 C_{aa}。

对于两种不同的密合度——向心轴承和推力轴承的密合度(其定义见 5.1 和 6.1.1)，重新计算可借助公式(C.3)、公式(C.4)、公式(C.7)和公式(C.8)来完成。

由于额定载荷的比较，主要是针对在轴向载荷占主导地位的场合中运转的轴承而言，因此，本附录只涉及轴向基本额定动载荷的比较。

假设接触角 α 与轴向载荷无关，恒定不变，则意味着接触角越小、承受载荷越大的轴承，其计算精度越低。

C.4.2 具有向心轴承密合度的角接触球轴承($r_i/D_w \leqslant 0.52$ 和 $r_e/D_w \leqslant 0.53$)

$$C_{ar} = 2.37\tan\alpha(1-0.333\sin\alpha)C_r \tag{C.3}$$

$$C_{aa} = 1.24C_a \tag{C.4}$$

$$L_{10} = \left(\frac{C_{ar}}{F_a}\right)^3 \tag{C.5}$$

$$L_{10} = \left(\frac{C_{aa}}{F_a}\right)^3 \tag{C.6}$$

C.4.3 具有推力轴承密合度的角接触球轴承($r_i/D_w \leqslant 0.54$ 和 $r_e/D_w \leqslant 0.54$)

$$C_{ar} = 1.91\tan\alpha(1-0.333\sin\alpha)C_r \tag{C.7}$$

$$C_{aa} = C_a \tag{C.8}$$

C.5 示例

C.5.1 $\alpha = 45°$ 的角接触球轴承

将 $\alpha = 45°$ 的角接触球轴承分别看作向心轴承和推力轴承时，比较其修正轴向基本额定动载荷。假定所选轴承 $(D_w\cos\alpha)/D_{pw} = 0.16$，且 $i=1$，该轴承具有向心轴承的密合度。

作为向心轴承

C_r 根据公式(1)来计算，即 $C_r = K f_c$，其中 K 是系数，它所包括的全部参数对于向心和推力轴承是相同的。根据表 2，$f_c = 59.6$。

根据公式(C.3)，得出：

$$C_{ar} = 2.37 \times \tan45° \times (1-0.333\sin45°) \times K \times 59.6 = 108K$$

作为推力轴承

C_a 根据公式(6)来计算，即 $C_a = K f_c \tan\alpha$。根据表 4，$f_c = 85.1$。

根据公式(C.4)，得出：

$$C_{aa} = 1.24 \times K \times 85.1 \times \tan45° = 106K$$

重新计算显示基本额定动载荷 $C_{ar} \approx C_{aa}$，证实不存在间断点。

C.5.2 $\alpha=40°$的角接触球轴承

计算$\alpha=40°$的单列角接触球轴承的修正轴向基本额定动载荷C_{ar}，假定该轴承具有推力轴承的密合度，$D_w/D_{pw}=0.091$，球径$D_w=7.5$ mm，球数$Z=27$。

根据表2，$(D_w\cos40°)/D_{pw}=0.091\times\cos40°=0.07$。此时，$f_c=51.1$。

根据公式(1)，得出：

$$C_r=1.3f_c(\cos\alpha)^{0.7}Z^{2/3}D_w^{1.8}=1.3\times51.1\times(\cos40°)^{0.7}\times27^{2/3}\times7.5^{1.8}=18\ 651$$

注：该额定载荷基于向心轴承的密合度。

根据公式(C.7)，得出：

$$C_{ar}=1.91\times\tan40°\times(1-0.333\times\sin40°)\times18\ 651=23\ 493$$

$$C_{ar}=23\ 500\ \text{N}$$

C.5.3 $\alpha=60°$的角接触球轴承

计算$\alpha=60°$的单列角接触球轴承的修正轴向基本额定动载荷C_{aa}，假定该轴承具有推力轴承的密合度，$D_w/D_{pw}=0.091$，球径$D_w=7.5$mm，球数$Z=27$。

根据表4，$(D_w\cos60°)/D_{pw}=0.091\times\cos60°=0.046$。此时，$f_c=61.12$。

根据公式(6)，得出：

$$C_a=1.3f_c(\cos\alpha)^{0.7}(\tan\alpha)Z^{2/3}D_w^{1.8}=1.3\times61.12\times(\cos60°)^{0.7}\times\tan60°\times27^{2/3}\times7.5^{1.8}=28\ 663$$

注：该额定载荷基于推力轴承的密合度。

根据公式(C.8)，得出：

$$C_{aa}=C_a=28\ 700\ \text{N}$$

参 考 文 献

[1] ISO/TS 16281:2008 滚动轴承 常规载荷条件下轴承修正参考额定寿命计算方法.

[2] ISO/TR 1281-2:2008 滚动轴承 对 ISO 281 的注释 第 2 部分:基于疲劳应力系统方法的修正额定寿命计算.

[3] IOANNIDES,E.,BERGLING,G.,GABELLI,A. *An Analytical Formulation for the Life of Rolling Bearings*, Acta Polytechnica Scandinavica, Mechanical Engineering Series No. 137, The Finnish Academy of Technology,1999.

[4] HARRIS,T. A. *Rolling Bearing Analysis*,4th Edition,John Wilsey & Sons Inc.,2001.

[5] GB/T 18854—2002 液压传动 液体自动颗粒计数器的校准(ISO 11171:1999,MOD).

[6] GB/T 18853—2002 液压传动过滤器 评定滤芯过滤性能的多次通过方法(ISO 16889:1999,MOD).

[7] GB/T 14039—2002 液压传动 油液 固体颗粒污染等级代号(ISO 4406:1999,MOD).

[8] REUSNER, H. *Druckflächenbelastung und Oberflächenverschiebung im Wälzkontakt von Rotationskörpern*,Diss. TH Karlsruhe,1977.

[9] DE MUL,J. M.,KALKER,J. J.,FREDRIKSSON,B. *The Contact Between Arbitrarily Curved Bodies of Finite Dimensions*, Transactions of the ASME, *Journal of Tribology*,108,Jan. 1986,pp. 140-148.

[10] HARTNETT, M. J. *A General Numerical Solution for Elastic Body Contact Problems*, ASME,*Applied Mechanics Division*,39,1980,pp. 51-66.

[11] HERTZ, H. *Über die Berührung fester elastischer Körper und über die Härte*,Verhandlungen des Vereins zur Beförderung des Gewerbefleißes,1882,pp. 449-463.

ICS 21.100.20
J 11

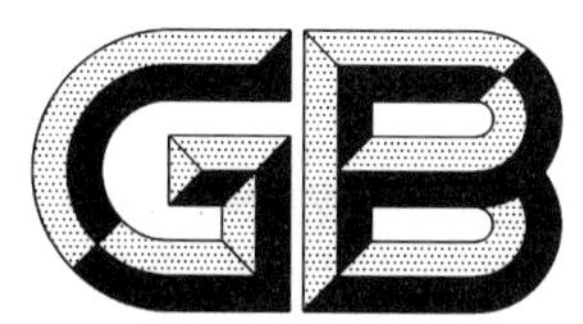

中华人民共和国国家标准

GB/T 6930—2002/ISO 5593:1997
代替 GB/T 6930—1986

滚动轴承 词汇

Rolling bearings—Vocabulary

(ISO 5593:1997,IDT)

2002-10-11 发布　　2003-05-01 实施

中华人民共和国
国家质量监督检验检疫总局 发布

前　言

本标准等同采用 ISO 5593:1997《滚动轴承　词汇》(英文版)。

本标准代替 GB/T 6930—1986《滚动轴承　词汇》。

本标准等同翻译 ISO 5593:1997。

为了便于使用,本标准做了下列编辑性修改:

——“本国际标准”一词改为“本标准”;

——删除国际标准的目次和前言;

——从包括四种语言文本的版本中删除其中三种语言文本;

——为了便于使用,增加了章条的编号;

——将一些适用于非英文版的表述及关于印刷字体方面的内容删除;

——为了便于使用,增加了按汉语拼音字母顺序给出的汉语索引;英文术语索引改为按英文字母顺序排列;

本标准与 GB/T 6930—1986 相比,主要变化如下:

——按照 GB/T 1.1—2000 对标准编排格式进行了修改;

——对“编排原则”中的内容进行了合并、调整(1986 年版的第 2 章和第 3 章,本版的第 2 章);

——修改了径向[轴向]当量静载荷和径向[轴向]基本额定静载荷的定义(见 06.03.02 和 06.04.01);

——修改了圆度误差和圆柱度误差的定义(见 05.06.01 和 05.06.02);

——对部分术语的名称进行了修改;

——图形不再单独设章(1986 年版的第 5 章);

——增加了按术语的字母顺序给出的索引(见索引)。

本标准由中国机械工业联合会提出。

本标准由全国滚动轴承标准化技术委员会(CSBTS/TC98)归口。

本标准起草单位:洛阳轴承研究所。

本标准主要起草人:李飞雪。

本标准所代替标准的历次版本发布情况为:

——GB/T 6930—1986。

滚动轴承 词汇

1 范围

本标准规定了滚动轴承的术语、定义及专用语。

2 遵循的原则及规则

2.1 词汇的编排方式

词汇包括：

a）术语及其定义，按系统顺序号排列；

b）图形及有关术语的索引号；

c）按字母顺序排列的术语表及其索引号。

2.2 术语及定义的编排方式

术语及定义分成组和分组，按系统顺序号排列。

每组由两位数的顺序号排列，轴承从01开始。

每组又分成分组，每分组由四位数的顺序号排列，前两位数字是其组号。

每一词条由六位数的索引号组成，前四位数字是其分组号。

2.2.1 词条的编排方式

每一词条包括索引号、术语及其定义。还可以包括注解和（或）参考图形号[例（图5）]。

某些词条内术语后有修饰词，修饰词印在尖括号〈 〉内，指示术语的使用范围或特殊用途。

2.2.2 圆括号的使用

某些术语中，一个或几个词置于圆括号中，这些词是一个完整术语的一部分，当使用省略的术语不会引起误解时，可将圆括号中的词省去。

2.2.3 方括号的使用

当几个紧密相关的术语除几个词不同外，定义的内容均相同时，这些术语及定义可以按相同的序号列入同一词条内。方括号内的词可以代替前面的词。

2.3 图形的编排方式

图形原则上按其所表示的术语的顺序排列，每个图形一般只表示轴承或零件的实际例子之一，包括有关术语的索引号。多数情况下，图形被简化，省去不必要的细节。

2.4 字母索引的编排方式

字母索引包括所有术语。

字母索引列出了词条的索引号。

3 术语及定义

01 轴承

01.01 滚动轴承——总论

01.01.01

滚动轴承 rolling bearing

在承受载荷和彼此相对运动的零件间作滚动（不是滑动）运动的轴承，它包括有滚道的零件和带或不带隔离或引导件的滚动体组。

见图 1～图 33。

注：可用于承受径向、轴向或径向与轴向的联合载荷。

01.01.02

单列(滚动)轴承　single row (rolling) bearing

具有一列滚动体的滚动轴承。

见图 1～图 4、图 6、图 8～图 15、图 17、图 18、图 21～图 24、图 27～图 31。

01.01.03

双列(滚动)轴承　double row (rolling) bearing

具有两列滚动体的滚动轴承。

见图 5、图 7、图 16、图 20、图 25 和图 26。

01.01.04

多列(滚动)轴承　multi-row (rolling) bearing

具有多于两列的滚动体，承受同一方向载荷的滚动轴承。

见图 19。

注：最好指出列数及轴承类型，例如："四列(向心)圆柱滚子轴承"。

01.01.05

满装滚动体(滚动)轴承　full complement (rolling) bearing

无保持架轴承，每列滚动体之间的圆周总间隙小于滚动体直径，而且总间隙足够小以提供满意的轴承性能。

见图 14、图 22 和图 23。

01.01.06

角接触(滚动)轴承　angular contact (rolling) bearing

公称接触角大于 0°，但小于 90°的滚动轴承。

见图 4、图 5、图 7、图 10、图 12、图 16、图 17、图 20、图 21、图 27、图 29 和图 31。

01.01.07

刚性(滚动)轴承　rigid (rolling) bearing

能阻抗滚道轴线间不重合的轴承。

见图 1～图 6、图 8～图 14、图 17～图 30。

01.01.08

调心(滚动)轴承　self-aligning (rolling) bearing

一滚道呈球面，能调整滚道轴线间的角度偏差及角运动的轴承。

见图 7、图 15、图 16 和图 31。

01.01.09

外调心(滚动)轴承　external-aligning (rolling) bearing

利用套圈或垫圈上的球形表面与调心座圈、调心座垫圈或座孔中的对应表面相配，以调整其轴线与轴承座轴线间角度偏差的滚动轴承。

见图 8。

01.01.10

可分离(滚动)轴承　separable (rolling) bearing

具有可分离分部件的滚动轴承。

见图 6、图 9～图 14、图 19～图 21、图 24～图 26、图 28～图 31。

01.01.11

不可分离(滚动)轴承　non-separable (rolling) bearing

在最终装配后，轴承套圈不能任意自由分离的滚动轴承。

见图 1～图 5、图 7、图 8、图 15～图 17、图 22、图 23 和图 27。

01.01.12

剖分(滚动)轴承　split (rolling) bearing

套圈及保持架两者在使用时为简化安装，均可分为两半圆件的滚动轴承。

见图 18。

注：对于不同方法分离零件的轴承，例如有双半套圈(02.01.08)的球轴承不另规定缩略术语。

01.01.13

米制(滚动)轴承　metric (rolling) bearing

原设计时外形尺寸及公差基本上以米制单位表示的滚动轴承。

01.01.14

米制系列(滚动)轴承　metric series (rolling) bearing

符合 ISO 米制系列尺寸方案的滚动轴承。

01.01.15

英制(滚动)轴承　inch (rolling) bearing

原设计时外形尺寸及公差以英寸表示的滚动轴承。

01.01.16

英制系列(滚动)轴承　inch series (rolling) bearing

符合 ISO 英制系列尺寸方案的滚动轴承。

01.01.17

开型(滚动)轴承　open (rolling) bearing

无防尘盖及密封圈的滚动轴承。

见图 1、图 4～图 7、图 9～图 19、图 21、图 24～图 31。

01.01.18

密封(滚动)轴承　sealed (rolling) bearing

一面或两面装有密封圈的滚动轴承。

见图 2、图 8 和图 20。

01.01.19

防尘(滚动)轴承　shielded (rolling) bearing

一面或两面装有防尘盖的滚动轴承。

见图 3。

01.01.20

闭型(滚动)轴承　capped (rolling) bearing

带有一个或两个密封圈、一个或两个防尘盖或一个密封圈和一个防尘盖的滚动轴承。

见图 2、图 3、图 8 和图 20。

01.01.21

预润滑(滚动)轴承　prelubricated (rolling) bearing

制造厂已经充填润滑剂的滚动轴承。

01.01.22

飞机机架(滚动)轴承　airframe (rolling) bearing

就结构设计和所起作用而言，系用于飞机的一般结构，包括控制系统的滚动轴承。

01.01.23

仪器精密(滚动)轴承　instrument precision (rolling) bearing

就结构设计和所起作用而言，系用于仪器上的滚动轴承。

01.01.24

铁路轴箱(滚动)轴承　railway axlebox (rolling) bearing

就结构设计和所起作用而言，系用于铁路轴箱内的滚动轴承。

见图 20。

注：最普通的类型为向心滚子轴承。

01.01.25

组配(滚动)轴承　matched (rolling) bearing

配成一对或一组的滚动轴承。

01.02　**向心轴承**

01.02.01

向心(滚动)轴承　radial (rolling) bearing

主要用于承受径向载荷、公称接触角在 0°至 45°之间的滚动轴承。

见图 1～图 23。

注：其基本零件为内圈、外圈以及带或不带保持架的滚动体。

01.02.02

径向接触(滚动)轴承　radial contact (rolling) bearing

公称接触角为 0°的向心滚动轴承。

见图 1～图 3、图 6、图 8、图 11、图 13～图 15、图 18、图 19、图 22 和图 23。

01.02.03

角接触向心(滚动)轴承　angular contact radial (rolling) bearing

公称接触角大于 0°至 45°的向心滚动轴承。

见图 4、图 5、图 7、图 10、图 12、图 16、图 17、图 20 和图 21。

01.02.04

外球面(滚动)轴承　insert (rolling) bearing

有球形外表面和带锁紧装置的宽内圈的向心滚动轴承。

见图 8。

注：主要供简单的外壳使用。

01.02.05

锥孔(滚动)轴承　tapered bore (rolling) bearing

内圈有锥孔的向心滚动轴承。

见图 7 和图 19。

01.02.06

凸缘(滚动)轴承　flanged bearing

在其一个套圈上，一般是外圈或圆锥外圈上有外部径向凸缘的向心滚动轴承。

见图 21。

01.02.07

滚轮(滚动轴承)　track roller (rolling bearing)

有厚截面外圈的向心滚动轴承，作为轮子在导轨上滚动，例如在凸轮导轨上滚动。

见图 22 和图 23。

01.02.08

挡圈型滚轮(滚动轴承)　yoke type track roller (rolling bearing)

装有一对平挡圈的滚轮滚动轴承。

见图 22。

01.02.09

螺栓型滚轮(滚动)轴承 stud type track roller (rolling bearing)

将其内构件的一端延伸成轴状,以便轴承的悬臂安装的滚轮滚动轴承。

见图 23。

01.02.10

万能组配(滚动)轴承 universal matching (rolling) bearing

任意选择一套或多套相同的轴承一起使用时,可以得到预先对成对或成组安装所规定的特性的向心滚动轴承。

01.03 **推力轴承**

01.03.01

推力(滚动)轴承 thrust (rolling) bearing

主要用于承受轴向载荷、公称接触角大于 45°至 90°的滚动轴承。

见图 24～图 31。

注：其基本零件为轴圈、座圈以及带或不带保持架的滚动体。

01.03.02

轴向接触(滚动)轴承 axial contact (rolling) bearing

公称接触角为 90°的推力滚动轴承。

见图 24～图 26、图 28 和图 30。

01.03.03

角接触推力(滚动)轴承 angular contact thrust (rolling) bearing

公称接触角大于 45°但小于 90°的推力滚动轴承。

见图 27、图 29 和图 31。

01.03.04

单向推力(滚动)轴承 single-direction thrust (rolling) bearing

只能在一个方向承受轴向载荷的推力滚动轴承。

见图 24、图 26、图 28～图 31。

01.03.05

双向推力(滚动)轴承 double-direction thrust (rolling) bearing

可在两个方向承受轴向载荷的推力滚动轴承。

见图 25 和图 27。

01.03.06

双列双向推力(滚动)轴承 double-row double-direction thrust (rolling) bearing

有两列滚动体、每列只在一个方向承受轴向载荷的双向推力滚动轴承。

见图 25。

01.04 **直线运动支承**

01.04.01

直线(运动)(滚动)支承 linear (motion) (rolling) bearing

为使滚道间在滚动方向上作相对直线运动而设计的滚动轴承。

见图 32 和图 33。

01.04.02

循环球[滚子]直线运动轴承 recirculating ball [roller] linear bearing

有循环球[滚子]的直线运动滚动轴承。

见图33。

01.05 **球轴承**

01.05.01

球轴承 ball bearing

滚动体为球的滚动轴承。

见图1～图10、图24～图27和图33。

01.05.02

向心球轴承 radial ball bearing

滚动体为球的向心滚动轴承。

见图1～图10。

01.05.03

沟型球轴承 groove ball bearing

滚道一般为沟型，沟的横截面圆弧半径略大于球半径的滚动轴承。

见图1～图6、图8～图10。

01.05.04

深沟球轴承 deep groove ball bearing

每个套圈均具有横截面弧长约为球周长三分之一的连续沟道的向心球轴承。

见图1～图3和图8。

01.05.05

装填槽(球)轴承 filling slot (ball) bearing

每个套圈的一个挡边上有装填槽的沟型球轴承，使其装填的球数比深沟球轴承更多。

见图5。

01.05.06

锁口球轴承 counterbored ball bearing

外圈的一个挡边全部或部分去掉的沟型球轴承。

见图6。

01.05.07

磁电机(球)轴承 magneto (ball) bearing

外圈的一个挡边全部去掉，使之成为可分离的径向接触沟型球轴承。

见图6。

01.05.08

三点接触(球)轴承 three-point-contact (ball) bearing

承受纯径向载荷时，每个承载球与一沟道形成两点接触，而与另一沟道形成一点接触的单列向心球轴承。

见图9。

注：承受纯轴向载荷时，每个球与每一沟道只有一点接触。

01.05.09

四点接触球轴承 four-point-contact (ball) bearing

承受纯径向载荷时，每个承载球与两个沟道各有两点接触的单列角接触球轴承。

见图10和图27。

注：承受纯轴向载荷时，每个球与每个滚道只有一点接触。

01.05.10

推力球轴承 thrust ball bearing

滚动体为球的推力滚动轴承。

见图 24～图 27。

01.05.11

单列双向推力球轴承　single-row double-direction thrust ball bearing

接触角大于 45°的四点接触球轴承。

见图 27。

01.05.12

双排单向推力球轴承　double-row single-direction thrust ball bearing

具有双排同心球且承受相同方向载荷的单向推力球轴承。

见图 26。

01.06　**滚子轴承**

01.06.01

滚子轴承　roller bearing

滚动体为滚子的滚动轴承。

见图 11～图 23、图 28～图 32。

01.06.02

向心滚子轴承　radial roller bearing

滚动体为滚子的向心滚动轴承。

见图 11～图 23。

01.06.03

(向心)圆柱滚子轴承　(radial) cylindrical roller bearing

滚动体为圆柱滚子的向心滚动轴承。

见图 11、图 17～图 19。

01.06.04

(向心)圆锥滚子轴承　(radial) tapered roller bearing

滚动体为圆锥滚子的向心滚动轴承。

见图 12、图 20 和图 21。

01.06.05

(向心)滚针轴承　(radial) needle roller bearing

滚动体为滚针的向心滚动轴承。

见图 13、图 14、图 22 和图 23。

01.06.06

冲压外圈滚针轴承　drawn cup needle roller bearing

薄钢板冲压(拉伸)外圈向心滚针轴承,可一端封口或两端开口。

见图 14。

注：该轴承常不带内圈使用。

01.06.07

(向心)凸球面滚子轴承　(radial) convex roller bearing

滚动体为凸球面滚子的向心滚动轴承。

见图 16。

01.06.08

(向心)凹球面滚子轴承　(radial) concave roller bearing

滚动体为凹球面滚子的向心滚动轴承。

见图15。

01.06.09

(向心)球面滚子轴承 (radial) spherical roller bearing

滚动体为凸球面或凹球面滚子的调心向心滚动轴承。

见图15和图16。

注：用凸球面滚子的轴承，外圈有球面滚道；用凹球面滚子的轴承，内圈有球面滚道。

01.06.10

交叉滚子轴承 crossed roller bearing

有一列滚子的角接触滚动轴承。相邻滚子作十字交叉布置，以使一半滚子(每隔一个滚子)承受一个方向的轴向载荷，而另一半滚子承受相反方向的轴向载荷。

见图17。

01.06.11

推力滚子轴承 thrust roller bearing

滚动体为滚子的推力滚动轴承。

见图28～图31。

01.06.12

推力圆柱滚子轴承 thrust cylindrical roller bearing

滚动体为圆柱滚子的推力滚动轴承。

见图28。

01.06.13

推力圆锥滚子轴承 thrust tapered roller bearing

滚动体为圆锥滚子的推力滚动轴承。

见图29。

01.06.14

推力滚针轴承 thrust needle roller bearing

滚动体为滚针的推力滚动轴承。

见图30。

01.06.15

推力球面滚子轴承 thrust spherical roller bearing

滚动体为凸球面或凹球面滚子的调心推力滚动轴承。

见图31。

注：用凸球面滚子的轴承，座圈有球面滚道；用凹球面滚子轴承，轴圈有球面滚道。

02 轴承零件

02.01 轴承零件——总论

02.01.01

(滚动)轴承零件 (rolling) bearing part

组成滚动轴承的各零件之一，但不包括所有的附件。

02.01.02

(滚动)轴承套圈 (rolling) bearing ring

具有一个或几个滚道的向心滚动轴承的环形零件。

见图34和图35。

02.01.03

(滚动)轴承垫圈　(rolling) bearing washer

具有一个或几个滚道的推力滚动轴承的环形零件。

见图 36。

02.01.04

可分离轴承套圈[轴承垫圈]　separable bearing ring [bearing washer]

可以单独自由地从成套滚动轴承上分离的轴承套圈[轴承垫圈]。

见图 36、图 40 和图 41。

02.01.05

可互换轴承套圈[轴承垫圈]　interchangeable bearing ring [bearing washer]

可由同组的另一套圈来替换而不影响轴承功能的可分离轴承套圈[轴承垫圈]。

见图 35。

02.01.06

单缝轴承套圈　single-split bearing

为便于装配，只在一处穿过其滚道剖开或断裂的轴承套圈。

见图 37。

02.01.07

剖分轴承套圈　double-split bearing ring

为便于装配和(或)安装，在两处穿过其滚道剖开或断裂的轴承套圈。

见图 38。

注：裂缝通常为直径上相对的两处。

02.01.08

双半轴承套圈　two-piece bearing ring

在垂直于其轴线的平面内，将其分成两个环形件，每件至少包括一部分滚道的轴承套圈。

见图 39。

02.01.09

平挡圈　loose rib

一个可分离的基本上平的垫圈，其内或外部分用作向心圆柱滚子轴承外圈或内圈挡边。

见图 40。

02.01.10

(可分离的)斜挡圈　(separate) thrust collar

具有“L”形截面的可分离圈，其外部分用作向心圆柱滚子轴承内圈挡边。

见图 41。

02.01.11

中挡圈　guide ring

两列或多列滚子轴承中的可分离圈，用于隔开并引导各列滚子。

见图 42。

02.01.12

定位止动环　locating snap ring

具有恒定截面的单口环，用于止动槽中将滚动轴承在外壳内或轴上轴向定位。

见图 34。

02.01.13

锁圈　retaining snap ring

具有恒定截面的单口环，用于开口环槽中作为挡圈将滚子或保持架(包括滚动体)保持在轴承内。

02.01.14

隔圈　(ring) spacer

用于两个轴承套圈或轴承垫圈之间或双半轴承套圈或双半轴承垫圈之间的环形零件,以保持其间所规定的轴向距离。

见图43和图56。

02.01.15

(轴承)密封圈　(bearing) seal

由一个或若干个零件组成的环形罩。固定在轴承的一个套圈或垫圈上并伸向另一个套圈或垫圈,与其接触或形成狭窄的迷宫间隙,以防止润滑剂的漏出或外物的侵入。

见图44。

02.01.16

(轴承)防尘盖　(bearing) shield

通常由薄金属板冲压而成的环形盖。固定在轴承的一个套圈或垫圈上并伸向另一个套圈或垫圈,遮住轴承内部空间,但不与另一套圈或垫圈接触。

见图45。

02.01.17

护圈　flinger

附在内圈或轴圈上的一个零件,利用离心作用来增强滚动轴承防止外物侵入的能力。

见图46。

02.01.18

滚动体　rolling element

在滚道间滚动的球或滚子。

见图34～图36、图47、图62～图69。

02.01.19

(滚动轴承)保持架　(rolling bearing) cage

部分包容全部或若干滚动体,并随之运动的轴承零件。

见图34～图36、图70～图76。

注:它用于隔离滚动体,并且通常还引导滚动体和(或)将其保持在轴承中。

02.01.20

(滚动体)隔离件　(rolling element) separator

位于相邻滚动体之间并随之运动的轴承零件,主要用于隔离滚动体。

见图47。

02.02　轴承零件结构特征

02.02.01

滚道　raceway

滚动轴承承载部分的表面,适于作滚动体的滚动轨道。

见图48～图50。

02.02.02

直滚道　straight raceway

在垂直于滚动方向的平面内的素线为直线的滚道。

见图49。

02.02.03

凸度滚道　crowned raceway

在垂直于滚动方向的平面内，有连续微凸弧度的基本圆柱形或圆锥形滚道，以防止在滚子与滚道接触的端部产生应力集中。

02.02.04

球面滚道 spherical raceway

形状为球表面的一部分的滚道。

见图 52。

02.02.05

沟道 raceway groove

呈沟形的球轴承的滚道，通常为圆弧形横截面，其半径略大于球半径。

见图 48 和图 60。

02.02.06

(沟)肩 (groove) shoulder

沟道的侧面。

见图 48。

02.02.07

挡边 rib

平行于滚动方向并突出滚道表面的窄凸肩。用于支承和(或)引导滚动体并使其保持在轴承内。

见图 49 和图 50。

02.02.08

引导保持架的表面 cage riding land

用于径向引导保持架的轴承套圈或轴承垫圈的圆柱表面。

见图 49 和图 50。

02.02.09

装填槽 filling slot

在轴承套圈或轴承垫圈的挡边或沟肩上用于装入滚动体的槽。

见图 51。

02.02.10

套圈[垫圈]端面 face of a ring [a washer]

垂直于套圈[垫圈]轴线的套圈[垫圈]表面。

见图 48～图 52。

02.02.11

轴承内孔 bearing bore

滚动轴承内圈或轴圈的内孔。

见图 49～图 51 和图 60。

02.02.12

圆柱孔 cylindrical bore

素线基本为直线并与轴承轴线或轴承零件轴线平行的轴承内孔或轴承零件内孔。

见图 49 和图 51。

02.02.13

圆锥孔 tapered bore

素线基本为直线并与轴承轴线或轴承零件轴线相交的轴承内孔或轴承零件内孔。

见图 50。

02.02.14

轴承外表面　bearing outside surface

滚动轴承外圈或座圈的外表面。

见图 48、图 51、图 52 和图 60。

02.02.15

套圈[垫圈]倒角　ring [washer] chamfer

连接内孔或外表面与套圈[垫圈]一端面的轴承套圈[轴承垫圈]表面。

见图 48、图 49 和图 52。

02.02.16

越程槽　grinding undercut

为便于磨削，在轴承套圈或轴承垫圈的挡边或凸缘根部所开的沟或槽。

见图 49 和图 50。

02.02.17

密封(接触)表面　sealing (contact) surface

与密封圈滑动接触的表面。

见图 44。

02.02.18

密封(防尘)槽　seal (shield) groove

用于保持轴承密封圈(轴承防尘盖)的槽。

见图 44 和图 45。

02.02.19

止动槽　snap ring groove

用于止动环定位或保持止动环的槽。

见图 48。

02.02.20

润滑槽　lubrication groove

轴承零件上输送润滑剂的槽。

见图 42 和图 43。

02.02.21

润滑孔　lubrication hole

轴承零件上向滚动体输送润滑剂的孔。

见图 42 和图 43。

02.03　**轴承套圈**

02.03.01

(轴承)内圈　(bearing) inner ring

滚道在外表面上的轴承套圈。

见图 34、图 35、图 49、图 54 和图 56。

02.03.02

(轴承)外圈　(bearing) outer ring

滚道在内表面上的轴承套圈。

见图 34、图 35、图 48 和图 54。

02.03.03

(轴承)圆锥内圈　(bearing) cone

见图 35、图 54 和图 56。

注：该术语已由(轴承)内圈 02.03.01 代替。

02.03.04

(轴承)圆锥外圈　(bearing) cup

见图 35、图 54。

注：该术语已由(轴承)外圈 02.03.02 代替。

02.03.05

双内圈　double inner ring

有双滚道的轴承内圈。

见图 42 和图 43。

02.03.06

双外圈　double outer ring

有双滚道的轴承外圈。

见图 56。

02.03.07

宽内圈　extended inner ring

在一端或两端加宽的轴承内圈，以改善轴在其内孔的引导和(或)安装锁紧装置和给密封装置提供更多空间。

见图 46。

02.03.08

锁口内圈　stepped inner ring

一个挡肩全部或部分去掉的沟型球轴承内圈。

见图 53。

02.03.09

锁口外圈　counterbored outer ring

一个挡肩全部或部分去掉的沟型球轴承外圈。

见图 53。

02.03.10

(轴承)冲压外圈　(bearing) drawn cup

由簿金属板冲压成形，一端封口(封口型冲压外圈)或两端开口的轴承外圈，一般指向心滚针轴承的外圈。

见图 57。

02.03.11

凸缘外圈　flanged outer ring

有凸缘(外圈凸缘)的轴承外圈。

见图 55。

02.03.12

调心外圈　aligning outer ring

有球形外表面的外圈，以调整其轴线与轴承座轴线间产生的永久角度偏差。

见图 58。

02.03.13

调心外座圈　aligning housing ring

用于调心外圈与座孔之间，具有与外圈球形外表面相配的球形内表面的套圈。

见图 58。

02.03.14

球形外表面　spherical outside surface

形状为球形表面一部分的外表面,例如:轴承外圈的外表面。

见图46和图58。

02.03.15

(轴承套圈的)背面　back face (of a bearing ring)

用于承受轴向载荷的轴承套圈端面。

见图53和图54。

02.03.16

(轴承套圈的)前面　front face (of a bearing ring)

不承受轴向载荷的轴承套圈端面。

见图53和图54。

02.03.17

外圈凸缘　outer ring flange

轴承外圈外表面上的凸缘,用于轴承在轴承座内的轴向定位及承受轴向载荷。

见图55。

02.03.18

(外圈)凸缘背面　(outer ring) flange back face

用于承受轴向载荷的外圈凸缘端面。

见图55。

02.03.19

内圈背面挡边　inner ring back face rib

〈圆锥滚子轴承〉内圈滚道背面上的挡边,用于引导滚子及承受滚子大端面的推力。

见图54。

02.03.20

内圈前面挡边　inner ring front face rib

〈圆锥滚子轴承〉内圈滚道前面上的挡边,用于保持滚子及轴承有外圈前面挡边时,承受滚子小端面的推力。

见图54和图59。

02.03.21

外圈前面挡边　outer ring front face rib

〈圆锥滚子轴承〉外圈滚道前面上的挡边,用于引导滚子及承受滚子大端面的推力。

见图59。

02.03.22

中挡边　centre rib

双滚道轴承套圈的中部整体挡边。

见图50。

02.03.23

内圈背面[前面]倒角　inner ring back face [front face] chamfer

连接轴承内圈背面[前面]与套圈内孔的表面。

见图53和图56。

02.03.24

外圈背面[前面]倒角　outer ring back face [front face] chamfer

连接轴承外圈背面[前面]与套圈外表面的表面。

见图 53 和图 56。

02.04 **轴承垫圈**

02.04.01

轴圈 shaft washer

安装在轴上的轴承垫圈。

见图 36 和图 60。

02.04.02

座圈 housing washer

安装在轴承座内的轴承垫圈。

见图 36、图 52 和图 60。

02.04.03

中圈 central washer

两面均有滚道、用于双列双向推力滚动轴承的两列滚动体之间的轴承垫圈。

见图 61。

02.04.04

调心座圈 aligning housing washer

具有球形背面的座圈，以调整其轴线与座轴线间的永久角度偏差。

见图 61。

02.04.05

调心座垫圈 aligning seat washer

用于调心座圈与轴承座推力支承面间的垫圈，其一表面为与调心座圈的球形背面相配的凹球面。

见图 61。

02.04.06

球形背面 spherical back face

座圈背面或部分区域是凸球面。

见图 61。

02.04.07

轴圈[座圈]背面 shaft washer [housing washer] back face

用于承受轴向载荷的轴承[座圈]端面，一般在滚道面的对面。

见图 52 和图 60。

02.04.08

轴圈背面倒角 shaft washer back face chamfer

连接轴圈背面与垫圈内孔的表面。

见图 60。

02.04.09

座圈背面倒角 housing washer back face chamfer

连接座圈背面与垫圈外表面的表面。

见图 52 和图 60。

02.05 **滚动体**

02.05.01

球 ball

球形滚动体。

02.05.02

滚子 roller

具有对称轴线并在垂直该轴线的任一平面内的横截面均呈圆形的滚动体。

见图62～图69。

02.05.03

球[滚子]总体 ball [roller] complement

一特定滚动轴承中所有的球[滚子]。

02.05.04

球[滚子]组 ball [roller] set

滚动轴承中的一列球[滚子]。

02.05.05

圆柱滚子 cylindrical roller

外表面基本上为直线，并与滚子轴线平行的滚子。

见图62和图68。

02.05.06

滚针 needle roller

小直径、大长径比的圆柱滚子。

见图63。

注1：一般长度在直径的3～10倍之间，但直径通常不超过5 mm。

注2：滚针头部可以是几种形状中的任一种。

02.05.07

圆锥滚子 tapered roller

外表面基本上为直线，并与滚子轴线相交的滚子，一般形状为截顶锥体。

见图64。

02.05.08

凸球面滚子 convex roller

在包含滚子轴线的平面内，外表面为凸弧形的滚子。

见图66和图67。

02.05.09

凹球面滚子 concave roller

在包含滚子轴线的平面内，外表面为凹弧形的滚子。

见图65。

02.05.10

对称球面滚子 convex symmetrical roller

在通过滚子中部、垂直于其轴线的平面的两边，外表面对称的凸球面滚子。

见图66。

02.05.11

非对称球面滚子 convex asymmetrical roller

在通过滚子中部、垂直于其轴线的平面的两边，外表面非对称的凸球面滚子。

见图67。

02.05.12

凸度滚子 crowned roller

在包含滚子轴线的平面内，外表面有连续微凸弧度的基本圆柱或圆锥形滚子，以防止滚子与滚道接触的端部产生应力集中。

02.05.13

修形滚子 relieved end roller

为防止滚子与滚道接触的端部产生应力集中，对其外表面端部直径略经修正的滚子。

见图68。

02.05.14

螺旋滚子 spiral wound roller

用钢条绕制成螺旋状的滚子。

见图69。

02.05.15

滚子端面 roller end face

基本上垂直于滚子轴线的端部表面。

见图62。

02.05.16

滚子大端面 roller large end face

圆锥滚子或非对称球面滚子大头的端面。

见图64和图67。

02.05.17

滚子小端面 roller small end face

圆锥滚子或非对称球面滚子小头的端面。

见图64和图67。

02.05.18

滚子凹穴 roller recess

滚子端面中心周围的压坑或切坑。

见图64。

02.05.19

滚子倒角 roller chamfer

连接滚子外表面与端面的表面。

见图62、图64和图67。

02.06 **保持架**

02.06.01

浪形保持架 ribbon cage

由一个或两个波浪形环形零件组成的滚动轴承保持架。

见图70。

02.06.02

冠形保持架 snap cage

带爪的滚动轴承保持架，通过爪的弹性变形将保持架与滚动体装在一起。

见图71。

02.06.03

窗形保持架 window cage

保持架兜孔包容滚动体的单件保持架。

见图72。

02.06.04

爪形保持架　prong cage

带爪的单片滚动轴承保持架。

见图 73。

02.06.05

支柱保持架　pin cage

用支柱将两片保持架零件连接成一体的双片保持架。

见图 74。

02.06.06

双片保持架　two-piece cage

一般用铆钉、支柱或撑条将两环形零件连接成一体的滚动轴承保持架。

见图 70、图 75 和图 76。

02.06.07

剖分保持架　double-split cage

为便于装配，在两处剖开的滚动轴承保持架。裂缝通常为直径上相对的两处。

02.06.08

保持架兜孔　cage pocket

滚动轴承保持架上用于容纳一个或多个滚动体的孔或凹口。

见图 70～图 73、图 75 和图 76。

02.06.09

保持架梁　cage bar

用于隔开相邻保持架兜孔的滚动轴承保持架上的一部分。

见图 72 和图 75。

02.06.10

保持架爪　cage prong

从滚动轴承保持架的环形体或半保持架上伸出的悬臂保持架梁。

见图 71 和图 73。

02.06.11

保持架支柱　cage pin

基本上为圆柱体，可穿过滚子轴向孔的保持架撑条。

见图 74。

02.06.12

保持架撑条　cage stay

用于连接两个环形零件或双片保持架并使其彼此保持一定距离的零件。

见图 76。

02.06.13

挡边引导的保持架　land-riding cage

由轴承套圈或轴承垫圈上的肩面（保持架引导面）径向引导（定心）的滚动轴承保持架。

03　**轴承配置及分部件**

03.01　**轴承配置**

03.01.01

成对安装　paired mounting

两套滚动轴承端面相对安装在同一轴上，工作时可视为一个整体的安装方式。可以背对背、面对面或串联安装。

见图77～图79。

03.01.02

组合安装　stack mounting

三套或多套滚动轴承端面相对安装在同一轴上，工作时可视为一个整体的安装方式。

见图80。

03.01.03

背对背配置　back-to-back arrangement

两套滚动轴承相邻外圈背面相对的安装方式。

见图77。

03.01.04

面对面配置　face-to-face arrangement

两套滚动轴承相邻外圈前面相对的安装方式。

见图78。

03.01.05

串联配置　tandem arrangement

两套或多套滚动轴承中的一套轴承外圈背面与紧邻的轴承外圈前面相对的安装方式。

见图79。

03.01.06

配对　matched pair

将两套滚动轴承按预定特性，通常按预载荷或游隙挑选或制造，并按规定方法安装在一起。

03.01.07

组配　matched stack

将三套或多套滚动轴承按预定特性，通常按预载荷或游隙挑选或制造，并按规定方法安装在一起。

03.02　**分部件**

03.02.01

分部件　subunit

可以自由地从轴承分离出来的带或不带滚动体，或带保持架和滚动体的轴承套圈或轴承垫圈；或可以自由地从轴承分离出来的滚动体与保持架组件。

见图81～图92。

03.02.02

可互换分部件　interchangeable subunit

可由同组的另一分部件替换而不影响轴承功能的分部件。

03.02.03

内圈、保持架和球[滚子]组件　inner ring,cage and ball [roller] assembly

由内圈、球[滚子]和保持架组成的分部件。

见图81和图82。

03.02.04

内组件　inner subunit

由内圈、圆锥滚子和保持架组成的〈圆锥滚子轴承〉分部件。

见图83。

03.02.05

外圈、保持架和球[滚子]组件　outer ring,cage and ball [roller] assembly

由外圈、球[滚子]和保持架组成的分部件。

见图 84 和图 85。

03.02.06

无内圈滚针轴承 needle roller bearing without inner ring

由外圈与满装轴承的滚针或外圈与滚针及保持架组成的分部件。

见图 86 和图 87。

注：需要时，本术语可包括轴承的补充说明，例如："无内圈、冲压外圈、满装、滚针轴承"或"无内圈、机制套圈、有保持架、滚针轴承"。

03.03 **滚动体与保持架组件**

03.03.01

滚动体和保持架组件 rolling element and cage assembly

由滚动轴承的滚动体和保持架组成的分部件。

见图 88～图 92。

03.03.02

球[滚子]和保持架组件 ball [roller] and cage assembly

由球[滚子]轴承的滚动体和保持架组成的分部件。

见图 88～图 92。

03.03.03

向心[推力]球和保持架组件 radial [thrust] ball and cage assembly

向心[推力]球轴承的球和保持架组件。

见图 88 和图 89。

03.03.04

向心[推力]滚子和保持架组件 radial [thrust] roller and cage assembly

向心[推力]滚子轴承的滚子和保持架组件。

见图 90～图 92。

注：需要时，本术语可增加滚子类型的说明，例如"推力滚针和保持架组件"或"向心圆柱滚子和保持架组件"。

04 **尺寸**

04.01 **尺寸方案及系列**

04.01.01

尺寸方案 dimension plan

包括滚动轴承外形尺寸的系统或表。

04.01.02

轴承系列 bearing series

具有逐渐增加的尺寸、在大多数情况下有相同的接触角且外形尺寸之间有一定关系的一组特定类型的滚动轴承。

04.01.03

尺寸系列 dimension series

宽度系列或高度系列与直径系列的组合。对于圆锥滚子轴承，还包括角度系列。

04.01.04

直径系列 diameter series

轴承外径的递增系列，每一标准轴承内径有一外径系列，而且两直径之间经常有一特定关系。

注：ISO 尺寸方案的一部分。

04.01.05

宽度系列 width series

轴承宽度的递增系列，每一直径系列的每一轴承内径有一宽度系列。

注：ISO 向心轴承尺寸方案的一部分。

04.01.06

高度系列 height series

轴承高度的递增系列，每一直径系列的每一轴承内径有一高度系列。

注：ISO 推力轴承尺寸方案的一部分。

04.01.07

角度系列 angle series

接触角的特定范围。

注：ISO 圆锥滚子轴承尺寸方案的一部分。

04.02 轴线、平面及方向

04.02.01

轴承轴线 bearing axis

滚动轴承旋转的理论轴线。

注：对于向心轴承，它是内圈轴线；对于推力轴承，则是轴圈轴线。

04.02.02

内圈[轴圈]轴线 inner ring [shaft washer] axis

内圈[轴圈]的基本圆柱孔或圆锥孔的内接圆柱体或圆锥体的轴线。

04.02.03

外圈[座圈]轴线 outer ring [housing washer] axis

如果外圈[座圈]的外表面基本是圆柱形，则该表面外接圆柱体的轴线即为外圈[座圈]轴线；如果该表面基本是球面形，则通过套圈外表面外接球体中心、垂直于外圈基准端面的线，为该外圈[座圈]的轴线。

04.02.04

(轴承)圆锥内圈[外圈]轴线 (bearing) cone [cup] axis

〈圆锥滚子轴承〉由内[外]圈轴线 04.02.02、04.02.03 代替。

04.02.05

径向平面 radial plane

垂直于轴线的平面。

注：一般可将与套圈基准端面或垫圈背面的切平面平行的平面认为是轴承套圈或轴承垫圈的径向平面。

04.02.06

径向 radial direction

径向平面内通过轴线的方向。

04.02.07

轴向平面 axial plane

包容轴线的平面。

04.02.08

轴向 axial direction

平行于轴线的方向。

注：一般可将与套圈基准端面或垫圈背面的切平面垂直的方向认为是轴承套圈或轴承垫圈的轴向。

04.02.09

径向[轴向]距离 radial [axial] distance

在径向[轴向]测出的距离。

04.02.10

接触角[公称接触角]　contact angle [nominal contact angle]

垂直于轴承轴线的平面(径向平面)与经轴承套圈或垫圈传递给滚动体的合力作用线(公称作用线)之间的夹角。

参见 04.04.04。

见图 93 和图 94。

04.02.11

载荷中心　load centre

经套圈或垫圈传递给一列滚动体的合力与轴承轴线的交点。

见图 93 和图 94。

注：本定义只适用于接触角小于 90°而且对所有滚动体均一样。

04.02.12

公称接触点　nominal contact point

轴承零件处于正常相对位置时,滚道表面上滚动体与之接触的点。

见图 93 和图 94。

04.02.13

套圈[垫圈]基准端面　reference face of a ring [a washer]

由轴承制造厂指定作为基准面的套圈[垫圈]端面,可以作为测量的基准。

04.03　**外形尺寸**

04.03.01

(轴承)外形尺寸　(bearing) boundary dimension

限定轴承外形的尺寸[内径、外径、宽度(或高度)及倒角尺寸等]。

04.03.02

(轴承)内径　(bearing) bore diameter

向心轴承的内圈内径或推力轴承的轴圈内径。

参见 05.01.01、05.01.02 和 05.01.05。

见图 93、图 94 和图 96。

04.03.03

(轴承)外径　(bearing) outside diameter

向心轴承的外圈外径或推力轴承的座圈外径。

参见 05.01.01、05.01.02 和 05.01.05。

见图 93、图 94 和图 96。

04.03.04

(轴承)宽度　(bearing) width

限定向心轴承宽度的两个套圈端面之间的轴向距离。

参见 05.02.06 和 05.02.07。

见图 93、图 94。

注：对于单列圆锥滚子轴承,则为外圈背面与内圈背面之间的轴向距离。

04.03.05

(轴承)高度　(bearing) height

限定推力轴承高度的两个垫圈背面之间的轴向距离。

参见 05.02.06 和 05.02.09。

见图 96。

04.03.06

倒角尺寸　chamfer dimension

套圈[垫圈]倒角表面在径向或轴向的延长部分。

参见 04.03.07、04.03.08、05.03.01、05.03.02 和 05.03.03。

见图 93。

04.03.07

径向倒角尺寸　radial chamfer dimension

套圈或垫圈的假想尖角到套圈或垫圈端面与倒角表面交线间的距离。

参见 05.03.02。

见图 93。

04.03.08

轴向倒角尺寸　axial chamfer dimension

套圈或垫圈的假想尖角到套圈或垫圈的内孔或外表面与倒角表面交线间的距离。

参见 05.03.03。

见图 93。

04.03.09

凸缘宽度　flange width

凸缘端面间的轴向距离。

见图 95。

04.03.10

凸缘高度　flange height

凸缘的径向尺寸。

见图 95。

注：外圈凸缘高度为凸缘外表面与外圈外表面之间的径向距离

04.03.11

止动槽直径　snap ring groove diameter

止动槽圆柱表面的直径。

见图 97。

04.03.12

止动槽宽度　snap ring groove width

止动槽端面间的轴向距离。

见图 97。

04.03.13

止动槽深度　snap ring groove depth

止动槽圆柱表面与外圆柱表面之间的径向距离。

见图 97。

04.03.14

调心表面半径　radius of aligning surface

调心座圈、调心座垫圈、调心外圈或调心外座圈的球面曲率半径。

见图 96。

04.03.15

调心表面中心高度　centre height of aligning surface

推力轴承调心座圈的球面形背面的曲率中心与相对的轴圈背面之间的轴向距离。

见图 96。

04.04 **分部件及零件的尺寸**

04.04.01

滚道接触直径　raceway contact diameter

滚道上通过名义接触点的圆的直径。

见图 93 和图 94。

04.04.02

滚道中部　middle of raceway

滚道表面上,滚道两边缘间的中点或中线。

04.04.03

外圈小内径　outer ring small inside diameter

〈圆锥滚子轴承〉在公称接触点上与外圈滚道相切的外圈内切圆锥体与外圈背面相交的假想圆的直径。

见图 95。

04.04.04

外圈滚道角度　out ring raceway angle

〈圆锥滚子轴承〉在包含外圈轴线的平面内,在公称接触点上与外圈滚道相切的两条切线间的夹角。

见图 94。

04.04.05

套圈宽度　ring width

滚动轴承套圈两端面之间的轴向距离。

参见 05.02.01、05.02.02 和 05.02.05。

见图 93 和图 94。

04.04.06

垫圈高度　washer height

滚动轴承垫圈两最外端面间的轴向距离。

见图 96。

04.04.07

球径　ball diameter

与球表面相切的两平行平面间的距离。

参见 05.04.01、05.04.02 和 05.04.03。

04.04.08

滚子直径　roller diameter

在垂直于滚子轴线的平面(径向平面)内,与滚子表面相切的彼此平行的两条切线间的距离。

参见 05.05.01、05.05.02 和 05.05.03。

注:计算额定载荷时,使用滚子中部的径向平面。

04.04.09

滚子长度　roller length

恰好包含滚子端部的两径向平面间的距离。但在计算额定载荷时所用的"滚子长度"是滚子与滚道在最短接触处的理论接触长度。

参见 05.05.05 和 05.05.06。

04.04.10

球组节圆直径　pitch diameter of ball set

轴承内由一列球的球心组成的圆的直径。

见图 97。

04.04.11

滚子组节圆直径　pitch diameter of roller set

轴承内一列滚子的中部，贯穿滚子轴线的圆的直径。

见图 95 和图 98。

04.04.12

球组内径[外径]　ball set bore diameter [outside diameter]

轴承中与一列球内接[外接]的圆柱体的直径。

见图 97。

04.04.13

滚子组内径[外径]　roller set bore diameter [outside diameter]

径向接触滚子轴承中，与一列滚子内接[外接]的圆柱体的直径。

04.04.14

球总体内径[外径]　ball complement bore diameter [outside diameter]

向心球轴承中，与所有球内接[外接]的圆柱体的直径。

04.04.15

滚子总体内径[外径]　roller complement bore diameter [outside diameter]

径向接触滚子轴承中，与所有滚子内接[外接]的圆柱体的直径。

见图 98。

04.04.16

向心球[滚子]和保持架组件内径　bore diameter of a radial ball [roller] and cage assembly

向心球[滚子]和保持架组件的球[滚子]总体理论内径。

见图 99。

04.04.17

(向心)球[滚子]和保持架组件外径　outside diameter of a (radial) ball [roller] and cage assembly

向心球[滚子]和保持架组件的球[滚子]总体理论外径。

见图 99。

04.04.18

推力球[滚子]和保持架组件内径　bore diameter of a thrust ball [roller] and cage assembly

推力球[滚子]和保持架组件的保持架内径。

见图 100。

04.04.19

推力球[滚子]和保持架组件外径　outside diameter of a thurst ball [roller] and cage assembly

推力球[滚子]和保持架组件的保持架外径。

见图 100。

05　与公差关联的尺寸

05.01　内径和外径

05.01.01

公称内径[外径]　nominal bore diameter [outside diameter]

包容基本圆柱孔[圆柱外表面]理论表面的圆柱体的直径；在一指定的径向平面内，包容基本圆锥孔理论表面的圆锥体的直径；包容基本球形外表面理论表面的球体的直径。

注：滚动轴承公称内径及公称外径，一般是实际内孔和外表面偏差的基准值(基本直径)。

05.01.02

单一内径[外径]　single bore diameter [outside diameter]

与实际内孔表面[外表面]和一径向平面的交线相切的两平行切线间的距离。

05.01.03

单一内径[外径]偏差　deviation of a single bore diameter [outside diameter]

基本圆柱孔[外表面]的单一内径[外径]与公称内径[外径]之差。

05.01.04

内径[外径]变动量　variation of bore diameter [outside diameter]

具有基本圆柱孔[外表面]的单个套圈或垫圈的最大与最小单一内径[单一外径]之差。

05.01.05

平均内径[外径]　mean bore diameter [outside diameter]

具有基本圆柱孔[外表面]的单个套圈或垫圈的最大与最小单一内径[单一外径]的算术平均值。

05.01.06

平均内径[外径]偏差　deviation of mean bore diameter [outside diameter]

单一径向平面内，基本圆柱孔[外表面]的平均内径[外径]与公称内径[外径]之差。

05.01.07

单一平面平均内径[外径]　mean bore diameter [outside diameter] in a single plane

单一径向平面内，最大与最小单一内径[单一外径]的算术平均值。

05.01.08

单一平面平均内径[外径]偏差　deviation of mean bore diameter [outside diameter] in a single plane

单一径向平面内，基本圆柱孔[外表面]的平均内径[外径]与公称内径[外径]之差。

05.01.09

单一平面内单一内径[外径]的变动量　variation of single bore diameter [outside diameter] in a single plane

单一径向平面内，最大与最小单一内径[单一外径]之差。

05.01.10

平均内径[外径]变动量　variation of mean bore diameter [outside diameter]

具有基本圆柱孔[外表面]的单个套圈或垫圈的最大与最小单一平面平均内径[平均外径]之差。

05.02　**宽度和高度**

05.02.01

套圈公称宽度　nominal ring width

套圈两理论端面间的距离。

注：滚动轴承套圈的公称宽度一般是实际宽度偏差的基准值(基本尺寸)。

05.02.02

套圈单一宽度　single ring width

套圈两实际端面与套圈基准端面切平面垂直直线交点间的距离。

05.02.03

套圈单一宽度偏差　deviation of a single ring width

套圈单一宽度与公称宽度之差。

05.02.04

套圈宽度变动量　variation of ring width

单个套圈的最大与最小单一宽度之差。

05.02.05

套圈平均宽度　mean ring width

单个套圈的最大与最小单一宽度的算术平均值。

05.02.06

轴承公称宽度[高度]　nominal bearing width [height]

限定向心轴承宽度[推力轴承高度]的套圈两理论端面[垫圈背面]间的距离。

注：轴承公称宽度或公称高度一般是轴承实际宽度或轴承实际高度偏差的基准值(基本尺寸)。

05.02.07

轴承实际宽度　actual bearing width

向心轴承的轴线与限定轴承宽度的套圈实际端面的两切平面交点间的距离。用内圈端面及外圈端面限定轴承宽度。

注：对于单列圆锥滚子轴承，为轴承轴线与下述两平面交点间的距离，一平面是与内圈实际背面相切的平面，另一个是与外圈实际背面相切的平面。此时，内、外圈滚道以及内圈背面挡边均与所有滚子接触。

05.02.08

轴承实际宽度偏差　deviation of the actual bearing width

向心轴承的轴承实际宽度与轴承公称宽度之差。

05.02.09

轴承实际高度　actual bearing height

推力轴承轴线与限定轴承高度的垫圈实际背面的两切平面交点间的距离。

05.02.10

轴承实际高度偏差　deviation of the actual bearing height

推力轴承的轴承实际高度与轴承公称高度之差。

05.03　**倒角尺寸**

05.03.01

公称倒角尺寸　nominal chamfer dimension

用作基准的套圈倒角尺寸。

注：最小单一倒角尺寸对应于公称倒角尺寸。

05.03.02

径向单一倒角尺寸　radial single chamfer dimension

在单一轴向平面内，套圈或垫圈的假想尖角到倒角表面与套圈或垫圈端面交点间的距离。

05.03.03

轴向单一倒角尺寸　axial single chamfer dimension

在单一轴向平面内，套圈或垫圈的假想尖角到倒角表面与套圈或垫圈的内孔或外表面交点间的距离。

05.03.04

最小单一倒角尺寸　smallest single chamfer dimension

套圈或垫圈允许的最小径向和轴向单一倒角尺寸。另外，它还是在轴向平面内与套圈或垫圈的端面及内孔或外表面相切的一假想圆弧的半径，套圈材料不应超出该圆弧。

05.03.05

最大单一倒角尺寸　largest single chamfer dimension

允许的最大径向或轴向单一倒角尺寸。

05.04　**球尺寸**

05.04.01

球公称直径　nominal ball diameter

一般用于识别球尺寸的直径值。

05.04.02

球单一直径　single ball diameter

与球实际表面相切的两平行平面间的距离。

05.04.03

球平均直径　mean ball diameter

球的最大与最小单一直径的算术平均值。

05.04.04

球直径变动量　variation of ball diameter

球的最大与最小单一直径之差。

05.04.05

球批　ball lot

假定制造条件相同并可视为一整体的一定数量的球。

05.04.06

(球)批平均直径　mean diameter of (ball) lot

同批中,最大球的平均直径与最小球的平均直径的算术平均值。

05.04.07

(球)批直径变动量　variation of (ball) lot diameter

同批中,最大球的平均直径与最小球的平均直径之差。

05.04.08

球等级　ball grade

球的尺寸、形状、表面粗糙度及分组公差的特定组合。

05.04.09

球规值　ball gauge

球批平均直径与球公称直径之间的微小差量,此量为一确定系列中的量。

05.04.10

球批的球规值偏差　deviation of a ball lot from ball gauge

球批平均直径减去球公称直径与球规值之和。

05.04.11

球分规值　ball subgauge

最接近球批的球规值实际偏差的一确定系列中的量。

05.05　**滚子尺寸**

05.05.01

滚子公称直径　nominal roller diameter

一般用于识别滚子直径的直径值。

注:对于对称滚子,是指在通过滚子长度中部的径向平面内的理论直径;对于非对称滚子,是指最大的理论直径(即在圆锥滚子大端假想尖角处的径向平面内)。

05.05.02

滚子单一直径　single roller diameter

在垂直于滚子轴线的平面(径向平面)内,与滚子实际表面相切又平行的两条切线间的距离。

05.05.03

单一平面滚子平均直径　mean roller diameter in a single plane

单一径向平面内，滚子的最大与最小单一直径的算术平均值。

05.05.04

单一平面滚子直径变动量　variation of roller diameter in a single plane

单一径向平面内，滚子最大与最小单一直径之差。

05.05.05

滚子公称长度　nominal roller length

一般用于识别滚子长度的长度值。

05.05.06

滚子实际长度　actual roller length

恰好包含滚子实际端部的两径向平面间的距离。

05.05.07

滚子规值　roller gauge

在规定的同一径向平面内，由单一平面滚子平均直径偏离滚子公称直径的上偏差和下偏差所限定的直径偏差范围。

注：对于圆柱滚子和滚针，该平面通过其长度的中部。

05.05.08

(滚子)规值批　(roller) gauge lot

同一滚子等级和公称尺寸的滚子量。这些滚子的单一平面平均直径均在同一滚子规值内。

05.05.09

(滚子)规值批直径变动量　variation of (roller) gauge lot diameter

在同一滚子规值批内具有最大单一平面平均直径的滚子与具有最小单一平面平均直径的滚子，其单一平面平均直径之差。

05.05.10

滚子等级　roller grade

滚子尺寸、形状、表面粗糙度及分组公差的特定组合。

05.06　**形状**

05.06.01

圆度误差〈表面上基本圆形线的〉　**deviation from circular form**

〈of a basically circular line on a surface〉

线(内表面)的内切圆或线(外表面)的外接圆与线上任意点间的最大径向距离。

05.06.02

圆柱度误差〈基本圆柱面的〉　**deviation from cylindrical form**

〈of a basically cylindrical surface〉

表面(内表面)的内切圆柱体或围绕表面(外表面)的外接圆柱体与表面上任意点间在任意径向平面内的最大径向距离。

05.06.03

球形误差〈基本球形表面的〉　**deviation from spherical form**

〈of a basically spherical surface〉

表面(内表面)的内切球体或围绕表面(外表面)的外接球体与表面上任意点间在任意赤道平面内的最大径向距离。

05.07　**旋转精度**

05.07.01

成套轴承内圈径向跳动〈向心轴承〉 **radial runout of inner ring of assembled bearing** 〈radial bearing〉

内圈内孔表面在内圈不同的角位置相对外圈一固定点间的最大与最小径向距离之差。

注：在上述点的角位置或在其附近两边，滚动体应与内、外圈滚道和(圆锥滚子轴承)内圈背面挡边接触。

05.07.02

成套轴承外圈径向跳动〈向心轴承〉 **radial runout of outer ring of assembled bearing** 〈radial bearing〉

外圈外表面在外圈不同的角位置相对内圈一固定点间的最大与最小径向距离之差。

注：在上述点的角位置或在其附近两边，滚动体应与内、外圈滚道和(圆锥滚子轴承)内圈背面挡边接触。

05.07.03

成套轴承内圈轴向跳动〈沟型向心球轴承〉 **axial runout of inner ring of assembled bearing** 〈radial groove ball bearing〉

在距内圈轴线的径向距离等于内圈滚道接触直径一半处，内圈基准端面在内圈不同的角位置相对外圈一固定点间的最大与最小轴向距离之差。

注：内、外圈滚道应与所有球接触。

05.07.04

成套轴承内圈轴向跳动〈圆锥滚子轴承〉 **axial runout of inner ring of assembled bearing** 〈tapered roller bearing〉

在距离内圈轴线的径向距离等于内圈滚道平均接触直径一半处，内圈背面在内圈不同的角位置相对外圈一固定点间的最大与最小轴向距离之差。

注：内、外圈滚道和内圈背面挡边应与所有滚子接触。

05.07.05

成套轴承外圈轴向跳动〈沟型向心球轴承〉 **axial runout of out ring of assembled bearing** 〈radial groove ball bearing〉

在距外圈轴线的径向距离等于外圈滚道接触直径一半处，外圈基准端面在外圈不同的角位置相对内圈一固定点间的最大与最小轴向距离之差。

注：内、外圈滚道应与所有球接触。

05.07.06

成套轴承外圈轴向跳动〈圆锥滚子轴承〉 **axial runout of out ring of assembled bearing** 〈tapered roller bearing〉

在距外圈轴线的径向距离等于外圈滚道平均接触直径一半处，外圈背面在外圈不同的角位置相对内圈一固定点间最大与最小轴向距离之差。

注：内、外圈滚道和内圈背面挡边应与所有滚子接触。

05.07.07

内圈端面对内孔的轴向跳动 **axial runout of inner ring face with respect to the bore**

在距内圈轴线的径向距离等于端面平均直径一半处，垂直于内圈轴线的平面与内圈基准端面间的最大与最小轴向距离之差。

05.07.08

滚道对端面的平行度〈沟型向心球轴承的内圈或外圈〉 **parallelism of raceway with respect to the face** 〈inner or outer ring of radial groove ball bearing〉

基准端面的切平面与滚道中部间的最大与最小轴向距离之差。

05.07.09

外圈外表面素线对端面倾斜度的变动量〈基本圆柱表面〉 **variation of outer ring outside surface generatrix inclination with face**

〈of a basically cylindrical surface〉

在与外圈基准端面的切平面平行的径向，在距离外圈两端面最大轴向单一倒角尺寸的距离内，外表面同一素线上各点相对位置的总变动量。

05.07.10

内圈滚道与内孔间的厚度变动量〈向心轴承〉 **variation in thickness between inner ring raceway and bore**

〈radial bearing〉

内孔表面与内圈滚道中部间的最大与最小径向距离之差。

05.07.11

外圈滚道与外表面间的厚度变动量〈向心轴承〉 **variation in thickness between outer ring raceway and outside surface**

〈radial bearing〉

外表面与外圈滚道中部间的最大与最小径向距离之差。

05.07.12

垫圈滚道与背面间的厚度变动量〈推力轴承轴圈或座圈的平底面〉 **variation in thickness between washer raceway and back face**

〈thrust bearing shaft or housing washer,flat back face〉

垫圈背面与其对面滚道中部间的最大与最小轴向距离之差。

05.08 **游隙**

05.08.01

径向游隙〈能承受纯径向载荷的轴承，非预紧状态〉 **radial internal clearance**

〈bearing capable of taking purely radial load ,non-preloaded〉

在不同角度方向，不承受任何外载荷，一套圈相对另一套圈从一个径向偏心极限位置移到相反的极限位置的径向距离的算术平均值。

注：该平均值包括套圈在不同角位置彼此相对的位移量以及滚动体组在不同角位置相对套圈的位移量。

05.08.02

理论径向游隙〈向心轴承〉 **theoretical radial internal clearance**

〈radial bearing〉

外圈滚道接触直径减去内圈滚道接触直径再减去两倍滚动体直径。

05.08.03

轴向游隙〈两个方向上均能承受轴向载荷的轴承，非预紧状态〉 **axial internal clearance**

〈bearing capable of taking axial load in both directions,non-preloaded〉

不承受任何外载荷，一套圈或垫圈相对于另一套圈或垫圈从一个轴向极限位置移到相反的极限位置的轴向距离的算术平均值。

注：该平均值包括套圈或垫圈在不同角位置彼此相对的位移量以及滚动体组在不同角位置相对套圈或垫圈的位移量。

06 **力矩、载荷及寿命**

06.01 **力矩**

06.01.01

启动力矩 **starting torque**

使一轴承套圈或垫圈相对于另一保持静止的套圈或垫圈开始旋转所需的力矩。

06.01.02

旋转力矩　running torque

一轴承套圈或垫圈旋转时，阻止另一套圈或垫圈运动所需的力矩。

06.02　**实际载荷**

06.02.01

径向载荷　radial load

作用于垂直轴承轴线方向的载荷。

06.02.02

轴向载荷　axial load

作用于平行轴承轴线方向的载荷。

06.02.03

中心轴向载荷　centric axial load

载荷作用线与轴承轴线重合的轴向载荷。

06.02.04

静载荷　static load

轴承套圈或垫圈彼此相对旋转速度为零时(向心或推力轴承)或滚动元件沿在滚动方向无运动时(直线轴承)，作用在轴承上的载荷。

06.02.05

动载荷　dynamic load

轴承套圈或垫圈彼此相对旋转时(向心或推力轴承)或滚动元件间沿滚动方向运动时(直线轴承)，作用在轴承上的载荷。

06.02.06

固定的内圈[轴圈]载荷　stationary inner ring [shaft washer] load

作用线相对于轴承内圈[轴圈]不旋转的载荷。

06.02.07

固定的外圈[座圈]载荷　stationary outer ring [housing washer] load

作用线相对于轴承外圈[座圈]不旋转的载荷。

06.02.08

旋转的内圈[轴圈]载荷　rotating inner ring [shaft washer] load

作用线相对于轴承内圈[轴圈]旋转的载荷。

06.02.09

旋转的外圈[座圈]载荷　rotating outer ring [housing washer] load

作用线相对于轴承外圈[座圈]旋转的载荷。

06.02.10

摆动载荷　oscillating load

作用线相对于轴承的一个或两个套圈或垫圈以小于 2π 弧度的角度连续往复变化的载荷。

06.02.11

脉动载荷　fluctuating load

数值是变化的载荷。

06.02.12

不定向载荷 indeterminater direction load

载荷方向难以确定，因此可视为相对于轴承的两套圈或两垫圈旋转或摆动的载荷。

06.02.13

预载荷　preload

施加“有效”载荷前作用在轴承上的载荷。

注：该力可通过相对于另一套轴承的轴向调整(外部预载荷)作用在轴承上；或由轴承中滚道与滚动体的尺寸改变形成“负游隙”(内部预载荷)而产生。

06.03　**当量载荷**

06.03.01

当量载荷　equivalent load

计算理论载荷用的通用术语。在特定的场合，滚动轴承在该理论载荷下与实际载荷条件下作用相同。

06.03.02

径向[轴向]当量静载荷　static equivalent radial [axial] load

一径向静载荷[中心轴向静载荷]。该载荷在最大载荷滚动体与滚道接触中心处产生与实际载荷条件下相同的接触应力。

06.03.03

径向[轴向]当量动载荷　dynamic equivalent [radial] load

一恒定不变的径向载荷[恒定的中心轴向载荷]。在该载荷作用下，滚动轴承具有与实际载荷条件下相同的寿命。

06.03.04

平均有效载荷　mean effective load

一恒定的平均载荷。在该载荷作用下，滚动轴承具有与实际脉动载荷条件下相同的寿命。

06.04　**额定载荷**

06.04.01

径向[轴向]基本额定静载荷　basic static radial [axial] load rating

在最大载荷滚动体和滚道接触中心处产生与下列计算接触应力相当的径向静载荷[中心轴向静载荷]。

对于调心球轴承，4 600 MPa；

对于其他类型的向心球轴承及推力球轴承，4 200 MPa；

对于向心和推力滚子轴承，4 000 MPa。

注1：对于单列角接触轴承，径向额定载荷系指引起轴承套圈相互间纯径向位移的载荷的径向分量。

注2：这些接触应力系指引起滚动体与滚道产生总永久变形量约为滚动体直径的0.000 1倍时的应力。

06.04.02

径向[轴向]基本额定动载荷　basic dynamic radial [axial] load rating

滚动轴承理论上能承受的恒定径向载荷[恒定中心轴向载荷]。在该载荷作用下的基本额定寿命为一百万转。

注：对于单列角接触轴承，径向额定载荷系指引起轴承套圈相互间纯径向位移的载荷的径向分量。

06.05　**寿命**

06.05.01

寿命〈单个轴承的〉　**life**

〈of an individual bearing〉

轴承的一个套圈或垫圈或一个滚动体的材料上出现第一个疲劳扩展迹象之前，一个套圈或垫圈相对于另一个套圈或垫圈旋转的转数。

注：寿命还可用在给定的恒定转速下运转的小时数表示。

06.05.02

可靠度〈属轴承寿命范畴〉 reliability

〈in the context of bearing life〉

在同一条件下运转的一组近于相同的滚动轴承期望达到或超过某一规定寿命的百分率。

注：单个轴承的可靠度为此轴承达到或超过规定寿命的概率。

06.05.03

中值寿命 median life

在同一条件下运转的一组近于相同的滚动轴承的50%达到或超过的寿命。

06.05.04

额定寿命 rating life

以径向基本额定动载荷或轴向基本额定动载荷为基础的寿命的预测值。

06.05.05

基本额定寿命 basic rating life

与90%可靠度关联的额定寿命。

06.05.06

修正额定寿命 adjusted rating life

考虑到90%除外的可靠度和(或)非惯用材料特性和非常规运转条件而对基本额定寿命进行修正所得到的额定寿命。

06.05.07

中值额定寿命 median rating life

与50%可靠度关联的额定寿命，即以径向基本额定动载荷或轴向基本额定动载荷为基础的预测中值寿命。

06.06 **计算系数**

06.06.01

径向[轴向]载荷系数 radial [axial] load factor

计算当量载荷时，适用于径向载荷[轴向载荷]的修正系数。

06.06.02

旋转系数 rotation factor

当对有旋转的外圈载荷的轴承计算其当量动载荷时，有时(径向载荷系数除外)适用于径向载荷的修正系数。

06.06.03

寿命系数 life factor

为了得到与给定额定寿命相对应的径向基本额定动载荷或轴向基本额定动载荷，适用于当量动载荷的修正系数。

06.06.04

速度系数 speed factor

为了得到不同的速度下与相同的额定寿命相对应的额定载荷，适用于与给定的额定寿命(以在一定的旋转速度下运转的小时数表示)相对应的径向基本额定动载荷或轴向基本额定动载荷的修正系数。

06.06.05

寿命修正系数 life adjustment factor

为了得到修正额定寿命，适用于基本额定寿命的修正系数。

07 **其他**

07.01 **外壳**

07.01.01

(轴承)座　(bearing) housing

安装轴承的部件，环绕轴承且有一个与轴承外圈或座圈或调心座圈或调心座垫圈的外表面匹配的内表面。

见图101、图102、图104～图107。

07.01.02

带座轴承　plummer block

由向心轴承与轴承座组成的组件。轴承座有带螺栓孔的底板，以便将其安装在平行于轴承轴线的支承面上。

见图101。

07.01.03

立式座　plummer block housing

带座轴承的轴承座。

见图101、图102和图104。

07.01.04

凸缘座　flanged housing

有径向凸缘、在通常垂直于轴承轴线的支承面上有供其安装用的螺钉孔的轴承座。

见图105和图106。

07.01.05

滑块座　take-up housing

在给定方向，一般在垂直于轴承轴线的方向相对于支承面有调整装置的轴承座。

见图107。

07.02　**定位与固定装置**

07.02.01

轴承支承面　bearing seating

轴上安装轴承或轴承座内安装轴承的部分。

见图102～图107。

07.02.02

轴[座]肩　shaft [housing] shoulder

凸出轴承支承面的轴[座]的一部分，用于轴承的轴向定位。

见图102和图103。

07.02.03

紧定衬套　adapter sleeve

有圆柱孔、圆锥形外表面且小端有外螺纹、轴向开口的套筒。

注：用于锥孔轴承在轴的圆柱形外表面上的安装(利用锁紧螺母和锁紧垫圈)。

见图101和图108。

07.02.04

退卸衬套　withdrawal sleeve

有圆柱孔、圆锥形外表面且大端有外螺纹、轴向开口的套筒。

注：用于锥孔轴承在轴的圆柱形外表面上的安装和拆卸(利用螺母)。

见图109。

07.02.05

锁紧螺母〈用于滚动轴承的轴向定位〉　locknut

〈for axial location of rolling bearings〉

圆柱外表面上有轴向槽的螺母，通过锁紧垫圈的一外爪并使用环形扳手将螺母锁紧。

见图 101 和图 110。

07.02.06

锁紧垫圈〈用于锁紧螺母〉 lockwasher

〈forlocknut〉

有多个外爪的薄钢板垫圈。其中一个外爪用于锁定锁紧螺母，一个内爪用于插入紧定套或轴的轴向槽中。

见图 101、图 111。

07.02.07

偏心套 eccentric locking collar

一端有相对内孔偏心的凹槽，安装在外球面轴承内圈等偏心伸长端上的钢圈。

见图 112。

注：偏心套相对内圈旋转至将内圈锁紧，然后紧固平头螺丝(固定螺钉、止动螺钉)使之固定到轴上。

07.02.08

同心套 concentric locking collar

安装在外球面轴承宽内圈上的钢圈，有平头螺丝(固定螺钉、止动螺钉)旋入内圈上的孔内与轴接触。

见图 113。

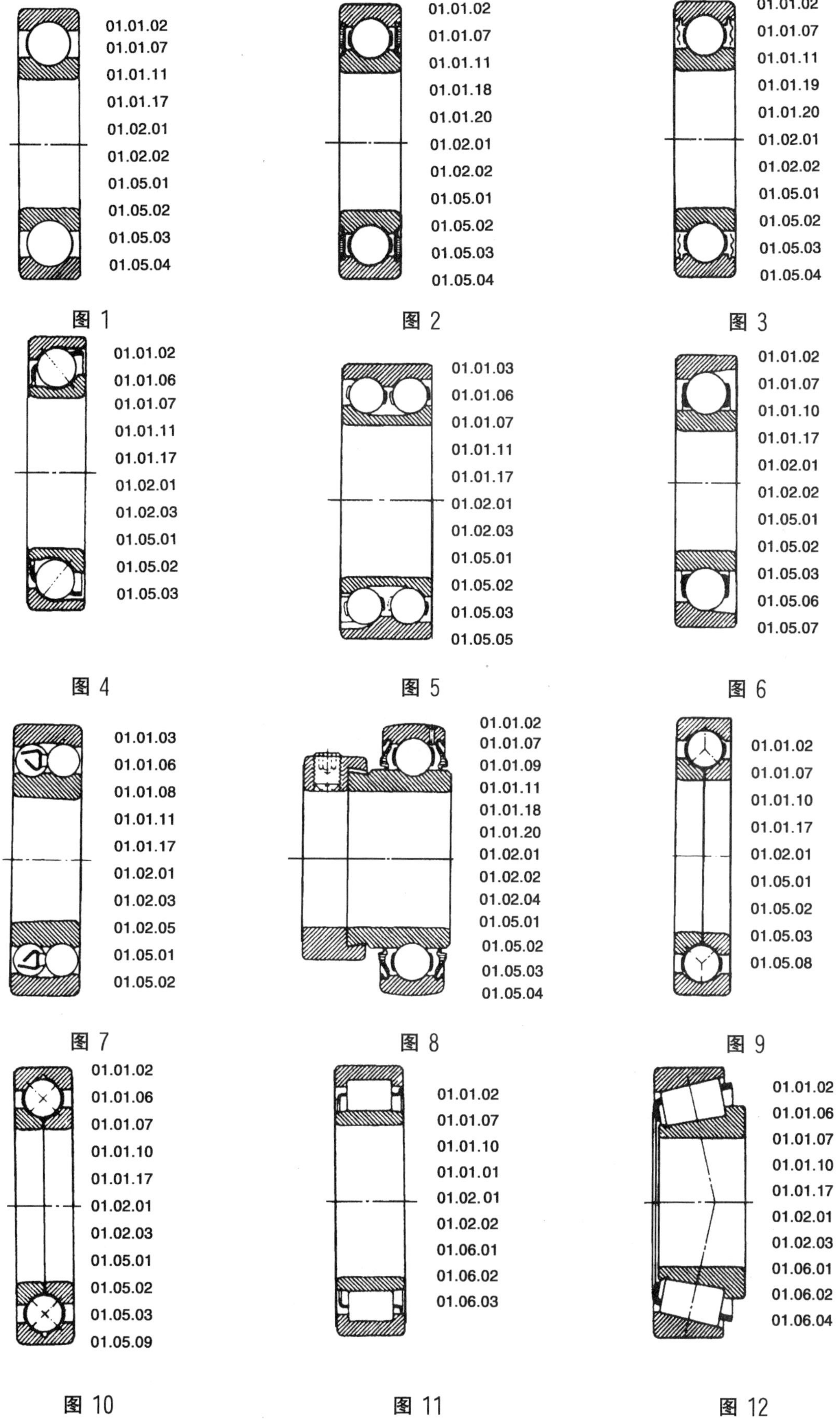

图 1

图 2

图 3

图 4

图 5

图 6

图 7

图 8

图 9

图 10

图 11

图 12

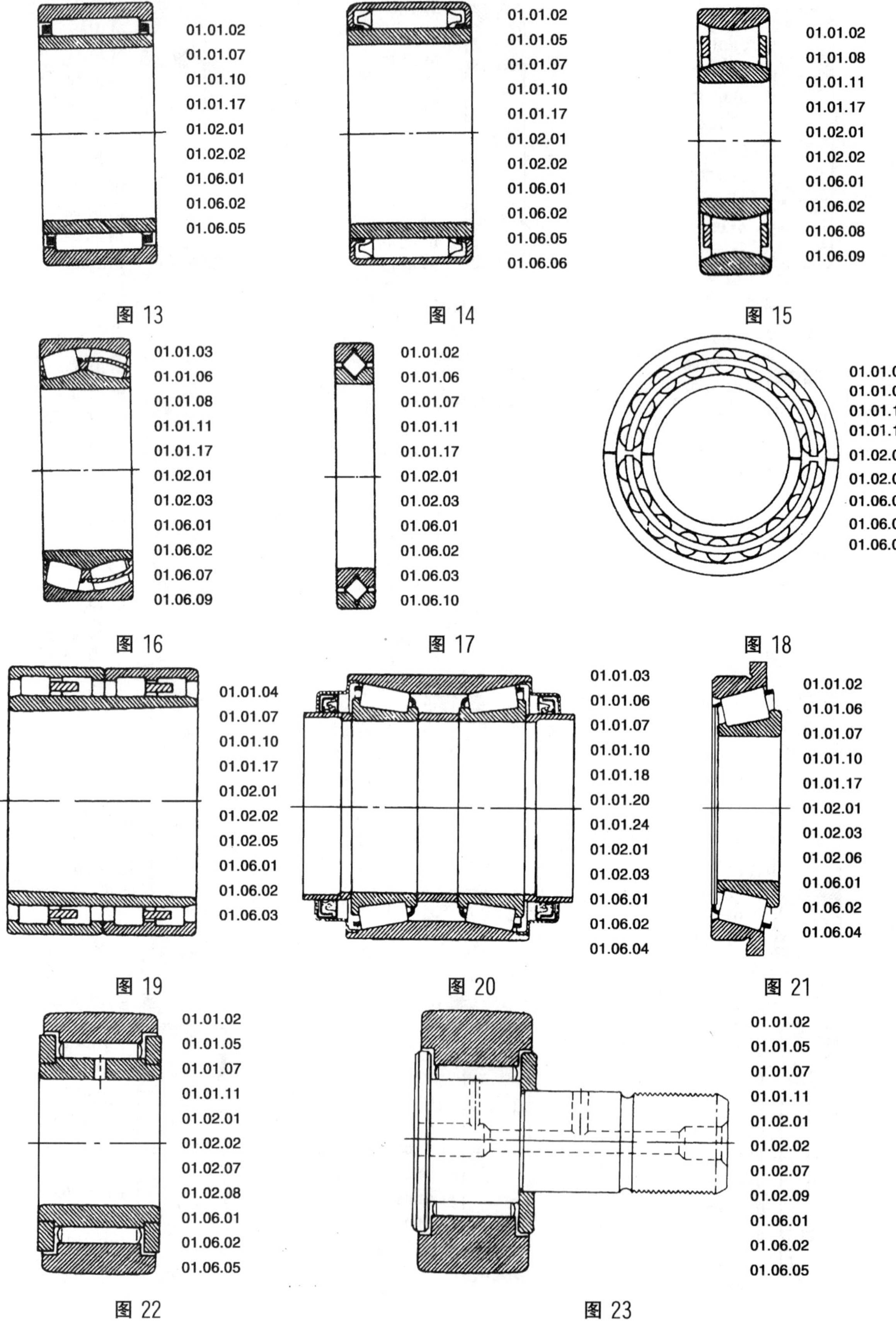
01.01.02
01.01.07
01.01.10
01.01.17
01.02.01
01.02.02
01.06.01
01.06.02
01.06.05
图 13
01.01.02
01.01.05
01.01.07
01.01.10
01.01.17
01.02.01
01.02.02
01.06.01
01.06.02
01.06.05
01.06.06
图 14
01.01.02
01.01.08
01.01.11
01.01.17
01.02.01
01.02.02
01.06.01
01.06.02
01.06.08
01.06.09
图 15
01.01.03
01.01.06
01.01.08
01.01.11
01.01.17
01.02.01
01.02.03
01.06.01
01.06.02
01.06.07
01.06.09
图 16
01.01.02
01.01.06
01.01.07
01.01.11
01.01.17
01.02.01
01.02.03
01.06.01
01.06.02
01.06.03
01.06.10
图 17
01.01.02
01.01.07
01.01.12
01.01.17
01.02.01
01.02.02
01.06.01
01.06.02
01.06.03
图 18
01.01.04
01.01.07
01.01.10
01.01.17
01.02.01
01.02.02
01.02.05
01.06.01
01.06.02
01.06.03
图 19
01.01.03
01.01.06
01.01.07
01.01.10
01.01.18
01.01.20
01.01.24
01.02.01
01.02.03
01.06.01
01.06.02
01.06.04
图 20
01.01.02
01.01.06
01.01.07
01.01.10
01.01.17
01.02.01
01.02.03
01.02.06
01.06.01
01.06.02
01.06.04
图 21
01.01.02
01.01.05
01.01.07
01.01.11
01.02.01
01.02.02
01.02.07
01.02.08
01.06.01
01.06.02
01.06.05
图 22
01.01.02
01.01.05
01.01.07
01.01.11
01.02.01
01.02.02
01.02.07
01.02.09
01.06.01
01.06.02
01.06.05
图 23

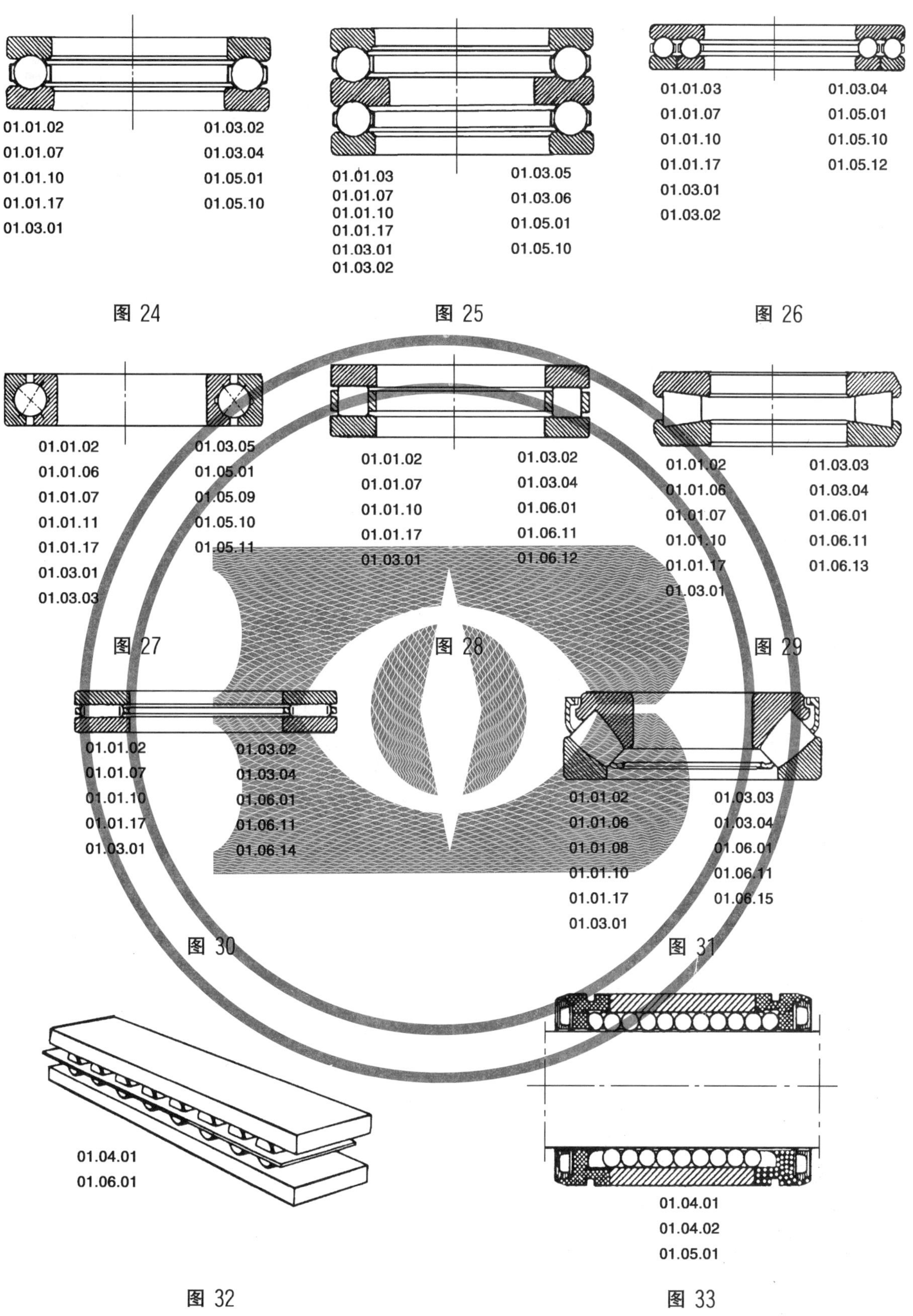

图 24

图 25

图 26

图 27

图 28

图 29

图 30

图 31

图 32

图 33

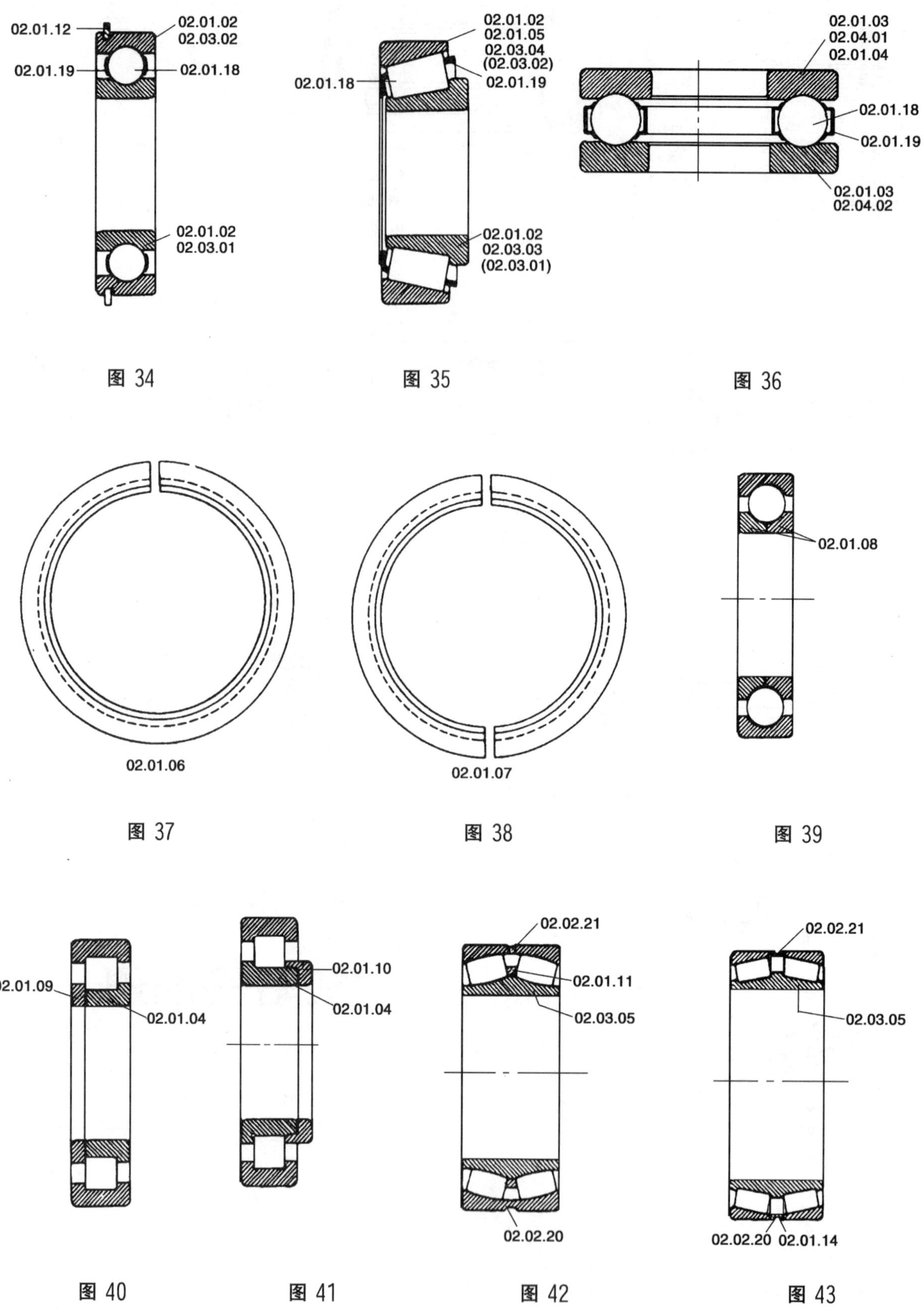

图 34　图 35　图 36

图 37　图 38　图 39

图 40　图 41　图 42　图 43

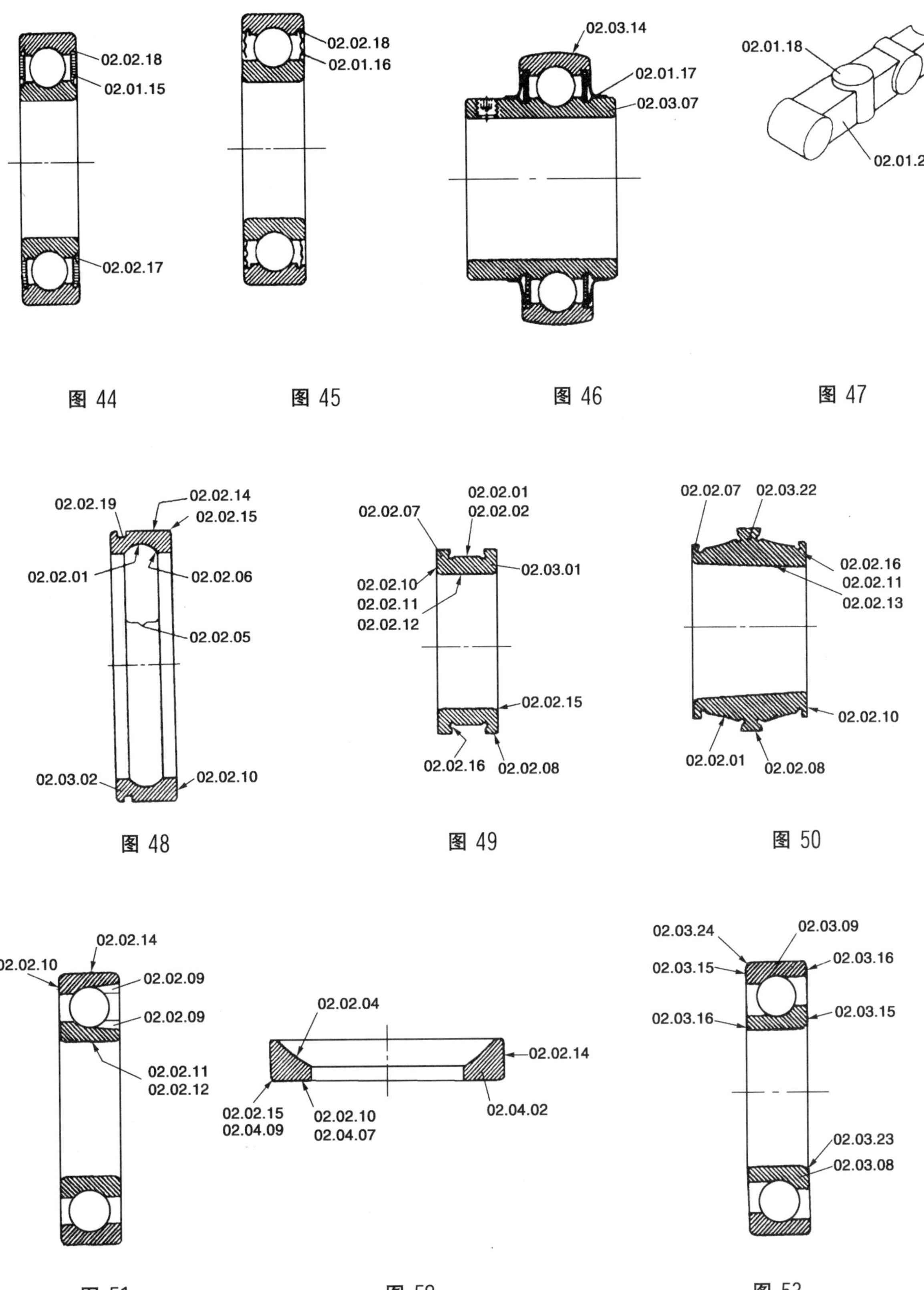

图 44 图 45 图 46 图 47

图 48 图 49 图 50

图 51 图 52 图 53

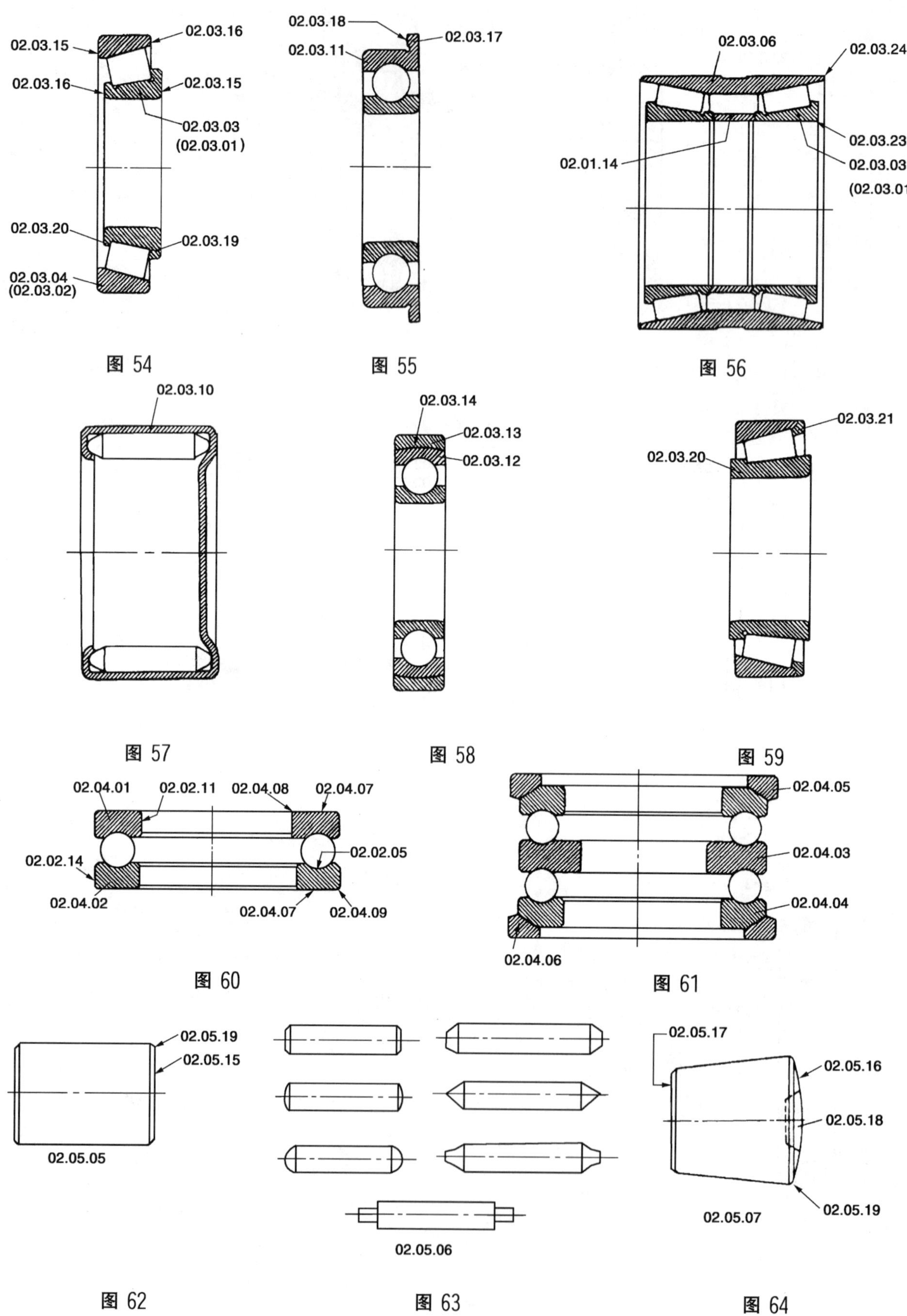

图 54　图 55　图 56

图 57　图 58　图 59

图 60　图 61

图 62　图 63　图 64

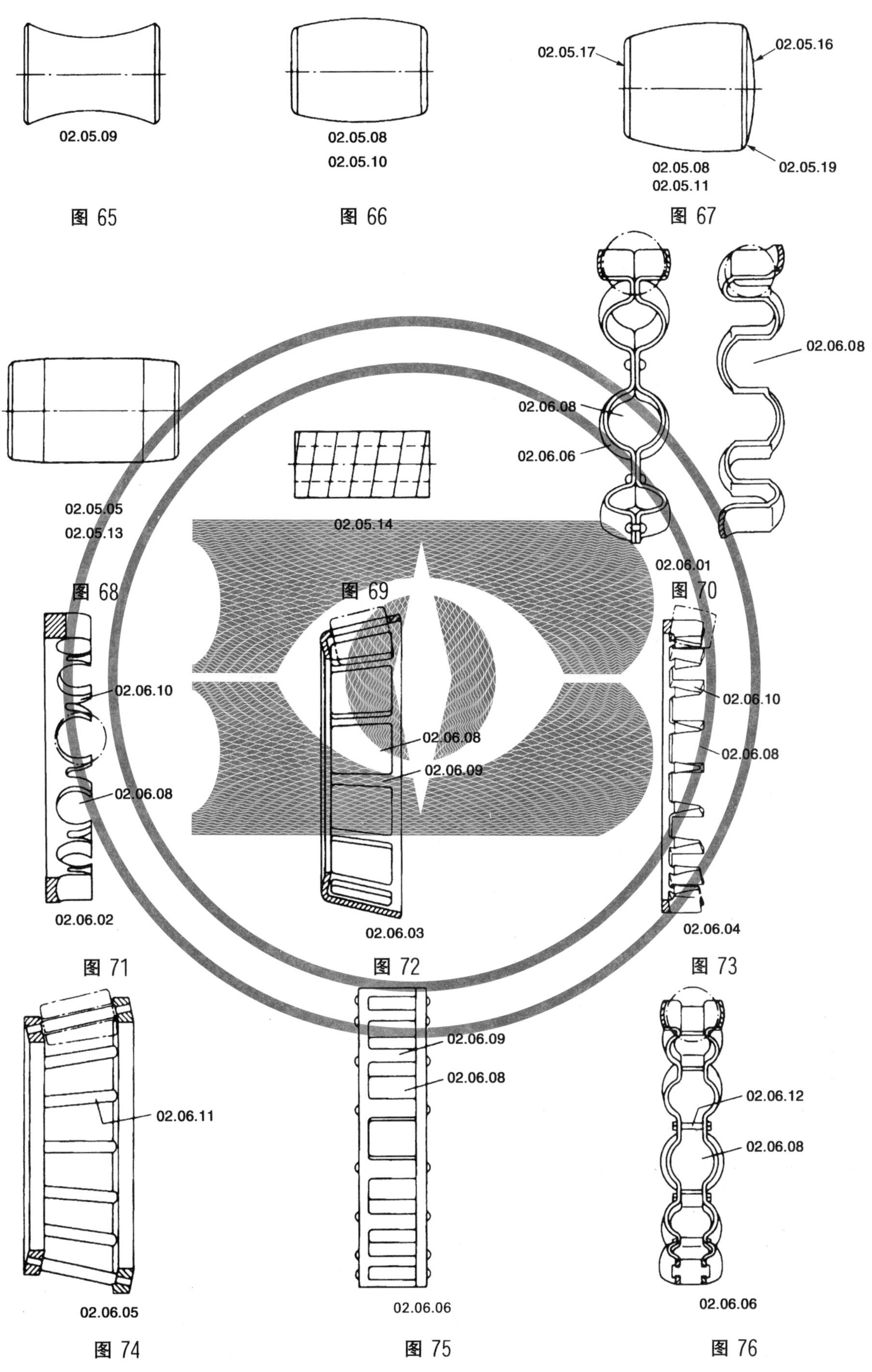

图 65 图 66 图 67

图 68 图 69 图 70

图 71 图 72 图 73

图 74 图 75 图 76

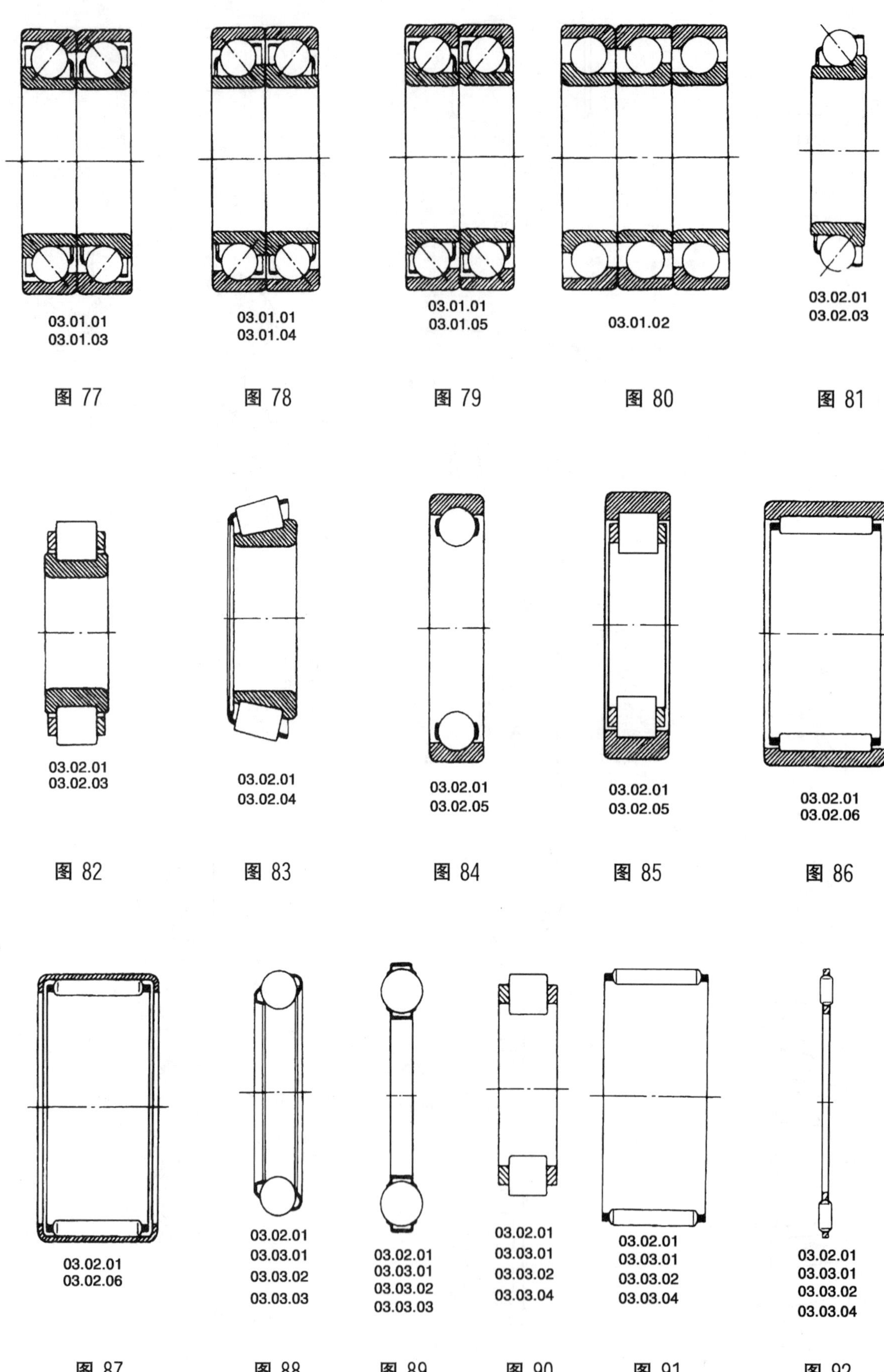

图 77　图 78　图 79　图 80　图 81

图 82　图 83　图 84　图 85　图 86

图 87　图 88　图 89　图 90　图 91　图 92

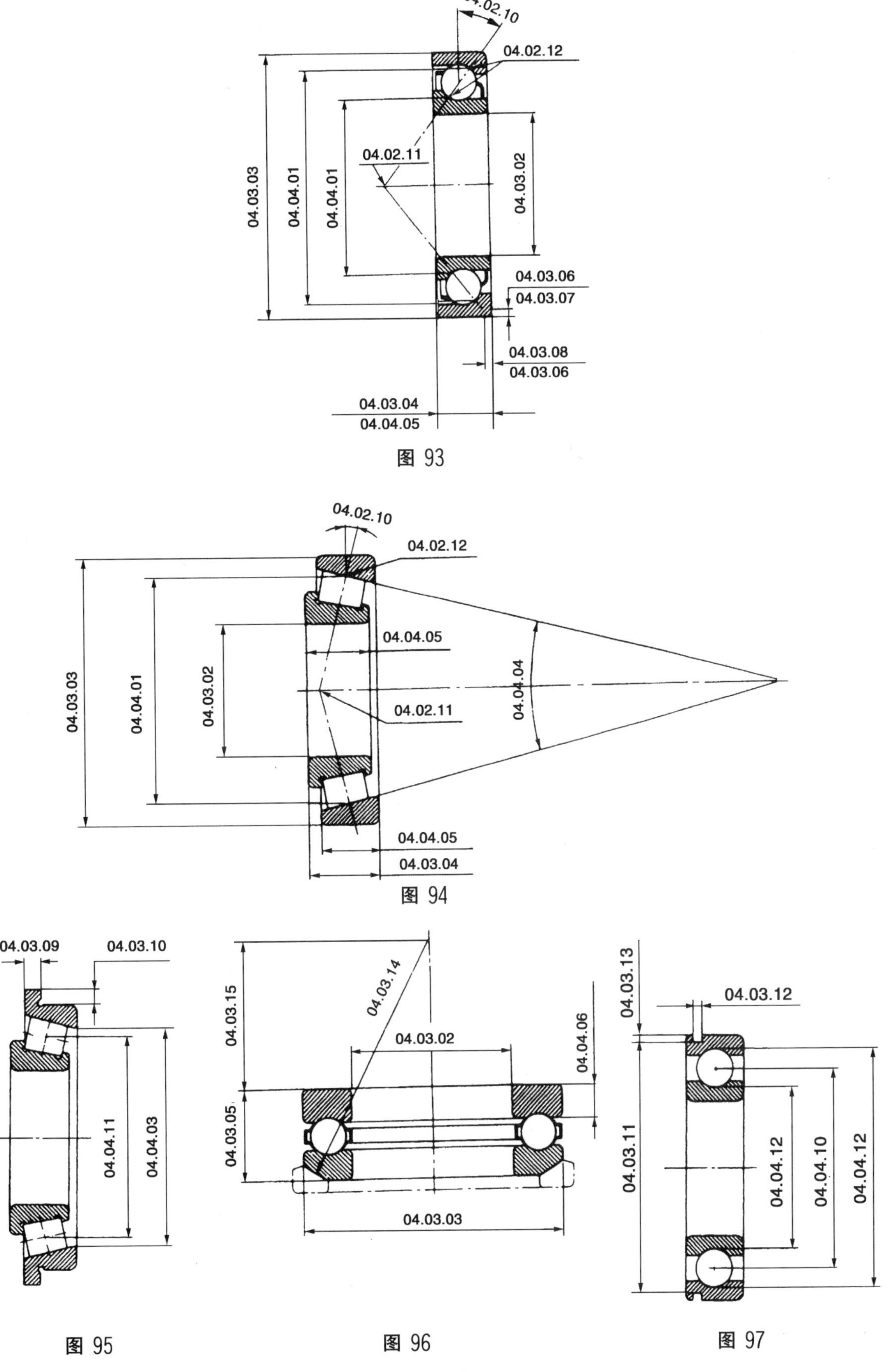

图 93

图 94

图 95

图 96

图 97

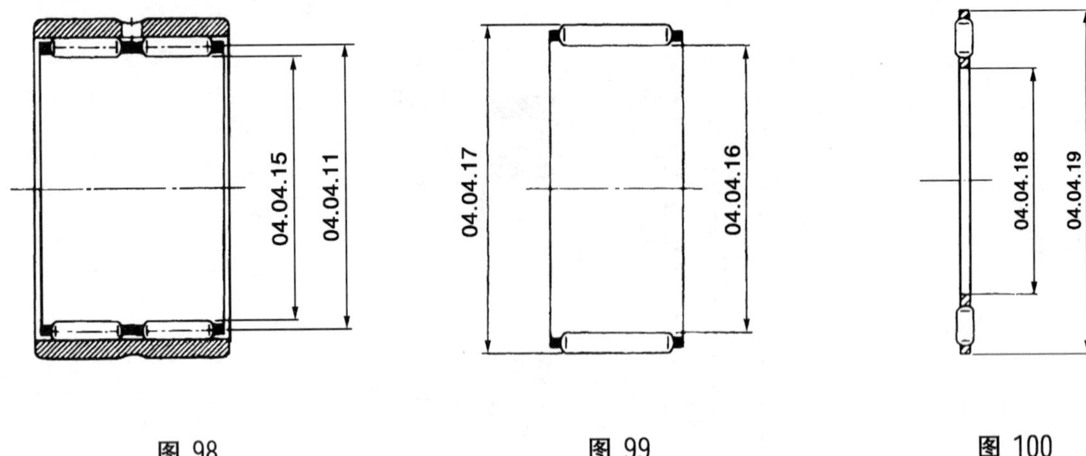

图 98　　图 99　　图 100

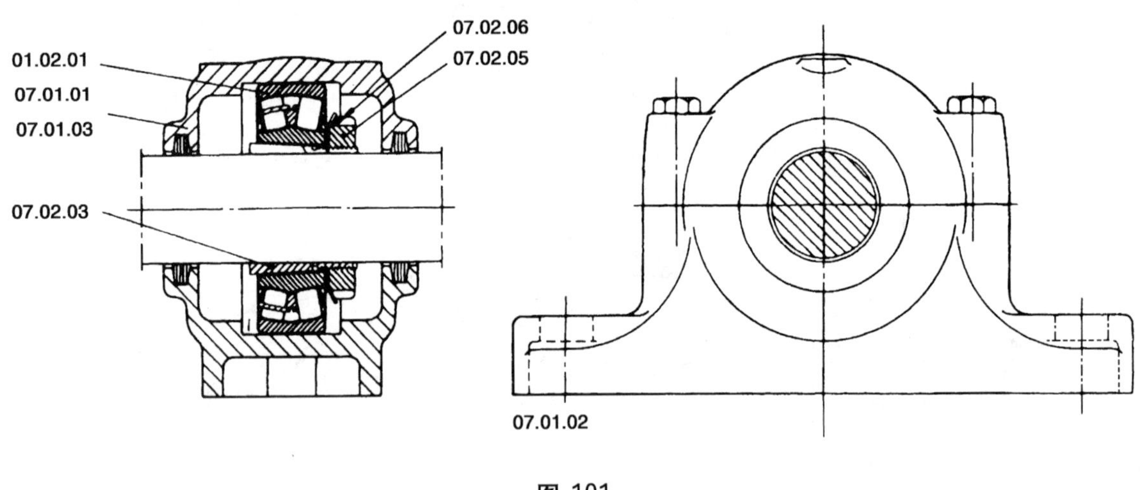

图 101

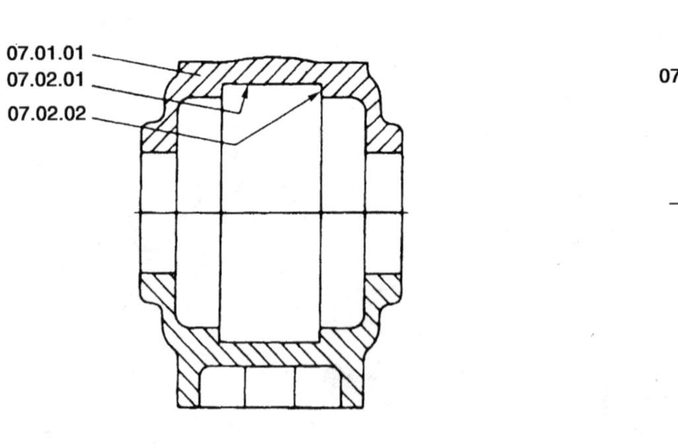

图 102

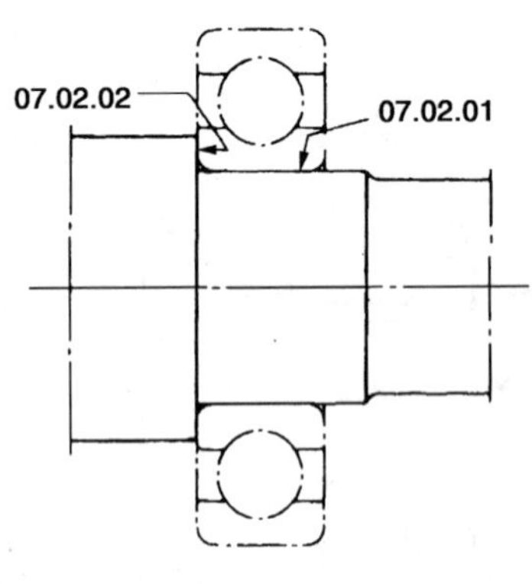

图 103

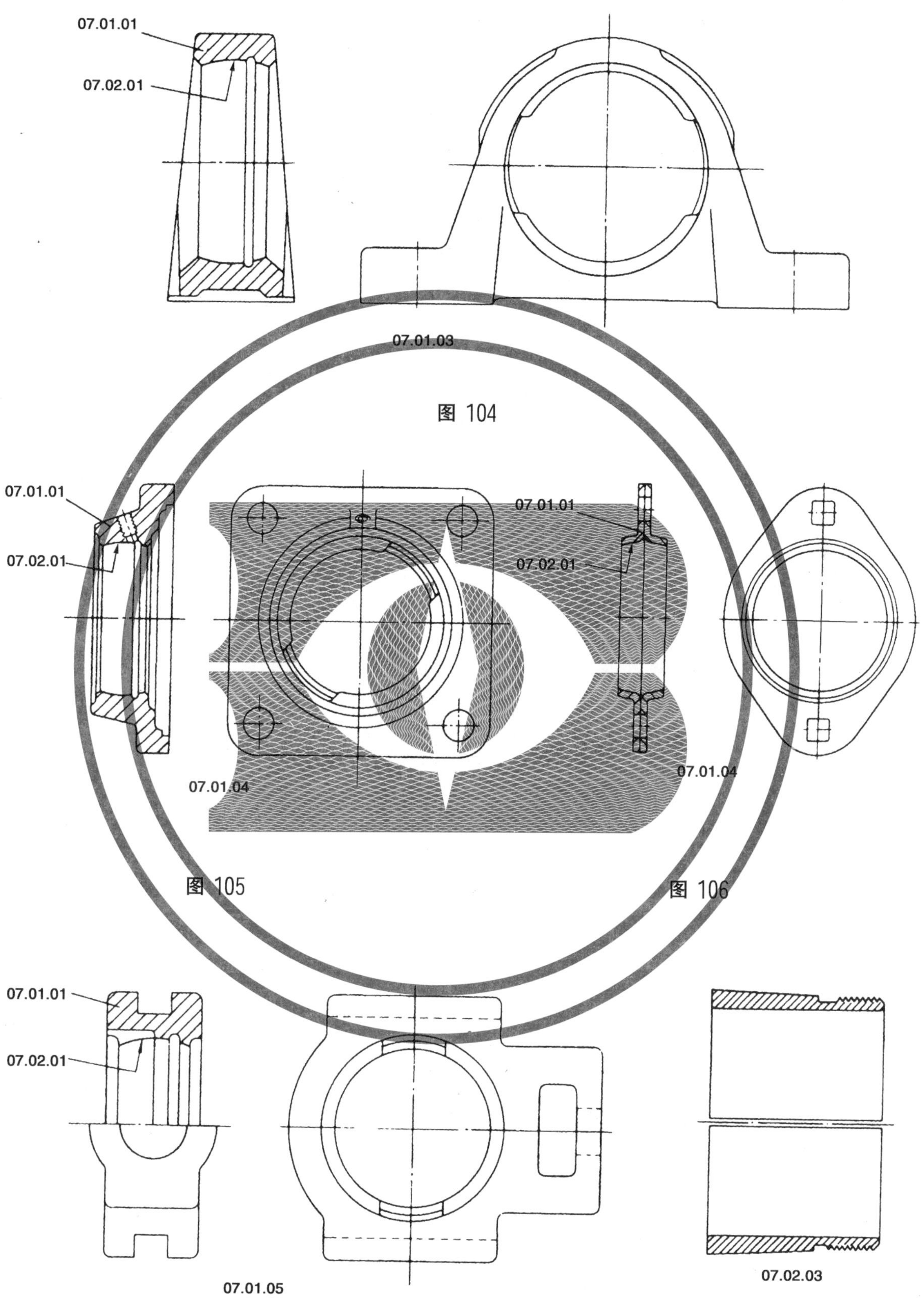

图 104

图 105

图 106

图 107

图 108

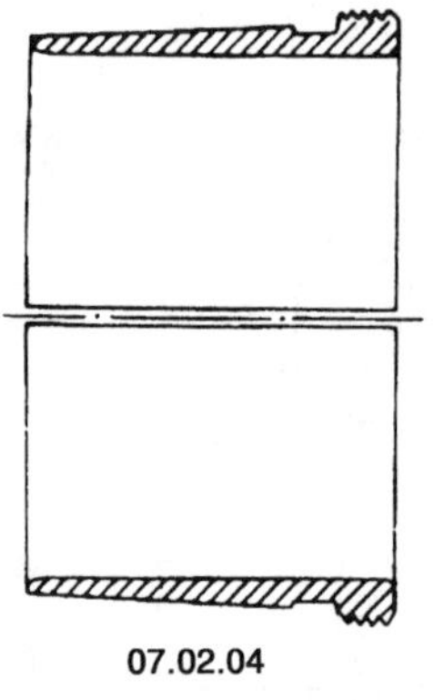

图 109

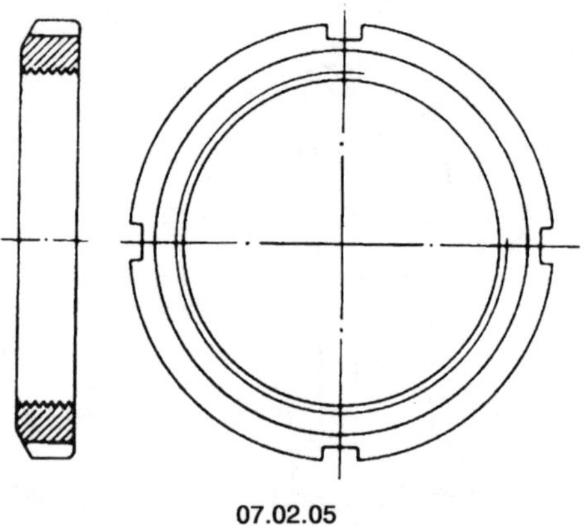

图 110

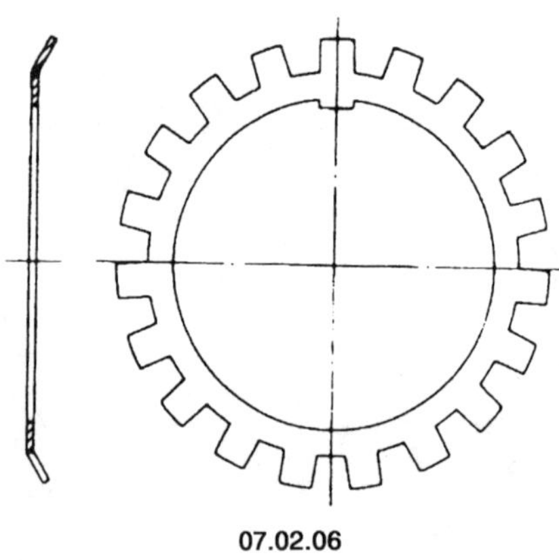

图 111

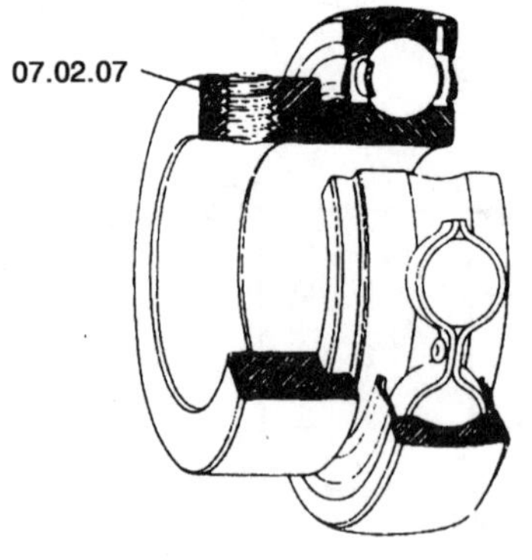

图 112

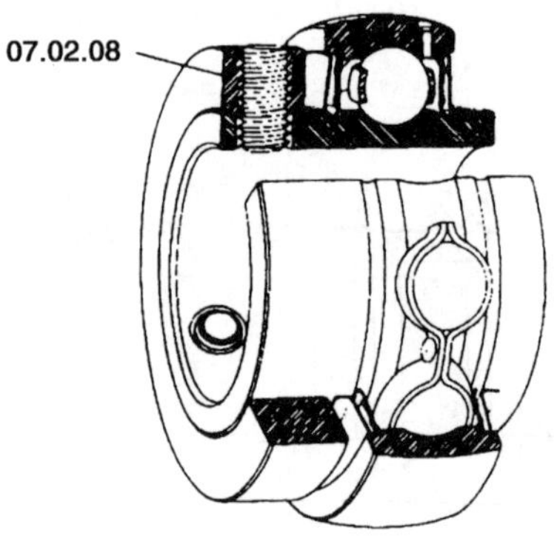

图 113

索　引

T

W

X

Y

Z

A

B

D

E

F

L

M

N

O

P

R

S

T

U

V

ICS 21.100.20
J 11

中华人民共和国国家标准

GB/T 7811—2015/ISO 15241:2012
代替 GB/T 7811—2007

滚动轴承　参数符号

Rolling bearings—Symbols for physical quantities

(ISO 15241:2012,IDT)

2015-12-31 发布　　2016-07-01 实施

中华人民共和国国家质量监督检验检疫总局
中国国家标准化管理委员会　发布

前　言

本标准按照 GB/T 1.1—2009 给出的规则起草。

本标准代替 GB/T 7811—2007《滚动轴承　参数符号》，本标准与 GB/T 7811—2007 相比，除编辑性修改外，主要技术变化如下：

——修改了部分规范性引用文件(见第 2 章，2007 年版的第 2 章)；

——增加了术语和定义(见第 3 章)；

——修改并删去了部分参数符号(见表 1～表 10，2007 年版的表 1～表 10)。

本标准使用翻译法等同采用 ISO 15241:2012(E)《滚动轴承　参数符号》。

与本标准中规范性引用的国际文件有一致性对应关系的我国文件如下：

——GB/T 4199—2003　滚动轴承　公差　定义(ISO 1132-1:2000，MOD)

——GB/T 6391—2010　滚动轴承　额定动载荷和额定寿命(ISO 281:2007，IDT)

——GB/T 6930—2002　滚动轴承　词汇(ISO 5593:1997，IDT)

本标准由中国机械工业联合会提出。

本标准由全国滚动轴承标准化技术委员会(SAC/TC 98)归口。

本标准起草单位：洛阳轴承研究所有限公司、中山市盈科轴承制造有限公司、洛阳轴研科技股份有限公司。

本标准主要起草人：张博文、王尧、刘双喜。

本标准所代替标准的历次版本发布情况为：

——GB 7811—1987、GB/T 7811—1999、GB/T 7811—2007。

滚动轴承　参数符号

1　范围

本标准规定了滚动轴承的尺寸、尺寸公差、精度、额定载荷、寿命等参数的符号表示方法。这些符号主要用于滚动轴承的标准和文件中，同时也适用于产品样本、图表和手册等其他印刷品当中。

2　规范性引用文件

下列文件对于本文件的应用是必不可少的。凡是注日期的引用文件，仅注日期的版本适用于本文件。凡是不注日期的引用文件，其最新版本(包括所有的修改单)适用于本文件。

ISO 281　滚动轴承　额定动载荷和额定寿命(Rolling bearings—Dynamic load ratings and rating life)

ISO 1132-1　滚动轴承　公差　第1部分：术语和定义(Rolling bearings—Tolerances—Part 1: Terms and definitions)

ISO 5593　滚动轴承　词汇(Rolling bearings—Vocabulary)

ISO 80000-1　数量和单位　第1部分：通论(Quantities and units—Part 1:General)

ISO 80000-2　数量和单位　第2部分：自然科学和技术中使用的数学标志与符号(Quantities and units—Part 2: Mathematical signs and symbols to be used in the natural sciences and technology)

3　术语和定义

ISO 281、ISO 1132-1、ISO 5593 界定的术语和定义适用于本文件。

4　参数符号

4.1　符号系统规则

下列规则适用于本标准：

——通常情况下，符号系统规则与 ISO 80000-1 和 ISO 80000-2 的规定一致；

——用于滚动轴承的参数符号按物理意义规定，同时也包括系数、因数、参数等无量纲数值符号，还包括数学变量，例如概率(n)；

——不应采用下标的下标，例如 $V_{d\mathrm{mp}}$ 的下标字母“$d$mp”应打印成同一尺寸大小，$V_{d_{\mathrm{mp}}}$ 的形式不应使用(见图1)；

——不应使用上标。

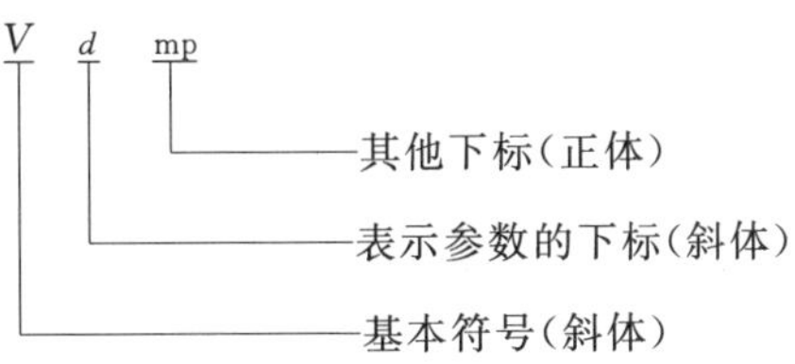

图1　符号规则

4.2 符号—结构

参数符号应用单个拉丁字母或希腊字母的基本符号表示或带下标的基本符号表示，下标由一个或几个规定的拉丁字母、希腊字母和阿拉伯数字组成，后面不应带句号。

4.3 基本符号

基本符号表示某一个参数，有时也表示不同的参数。常用的基本符号见表 1。

4.4 下标

附属于某个基本符号的下标改变了这个参数的性质、特征、编号等。现行通用的下标见表 2。表示参数的下标与基本符号的印刷格式相同(如：$V_{\underline{d}\mathrm{mp}}$，$\Delta_{\underline{d}\mathrm{s}}$)。

4.5 打印、复制符号字体

基本符号应采用斜体打印。表示参数的下标用斜体打印、复制。表示编号和其他符号的下标应采用正体打印、复制，如：e(外圈)、r(半径)、d(内孔)。所有的下标字母应为同一打印尺寸。

示例 1：$V_{d\mathrm{mp}}$(内径变动量)，下标"*d*"表示"内径"，用斜体打印。下标"m"表示"平均"，"p"表示"单一平面"用正体打印。下标字母用同一打印尺寸。

示例 2：S_{d}(内圈端面对内孔的垂直度)，"d"表示"每个内孔表面"用正体打印。

5 参数符号的分类

符号分类如下(见表 3～表 10)：

——轴承、套圈和垫圈的尺寸及特性(表 3)；

——轴承、套圈和垫圈的尺寸及公差(表 4)；

——轴承、套圈和垫圈的旋转精度(表 5)；

——组件尺寸和公差(表 6)；

——滚动体尺寸和公差(表 7)；

——轴和轴承座的尺寸(表 8)；

——轴承载荷和额定载荷(表 9)；

——轴承寿命(表 10)。

6 参数的定义

参数的定义应按 ISO 1132-1 和 ISO 5593 的规定，特定情况下，参数的定义应按其他相关滚动轴承标准的规定。

7 方括号的使用

如果表 3～表 10 中两个意义相近的物理量采用相同的文字(除个别字外)加以定义，则这两个物理量及其描述将归于同一个词条内。替代前面的那些词放在方括号即"[ ]"内表示不同的意义。

8 参数符号的表示

用于滚动轴承的符号列于表 1～表 10 中。

表 1 基本符号

特性	基本符号	参数
尺寸	*A*	轴承座宽度
	B	宽度
		轴圈高度
	C	外圈宽度
		座圈高度
	D	外径
		外圈或座圈直径(滚道直径除外)
		轴承座直径
	d	内径
		内圈或轴圈直径(滚道直径除外)
	E	外滚道直径
	F	内滚道直径
	G	螺纹代号
	H	偏心量
		轴承座中心高度
	J	螺栓孔中心距
	L	轴承座或滚子长度
	l	螺纹长度
	N	螺栓孔尺寸
	r	倒角尺寸
		(沟道)半径
	s	(垫圈)厚度
	T	(装配)宽度
		高度
公差和旋转精度	*K*	径向跳动
		厚度变动量
	S	轴向跳动
		厚度变动量(推力轴承)
	V	尺寸变动量
	Δ	公称尺寸偏差
载荷和寿命	*C*	额定载荷
	F	轴承载荷
	L	寿命
	P	当量载荷
	Q	滚动体载荷

表 1（续）

特性	基本符号	参数
其他	G	游隙
	i	滚动体列数
	Z	每列滚动体数
	α	接触角或圆锥角

表 2　下标

特性	下标	含义
通用	e	有效的
	m	算术平均值
	max	最大或最多
	min	最小或最少
	p	被测平面
	s	单一的或实际的
	0	静态的(零)
方向	a	轴向
	r	径向
零件或特征	a	成套的
	a,b,c,…	用于主要相关零件(例如轴、座、隔圈、轴环)的直径多于一个时的识别符号
	c	保持架
	D	每个外表面
	d	每个内孔表面
	e	外圈或座圈
	i	内圈或轴圈
	w	滚动体
	1,2,3,…	用于主要相关零件(如:调心座圈、调心座垫圈、定位止动环、平挡圈)的直径、宽度或高度多于一个时的识别编码
寿命	a	修正的
	h	时间,小时
	m	修正的
	n	失效概率,相对于$(100-n)\%$可靠度
	10	90%可靠度($n=10$)
	50	50%可靠度($n=50$)
其他	L	批或规值批
注：关于下标,见 4.4。		

表 3 轴承、套圈和垫圈的尺寸及特性

序号	符号	参数	参考 ISO 5593
1.01	A	调心表面中心高度	04.03.15
1.02	a	轴承载荷中心位置的距离	—
1.03	B	轴承宽度	04.03.04
1.04		内圈宽度	04.04.05
1.05		轴圈高度	04.04.06
1.06	$B_1, B_2, \cdots$	内圈[轴圈]轴向尺寸	—
1.07		内圈[轴圈]主要相关零件的轴向尺寸	
1.08	b	止动槽宽度	04.03.12
1.09	C	外圈宽度	04.04.05
1.10	C	座圈高度	04.04.06
1.11	C_1	外圈凸缘宽度	04.03.09
1.12	$C_1, C_2, \cdots$	外圈[座圈]轴向尺寸	—
1.13		外圈[座圈]主要相关零件的轴向尺寸	
1.14	D	轴承外径	04.03.03
1.15		外圈[座圈]外径	—
1.16		推力垫圈外径	
1.17	D_1	外圈凸缘外径	—
1.18	$D_1, D_2, \cdots$	外圈[座圈]直径(滚道直径除外)	—
1.19	d	轴承内径	04.03.02
1.20		内圈[轴圈]内径	—
1.21		推力垫圈内径	
1.22	d_G	螺纹公称直径(外径或内径)	—
1.23	$d_{G1}, d_{G2}, \cdots$	螺纹主要相关零件直径	—
1.24	$d_1, d_2, \cdots$	内圈[轴圈]直径(滚道直径除外)	—
1.25	E_w	球总体外径	04.04.14
1.26		滚子总体外径	04.04.15
1.27	e	止动环截面高度	—
1.28	F_w	球总体内径	04.04.14
1.29		滚子总体内径	04.04.15
1.30	f	止动环厚度	—
1.31	G	螺纹代号[a]	—
1.32	i	滚动体列数	—
1.33	l_G	螺纹长度	—
1.34	$l_{G1}, l_{G2}, \cdots$	与螺纹有关的轴向尺寸	—

表 3（续）

序号	符号	参数	参考 ISO 5593
1.35	r	倒角尺寸	04.03.06
1.36	r_e	外圈[座圈]沟道半径	—
1.37	r_i	内圈[轴圈]沟道半径	—
1.38	$r_1, r_2, \cdots$	倒角尺寸	04.03.06
1.39	s	推力垫圈厚度	—
1.40	T	(成套)轴承宽度	04.03.04
1.41		轴承高度	04.03.05
1.42	$T_1, T_2, \cdots$	(成套)轴承的轴向尺寸	—
1.43	Z	每列滚动体数	—
1.44	α	接触角	04.02.10
1.45		内圈内孔锥角(半锥角)	—

[a] 螺纹代号由螺纹类型代号、公称直径组成，必要时还包括螺距。例如：M16×1.5。

表 4　轴承、套圈和垫圈的尺寸及公差

序号	符号	参数	参考	
			ISO 5593	ISO 1132-1
2.01	B	轴承公称宽度	05.02.06	5.3.10
2.02		内圈公称宽度	05.02.01	5.3.1
2.03		轴圈公称高度	—	—
2.04	B_m	内圈平均宽度	05.02.05	5.3.5
2.05		轴圈平均高度	—	—
2.06	B_s	内圈单一宽度	05.02.02	5.3.2
2.07		轴圈单一高度	—	—
2.08	C	轴承公称宽度	05.02.06	5.3.10
2.09		外圈公称宽度	05.02.01	5.3.1
2.10		座圈公称高度	—	—
2.11	C_m	外圈平均宽度	05.02.05	5.3.5
2.12		座圈平均高度	—	—
2.13	C_s	外圈单一宽度	05.02.02	5.3.2
2.14		座圈单一高度	—	—
2.15	C_1	外圈凸缘公称宽度	—	5.3.6
2.16	C_{1s}	外圈凸缘单一宽度	—	5.3.7
2.17	D	公称外径	05.01.01	5.2.1

表 4（续）

序号	符号	参数	参考	
			ISO 5593	ISO 1132-1
2.18	D_{m}	平均外径	05.01.05	5.2.6
2.19	D_{mp}	单一平面平均外径	05.01.07	5.2.8
2.20	D_{s}	单一外径	05.01.02	5.2.2
2.21	D_{sp}	单一平面单一外径	—	5.2.3
2.22	d	公称内径	05.01.01	5.1.1
2.23	d_{m}	平均内径	05.01.05	5.1.6
2.24	d_{mp}	单一平面平均内径	05.01.07	5.1.8
2.25	d_{s}	单一内径	05.01.02	5.1.2
2.26	d_{sp}	单一平面单一内径	—	5.1.3
2.27	G_{a}	轴向游隙	05.08.03	8.2.1
2.28	G_{r}	径向游隙	05.08.01	8.1.1
2.29	r	公称倒角尺寸	05.03.01	5.4.1
2.30	r_{s}	单一倒角尺寸	—	5.4.2
2.31		径向单一倒角尺寸	05.03.02	5.4.2
2.32		轴向单一倒角尺寸	05.03.03	5.4.2
2.33	r_{smax}	最大单一倒角尺寸	05.03.05	5.4.4
2.34	r_{smin}	最小单一倒角尺寸	05.03.04	5.4.3
2.35	s	推力垫圈厚度	—	—
2.36	T	（成套）轴承公称宽度	05.02.06	5.3.10
2.37		轴承公称高度	05.02.06	5.3.13
2.38	T_{s}	（成套）轴承实际宽度	05.02.07	5.3.11
2.39		轴承实际高度	05.02.09	5.3.14
2.40	V_{Bs}	内圈宽度变动量	05.02.04	5.3.4
2.41		轴圈高度变动量	—	—
2.42	V_{Cs}	外圈宽度变动量	05.02.04	5.3.4
2.43		座圈高度变动量	—	—
2.44	V_{C1s}	外圈凸缘宽度变动量	—	5.3.9
2.45	V_{Dmp}	平均外径变动量	05.01.10	5.2.11
2.46	V_{Ds}	外径变动量	05.01.04	5.2.5
2.47	V_{Dsp}	单一平面外径变动量	05.01.09	5.2.10
2.48	V_{dmp}	平均内径变动量	05.01.10	5.1.11
2.49	V_{ds}	内径变动量	05.01.04	5.1.5
2.50	V_{dsp}	单一平面内径变动量	05.01.09	5.1.10

表 4（续）

序号	符号	参数	参考	
			ISO 5593	ISO 1132-1
2.51	α	公称接触角	04.02.10	—
2.52		内圈内孔锥角(半锥角)	—	—
2.53	Δ_{Bs}	内圈单一宽度偏差	05.02.03	5.3.3
2.54		轴圈单一高度偏差	—	—
2.55	Δ_{Cs}	外圈单一宽度偏差	05.02.03	5.3.3
2.56		座圈单一高度偏差	—	—
2.57	Δ_{C1s}	外圈凸缘单一宽度偏差	—	5.3.8
2.58	Δ_{Dm}	平均外径偏差	05.01.06	5.2.7
2.59	Δ_{Dmp}	单一平面平均外径偏差	05.01.08	5.2.9
2.60	Δ_{Ds}	单一外径偏差	05.01.03	5.2.4
2.61	Δ_{D1s}	外圈凸缘单一外径偏差	—	—
2.62	Δ_{dm}	平均内径偏差	05.01.06	5.1.7
2.63	Δ_{dmp}	单一平面平均内径偏差	05.01.08	5.1.9
2.64	Δ_{ds}	单一内径偏差	05.01.03	5.1.4
2.65	Δ_{Ts}	(成套)轴承实际宽度偏差	05.02.08	5.3.12
2.66		轴承实际高度偏差	05.02.10	5.3.15

表 5　轴承、套圈和垫圈的旋转精度

序号	符号	参数	参考	
			ISO 5593	ISO 1132-1
3.01	K_e	外圈滚道与外表面间的厚度变动量	05.07.11	6.4.2
3.02	K_{ea}	成套轴承外圈径向跳动	05.07.02	7.1.2
3.03	K_i	内圈滚道与内孔间的厚度变动量	05.07.10	6.4.1
3.04	K_{ia}	成套轴承内圈径向跳动	05.07.01	7.1.1
3.05	K_{iaa}	成套轴承内圈非重复性径向跳动	—	7.1.3
3.06	S_D	外圈外表面对端面的垂直度	05.07.09	6.3.2
3.07	S_{D1}	外圈外表面对凸缘背面的垂直度	—	6.3.3
3.08	S_d	内圈端面对内孔的垂直度	05.07.07	6.3.1
3.09	S_{dr}	内圈内孔对端面的垂直度	—	—
3.10	S_e	外圈滚道对端面的平行度	05.07.08	6.2.2
3.11		座圈滚道与背面间的厚度变动量	05.07.12	6.4.4
3.12	S_{ea}	成套轴承外圈轴向跳动(沟型向心球轴承)	05.07.05	7.2.3
3.13		成套轴承外圈轴向跳动(圆锥滚子轴承)	05.07.06	7.2.4

表 5(续)

序号	符号	参数	参考	
			ISO 5593	ISO 1132-1
3.14	S_{ea1}	成套轴承外圈凸缘背面轴向跳动(沟型向心球轴承)	—	7.2.5
3.15		成套轴承外圈凸缘背面轴向跳动(圆锥滚子轴承)	—	7.2.6
3.16	S_i	内圈滚道对端面的平行度	05.07.08	6.2.1
3.17		轴圈滚道与背面间的厚度变动量	05.07.12	6.4.3
3.18	S_{ia}	成套轴承内圈轴向跳动(沟型向心球轴承)	05.07.03	7.2.1
3.19		成套轴承内圈轴向跳动(圆锥滚子轴承)	05.07.04	7.2.2

表 6 组件尺寸和公差

序号	符号	参数	参考	
			ISO 5593	ISO 1132-1
4.01	B_c	向心球和保持架组件的保持架宽度	—	—
4.02		向心滚子和保持架组件的保持架宽度		
4.03	D_c	推力球和保持架组件外径	04.04.19	—
4.04		推力滚子和保持架组件外径		
4.05		推力滚针和保持架组件外径		
4.06	D_{pw}	球组节圆直径	04.04.10	—
4.07		滚子组节圆直径	04.04.11	—
4.08	d_c	推力球和保持架组件内径	04.04.18	—
4.09		推力滚子和保持架组件内径		
4.10		推力滚针和保持架组件内径		
4.11	E	外圈滚道直径	—	—
4.12		外圈小内径(圆锥滚子轴承)	04.04.03	—
4.13	E_w	球组公称外径	04.04.12 04.04.14	5.2.12
4.14		滚子组公称外径	04.04.13 04.04.15	
4.15	E_{wm}	球组平均外径	—	5.2.15
4.16		滚子组平均外径		
4.17	E_{ws}	球组单一外径	—	5.2.13
4.18		滚子组单一外径		
4.19	$E_{ws\ max}$	球组最大单一外径	—	5.2.14
4.20		滚子组最大单一外径		
4.21	F	内圈滚道直径	—	—

表 6（续）

序号	符号	参数	参考	
			ISO 5593	ISO 1132-1
4.22	F_w	球组公称内径	04.04.12 04.04.14	5.1.12
4.23		滚子组公称内径	04.04.13 04.04.15	
4.24	F_{wm}	球组平均内径	—	5.1.15
4.25		滚子组平均内径		
4.26	F_{ws}	球组单一内径	—	5.1.13
4.27		滚子组单一内径		
4.28	$F_{ws\ min}$	球组最小单一内径	—	5.1.14
4.29		滚子组最小单一内径		
4.30	H	偏心套的偏心量	—	—
4.31		偏心宽内圈的偏心量		
4.32	T_1	内组件公称有效宽度(圆锥滚子轴承)	—	5.3.16
4.33	T_{1s}	内组件实际有效宽度(圆锥滚子轴承)	—	5.3.17
4.34	T_2	外圈公称有效宽度(圆锥滚子轴承)	—	5.3.19
4.35	T_{2s}	外圈实际有效宽度(圆锥滚子轴承)	—	5.3.20
4.36	Δ_{Ewm}	球组平均外径偏差	—	5.2.16
4.37		滚子组平均外径偏差		
4.38	Δ_{Fwm}	球组平均内径偏差	—	5.1.16
4.39		滚子组平均内径偏差		
4.40	Δ_{T1s}	内组件实际有效宽度偏差(圆锥滚子轴承)	—	5.3.18
4.41	Δ_{T2s}	外圈实际有效宽度偏差(圆锥滚子轴承)	—	5.3.21

表 7　滚动体尺寸和公差

序号	符号	参数	参考 ISO 5593
5.01	D_w	球公称直径	05.04.01
5.02		滚子公称直径	05.05.01
5.03	D_{we}	应用于计算额定载荷的滚子直径	—
5.04	D_{wm}	球平均直径	05.04.03
5.05	D_{wmL}	球批平均直径	05.04.06
5.06	D_{wmp}	单一平面滚子平均直径	05.05.03
5.07	D_{ws}	球单一直径	05.04.02
5.08		滚子单一直径	05.05.02

表 7（续）

序号	符号	参数	参考 ISO 5593
5.09	L_w	滚子公称长度	05.05.05
5.10	L_{we}	滚子有效长度	—
5.11	L_{ws}	滚子实际长度	05.05.06
5.12	S	球规值	05.04.09
5.13		滚子规值	05.05.07
5.14	S_{Dw}	滚子端部对轴线的轴向跳动	—
5.15	V_{DwL}	球批直径变动量	05.04.07
5.16		滚子规值批直径变动量	05.05.09
5.17	V_{Dwmp}	滚子平均直径变动量[a]	—
5.18	V_{Dwsp}	单一平面滚子直径变动量	05.05.04
5.19	V_{Dws}	球直径变动量	05.04.04
5.20	V_{LwL}	滚子规值批长度变动量	—
5.21	Δ_{Lws}	滚子单一长度偏差	—
5.22	Δ_{Rw}	滚子工作表面圆度误差	05.06.01
5.23	Δ_S	球批的球规值偏差	05.04.10
[a] 仅适用于外表面为圆柱部分的直径。			

表 8　轴和轴承座的尺寸

序号	符号	参数	参考 ISO 5593
6.01	A	轴承座宽度	—
6.02	$A_1, A_2, \cdots$	底座宽度	—
6.03	D_a	轴承座球面直径	—
6.04	$D_a, D_b, \cdots$	座肩直径	—
6.05		外圈[座圈]主要相关零件的直径	—
6.06	$d_a, d_b, \cdots$	轴肩直径	—
6.07		内圈[轴圈]主要相关零件的直径	—
6.08	d_G	螺纹公称直径(外螺纹或内螺纹)	—
6.09	$d_{G1}, d_{G2}, \cdots$	与螺纹主要相关零件的直径	—
6.10	G	螺纹代号(外螺纹或内螺纹)[a]	—
6.11	H	安装平面到轴承座球面直径中心线的距离	—
6.12	H_1	底座高度	—
6.13	$H_1, H_2, \cdots$	与轴承座主要相关零件的高度	—
6.14	h	轴和轴承座肩高度	—

表 8（续）

序号	符号	参数	参考 ISO 5593
6.15	J	螺栓孔中心距(长度)	—
6.16	J_1	螺栓孔中心距(宽度)	—
6.17	L	底座长度	—
6.18		轴承座的总长度	—
6.19		轴的长度	—
6.20	$L_1, L_2, \cdots$	与轴、轴承座主要相关零件的长度	—
6.21	l_G	螺纹长度	—
6.22	$l_{G1}, l_{G2}, \cdots$	与螺纹主要相关零件的轴向尺寸	—
6.23	N	螺栓孔宽度(轴向)	—
6.24		螺栓孔直径	—
6.25	$N_1, N_2, \cdots$	螺栓孔长度	—
6.26	$r_a, r_b, \cdots$	轴和轴承座倒角半径	—

[a] 螺纹代号由螺纹类型代号、公称直径组成，必要时还包括螺距。例如：M16×1.5。

表 9　轴承载荷和额定载荷

序号	符号	参数	参考 ISO 5593
7.01	b_m	额定系数	—
7.02	C	基本额定动载荷	—
7.03	C_a	轴向基本额定动载荷	06.04.02
7.04	C_r	径向基本额定动载荷	
7.05	C_0	基本额定静载荷	—
7.06	C_{0a}	轴向基本额定静载荷	06.04.01
7.07	C_{0r}	径向基本额定静载荷	
7.08	D_{pw}	球组节圆直径	04.04.10
7.09		滚子组节圆直径	04.04.11
7.10	e	适用于不同 X 和 Y 系数值的 F_a/F_r 的极限值	—
7.11	F	轴承载荷	—
7.12	F_a	轴向载荷	06.02.02
7.13	F_r	径向载荷	06.02.01
7.14	f_c	用于基本额定动载荷计算的系数	—
7.15	f_0	用于基本额定静载荷计算的系数	—
7.16	n	转速	—
7.17	n_e	外圈[座圈]转速	—

表 9（续）

序号	符号	参数	参考 ISO 5593
7.18	n_i	内圈[轴圈]转速	—
7.19	P	当量载荷	06.03.01
7.20		当量动载荷	
7.21	P_a	轴向当量动载荷	06.03.03
7.22	P_r	径向当量动载荷	
7.23	P_0	当量静载荷	—
7.24	P_{0a}	轴向当量静载荷	06.03.02
7.25	P_{0r}	径向当量静载荷	
7.26	Q	滚动体载荷	—
7.27	Q_{max}	最大滚动体载荷	—
7.28	X	径向动载荷系数	06.06.01
7.29	X_0	径向静载荷系数	
7.30	Y	轴向动载荷系数	
7.31	Y_0	轴向静载荷系数	

表 10　轴承寿命

序号	符号	参数	参考 ISO 5593
8.01	a	寿命修正系数	06.06.05
8.02	a_{ISO}	基于寿命计算系统方法的寿命修正系数	—
8.03	a_1	可靠度寿命修正系数	—
8.04	f_h	寿命系数	06.06.03
8.05	f_n	速度系数	06.06.04
8.06	L	额定寿命	06.05.04
8.07	L_h	以小时计的额定寿命	
8.08	L_n	可靠度修正额定寿命	06.05.06
8.09	L_{nm}	通过寿命计算系统方法对可靠度、轴承性能和运转条件的影响进行修正的修正额定寿命	—
8.10	L_{10}	基本额定寿命	06.05.05
8.11	$L_{10\ h}$	以小时计的基本额定寿命	06.05.05
8.12	$L_{10\ m}$	通过寿命计算系统方法对轴承性能、运转条件的影响进行修正的可靠度为90%的基本额定寿命	—
8.13	L_{50}	中值额定寿命	06.05.07
8.14	$L_{50\ h}$	以小时计的中值额定寿命	
8.15	n	失效概率	—
额定寿命参见 ISO 281			

9 索引

表（续）

符号	序号
L	6.17,6.18,6.19,8.06
L_{h}	8.07
L_{n}	8.08
$L_{n\mathrm{m}}$	8.09
L_{w}	5.09
L_{we}	5.10
L_{ws}	5.11
L_{1}、L_{2}、…	6.20
L_{10}	8.10
$L_{10\ \mathrm{h}}$	8.11
$L_{10\ \mathrm{m}}$	8.12
L_{50}	8.13
$L_{50\ \mathrm{h}}$	8.14
l_{G}	1.33,6.21
l_{G1}、l_{G2}、…	1.34,6.22
N	6.23,6.24
N_{1}、N_{2}、…	6.25
n	7.16,8.15
n_{e}	7.17
n_{i}	7.18
P	7.19,7.20
P_{a}	7.21
P_{r}	7.22
P_{0}	7.23
$P_{0\mathrm{a}}$	7.24
$P_{0\mathrm{r}}$	7.25
Q	7.26
Q_{max}	7.27
r	1.35,2.29
r_{a}、r_{b}、…	6.26
r_{e}	1.36
r_{i}	1.37
r_{s}	2.30,2.31,2.32
$r_{\mathrm{s\ max}}$	2.33
$r_{\mathrm{s\ min}}$	2.34
r_{1}、r_{2}、…	1.38
S	5.12,5.13
S_{D}	3.06
S_{Dw}	5.14
S_{D1}	3.07
S_{d}	3.08
S_{dr}	3.09

符号	序号
S_{e}	3.10,3.11
S_{ea}	3.12,3.13
S_{ea1}	3.14,3.15
S_{i}	3.16,3.17
S_{ia}	3.18,3.19
s	1.39,2.35
T	1.40,1.41,2.36,2.37
T_{s}	2.38,2.39
T_{1}	4.32
T_{1}、T_{2}、…	1.42
$T_{1\mathrm{s}}$	4.33
T_{2}	4.34
$T_{2\mathrm{s}}$	4.35
$V_{B\mathrm{s}}$	2.40,2.41
$V_{C\mathrm{s}}$	2.42,2.43
$V_{C1\mathrm{s}}$	2.44
$V_{D\mathrm{mp}}$	2.45
$V_{D\mathrm{s}}$	2.46
$V_{D\mathrm{sp}}$	2.47
$V_{D\mathrm{w}L}$	5.15,5.16
$V_{D\mathrm{wmp}}$	5.17
$V_{D\mathrm{wsp}}$	5.18
$V_{D\mathrm{ws}}$	5.19
$V_{d\mathrm{mp}}$	2.48
$V_{d\mathrm{s}}$	2.49
$V_{d\mathrm{sp}}$	2.50
$V_{L\mathrm{w}L}$	5.20
X	7.28
X_{0}	7.29
Y	7.30
Y_{0}	7.31
Z	1.43
α	1.44,1.45,2.51,2.52
$\Delta_{B\mathrm{s}}$	2.53,2.54
$\Delta_{C\mathrm{s}}$	2.55,2.56
$\Delta_{C1\mathrm{s}}$	2.57
$\Delta_{D\mathrm{m}}$	2.58
$\Delta_{D\mathrm{mp}}$	2.59
$\Delta_{D\mathrm{s}}$	2.60
$\Delta_{D1\mathrm{s}}$	2.61
$\Delta_{d\mathrm{m}}$	2.62

表（续）

符号	序号	符号	序号
$\Delta_{d\mathrm{mp}}$	2.63	$\Delta_{R\mathrm{w}}$	5.22
$\Delta_{d\mathrm{s}}$	2.64	Δ_{s}	5.23
$\Delta_{E\mathrm{wm}}$	4.36,4.37	$\Delta_{T\mathrm{s}}$	2.65,2.66
$\Delta_{F\mathrm{wm}}$	4.38,4.39	$\Delta_{T1\mathrm{s}}$	4.40
$\Delta_{L\mathrm{ws}}$	5.21	$\Delta_{T2\mathrm{s}}$	4.41

ICS 21.100.20
J 11

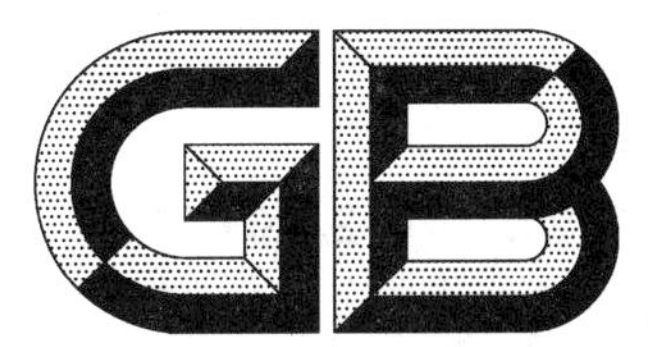

中华人民共和国国家标准

GB/T 20057—2012/ISO 12043:2007
代替 GB/T 20057—2006

滚动轴承 圆柱滚子轴承 平挡圈和套圈无挡边端倒角尺寸

Rolling bearings—Single-row cylindrical roller bearings—Chamfer dimensions for loose rib and non-rib sides

(ISO 12043:2007,IDT)

2012-09-03 发布　　2013-03-01 实施

中华人民共和国国家质量监督检验检疫总局
中国国家标准化管理委员会　发布

前　言

本标准按照 GB/T 1.1—2009 给出的规则起草。

本标准代替 GB/T 20057—2006《滚动轴承　单列圆柱滚子轴承　平挡圈和套圈无挡边端倒角尺寸》。与 GB/T 20057—2006 相比,除编辑性修改外,主要技术变化如下:

——增加了直径系列 4 的倒角尺寸(见本版和 2006 版的表 1);

——增加了部分尺寸段的倒角尺寸(见本版和 2006 版的表 1)。

本标准使用翻译法等同采用 ISO 12043:2007《滚动轴承　圆柱滚子轴承　平挡圈和套圈无挡边端倒角尺寸》。

与本标准中规范性引用的国际文件有一致性对应关系的我国文件如下:

——GB/T 273.3—1999　滚动轴承　向心轴承　外形尺寸总方案(eqv ISO 15:1998)

——GB/T 274—2000　滚动轴承　倒角尺寸　最大值(idt ISO 582:1995)

——GB/T 6930—2002　滚动轴承　词汇(ISO 5593:1997,IDT)

——GB/T 7811—2007　滚动轴承　参数符号(ISO 15241:2001,IDT)

本标准由中国机械工业联合会提出。

本标准由全国滚动轴承标准化技术委员会(SAC/TC 98)归口。

本标准起草单位:洛阳轴承研究所有限公司、浙江八环轴承有限公司、台州优特轴承有限公司。

本标准主要起草人:郭宝霞、牛建平、郑子勋。

本标准所代替标准的历次版本发布情况为:

——GB/T 20057—2006。

滚动轴承　圆柱滚子轴承
平挡圈和套圈无挡边端倒角尺寸

1　范围

本标准规定了 ISO 15 中直径系列 0、2、3 和 4(尺寸系列 24 除外)圆柱滚子轴承平挡圈和套圈无挡边端的最小倒角尺寸,标准中所指明的最小倒角尺寸与 ISO 15 规定的一致。

2　规范性引用文件

下列文件对于本文件的应用是必不可少的。凡是注日期的引用文件,仅注日期的版本适用于本文件。凡是不注日期的引用文件,其最新版本(包括所有的修改单)适用于本文件。

ISO 15　滚动轴承　向心轴承　外形尺寸总方案(Rolling bearings—Radial bearings—Boundary dimensions,general plan)

ISO 582　滚动轴承　倒角尺寸　最大值(Rolling bearings—Chamfer dimensions—Maximum values)

ISO 5593　滚动轴承　词汇(Rolling bearings—Vocabulary)

ISO 15241　滚动轴承　参数符号(Rolling bearings—Symbols for quantities)

3　术语和定义

ISO 5593 界定的术语和定义适用于本文件。

4　符号

ISO 15241 给出的以及下列符号适用于本文件。

除另有说明外,图 1 中所示符号和表 1 中所示数值均表示公称尺寸。

d:内径

r_1:倒角尺寸

$r_{1s\ min}$:最小单一倒角尺寸

5　尺寸

直径系列 0、2、3 和 4 圆柱滚子轴承平挡圈和套圈无挡边端的倒角尺寸见表 1。

对于标准设计和 E—设计的圆柱滚子轴承,表 1 所列数值是有效的。

注:对于圆柱滚子轴承,E 表示滚子和保持架组件为加强型设计,可增加径向承载能力。

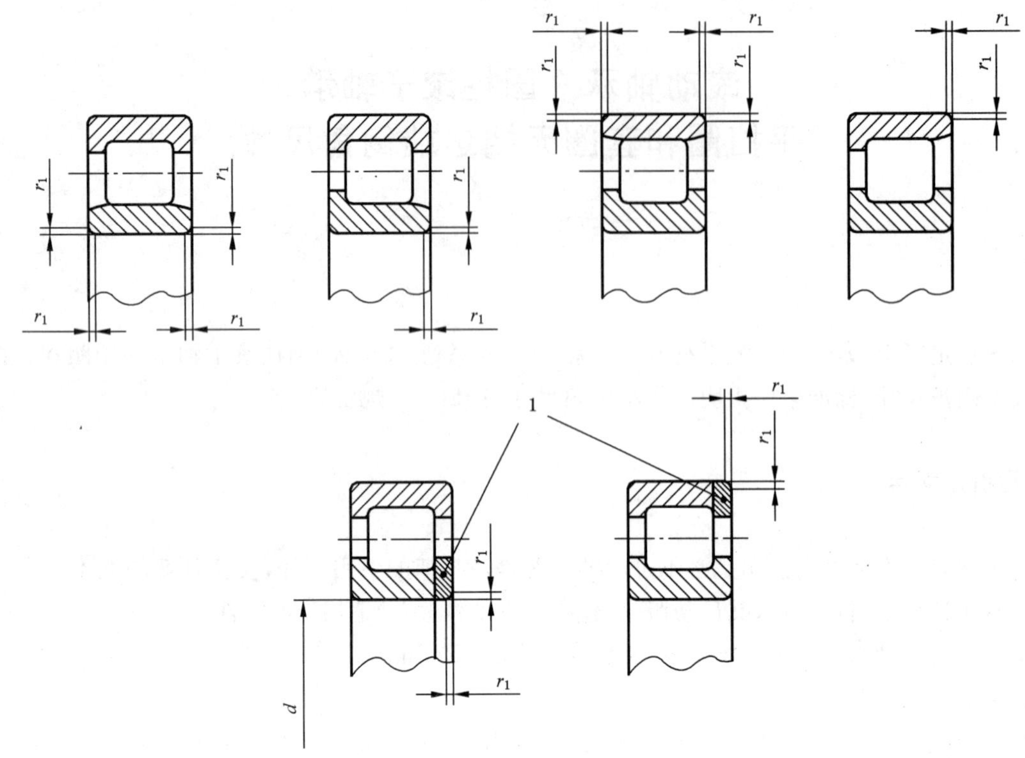

说明：

1——平挡圈。

图 1 圆柱滚子轴承平挡圈和套圈无挡边端倒角尺寸

表 1 倒角尺寸

单位为毫米

d	直径系列			
	0	2	3	4[c]
	$r_{1s\ min}$[a]			
15	—	0.3	0.6	—
17	—	0.3	0.6	—
20	0.3	0.6	0.6	—
25	0.3	0.6	1.1[b]	1.5[b]
30	0.6	0.6	1.1[b]	1.5[b]
35	0.6	0.6	1.1	1.5[b]
40	0.6	1.1[b]	1.5[b]	2[b]
45	0.6	1.1[b]	1.5[b]	2[b]
50	0.6	1.1[b]	2[b]	2.1[b]
55	1	1.1	2[b]	2.1[b]

表 1（续）

单位为毫米

d	直径系列			
	0	2	3	4[c]
	$r_{1s\,min}$[a]			
60	1	1.5[b]	2.1[b]	2.1[b]
65	1	1.5[b]	2.1[b]	2.1[b]
70	1	1.5[b]	2.1[b]	3[b]
75	1	1.5[b]	2.1[b]	3[b]
80	1	2[b]	2.1[b]	3[b]
85	1	2[b]	3[b]	4[b]
90	1.1	2[b]	3[b]	4[b]
95	1.1	2.1[b]	3[b]	4[b]
100	1.1	2.1[b]	3[b]	4[b]
105	1.1	2.1[b]	3[b]	4[b]
110	1.1	2.1[b]	3[b]	4[b]
120	1.1	2.1[b]	3[b]	5[b]
130	1.1	3[b]	4[b]	—
140	1.1	3[b]	4[b]	—
150	1.5	3[b]	4[b]	—
160	1.5	3[b]	4[b]	—
170	2.1[b]	4[b]	4[b]	—
180	2.1[b]	4[b]	4[b]	—
190	2.1[b]	4[b]	5[b]	—
200	2.1[b]	4[b]	5[b]	—
220	3[b]	4[b]	5[b]	—
240	3[b]	4[b]	5[b]	—
260	4[b]	5[b]	6[b]	—
280	4[b]	5[b]	6[b]	—
300	4[b]	5[b]	—	—

表 1（续）

单位为毫米

d	直径系列			
	0	2	3	4[c]
	$r_{1s\ min}$[a]			
320	4[b]	5[b]	—	—
340	5[b]	—	—	—
360	5[b]	—	—	—
380	5[b]	—	—	—
400	5[b]	—	—	—
420	5[b]	—	—	—
440	6[b]	—	—	—
460	6[b]	—	—	—
480	6[b]	—	—	—
500	6[b]	—	—	—

[a] 最大倒角尺寸规定在 ISO 582 中。

[b] 倒角尺寸与 ISO 15 中的 $r_{s\ min}$值一致。

[c] 尺寸系列 24 除外。

ICS 21.100.20
J 11

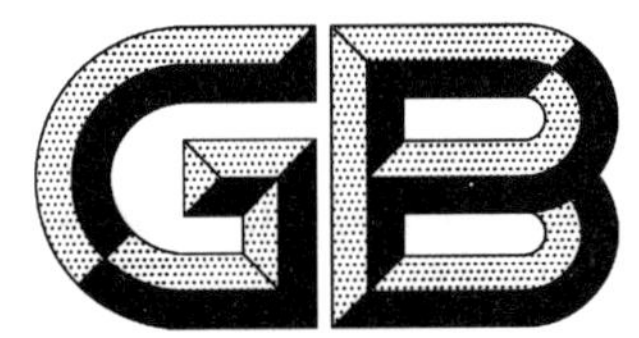

中华人民共和国国家标准

GB/T 20058—2006/ISO 12044:1995

滚动轴承　单列角接触球轴承 外圈非推力端倒角尺寸

Rolling bearings —Single-row angular contact ball bearings— Chamfer dimensions for outer ring non-thrust side

(ISO 12044:1995,IDT)

2006-01-09 发布　　2006-08-01 实施

中华人民共和国国家质量监督检验检疫总局
中国国家标准化管理委员会　发布

前　言

本标准是首次制定。

本标准等同采用 ISO 12044:1995《滚动轴承　单列角接触球轴承　外圈非推力端倒角尺寸》。

本标准等同翻译 ISO 12044:1995。

为便于使用，本标准作了下列编辑性修改：

——“本国际标准”一词改为“本标准”；

——用小数点“.”代替作为小数点的逗号“,”；

——删除国际标准的前言。

本标准由中国机械工业联合会提出。

本标准由全国滚动轴承标准化技术委员会(SAC/TC 98)归口。

本标准起草单位：洛阳轴承研究所。

本标准主要起草人：郭宝霞。

滚动轴承　单列角接触球轴承
外圈非推力端倒角尺寸

1　范围

本标准规定了单列角接触球轴承外圈非推力端的最小倒角尺寸，其最小倒角尺寸与GB/T 273.3—1988 所规定的不同。本标准适用于接触角不超过 30°的直径系列为 9、0 和 2 的轴承，以及接触角超过 30°的直径系列为 2 和 3 的轴承。

2　规范性引用文件

下列文件中的条款通过本标准的引用而成为本标准的条款。凡是注日期的引用文件，其随后所有的修改单(不包括勘误的内容)或修订版均不适用于本标准，然而，鼓励根据本标准达成协议的各方研究是否可使用这些文件的最新版本。凡是不注日期的引用文件，其最新版本适用于本标准。

GB/T 273.3—1988　滚动轴承　向心轴承　外形尺寸总方案(eqv ISO 15:1981)

GB/T 274—2000　滚动轴承　倒角尺寸最大值(idt ISO 582:1995)

3　符号和尺寸

见图 1 和表 1。

除另有规定外，与图 1 所示符号对应的表 1 中给出的尺寸均为公称尺寸。

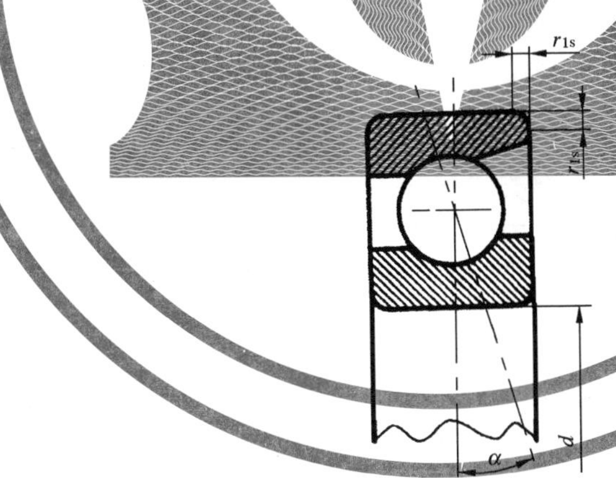

d——内径；

r_{1s}——单一倒角尺寸；

α——接触角。

注：对于串联安装，应检查相配的套圈端面之间是否具有足够的接触面。

图 1

表 1　倒角尺寸

单位为毫米

d	直径系列			直径系列	
	9	0	2	2	3
	$\alpha \leqslant 30°$			$\alpha > 30°$	
	r_{1smin}[a,b]				
8		0.1			
9		0.1			
10	0.1	0.1	0.3	0.3	0.3
12	0.1	0.1	0.3	0.3	0.6
15	0.1	0.1	0.3	0.3	0.6
17	0.1	0.1	0.3	0.6	0.6
20	0.15	0.3	0.3	0.6	0.6
25	0.15	0.3	0.3	0.6	0.6
30	0.15	0.3	0.3	0.6	0.6
35	0.15	0.3	0.3	0.6	1
40	0.15	0.3	0.6	0.6	1
45	0.15	0.3	0.6	0.6	1
50	0.15	0.3	0.6	0.6	1
55	0.3	0.6	0.6	1	1
60	0.3	0.6	0.6	1	1.1
65	0.3	0.6	0.6	1	1.1
70	0.3	0.6	0.6	1	1.1
75	0.3	0.6	0.6	1	1.1
80	0.3	0.6	1	1	1.1
85	0.6	0.6	1	1	1.1
90	0.6	0.6	1	1	1.1
95	0.6	0.6	1.1	1.1	1.1
100	0.6	0.6	1.1	1.1	1.1
105	0.6	1	1.1	1.1	1.1
110	0.6	1	1.1	1.1	1.1
120	0.6	1	1.1	1.1	1.1
130	0.6	1	1.1	1.1	1.5
140	0.6	1		1.1	1.5
150	1	1		1.1	1.5
160	1	1		1.1	1.5
170	1	1.1		1.5	1.5
180	1	1.1		1.5	2
190	1	1.1		1.5	2
200	1	1.1		1.5	
220	1	1.1		1.5	
240		1.1		1.5	

a　r_{1s}的最小允许单一倒角尺寸，对应的最大倒角尺寸在 GB/T 274—2000 中给出。

b　未给出倒角尺寸值的，其 r_{1smin} 值按 GB/T 273.3—1988 的规定。

ICS 21.100.20
J 11

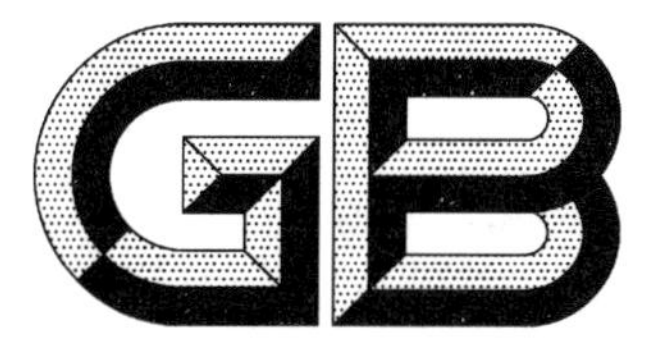

中华人民共和国国家标准

GB/T 24605—2009

滚动轴承　产品标志

Rolling bearings—Marking for products

2009-11-15 发布　　2010-04-01 实施

中华人民共和国国家质量监督检验检疫总局
中国国家标准化管理委员会　发布

前言

本标准的附录A为资料性附录。

本标准由中国机械工业联合会提出。

本标准由全国滚动轴承标准化技术委员会(SAC/TC 98)归口。

本标准起草单位:洛阳轴承研究所、洛阳轴研科技股份有限公司。

本标准主要起草人:马素青。

滚动轴承　产品标志

1　范围

本标准规定了在滚动轴承上及其包装容器上的标志规则及要求。

本标准适用于各类滚动轴承及其包装容器的标志。

注：包装容器是指单个包装容器、内包装容器和外包装容器。

2　规范性引用文件

下列文件中的条款通过本标准的引用而成为本标准的条款。凡是注日期的引用文件，其随后所有的修改单(不包括勘误的内容)或修订版均不适用于本标准，然而，鼓励根据本标准达成协议的各方研究是否可使用这些文件的最新版本。凡是不注日期的引用文件，其最新版本适用于本标准。

GB/T 191—2008　包装储运图示标志(ISO 780:1997,MOD)

GB/T 4122.1—2008　包装术语　第1部分:基础

GB/T 6388—1986　运输包装收发货标志

GB/T 6930—2002　滚动轴承　词汇(ISO 5593:1997,IDT)

3　术语和定义

GB/T 6930—2002 和 GB/T 4122.1—2008 确立的术语和定义适用于本标准。

4　标志内容

4.1　轴承

4.1.1　轴承上一般应标有轴承代号和商标(或其制造厂代号)，但若标志有困难时，轴承上可省略标志。

必要时还可简略部分轴承代号或增加由制造厂与订户共同认可的其他标志。

4.1.2　闭型轴承的代号中，密封圈代号或防尘盖代号可以简略。例如：—2Z 可简略为—Z；—2RS 可简略为—RS。

4.1.3　有止动槽轴承已装上止动环时，表示带有止动环的代号 R 的标志可省略。

4.1.4　不可分离型轴承应在一个套圈端面上标志轴承代号和商标(或其制造厂代号)。

4.1.5　分离型轴承原则上应在能够分离的套圈上和带滚动体的套圈上分别标志轴承代号和商标(或其制造厂代号)，但通用零件[1]可不标志轴承代号，而只标志通用代号。

使用通用零件轴承的轴承系列及其通用代号参见附录A。

4.2　包装容器

4.2.1　轴承的每个包装容器上均应标志完整的轴承代号、数量、商标(或其制造厂名)、生产日期(或其代号)。

4.2.2　同一包装容器中装有不同代号的轴承时，应按各自的标志要求分别进行标志。

4.2.3　运输包装件上的发货标志，按 GB/T 6388—1986 的规定。运输包装件上的储运标志，按 GB/T 191—2008 的规定。运输包装件上应清晰工整地作如下永久性标志：

a)　产品名称、商标、代号、数量；

b)　包装件外形尺寸(长×宽×高)；

1)　分离型轴承中与其他轴承基本代号相同，并可通用的可分离零件。

c) 包装件编号及尾箱标志。

5 标志位置

5.1 轴承

5.1.1 对于轴承，一般标志在套圈非基准端面上，但也可按照产品图样要求标在套圈基准端面、外圈外圆柱面、护罩、保持架、挡圈、密封圈和防尘盖上。

5.1.2 在轴承上标志有困难时，也可以标志在包装容器上。

5.2 包装容器

对于单个包装和内包装容器，原则上标志在上表面或侧面；对于外包装容器，原则上标志在侧面端板上。此外，经制造厂与订户之间协商，也可采用在内包装容器及外包装容器中装有记载着标志事项的记录单、标签等来代替容器上的标志。

6 标志方法

6.1 轴承

轴承标志一般采用机械法、电蚀法、激光法等，特殊情况下也可采用化学法。

其中化学法仅适用于：

a) 量少的试制品；

b) 用于补充游隙组别代号及成对、多联轴承的有关后置代号的标志。

6.2 包装容器

用印刷、打字、喷涂或其他不易消失的方法标志 4.2 中所规定的内容。

7 标志规范和要求

7.1 标志字体应规范一致，符合制造厂产品设计部门的规定。

7.2 轴承上所标志的字高按下列高度优先选择：

0.5 mm，0.7 mm，1 mm，1.2 mm，1.5 mm，2 mm，2.5 mm，3 mm，4 mm，5 mm。

按照产品图样的规定，同一轴承的各零件一般应采用相同尺寸的同一字体，亦允许采用不同尺寸的同一字体，但其高度应尽可能与同一系列相邻两个规格轴承标志的字高相近。

7.3 标志应齐全、完整；字迹应端正、清晰；线条应粗细均匀。

7.4 轴承标志中心圆直径不应有目测可见的偏移，字体不得歪斜。

7.5 标志符号的形状、线条宽度和字间距离应符合制造厂产品设计部门的规定。

7.6 订户有特殊要求时，可与制造厂协商标志。

附　录　A
（资料性附录）
使用通用零件轴承的轴承系列及其通用代号

A.1　推力球轴承

推力球轴承的轴承系列及其通用代号见表 A.1。

表 A.1

通用零件	轴承系列[a]	共同标志的直径系列代号
平底轴圈	512(532)	2
	513(533)	3
	514(534)	4
平底座圈	512(522)	2
	513(523)	3
	514(524)	4
中圈	522(542)	2
	523(543)	3
	524(544)	4

[a] 括弧内的数字表示带调心座圈的推力球轴承的轴承系列。

A.2　圆柱滚子轴承

圆柱滚子轴承的轴承系列及其通用代号见表 A.2。

表 A.2

通用零件	轴承系列	共同标志的直径或尺寸系列代号
带滚子的内圈	N2,NF2	2
	N3,NF3	3
	N4,NF4	4
带滚子的外圈	NU2,NJ2,NUP2	2
	NU22,NJ22,NUP22	22
	NU3,NJ3,NUP3	3
	NU23,NJ23,NUP23	23
	NU4,NJ4,NUP4	4

A.3　实体外圈滚针轴承

实体外圈滚针轴承的轴承系列及其通用代号见表 A.3。

表 A.3

通用零件	轴承系列	共同标志的代号
带滚子的外圈	NA48,RNA48	RNA48
	NA49,RNA49	RNA49

ICS 21.100.20
J 11

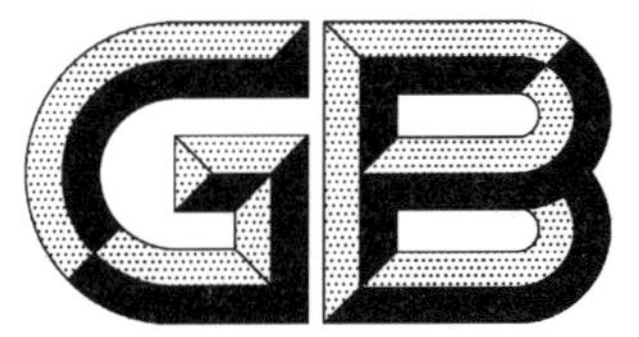

中华人民共和国国家标准

GB/T 24607—2009

滚动轴承　寿命与可靠性试验及评定

Rolling bearings—Test and assessment for life and reliability

2009-11-15 发布　　　　2010-04-01 实施

中华人民共和国国家质量监督检验检疫总局
中国国家标准化管理委员会　发布

前　言

本标准的附录A、附录B、附录C为资料性附录。

本标准由中国机械工业联合会提出。

本标准由全国滚动轴承标准化技术委员会(SAC/TC 98)归口。

本标准起草单位:洛阳轴承研究所。

本标准主要起草人:张伟、汤洁。

滚动轴承 寿命与可靠性试验及评定

1 范围

本标准规定了 5 mm$\leqslant d \leqslant$120 mm 的一般用途滚动轴承在试验设备上进行的常规寿命与可靠性试验及评定。

本标准适用于对滚动轴承寿命与可靠性有要求的用户的验收，也适用于轴承行业及第三方认证机构的验证试验和制造厂内部的试验。

2 规范性引用文件

下列文件中的条款通过本标准的引用而成为本标准的条款。凡是注日期的引用文件，其随后所有的修改单(不包括勘误的内容)或修订版均不适用于本标准，然而，鼓励根据本标准达成协议的各方研究是否可使用这些文件的最新版本。凡是不注日期的引用文件，其最新版本适用于本标准。

GB/T 275—1993 滚动轴承与轴和外壳的配合

GB/T 6391—2003 滚动轴承 额定动载荷和额定寿命(ISO 281:1990,IDT)

SH/T 0017—1990(1998 年确认) 轴承油

3 符号

下列符号适用于本标准。

b:形状参数,Weibull 分布的斜率参数,表征轴承寿命的离散程度或轴承寿命质量的稳定性;

C:轴承的额定动载荷,N;

C_I:最佳线性不变估计系数;

D_I:最佳线性不变估计系数;

d:内径,mm;

F_a:轴向载荷,N;

F_r:径向载荷,N;

$F(L_i)$:破坏概率;

f_h:寿命系数;

f_n:速度系数;

I_i:非完全试验时 i 的修正值;

i:实际寿命由小到大排列的统计量序列;

j:非完全试验时,实际寿命由小到大排列的统计量序列;

L_i:第 i 个轴承的实际寿命,h;

$\bar{L}$:平均寿命的预估计值(运算过程中的中间量);

L_{10}:基本额定寿命,百万转;

L_{10h}:基本额定寿命,h;

L_{10t}:基本额定寿命的试验值,h;

L_{50t}:中值额定寿命,h;

M_c:轴向载荷与径向载荷之比;

m:分组淘汰试验的分组数;

N:样品容量;

N':分组淘汰试验每一分组轴承套数;

$\overline{N}$:有替换同时试验的轴承套数;

n:轴承试验转速,r/min;

n_L:轴承极限转速,r/min;

P:当量动载荷,N;

Re:可靠度,$Re=e^{-(\frac{L}{\nu})^b}$;

r:轴承失效套数;

S:径向载荷引起的轴承内部轴向分力,N;

T_i:假设的试验时间(运算过程中的中间量),$T_i=(\sum_{j=1}^{N}L_j/\overline{N})^b$;

X:径向载荷系数;

Y:轴向载荷系数;

Z':质量系数,与轴承结构、材料、工艺有关;

α:合格风险或显著水平($1-\alpha$ 为置信度);

α:接触角,(°);

β:不合格风险;

ε:寿命指数(球轴承 $\varepsilon=3$,滚子轴承 $\varepsilon=10/3$);

η:比例系数,$\eta=S/F_r$;

μ_α:接受门限系数;

μ_β:拒绝门限系数;

ν:尺度参数,Weibull 分布的特征寿命,是当破坏概率 $F(L)=0.632$ 时的轴承寿命,h;

Δ_i:非完全试验修正时 j 的位置增量。

4 试验分类

4.1 按试验目的分类

按试验目的可分为轴承鉴定试验、定期试验、验证试验等。

4.1.1 鉴定试验

当轴承结构、材料、工艺变更时的试验称为鉴定试验。一般采用完全试验或截尾试验方法。

4.1.2 定期试验

大批量生产的轴承,制造厂应定期向用户提供的试验,其质量要求同验证试验。

4.1.3 验证试验

轴承用户的验收试验,行业及第三方认证机构的试验。一般采用截尾试验或序贯试验方法。

4.2 按试验方法分类

按试验方法可分为完全试验方法、截尾试验方法(定时截尾试验、定数截尾试验、分组淘汰试验)、序贯试验方法等。

4.2.1 完全试验

一组轴承样品,在相同试验条件下全部试验至失效。

4.2.2 截尾试验

一组轴承样品,在相同试验条件下部分试验至失效。

4.2.2.1 定时(数)截尾试验

一组轴承样品,在相同试验条件下试验至规定的时间(失效套数)停止试验。一般失效套数不应少于轴承样品容量的 2/3(最少应保证 6 套)。

4.2.2.2 **分组淘汰试验**

一组轴承样品,随机分组,在相同试验条件下试验至每组出现一个失效样品。

4.2.3 **序贯试验**

一组轴承样品,在相同试验条件下,逐次对失效样品进行判定。一般失效套数达到5套,即可停试。

5 试验准备

5.1 试验设备

试验设备为经过检定合格的轴承寿命试验机,并应定期检定。

同一批轴承样品,在同一试验条件下,应在结构性能相同的试验设备上进行试验;同一结构型式和外形尺寸的轴承样品的对比试验,也应在结构性能相同的试验设备上进行试验。

5.2 与轴承配合的轴和外壳孔

5.2.1 当轴承内圈承受循环(旋转)载荷,外圈承受局部载荷时,与轴承配合的轴和外壳孔的公差带,一般按表1选取。

5.2.2 当轴承承受较大径向载荷时,在保证轴承工作游隙的情况下,应适当增加轴承内圈与轴配合的过盈量,以防止运转过程中轴承内圈与轴之间产生相对滑动。

5.2.3 其他方式的受载轴承或其他配合的轴承,其配合应与用户协商。

表1 与轴承配合的轴和外壳孔的公差带

配合部位	轴承类型	轴承直径系列	公差带
与轴承内圈配合的轴	球轴承	7、8、9、0、1	k5
		2、3、4	m5,m6
	滚子轴承	8、9、0、1	m5
		2、3、4	n6,p6
	推力轴承(单向)	全部系列	p6
与轴承外圈配合的外壳孔	向心轴承	全部系列	H7
	推力轴承	全部系列	H8
注:轴及外壳的极限偏差应符合GB/T 275—1993附录A的规定。			

5.3 轴承的润滑

5.3.1 **循环油润滑**

用于循环油润滑的润滑油应按如下要求:

a) 一般采用符合SH/T 0017—1990规定的L-FC型32油,并应定期检验,及时更换失效的润滑油;特殊试验的循环润滑油(包括油中添加添加剂等)应与用户协商确定。

b) 油中灰尘及机械杂质的颗粒不应大于10 μm,并应使用专用的滤油装置,以减少油中的杂质含量。

c) 循环供油量应能保证试验中轴承样品的充分润滑。

5.3.2 **脂润滑**

脂润滑轴承试验一般应封闭循环润滑油路,以免影响润滑效果。

5.4 轴承样品

5.4.1 **抽取样品**

轴承样品应在检验合格的成品中随机抽取。

5.4.2 **样品容量**

轴承样品容量,一般取8套~20套,另备5套~10套备用样品。

5.4.3 样品编号

轴承样品应有清晰可辨的唯一性标识。

6 试验条件

6.1 确定参数

确定轴承的额定动载荷 C，极限转速 n_L 等参数。

6.2 轴承外圈温度

循环油润滑时，轴承外圈温度一般不应超过 95 ℃；脂润滑时，轴承外圈温度一般不应超过 80 ℃。

6.3 轴承转速

轴承内圈转速一般为轴承极限转速的 20%～60%。

6.4 轴承基本额定寿命

轴承额定动载荷和额定寿命的计算应符合 GB/T 6391—2003 的规定。基本额定寿命 L_{10} 按式(1)选取：

$$L_{10} = \left(\frac{C}{P}\right)^{\varepsilon} \qquad \cdots\cdots(1)$$

若轴承的转速恒定，基本额定寿命可用运转小时数表示：

$$L_{10\,h} = \frac{10^6}{60n}\left(\frac{C}{P}\right)^{\varepsilon} \qquad \cdots\cdots(2)$$

式中：$P/C = f_n/f_h$，f_n、f_h 值可在相关轴承样本中查得。

根据轴承样品参数，可先选定 n、P，得出 L_{10}；也可先选定 L_{10}、n，得出 P。

6.5 轴承载荷

6.5.1 当量动载荷 P 一般为基本额定动载荷 C 的 20%～30%。对于轴向载荷 F_a（包括纯轴向载荷）较大的试验，P 可适当取大些；仅承受径向载荷 F_r 的试验，若试验轴系的刚度和挠度许可，P 也可适当取大些。

6.5.2 向心轴承，一般仅承受径向载荷 F_r 时，当量动载荷 $P = F_r$。

6.5.3 推力轴承，一般仅承受轴向载荷 F_a 时，当量动载荷 $P = F_a$。

6.5.4 角接触轴承，承受联合载荷时，应按下式进行载荷分配：

$$P = XF_r + YF_a \qquad \cdots\cdots(3)$$

式中：X、Y 值可在 GB/T 6391—2003 中查得。

载荷分配还应满足下列两个条件：

a) $M_c = \dfrac{F_a - S}{F_r}$

轴承接触角 $\alpha \leqslant 20°$ 时，$M_c = 0.25$；轴承接触角 $\alpha > 20°$ 时，$M_c = 0.5$。

b) $S = \eta F_r$

其中，η 值见表 2。

表 2 η 值

角接触球轴承	接触角 α	10°	15°	25°	30°	35°	40°	45°
	η	0.25	0.35	0.60	0.70	0.85	1.00	1.25
圆锥滚子轴承	$\eta = 1/2Y$							

为使用方便，以上两条件可转化为：

$$F_r = \frac{P}{X + Y(M_c + \eta)} \qquad \cdots\cdots(4)$$

$$F_a = F_r(M_c + \eta) \qquad \cdots\cdots(5)$$

7 试验程序

7.1 试验主体组装

7.1.1 试验主体的设计、加工及组装应符合相关试验技术要求。

7.1.2 轴承样品安装后应转动灵活，不应有阻滞现象。

7.2 试验设备调试

7.2.1 试验主体与试验设备组装后，应使各系统能正常工作。

7.2.2 试验载荷误差应控制在±2%范围内。油压加载的工作压力表、校准用的精密压力表均需定期检定；加载力传感器也需定期检定。

7.2.3 试验转速误差应控制在±2%范围内。并用转速表校准，转速表应定期检定。

7.2.4 有温度要求的试验所用测温仪器应定期检定。

7.3 试验实施

7.3.1 试验设备的启动

试验设备启动后，油润滑试验 3 h 内应将载荷缓慢加载至指定值；脂润滑试验先空载运转 0.5 h，3 h 内逐步加载至指定值。

7.3.2 试验过程监测

试验设备一般应连续运转。试验(载荷、转速、油压、振动、噪声、温升等)应随时监测、控制在要求范围内，并详细记录。

7.4 失效的判定

在试验过程中，轴承发生故障或不能正常运转，均应判定为失效。

7.4.1 疲劳失效

疲劳失效是轴承的主要失效形式，指轴承样品的套圈或滚动体工作表面基体金属出现的疲劳剥落。剥落深度≥0.05 mm；剥落面积：球轴承零件≥0.5 mm^2，滚子轴承零件≥1.0 mm^2。

7.4.2 其他失效

轴承样品零件散套、断裂、卡死；密封件变形；润滑脂泄漏、干结等。

7.5 试验数据采集

试验中由于非轴承本身的原因(如设备原因、人为原因、意外事故等)造成的样品失效，不应计入正常失效数据中。

记录试验原始数据(试验通过的总时间)一般应精确到 3 位有效数字。

7.6 试验样品处理

试验结束的轴承样品应妥善保存。用户有要求时，可对典型失效样品进行失效分析。

8 试验数据分析与评定

数据处理依据二参数韦布尔(Weibull)分布函数进行分析处理，其中包括图估计和参数估计，一般可优先采用图估计；对试验数据较少或无失效数据的处理一般采用序贯试验方法。

8.1 图估计

8.1.1 一般的图估计

一般对于失效数据不少于 6 个的试验评定，可用图估计方法。

横坐标为 L_i(即各试验数据)，纵坐标为 $F(L_i)=\dfrac{i-0.3}{N+0.4}$(即破坏概率)，在 Weibull 分布图上依次描点，然后按照各点的位置，配置分布直线。配置直线时，各点须交错，均匀地分布在直线两边，且 $F(L_i)=0.3\sim0.7$ 附近的数据点与分布直线的偏差应尽可能地小。

由直线可求 Weibull 分布参数 b、ν，再分别求出基本额定寿命的试验值 L_{10t}（纵轴为 0.10）、L_{50t}（纵轴为 0.50）及可靠度 Re 等。示例参见附录 A。

8.1.2 分组淘汰的图估计

分组淘汰试验方法可缩短试验周期，但试验风险比一般完全试验和定时（数）截尾试验大。试验中，每一分组中出现一个失效样品即停止试验，然后用各组的最短失效数据在 Weibull 分布概率纸上描点，配置直线，再由该直线求得该批样品的分布直线。示例参见附录 A。

8.2 参数估计

8.2.1 总则

样品容量 N，经试验后获得的实际寿命是：

完全试验 $L_1 \leqslant L_2 \cdots\cdots \leqslant L_i \cdots\cdots \leqslant L_N$　　$i=1,2\cdots\cdots N$

定数截尾试验 $L_1 \leqslant L_2 \cdots\cdots \leqslant L_i \cdots\cdots \leqslant L_r$　　$i=1,2\cdots\cdots r; r<N$

分组淘汰试验 $L_1 \leqslant L_2 \cdots\cdots \leqslant L_i \cdots\cdots \leqslant L_m$　　$i=1,2\cdots\cdots m; m=N/N'$

完全试验和定数截尾试验，纵坐标 $F(L_i)=\dfrac{i-0.3}{N+0.4}$；其他非完全试验，应将 i 进行修正。修正方法参见附录 B。

Weibull 分布参数 b、ν 的估计，当 $N\leqslant 25$ 时，用最佳线性不变估计（BLIE）方法。

8.2.2 最佳线性不变估计

a) 完全试验：

$$b=\left[\sum_{i=1}^{N} C_{\mathrm{I}}(N,N,i)\ln L_i\right]^{-1} \quad \cdots\cdots(6)$$

$$\ln\nu=\sum_{i=1}^{N} D_{\mathrm{I}}(N,N,i)\ln L_i \quad \cdots\cdots(7)$$

b) 定数截尾试验：

$$b=\left[\sum_{i=1}^{r} C_{\mathrm{I}}(N,r,i)\ln L_i\right]^{-1} \quad \cdots\cdots(8)$$

$$\ln\nu=\sum_{i=1}^{r} D_{\mathrm{I}}(N,r,i)\ln L_i \quad \cdots\cdots(9)$$

当 $r=N$ 时即为完全试验。

c) 分组淘汰试验：

$$b=\left[\sum_{i=1}^{m} C_{\mathrm{I}}(m,m,i)\ln L_i\right]^{-1} \quad \cdots\cdots(10)$$

$$\ln\nu=\frac{1}{b}\ln N'+\sum_{i=1}^{m} D_{\mathrm{I}}(m,m,i)\ln L_i \quad \cdots\cdots(11)$$

当 $N'=1$ 时，即为完全试验。

8.2.3 依据 b、ν，估计 L_{10t}、L_{50t} 及 Re

当 $F(L)=0.10$ 时，基本额定寿命的试验值为：

$$L_{10t}=\nu\cdot(0.105\ 36)^{\frac{1}{b}} \quad \cdots\cdots(12)$$

当 $F(L)=0.50$ 时，中值额定寿命为：

$$L_{50t}=\nu\cdot(0.693\ 15)^{\frac{1}{b}} \quad \cdots\cdots(13)$$

当 $L=L_{10h}$，可靠度为：

$$Re=e^{-\left(\frac{L_{10h}}{\nu}\right)^{b}} \quad \cdots\cdots(14)$$

计算示例参见附录 B。

8.3 序贯试验

试验采用有替换试验。按失效顺序逐次进行检验判定。当有 5 套轴承样品失效时停试，并做出合格与否的判定。试验中替换轴承样品的失效数据也参与判定。

8.3.1 检验判定参数

韦布尔(Weibull)分布斜率:$b=1.5$。

检验水平:一般用户验收的试验采用水平Ⅰ或Ⅱ,行业及第三方认证机构的试验采用水平Ⅱ或Ⅲ,制造厂内部的试验采用水平Ⅲ或Ⅳ,检验水平见表3。

表3 检验水平

检验水平		Ⅰ	Ⅱ	Ⅲ	Ⅳ
风险	α	0.2	0.2	0.2	0.1
	β	0.2	0.3	0.5	0.7

8.3.2 检验判定门限

第 i 个轴承样品失效时的接受门限为:

$$t_{1i}=(\bar{L}/N)\cdot\mu_{\alpha} \quad\cdots\cdots(15)$$

第 i 个轴承样品失效时的拒绝门限为:

$$t_{2i}=(\bar{L}/N)\cdot\mu_{\beta} \quad\cdots\cdots(16)$$

式中:$\bar{L}=Z'\cdot\nu^{b}=Z'\cdot\dfrac{L_{10}^{b}}{0.105\ 36}$

门限系数 μ_{α}、μ_{β} 值见表4。

表4 与 α、β 对应的门限系数 μ_{α}、μ_{β} 值

i		0	1	2	3	4	5
α	0.1	2.302	3.890	5.322	6.681	7.994	9.274
	0.2	1.610	2.994	4.279	5.515	6.721	7.906
β	0.2	—	0.824	1.535	2.297	3.090	3.904
	0.3	—	1.098	1.914	2.764	3.634	4.517
	0.5	—	1.778	2.674	3.672	4.761	5.670
	0.7	—	2.439	3.616	4.762	5.890	7.006

8.3.3 判定格式

检验判定计算格式见表5。

表5 检验判定表

i	0	1	2	3	4	5
t_{1i}	t_{10}	t_{11}	t_{12}	t_{13}	t_{14}	t_{15}
t_{2i}	—	t_{21}	t_{22}	t_{23}	t_{24}	t_{25}

8.3.4 判定式

$$T_i=\left(\sum_{j=1}^{N}L_j/\bar{N}\right)^{b} \quad\cdots\cdots(17)$$

a) 若 $0\leqslant i<5$:

当 $T_i>t_{1i}$ 时合格;

当 $T_i<t_{2i}$ 时不合格;

当 $t_{2i}\leqslant T_i\leqslant t_{1i}$ 时继续试验。

b) 若 $i=5$:

当 $t_{15}-T_5\leqslant T_5-t_{25}$ 时合格;

当 $t_{15}-T_5>T_5-t_{25}$ 时不合格。

按序贯试验，依失效顺序逐次判定，判定示例参见附录 C。

8.3.5 可靠度 Re

$$Re=e^{-\left(\frac{L_{10h}}{v}\right)^b}=e^{-\frac{0.105\,36}{(L_{10t}/L_{10h})^b}} \quad \cdots\cdots(18)$$

8.4 合格评定

8.4.1 L_{10t}、Re 数据一般精确到两位有效数字。

8.4.2 $L_{10t}/L_{10h}\geqslant Z'$ 即为合格，其中球轴承 $Z'=1.4$；滚子轴承及调心球轴承 $Z'=1.2$。

8.4.3 根据质量要求，按如下进行合格评定。长寿命试验时，试验报告还应给出达到合格倍数的值。

a) 验证试验：达到合格寿命为验证试验合格。

b) 鉴定试验：达到合格寿命 3 倍为鉴定试验合格。

附 录 A
（资料性附录）
图估计示例

A.1 一般图估计示例

某制造厂生产的深沟球轴承 $L_{10h}=100$ h，$N=8$ 套，试验结束得到 8 个失效数据，80 h、110 h、155 h、170 h、220 h、240 h、300 h、380 h。用图估计参数 b 及 ν，L_{10t}、L_{50t}、Re 等值。

a) 由 8 个失效数据，配置直线 A（见图 A.1）。

横坐标为 L_i，纵坐标为 $F(L_i)=\dfrac{i-0.3}{N+0.4}$，故 8 个点的坐标分别为：(80，0.083)，(110，0.202)……(380，0.917)，将其点在 Weibull 分布概率纸上，配置直线 A。

b) 由直线 A 求出：

$b=2$，$\nu=250$ h，$L_{10t}=85$ h，$L_{50t}=200$ h，$Re=86\%$。

c) $L_{10t}/L_{10}<1.4$，故判定该批轴承样品不合格。

A.2 分组淘汰图估计示例

某制造厂生产的深沟球轴承 $L_{10h}=100$ h，$N=32$ 套，分 8 组 $m=8$，每组 4 套同时上机试验 $N'=4$ 套。每组有一套轴承失效即停机，试验结束得到 8 个分组的最短寿命分别为 80 h、110 h、155 h、170 h、220 h、240 h、300 h、380 h。用图估计参数 b 及 ν，L_{10t}、L_{50t}、Re 等值。

a) 先按 A.1 的方法分布直线 A，再由分布直线 A 求分布直线 B（见图 A.1）。

b) 由于每组有 4 套轴承，故将待求的直线 B 上 M 点的纵坐标记为 $F(L)=\dfrac{1-0.3}{N+0.4}=0.159$。

c) 作三条平行线：过 $F(L)=50\%$ 作横轴平行线与直线 A 交于 C 点，过 C 作纵轴平行线与过 $F(L)=0.159$ 的横轴平行线交于 M 点。

d) 过 M 点做与直线 A 平行的直线 B。

也可由解析法求直线 B：当 N' 为每组套数时，B 的特征寿命 $\nu_B=\nu_A\cdot N'^{\frac{1}{b}}$。

由直线 B 求出：

$b=2$，$\nu=500$ h，$L_{10t}=160$ h，$L_{50t}=400$ h，$Re=96\%$。

e) $L_{10t}/L_{10}>1.4$，故判定该批轴承样品合格。

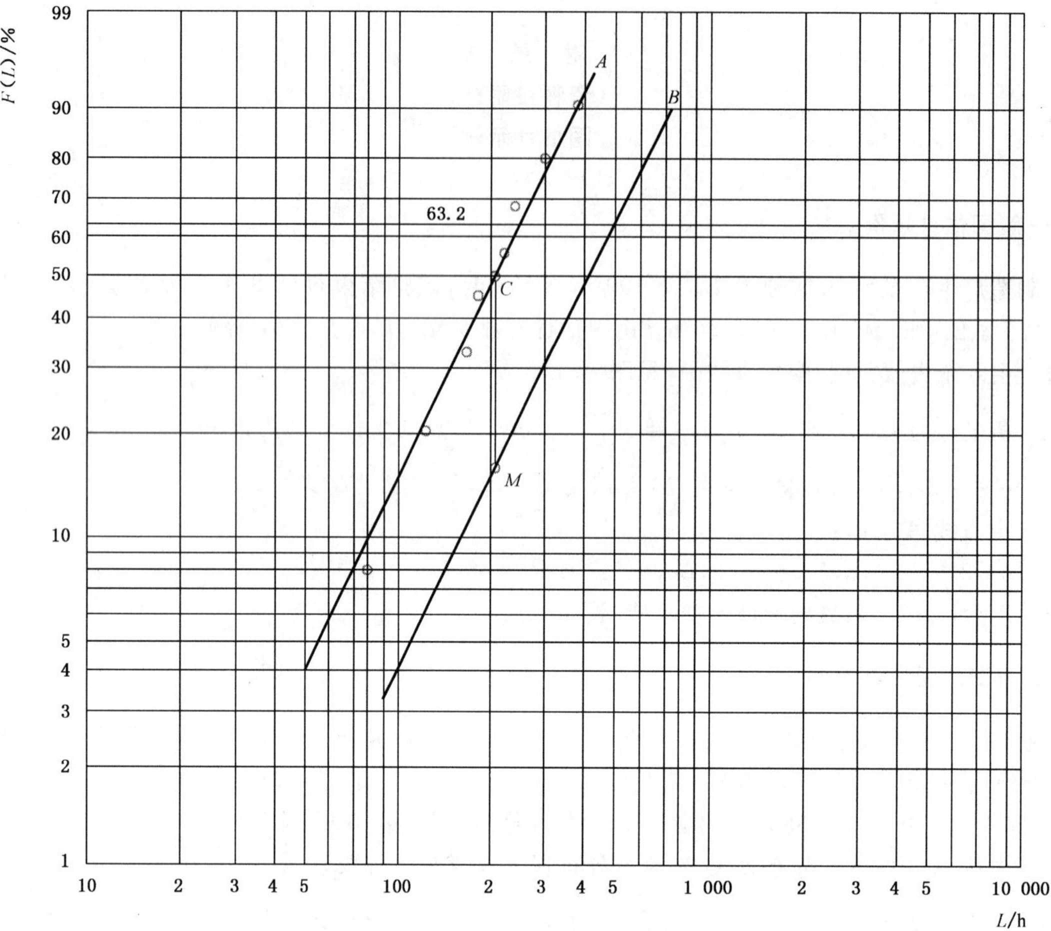

图 A.1 Weibull 分布图估计

附　录　B
（资料性附录）
参数估计示例

B.1　一般参数估计示例

某制造厂生产的深沟球轴承 $L_{10h}=100$ h，$N=8$ 套，试验结束得到 8 个失效数据，80 h、110 h、155 h、170 h、220 h、240 h、300 h、380 h。估计参数 b 及 ν，并计算 L_{10t}、L_{50t}、Re 等值。

本例为完全试验，最佳线性不变估计系数为 $C_I(N,N,i)$、$D_I(N,N,i)$；若为定数截尾试验，失效数 $r<N$，系数为 $C_I(N,r,i)$、$D_I(N,r,i)$。

参数估计列于表 B.1，并完成各项计算。

表 B.1　Weibull 分布参数估计表

i	$\left(\frac{i-0.3}{N+0.4}\right)\%$	L_i	$\ln L_i$	$C_I(N,N,i)$	$C_I\ln L_i$	$D_I(N,N,i)$	$D_I\ln L_i$
1	8.33	80	4.382 0	−0.093 3	−0.408 8	0.034 1	0.149 4
2	20.23	110	4.700 5	−0.098 9	−0.464 9	0.053 6	0.251 9
3	32.14	155	5.043 4	−0.094 0	−0.474 1	0.073 5	0.370 7
4	44.05	170	5.135 8	−0.079 8	−0.409 8	0.095 1	0.488 4
5	55.95	220	5.393 6	−0.053 9	−0.290 7	0.119 8	0.646 2
6	67.86	240	5.480 6	−0.010 2	−0.055 9	0.149 9	0.821 5
7	79.76	300	5.703 8	0.069 3	0.395 3	0.191 2	1.090 6
8	91.67	380	5.940 2	0.360 7	2.142 6	0.282 9	1.680 5
				$\sum_i^N$	0.433 7	$\sum_i^N$	5.499 2

$$b=\left[\sum_{i=1}^{N}C_I(N,N,i)\ln L_i\right]^{-1}=2.305\ 7$$

$$\ln\nu=\sum_{i=1}^{N}D_I(N,N,i)\ln L_i=5.499\ 2$$

$$\nu=244.5\ \text{h}$$

$$L_{10t}=\nu\cdot(0.105\ 36)^{\frac{1}{b}}=92\ \text{h}$$

$$L_{50t}=\nu\cdot(0.693\ 15)^{\frac{1}{b}}=210\ \text{h}$$

$$Re=e^{-\left(\frac{L_{10h}}{\nu}\right)^b}=88\%$$

$L_{10t}/L_{10}<1.4$，故判定该批轴承样品不合格。

B.2　分组淘汰的参数估计示例

某制造厂生产的深沟球轴承 $L_{10h}=100$ h，$N=32$ 套，分 8 组 $m=8$，每组 4 套同时上机试验 $N'=4$ 套。每组有一套轴承失效即停机，试验结束得到 8 个分组的最短寿命分别为 80 h、110 h、155 h、170 h、220 h、240 h、300 h、380 h。估计参数 b 及 ν，并计算 L_{10t}、L_{50t}、Re 等值。

本例为非完全试验（分组淘汰试验），修正位置增量：

$$\Delta_i = \frac{N+1-I_{i-1}}{N+2-j}$$

$$I_i = I_{i-1} + \Delta_i$$

当 $i=0$ 时，$I_{i=0}=0$

非完全试验 $F(L_i)$ 的修正值的计算列于表 B.2，参数估计列于表 B.3。

表 B.2　非完全试验 $F(L_i)$ 的修正值

j	L_i	i	Δ_i	I_i	$\left(\frac{I_i-0.3}{N+0.4}\right)\%$
1	80	1	1	1	2.16
5	110	2	1.103 4	2.103 4	5.57
9	155	3	1.235 9	3.339 3	9.38
13	170	4	1.412 4	4.751 7	13.74
17	220	5	1.661 7	6.413 4	18.87
21	240	6	2.045 1	8.458 5	25.18
25	300	7	2.726 8	11.185 3	33.60
29	380	8	4.362 9	15.548 2	47.06

表 B.3　非完全试验 Weibull 分布参数估计表

j	$\left(\frac{I_i-0.3}{N+0.4}\right)\%$	L_i	$\ln L_i$	$C_1(m,m,i)$	$C_1\ln L_i$	$D_1(m,m,i)$	$D_1\ln L_i$
1	2.16	80	4.382 0	−0.093 3	−0.408 8	0.034 1	0.149 4
5	5.57	110	4.700 5	−0.098 9	−0.464 9	0.053 6	0.251 9
9	9.38	155	5.043 4	−0.094 0	−0.474 1	0.073 5	0.370 7
13	13.74	170	5.135 8	−0.079 8	−0.409 8	0.095 1	0.488 4
17	18.87	220	5.393 6	−0.053 9	−0.290 7	0.119 8	0.646 2
21	25.18	240	5.480 6	−0.010 2	−0.055 9	0.149 9	0.821 5
25	33.60	300	5.703 8	0.069 3	0.395 3	0.191 2	1.090 6
29	47.06	380	5.940 2	0.360 7	2.142 6	0.282 9	1.680 5
				$\sum_i^m$	0.433 7	$\sum_i^m$	5.499 2

$$b = \left[\sum_{i=1}^{m} C_1(m,m,i)\ln L_i\right]^{-1} = 2.305\ 7$$

$$\ln\nu = \frac{1}{b}\ln N' + \sum_{i=1}^{m} D_1(m,m,i)\ln L_i = \frac{1}{2.305\ 7}\ln 4 + 5.499\ 2 = 6.100\ 4$$

$$\nu = 446.0\ \text{h}$$

$$L_{10t} = \nu \cdot (0.105\ 36)^{\frac{1}{b}} = 170\ \text{h}$$

$$L_{50t} = \nu \cdot (0.693\ 15)^{\frac{1}{b}} = 380\ \text{h}$$

$$Re = e^{-\left(\frac{L_{10h}}{\nu}\right)^b} = 97\%$$

$L_{10t}/L_{10} > 1.4$，故判定该批轴承样品合格。

附 录 C
（资料性附录）
序贯试验示例

某圆锥滚子轴承，$L_{10h}=150$ h，按检验水平Ⅱ，$N=12$ 考核。

由 $\bar{L}=Z'\times\nu^{b}=Z'\times\dfrac{L}{0.105\ 36}=1.2\times\dfrac{150^{1.5}}{0.105\ 36}=20\ 923$

$t_{1i}=(\bar{L}/N)\times\mu_{\alpha}=(\bar{L}/12)\times\mu_{\alpha}=1\ 743\mu_{0.2}$

$t_{2i}=(\bar{L}/N)\times\mu_{\beta}=(\bar{L}/12)\times\mu_{\beta}=1\ 743\mu_{0.3}$

计算 t_{1i} 及 t_{2i}，其检验判定格式见表 C.1。

表 C.1 检验判定表

i	0	1	2	3	4	5
t_{1i}	2 806	5 218	7 458	9 612	11 714	13 780
t_{2i}	—	1 913	3 336	4 817	6 334	7 873

a) 当试至 200 h，尚无失效轴承出现，因 $L_0^{1.5}=200^{1.5}=2\ 828>t_{10}$，合格停试。

判定该批轴承样品合格。

$Re=e^{-\frac{0.105\ 36}{(L_{10t}/L_{10h})^{b}}}=e^{-\frac{0.105\ 36}{1.2^{1.5}}}=92\%$

b) 当 $L_1=180$ h，$T_1^{1.5}=180^{1.5}=2\ 414$，因 $t_{21}<T_1<t_{11}$，继续试验。

当 $L_2=100$ h，且为替换轴承，则 $T_2=(L_1+L_2)^{1.5}=4\ 685$，继续试验。

当 $L_3=455$ h，$T_3^{1.5}=455^{1.5}=9\ 705>t_{13}$，合格停试。

判定该批轴承样品合格。

$Re=e^{-\frac{0.105\ 36}{(L_{10t}/L_{10h})^{b}}}=e^{-\frac{0.105\ 36}{1.2^{1.5}}}=92\%$

c) 当 $L_1=180$ h，$T_1^{1.5}=180^{1.5}=2\ 414$，因 $t_{21}<T_1<t_{11}$，继续试验。

当 $L_2=220$ h，$T_2^{1.5}=220^{1.5}=3\ 263$，因 $T_2<\mathrm{t}_{22}$，则不合格。

判定该批轴承样品不合格。

ICS 21.100.20
J 11

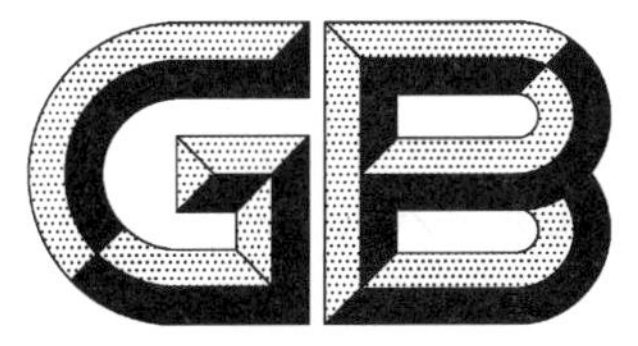

中华人民共和国国家标准

GB/T 24608—2009

滚动轴承及其商品零件检验规则

Inspection rules for rolling bearings and commercial parts

2009-11-15 发布 2010-04-01 实施

中华人民共和国国家质量监督检验检疫总局
中国国家标准化管理委员会
发布

前　言

本标准由中国机械工业联合会提出。

本标准由全国滚动轴承标准化技术委员会(SAC/TC 98)归口。

本标准起草单位:洛阳轴承研究所。

本标准主要起草人:王辉、高晓蓉、张伟。

滚动轴承及其商品零件检验规则

1 范围

本标准规定了滚动轴承及其商品零件(钢球、圆锥滚子、圆柱滚子、滚针)、轴承附件的检验规则。

本标准适用于下列组织或机构对滚动轴承及其商品零件、轴承附件的检验、接收和监督检验:

a) 供方组织内部的质量部门(第一方);

b) 采购方或采购组织(第二方);

c) 独立验证或认证机构(第三方)。

2 规范性引用文件

下列文件中的条款通过本标准的引用而成为本标准的条款。凡是注日期的引用文件,其随后所有的修改单(不包括勘误的内容)或修订版均不适用于本标准,然而,鼓励根据本标准达成协议的各方研究是否可使用这些文件的最新版本。凡是不注日期的引用文件,其最新版本适用于本标准。

GB/T 2828.1—2003 计数抽样检验程序 第1部分:按接收质量限(AQL) 检索的逐批检验抽样计划(ISO 2859-1:1999,IDT)

JB/T 1255—2001 高碳铬轴承钢滚动轴承零件热处理技术条件

JB/T 10336—2002 滚动轴承及其零件 补充技术条件

3 符号

下列符号适用于本标准。

Ac:接收数;

B_c:向心滚针与保持架组件的保持架宽度;

$D_{cs\,max}$:推力滚针和保持架组件的保持架最大单一外径;

$D_{s\,max}$:推力垫圈最大单一外径;

$d_{cs\,min}$:推力滚针和保持架组件的保持架最小单一内径;

$d_{s\,min}$:推力垫圈最小单一内径;

E_w:滚子组外径;

F_w:滚子组内径;

$F_{ws\,min}$:滚针总体最小单一内径;

G_a:轴向游隙;

G_r:径向游隙;

K_{D0}:锥形衬套圆锥表面对内孔的径向跳动;

K_{ea}:成套轴承外圈径向跳动;

K_{ia}:成套轴承内圈径向跳动;

n:样本量;

p_0:监督质量水平;

Re:拒收数;

r:不通过判定数;

$r_{s\,min}$:最小单一倒角尺寸;

S_D:外圈外表面对端面的垂直度;

S_{Dw}:滚子端部对外表面的跳动;
S_{D1}:外圈外表面对凸缘背面的垂直度;
S_{d}:内圈端面对内孔的垂直度,锁紧螺母接触面(30°倒角端面)对螺纹节圆直径的跳动;
S_{e}:座圈滚道与背面间的厚度变动量;
S_{ea}:成套轴承外圈轴向跳动;
S_{ea1}:成套轴承外圈凸缘背面轴向跳动;
S_{i}:轴圈滚道与背面间的厚度变动量;
S_{ia}:成套轴承内圈轴向跳动;
s:推力垫圈厚度;
V_{Bs}:内圈宽度变动量,轴圈高度变动量;
V_{Cs}:外圈宽度变动量,座圈高度变动量;
V_{C1s}:外圈凸缘宽度变动量;
V_{Dcs}:推力滚针和保持架组件的保持架外径变动量;
V_{Dmp}:平均外径变动量;
V_{Ds}:推力垫圈外径变动量;
V_{Dsp}:单一平面外径变动量;
V_{DwL}:球批直径变动量,滚子(针)规值批直径变动量;
V_{Dwp}:单一平面滚子(针)直径变动量;
V_{Dws}:球直径变动量;
V_{dcs}:推力滚针和保持架组件的保持架内径变动量;
V_{dmp}:平均内径变动量;
V_{ds}:推力垫圈内径变动量;
V_{dsp}:单一平面内径变动量;
V_{d1mp}:锥形衬套平均内径变动量;
V_{d2sp}:双向轴承中圈单一平面内径变动量;
V_{LwL}:滚子规值批长度变动量;
$V_{2\varphi L}$:规值批圆锥角变动量;
Δ_{as}:紧定衬套圆锥小端直径处到螺纹端面的距离的长度偏差;
Δ_{Bs}:内圈单一宽度偏差,轴圈单一高度偏差,锁紧螺母宽度偏差;
Δ_{B1s}:锥形衬套宽度偏差;
Δ_{B2s}:螺栓杆单一长度偏差;
Δ_{B7s}:锁紧垫圈厚度偏差;
Δ_{bs}:锁紧螺母槽宽偏差,退卸衬套螺纹长度偏差;
Δ_{b1s}:锁紧卡宽度偏差;
Δ_{Cs}:外圈单一宽度偏差,座圈单一高度偏差;
Δ_{C1s}:外圈凸缘单一宽度偏差;
Δ_{Dmp}:单一平面平均外径偏差;
Δ_{Ds}:单一外径偏差;
Δ_{Dwmp}:单一平面滚子平均直径偏差;
$\Delta_{D1mp}-\Delta_{d3mp}$或$\Delta_{D1mp}-\Delta_{d2mp}$:锥形衬套圆锥表面的锥角偏差;
Δ_{D1s}:外圈凸缘单一外径偏差,锥形衬套圆锥大端直径偏差;
Δ_{dmp}:单一平面平均内径偏差;
Δ_{ds}:单一内径偏差;

Δ_{d1mp}:基本圆锥孔在理论大端的单一平面平均内径偏差,锥形衬套单一平面平均内径偏差;

Δ_{d2mp}:双向轴承中圈单一平面平均内径偏差;

Δ_{d1s}:螺栓单一直径偏差,锁紧螺母接触面外径偏差;

Δ_{Fws}:滚针组实际内径与公称内径偏差;

Δ_{es}:锁紧卡内壁宽度偏差;

Δ_{Lws}:滚子(针)单一长度偏差;

Δ_{Ms}:锁紧垫圈 M 的偏差;

Δ_{Rw}:滚子表面圆度误差;

Δ_{S}:球批的球规值偏差;

Δ_{Sph}:球形误差;

Δ_{Ts}:(成套)轴承实际宽度偏差,单向推力轴承实际高度偏差;

Δ_{T1s}:内组件实际有效宽度偏差(圆锥滚子轴承),双向推力轴承实际高度偏差;

Δ_{T2s}:外圈实际有效宽度偏差(圆锥滚子轴承);

$\Delta_{2\varphi}$:圆锥角偏差。

4 检验要求

4.1 关键项目

4.1.1 滚动轴承关键项目抽样及判定按表1的规定。

4.1.2 商品零件关键项目抽样及判定按表2的规定。

4.1.3 滚动轴承及其商品零件、轴承附件的材料及工作表面不允许不符合相关标准。

4.2 检验水平

滚动轴承成品及轴承附件使用 GB/T 2828.1—2003 中的一般检验水平Ⅱ(其中表5规定的轴承使用特殊检验水平 S-4)。商品钢球、圆锥及圆柱滚子、滚针使用特殊检验水平 S-4。

4.3 接收质量限(AQL)

4.3.1 滚动轴承成品

表3所示主要检验项目的 AQL 均为 1.5,次要检验项目的 AQL 均为 4;表4及表5所示主要检验项目的 AQL 均为 4,次要检验项目的 AQL 均为 6.5。

4.3.2 商品零件及轴承附件

商品零件及轴承附件检验项目的 AQL 分别见表6~表10;表6~表9中的规值、批直径(长度)变动量项目及批圆锥角变动量项目不允许不合格。

表1 滚动轴承关键项目抽样及判定表

检验项目	抽查数	合格判定数 Ac	不合格判定数 Re
内圈、外圈硬度	各2件	0	1
滚动体硬度	4粒	0	1
内圈、外圈显微组织	各1件	0	1
滚动体显微组织	2粒	0	1
内圈、外圈碳化物网状	各1件	0	1
滚动体碳化物网状	2粒	0	1
内圈、外圈工作表面烧伤	各1件	0	1
滚动体工作表面烧伤	2粒	0	1
内圈、外圈圆度	各1件	0	1

表 1（续）

检验项目	抽查数	合格判定数 Ac	不合格判定数 Re
滚动体圆度	2 粒	0	1
内圈、外圈工作表面粗糙度	各 1 件	0	1
滚动体工作表面粗糙度	2 粒	0	1
寿命与可靠性	一组	—	—
密封轴承温升性能	8 套	1	2
密封轴承漏脂性能	8 套	1	2
密封轴承防尘性能	8 套	1	2
圆锥（圆柱）滚子轴承内圈、外圈滚道凸度	各 1 件	0	1
圆锥（圆柱）滚子轴承、滚针轴承滚动体凸度	2 粒	0	1

注 1：用户对寿命与可靠性及密封轴承温升、漏脂、防尘性能有要求时，可作为关键项目。
注 2：用户对凸度项目有要求时，可作为关键项目，并根据样品图样等技术文件检验。

表 2 商品滚动体关键项目抽样及判定表

检验项目	抽查粒数	合格判定数 Ac	不合格判定数 Re
硬度	5	0	1
显微组织	5	0	1
碳化物网状	5	0	1
工作表面烧伤	5	0	1
圆度误差 Δ_{Rw}	5	0	1
工作表面粗糙度	5	0	1
钢球压碎载荷	9	0	1
钢球压缩试验	3	0	1
滚针弯曲试验	5	0	1
圆锥（圆柱）滚子、滚针凸度	5	0	1

注 1：钢球压碎载荷、压缩试验，滚针弯曲试验分别按 JB/T 1255—2001、JB/T 10336—2002 的规定。
注 2：用户对凸度项目有要求时，可作为关键项目，应根据样品图样等技术文件检验。

表 3 滚动轴承成品（表 4、表 5 规定的轴承除外）抽样检验项目

序号	主要检验项目	序号	次要检验项目
1	内径偏差及变动量（Δ_{dmp}、Δ_{d2mp}、Δ_{ds}、V_{dsp}、V_{d2sp}、V_{dmp}、$\Delta_{d1mp}-\Delta_{dmp}$、$F_w$ 的公差）	1	Δ_{Bs}、V_{Bs}
		2	Δ_{Cs}、Δ_{C1s}、V_{Cs}、V_{C1s}
2	外径偏差及变动量（Δ_{Dmp}、Δ_{Ds}、Δ_{D1s}、V_{Dsp}、V_{Dmp}、E_w 的公差）	3	配合表面和端面的表面粗糙度
		4	旋转灵活性
3	G_r 或 G_a	5	外观质量
4	K_{ia}	6	残磁限值
5	K_{ea}	7	标志和防锈包装
6	S_d		

表 3（续）

序　号	主要检验项目	序　号	次要检验项目
7	S_D、S_{D1}		
8	S_{ia}、S_i		
9	S_{ea}、S_{ea1}、S_e		
10	成套轴承的振动值(加速度型或速度型)		
11	$r_{s\ min}$		
12	Δ_{Ts}、Δ_{T1s}、Δ_{T2s}		
13	Δ_{d1s}、Δ_{B2s}		

表 4　带座外球面球轴承及偏心套抽样检验项目

序　号	主要检验项目	序　号	次要检验项目
1	带座轴承内径偏差	1	偏心套的尺寸偏差
2	带立式座轴承的球面中心高 H 和带方形、菱形、悬挂式、凸台圆形座轴承的球面中心高 A_2 的极限偏差	2	偏心套的配合表面和端面粗糙度
		3	旋转灵活性
3	带凸台圆形座轴承的凸台外径 D_1、带环形座轴承的外径 D_1 和宽度 A 的极限偏差	4	外观质量
		5	残磁限值
4	带滑块座轴承的槽宽 A_1、槽底距 H_1 的极限偏差及两槽的位置公差	6	标志和防锈包装
5	带方形、菱形和凸台圆形座轴承螺栓孔轴线位置公差		
6	带冲压立式座轴承的球面中心高 H 及螺孔 N 的极限偏差		
7	带冲压菱形、三角形和圆形座轴承上安装用方孔的位置公差		
8	带座轴承有关安装尺寸和形位公差		

表 5　冲压外圈滚针轴承、向心滚针与保持架组件、推力滚针和保持架组件及推力垫圈抽样检验项目

序　号	主要检验项目	序　号	次要检验项目
1	Δ_{Fws}、$F_{ws\ min}$的公差	1	Δ_{Cs}、B_c 的公差
2	$d_{cs\ min}$的公差、$d_{s\ min}$的公差、V_{dcs}、V_{ds}	2	s 的公差
3	$D_{cs\ max}$的公差、$D_{s\ max}$的公差、V_{Dcs}、V_{Ds}	3	外观质量
4	旋转灵活性	4	标志和防锈包装

表 6　商品钢球抽样检验项目

序　号	检　验　项　目	AQL
1	Δ_S	—
2	V_{Dws}	0.65
3	Δ_{Sph}	0.65
4	V_{DwL}	—

表 6（续）

序　号	检　验　项　目	AQL
5	单粒钢球振动值	0.65
6	外观质量	0.65
7	残磁限值	1.5

表 7　商品圆锥滚子抽样检验项目

序　号	检　验　项　目	AQL
1	V_{Dwp}	0.65
2	S_{Dw}	0.65
3	$\Delta_{2\varphi}$	0.65
4	V_{DwL}	—
5	$V_{2\varphi L}$	—
6	外观质量	0.65
7	残磁限值	1.5
8	非工作表面粗糙度及外观质量	1.5

表 8　商品圆柱滚子抽样检验项目

序　号	检　验　项　目	AQL
1	V_{Dwp}	0.65
2	V_{DwL}	—
3	V_{LwL}	—
4	S_{Dw}	0.65
5	外观质量	0.65
6	残磁限值	1.5
7	非工作表面粗糙度及外观质量	1.5

表 9　商品滚针抽样检验项目

序　号	检　验　项　目	AQL
1	Δ_{Dwmp}	0.65
2	V_{DwL}	—
3	Δ_{Lws}	1.0
4	外观质量	0.65
5	残磁限值	1.5

表 10　轴承附件锥形衬套、锁紧螺母及锁紧垫圈抽样检验项目

序　号	检　验　项　目	AQL
1	锥形衬套的 Δ_{d1mp}、V_{d1mp}、Δ_{D1s}、K_{D0}、$\Delta_{D1mp}-\Delta_{d3mp}$ 或 $\Delta_{D1mp}-\Delta_{d2mp}$、$\Delta_{B1s}$、$\Delta_{as}$、$\Delta_{bs}$	2.5
2	锁紧螺母的 S_d、Δ_{Bs}、Δ_{bs}	2.5

表 10（续）

序　号	检　验　项　目	AQL
3	锁紧垫圈的 Δ_{B7s}、Δ_{Ms}	2.5
4	锁紧卡的 Δ_{b1s}、Δ_{es}	2.5
5	螺纹公差	2.5
6	表面粗糙度	6.5
7	外观质量	6.5
8	标志和防锈包装	6.5

5　抽样检验判定方法

5.1　检验程序

检验程序如下：

a）规定检验水平；

b）规定接收质量限 AQL 值；

c）选择抽样方案类型；

d）根据以前的检验结果及宽严调整转移规则确定本次检验的宽严程度(正常、加严或放宽检验)，开始检验时应采用正常检验；

e）提交产品批；

f）检验装箱质量及标记；

g）确定抽样方案；

h）随机抽取样本；

i）检验样本；

j）根据样本中的不合格品数及抽样方案中的接收数 Ac 与拒收数 Re 判定该批接收或不接收；

k）接收批；

l）处置不接收批。

5.2　批的形成

5.2.1　提交检验的产品批的品种、型号、规格、材料和工艺条件应尽可能相同，且制造时间大致相近。

5.2.2　提交检验的产品批量的大小及每批的提交方式可由第一方与第二方协商确定。

5.3　样本的检验

5.3.1　按规定的检验项目对样本单位逐个进行检验，以确定每个样本是合格品还是不合格品。

5.3.2　各项目的技术条件按有关标准的规定。标准中未规定技术条件的项目按第一方或第二方认可的样品图样或技术文件的规定。

5.4　判定接收批与不接收批

5.4.1　采取一次抽样检验

使用一次抽样检验方案表。根据样本检验结果，如果样本中发现的不合格品数小于或等于接收数，应认为该批是可接收的。如果样本中发现的不合格品数大于或等于拒收数，应认为该批是不可接收的。

5.4.2　采用二次抽样检验

使用二次抽样检验方案表。

第一次检验的样品数量应等于该方案给出的第一样本量。如果第一样本中发现的不合格品数小于或等于第一接收数，应认为该批是可接收的；如果第一样本中发现的不合格品数大于或等于第一拒收数，应认为该批是不可接收的。

如果第一样本中发现的不合格品数介于第一接收数与第一拒收数之间，应检验由方案给出样本量的第二样本并累计在第一样本和第二样本中发现的不合格品数。如果不合格品累计数小于或等于第二接收数，则判定该批是可接收的；如果不合格品累计数大于或等于第二拒收数，则判定该批是不可接收的。

5.5 批的处置

5.5.1 判定为可接收的批，整批接收。但在检验过程中发现的不合格品应由第一方换成合格品。

5.5.2 判定为不可接收的批，原则上整批退回第一方。由第一方对拒收批中不合格项目进行百分之百的检验，剔除其不合格品之后，再次向第二方提交检验。

6 监督检验

6.1 监督检验要求

6.1.1 监督质量水平 p_0 的确定

监督质量水平 p_0 可参照检验要求时相应的接收质量限 AQL 选取。一般不严于产品检验时的接收质量限 AQL。即 $p_0 \geq$ AQL。

6.1.2 监督检验抽样及判定

监督检验抽样方案及判定见表 11。

表 11 监督检验抽样及判定表

p_0	0.65	1.0	1.5	2.5	4.0	6.5	10
$(n、r)$	(125 3) (50 2) (8 1)	(80 3) (32 2) (5 1)	(50 3) (20 2) (3 1)	(32 3) (13 2) (2 1)	(20 3) (8 2) (1 1)	(13 3) (20 4) (32 5)	(8 3) (13 4) (20 5)

注 1：监督质量水平 p_0 适用于主要检验项目。

注 2：p_0 为 0.65、1.0、1.5 时，适用于对商品滚动体的检验；p_0 为 2.5、4.0、6.5、10 时，适用于对滚动轴承及轴承附件的检验。

注 3：当产品尺寸较大或价值较高时，可选取小样本量 n 的方案。

6.1.3 监督检验项目的选取原则

监督检验项目的选取原则如下：

a) 检验要求第 4 章中规定的全部(或部分)关键项目、主要项目及次要项目；

b) 国家标准或行业标准中明确规定的项目；

c) 所抽取样品图样等技术文件中规定的项目。

6.2 监督抽样检验判定方法

6.2.1 检验程序

检验程序如下：

a) 确定各类检验项目：关键项目、主要项目及次要项目；

b) 确定监督质量水平 p_0：主要项目的 p_0 应严于次要项目的 p_0；

c) 确定相应的抽样方案；

d) 抽取样本；

e) 检验样本；

f) 逐项判定合格与否。

6.2.2 判别与结论

根据监督质量水平和检验水平确定监督抽样方案后，根据样本检验的结果：

a) 若在样本中发现的不合格数不小于不通过判定数 r，则判该监督总体为不可通过；

b）若在样本中发现的不合格数小于不通过判定数 r，则判该监督总体为可通过；

c）对于关键项目，其抽样检验不允许不合格；

d）当监督抽样的样本量较小时，被判为可通过的监督总体有较大的漏判风险；质量监督部门对监督抽样检验通过的监督总体不负确认总体合格的责任。

ICS 21.100.20
J 11

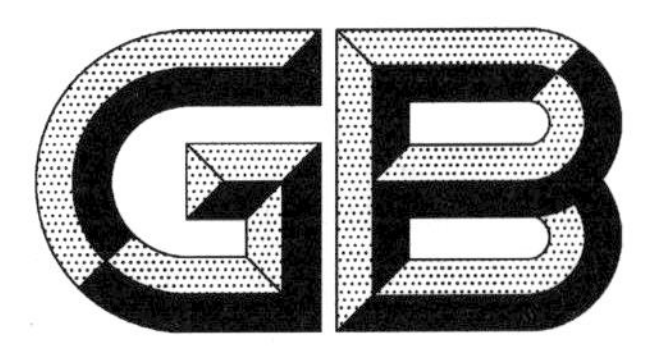

中华人民共和国国家标准

GB/T 24609—2009/ISO 15312:2003

滚动轴承 额定热转速计算方法和系数

Rolling bearings—Thermal speed rating—Calculation and coefficients

(ISO 15312:2003,IDT)

2009-11-15 发布 2010-04-01 实施

中华人民共和国国家质量监督检验检疫总局
中国国家标准化管理委员会 发布

前 言

本标准等同采用ISO 15312:2003《滚动轴承　额定热转速　计算方法和系数》。

本标准等同翻译ISO 15312:2003。

为了便于使用,本标准做了下列编辑性修改:

——“本国际标准”一词改为“本标准”;

——删除了国际标准的前言;

——用小数点“.”代替作为小数点的逗号“,”。

本标准的附录A和附录B均为资料性附录。

本标准由中国机械工业联合会提出。

本标准由全国滚动轴承标准化技术委员会(SAC/TC 98)归口。

本标准起草单位:洛阳轴承研究所、洛阳LYC轴承有限公司。

本标准主要起草人:郭宝霞、刘桥方。

滚动轴承　额定热转速
计算方法和系数

1　范围

本标准规定了油浴润滑滚动轴承额定热转速的定义，确定了该参数的计算原则。从摩擦学的观点看，按本标准确定的参数不仅适用于给定系列和尺寸标准结构的轴承，而且也适用于其他相关标准结构的轴承。

对于大多数标准部件而言，最高转速由许用温度确定。整个部件的热量由轴承产生。

由于运动学效应，本标准规定的额定热转速不适用于推力球轴承。

注1：附录A给出系数 f_{0r} 和 f_{1r} 的平均值——f_{0r} 为油浴润滑轴承粘滞损失的计算系数，f_{1r} 为轴承摩擦损失的计算系数。

注2：附录B规定了脂润滑的参照条件。可以选择参照条件，使脂润滑的额定热转速等同于油浴润滑的额定热转速。

2　规范性引用文件

下列文件中的条款通过本标准的引用而成为本标准的条款。凡是注日期的引用文件，其随后所有的修改单(不包括勘误的内容)或修订版均不适用于本标准，然而，鼓励根据本标准达成协议的各方研究是否可使用这些文件的最新版本。凡是不注日期的引用文件，其最新版本适用于本标准。

GB/T 4199—2003　滚动轴承　公差　定义(ISO 1132-1:2000,MOD)

GB/T 4604—2006　滚动轴承　径向游隙(ISO 5753:1991,MOD)

GB/T 4662—2003　滚动轴承　额定静载荷(ISO 76:1987,IDT)

GB/T 6930—2002　滚动轴承　词汇(ISO 5593:1997,IDT)

GB/T 7811—2007　滚动轴承　参数符号(ISO 15241:2001,IDT)

3　术语和定义

GB/T 4199—2003和GB/T 6930—2002确立的以及下列术语和定义适用于本标准。

3.1

额定热转速　thermal speed rating

系指在参照条件下由轴承摩擦产生的热量与通过轴承座(轴或座孔)散发的热量达到平衡时的内圈或轴圈的转速。

注1：额定热转速是比较不同类型和尺寸的滚动轴承在高速运转条件下的适应性的判据之一。

注2：额定热转速并未考虑到可能造成转速受到进一步限制的力学和运动学判据。

3.2

参照条件　reference conditions

与额定热转速有关的条件。

a)　轴承的静止外圈或座圈的平均温度，即参照温度。平均环境温度，即参照外界温度。

b)　决定轴承摩擦损失的因素，如：

——轴承载荷的大小和方向；

——润滑方式、润滑剂类型以及运动黏度和剂量；

——其他通用参照条件。

c) 将“轴承的散热参照表面积”和“轴承的参照热流密度”的乘积定义为轴承的散热量。

注：参照条件下的散热量基于经验值，并且代表轴承实际安装配置的散热量，但与轴承配置的实际结构无关。

3.3

散热参照表面积 heat emitting reference surface area

通过内圈(轴圈)与轴之间及外圈(座圈)与座孔之间散发热量的接触面积的总和。

3.4

参照载荷 reference load

系指由参照条件决定的轴承载荷，是引起与载荷有关的摩擦力矩的载荷。

3.5

参照热流量 reference heat flow

参照条件下运转的轴承，由摩擦力产生的热量以热传导方式通过轴承散热参照表面散发的热量。

3.6

参照热流密度 reference heat flow density

单位散热参照表面积的参照热流量。

3.7

参照环境温度 reference ambient temperature

参照条件下，轴承配置的平均环境温度。

3.8

参照温度 reference temperature

参照条件下，轴承静止的外圈或座圈的平均温度。

4 符号和单位

GB/T 7811—2007 确立的以及下列符号适用于本标准。

表 1 符号和单位

符号	含 义	单位
A_r	散热参照表面积	mm^2
B	轴承宽度	mm
C_{0a}	GB/T 4662—2003 中的轴向基本额定静载荷	N
C_{0r}	GB/T 4662—2003 中的径向基本额定静载荷	N
d	轴承内径	mm
d_m	轴承平均直径 $d_m=0.5\times(D+d)$	mm
d_1	推力调心滚子轴承内圈外径	mm
D	轴承外径	mm
D_1	推力调心滚子轴承外圈内径	mm
f_{0r}	参照条件下与载荷无关的摩擦力矩的系数	1
f_{1r}	参照条件下与载荷有关的摩擦力矩的系数	1
M_0	与载荷无关的摩擦力矩	N·mm
M_{0r}	在参照条件及额定热转速 $n_{\theta r}$ 下与载荷无关的摩擦力矩	N·mm
M_1	与载荷有关的摩擦力矩	N·mm
M_{1r}	在参照条件及额定热转速 $n_{\theta r}$ 下与载荷有关的摩擦力矩	N·mm

表 1（续）

符号	含 义	单位
$n_{\theta r}$	额定热转速	min^{-1}
N_r	在参照条件及额定热转速 $n_{\theta r}$ 下轴承功率损耗	W
P_{1r}	参照载荷	N
q_r	参照热流密度	W/mm^2
T	圆锥滚子轴承总宽度	mm
α	接触角	°
θ_{Ar}	参照环境温度	℃
θ_r	参照温度	℃
ν_r	在参照条件（滚动轴承的参照温度 θ_r）下润滑剂的运动黏度	mm^2/s
Φ_r	参照热流量	W

5 参照条件

5.1 总则

本标准的参照条件主要是根据最常用的类型和尺寸的轴承在常规工作条件下确定的。

5.2 决定摩擦发热的参照条件

5.2.1 参照温度

轴承静止的外圈或座圈的参照温度：θ_r=70 ℃；

轴承的环境参照温度：θ_{Ar}=20 ℃。

5.2.2 参照载荷

5.2.2.1 向心轴承（0°≤α≤45°）

径向基本额定静载荷 C_{0r} 的 5% 作为纯径向载荷，$P_{1r}=0.05\times C_{0r}$。

对于单列角接触轴承，参照载荷系指轴承套圈之间彼此产生纯径向位移的载荷的径向分量。

5.2.2.2 推力滚子轴承（45°<α≤90°）

轴向基本额定静载荷 C_{0a} 的 2% 作为中心轴向载荷，$P_{1r}=0.02\times C_{0a}$。

5.2.3 润滑

5.2.3.1 润滑剂

θ_r=70 ℃时，不含 EP 添加剂的矿物油，具有以下运动黏度 ν_r。

a) 向心轴承 $\nu_r=12\ mm^2/s$（ISO VG 32）

b) 推力滚子轴承 $\nu_r=24\ mm^2/s$（ISO VG 68）

5.2.3.2 润滑方式

采用油浴润滑，润滑油位应达到处于最低位滚动体的中心。

5.2.4 其他参照条件

5.2.4.1 轴承特性

尺寸范围	内径到 1 000 mm 的标准类型轴承
内部游隙	符合 GB/T 4604—2006 中的“0”组的规定
密封	不包括接触式密封
双列向心轴承和双向推力轴承	假设为对称结构
滚动体直接在轴上或座孔内运转的滚动轴承	假定轴或座孔的滚动表面在各方面均与它所代替的轴承套圈或垫圈的滚道表面相同

5.2.4.2 轴承的安装配置

轴承旋转轴线	水平

注：推力圆柱滚子轴承和滚针轴承应注意使润滑油流向上部的滚动体。

外圈或座圈	静止
组配角接触轴承	工作游隙为零

5.3 决定散热量的参照条件

5.3.1 散热参照表面积

式(1)～式(4)的表面积定义为散热参照表面积 A_r。

a) 向心轴承(圆锥滚子轴承除外)，见图1。

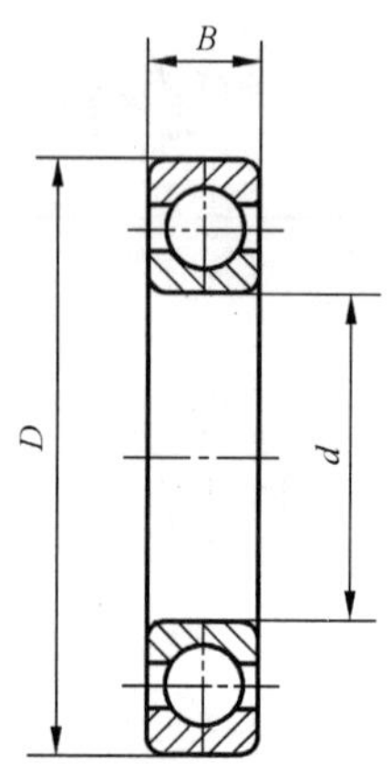

$$A_r = \pi \times B(D + d) \qquad (1)$$

图 1

b) 圆锥滚子轴承，见图2。

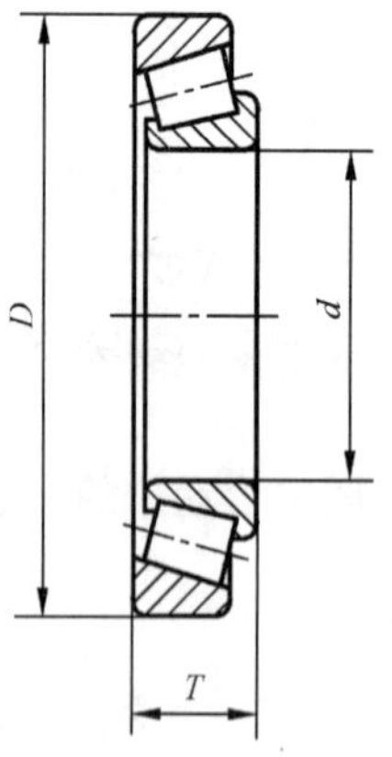

$$A_r = \pi \times T(d + D) \qquad (2)$$

注：计算时采用轴承的总宽度而不采用单个套圈的宽度，这样计算的结果更接近于经验数据。

图 2

c) 推力圆柱滚子轴承和推力滚针轴承，见图3。

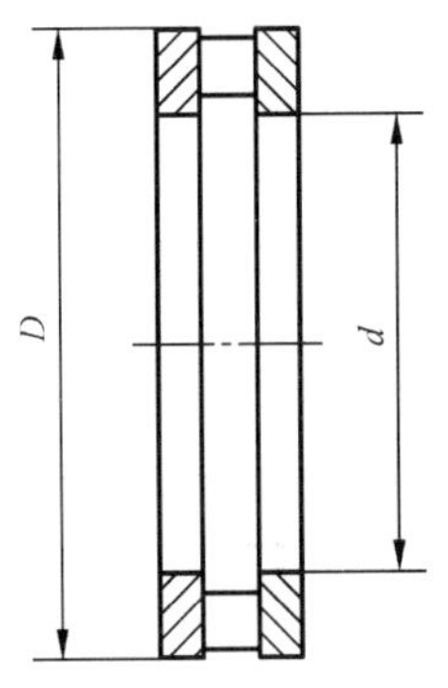

$$A_r = 0.5 \times \pi(D^2 - d^2) \quad \cdots\cdots (3)$$

图 3

d) 推力调心滚子轴承,见图 4。

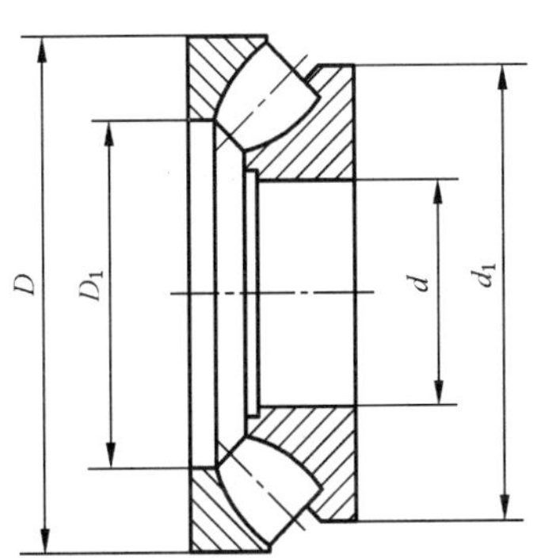

$$A_r = 0.25 \times \pi(D^2 + d_1^2 - D_1^2 - d^2) \quad \cdots\cdots (4)$$

图 4

5.3.2 参照热流密度

参照热流密度 q_r 定义见式(5):

$$q_r = \frac{\Phi_r}{A_r} \quad \cdots\cdots (5)$$

对于正常应用的场合,温差在 $\theta_r - \theta_{Ar} = 50$ ℃时,假设热流密度 q_r 值如下:

向心轴承(见图 5 曲线 1)

——当 $A_r \leqslant 50\ 000\ \text{mm}^2$ 时,$q_r = 0.016\ \text{W/mm}^2$;

——当 $A_r > 50\ 000\ \text{mm}^2$ 时,$q_r = 0.016 \times \left(\frac{A_r}{50\ 000}\right)^{-0.34}\ \text{W/mm}^2$。

推力轴承(见图 5 曲线 2)

——当 $A_r \leqslant 50\ 000\ \text{mm}^2$ 时,$q_r = 0.020\ \text{W/mm}^2$;

——当 $A_r > 50\ 000\ \text{mm}^2$ 时,$q_r = 0.020 \times \left(\frac{A_r}{50\ 000}\right)^{-0.16}\ \text{W/mm}^2$。

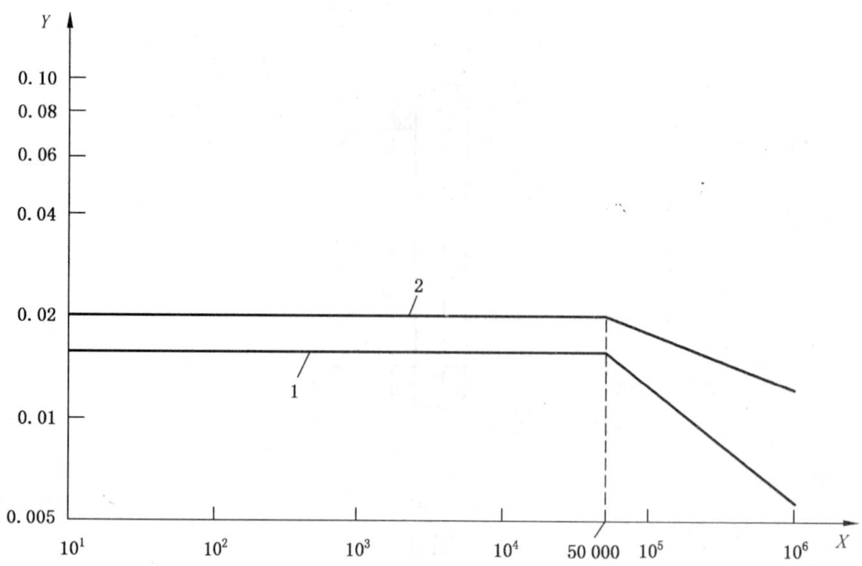

1——向心轴承；

2——推力轴承；

X——散热参照表面面积，A_r，单位为平方毫米（mm^2）；

Y——参照热流密度，q_r，单位为瓦每平方毫米（W/mm^2）。

图 5

6 额定热转速的计算

额定热转速的计算是基于在参照条件下，轴承系统的能量达到平衡。即在参照条件下和额定热转速下，轴承所产生的摩擦热等于轴承所散发的热流量，见式(6)：

$$N_r = \Phi_r \qquad \cdots\cdots(6)$$

在参照条件下及额定热转速下轴承的摩擦热计算见式(7)～式(9)：

$$\begin{aligned} N_r &= \frac{\pi \times n_{\theta r}}{30 \times 10^3}(M_{0r} + M_{1r}) \\ &= \frac{\pi \times n_{\theta r}}{30 \times 10^3}[10^{-7} \times f_{0r}(\nu_r \times n_{\theta r})^{2/3} \times d_m{}^3 + f_{1r} \times P_{1r} \times d_m] \end{aligned} \qquad \cdots\cdots(7)$$

$$M_{0r} = [10^{-7} \times f_{0r}(\nu_r \times n_{\theta r})^{2/3} \times d_m{}^3] \qquad \cdots\cdots(8)$$

$$M_{1r} = f_{1r} \times P_{1r} \times d_m \qquad \cdots\cdots(9)$$

在参照条件下，轴承的散热量根据参照热流密度 q_r 和散热参照表面积 A_r 计算，见式(10)：

$$\Phi_r = q_r \times A_r \qquad \cdots\cdots(10)$$

由摩擦热公式(7)和散热量公式(10)可得出额定热转速 $n_{\theta r}$ 的计算公式，见式(11)：

$$\frac{\pi \times n_{\theta r}}{30 \times 10^3}[10^{-7} \times f_{0r}(\nu_r \times n_{\theta r})^{2/3} \times d_m{}^3 + f_{1r} \times P_{1r} \times d_m] = q_r \times A_r \qquad \cdots\cdots(11)$$

额定热转速 $n_{\theta r}$ 通过迭代法，由公式(11)确定。

7 注释

轴承的最大许用转速受到各种不同限制判据的限制，例如：许用温度（最常见的一种限制准则）、考虑到离心力时确保充足的润滑、避免任何轴承零件的断裂、滚动运动学、振动、噪声的产生以及轴承密封唇的运动速度等。

在本标准中，将轴承温度作为限制准则来判定轴承的转速能力。

转速能力可以表示为额定热转速，采用统一的参照条件进行计算。额定热转速或许与某些轴承制造厂家迄今所出版的样本中所列值有明显的差异，这是由于本标准中所确定的参照条件可能与这些轴承制造厂家的不同所致。

轴承的摩擦损耗转换为热能，从而导致温度升高直至由摩擦产生的热量与轴承散发的热量达到平衡。

与载荷无关的摩擦力矩 M_0 考虑了轴承的粘滞摩擦，取决于滚动轴承的类型、尺寸(轴承的平均直径)、速度以及润滑条件的影响。润滑条件包括润滑方式、润滑剂类型、运动黏度和润滑剂注入量等。

与载荷有关的摩擦力矩 M_1 考虑了机械摩擦，取决于轴承类型、尺寸(轴承的平均直径)以及载荷的大小及方向。

实际的热流密度可以与本标准假设值有所不同，这取决于与散热性有关的各种摩擦阻力，例如座孔的结构、环境条件等。轴承的摩擦对热流密度具有重要影响。

附 录 A
（资料性附录）
系数 f_{0r} 和 f_{1r}

表 A.1 中列出了非接触式密封的各类轴承按公式(11)计算额定热转速 $n_{\theta r}$ 时所需的系数 f_{0r} 和 f_{1r}。

这些系数不仅是对文献中经验数值的分析结果，而且也是大量实验研究的结果。

尽管系数 f_{0r} 和 f_{1r} 的值本质上是离散的，但表 A.1 中给出的是无公差的平均值，这样使得计算统一的额定热转速成为可能。

系数 f_{0r} 和 f_{1r} 取决于轴承的类型。

表 A.1 中表示的尺寸系列规定在 GB/T 273.3 和 GB/T 273.2 中。

表 A.1 系数 f_{0r} 和 f_{1r}

轴承类型	尺寸系列	f_{0r}	f_{1r}
单列深沟球轴承	18	1.7	0.000 10
	28	1.7	0.000 10
	38	1.7	0.000 10
	19	1.7	0.000 15
	39	1.7	0.000 15
	00	1.7	0.000 15
	10	1.7	0.000 15
	02	2	0.000 20
	03	2.3	0.000 20
	04	2.3	0.000 20
调心球轴承	02	2.5	0.000 08
	22	3	0.000 08
	03	3.5	0.000 08
	23	4	0.000 08
单列角接触球轴承 $22^\circ<\alpha\leqslant45^\circ$	02	2	0.000 25
	03	3	0.000 35
双列或组配单列角接触球轴承	32	5	0.000 35
	33	7	0.000 35
四点接触球轴承	02	2	0.000 37
	03	3	0.000 37
有保持架的单列圆柱滚子轴承	10	2	0.000 20
	02	2	0.000 30
	22	3	0.000 40
	03	2	0.000 35
	23	4	0.000 40
	04	2	0.000 40
满装单列圆柱滚子轴承	18	5	0.000 55
	29	6	0.000 55
	30	7	0.000 55
	22	8	0.000 55
	23	12	0.000 55
满装双列圆柱滚子轴承	48	9	0.000 55
	49	11	0.000 55
	50	13	0.000 55

表 A.1（续）

轴承类型	尺寸系列	f_{0r}	f_{1r}	轴承类型	尺寸系列	f_{0r}	f_{1r}
滚针轴承	48	5	0.000 50	推力圆柱滚子轴承	11	3	0.001 50
	49	5.5	0.000 50		12	4	0.001 50
	69	10	0.000 50				
调心滚子轴承	39	4.5	0.000 17	推力滚针轴承	[a]	5	0.001 50
	30	4.5	0.000 17				
	40	6.5	0.000 27				
	31	5.5	0.000 27				
	41	7	0.000 49				
	22	4	0.000 19				
	32	6	0.000 36	推力调心滚子轴承	92	3.7	0.000 30
	03	3.5	0.000 19		93	4.5	0.000 40
	23	4.5	0.000 30		94	5	0.000 50
圆锥滚子轴承	02	3	0.000 40				
	03	3	0.000 40				
	30	3	0.000 40				
	29	3	0.000 40	修正结构推力调心滚子轴承（优化内部结构）	92	2.5	0.000 23
	20	3	0.000 40		93	3	0.000 30
	22	4.5	0.000 40		94	3.3	0.000 33
	23	4.5	0.000 40				
	13	4.5	0.000 40				
	31	4.5	0.000 40				
	32	4.5	0.000 40				

[a] 推力滚针轴承的尺寸系列规定在 GB/T 4605 中。

附 录 B
（资料性附录）
脂润滑滚动轴承的额定热转速

B.1 总则

脂润滑轴承额定热转速的计算方法与油浴润滑相同。

脂润滑轴承与载荷无关的摩擦力矩 M_{0r} 在运转的时间内不是一个常数，因此，将轴承运转 10 h～20 h 后的温度规定为参照温度 $\theta_r=70$ ℃，如果能够满足列在 B.2 和 B.3 中的参照条件，脂润滑的额定热转速就等同于油浴润滑的额定热转速。

B.2 润滑要求

设定脂润滑的参照条件如下：

润滑脂类型——某矿物油锂基脂，基油的运动黏度在 40 ℃时为 100 mm²/s～200 mm²/s(ISO VG 150)。

润滑脂剂量——填脂量大约为轴承有效空间的 30%。

B.3 系数 f_{0r} 和 f_{1r}

运转 10 h～20 h 后，系数 f_{0r} 可以取与油浴润滑相同的系数 f_{0r}，刚加脂之后，系数 f_{0r} 可以取为油润滑的两倍。在一个较长的运转周期后，就在重新润滑之前，系数 f_{0r} 可以减少到油浴润滑的 25%，但是也应考虑到乏油的风险。

脂润滑系数 f_{1r} 值与油浴润滑相同。

参 考 文 献

[1] GB/T 273.3—1999 滚动轴承 向心轴承 外形尺寸总方案(eqv ISO 15:1998).

[2] GB/T 273.2—2006 滚动轴承 推力轴承 外形尺寸总方案(ISO 104:2002,IDT).

[3] GB/T 4605—2003 滚动轴承 推力滚针和保持架组件及推力垫圈(ISO 3031:2000,NEQ).

[4] PALMGREN, A., Ball and Roller Bearing Engineering, 3rd ed., Burbank, Philadelphia, 1959.

ICS 21.100.20
J 11

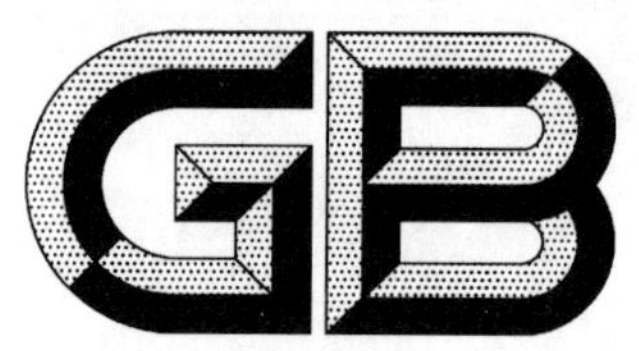

中华人民共和国国家标准

GB/T 24611—2009/ISO 15243:2004

滚动轴承　损伤和失效 术语、特征及原因

Rolling bearings—Damage and failures—Terms, characteristics and causes

(ISO 15243:2004,IDT)

2009-11-15 发布　　　　2010-04-01 实施

中华人民共和国国家质量监督检验检疫总局
中国国家标准化管理委员会　发布

前　　言

本标准等同采用 ISO 15243:2004《滚动轴承　损伤和失效　术语、特征及原因》。

本标准等同翻译 ISO 15243:2004。

为便于使用，本标准做了下列编辑性修改：

——“本文件”一词改为“本标准”；

——删除了国际标准的前言。

本标准的附录 A 为资料性附录。

本标准由中国机械工业联合会提出。

本标准由全国滚动轴承标准化技术委员会(SAC/TC 98)归口。

本标准起草单位：洛阳轴承研究所、杭州兆丰汽车零部件制造有限公司、人本集团有限公司。

本标准主要起草人：李飞雪、康乃正、刘斌。

引　言

在实际工况下，轴承的损伤或失效往往是几种机理同时作用的结果。失效可能是由于安装或维护不当造成的，或是由于轴承或其相邻部件的加工质量未达到设计要求引起的。在某些情况下，失效也可能是由于考虑经济效益、无法预见的运转条件而采取的折衷设计造成的。由于轴承失效是由设计、制造、安装、操作、维护等多方面因素造成的，因此，确定失效的主要原因，常常是十分困难的。

如果轴承损伤严重或突然失效，证据可能丢失，就不可能确定失效的主要原因了。在所有情况下，有关安装和维护的历史记录以及对实际运转条件的了解都至关重要。

本标准对轴承失效的分类，主要是基于滚动体接触表面和其他功能表面的可视特征。为了准确地判定轴承失效的原因，需要对每一个特征都加以考虑。由于不止一种过程可对这些表面造成相似的影响，因此，在确定失效原因时，仅对外观进行描述有时是不充分的，此时，还需要考虑运转条件。

滚动轴承　损伤和失效
术语、特征及原因

1　范围

本标准对滚动轴承在使用中发生失效的特征、外观变化及可能的原因进行了定义、描述和分类，以有助于对各种形式的外观变化和失效加以理解。

对于本标准，术语“滚动轴承失效”系指由于缺陷或损伤而使轴承不能满足预定的设计性能要求。

本标准仅对那些具有非常明确的外观，并且能够非常确定地归因于某一特定原因的外观变化和失效模式加以考虑，并对反映轴承变化和失效的那些特别重要的特征加以描述。各种失效模式用照片和图表说明，并且给出了最常见的原因。

在条标题中只给出了常见的失效模式名称，而其相似的表述或同义词，则在标题后面的括号中给出。

滚动轴承失效示例以及失效原因、建议的改进措施参见附录A。

2　规范性引用文件

下列文件中的条款通过本标准的引用而成为本标准的条款。凡是注日期的引用文件，其随后所有的修改单(不包括勘误的内容)或修订版均不适用于本标准，然而，鼓励根据本标准达成协议的各方研究是否可使用这些文件的最新版本。凡是不注日期的引用文件，其最新版本适用于本标准。

GB/T 6930—2002　滚动轴承　词汇(ISO 5593:1997,IDT)

3　术语和定义

GB/T 6930—2002 确立的以及下列术语和定义适用于本标准。

3.1

特征　characteristics

由使用性能产生的可视外观。

注：在磨损(出现磨损)过程中出现的部分表面缺陷和几何形状改变的类型定义于 GB/T 15757—2002 和 ISO 6601。

4　滚动轴承失效模式分类

滚动轴承失效是严格按照其失效的主要原因进行划分的，但未必总是能够很容易地将原因和特征(迹象)或者失效机理和失效模式区分开来，大量相关的文献也都证实了这一点。

随着摩擦学研究的发展，在描述失效机理和失效模式方面的新知识显著增长。本标准将失效模式分为六个大类和不同的小类(见图1)。

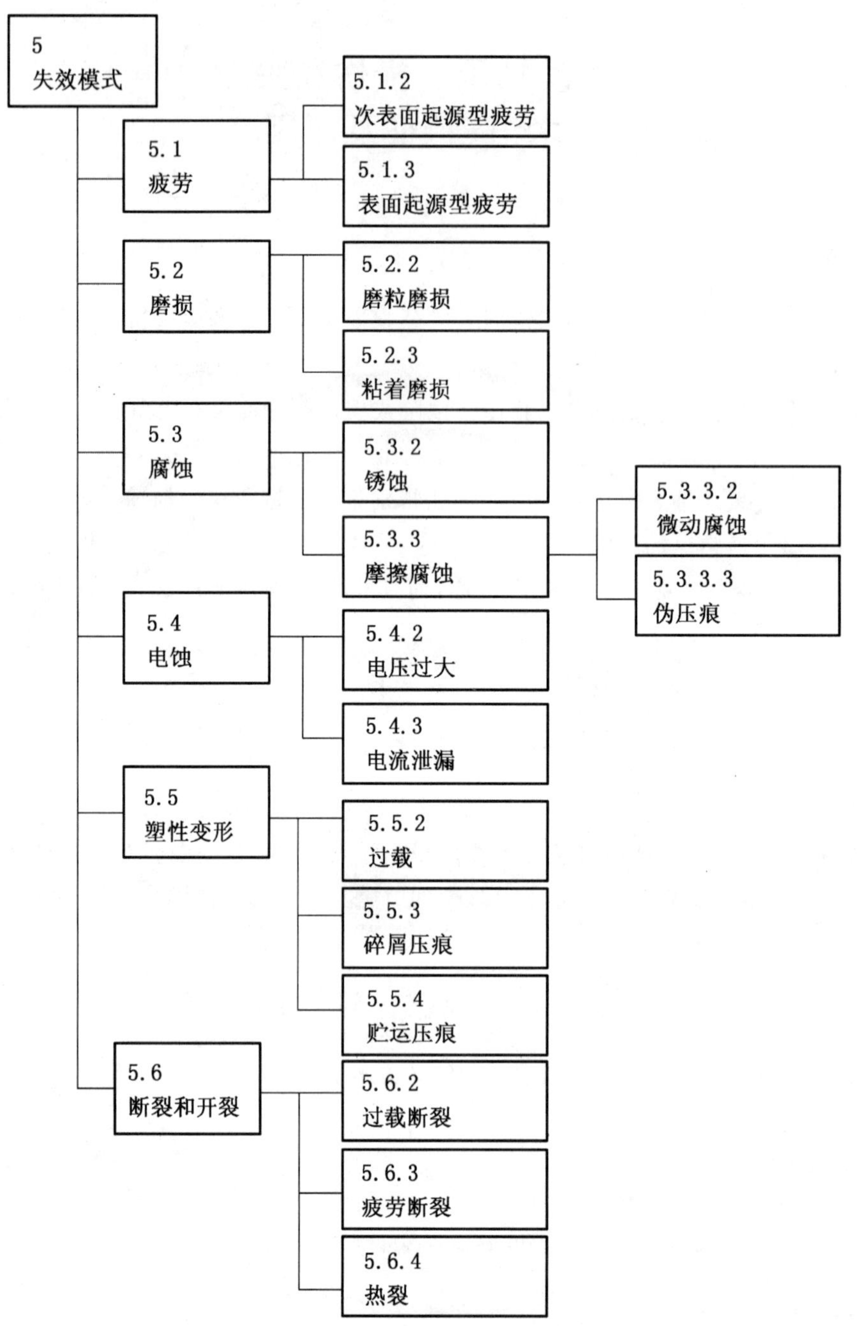

图 1 失效模式分类

5 失效模式

5.1 疲劳

5.1.1 通用定义

疲劳系指由滚动体和滚道接触处产生的重复应力引起的组织变化。疲劳明显地表现为颗粒从表面上剥落。

5.1.2 次表面起源型疲劳

根据赫兹理论，在滚动接触载荷作用下，组织发生变化并在表面下某一深度(即次表面)开始出现显微裂纹，显微裂纹的出现常常是由轴承钢中的夹杂物(见图 2)引起的。在白色浸蚀区(蝴蝶形)边缘观察到的显微裂纹通常向滚动接触表面扩展，进而产生小片状剥落、剥落（麻点），然后剥离（见图 3）。

注：根据 GB/T 6391—2003 计算的轴承寿命是建立在次表面起源型疲劳基础上的。

5.1.3 表面起源型疲劳

表面起源型疲劳是由表面损伤造成的一种失效模式。

表面损伤是在润滑状况劣化且出现一定程度的滑动时，对滚动接触金属表面微凸体的损伤，它将引起：

——微凸体显微裂纹，见图 4；

——微凸体显微剥落，见图 5；

——显微剥落区（暗灰色），见图 6。

由于污染物颗粒或贮运，在滚道上形成的压痕也可导致表面起源型疲劳（见 5.5.3 和 5.5.4），由塑性变形压痕引起的表面起源型疲劳见 A.2.6.1 和 A.2.6.3。

注：GB/T 6391—2003 包括了已知的对轴承寿命有影响的表面相关计算参数，如材料、润滑、环境、污染物颗粒和轴承载荷。

图 2 具有“蝴蝶现象”（白色浸蚀区）的次表面显微裂纹（放大比率 500：1）

5.2 磨损

5.2.1 通用定义

磨损是指在使用过程中，两个滑动或滚动/滑动接触表面的微凸体相互作用造成材料的不断移失。

5.2.2 磨粒磨损（颗粒磨损；三体磨损）

磨粒磨损是润滑不充分或外界颗粒侵入的结果，表面变暗至一定程度，随磨粒的粒度和性质而异（见图 7）。由于旋转表面和保持架上的材料被磨掉，这些磨粒数量逐渐增多，最终磨损进入一个加速过程，从而导致轴承失效。

注：滚动轴承的“跑合”是一自然的短期过程，此过程之后，运转状态（如噪声或工作温度）将趋于稳定，甚至得到改善。

5.2.3 粘着磨损（涂抹、滑伤、粘结）

粘着磨损是材料从一表面转移到另一表面，并伴随有摩擦发热，有时还伴有表面回火或重新淬火。这一过程会在接触区产生局部应力集中并可能导致开裂或剥落。

由于滚动体承载较轻并且在其反复进入承载区时，受到强烈的加速作用，因此，在滚动体和滚道之间会发生涂抹（滑伤），见图 8；当载荷相对于转速过小时，滚动体和滚道之间也会发生涂抹。

由于润滑不充分，挡边引导面和滚子端面均会发生涂抹（见图 9）。对于满装滚动体（无保持架）轴承，受润滑和旋转条件的影响，滚动体之间的接触处也会发生涂抹。

如果轴承套圈相对其支承面（如安装轴或轴承座）“转动”，则在套圈端面与其轴向支承面之间的接触处也会发生涂抹，甚至还会引起图 10 所示的套圈开裂。当作用于轴承上的径向载荷相对轴承套圈旋转并且轴承套圈以很小的间隙(间隙配合)安装在其支承面上时，常会发生这种损伤。由于两零件直径之间存在微小差异，造成其周长也存在微小差异，因此，在径向载荷作用下在某一点接触时，旋转速度也存在微小差异。将套圈相对其支承面的旋转速度存在微小差异的滚动运动称为“蠕动”。

发生蠕动时，套圈和支承面接触区内的微凸体被滚辗，造成套圈表面外观光亮(见 A.2.4.7)。在蠕动过程中，滚辗经常发生，但不一定伴随有套圈和支承面接触处的滑动，此外，还可看到其他损伤，如擦伤、微动腐蚀和磨损。在某些承载条件下且当套圈和支承面之间的过盈量不够大时，则以微动腐蚀为主(见 A.2.4.5)。

图 3　次表面疲劳扩展

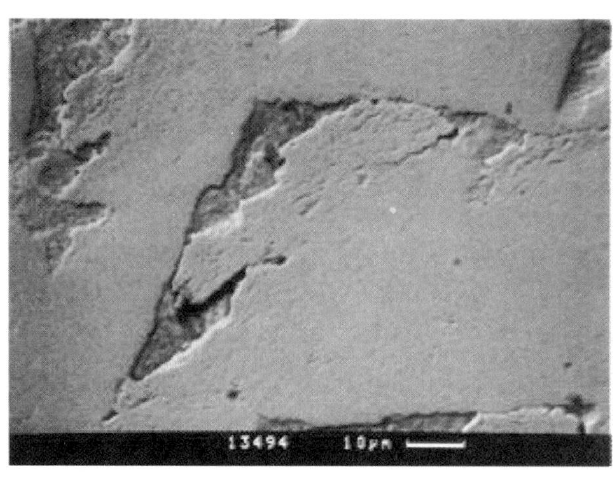

图 4 “鱼鳞状”显微裂纹

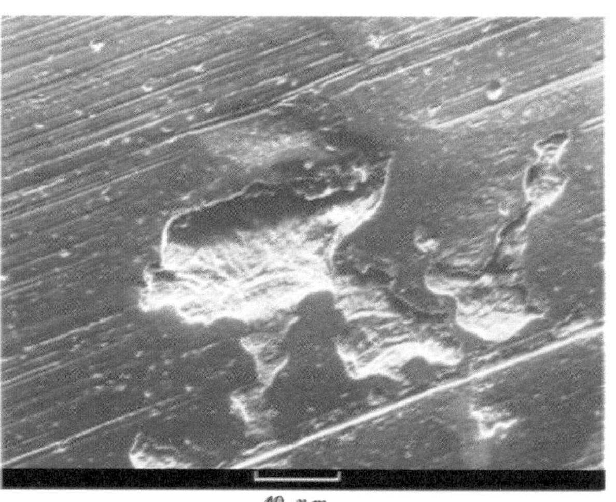

图 5 显微剥落

图 6 深灰色区(放大比率 1.25：1)

图 7 有中挡边双列圆柱滚子轴承内圈滚道上的磨粒磨损

图 8 滚道表面上的涂抹

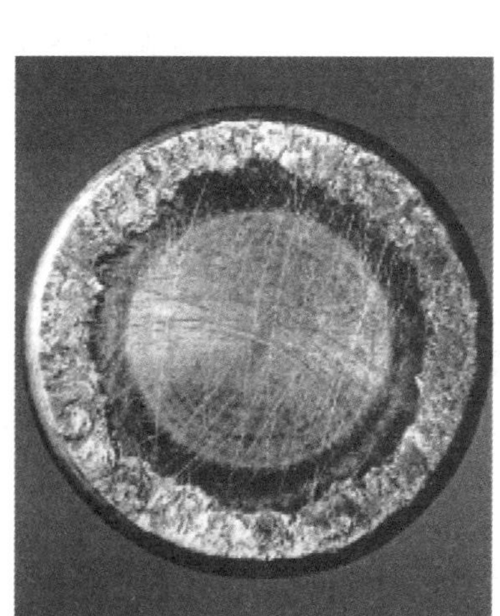

图 9 滚子端面的涂抹

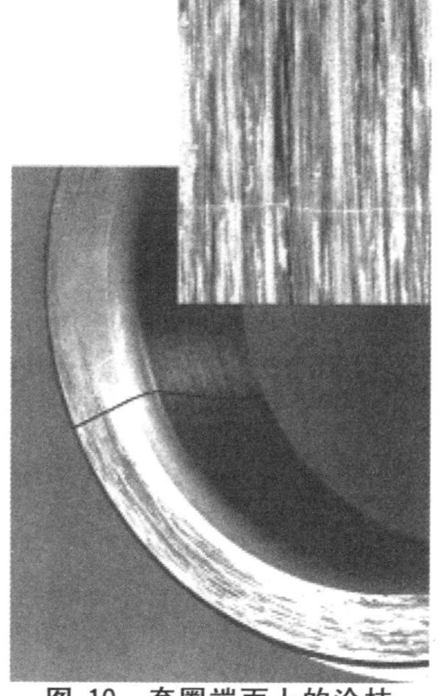

图 10 套圈端面上的涂抹
(套圈同时断裂)

5.3 腐蚀

5.3.1 通用定义

腐蚀是金属表面上的一种化学反应。

5.3.2 锈蚀(氧化、生锈)

当钢制滚动轴承零件与湿气(如水或酸)接触时,表面发生氧化。随后出现腐蚀麻点,最后表面出现剥落(见图 11)。

当润滑剂中的水分或劣化的润滑剂与其相邻的轴承零件表面发生反应时,可在滚动体和轴承套圈之间的接触区内发现一种特定形式的锈蚀,在深度锈蚀阶段,接触区在对应于球或滚子节距的位置将会变黑,最终产生腐蚀麻点(见图 12 和图 13)。

5.3.3 摩擦腐蚀(摩擦氧化)

5.3.3.1 通用定义

摩擦腐蚀是在某些摩擦条件下,由配合表面之间相对微小运动引起的一种化学反应。这些微小运动导致表面和材料氧化,可看到粉状锈蚀和(或)一个或两个配合表面上材料的缺失。

图 11 滚子轴承外圈上的腐蚀

图 12 球轴承内圈和外圈滚道上的接触腐蚀

图 13 轴承滚道上的接触腐蚀

5.3.3.2 微动腐蚀(微动锈蚀)

接触表面作微小往复摆动时,传递载荷的配合界面会发生微动腐蚀,表面微凸体氧化并被磨去,反之亦然,最后发展成粉状锈蚀(氧化铁)。轴承表面发亮或变成黑红色(见图 14)。出现这种失效,一般是由于不合适的配合(配合过盈量太小或表面太粗糙)以及载荷和(或)振动造成的。

5.3.3.3 伪压痕(振动腐蚀)

周期性振动时,由于弹性接触面的微小运动和(或)回弹,滚动体和滚道接触区将出现伪压痕。根据振动强度、润滑条件或载荷的不同,腐蚀和磨损会同时产生,在滚道上形成浅的凹陷。

对于静止轴承,凹陷出现在滚动体节距处,并常变成淡红色或发亮(见图15)。

在旋转过程中,由于发生振动而造成的伪压痕则表现为间距较小的波纹状凹槽(见图16),不应将此误认为是电流通过产生的波纹状凹槽(见5.4.3和图19)。与电流通过造成的波纹状凹槽相比,由振动造成的波纹状凹槽底部发亮或被腐蚀,而电流通过造成的凹槽底部则颜色发暗。电流引起的损伤还可通过滚动体上也有波纹状凹槽这一现象予以识别。

注:本标准将伪压痕划归为腐蚀,但其他文件有时将其划归为磨损。

图14 内圈内孔表面上的微动腐蚀

图15 圆柱滚子轴承内圈滚道上的伪压痕

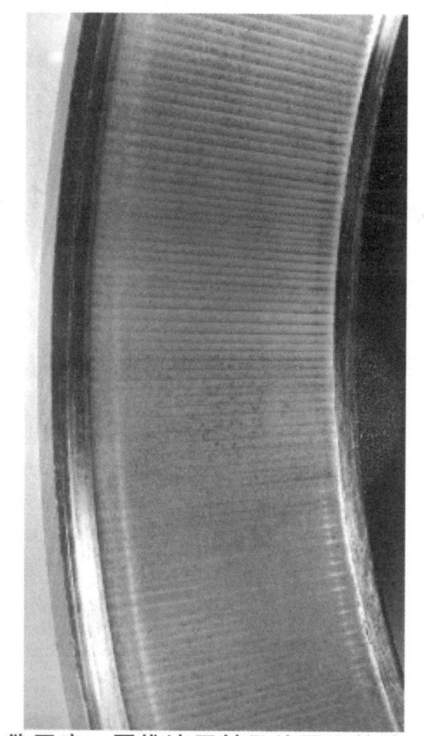

图16 伪压痕—圆锥滚子轴承外圈上的波纹状凹槽

5.4 电蚀

5.4.1 通用定义

电蚀是由于电流的通过造成接触表面材料的移失。

5.4.2 电压过大(电蚀麻点)

当电流通过滚动体和润滑油膜从轴承的一个套圈传递到另一套圈时,由于绝缘不适当或绝缘不良,在接触区内会发生击穿放电。在套圈和滚动体之间的接触区,电流强度增大,造成在非常短的时间间隔内局部受热,使接触区发生熔化并焊合在一起。

这种损伤表现为一系列直径不超过100 μm的小环形坑(见图17),这些环形坑沿滚动方向呈珠状重叠排列在滚动体和滚道接触表面(见图 18)。

5.4.3 电流泄漏(电蚀波纹状凹槽)

表面损伤最初呈现浅环形坑状,一环形坑与另一环形坑位置接近并且尺寸很小。即使电流强度相对较弱也会发生这种现象,随着时间的推移,环形坑将发展为波纹状凹槽,如图 19 所示。只能在滚子和套圈滚道接触表面发现这些波纹状凹槽,钢球上则没有,只是颜色变暗(见图 20)。这些波纹状凹槽是等距的,滚道上的凹槽底部颜色发暗(见图 20 和图 21)。图 21 中波纹状凹槽附近的腐蚀斑纹(用铅笔尖指示)是由于保持架挡边和内圈接触造成的。

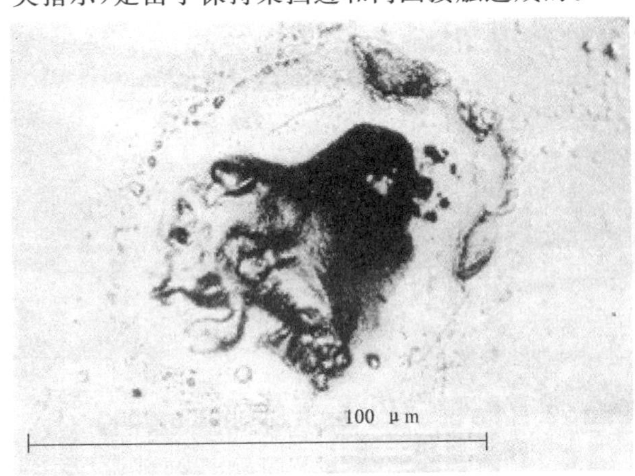

图 17 电流通过形成的环形坑

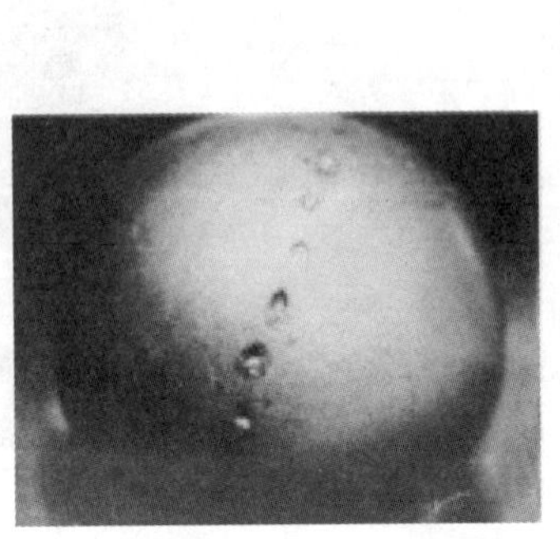

图 18 球和滚道上呈珠状排列的环形坑

图 19 电流泄漏形成的波纹状凹槽

图 20 内圈滚道上的波纹状凹槽和颜色变暗的钢球

10 μm

注:表面放大图示于轴承套圈的后面,使用扫描电子显微镜的放大图示于右下角。

图 21 滚针轴承内圈上的波纹状凹槽

5.5 塑性变形

5.5.1 通用定义

当应力超过材料的屈服强度时即发生塑性变形。

塑性变形一般以二种不同的方式发生：

——宏观上，滚动体和滚道之间的接触载荷造成在接触轨迹的大部分范围内发生变形；

——微观上，外界物体在滚动体和滚道之间被滚辗，并且仅在接触轨迹的小部分范围内发生变形。

5.5.2 过载(真实压痕)

静止轴承承受静载荷或冲击载荷过载时，将导致滚动体与滚道接触处发生塑性变形，即在轴承滚道上对应于滚动体节距的位置形成浅的凹陷或凹槽(见图 22)。此外，预载荷过大或装拆过程中操作不当也会发生过载(见图 23)。

装拆不当也能造成轴承其他零件(如防尘盖、垫圈和保持架)的过载和变形(见图 24)。

图 22　过载造成的圆锥滚子轴承滚道上的塑性变形

图 23　安装过程中的过载

图 24　装拆不当引起的保持架变形

5.5.3 碎屑压痕

当颗粒被滚辗时，在滚道和滚动体上将形成压痕，压痕形状和尺寸取决于颗粒性质，图 25a)～图 25c)显示了下列压痕类型：

a)　由软质颗粒(如纤维或木材)造成的压痕；

b)　由淬硬钢颗粒(如来自齿轮或轴承)造成的压痕；

c) 由硬质矿物颗粒(如砂轮)造成的压痕。

注:GB/T 6391—2003 描述了颗粒压痕对轴承寿命降低的影响。

5.5.4 贮运压痕

尖硬物体也能导致滚道和滚动体表面出现压痕和V形小刻痕(见图26)。

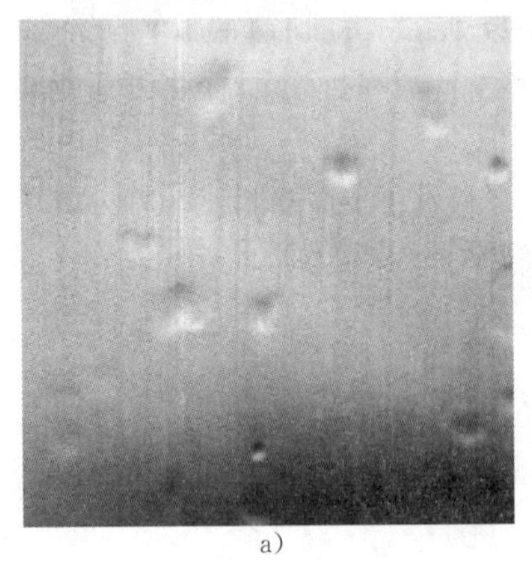

a)

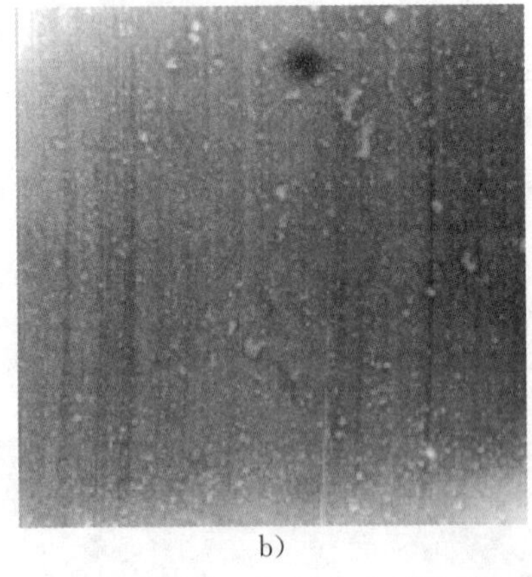

b)

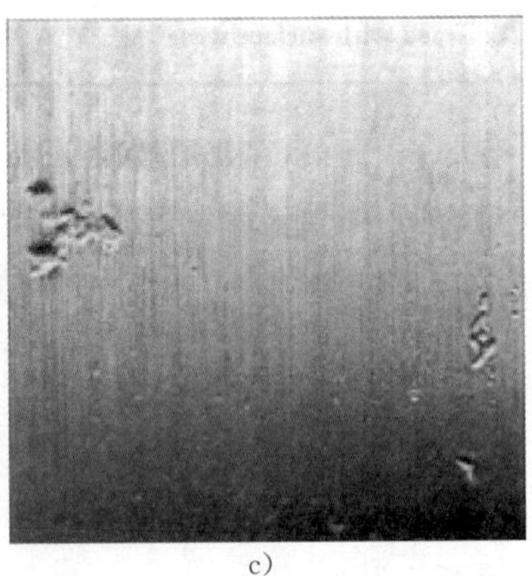

c)

图25 颗粒被滚辗造成的压痕

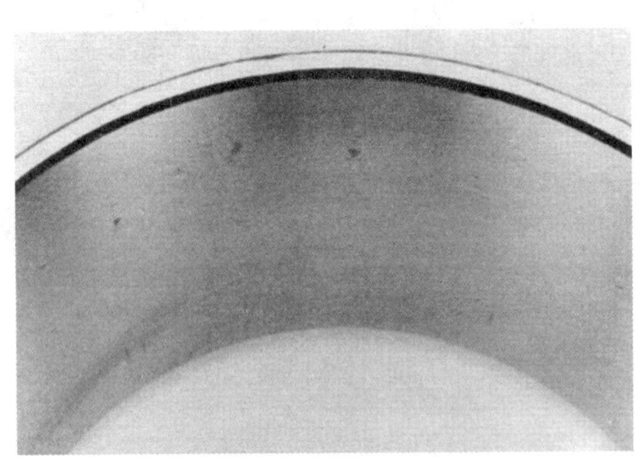

图26 V形小刻痕(凿坑)

5.6 断裂和开裂

5.6.1 通用定义

当应力超过材料的抗拉强度极限时,裂纹将产生并扩展。

断裂是裂纹扩展到一定程度,零件的一部分完全分离的结果。

5.6.2 过载断裂

过载断裂是由于应力集中超过了材料的拉伸强度造成的,也可因局部应力过大,如冲击(见图27)或因过盈配合过紧造成应力过大(见图28)所引起。

5.6.3 疲劳断裂

在弯曲、拉伸、扭转条件下,应力不断超过疲劳强度极限就会产生疲劳裂纹,裂纹先在应力较高处形成并逐步扩展到零件截面的某一部分,最终造成过载断裂。疲劳断裂主要发生在套圈和保持架上(见图29和图30)。在图30下方的放大图中,保持架过梁断裂表面上的疲劳开裂条纹清晰可见。

有时,轴承座或轴对轴承套圈的支承不足时,也会引起疲劳断裂(见图31)。

5.6.4 热裂

热裂是由滑动产生的高摩擦热造成的,裂纹通常出现在垂直于滑动方向处(见图32)。由于表面二次淬火以及高的残余拉应力形成这两个因素的共同作用,因此,淬硬的钢件对热裂比较敏感。

图 27　直接锤击造成的过载断裂

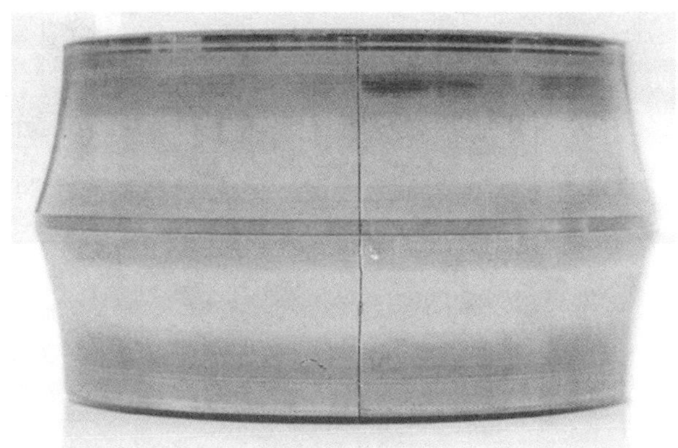

图 28　过盈配合过紧造成的调心滚子轴承内圈过载断裂

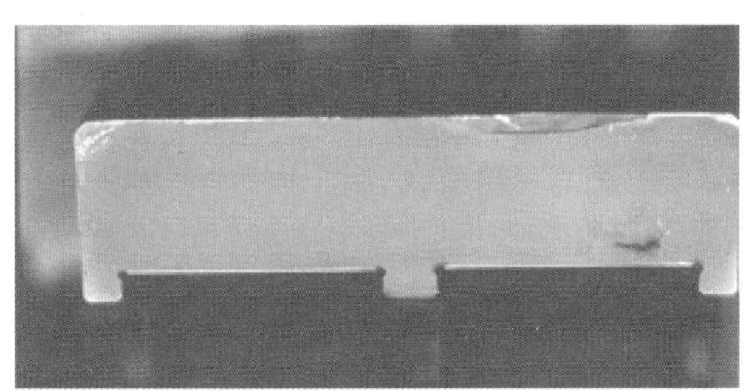

注：外表面上的损伤是次生的，并且是在套圈断裂时产生的。

图 29　弯曲造成的支承辊外圈的疲劳断裂

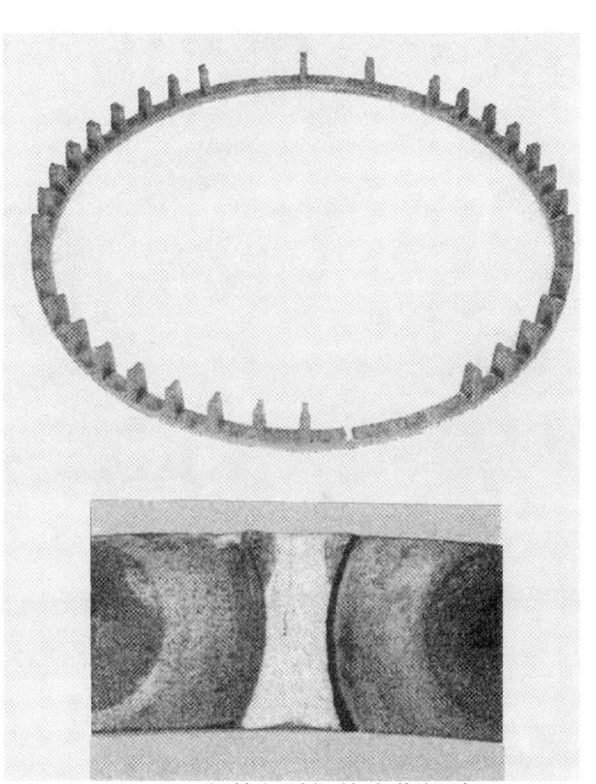

图 30　保持架过梁的疲劳断裂

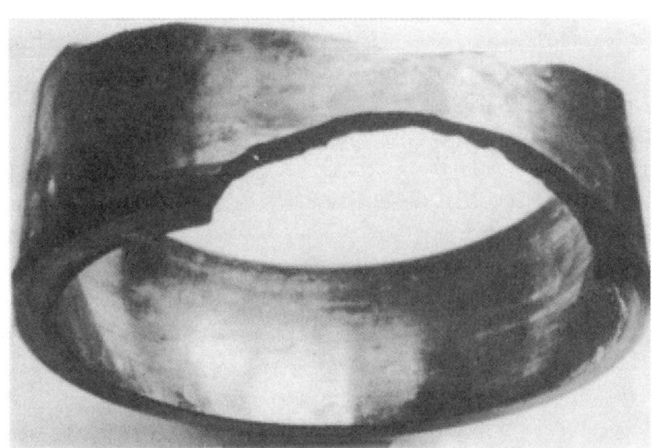

图 31　轴承座支承不足造成的外圈疲劳断裂

图 32　内圈端面的热裂

附　录　A
（资料性附录）
失效分析、损伤图例和术语

A.1　失效分析

A.1.1　拆卸前后获取有关证据

由于失效，轴承从机器上拆卸下来，此时应对失效原因以及避免将来失效所采取的方法进行分类。为得到最可靠的结果，在检查轴承和获取有关证据时，最好遵循一套分类程序，表 A.1 列出了常见失效的可视特征之间最可能的相互关系及其产生的可能原因。

对轴承进行调查时应考虑下列项目：

——从轴承监控装置上获取运转数据、分析记录和图表；

——提取润滑剂样品，以确定润滑条件；

——检查轴承的外部影响环境，包括设备问题；

——在安装条件下评定轴承；

——标识安装位置；

——拆卸轴承及零件；

——标识轴承及零件；

——检查轴承支承面；

——评定轴承；

——检查单个轴承或轴承零件；

——向专家咨询或将轴承[1)]寄送给专家，需要时，也可连同上述检查项目的结果一起寄送给专家。

如果所选程序不正确，查找失效原因所需的重要数据则可能丢失。

A.1.2　接触轨迹

A.1.2.1　总则

就实际的失效分析而言，对接触轨迹，尤其是对给定使用条件下滚道上的旋转轨迹进行分析是非常重要的，它清晰地揭示了载荷类型、工作游隙以及可能出现的偏斜。图 A.1～图 A.11 显示了最常见轴承类型和工作条件下的典型旋转轨迹。

1）　此时失效轴承应保持其失效时的状态。

表 A.1　缺陷表

可能的原因		缺陷特征																					
		磨损								疲劳		腐蚀			断裂			变形			裂纹		
		磨损增大	磨伤	划伤	咬粘痕迹，涂抹	擦伤，胶合痕迹	波纹状凹槽，搓板纹	振纹	过热运转	麻点	小片状剥落，剥落	一般性腐蚀（锈蚀）	微动腐蚀（锈蚀）	电蚀环形坑，电蚀波纹状凹槽	贯穿纹裂，断裂	保持架断裂	局部剥落，碎屑	变形	压痕	印痕	热裂	热处理裂纹	磨削裂纹
润滑剂	润滑剂不充分	•			•	•			•	•	•					•					•		
	润滑剂过多								•														
	黏度不合适	•			•	•			•	•	•					•					•		
	质量不合格	•			•	•			•	•	•	•									•		
	污染物	•	•	•						•	•	•							•				
工作条件	速度过高	•			•	•			•	•	•					•		•					
	载荷过大	•			•				•	•	•				•			•	•		•		
	载荷频繁变化	•		•	•	•				•	•					•							
	振动	•			•	•		•		•	•		•		•	•							
	电流通过						•			•	•			•									
安装	电绝缘不良						•		•	•	•			•									
	安装不当					•				•	•				•	•	•	•	•	•			
	受热不均	•																•			•		
	偏斜	•				•				•	•							•					
	不应有的预载荷	•	•						•	•	•				•	•		•			•		
	冲击	•	•													•		•					
	固定不当	•	•		•					•	•				•		•	•			•		
	支承表面不光滑	•	•							•	•		•		•			•					
	配合不正确	•	•						•	•	•		•				•	•			•		
设计	轴承选型不当				•	•			•				•		•	•	•						
	相邻零件不匹配				•	•			•				•		•	•	•						
储运	贮存不当											•											
	运输过程中发生振动					•		•					•						•	•			
制造	热处理不当	•							•	•	•											•	
	磨削不当																						•
	表面精加工不良	•	•							•	•												
	应用零件不精密	•	•						•	•	•				•		•						
材料	组织缺陷									•	•				•								
	材料不匹配	•			•	•			•									•					

A.1.2.2 向心轴承

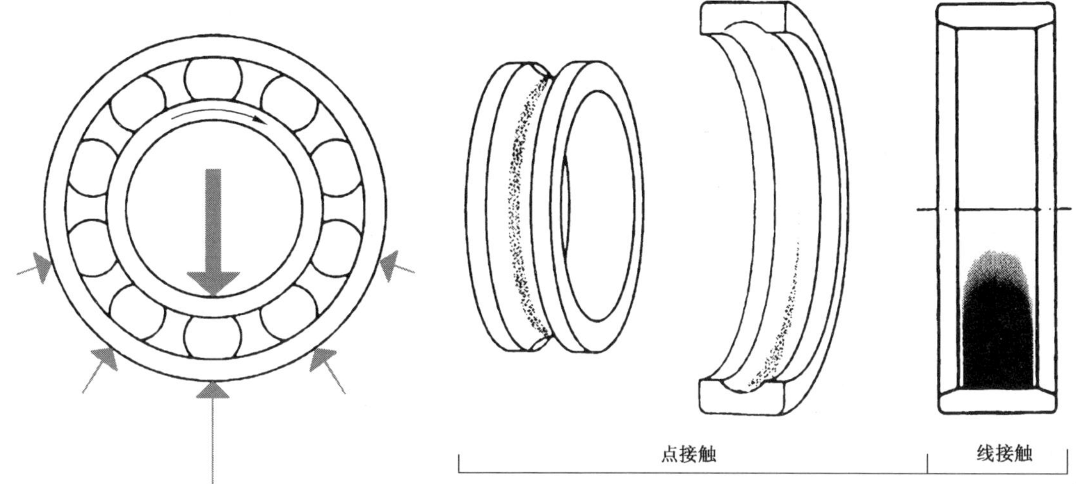

图 A.1 单向径向载荷——内圈旋转、外圈静止

内圈:旋转轨迹宽度一致,位于滚道中部并延伸至整个圆周。

外圈:旋转轨迹位于滚道中部,在载荷方向最宽,末端逐渐变细。具有常规配合和常规径向游隙时,旋转轨迹小于滚道圆周的1/2。

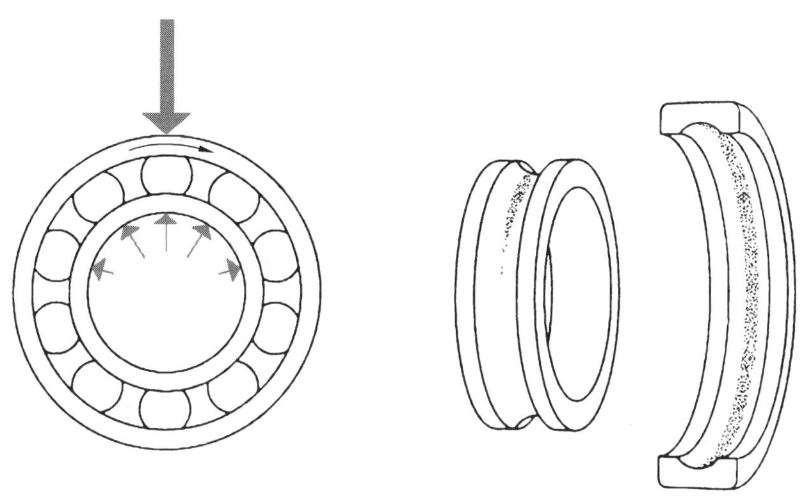

图 A.2 单向径向载荷——内圈静止、外圈旋转

内圈:旋转轨迹位于滚道中部,在载荷方向最宽,末端逐渐变细。具有常规配合和常规径向游隙时,旋转轨迹小于滚道圆周的1/2。

外圈:旋转轨迹宽度一致,位于滚道中部并延伸至整个圆周。

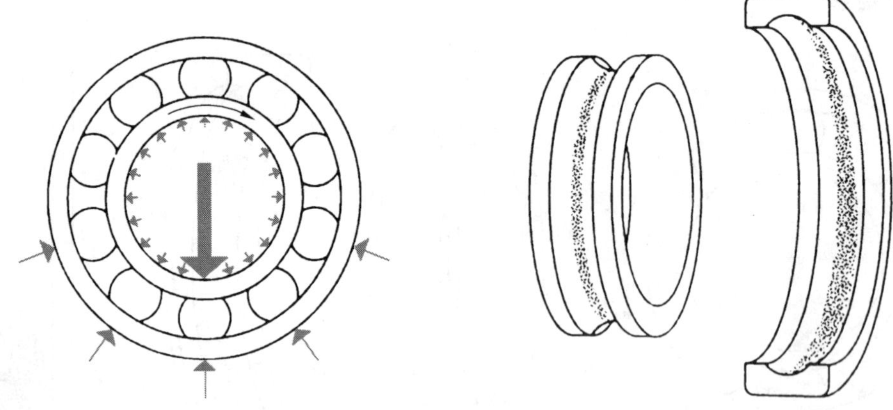

图 A.3 径向预载荷并承受单向径向载荷——内圈旋转、外圈静止

内圈:旋转轨迹宽度一致,位于滚道中部并延伸至整个圆周。

外圈:旋转轨迹位于滚道中部,可能或不可能延伸至整个圆周,旋转轨迹在径向承载方向最宽。

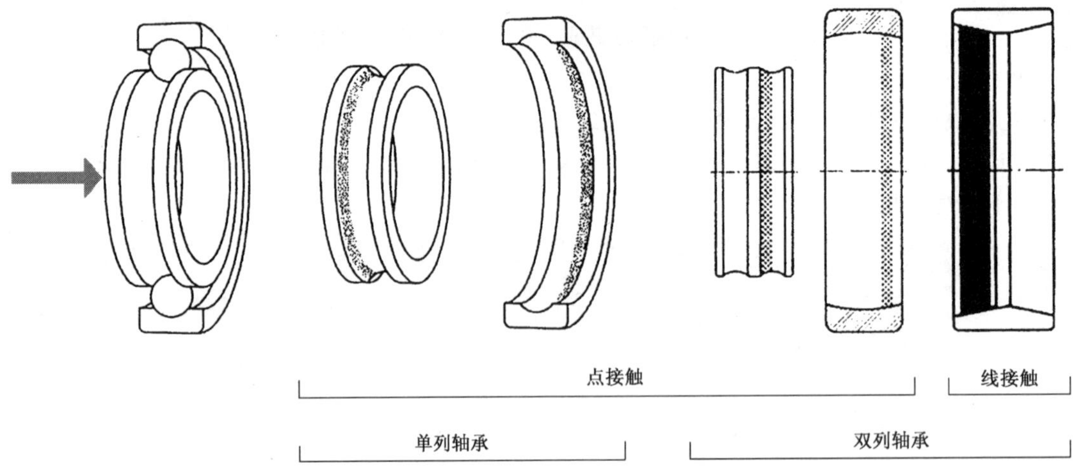

图 A.4 单向轴向载荷——内圈和(或)外圈旋转

内圈和外圈:旋转轨迹宽度一致,位于轴向不同位置并延伸至两套圈滚道的整个圆周。

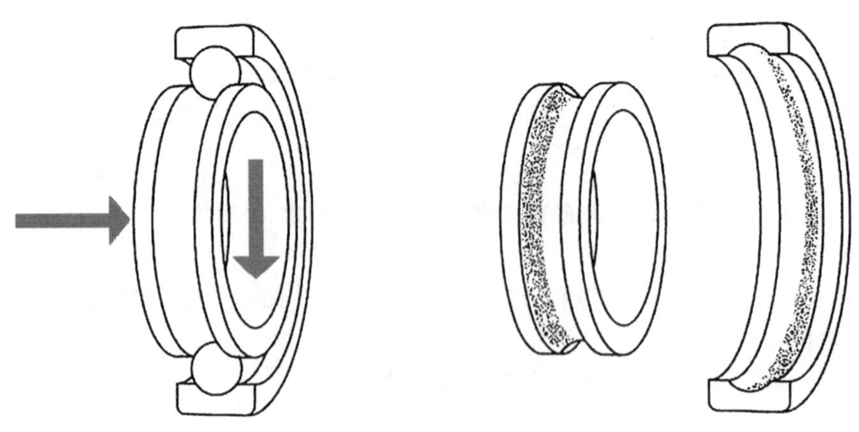

图 A.5 径向和轴向联合载荷——内圈旋转、外圈静止

内圈:旋转轨迹宽度一致,延伸至滚道的整个圆周并位于轴向不同位置。

外圈:旋转轨迹位于轴向不同位置,可能或不可能延伸至整个圆周,旋转轨迹在径向承载方向最宽。

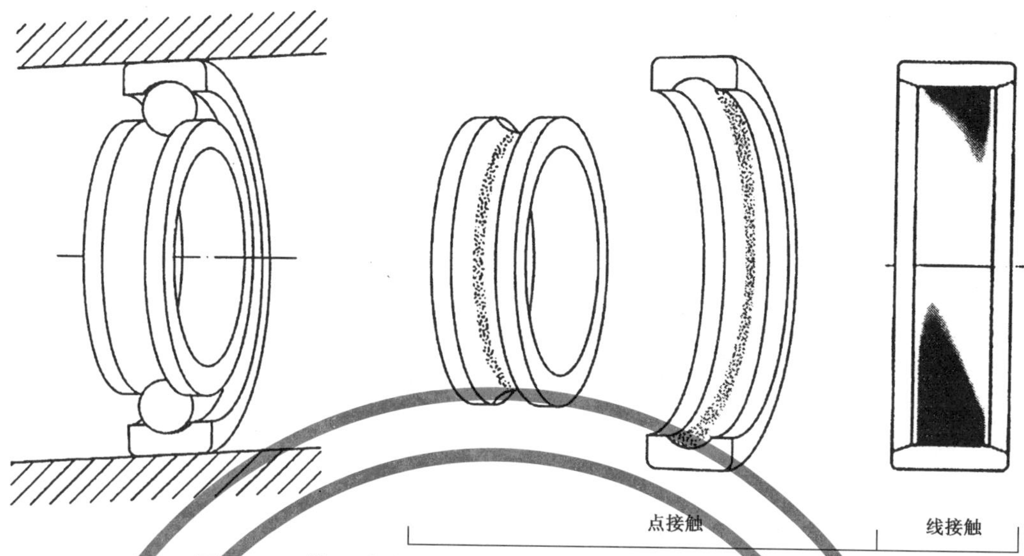

图 A.6 轴承座中偏斜的外圈——内圈旋转、外圈静止

内圈：旋转轨迹宽度一致，比图 A.1 宽，位于滚道中部并延伸至整个圆周。

外圈：旋转轨迹宽度不一致，位于两个完全相反的区域并彼此斜对。

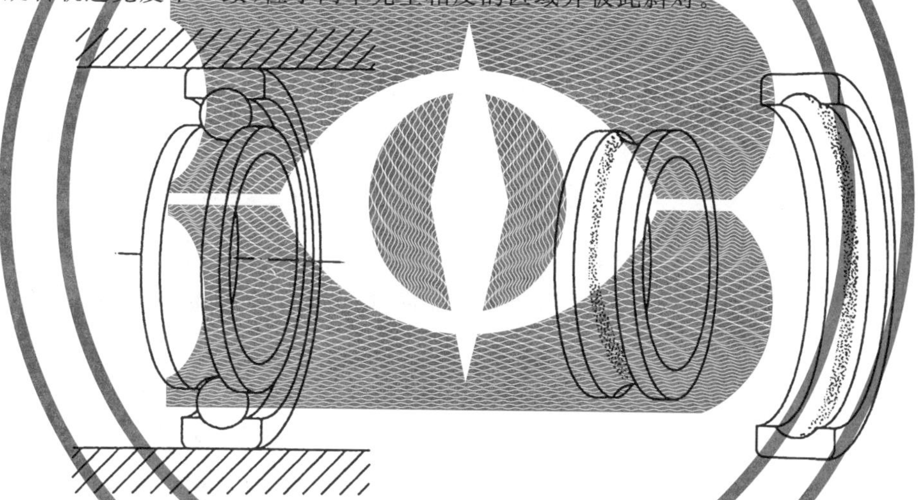

图 A.7 轴上偏斜的内圈——内圈旋转、外圈静止

内圈：旋转轨迹宽度不一致，位于完全相反的两个区域并彼此斜对。

外圈：旋转轨迹宽度一致，比图 A.2 宽，位于滚道中部并延伸至整个圆周。

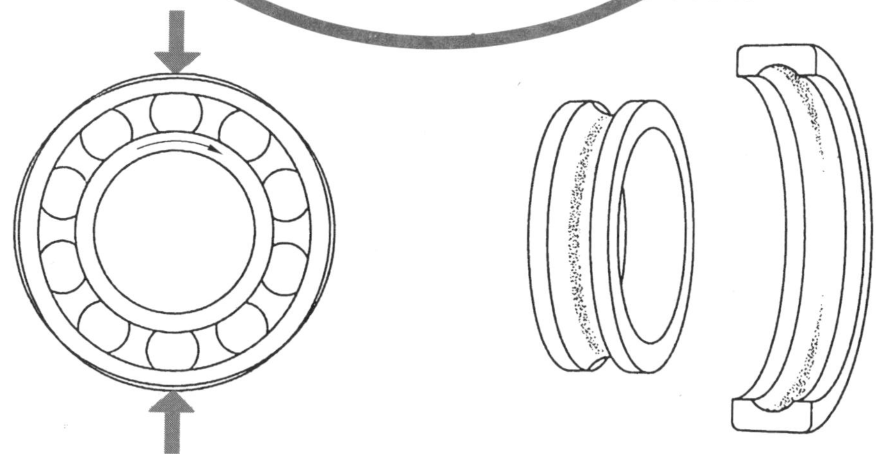

图 A.8 外圈压成椭圆——内圈旋转、外圈静止

内圈:旋转轨迹宽度一致,位于滚道中部并延伸至整个圆周。

外圈:旋转轨迹在受压处最宽,位于滚道上两个完全相反的区域。轨迹长度取决于压缩量的大小和轴承的原始径向游隙。

A.1.2.3 推力轴承

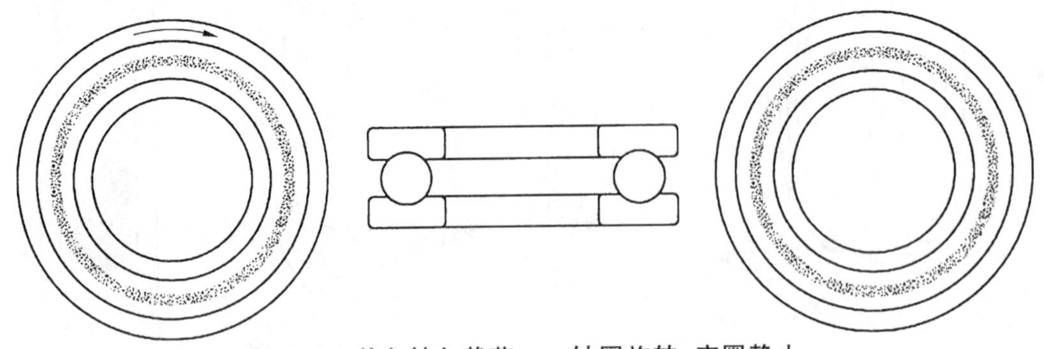

图 A.9 单向轴向载荷——轴圈旋转、座圈静止

轴圈和座圈:旋转轨迹宽度一致,位于滚道中部并延伸至滚道的整个圆周。

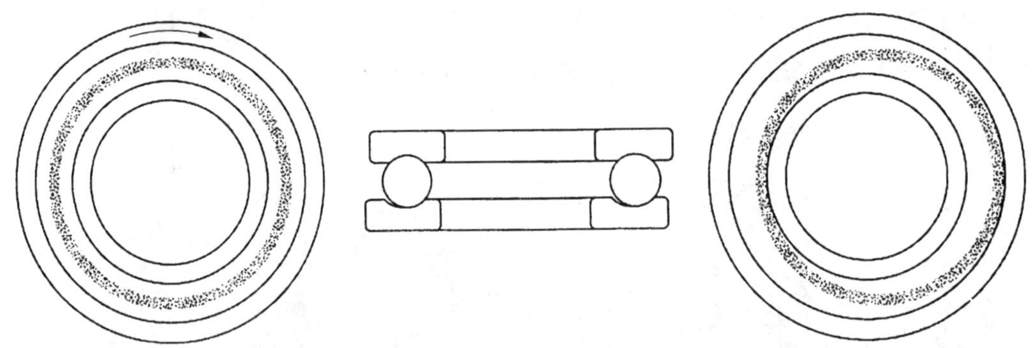

图 A.10 相对轴圈处于偏心位置的座圈上的单向轴向载荷——轴圈旋转、座圈静止

轴圈:旋转轨迹宽度一致,比图 A.9 宽,位于滚道中部并延伸至整个圆周。

座圈:旋转轨迹宽度不一致,延伸至滚道的整个圆周并且与滚道不同心。

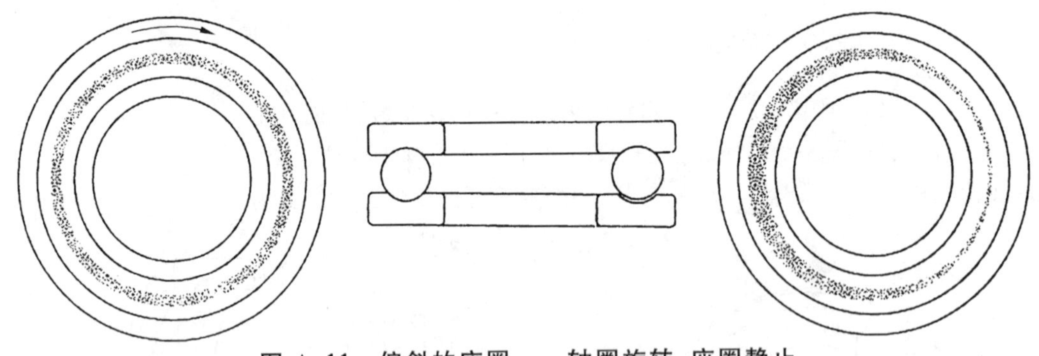

图 A.11 偏斜的座圈——轴圈旋转、座圈静止

轴圈:旋转轨迹宽度一致,位于滚道中部并延伸至整个圆周。

座圈:旋转轨迹位于滚道中部但宽度不一致,可能或不可能延伸至滚道的整个圆周。

A.2 失效图例一览表—失效原因和预防措施

A.2.1 总则

每一种轴承失效均是由一主要原因造成的,但实际上它常常被随后出现的损伤所掩盖。

下列图例按照图 1 所示的失效模式分类进行排序,失效分类基于所观察到的外观形态。

每一图例均有对失效的说明,以标题"失效原因"给出。说明中包括对失效、失效的可能(主要)原因的描述。

每一图例还对避免失效所采取的预防措施或改正措施提出了建议，以标题“预防措施”给出。

A.2.2 疲劳

A.2.2.1 剥落

失效原因 源于次表面的材料疲劳。载荷反复循环导致承载区发生组织变化并出现疲劳裂纹。 **预防措施** 如果要求寿命较长，则应使用具有较高承载能力的轴承。	

A.2.2.2 调心滚子轴承仅一条滚道上的剥落

失效原因 轴向载荷过大引起调心滚子轴承早期疲劳并在一条滚道的整个圆周范围内出现剥落。 **预防措施** 如果适用，应选用具有较高承载能力的轴承并控制轴承上的轴向载荷。	

A.2.2.3 滚道上两个完全相反位置处的疲劳

失效原因 由于轴承座的圆度不好，造成调心滚子轴承外圈出现剥落。如果剖分式轴承座被错装或有碎屑嵌入轴承座支承面，同样的损伤也会发生。 **预防措施** 检查相邻零件的形状精度，必要时，提高其形状精度。正确安装剖分式轴承座，在安装过程中注意最大限度地保持清洁。 注：外圈或内圈圆度不好时，滚道上的旋转轨迹将有所显示。	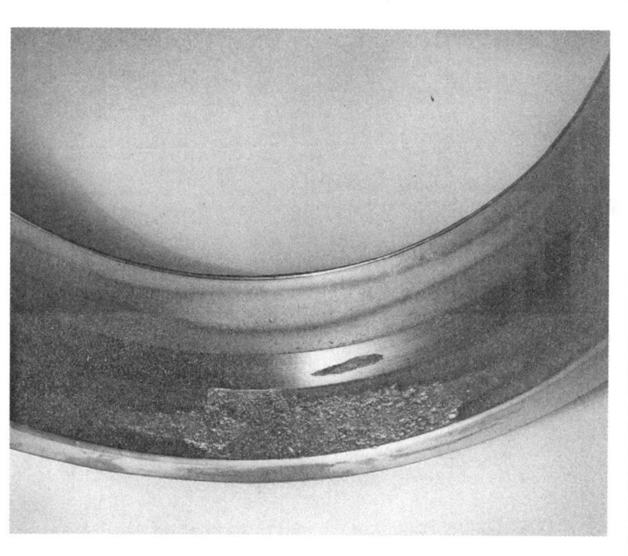

A.2.2.4 起源于装填槽的剥落，如双列角接触球轴承

<table>
<tr>
<td>

失效原因

轴承选用不当；错误安装；轴向载荷朝向装填槽。

预防措施

如果双列轴承只有一列有装填槽，安装轴承时则应考虑运转过程中轴向载荷的方向。轴向载荷交替变化时，应使用无装填槽轴承或者至少仅在装填槽方向施加较轻的轴向载荷。

对于有装填槽的单列轴承，则应保持轴向载荷相对径向载荷较小。

</td>
<td></td>
</tr>
</table>

A.2.2.5 滚道上对应于滚动体节距处出现的剥落

<table>
<tr>
<td>

失效原因

由于安装和(或)搬运不当，滚道上对应于滚动体节距处产生压痕，随后的滚辗导致剥落。

预防措施

使用合适的工具正确安装轴承，安装力不应通过滚动体传递。如果可能的话，在圆柱滚子轴承安装过程中，应缓慢地旋转轴。

</td>
<td></td>
</tr>
</table>

A.2.2.6 内圈旋转的调心球轴承静止外圈整个滚道圆周上的旋转轨迹

<table>
<tr>
<td>

失效原因

轴与轴承座之间的温差过大；相邻零件公差不在公差范围内；轴承的径向游隙选择不当。

预防措施

检查轴和轴承座的尺寸。检查温度对轴承游隙的影响。选用具有合适游隙的轴承。如果内圈安装在锥形支承面上，应正确选择轴向位移量。

</td>
<td></td>
</tr>
</table>

A.2.2.7 内圈滚道上倾斜的、发生剥落的旋转轨迹

<table>
<tr><td>

失效原因

运转过程中偏斜；轴挠曲变形；配合零件支承面不垂直。

预防措施

检查轴承类型是否适用。消除偏斜或选用能适应偏斜的轴承类型；减小轴挠曲变形；检查配合零件支承面的垂直度。

</td><td>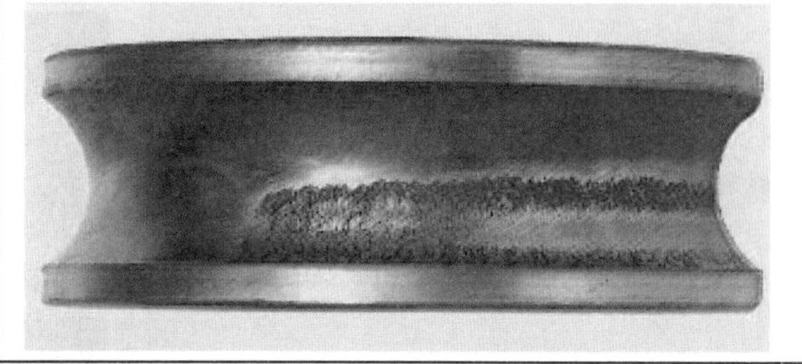</td></tr>
</table>

A.2.3 磨损

A.2.3.1 滚子端面上的(粘着)磨损

<table>
<tr><td>

失效原因

滚子上的轴向载荷过大和(或)润滑不充分造成粘着磨损，滚子端面发生咬粘。所示为咬粘放大图(滚子端面涂抹较轻的形式示于图9)。

预防措施

改善润滑。根据滚子端面与挡边接触处的压力和润滑条件，采用更合适的轴承类型。

</td><td>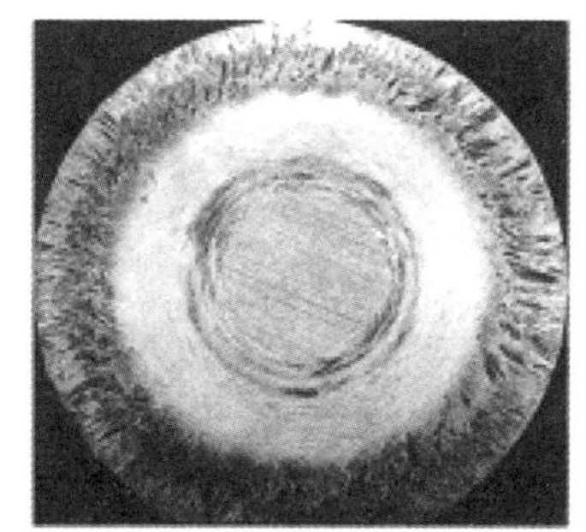 </td></tr>
</table>

A.2.3.2 圆锥滚子轴承上的(磨粒)磨损

<table>
<tr><td>

失效原因

润滑剂污染造成轴承接触表面磨损，磨损在滚子端面上清晰地显现。

预防措施

提高整个系统的清洁度。

</td><td></td></tr>
</table>

A.2.3.3 滚道上的涂抹

<table>
<tr><td>

失效原因

设计和运转不适当。由于旋转过程中轴承承受的载荷过轻或球(滚子)组的惯性太大(很大的加速度)或者由于振动(未受载)，滚动体和滚道之间发生涂抹(滑伤)。当涂抹(滑伤)发生时，会出现润滑不充分或轴系的动力学问题。

预防措施

重新考虑轴承的选型(减小尺寸)。进行无外加载荷试验时，应遵守跑合程序。选择合适的润滑剂(黏度、组分、添加剂)。采取减振措施。

</td><td></td></tr>
</table>

A.2.3.4 挡边磨损,滚子端面和挡边上的涂抹

失效原因 轴向过载,同时润滑也不充分;轴挠曲变形过大;轴承定位不当;配合表面不垂直。 **预防措施** 检查轴承应用的各个方面。	

A.2.3.5 轴承外圈滚道的光亮状磨损

失效原因 润滑剂不合适或润滑剂供给不足,滚道常呈现镜面状磨损痕迹。 **预防措施** 选择黏度更合适的润滑剂,提供充足的润滑,检查再润滑周期。	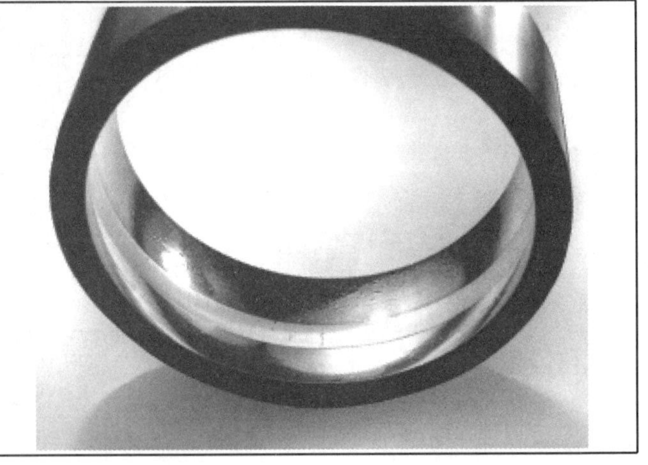

A.2.3.6 滚道、挡边和滚子严重磨损

失效原因 过载和润滑不足。 **预防措施** 检查载荷条件和润滑,检查轴承对工作条件的适用性。	

A.2.3.7 轴承端面与配合零件摩擦造成的擦伤或磨损

失效原因 过盈量不够大;配合零件松动。内圈蠕动造成圆周擦伤和接触表面磨损。轴弯曲或配合零件松动所引起的振动同样也可造成微动腐蚀型磨损。 **预防措施** 选择合适的配合并采用更紧的固定。检查有关承载和振动方面的应用条件。	

A.2.3.8 过热运转,运转表面变色并熔化

失效原因 润滑不足;工作游隙相对于载荷和速度太小;轴承严重过载。综合温度升高造成表面硬度降低。保持架上的磨损颗粒被碾进滚道并粘附在上面。如果继续运转,就可能造成突然失效。 **预防措施** 检查润滑剂的适用性和质量。检查径向游隙是否合适,重新考虑轴承的选型。	

A.2.3.9 保持架兜孔和球上的磨损(极线)

失效原因 载荷过大;润滑不充分;出现不应有的预载荷。嵌入保持架兜孔的硬颗粒也能造成极线。 **预防措施** 重新考虑轴承的选型(保持架类型)和径向游隙,改善润滑。	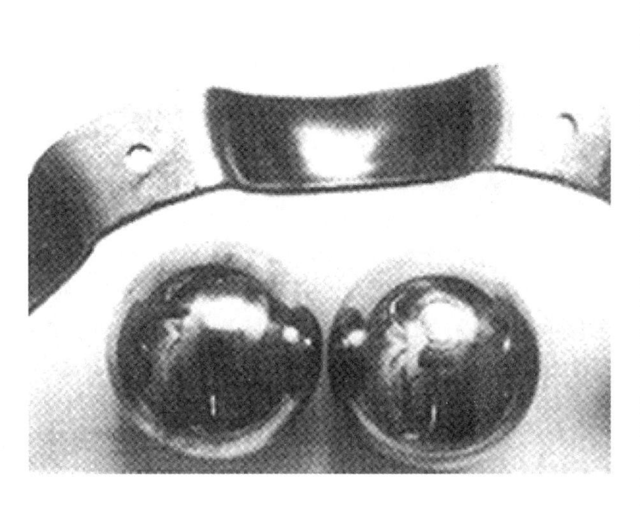

A.2.3.10 磨损的保持架兜孔出现咬粘痕迹

失效原因 由于间隙太小或偏斜,滚动体的运动受到约束;振动过大;润滑不充分;轴承选型不合适;安装不当。 **预防措施** 检查载荷和安装条件。选择合适的间隙和润滑。考虑用另一种轴承和保持架来代替。	

A.2.3.11 推力球轴承保持架兜孔磨损和断裂

失效原因 球的离心力太大,高速时由于轴向载荷不足造成失效。 预防措施 确定所需的最小轴向载荷并对制造厂规定的最大转速加以考虑。如果适用,则设置(弹簧)预紧。	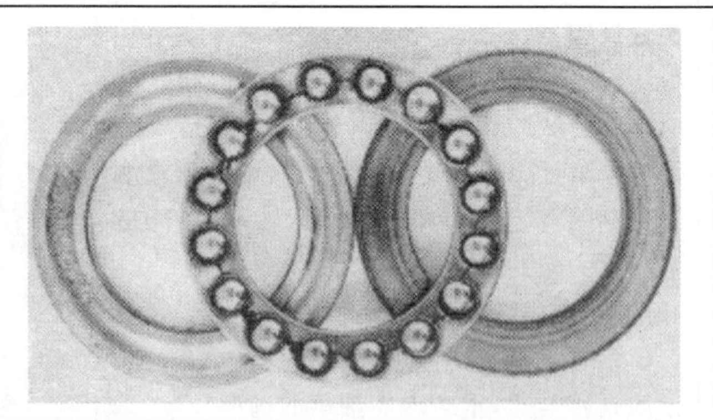

A.2.3.12 滚子和套圈滚道上的轴向划伤

失效原因 滚子和套圈滚道上的划伤(擦伤)是由于保持架和滚子组件偏斜,且在安装过程中未经旋转造成的。 径向游隙不合适也能造成同样的损伤。 预防措施 保证良好的同心,如果可能,装入保持架和滚子组件时,缓慢旋转内圈。检查径向游隙。	

A.2.4 腐蚀

A.2.4.1 潮湿环境下的腐蚀

失效原因 圆柱滚子轴承套圈和滚道上的深位锈蚀是由于水分侵入或润滑不充分造成的。 预防措施 改善密封并使用具有良好防锈性能的润滑脂或润滑油。	

A.2.4.2 未使用过的轴承的腐蚀

失效原因 新的、未使用过的轴承上出现锈蚀是由于贮存和搬运不当造成的;或者是由于防锈不充分造成的。 预防措施 在恒温、湿度低的干燥处贮存轴承。安装前再从包装物中取出轴承。	

A.2.4.3 手汗(指纹)的腐蚀

失效原因 操作不当,在未采取防护措施的状态下用汗手触摸轴承。 **预防措施** 避免用湿(汗)手触摸轴承,使用手套或皮肤药膏。	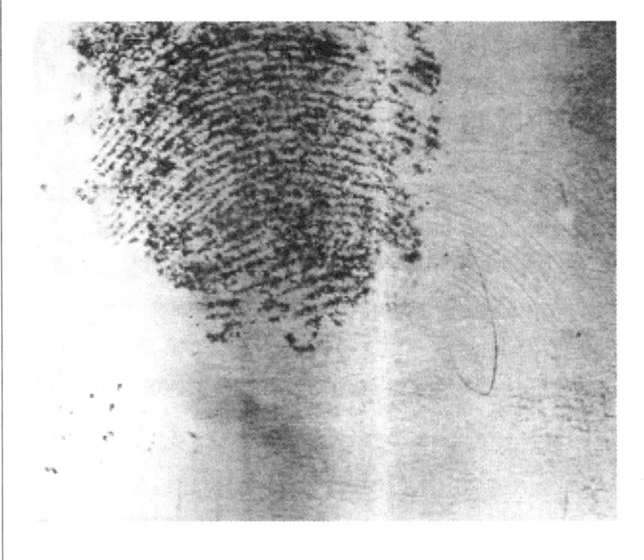

A.2.4.4 接触腐蚀

失效原因 滚道上位于滚动体节距处出现的腐蚀痕迹是由于贮存或使用过程中静止轴承上存在腐蚀性液体造成的。 **预防措施** 贮存时采取适当的防护措施。检查润滑剂量是否充足以及所规定的再润滑周期是否合适。检查密封。	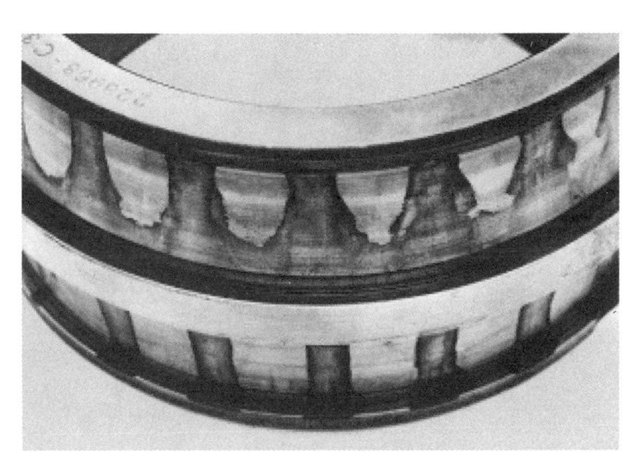

A.2.4.5 内圈内孔整个表面上的微动腐蚀

失效原因 过盈量不够大。内圈和轴之间反复滑动造成微动腐蚀,此时内圈也已发生蠕动。 **预防措施** 规定合适的配合并注意载荷的大小,轴支承面表面粗糙度的影响也应予以考虑。	

A.2.4.6 深沟球轴承外表面上的微动腐蚀造成外圈圆周上的裂纹

<table>
<tr><td>失效原因
裂纹由外圈外表面上的微动腐蚀引起。载荷交变和外圈支承面不够大造成了此种失效。
预防措施
为轴承套圈提供足够大的支承面。检查轴承相邻零件可能发生的变形。</td><td></td></tr>
</table>

A.2.4.7 外圈外表面整个圆周非常光亮，可见部分擦伤和微动腐蚀迹象

<table>
<tr><td>失效原因
外圈和轴承座之间配合过松且径向载荷相对外圈旋转。外圈在轴承座中蠕动对外圈外表面有抛光作用，可见擦伤和轻微的微动腐蚀迹象。
预防措施
根据载荷和运转条件选择合适的配合。</td><td></td></tr>
</table>

A.2.4.8 伪压痕

<table>
<tr><td>失效原因
外界冲击或振动频繁地传递到静止轴承上，导致滚道和滚动体之间发生摆动。
预防措施
采用适当的设计和隔离措施来抗振，如果可能，使一套圈相对另一套圈缓慢旋转。</td><td></td></tr>
</table>

A.2.4.9 伪压痕(振纹)

<table>
<tr><td>失效原因
由于旋转过程中的振动在滚道上造成间距很小的波纹状凹槽或振纹。
预防措施
采用适当的设计(使用减振器)来抗振。如果合适，也可通过施加预载荷来降低轴承对振动的敏感度。</td><td>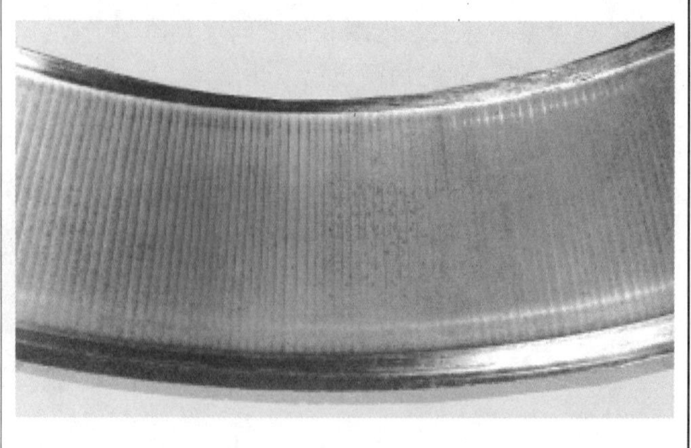</td></tr>
</table>

A.2.5 电蚀

A.2.5.1 电蚀(环形坑)

失效原因 滚道和滚动体上的环形坑是由于电流通过引起的。 **预防措施** 检查机器或轴承并采用正确的电绝缘。在电焊操作过程中,应保证机器正确接地。	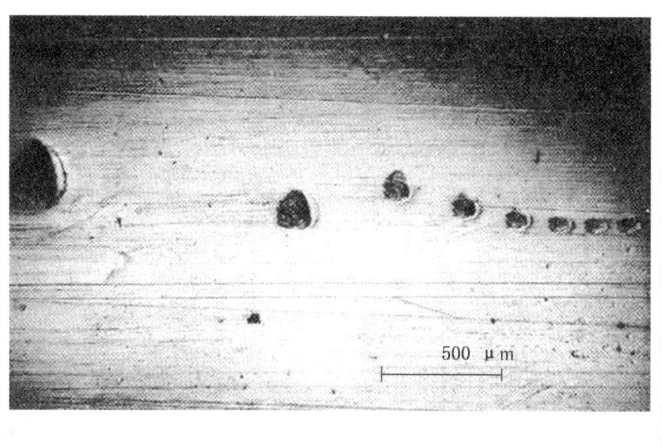

A.2.5.2 电蚀(沟槽)

失效原因 旋转的调心球轴承外圈滚道附近形成的沟槽是由于电流泄漏引起的。沟槽底部外观发黑,钢球颜色变暗。 **预防措施** 检查轴承并采用正确的电绝缘。	

A.2.5.3 电蚀(波纹状凹槽)

失效原因 滚道旋转轨迹上的波纹状凹槽是由于经常有较低强度的电流通过旋转的轴承引起的。凹槽底部颜色变暗。 **预防措施** 检查绝缘。接地。使用电绝缘轴承。	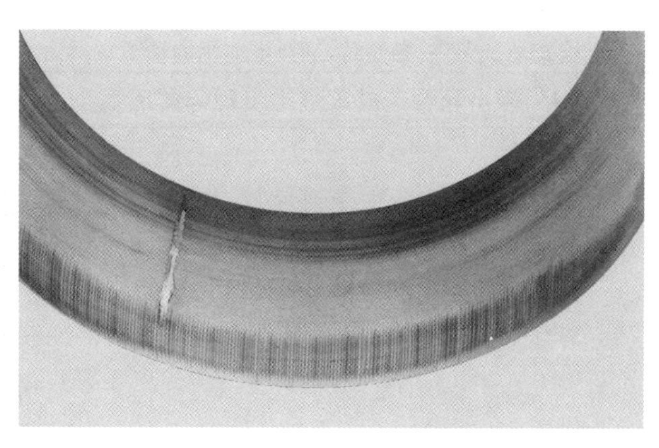

A.2.6 塑性变形

A.2.6.1 过载

<table>
<tr><td>

失效原因

圆锥滚子轴承过度偏斜造成过载和部分滚动体接触处出现塑性变形，造成剥落，表现为外圈滚道上的十字交叉接触痕迹。

预防措施

检查有关载荷、同心性以及轴或轴承座变形等应用条件。

</td><td></td></tr>
</table>

A.2.6.2 塑性变形，滚道上位于滚动体节距处出现的压痕

<table>
<tr><td>

失效原因

在运输、安装或运转过程中载荷过大(此时如果轴承静止，载荷已超过其静态承载能力)，造成滚道发生塑性变形并在滚动体节距处出现压痕。

预防措施

在运输过程中使用保护性装置，采用适当的安装步骤，保证使用轴承的所有设备正确操作。

</td><td></td></tr>
</table>

A.2.6.3 塑性变形，对应于滚动体节距的压痕

<table>
<tr><td>

失效原因

如果轴承静止，冲击载荷将造成滚道上位于滚动体节距处出现压痕。

随后的滚辗又导致压痕处出现剥落。

预防措施

检查承载条件，必要时，选择更适用的轴承。

</td><td></td></tr>
</table>

A.2.6.4 微小颗粒造成滚道上出现碎屑压痕

<table>
<tr><td>

失效原因

安装或运转过程中受到污染，密封不良。

预防措施

在安装和使用过程中最大限度地保持清洁。对注脂嘴等润滑装置进行清洁。改善密封。

</td><td></td></tr>
</table>

A.2.7 断裂

A.2.7.1 局部过载断裂

失效原因 安装不当,工具敲击在淬硬的轴承零件上造成金属缺损。 **预防措施** 采用合适的安装工具和步骤。	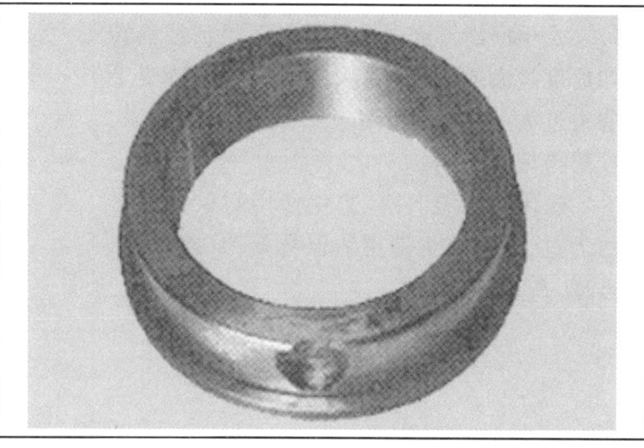

A.2.7.2 挡边断裂

失效原因 安装不当,工具敲击在淬硬的轴承零件上。 **预防措施** 采用合适的安装工具和步骤。	

A.2.7.3 内圈疲劳断裂

失效原因 与轴配合过紧,由于过盈配合产生的拉应力造成疲劳裂纹出现;相邻零件尺寸不符合规定,开裂始于滚道表面下的疲劳裂纹。 **预防措施** 检查相邻零件的尺寸。检查安装步骤。如果可能,选择更松的配合。如果需要过盈配合,检查套圈材料的适用性,必要时,选择更适用的材料。	

A.2.7.4 热裂

失效原因 套圈端面和相邻零件之间的滑动产生高摩擦热和热力裂纹。 **预防措施** 选择适合于应用条件的轴承安装方式。检查轴承定位方法,如采用合适的配合或轴向固定装置。	

A.2.7.5　保持架断裂，铆钉和保持架过梁开裂、折断和变形

失效原因 由于润滑不充分和球旋转不灵活或旋转加速度过大或轴承偏斜，使作用在保持架上的力过大。 **预防措施** 提供合适的润滑，避免作用在保持架上的力过大，选择更适用的保持架和(或)轴承类型。	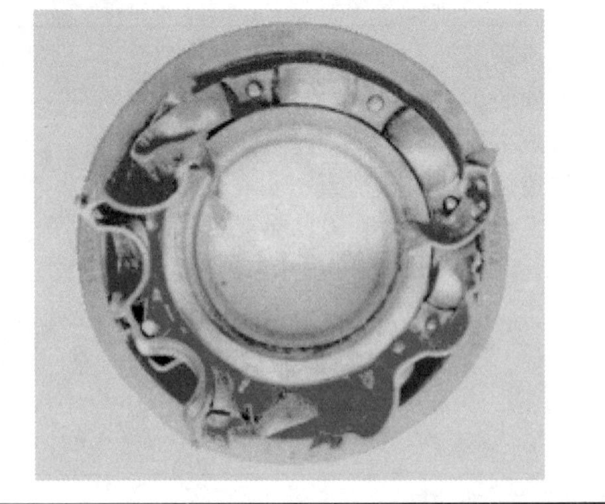

A.2.7.6　机制黄铜保持架铆钉断裂

失效原因 由振动引起疲劳断裂。 **预防措施** 减小振动或选择更适用的保持架结构和(或)材料，如整体保持架。	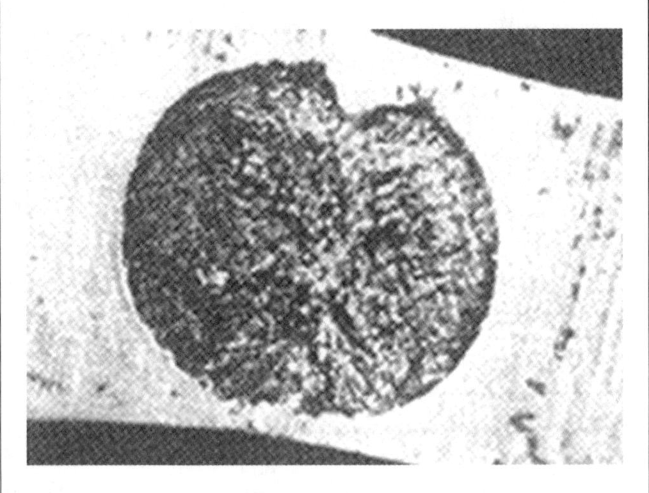

A.3　术语和定义

为了能更好地理解本标准中使用的术语，下列定义适用于本标准。

A.3.1

光亮状磨损　burnishing

具有磨光作用，使轴承零件原有的加工表面呈现更为光亮的外观。

A.3.2

振纹　chattering

滚道上出现的严重的高频周向波纹。

A.3.3

解理剥落　cleavage flaking

见 A.3.19。

A.3.4

腐蚀　corrosion

金属表面上的化学反应。

见 5.3.1。

A.3.5

开裂 crack

材料的基体已裂开,但还没有完全分离。

A.3.6

成坑 cratering

因电流通过,在接触表面之间形成环形坑。

见5.4。

A.3.7

蠕动 creep

轴承套圈间隙配合安装并且载荷相对轴承套圈转动时,轴承套圈在其支承面上的滚动运动。

注:蠕动过程中,滚辗导致内圈相对轴的转速或者外圈相对轴承座的转速存在微小差异。蠕动常常(但不一定总是)伴随有套圈与支承面接触处的滑动。

A.3.8

损伤 damage

零件在制造厂制造或装配好之后,造成其功能降低的任何变化。

A.3.9

缺陷 defect

轴承零件在制造厂制造或装配期间引起的材料或产品不合格。

A.3.10

变色 discolouration

受热或化学反应引起的外观变化。

A.3.11

电蚀 electrical erosion

电流通过造成材料的移失。

见5.4。

A.3.12

侵蚀 eroding

由电蚀造成材料的移失。

见电蚀。

A.3.13

失效 failure

使轴承不能满足预定设计性能要求的缺陷或损伤。

注:在使用过程中,轴承表面外观上的变化不一定就意味着轴承失效。

A.3.14

疲劳 fatigue

由滚动体和滚道接触区内的交变应力造成的组织变化。

见5.1.1。

A.3.15

小片状剥落 flaking

次表面起源型疲劳造成表面材料的缺失。

见5.1.2。

A.3.16

波纹状凹槽 fluting

形成的密集、等距沟槽。

见5.3.3.3和5.4.3。

A.3.17

断裂　fracture

开裂扩展至完全分离。

见 5.6.1。

A.3.18

微动腐蚀　fretting corrosion

零件间的微小运动所引起的氧化和变色。

见 5.3.3.2。

A.3.19

粗化　frosting

粘着磨损的特定形式，金属微小碎片被滚动体从轴承滚道上扯下。

注：粗化区在一个方向上感觉平滑，但在另一个方向上则有明显的粗糙感。

A.3.20

粘结　galling

粘着磨损的一种。

见 5.2.3。

A.3.21

磨光　glazing

见 A.3.1。

A.3.22

发灰　grey staining

见 A.3.24。

A.3.23

阻滞　jamming

轴承零件间阻止正常运动的障碍。

A.3.24

显微剥落　microspalling

微凸体接触处的浅层剥落。

A.3.25

剥离　peeling

小片状剥落(剥落)的严重阶段。

注：剥离有时也用作描述表面的显微剥落。

A.3.26

麻点　pitting

材料移失导致表面形成的凹坑。

注：由于该描述具有通用性，因此，已不在疲劳术语中使用。

A.3.27

塑性变形　plastic deformation

超过材料的屈服强度时发生的永久性变形。

见 5.5.1。

A.3.28

压力抛光　pressure polishing

可改善表面外观的正常显微磨损(跑合)。

A. 3. 29

划伤　scoring

严重的擦伤。

见 A. 3. 30。

注：在美国，划伤也用作描述涂抹。

A. 3. 30

擦伤　scratching

尖角物或微凸体或硬颗粒嵌入一表面或分布在两表面之间所形成的微小沟槽。

A. 3. 31

胶合　scuffing

粘着磨损的一种。

见 5. 2. 3。

A. 3. 32

咬粘　seizing

接触表面润滑不充分、载荷过大和温度升高所引起的过度涂抹，它取决于运转速度和温度，可导致材料退火、二次淬火、开裂、摩擦焊合，严重时，还可导致轴承零件发生阻滞。

A. 3. 33

滑伤　skidding

由于高速滑动和因载荷迅速变化而使润滑油膜破裂，在不连续表面区域出现的雾状表面损伤。

A. 3. 34

涂抹　smearing

粘着磨损的一种。

见 5. 2. 3。

A. 3. 35

剥落　spalling

小片状剥落的后期阶段。

A. 3. 36

表面损伤　surface distress

表面起源型疲劳。

见 5. 1. 3。

A. 3. 37

搓板纹　washboarding

见 A. 3. 16。

A. 3. 38

磨损　wear

在使用过程中，两个滑动接触表面或一个滚动接触表面与一个滑动接触表面的微凸体相互作用，造成材料的逐渐移失。

见 5. 2. 1。

参 考 文 献

[1] GB/T 6391—2003 滚动轴承 额定动载荷和额定寿命(ISO 281:1990,IDT).

[2] GB/T 15757—2002 产品几何量技术规范(GPS) 表面缺陷 术语、定义及参数(eqv ISO 8785:1998).

[3] ISO 6601:2002 塑料 滑动摩擦和磨损 试验参数鉴别.

ICS 21.100.20
J 11

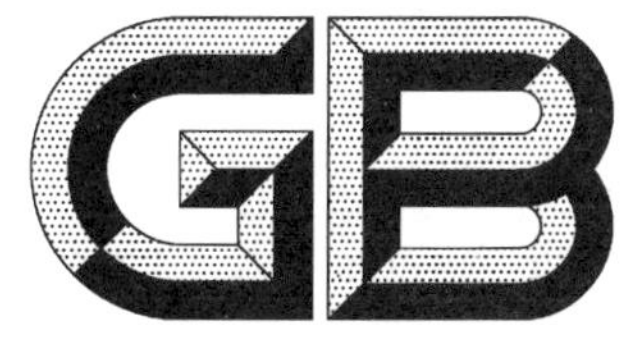

中华人民共和国国家标准

GB/T 25766—2010

滚动轴承　外球面球轴承　径向游隙

Rolling bearings—Insert bearings—Radial internal clearance

2010-12-23 发布　　2011-06-01 实施

中华人民共和国国家质量监督检验检疫总局
中国国家标准化管理委员会　发布

前　言

本标准由中国机械工业联合会提出。

本标准由全国滚动轴承标准化技术委员会(SAC/TC 98)归口。

本标准起草单位:洛阳轴承研究所有限公司、浙江新昌皮尔轴承有限公司。

本标准主要起草人:宋玉聪、马素青、樊新英、孟晓慧。

滚动轴承　外球面球轴承　径向游隙

1　范围

本标准规定了外球面球轴承的径向游隙值及其测量原则。

本标准不适用于两端平头外球面球轴承，两端平头外球面球轴承的径向游隙值按 GB/T 4604—2006 的规定。

2　规范性引用文件

下列文件中的条款通过本标准的引用而成为本标准的条款。凡是注日期的引用文件，其随后所有的修改单(不包括勘误的内容)或修订版均不适用于本标准，然而，鼓励根据本标准达成协议的各方研究是否可使用这些文件的最新版本。凡是不注日期的引用文件，其最新版本适用于本标准。

GB/T 3882—1995　滚动轴承　外球面球轴承和偏心套　外形尺寸(neq ISO 9628:1992)

GB/T 4604—2006　滚动轴承　径向游隙(ISO 5753:1991,MOD)

GB/T 6930—2002　滚动轴承　词汇(ISO 5593:1997,IDT)

GB/T 7811—2007　滚动轴承　参数符号(ISO 15241:2001,IDT)

JB/T 6640—2007　滚动轴承　带座外球面球轴承　代号方法

3　定义

GB/T 6930—2002 中 05.08.01 确立的径向游隙的定义适用于本标准。

4　符号

GB/T 7811—2007 给出的符号适用于本标准。

5　代号

本标准所规定的径向游隙的代号按 JB/T 6640—2007 的规定。

6　径向游隙值

6.1　外形尺寸符合 GB/T 3882—1995 的外球面球轴承的径向游隙值按表 1、表 2 的规定。

6.2　外形尺寸不符合 GB/T 3882—1995 的外球面球轴承的径向游隙值可参照 6.1 中与之外径相同的外球面球轴承的径向游隙值。

7　径向游隙的测量原则

7.1　测量轴承的径向游隙时，将一个套圈紧固(不能使被固定套圈工作表面的尺寸和几何形状有所改变)，另一个套圈在直径方向自由移动。

7.2　每套轴承的径向游隙，应在圆周上相隔 120°的三处进行测量，三次测量的算术平均值即为该套轴承的径向游隙值。

7.3　测量轴承的径向游隙时，应保证轴承内、外套圈沟道的对称轴线不产生角度偏斜。

表 1 圆柱孔

单位为微米

d/ mm		2 系列、3 系列					
		2 组		N 组		3 组	
超过	到	min	max	min	max	min	max
10	18	3	18	10	25	18	33
18	24	5	20	12	28	20	36
24	30	5	20	12	28	23	41
30	40	6	20	13	33	28	46
40	50	6	23	14	36	30	51
50	65	8	28	18	43	38	61
65	80	10	30	20	51	46	71
80	100	12	36	24	58	53	84
100	120	15	41	28	66	61	97
120	140	18	48	33	81	71	114

表 2 圆锥孔

单位为微米

d/ mm		2 系列、3 系列					
		2 组		N 组		3 组	
超过	到	min	max	min	max	min	max
10	18	10	25	18	33	25	45
18	24	12	28	20	36	28	48
24	30	12	28	23	41	30	53
30	40	13	33	28	46	40	64
40	50	14	36	30	51	45	73
50	65	18	43	38	61	55	90
65	80	20	51	46	71	65	105
80	100	24	58	53	84	75	120
100	120	28	66	61	97	90	140
120	140	33	81	71	114	105	160

ICS 21.100.20
J 11

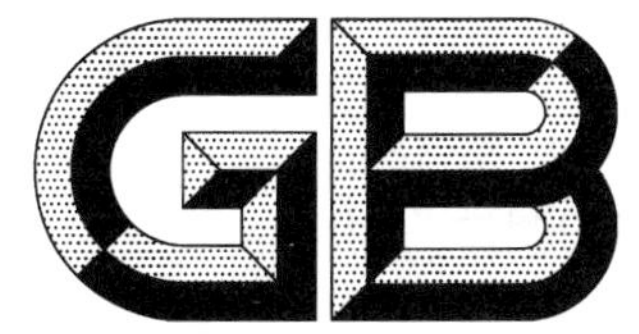

中华人民共和国国家标准

GB/T 27554—2011

滚动轴承　带座外球面球轴承　代号方法

Rolling bearings—Insert bearing units—Identification code

2011-11-21 发布　　2012-06-01 实施

中华人民共和国国家质量监督检验检疫总局
中国国家标准化管理委员会　发布

前 言

本标准按照 GB/T 1.1—2009 给出的规则起草。

本标准由中国机械工业联合会提出。

本标准由全国滚动轴承标准化技术委员会(SAC/TC 98)归口。

本标准起草单位:洛阳轴承研究所有限公司、泛科轴承集团有限公司、东莞市 TR 轴承有限公司、浙江新昌皮尔轴承有限公司。

本标准主要起草人:马素青、陈志婷、李彬、樊新英、伍海魂。

滚动轴承　带座外球面球轴承　代号方法

1　范围

本标准规定了带座外球面球轴承(以下简称带座轴承)及带附件的带座轴承代号的编制方法。

本标准适用于一般用途的带座轴承。

2　规范性引用文件

下列文件对于本文件的应用是必不可少的。凡是注日期的引用文件,仅注日期的版本适用于本文件。凡是不注日期的引用文件,其最新版本(包括所有的修改单)适用于本文件。

GB/T 272—1993　滚动轴承　代号方法

GB/T 6930—2002　滚动轴承　词汇

GB/T 7810—1995　滚动轴承　带座外球面球轴承　外形尺寸

JB/T 2974—2004　滚动轴承　代号方法的补充规定

JB/T 5303—2002　带座外球面球轴承　补充结构　外形尺寸

JB/T 5304—2007　滚动轴承　外球面球轴承　径向游隙

3　术语和定义

GB/T 6930—2002 界定的术语和定义适用于本文件。

4　带座轴承代号

4.1　带座轴承代号的构成

带座轴承代号由基本代号、前置代号和后置代号构成,其排列顺序如下:

前置代号	基本代号	后置代号

4.2　基本代号

4.2.1　基本代号的构成

外形尺寸符合 GB/T 7810—1995、JB/T 5303—2002 的带座轴承,其基本代号由带座轴承结构型式代号、尺寸系列代号、内径代号构成,排列顺序按表 1 的规定。

表 1

基本代号		
结构型式代号	尺寸系列代号	内径代号

4.2.2 结构型式代号

4.2.2.1 结构型式代号的构成

带座轴承结构型式代号由外球面球轴承结构型式代号与外球面球轴承座结构型式代号组合而成，用大写拉丁字母表示，排列顺序按表2的规定。

表2

结构型式代号	
外球面球轴承结构型式代号	外球面球轴承座结构型式代号

4.2.2.2 外球面球轴承结构型式代号

外球面球轴承结构型式代号用大写拉丁字母表示，其代号按表3的规定。

表3

代　　号	外球面球轴承结构型式
UC	带顶丝外球面球轴承
UEL	带偏心套外球面球轴承
UK	有圆锥孔外球面球轴承
UB	一端平头带顶丝外球面球轴承
UE	轻型带偏心套外球面球轴承
UD	两端平头外球面球轴承

4.2.2.3 外球面球轴承座结构型式代号

外球面球轴承座结构型式代号用大写拉丁字母表示，其代号按表4的规定。

表4

代　　号	外球面球轴承座结构型式	代　　号	外球面球轴承座结构型式
P	铸造立式座	C	铸造环形座
PH	铸造高中心立式座	FT	铸造三角形座
PA	铸造窄立式座	FB	铸造悬挂式座
FU	铸造方形座	HA	铸造悬吊式座
FS	铸造凸台方形座	PP	冲压立式座
FLU	铸造菱形座	PF	冲压圆形座
FA	铸造可调菱形座	PFT	冲压三角形座
FC	铸造凸台圆形座	PFL	冲压菱形座
K(T[a])	铸造滑块座		
[a] 铸造滑块座也可采用代号“T”。			

4.2.3 尺寸系列代号

带座轴承的尺寸系列代号按座中轴承的尺寸系列代号表示，轴承的尺寸系列代号用阿拉伯数字表示，其代号按表5的规定。

表5

尺寸系列代号	尺寸系列
2 3	2系列 3系列

4.2.4 内径代号

带座轴承的内径代号按座中轴承的内径代号表示，其表示方法按GB/T 272—1993中表5的规定。

4.2.5 常用的带座轴承基本代号

常用的带座轴承结构型式、尺寸系列、内径代号及由其组成的基本代号按表6的规定。

表6

结构型式	带座轴承结构型式代号		尺寸系列代号	内径代号	基本代号
	轴承结构型式代号	轴承座结构型式代号			
带立式座顶丝外球面球轴承	UC	P	2 3	00	UCP 200 UCP 300
带立式座偏心套外球面球轴承	UEL	P	2 3	00	UELP 200 UELP 300
带高中心立式座顶丝外球面球轴承	UC	PH	2	00	UCPH 200
带窄立式座顶丝外球面球轴承	UC	PA	2	00	UCPA 200
带方形座顶丝外球面球轴承	UC	FU	2 3	00	UCFU 200 UCFU 300
带方形座偏心套外球面球轴承	UEL	FU	2 3	00	UELFU 200 UELFU 300
带凸台方形座顶丝外球面球轴承	UC	FS	3	00	UCFS 300
带菱形座顶丝外球面球轴承	UC	FLU	2 3	00	UCFLU 200 UCFLU 300
带菱形座偏心套外球面球轴承	UEL	FLU	2 3	00	UELFLU 200 UELFLU 300
带可调菱形座顶丝外球面球轴承	UC	FA	2	00	UCFA 200
带凸台圆形座顶丝外球面球轴承	UC	FC	2	00	UCFC 200
带凸台圆形座偏心套外球面球轴承	UEL	FC	2	00	UELFC 200
带滑块座顶丝外球面球轴承	UC	K(T)	2 3	00	UCK(T) 200 UCK(T) 300
带滑块座偏心套外球面球轴承	UEL	K(T)	2 3	00	UELK(T) 200 UELK(T) 300

表 6（续）

结构型式	带座轴承结构型式代号		尺寸系列代号	内径代号	基本代号
	轴承结构型式代号	轴承座结构型式代号			
带环形座顶丝外球面球轴承	UC	C	2 3	00	UCC 200 UCC 300
带环形座偏心套外球面球轴承	UEL	C	2 3	00	UELC 200 UELC 300
带三角形座顶丝外球面球轴承	UC	FT	2	00	UCFT 200
带悬挂式座顶丝外球面球轴承	UC	FB	2	00	UCFB 200
带悬吊式座顶丝外球面球轴承	UC	HA	2	00	UCHA 200
带冲压立式座顶丝外球面球轴承	UB	PP	2	00	UBPP 200
带冲压立式座偏心套外球面球轴承	UE	PP	2	00	UEPP 200
带冲压圆形座顶丝外球面球轴承	UB	PF	2	00	UBPF 200
带冲压圆形座偏心套外球面球轴承	UE	PF	2	00	UEPF 200
带冲压三角形座顶丝外球面球轴承	UB	PFT	2	00	UBPFT 200
带冲压三角形座偏心套外球面球轴承	UE	PFT	2	00	UEPFT 200
带冲压菱形座顶丝外球面球轴承	UB	PFL	2	00	UBPFL 200
带冲压菱形座偏心套外球面球轴承	UE	PFL	2	00	UEPFL 200

4.3 前置代号

前置代号为带座轴承附加防尘盖时，在基本代号前添加的补充代号。

前置代号置于基本代号的前边并与基本代号间用“-”隔开。

前置代号用大写拉丁字母表示，其代号及其含义按表 7 的规定。

表 7

代　　号	含　　义
C	带座轴承两侧(对凸缘座[a] 只有一侧)为铸造通盖
CM	带座轴承一侧为铸造通盖，而另一侧(对凸缘座[a] 只有这一侧)为铸造盲盖
S	带座轴承两侧(对凸缘座[a] 只有一侧)为钢板冲压通盖
SM	带座轴承一侧为钢板冲压通盖，而另一端(对凸缘座[a] 只有这一侧)为钢板冲压盲盖

[a] 方形、菱形、圆形、三角形座属凸缘座。

4.4 后置代号

后置代号为带座轴承在结构型式、尺寸、公差、技术要求等有改变时，在基本代号后添加的补充代号。

后置代号置于基本代号的后边，用大写拉丁字母(或加数字)表示。

后置代号及其含义、排列顺序按表8的规定，编制规则按GB/T 272—1993的规定。

表8

顺序号	项目名称	含义	代号
1	内部结构	1) 内部结构改变； 2) 轴承外圈上有润滑油槽； 3) 尺寸、公差改变	A、B或C G Y
2	密封与防尘结构	1) 密封结构改变； 2) 带三唇密封圈	RS R3
3	保持架及其材料	轴承保持架结构、材料改变	按JB/T 2974—2004的规定
4	轴承零件(保持架除外)与轴承座材料	轴承零件(保持架除外)与轴承座材料改变	按JB/T 2974—2004的规定
5	游隙	1) 游隙符合JB/T 5304—2007规定的0组； 2) 游隙符合JB/T 5304—2007规定的2组； 3) 游隙符合JB/T 5304—2007规定的3组	— C2 C3
6	配合	1) 轴承与轴承座的球面内径采用H7公差带配合； 2) 轴承与轴承座的球面内径采用J7公差带配合； 3) 轴承与轴承座的球面内径采用K7公差带配合	— J K
7	其他	对振动、噪声、摩擦力矩、工作温度、润滑等有特殊要求	按JB/T 2974—2004的规定

4.5 带附件的带座轴承代号

常用带紧定套带座轴承的代号按表9的规定。

表9

结构型式	带座轴承结构型式代号	紧定套代号	组合代号
带立式座紧定套外球面球轴承	UKP	H 000	UKP 000+H 000
带方形座紧定套外球面球轴承	UKFU	H 000	UKFU 000+H 000
带菱形座紧定套外球面球轴承	UKFL	H 000	UKFL 000+H 000
带凸台圆形座紧定套外球面球轴承	UKFC	H 000	UKFC 000+H 000
带滑块座紧定套外球面球轴承	UKK(T)	H 000	UKK(T) 000+H 000

4.6 代号示例

示例1：带铸造立式座紧定套外球面球轴承

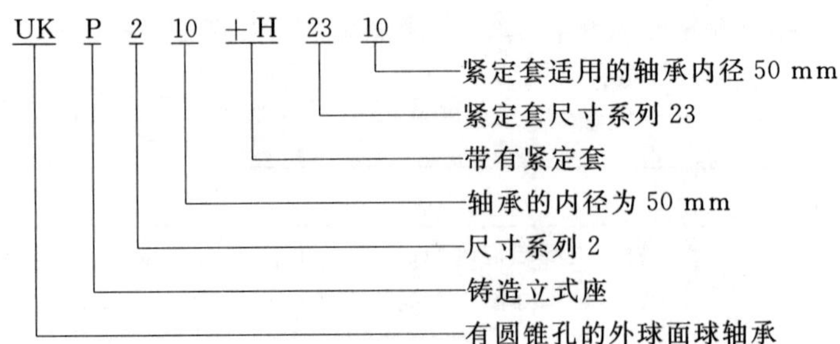

示例 2:带有铸造盖并带铸造方形座顶丝外球面球轴承

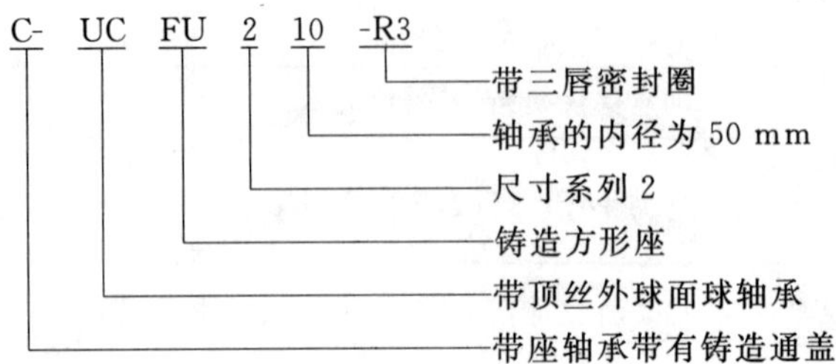

ICS 21.100.20
J 11

中华人民共和国国家标准

GB/T 28779—2012

滚动轴承　带座外球面球轴承　分类

Rolling bearings—Insert bearing units—Classification

2012-11-05 发布　　2013-03-01 实施

中华人民共和国国家质量监督检验检疫总局
中国国家标准化管理委员会　发布

前　言

本标准按照 GB/T 1.1—2009 给出的规则起草。

本标准由中国机械工业联合会提出。

本标准由全国滚动轴承标准化技术委员会(SAC/TC 98)归口。

本标准起草单位:洛阳轴承研究所有限公司、南安轴承有限责任公司、东莞市 TR 轴承有限公司、浙江新昌皮尔轴承有限公司、中山市盈科轴承制造有限公司。

本标准主要起草人:马素青、杨荣谋、李建林、樊新英、王冰。

滚动轴承　带座外球面球轴承　分类

1　范围

本标准规定了带座外球面球轴承(以下简称带座轴承)的分类方法、分类及其结构型式。

本标准适用于带座外球面球轴承的分类。

2　规范性引用文件

下列文件对于本文件的应用是必不可少的。凡是注日期的引用文件,仅注日期的版本适用于本文件。凡是不注日期的引用文件,其最新版本(包括所有的修改单)适用于本文件。

GB/T 6930—2002　滚动轴承　词汇

GB/T 7810—1995　滚动轴承　带座外球面球轴承外形尺寸

GB/T 27554—2011　滚动轴承　带座外球面球轴承　代号方法

JB/T 5303—2002　带座外球面球轴承补充结构　外形尺寸

3　术语和定义

GB/T 6930—2002 界定的术语和定义适用于本文件。

4　带座轴承的分类方法

4.1　带座轴承按轴承座的加工方式,分为:

a)　带铸造座轴承;

b)　带冲压座轴承。

4.2　带座轴承按轴承座的形状,分为:

a)　带立式座轴承;

b)　带方形座轴承;

c)　带菱形座轴承;

d)　带圆形座轴承;

e)　带滑块座轴承;

f)　带环形座轴承;

g)　带悬挂式座轴承;

h)　带悬吊式座轴承;

i)　带三角形座轴承。

4.3　带座轴承按座内的轴承结构型式,分为:

a)　带座顶丝外球面球轴承;

b)　带座偏心套外球面球轴承;

c)　带座紧定套外球面球轴承。

4.4 带座轴承按轴承座的材料，分为：

a） 带铸铁座轴承；

b） 带铸钢座轴承；

c） 带不锈钢座轴承；

d） 带钢板座轴承；

e） 带塑料座轴承。

5 带座轴承分类

带座轴承按其轴承座的加工方式、形状及座内外球面球轴承的结构型式分为若干类，见表1。

表1 带座轴承分类

<table>
<tr><td rowspan="13">带铸造座轴承</td><td rowspan="3">带立式座轴承</td><td>带立式座顶丝外球面球轴承
带立式座偏心套外球面球轴承
带立式座紧定套外球面球轴承</td></tr>
<tr><td>带高中心立式座顶丝外球面球轴承
带高中心立式座偏心套外球面球轴承
带高中心立式座紧定套外球面球轴承</td></tr>
<tr><td>带窄立式座顶丝外球面球轴承
带窄立式座偏心套外球面球轴承
带窄立式座紧定套外球面球轴承</td></tr>
<tr><td rowspan="2">带方形座轴承</td><td>带方形座顶丝外球面球轴承
带方形座偏心套外球面球轴承
带方形座紧定套外球面球轴承</td></tr>
<tr><td>带凸台方形座顶丝外球面球轴承
带凸台方形座偏心套外球面球轴承
带凸台方形座紧定套外球面球轴承</td></tr>
<tr><td rowspan="2">带菱形座轴承</td><td>带菱形座顶丝外球面球轴承
带菱形座偏心套外球面球轴承
带菱形座紧定套外球面球轴承</td></tr>
<tr><td>带可调菱形座顶丝外球面球轴承
带可调菱形座偏心套外球面球轴承
带可调菱形座紧定套外球面球轴承</td></tr>
<tr><td>带圆形座轴承</td><td>带凸台圆形座顶丝外球面球轴承
带凸台圆形座偏心套外球面球轴承
带凸台圆形座紧定套外球面球轴承</td></tr>
<tr><td>带滑块座轴承</td><td>带滑块座顶丝外球面球轴承
带滑块座偏心套外球面球轴承
带滑块座紧定套外球面球轴承</td></tr>
<tr><td>带环形座轴承</td><td>带环形座顶丝外球面球轴承
带环形座偏心套外球面球轴承</td></tr>
<tr><td>带悬挂式座轴承</td><td>带悬挂式座顶丝外球面球轴承
带悬挂式座偏心套外球面球轴承
带悬挂式座紧定套外球面球轴承</td></tr>
</table>

表 1（续）

带铸造座轴承	带悬吊式座轴承	带悬吊式座顶丝外球面球轴承 带悬吊式座偏心套外球面球轴承 带悬吊式座紧定套外球面球轴承
带冲压座轴承	带冲压立式座轴承	带冲压立式座一端平头顶丝外球面球轴承 带冲压立式座轻型偏心套外球面球轴承
	带冲压圆形座轴承	带冲压圆形座一端平头顶丝外球面球轴承 带冲压圆形座轻型偏心套外球面球轴承
	带冲压菱形座轴承	带冲压菱形座一端平头顶丝外球面球轴承 带冲压菱形座轻型偏心套外球面球轴承
	带冲压三角形座轴承	带冲压三角形座一端平头顶丝外球面球轴承 带冲压三角形座轻型偏心套外球面球轴承
注：同种带座轴承按其座的结构变型或轴承的润滑方式、密封、防尘的不同可分为多种结构型式。		

6 带座轴承结构型式、代号

带座轴承结构型式、代号见表 2。

表 2 带座轴承结构型式及代号

序号	简　图	结构型式名称	结构型式代号	标准号
带铸造座轴承				
1	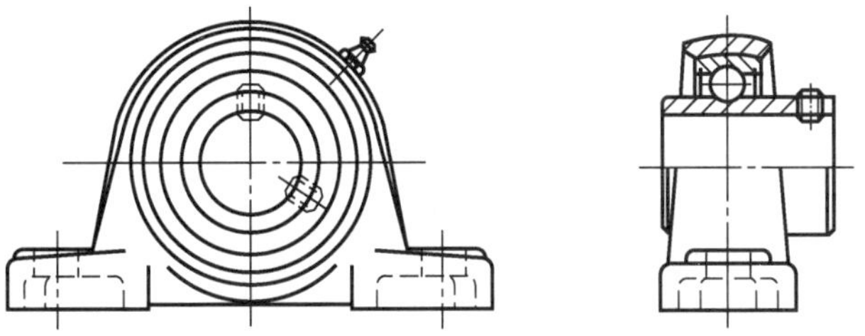	带立式座顶丝外球面球轴承	UCP 型	GB/T 7810—1995
2	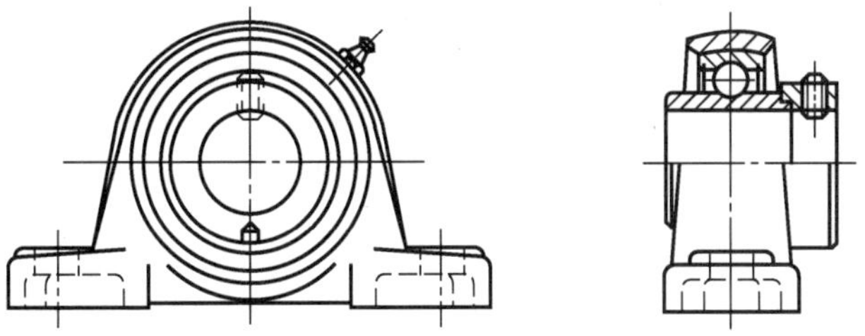	带立式座偏心套外球面球轴承	UELP 型	GB/T 7810—1995

表 2（续）

序号	简图	结构型式名称	结构型式代号	标准号
3	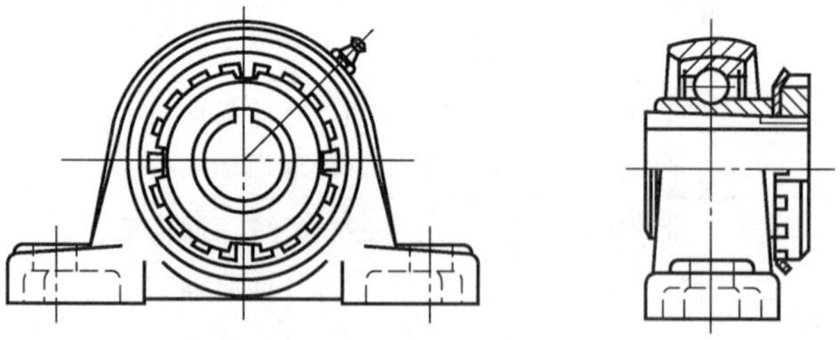	带立式座紧定套外球面球轴承	UKP+H 型	GB/T 7810—1995
4	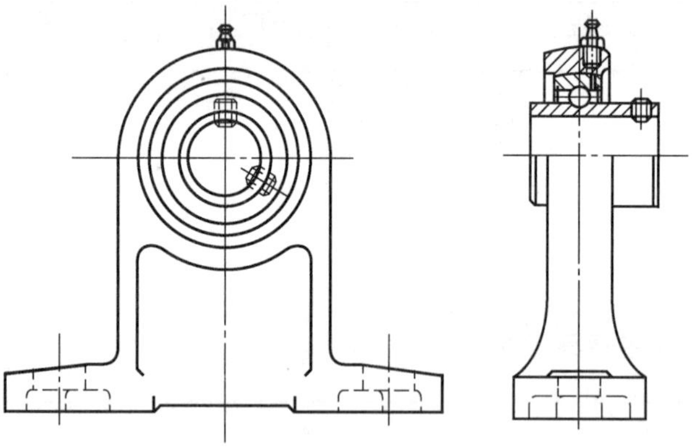	带高中心立式座顶丝外球面球轴承	UCPH 型	JB/T 5303—2002
5	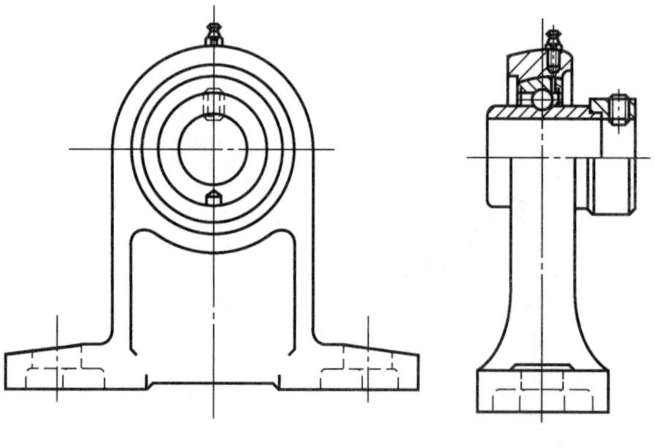	带高中心立式座偏心套外球面球轴承	UELPH 型	JB/T 5303—2002
6	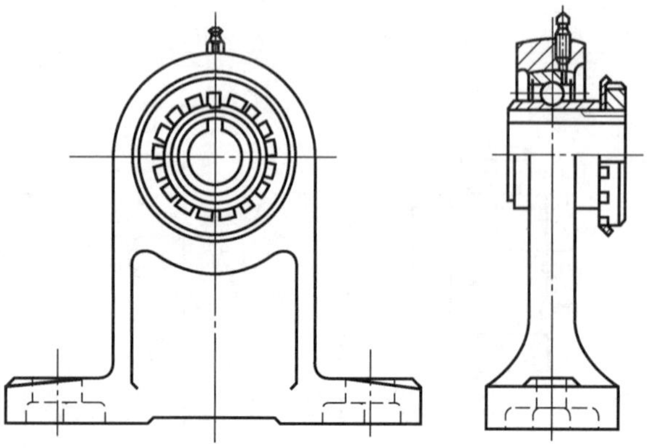	带高中心立式座紧定套外球面球轴承	UKPH+H 型	JB/T 5303—2002

表 2（续）

序号	简　　图	结构型式名称	结构型式代号	标准号
7	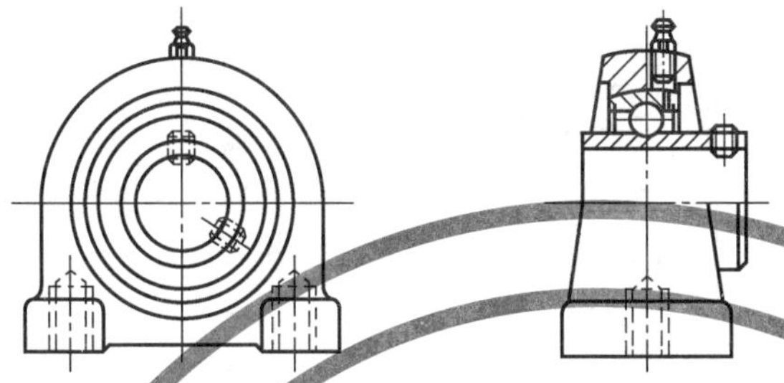	带窄立式座顶丝外球面球轴承	UCPA 型	JB/T 5303—2002
8		带窄立式座偏心套外球面球轴承	UELPA 型	JB/T 5303—2002
9	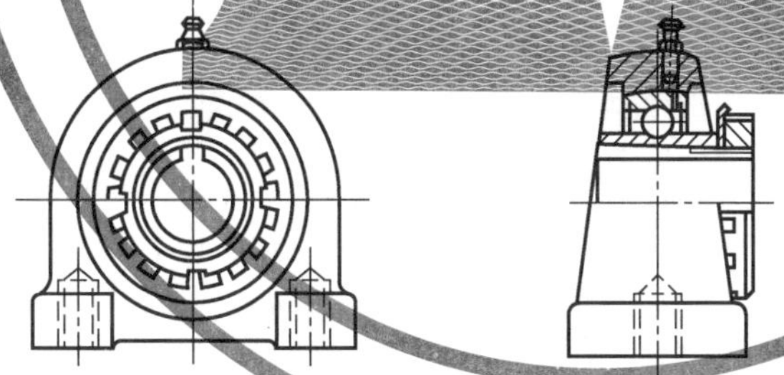	带窄立式座紧定套外球面球轴承	UKPA＋H 型	JB/T 5303—2002
10	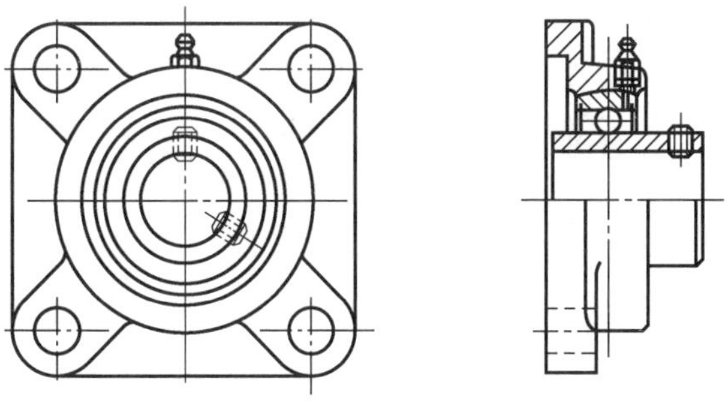	带方形座顶丝外球面球轴承	UCFU 型	GB/T 7810—1995

表 2（续）

序号	简　　图	结构型式名称	结构型式代号	标准号
11	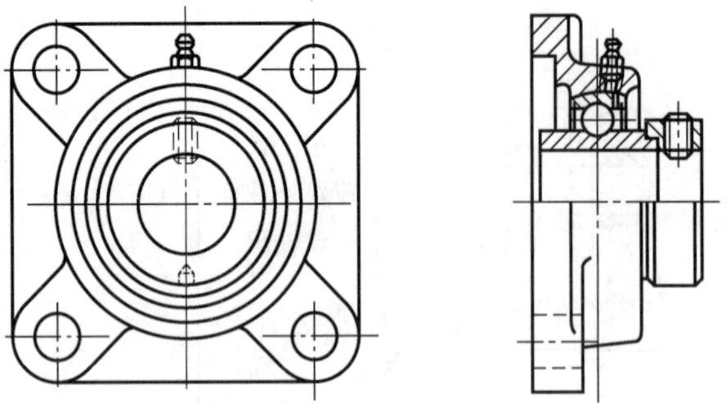	带方形座偏心套外球面球轴承	UELFU 型	GB/T 7810—1995
12	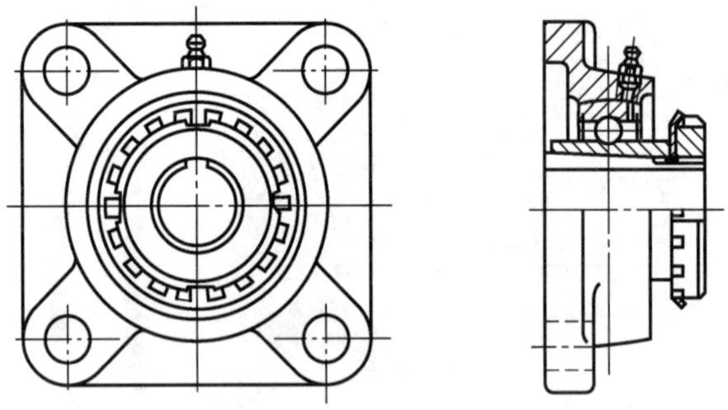	带方形座紧定套外球面球轴承	UKFU＋H 型	GB/T 7810—1995
13	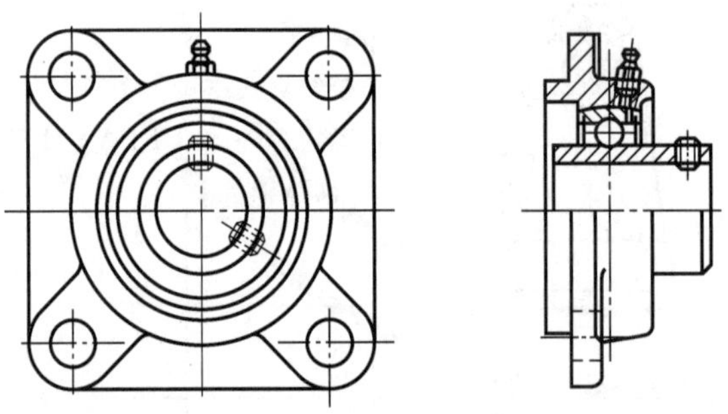	带凸台方形座顶丝外球面球轴承	UCFS 型	—
14	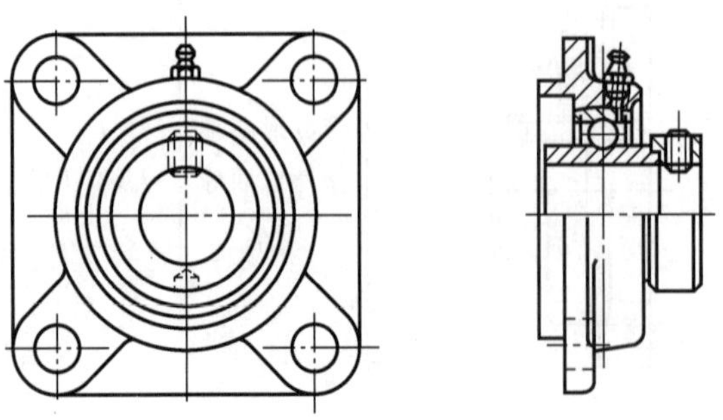	带凸台方形座偏心套外球面球轴承	UELFS 型	—

表 2（续）

序号	简　　图	结构型式名称	结构型式代号	标准号
15	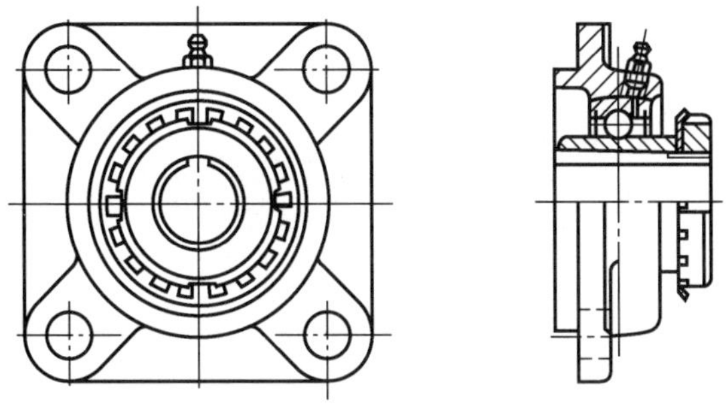	带凸台方形座紧定套外球面球轴承	UKFS＋H 型	—
16	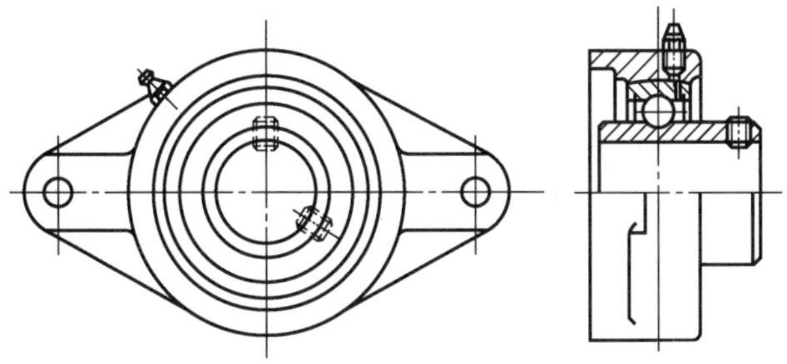	带菱形座顶丝外球面球轴承	UCFLU 型	GB/T 7810—1995
17	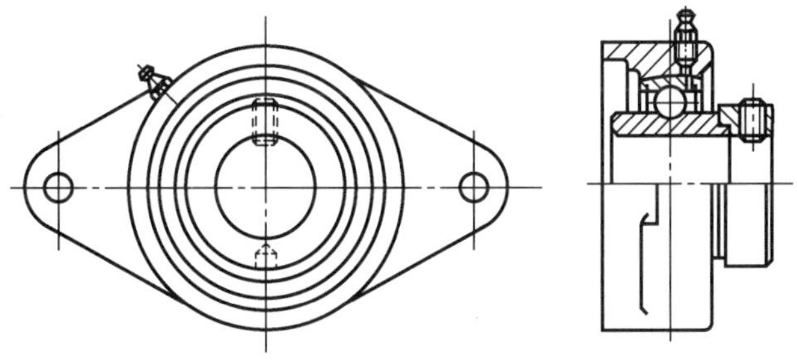	带菱形座偏心套外球面球轴承	UELFLU 型	GB/T 7810—1995
18	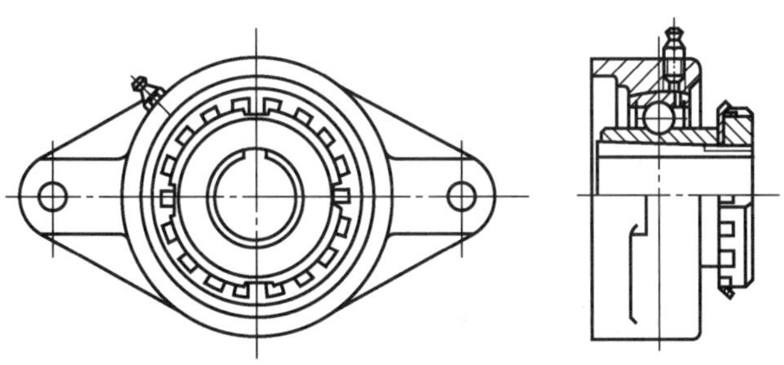	带菱形座紧定套外球面球轴承	UKFLU＋H 型	GB/T 7810—1995
19	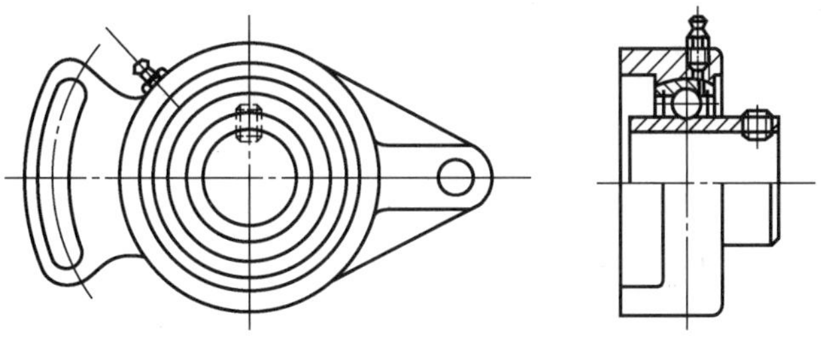	带可调菱形座顶丝外球面球轴承	UCFA 型	JB/T 5303—2002

表 2（续）

序号	简　　图	结构型式名称	结构型式代号	标准号
20	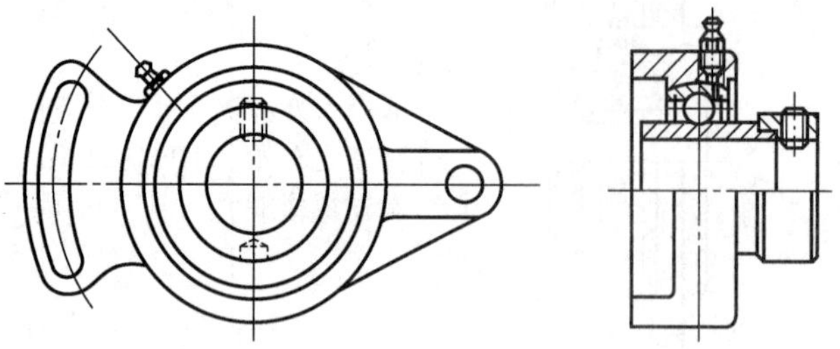	带可调菱形座偏心套外球面球轴承	UELFA 型	JB/T 5303—2002
21	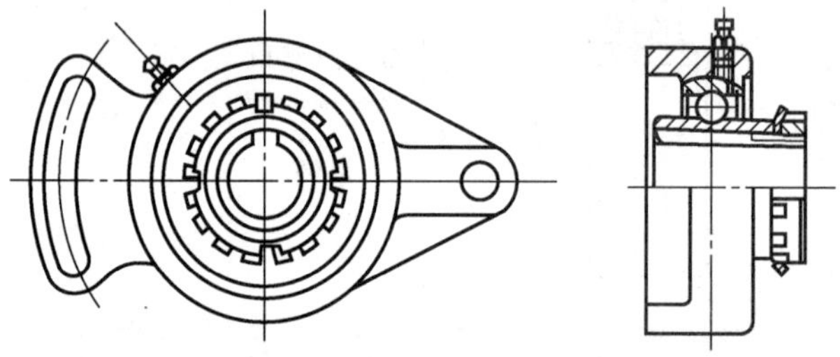	带可调菱形座紧定套外球面球轴承	UKFA＋H 型	JB/T 5303—2002
22	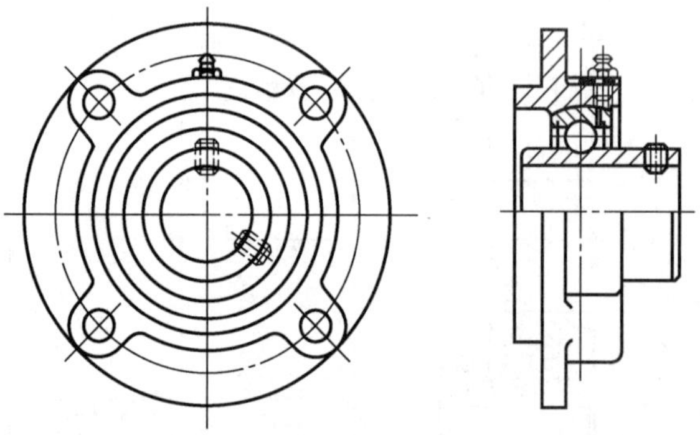	带凸台圆形座顶丝外球面球轴承	UCFC 型	GB/T 7810—1995
23	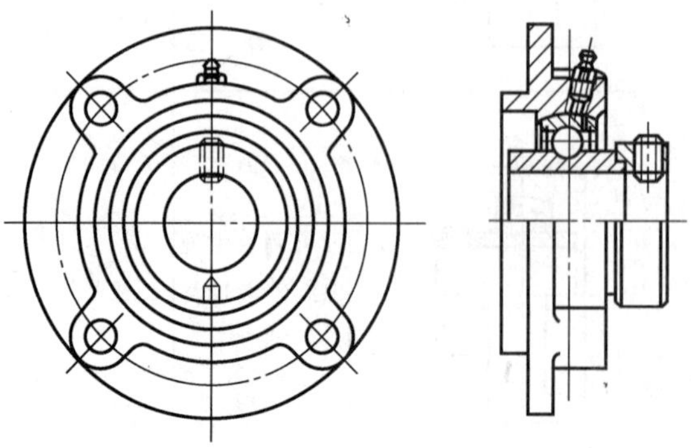	带凸台圆形座偏心套外球面球轴承	UELFC 型	GB/T 7810—1995

表 2（续）

序号	简　　图	结构型式名称	结构型式代号	标准号
24	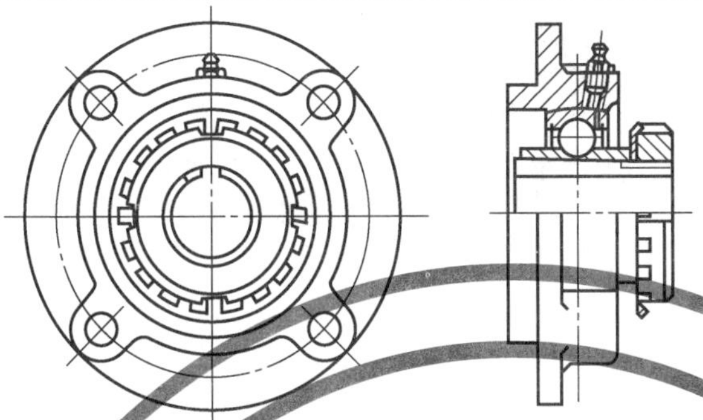	带凸台圆形座紧定套外球面球轴承	UKFC＋H 型	GB/T 7810—1995
25	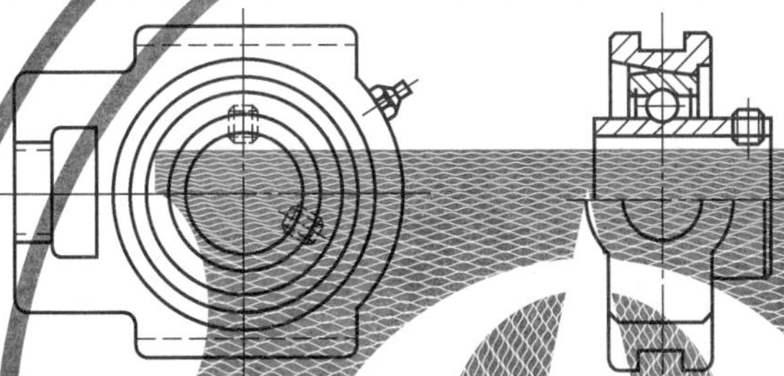	带滑块座顶丝外球面球轴承	UCK 型	GB/T 7810—1995
26	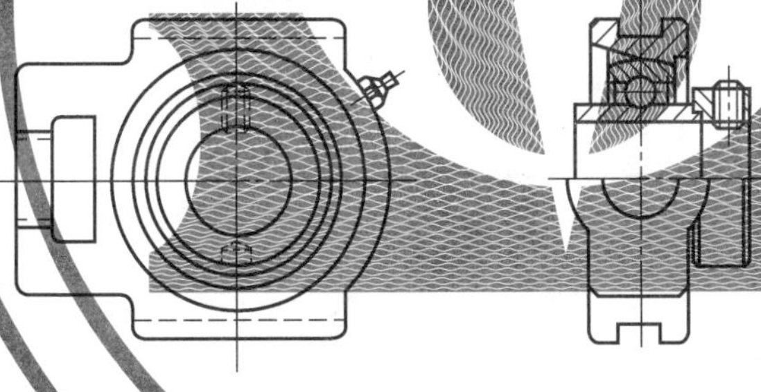	带滑块座偏心套外球面球轴承	UELK 型	GB/T 7810—1995
27	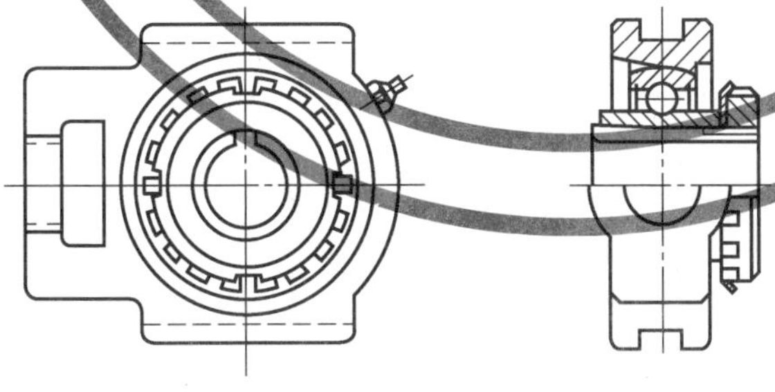	带滑块座紧定套外球面球轴承	UKK＋H 型	GB/T 7810—1995
28	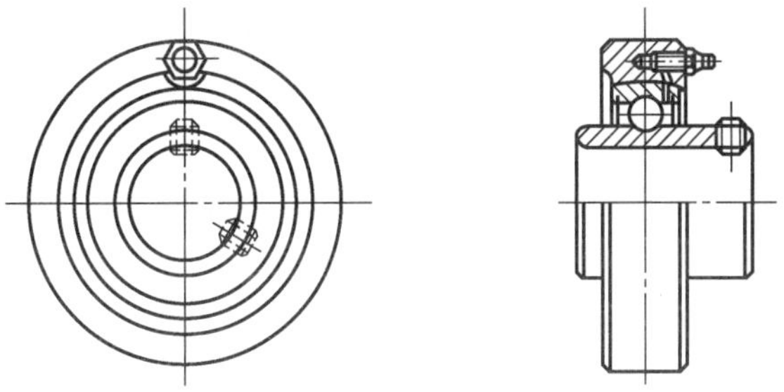	带环形座顶丝外球面球轴承	UCC 型	GB/T 7810—1995

表 2（续）

序号	简　　图	结构型式名称	结构型式代号	标准号
29	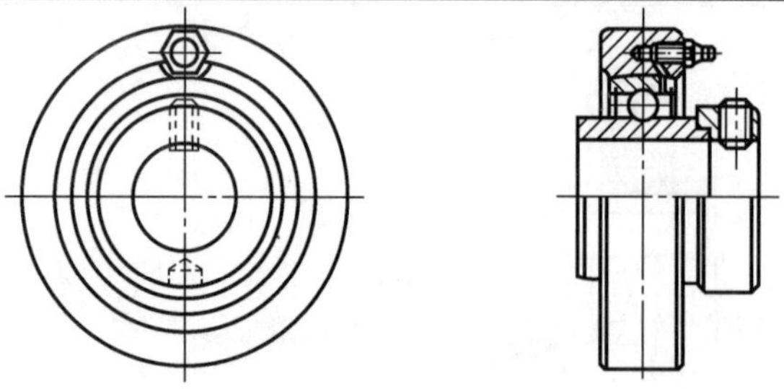	带环形座偏心套外球面球轴承	UELC 型	GB/T 7810—1995
30	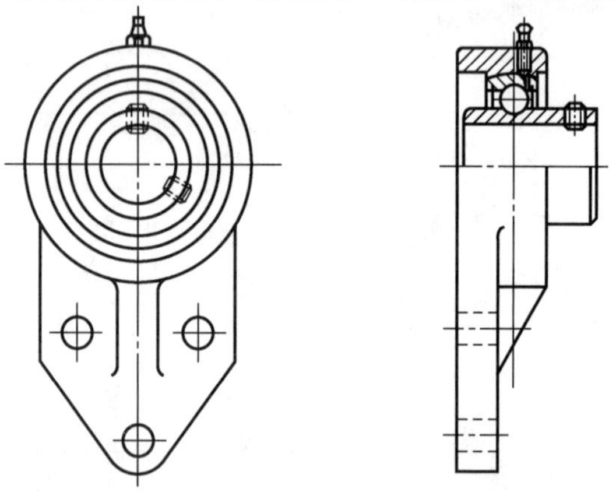	带悬挂式座顶丝外球面球轴承	UCFB 型	JB/T 5303—2002
31	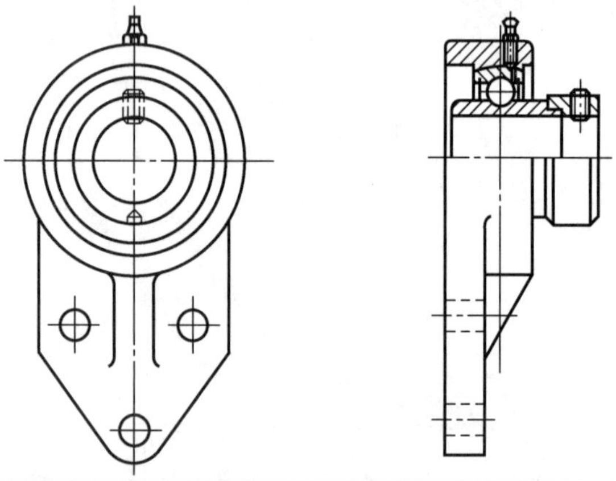	带悬挂式座偏心套外球面球轴承	UELFB 型	JB/T 5303—2002
32	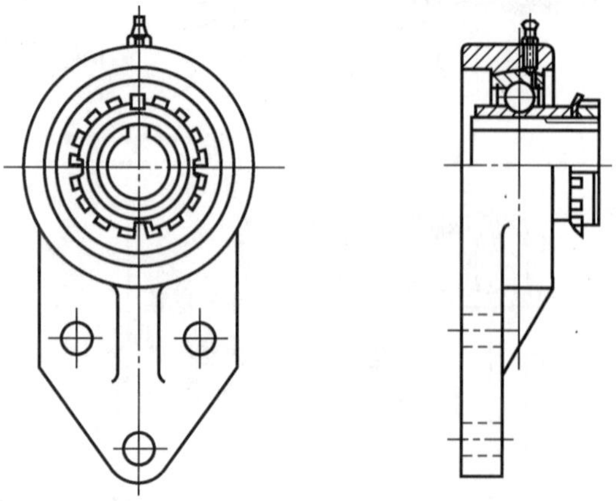	带悬挂式座紧定套外球面球轴承	UKFB+H 型	JB/T 5303—2002

表 2（续）

序号	简　　图	结构型式名称	结构型式代号	标准号
33	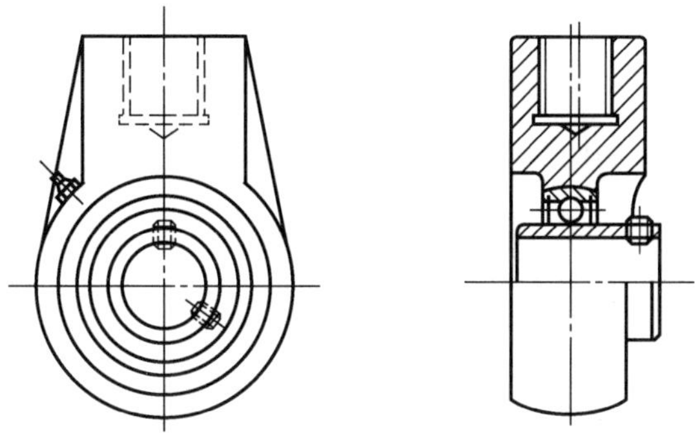	带悬吊式座顶丝外球面球轴承	UCHA 型	JB/T 5303—2002
34	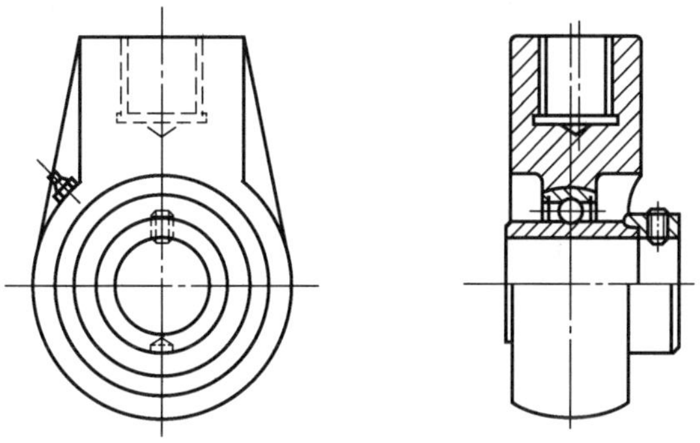	带悬吊式座偏心套外球面球轴承	UELHA 型	JB/T 5303—2002
35	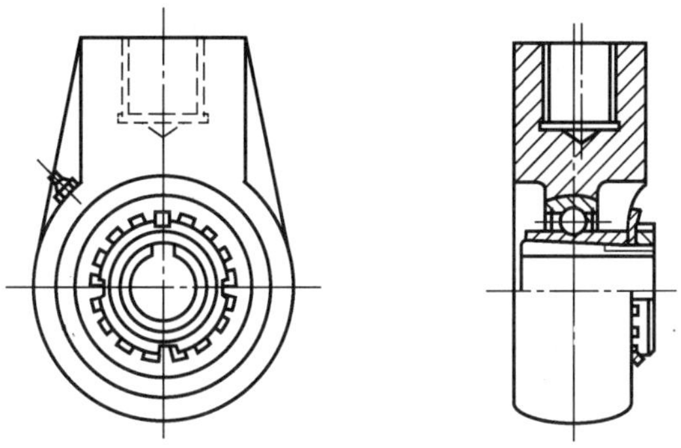	带悬吊式座紧定套外球面球轴承	UKHA+H 型	JB/T 5303—2002
带冲压座轴承				
36	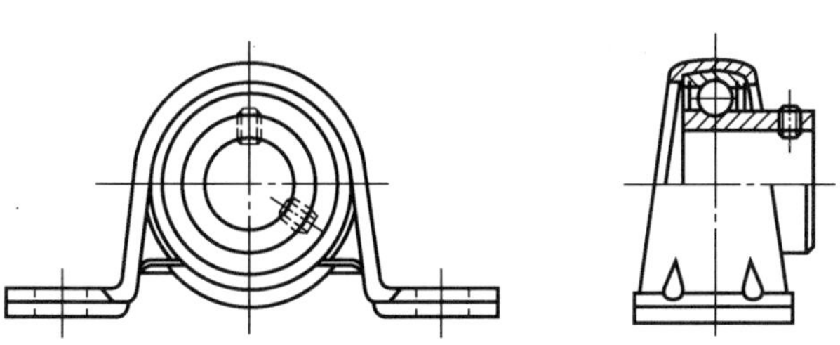	带冲压立式座一端平头顶丝外球面球轴承	UBPP 型	GB/T 7810—1995

表 2（续）

序号	简　图	结构型式名称	结构型式代号	标准号
37	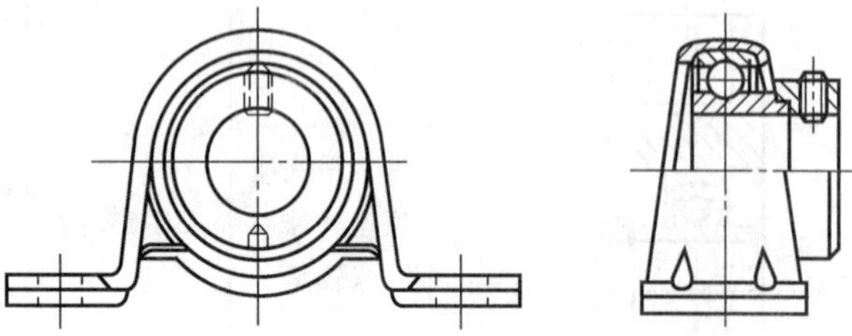	带冲压立式座轻型偏心套外球面球轴承	UEPP 型	GB/T 7810—1995
38	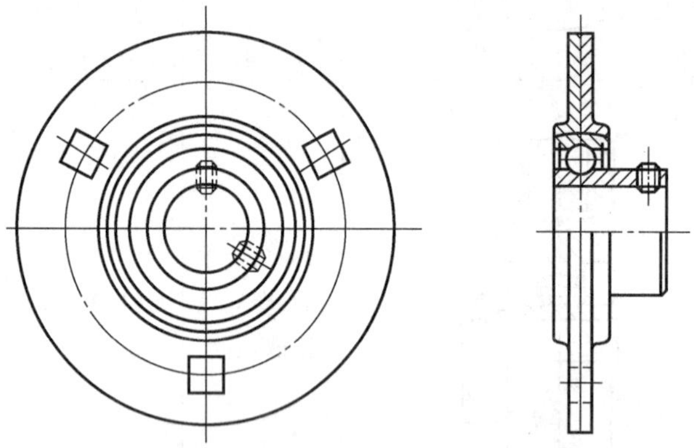	带冲压圆形座一端平头顶丝外球面球轴承	UBPF 型	GB/T 7810—1995
39	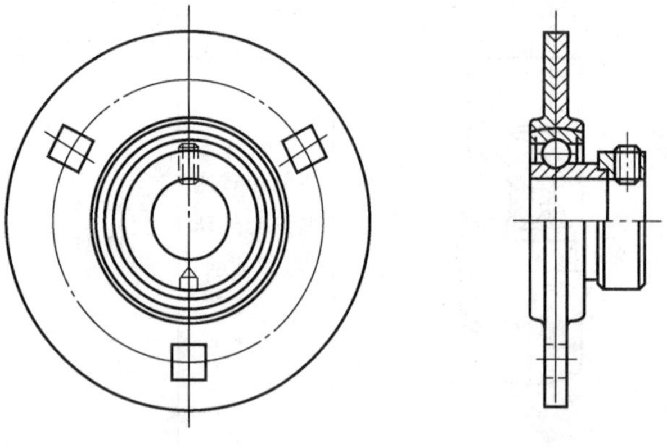	带冲压圆形座轻型偏心套外球面球轴承	UEPF 型	GB/T 7810—1995
40	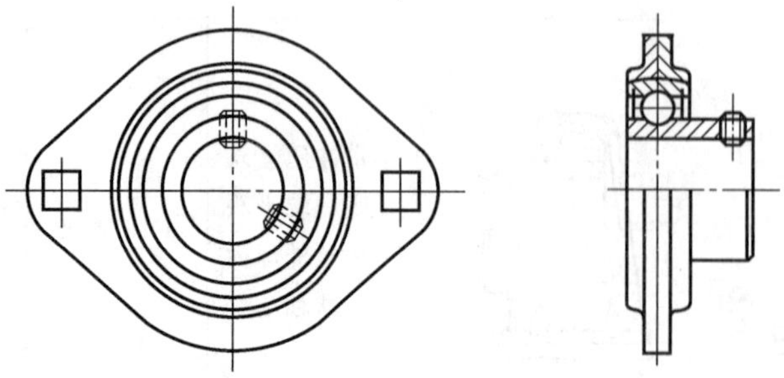	带冲压菱形座一端平头顶丝外球面球轴承	UBPFL 型	GB/T 7810—1995

表 2（续）

序号	简　　图	结构型式名称	结构型式代号	标准号
41	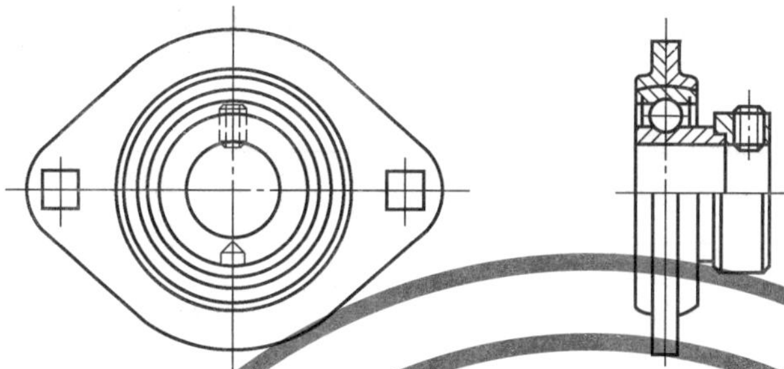	带冲压菱形座轻型偏心套外球面球轴承	UEPFL 型	GB/T 7810—1995
42	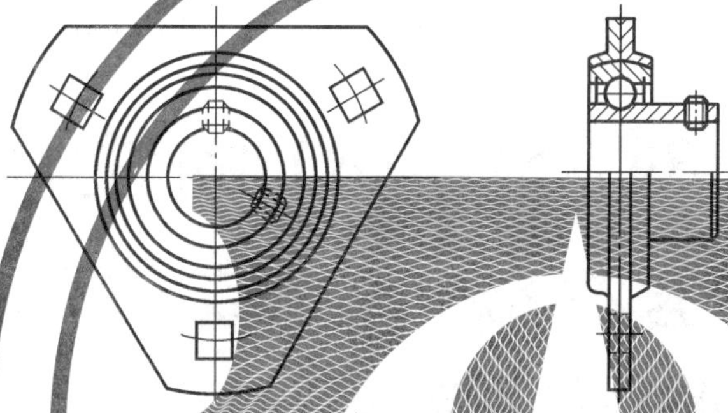	带冲压三角形座一端平头顶丝外球面球轴承	UBPFT 型	GB/T 7810—1995
43	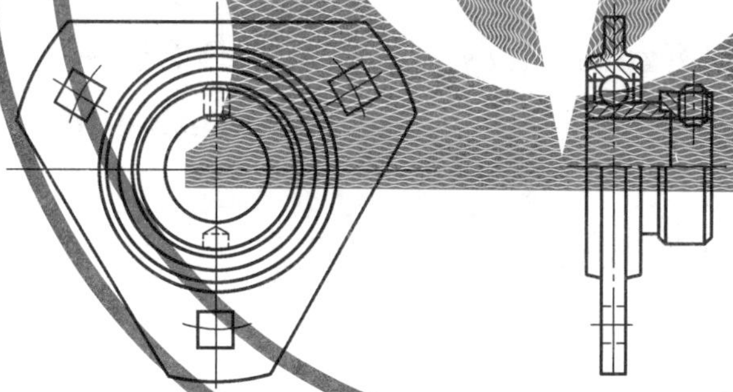	带冲压三角形座轻型偏心套外球面球轴承	UEPFT 型	GB/T 7810—1995
结构型式代号按 GB/T 27554—2011 的规定。				

ICS 21.100.20
J 11

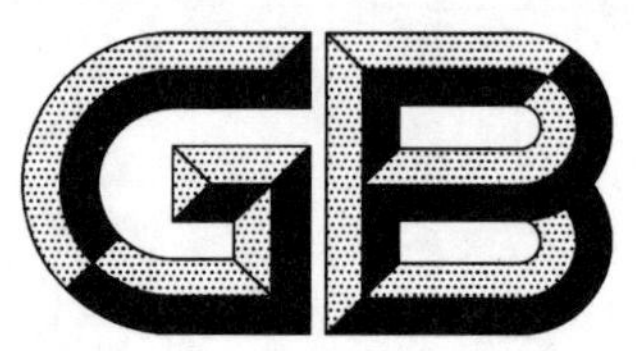

中华人民共和国国家标准化指导性技术文件

GB/Z 32332.1—2015/ISO/TR 1281-1:2008

滚动轴承　对 ISO 281 的注释 第 1 部分:基本额定动载荷和 基本额定寿命

Rolling bearings—Explanatory notes on ISO 281— Part 1:Basic dynamic load rating and basic rating life

(ISO/TR 1281-1:2008,IDT)

2015-12-31 发布　　2016-04-01 实施

中华人民共和国国家质量监督检验检疫总局
中国国家标准化管理委员会　发布

前　言

GB/Z 32332《滚动轴承　对 ISO 281 的注释》分为以下两个部分：

——第 1 部分：基本额定动载荷和基本额定寿命；

——第 2 部分：基于疲劳应力系统方法的修正额定寿命计算。

本部分为 GB/Z 32332 的第 1 部分。

本部分按照 GB/T 1.1—2009 给出的规则起草。

本部分使用翻译法等同采用 ISO/TR 1281-1:2008《滚动轴承　对 ISO 281 的注释　第 1 部分：基本额定动载荷和基本额定寿命》和 ISO/TR 1281-1:2008/Cor.1:2009。

本部分还做了下列编辑性修改：

——纳入国际标准技术勘误 ISO/TR 1281-1:2008/Cor.1:2009 的内容，即删除了第 7 章。

本部分由中国机械工业联合会提出。

本部分由全国滚动轴承标准化技术委员会(SAC/TC 98)归口。

本部分起草单位：洛阳轴承研究所有限公司、上海斐赛轴承科技有限公司。

本部分主要起草人：李飞雪、赵联春。

引　言

ISO/R 281:1962

滚动轴承额定载荷计算方法标准化问题具有国际水准的首次讨论始于国际标准化联合会(ISA)的1934年会议上,在1939年ISA召开其最后一次会议时没有取得进展。但是,ISA第四秘书处在其1945年关于滚动轴承标准化的报告中,包括有对于额定载荷和寿命计算基本概念的定义。该报告在1949年作为ISO/TC 4(秘书处-1)1号文件分发,其包含的定义基本上如ISO 281:2007给出的关于"寿命"和"基本额定动载荷"的概念。

1946年,在纽约减摩轴承制造商协会(AFBMA)的倡议下,美国和瑞典的轴承行业之间开始讨论额定载荷和寿命计算标准。主要在文献[1]中列出的成果的基础上,AFBMA标准《向心球轴承额定载荷估算方法》完成制定并于1949年发布。在同样的基础上,瑞典于1950年2月向ISO提出第一份提案"球轴承的额定载荷"[文件号ISO/TC 4/SC 1(瑞典-1)-1]。

鉴于进一步研究的结果和1950年AFBMA标准的修订,以及对滚子轴承额定载荷标准的关注,瑞典于1951年提交了对球轴承额定载荷的修正案[文件号ISO/TC 4/SC 1(瑞典-6)20],以及滚子轴承额定载荷的提案[文件号ISO/TC 4/SC 1(瑞典-7)21]。

之后,在1951～1959年间,ISO/TC 4、ISO/TC 4/SC 1和ISO/TC 4/WG 3曾在11次不同会议上,研讨了额定载荷和寿命计算方法问题。其后,文献[2]成为滚子轴承额定载荷部分的主要基础。

在1956年的TC 4/WG 3会议上,决定了推荐性标准的框架。同时,美国审议了AFBMA标准的修订草案,ASA B3(美国标准学会机械工程3组)批准了修订的标准。美国向会议提交了该标准,连同秘书处的提案一起进行了详细的讨论。在会上,拟定出第三工作组(WG 3)提案,其中采纳了美国提案的若干部分。

1957年,发布了基于工作组提案的建议草案(文件号TC 4 N145),在次年的WG 3会议上,对该草案进行了详细研究,并在随后的TC 4会议上,决定采纳TC 4 N145并做少量修改。1959年发布了ISO建议草案No.278(文件号TC 4 N188),1962年被ISO委员会接受为ISO/R 281。

ISO 281-1:1977

1964年,瑞典建议鉴于轴承钢的发展,复审ISO/R 281的时机到了,并提交了提案[ISO/TC 4/WG 3(瑞典-1)9],但是第三工作组(WG 3)不赞成修订。

1969年,TC 4采纳日本的建议(文件号TC 4 N627)并重新组建了第三工作组,给予WG 3修订ISO/R 281的任务。这时,AFBMA的额定载荷工作组已开始修订工作。1970年,美国提交了AFBMA标准草案"球轴承额定载荷和疲劳寿命"[文件号ISO/TC 4/WG 3(美国-1)11];1971年提交了"滚子轴承额定载荷和疲劳寿命"[文件号ISO/TC 4/WG 3(美国-3)19],以供参考。

1972年,TC 4/WG 3重组为第八分委员会(TC 4/SC 8)。美国提案曾在1971～1974年间的五次会议上进行了详细地研讨。第三次建议草案和最终提案(文件号TC 4/SC 8 N23)经修改后,在1976年作为国际标准草案发出征求意见,并于1977年成为ISO 281-1:1977。

ISO281-1:1977基本上是ISO/R 281的再版,仅有少量实质性的修改,主要是根据美国20世纪60年代的研究,增加了新的一章,即对可靠度不是90%时的额定寿命以及对与材料和运转条件相关的额定寿命的修正。

有关ISO 281-1:1977中公式和系数推导的补充背景资料,最初是拟作为ISO 281-2"注释说明"于1979年发布的,但后来TC 4/SC 8和TC 4决定以技术报告形式发布,即ISO/TR 8646:1985。

滚动轴承　对 ISO 281 的注释
第 1 部分：基本额定动载荷和基本额定寿命

1　范围

GB/Z 32332 的本部分给出了 ISO 281:2007 中给出的公式和系数推导的补充背景资料。

2　规范性引用文件

下列文件对于本文件的应用是必不可少的。凡是注日期的引用文件，仅注日期的版本适用于本文件。凡是不注日期的引用文件，其最新版本(包括所有的修改单)适用于本文件。

GB/T 6391—2010　滚动轴承　额定动载荷和额定寿命(ISO 281:2007,IDT)

3　符号

下列符号适用于本文件。

		章
A_1	试验确定的比例常数	4
B_1	试验确定的比例常数	4
C_1	旋转套圈的径向基本额定动载荷	4、5
C_2	静止套圈的径向基本额定动载荷	4、5
C_a	推力球或滚子轴承的轴向基本额定动载荷	4、6
C_{a1}	整个推力球或滚子轴承旋转垫圈的轴向基本额定动载荷	4
C_{a2}	整个推力球或滚子轴承静止垫圈的轴向基本额定动载荷	4
C_{ak}	整个推力球或滚子轴承第 k 列的轴向基本额定动载荷	4
C_{a1k}	推力球或滚子轴承旋转垫圈第 k 列的轴向基本额定动载荷	4
C_{a2k}	推力球或滚子轴承静止垫圈第 k 列的轴向基本额定动载荷	4
C_e	外圈基本额定动载荷	5
C_i	内圈基本额定动载荷	5
C_r	向心球或滚子轴承的径向基本额定动载荷	4、5、6
D_{pw}	球或滚子组节圆直径	4
D_w	球直径	4、5
D_{we}	滚子平均直径	4
E_o	弹性模量	4
F_a	轴向载荷	5
F_r	径向载荷	4、5
J_1	旋转套圈平均当量载荷与 Q_{max} 的相关系数	4、5
J_2	静止套圈平均当量载荷与 Q_{max} 的相关系数	4、5

J_a	轴向载荷积分	5
J_r	径向载荷积分	4、5
L_{10}	基本额定寿命	6
L_{we}	滚子有效接触长度	4
L_{wek}	每 k 列的 L_{we}	4
N	滚道上一点的应力作用次数	4
P_a	推力轴承的轴向当量动载荷	5、6
P_r	向心轴承的径向当量动载荷	5、6
P_{r1}	旋转套圈的径向当量动载荷	5
P_{r2}	静止套圈的径向当量动载荷	5
Q	滚动体与滚道间的法向力	4、6
Q_C	用于轴承基本额定动载荷的滚动体载荷	4、6
Q_{C1}	用于相对于作用载荷旋转的套圈基本额定动载荷的滚动体载荷	4、5
Q_{C2}	用于相对于作用载荷静止的套圈基本额定动载荷的滚动体载荷	4、5
Q_{max}	最大滚动体载荷	4、5
S	可靠度,幸存概率	4
V	应力集中的体积	4
V_f	旋转系数	5
X	向心轴承的径向载荷系数	5
X_a	推力轴承的轴向载荷系数	5
Y	向心轴承的轴向载荷系数	5
Y_a	推力轴承的轴向载荷系数	5
Z	每列的球或滚子数	4、5
Z_k	每 k 列的球或滚子数	4
a	投影接触椭圆的长半轴	4
b	投影接触椭圆的短半轴	4
c	试验确定的指数	4、6
c_c	压缩常数	5
e	寿命离散度,即试验确定的韦布尔斜率	4、5、6
f_c	与轴承零件几何形状、不同零件制造精度以及材料有关的系数	4
h	试验确定的指数	4、6
i	球或滚子的列数	4
l	滚道的周长	4
r	沟道半径	5
r_e	外圈或座圈沟道半径	4
r_i	内圈或轴圈沟道半径	4
t	辅助参数	4
z_o	次表面最大正交剪切应力深度	4
α	公称接触角	4、5
α'	实际接触角	5

γ	$D_w \cos\alpha / D_{pw}$($\alpha \neq 90°$的球轴承) D_w / D_{pw}($\alpha = 90°$的球轴承) $D_{we} \cos\alpha / D_{pw}$($\alpha \neq 90°$的滚子轴承) D_{we} / D_{pw}($\alpha = 90°$的滚子轴承)	4
ε	轴承承荷区宽度的参数	4
η	降低系数	4、5
λ	降低系数	4
μ	赫兹导入的系数	4
ν	赫兹导入的系数或对指数变化的修正系数	4
σ_{max}	最大接触应力	4
$\sum\rho$	曲率和	4
τ_o	次表面最大正交剪切应力	4
φ_o	承载弧度之半	5

4 基本额定动载荷

依据 ISO 281 的滚动轴承基本额定动载荷的背景出自文献[1]和[2]。

滚动轴承基本额定动载荷的计算由乘幂关系式(1)发展而来:

$$\ln \frac{1}{S} \propto \frac{\tau_o^c N^e V}{z_o^h} \quad \cdots\cdots(1)$$

式中:

S ——可靠度(幸存概率);

τ_o ——次表面最大正交剪切应力;

N ——滚道上一点的应力作用次数;

V ——应力集中的体积;

z_o ——次表面最大正交剪切应力深度;

c、h——试验确定的指数;

e ——寿命离散度,即试验确定的韦布尔斜率。

对于点接触条件(球轴承),假定关系式(1)中应力集中的体积 V 与投影接触椭圆的长轴 $2a$、滚道周长 l 和次表面最大正交剪切应力 τ_o的深度 z_o成比例:

$$V \propto a z_o l \quad \cdots\cdots(2)$$

将关系式(2)代入关系式(1),得:

$$\ln \frac{1}{S} \propto \frac{\tau_o^c N^e a l}{z_o^{h-1}} \quad \cdots\cdots(3)$$

文献[1]和[2]中考虑的线接触是在计算赫兹接触椭圆长轴为 1.5 倍滚子有效接触长度的条件下得出的:

$$2a = 1.5\,L_{we} \quad \cdots\cdots(4)$$

另外,b/a 应足够小以允许当 b/a 接近 0 时引入 ab^2的极限值:

$$ab^2 = \frac{2}{\pi} \cdot \frac{3Q}{E_o \sum\rho} \quad \cdots\cdots(5)$$

变量定义见 4.1。

4.1 向心球轴承的径向基本额定动载荷 C_r

根据赫兹理论,次表面最大正交剪切应力 τ_o和深度 z_o可以利用径向载荷 F_r来表示,即用滚动体最大载荷 Q_{max}或最大接触应力 σ_{max}和滚动体与滚道之间接触面积的尺寸来表示,其关系如下:

$$\tau_o = T\sigma_{max}$$

$$z_o = \zeta b$$

$$T = \frac{(2t-1)^{1/2}}{2t(t+1)}$$

$$\zeta = \frac{1}{(t+1)(2t-1)^{1/2}}$$

$$a = \mu\left(\frac{3Q}{E_o\sum\rho}\right)^{1/3}$$

$$b = \nu\left(\frac{3Q}{E_o\sum\rho}\right)^{1/3}$$

式中:

σ_{max} ——最大接触应力;

t ——辅助参数;

a ——投影接触椭圆的长半轴;

b ——投影接触椭圆的短半轴;

Q ——滚动体与滚道间的法向力;

E_o ——弹性模量;

$\sum\rho$ ——曲率和;

μ、ν ——赫兹导入的系数。

因此,对于一给定的滚动轴承,τ_o、a、l 和 z_o可用轴承的几何尺寸、载荷和转数来表示。关系式(3)通过插入一比例常数可变为一方程式。插入特定的转数(如 10^6)和特定的可靠度(如 0.9),可得到用于点接触滚动轴承基本额定动载荷的滚动体载荷(点接触滚动轴承导入了比例常数 A_1):

$$Q_C = \frac{1.3}{4^{(2c+h-2)/(c-h+2)}\,0.5^{3e/(c-h+2)}} A_1 \left(\frac{2r}{2r-D_w}\right)^{0.41} \frac{(1\mp\gamma)^{(1.59c+1.41h-5.82)/(c-h+2)}}{(1\pm\gamma)^{3e/(c-h+2)}} \times \left(\frac{\gamma}{\cos\alpha}\right)^{3/(c-h+2)} D_w^{(2c+h-5)/(c-h+2)} Z^{-3e/(c-h+2)} \quad \cdots\cdots(6)$$

式中:

Q_C——用于轴承基本额定动载荷的滚动体载荷;

D_w——球直径;

γ ——$D_w\cos\alpha/D_{pw}$;

其中:

D_{pw}——球组节圆直径;

α ——公称接触角;

Z ——每列球数。

旋转套圈的径向基本额定动载荷 C_1为:

$$C_1 = Q_{C1} Z\cos\alpha \frac{J_r}{J_1} = 0.407 Q_{C1} Z\cos\alpha \quad \cdots\cdots(7)$$

静止套圈的径向基本额定动载荷 C_2为:

$$C_2 = Q_{C2} Z\cos\alpha \frac{J_r}{J_2} = 0.389 Q_{C2} Z\cos\alpha \quad \cdots\cdots(8)$$

式中：

Q_{C1} ——用于相对于作用载荷旋转的套圈基本额定动载荷的滚动体载荷；

Q_{C2} ——用于相对于作用载荷静止的套圈基本额定动载荷的滚动体载荷；

$J_r = J_r(0.5)$ ——径向载荷积分(见表3)；

$J_1 = J_1(0.5)$ ——旋转套圈平均当量载荷与 Q_{max} 的相关系数(见表3)；

$J_2 = J_2(0.5)$ ——静止套圈平均当量载荷与 Q_{max} 的相关系数(见表3)。

整个向心球轴承径向基本额定动载荷 C_r 和 C_1、C_2 的关系利用概率乘积定律表示为：

$$C_r = C_1 \left[1 + \left(\frac{C_1}{C_2}\right)^{(c-h+2)/3}\right]^{-3/(c-h+2)} \quad \cdots\cdots (9)$$

将方程式(6)～方程式(8)代入方程式(9)，则整个向心球轴承的径向基本额定动载荷 C_r 表示为：

$$C_r = 0.41 \frac{1.3}{4^{(2c+h-2)/(c-h+2)} 0.5^{3e/(c-h+2)}} A_1 \left(\frac{2r_i}{2r_i - D_w}\right)^{0.41} \frac{(1-\gamma)^{(1.59c+1.41h-5.82)/(c-h+2)}}{(1+\gamma)^{3e/(c-h+2)}} \gamma^{3/(c-h+2)} \times$$
$$\left\{1 + \left[1.04 \left(\frac{r_i}{r_e} \times \frac{2r_e - D_w}{2r_i - D_w}\right)^{0.41} \left(\frac{1-\gamma}{1+\gamma}\right)^{(1.59c+1.41h+3e-5.82)/(c-h+2)}\right]^{(c-h+2)/3}\right\}^{-3/(c-h+2)} \times$$
$$(i\cos\alpha)^{(c-h-1)/(c-h+2)} Z^{(c-h-3e+2)/(c-h+2)} D_w^{(2c+h-5)/(c-h+2)} \quad \cdots\cdots (10)$$

式中：

A_1 ——试验确定的比例常数；

r_i ——内圈沟道半径；

r_e ——外圈沟道半径；

i ——球的列数。

其中，接触角 α、滚动体(球)数 Z 及直径 D_w 取决于轴承结构。另外，沟道半径 r_i 和 r_e 与滚动体(球)半径 $D_w/2$ 之比以及 $\gamma = D_w\cos\alpha/D_{pw}$ 是无量纲的，故方程式(10)右边前二行的值用系数 f_c 表示更方便，则：

$$C_r = f_c (i\cos\alpha)^{(c-h-1)/(c-h+2)} Z^{(c-h-3e+2)/(c-h+2)} D_w^{(2c+h-5)/(c-h+2)} \quad \cdots\cdots (11)$$

对于向心球轴承，应考虑加工造成的缺陷，故导入一降低系数 λ，来考虑向心球轴承径向基本额定动载荷较其理论值有所减小，系数 f_c 中包含 λ 系数很方便，系数 λ 值由试验确定。

因此，系数 f_c 由式(12)给出：

$$f_c = 0.41\lambda \frac{1.3}{4^{(2c+h-2)/(c-h+2)} 0.5^{3e/(c-h+2)}} A_1 \left(\frac{2r_i}{2r_i - D_w}\right)^{0.41} \frac{(1-\gamma)^{(1.59c+1.41h-5.82)/(c-h+2)}}{(1+\gamma)^{3e/(c-h+2)}} \gamma^{3/(c-h+2)} \times$$
$$\left\{1 + \left[1.04 \left(\frac{r_i}{r_e} \times \frac{2r_e - D_w}{2r_i - D_w}\right)^{0.41} \left(\frac{1-\gamma}{1+\gamma}\right)^{(1.59c+1.41h+3e-5.82)/(c-h+2)}\right]^{(c-h+2)/3}\right\}^{-3/(c-h+2)} \quad \cdots\cdots (12)$$

根据文献[1]和[2]，额定载荷方程式中的试验常数规定如下：

$e = 10/9$

$c = 31/3$

$h = 7/3$

将这些数值代入式(11)，得下式，但是足够数量的试验结果仅适用于小尺寸的球，即直径约到25 mm，这时额定载荷与 $D_w^{1.8}$ 成比例。在球尺寸较大的情况下，额定载荷相对于球直径增加地较慢，当 $D_w > 25.4$ mm时，额定载荷与 $D_w^{1.4}$ 成比例：

$$C_r = f_c (i\cos\alpha)^{0.7} Z^{2/3} D_w^{1.8} \qquad (D_w \leqslant 25.4 \text{ mm}) \quad \cdots\cdots (13)$$

$$C_r = 3.647 f_c (i\cos\alpha)^{0.7} Z^{2/3} D_w^{\ 1.4} \qquad (D_w > 25.4\ \text{mm}) \qquad (14)$$

$$f_c = 0.089 A_1 0.41\lambda \left(\frac{2r_i}{2r_i - D_w}\right)^{0.41} \frac{\gamma^{0.3}(1-\gamma)^{1.39}}{(1+\gamma)^{1/3}} \times \left\{1 + \left[1.04\left(\frac{1-\gamma}{1+\gamma}\right)^{1.72}\left(\frac{r_i}{r_e}\times\frac{2r_e - D_w}{2r_i - D_w}\right)^{0.41}\right]^{10/3}\right\}^{-3/10} \qquad (15)$$

ISO 281:2007 表 2 中的 f_c值,是将沟道半径和表 1 中给出的降低系数代入式(15)计算而来的。当计算 C_r的单位为牛顿时,$0.089A_1$之值是 98.0665。

表 1　球轴承的沟道半径和降低系数

ISO 281:2007 中表的编号	轴承类型	沟道半径		降低系数	
		r_i	r_e	λ	η
表 2	单列径向接触沟型球轴承 单列和双列角接触沟型球轴承	$0.52D_w$		0.95	—
	双列径向接触沟型球轴承	$0.52D_w$		0.90	—
	单双和双列调心球轴承	$0.53\ D_w$	$0.5\left(\frac{1}{\gamma}+1\right)D_w$	1	—
	分离型单列径向接触球轴承 (磁电机轴承)	$0.52D_w$	∞	0.95	—
表 4	推力球轴承	$0.535\ D_w$		0.90	$1-\sin\alpha/3$

注:ISO 281:2007 表 2 和表 4 中的 f_c值,是将本表中的沟道半径和降低系数分别代入式(15)、式(20)和式(25)计算而得。

4.2　单列推力球轴承的轴向基本额定动载荷 C_a

4.2.1　接触角 $\alpha \neq 90°$的推力球轴承

如 4.1,对于接触角 $\alpha \neq 90°$的推力球轴承:

$$C_a = f_c (\cos\alpha)^{(c-h-1)/(c-h+2)} \tan\alpha\ Z^{(c-h-3e+2)/(c-h+2)} D_w^{\ (2c+h-5)/(c-h+2)} \qquad (16)$$

对于多数推力球轴承,轴向基本额定动载荷的理论值除导入向心球轴承额定载荷的降低系数 λ 之外,还由于滚动体中载荷分布不均而降低,降低系数以 η 表示。

因此,系数 f_c由式(17)给出:

$$f_c = \lambda\eta \frac{1.3}{4^{(2c+h-2)/(c-h+2)}\ 0.5^{3e/(c-h+2)}} A_1 \left(\frac{2r_i}{2r_i - D_w}\right)^{0.41} \frac{(1-\gamma)^{(1.59c+1.41h-5.82)/(c-h+2)}}{(1+\gamma)^{3e/(c-h+2)}} \gamma^{3/(c-h+2)} \times \left\{1 + \left[\left(\frac{r_i}{r_e}\times\frac{2r_e - D_w}{2r_i - D_w}\right)^{0.41}\left(\frac{1-\gamma}{1+\gamma}\right)^{(1.59c+1.41h+3e-5.82)/(c-h+2)}\right]^{(c-h+2)/3}\right\}^{-3/(c-h+2)} \qquad (17)$$

同理,考虑球尺寸的影响,将试验常数 $e=10/9$,$c=31/3$ 和 $h=7/3$ 代入式(16)和式(17),得:

$$C_a = f_c (\cos\alpha)^{0.7} \tan\alpha\ Z^{2/3} D_w^{\ 1.8} \qquad (D_w \leqslant 25.4\ \text{mm}) \qquad (18)$$

$$C_a = 3.647 f_c (\cos\alpha)^{0.7} \tan\alpha\ Z^{2/3} D_w^{\ 1.4} \qquad (D_w > 25.4\ \text{mm}) \qquad (19)$$

$$f_c = 0.089 A_1 \lambda\eta \left(\frac{2r_i}{2r_i - D_w}\right)^{0.41} \frac{\gamma^{0.3}(1-\gamma)^{1.39}}{(1+\gamma)^{1/3}} \times \left\{1 + \left[\left(\frac{r_i}{r_e}\times\frac{2r_e - D_w}{2r_i - D_w}\right)^{0.41}\left(\frac{1-\gamma}{1+\gamma}\right)^{1.72}\right]^{10/3}\right\}^{-3/10} \qquad (20)$$

当计算 C_a的单位为牛顿时,$0.089A_1$之值是 98.066 5。ISO 281:2007 表 4 中右边的 f_c值,是将沟道

半径和表 1 中给出的降低系数代入式(20)计算而来的。

4.2.2 接触角 α=90°的推力球轴承

如 4.1,对于接触角 α=90°的推力球轴承:

$$C_a = f_c Z^{(c-h-3e+2)/(c-h+2)} D_w^{(2c+h-5)/(c-h+2)} \qquad (21)$$

$$f_c = \lambda\eta \frac{1.3}{4^{(2c+h-2)/(c-h+2)} 0.5^{3e/(c-h+2)}} A_1 \left(\frac{2r_i}{2r_i - D_w}\right)^{0.41} \gamma^{3/(c-h+2)} \times \left\{1 + \left[\left(\frac{r_i}{r_e} \times \frac{2r_e - D_w}{2r_i - D_w}\right)^{0.41}\right]^{(c-h+2)/3}\right\}^{-3/(c-h+2)} \qquad (22)$$

其中,$\gamma = D_w / D_{pw}$。

同理,考虑球尺寸的影响,将试验常数 e=10/9,c=31/3 和 h=7/3 代入式(21)和式(22),得:

$$C_a = f_c Z^{2/3} D_w^{1.8} \quad (D_w \leqslant 25.4 \text{ mm}) \qquad (23)$$

$$C_a = 3.647 f_c Z^{2/3} D_w^{1.4} \quad (D_w > 25.4 \text{ mm}) \qquad (24)$$

$$f_c = 0.089 A_1 \lambda\eta \left(\frac{2r_i}{2r_i - D_w}\right)^{0.41} \gamma^{0.3} \times \left\{1 + \left[\left(\frac{r_i}{r_e} \times \frac{2r_e - D_w}{2r_i - D_w}\right)^{0.41}\right]^{10/3}\right\}^{-3/10} \qquad (25)$$

当计算 C_a 的单位为牛顿时,$0.089A_1$ 之值是 98.066 5。ISO 281:2007 表 4 左边第二栏中的 f_c 值,是将沟道半径和表 1 中给出的降低系数代入式(25)计算而来的。

4.3 双列或多列推力球轴承的轴向基本额定动载荷 C_a

按照概率乘积定律,整个推力球轴承轴向基本额定动载荷与旋转垫圈和静止垫圈的轴向基本额定动载荷之间的关系由式(26)给出:

$$C_{ak} = \left[C_{a1k}^{-(c-h+2)/3} + C_{a2k}^{-(c-h+2)/3}\right]^{-3/(c-h+2)} \qquad (26)$$

$$\left.\begin{aligned} C_{a1k} &= Q_{C1} \sin\alpha \ Z_k \\ C_{a2k} &= Q_{C2} \sin\alpha \ Z_k \end{aligned}\right\} \qquad (27)$$

$$C_a = \left[C_{a1}^{-(c-h+2)/3} + C_{a2}^{-(c-h+2)/3}\right]^{-3/(c-h+2)} \qquad (28)$$

$$\left.\begin{aligned} C_{a1} &= Q_{C1} \sin\alpha \sum_{k=1}^{n} Z_k \\ C_{a2} &= Q_{C2} \sin\alpha \sum_{k=1}^{n} Z_k \end{aligned}\right\} \qquad (29)$$

式中:

C_{ak} ——整个推力球轴承第 k 列的轴向基本额定动载荷;

C_{a1k}——整个推力球轴承旋转垫圈第 k 列的轴向基本额定动载荷;

C_{a2k}——整个推力球轴承静止垫圈第 k 列的轴向基本额定动载荷;

C_a ——整个推力球轴承的轴向基本额定动载荷;

C_{a1} ——整个推力球轴承旋转垫圈的轴向基本额定动载荷;

C_{a2} ——整个推力球轴承静止垫圈的轴向基本额定动载荷;

Z_k ——每 k 列的球数。

将式(26)、式(27)和式(29)代入式(28),整理式(28)得:

$$C_a=\sum_{k=1}^{n}Z_k\left[\frac{\left(Q_{C1}\sin\alpha\sum_{k=1}^{n}Z_k\right)^{-(c-h+2)/3}+\left(Q_{C2}\sin\alpha\sum_{k=1}^{n}Z_k\right)^{-(c-h+2)/3}}{\left(\sum_{k=1}^{n}Z_k\right)^{-(c-h+2)/3}}\right]^{-3/(c-h+2)}$$

$$=\sum_{k=1}^{n}Z_k\left[\sum_{k=1}^{n}\frac{\{[(Q_{C1}\sin\alpha\ Z_k)^{-(c-h+2)/3}+(Q_{C2}\sin\alpha\ Z_k)^{-(c-h+2)/3}]^{-3/(c-h+2)}\}^{-(c-h+2)/3}}{Z_k{}^{-(c-h+2)/3}}\right]^{-3/(c-h+2)}$$

$$=\sum_{k=1}^{n}Z_k\left[\sum_{k=1}^{n}\left(\frac{Z_k}{C_{ak}}\right)^{(c-h+2)/3}\right]^{-3/(c-h+2)}$$

将试验常数 $c=31/3$ 和 $h=7/3$ 代入，得：

$$C_a=(Z_1+Z_2+Z_3+\cdots+Z_n)\left[\left(\frac{Z_1}{C_{a1}}\right)^{10/3}+\left(\frac{Z_2}{C_{a2}}\right)^{10/3}+\left(\frac{Z_3}{C_{a3}}\right)^{10/3}+\cdots+\left(\frac{Z_n}{C_{an}}\right)^{10/3}\right]^{-3/10} \quad\cdots\cdots(30)$$

球数为 Z_1、Z_2、Z_3、…、Z_n 的各列的额定载荷 C_{a1}、C_{a2}、C_{a3}、…、C_{an} 按 4.2 中相应的单列推力球轴承的公式计算。

4.4 向心滚子轴承的径向基本额定动载荷 C_r

按与得到 4.1 中点接触式(10)相似的过程，利用式(4)和式(5)，得向心滚子轴承(线接触)的径向基本额定动载荷：

$$C_r=0.377\frac{1}{2^{(c+h-1)/(c-h+1)}\,0.5^{2e/(c-h+1)}}B_1\frac{(1-\gamma)^{(c+h-3)/(c-h+1)}}{(1+\gamma)^{2e/(c-h+1)}}\gamma^{2/(c-h+1)}\times$$
$$\left\{1+\left[1.04\left(\frac{1-\gamma}{1+\gamma}\right)^{(c+h+2e-3)/(c-h+1)}\right]^{(c-h+1)/2}\right\}^{-2/(c-h+1)}(iL_{we}\cos\alpha)^{(c-h-1)/(c-h+1)}\times$$
$$Z^{(c-h-2e+1)/(c-h+1)}D_{we}{}^{(c+h-3)/(c-h+1)} \quad\cdots\cdots(31)$$

式中：

B_1 ——试验确定的比例常数；

γ ——$D_{we}\cos\alpha/D_{pw}$；

其中：

D_{pw}——滚子组节圆直径；

D_{we}——滚子平均直径；

α ——公称接触角；

L_{we}——滚子有效接触长度；

i ——滚子列数；

Z ——每列滚子数。

其中，接触角 α、滚子数 Z、平均直径 D_{we} 和有效接触长度 L_{we} 由轴承结构确定。另外，$\gamma=D_{we}\cos\alpha/D_{pw}$ 是无量纲的，故方程式(31)右边"$iL_{we}\cdots$"之前的值用系数 f_c 表示更方便。因此，

$$C_r=f_c(iL_{we}\cos\alpha)^{(c-h-1)/(c-h+1)}Z^{(c-h-2e+1)/(c-h+1)}D_{we}{}^{(c+h-3)/(c-h+1)} \quad\cdots\cdots(32)$$

考虑到应力集中(即边缘载荷)和使用常数代替变化的寿命公式指数(见第 6 章)，向心滚子轴承的径向基本额定动载荷应予以修正。对应力集中的修正是导入降低系数 λ，对指数变化的修正是导入系数 ν，系数 f_c 中包含这两个系数很方便，这两个系数值由试验确定，则系数 f_c 由式(33)给出：

$$f_c=0.377\lambda\nu\frac{1}{2^{(c+h-1)/(c-h+1)}\,0.5^{2e/(c-h+1)}}B_1\frac{(1-\gamma)^{(c+h-3)/(c-h+1)}}{(1+\gamma)^{2e/(c-h+1)}}\gamma^{2/(c-h+1)}\times$$
$$\left\{1+\left[1.04\left(\frac{1-\gamma}{1+\gamma}\right)^{(c+h+2e-3)/(c-h+1)}\right]^{(c-h+1)/2}\right\}^{-2/(c-h+1)} \quad\cdots\cdots(33)$$

韦布尔斜率 e、常数 c 和 h 由试验确定。根据文献[1]和[2]，以及后来对球面滚子、圆柱滚子和圆锥滚子轴承进行的验证试验，额定载荷公式中的试验常数规定如下：

$e=9/8$

$c=31/3$

$h=7/3$

将试验常数 $e=9/8$，$c=31/3$ 和 $h=7/3$ 代入式(32)和式(33)，得：

$$C_r=f_c\,(i\ L_{we}\cos\alpha)^{7/9}Z^{3/4}D_{we}{}^{29/27} \qquad \cdots\cdots(34)$$

$$f_c=0.483B_1 0.377\lambda\nu\,\frac{\gamma^{2/9}\ (1-\gamma)^{29/27}}{(1+\gamma)^{1/4}}\left\{1+\left[1.04\left(\frac{1-\gamma}{1+\gamma}\right)^{143/108}\right]^{9/2}\right\}^{-2/9} \qquad \cdots\cdots(35)$$

当计算 C_r 的单位为牛顿时，$0.483B_1$ 的值是 551.13373。ISO 281:2007 表 7 中的 f_c 值，是将表 2 中给出的降低系数代入式(35)计算而来的。

表 2　滚子轴承的降低系数

ISO 281:2007 中表的编号	轴承类型	降低系数	
		$\lambda\nu$	η
表 7	向心滚子轴承	0.83	—
表 10	推力滚子轴承	0.73	$1-0.15\sin\alpha$
注：ISO 281:2007 表 7 和表 10 中的 f_c 值，是将本表中的降低系数分别代入式(35)、式(39)和式(43)计算而得。			

4.5 单列推力滚子轴承的轴向基本额定动载荷 C_a

4.5.1 接触角 $\alpha\neq90^\circ$ 的推力滚子轴承

延伸 4.1 得：

$$C_a=f_c\,(L_{we}\cos\alpha)^{(c-h-1)/(c-h+1)}\ \tan\alpha\ Z^{(c-h-2e+1)/(c-h+1)}D_{we}{}^{(c+h-3)/(c-h+1)} \qquad \cdots\cdots(36)$$

对于推力滚子轴承，轴向基本额定动载荷的理论值除导入向心滚子轴承额定载荷的降低系数 λ 之外，还由于滚动体中载荷分布不均而降低，降低系数以 η 表示。

因此，系数 f_c 由式(37)给出：

$$f_c=\lambda\nu\eta\,\frac{1}{2^{(c+h-1)/(c-h+1)}\ 0.5^{2e/(c-h+1)}}B_1\frac{(1-\gamma)^{(c+h-3)/(c-h+1)}}{(1+\gamma)^{2e/(c-h+1)}}\gamma^{2/(c-h+1)}\times\left\{1+\left[\left(\frac{1-\gamma}{1+\gamma}\right)^{(c+h+2e-3)/(c-h+1)}\right]^{(c-h+1)/2}\right\}^{-2/(c-h+1)} \qquad \cdots\cdots(37)$$

将试验常数 $e=9/8$、$c=31/3$ 和 $h=7/3$ 代入，得：

$$C_a=f_c\,(L_{we}\cos\alpha)^{7/9}\ \tan\alpha\ Z^{3/4}D_{we}{}^{29/27} \qquad \cdots\cdots(38)$$

$$f_c=0.483B_1\lambda\nu\eta\,\frac{\gamma^{2/9}\ (1-\gamma)^{29/27}}{(1+\gamma)^{1/4}}\left\{1+\left[\left(\frac{1-\gamma}{1+\gamma}\right)^{143/108}\right]^{9/2}\right\}^{-2/9} \qquad \cdots\cdots(39)$$

当计算 C_a 的单位为牛顿时，$0.483B_1$ 的值是 551.133 73。ISO 281:2007 表 10 中右边的 f_c 值，是将表 2 中给出的降低系数代入式(39)计算而来的。

4.5.2 接触角 $\alpha=90^\circ$ 的推力滚子轴承

延伸 4.1 得：

$$C_a = f_c L_{we}{}^{(c-h-1)/(c-h+1)} Z^{(c-h+2e+1)/(c-h+1)} D_{we}{}^{(c+h-3)/(c-h+1)} \qquad (40)$$

$$f_c = \lambda\nu\eta \frac{1}{2^{(c+h-1)/(c-h+1)}\ 0.5^{2e/(c-h+1)}} B_1\ \gamma^{2/(c-h+1)}\ 2^{-2/(c-h+1)} \qquad (41)$$

将试验常数 $e=9/8$、$c=31/3$ 和 $h=7/3$ 代入，得：

$$C_a = f_c L_{we}{}^{7/9}\ Z^{3/4} D_{we}{}^{29/27} \qquad (42)$$

$$f_c = 0.41 B_1 \lambda\nu\eta\gamma^{2/9} \qquad (43)$$

当计算 C_a 的单位为牛顿时，$0.41B_1$ 的值是 472.453 88。ISO 281:2007 表 10 左边第二栏中的 f_c 值，是将表 2 中给出的降低系数代入式(43)计算而来的。

4.6 双列或多列推力滚子轴承的轴向基本额定动载荷 C_a

按照概率乘积定律，整个推力滚子轴承轴向基本额定动载荷与旋转垫圈和静止垫圈的轴向基本额定动载荷之间的关系由式(44)给出：

$$C_{ak} = \left[C_{a1k}^{-(c-h+1)/2} + C_{a2k}^{-(c-h+1)/2}\right]^{-2/(c-h+1)} \qquad (44)$$

$$\left.\begin{aligned} C_{a1k} &= Q_{C1} \sin\alpha\ Z_k L_{wek} \\ C_{a2k} &= Q_{C2} \sin\alpha\ Z_k L_{wek} \end{aligned}\right\} \qquad (45)$$

$$C_a = \left[C_{a1}^{-(c-h+1)/2} + C_{a2}^{-(c-h+1)/2}\right]^{-2/(c-h+1)} \qquad (46)$$

$$\left.\begin{aligned} C_{a1} &= Q_{C1} \sin\alpha \sum_{k=1}^{n} Z_k L_{wek} \\ C_{a2} &= Q_{C2} \sin\alpha \sum_{k=1}^{n} Z_k L_{wek} \end{aligned}\right\} \qquad (47)$$

式中：

C_{ak} ——整个推力滚子轴承第 k 列的轴向基本额定动载荷；

C_{a1k}——整个推力滚子轴承旋转垫圈第 k 列的轴向基本额定动载荷；

C_{a2k}——整个推力滚子轴承静止垫圈第 k 列的轴向基本额定动载荷；

C_a ——整个推力滚子轴承的轴向基本额定动载荷；

C_{a1} ——整个推力滚子轴承旋转垫圈的轴向基本额定动载荷；

C_{a2} ——整个推力滚子轴承静止垫圈的轴向基本额定动载荷；

Z_k ——每 k 列的滚子数。

将式(44)、式(45)和式(47)代入式(46)，整理式(46)得：

$$C_a = \sum_{k=1}^{n} Z_k L_{wek} \left[\frac{\left(Q_{C1} \sin\alpha \sum_{k=1}^{n} Z_k L_{wek}\right)^{-(c-h+1)/2} + \left(Q_{C2} \sin\alpha \sum_{k=1}^{n} Z_k L_{wek}\right)^{-(c-h+1)/2}}{\left(\sum_{k=1}^{n} Z_k L_{wek}\right)^{-(c-h+2)/3}}\right]^{-2/(c-h+1)}$$

$$= \sum_{k=1}^{n} Z_k L_{wek} \left[\sum_{k=1}^{n} \frac{\left\{\left[(Q_{C1} \sin\alpha\ Z_k L_{wek})^{-(c-h+1)/2} + (Q_{C2} \sin\alpha\ Z_k L_{wek})^{-(c-h+1)/2}\right]^{-2/(c-h+1)}\right\}^{-(c-h+1)/2}}{Z_k L_{wek}{}^{-(c-h+1)/2}}\right]^{-2/(c-h+1)}$$

$$= \sum_{k=1}^{n} Z_k L_{wek} \left[\sum_{k=1}^{n} \left(\frac{Z_k L_{wek}}{C_{ak}}\right)^{(c-h+1)/2}\right]^{-2/(c-h+1)}$$

将试验常数 $c=31/3$ 和 $h=7/3$ 代入，得：

$$C_a = (Z_1 L_{we1} + Z_2 L_{we2} + Z_3 L_{we3} + \cdots + Z_n L_{wen}) \times \left[\left(\frac{Z_1 L_{we1}}{C_{a1}}\right)^{9/2} + \left(\frac{Z_2 L_{we2}}{C_{a2}}\right)^{9/2} + \left(\frac{Z_3 L_{we3}}{C_{a3}}\right)^{9/2} + \cdots + \left(\frac{Z_n L_{wen}}{C_{an}}\right)^{9/2}\right]^{-2/9} \qquad (48)$$

滚子数为 Z_1、Z_2、Z_3、…、Z_n、长度为 L_{we1}、L_{we2}、L_{we3}、…、L_{wen} 的各列的额定载荷 C_{a1}、C_{a2}、C_{a3}、…、C_{an} 按 4.2 中相应的单列推力滚子轴承的公式计算。

5 当量动载荷

5.1 当量动载荷公式

5.1.1 单列向心轴承的理论径向当量动载荷 P_r

如果符号的下角 1 和 2 分别表示相对于载荷方向旋转和静止的套圈，则对单列向心轴承套圈寿命有决定性影响的滚动体载荷的平均值由式(49)给出：

$$\left.\begin{aligned} Q_{C1}=Q_{max}J_1=\frac{F_r}{Z\cos\alpha}\frac{J_1}{J_r}=\frac{F_a}{Z\sin\alpha}\frac{J_1}{J_a} \\ Q_{C2}=Q_{max}J_2=\frac{F_r}{Z\cos\alpha}\frac{J_2}{J_r}=\frac{F_a}{Z\sin\alpha}\frac{J_2}{J_a} \end{aligned}\right\} \quad \cdots\cdots(49)$$

式中：

Q_{max}——滚动体最大载荷；

J_1 ——Q_{C1}与 Q_{max}的相关系数；

J_2 ——Q_{C2}与 Q_{max}的相关系数；

F_r ——径向载荷；

F_a ——轴向载荷；

J_r ——径向载荷积分；

J_a ——轴向载荷积分；

Z ——滚动体数；

α ——公称接触角。

径向和轴向载荷积分由式(50)给出：

$$\left.\begin{aligned} J_r=J_r(\varepsilon)=\frac{1}{2\pi}\int_{-\varphi_0}^{+\varphi_0}\left[1-\frac{1}{2\varepsilon}(1-\cos\varphi)\right]^t\cos\varphi\ \mathrm{d}\varphi \\ J_a=J_a(\varepsilon)=\frac{1}{2\pi}\int_{-\varphi_0}^{+\varphi_0}\left[1-\frac{1}{2\varepsilon}(1-\cos\varphi)\right]^t\mathrm{d}\varphi \end{aligned}\right\} \quad \cdots\cdots(50)$$

式中：

t ——3/2(点接触)；

t ——1.1(线接触)；

φ_0——承载弧度之半；

ε ——表示轴承承荷区宽度的参数。

对点接触和线接触分别导入符号：

$$J(t,s)=\left\{\frac{1}{2\pi}\int_{-\varphi_0}^{+\varphi_0}\left[1-\frac{1}{2\varepsilon}(1-\cos\varphi)\right]^t\mathrm{d}\varphi\right\}^{1/s} \quad \cdots\cdots(51)$$

$$\left.\begin{aligned} J_1=J_1(\varepsilon)=J\left(\frac{9}{2};\ 3\right);\quad J_2=J_2(\varepsilon)=J\left(5;\ \frac{10}{3}\right) \\ J_1=J_1(\varepsilon)=J\left(\frac{9}{2};\ 4\right);\quad J_2=J_2(\varepsilon)=J\left(5;\ \frac{9}{2}\right) \end{aligned}\right\} \quad \cdots\cdots(52)$$

如果 P_{r1}和 P_{r2}是相应套圈的径向当量动载荷，则由于套圈的径向位移($\varepsilon=0.5$)：

$$Q_{C1}=\frac{P_{r1}}{Z\cos\alpha}\frac{J_1(0.5)}{J_r(0.5)};\quad Q_{C2}=\frac{P_{r2}}{Z\cos\alpha}\frac{J_2(0.5)}{J_r(0.5)} \quad \cdots\cdots(53)$$

其中,$J_1(0.5)$、$J_2(0.5)$和$J_r(0.5)$的值在表3中给出。

表3 $J_r(0.5)$、$J_a(0.5)$、$J_1(0.5)$、$J_2(0.5)$和 w 的值

参量	点接触		线接触		点和线接触	
	单列轴承	双列轴承	单列轴承	双列轴承	单列轴承	双列轴承
$J_r(0.5)$ $J_a(0.5)$	0.228 8 0.278 2	0.457 7 0	0.245 3 0.309 0	0.490 6 0	0.236 9 0.293 2	0.473 9 0
$J_1(0.5)$ $J_2(0.5)$	0.562 5 0.587 5	0.692 5 0.723 3	0.649 5 0.674 4	0.757 7 0.786 7	0.604 4 0.629 5	0.724 4 0.754 3
$J_r(0.5)/J_a(0.5)$ $J_r(0.5)/J_1(0.5)$ $J_r(0.5)/J_2(0.5)$	0.822 0.407 0.389	— 0.661 0.633	0.794 0.378 0.364	— 0.648 0.623	0.808 0.392 0.376	— 0.654 0.628
$J_2(0.5)/J_1(0.5)$	1.044		1.038		1.041	
$\frac{J_r(0.5)}{\sqrt{J_1(0.5)J_2(0.5)}}$	0.398 (≈0.40)	0.647 (≈0.65)	0.371	0.635	0.384	0.641
w	10/3		9/2		180/47	
$2^{1-(1/w)}$	1.625		1.714		1.669	

由式(49)、式(53)和下式:

$$\left(\frac{P_r}{C_r}\right)^w=\left(\frac{P_{r1}}{C_1}\right)^w+\left(\frac{P_{r2}}{C_2}\right)^w$$

得:

$$\left.\begin{aligned}\frac{P_r}{F_r}&=\left[\left(\frac{C_r}{C_1}\frac{J_r(0.5)}{J_1(0.5)}\frac{J_1}{J_r}\right)^w+\left(\frac{C_r}{C_2}\frac{J_r(0.5)}{J_2(0.5)}\frac{J_2}{J_r}\right)^w\right]^{1/w}\\ \frac{P_r}{F_a\cot\alpha}&=\left[\left(\frac{C_r}{C_1}\frac{J_1}{J_1(0.5)}\right)^w+\left(\frac{C_r}{C_2}\frac{J_2}{J_2(0.5)}\right)^w\right]^{1/w}\frac{J_r(0.5)}{J_a}\end{aligned}\right\}\qquad(54)$$

式中:

C_r——径向基本额定动载荷;

C_1——旋转套圈的径向基本额定动载荷;

C_2——静止套圈的径向基本额定动载荷;

w——pe(p——寿命公式中的指数;e——韦布尔斜率)。

由于轴承套圈的径向位移($\varepsilon=0.5$)和固定外圈载荷($C_1=C_i$,C_i为内圈基本额定动载荷;$C_2=C_e$,C_e为外圈基本额定动载荷),根据式(54),对点接触和线接触,可得:

$$\left.\begin{aligned}P_r=F_r&=\frac{J_r(0.5)}{J_a(0.5)}F_a\cot\alpha=0.822F_a\cot\alpha\\ P_r=F_r&=\frac{J_r(0.5)}{J_a(0.5)}F_a\cot\alpha=0.794F_a\cot\alpha\end{aligned}\right\}\qquad(55)$$

对于$\varepsilon=0.5$和固定内圈载荷($C_1=V_fC_e$;$C_2=C_i/V_f$),可得:

$$P_r=V_fF_r\qquad(56)$$

式中:

V_f——旋转系数。

点接触和线接触的 V_f 系数分别在 1±0.044 和 1±0.038 之间变化。在 ISO 281:2007 中，旋转系数 V_f 被删掉了。

注：在 ISO/R 281 中，为安全起见，对向心轴承(调心球轴承除外)给出的旋转系数 V_f 值为 1.2。

由于轴承套圈的轴向位移($\varepsilon=\infty$)和固定外圈载荷($C_1=C_i$；$C_2=C_e$)，

$$\left.\begin{aligned} P_r &= YF_a \\ Y &= f_1\frac{C_i}{C_e}\frac{J_r(0.5)}{J_1(0.5)}\cot\alpha \end{aligned}\right\} \qquad (57)$$

系数 $f_1(C_i/C_e)$ 在 1 和 $1/V_f=J_1(0.5)/J_2(0.5)$ 之间变化。在这两个值之间，导入一个最近似的几何平均值 $1/\sqrt{V_f}$(见表 3)，则：

$$Y=\frac{J_r(0.5)}{\sqrt{J_1(0.5)J_2(0.5)}}\cot\alpha \qquad (58)$$

对于非调心轴承，必须考虑制造精度对系数 Y 的影响。

式(58)中给出的 Y 值用降低系数 η 加以修正：

$$Y_1=\frac{Y}{\eta} \qquad (59)$$

对于联合载荷，在 $C_1/C_2\approx0$ 和 $C_2/C_1\approx0$ 的极限情况下，式(54)给出了 F_r/P_r 与 $F_r\cot\alpha/P_r$ 的相关值，与图 1 中给出的曲线相对应。

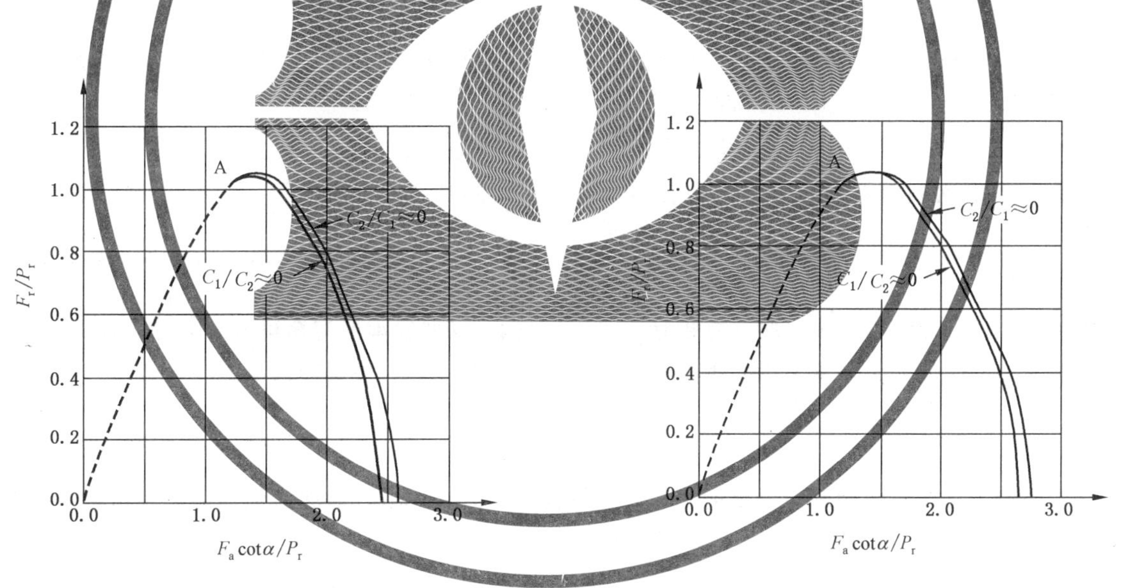

a) 点接触　　　　b) 线接触

说明：

A ——点 A；

C_1——旋转套圈的径向基本额定动载荷；

C_2——静止套圈的径向基本额定动载荷；

F_a——轴向载荷；

F_r——径向载荷；

P_r——向心轴承的径向当量动载荷；

α ——公称接触角。

图 1　具有恒定接触角 α 的单列向心轴承的径向当量动载荷 P_r

点 A 代表 $\varepsilon=0.5$,即轴承套圈的径向位移。对点接触和线接触的这些点,分别为:

$$\left.\begin{aligned}F_a&=1.22F_r\tan\alpha\\F_a&=1.26F_r\tan\alpha\end{aligned}\right\}\qquad(60)$$

5.1.2 双列向心轴承的理论径向当量动载荷 P_r

对于双列向心轴承,符号Ⅰ和Ⅱ分别代表相应的列,决定旋转和静止套圈寿命的因素是平均值:

$$\left.\begin{aligned}Q_{C1}&=J_1\,Q_{\max\,\mathrm{I}}\\Q_{C2}&=J_2\,Q_{\max\,\mathrm{II}}\end{aligned}\right\}\qquad(61)$$

式中:

$$\left.\begin{aligned}J_1&=\left[J_1\ (\varepsilon_{\mathrm{I}})^w+\left(\frac{Q_{\max\,\mathrm{II}}}{Q_{\max\,\mathrm{I}}}\right)^w J_1\ (\varepsilon_{\mathrm{II}})^w\right]^{1/w}\\J_2&=\left[J_2\ (\varepsilon_{\mathrm{I}})^w+\left(\frac{Q_{\max\,\mathrm{II}}}{Q_{\max\,\mathrm{I}}}\right)^w J_2\ (\varepsilon_{\mathrm{II}})^w\right]^{1/w}\end{aligned}\right\}\qquad(62)$$

对于游隙为零的轴承:

$$\left.\begin{aligned}\varepsilon_{\mathrm{I}}+\varepsilon_{\mathrm{II}}&=1\quad(\varepsilon_{\mathrm{I}}\leqslant 1)\\\varepsilon_{\mathrm{II}}&=0\quad(\varepsilon_{\mathrm{I}}>1)\end{aligned}\right\}\qquad(63)$$

如果导入双列轴承的 J_r、J_a、J_1和 J_2值,则根据单列轴承的式(54)得到轴承的当量载荷。这里 $J_r(0.5)$、$J_a(0.5)$、$J_1(0.5)$之值在 $\varepsilon_{\mathrm{I}}=\varepsilon_{\mathrm{II}}=0.5$ 时是有效值(见表 3)。

$C_1/C_2\approx0$ 和 $C_2/C_1\approx0$ 的极限情况下,见图 2 中的曲线。

如果 $\varepsilon_{\mathrm{I}}<1$,两列均承受载荷,对点接触和线接触,即如:

$$\left.\begin{aligned}F_a&<1.67F_r\tan\alpha\\F_a&<1.91F_r\tan\alpha\end{aligned}\right\}\qquad(64)$$

如果 F_a远大于此值,则仅一列承受载荷。在此情况下,双列轴承的寿命可按单列轴承理论计算。

如果 $P_{r\mathrm{I}}$ 是作为单列轴承考虑的承载列的当量径向载荷,则 P_r是双列轴承的当量载荷:

$$\frac{P_r}{P_{r\mathrm{I}}}=\frac{C_r}{C_1}=2^{1-(1/w)}\qquad(65)$$

图 1 和图 2 是在假设接触角恒定的基础上计算得出,图 1a)和图 2a)亦近似地适用于角接触沟型球轴承,如果 $\cot\alpha'$由式(66)确定:

$$\left(\frac{\cos\alpha}{\cos\alpha'}-1\right)^{3/2}\sin\alpha'=\left[\frac{c_c}{(2r/D_w)-1}\right]^{3/2}\frac{F_a}{ZD_w{}^2}\qquad(66)$$

式中:

c_c ——与弹性模量和密合度 $2r/D_w$有关的压缩常数;

r ——沟道半径;

D_w——球直径。

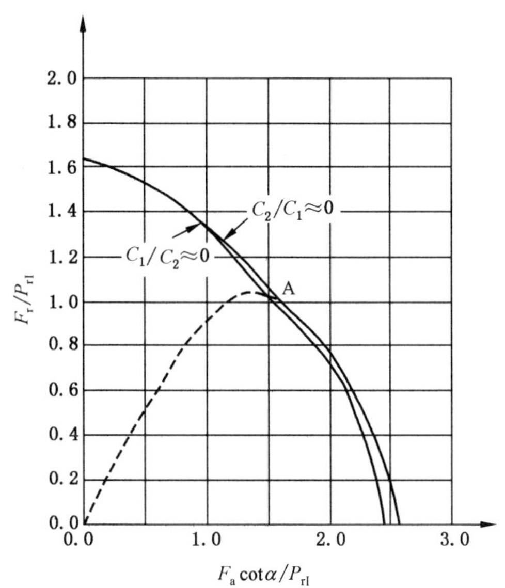

a) 点接触

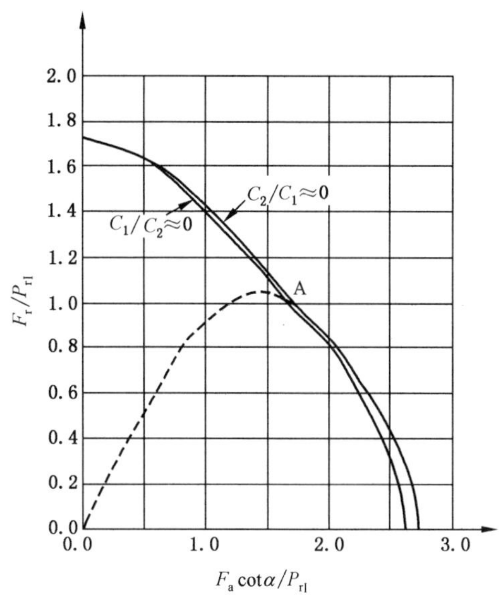

b) 线接触

说明：

A ——点 A；

C_1 ——旋转套圈的径向基本额定动载荷；

C_2 ——静止套圈的径向基本额定动载荷；

F_a ——轴向载荷；

F_r ——径向载荷；

P_{rI} ——被视为单列轴承的承载列的径向当量动载荷；

α ——公称接触角。

图 2 具有恒定接触角 α 的双列向心轴承的径向当量动载荷 P_{rI}

5.1.3 径向接触沟型球轴承理论径向当量动载荷 P_r

图 3 适于径向接触沟型球轴承。曲线 AC 由式(54)和下列近似公式确定：

$$\tan\alpha' \approx \left[\frac{2c}{(2r/D_w)-1}\right]^{3/8}\left(1-\frac{1}{2\varepsilon}\right)^{3/8}\left(\frac{F_a}{J_a iZD_w{}^2}\right)^{1/4} \quad\cdots\cdots(67)$$

并给出了 F_r/P_r 与 $F_a\cot\alpha'/P_r$ 之间的函数关系，其中 α' 是按式(68)[1]计算的接触角：

$$\tan\alpha' \approx \left[\frac{2c}{(2r/D_w)-1}\right]^{3/8}\left(\frac{F_a}{iZD_w{}^2}\right)^{1/4} \quad\cdots\cdots(68)$$

式(68)是根据式(67)在中心轴向载荷 $F_a=F_r=0$，即 $\varepsilon=\infty$ 和 $J_a=1$ 的情况下得到的。

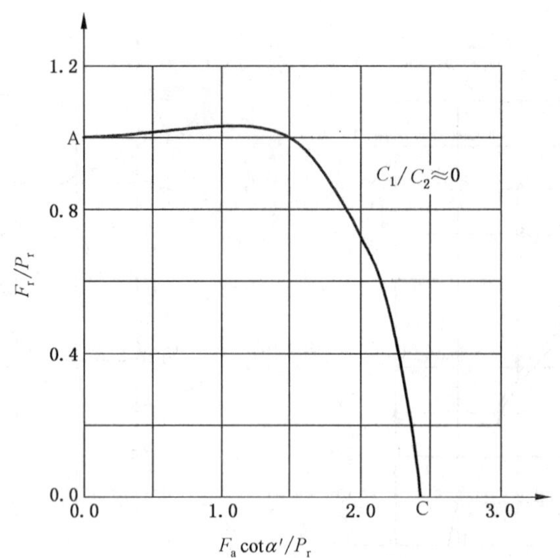

说明：

A ——点 A；

C ——点 C；

C_1 ——旋转套圈的径向基本额定动载荷；

C_2 ——静止套圈的径向基本额定动载荷；

F_a ——轴向载荷；

F_r ——径向载荷；

P_r ——向心轴承的径向当量动载荷；

α' ——根据式(68)计算的接触角。

图 3　径向接触沟型球轴承的径向当量动载荷 P_r

5.1.4　具有恒定接触角的向心轴承径向当量动载荷的实用公式

实用时，最好用图 4 中的折线 A_1BC(单列轴承)和折线 ABC(双列轴承)代替图 1 和图 2 中的理论曲线。

图 4 中的直线 A_1B 的方程为：

$$F_r/P_{rI} = 1$$

因此，当 $F_a/F_r \leqslant \xi \tan\alpha$ 时，得：

$$P_{rI} = F_r \qquad \cdots\cdots(69)$$

且经过点 B(ξ,1)和点 C(a,0)的直线的方程为：

$$\frac{(F_r/P_{rI}) - 1}{(F_a \cot\alpha/P_{rI}) - \xi} = \frac{-1}{a - \xi}$$

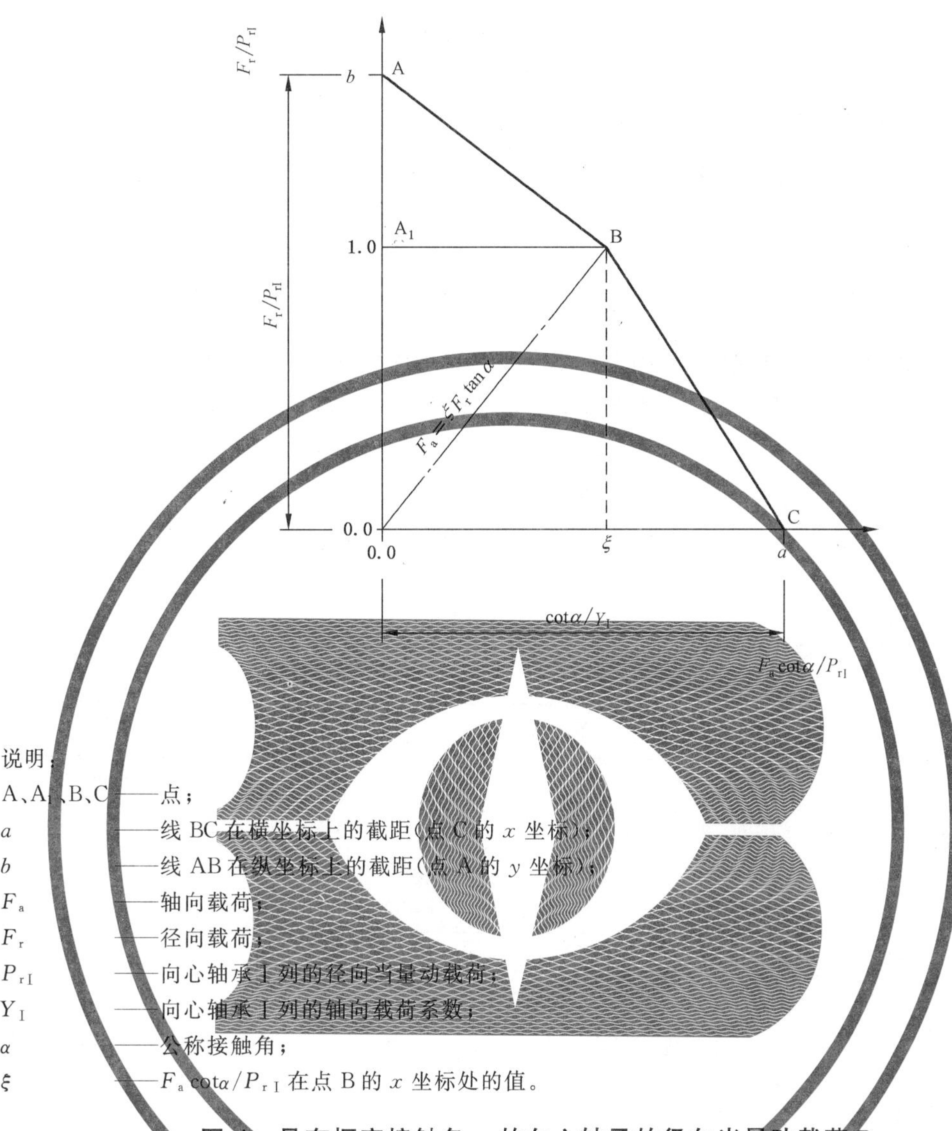

说明：

A、A_1、B、C——点；

a——线 BC 在横坐标上的截距(点 C 的 x 坐标)；

b——线 AB 在纵坐标上的截距(点 A 的 y 坐标)；

F_a——轴向载荷；

F_r——径向载荷；

P_{rI}——向心轴承 I 列的径向当量动载荷；

Y_1——向心轴承 I 列的轴向载荷系数；

α——公称接触角；

ξ——$F_a\cot\alpha/P_{rI}$ 在点 B 的 x 坐标处的值。

图 4 具有恒定接触角 α 的向心轴承的径向当量动载荷 P_{rI}

当 $F_a/F_r > \xi\tan\alpha$ 时，由式(69)可得：

$$\left.\begin{aligned}
&P_{rI} = \left(1-\frac{\xi}{a}\right)F_r + \frac{1}{a}\cot\alpha\ F_a = X_1F_r + Y_1F_a \\
&\text{其中，} \\
&X_1 = 1-\frac{\xi}{a} = 1-\xi\ Y_1\tan\alpha \\
&\text{因此，根据式(59)，} \\
&X_1 = 1-\frac{J_r(0.5)}{\sqrt{J_1(0.5)\,J_2(0.5)}}\,\frac{\xi}{\eta} \\
&Y_1 = \frac{J_r(0.5)\cot\alpha}{\sqrt{J_1(0.5)\,J_2(0.5)}}\,\frac{1}{\eta}
\end{aligned}\right\} \qquad (70)$$

对于双列轴承，直线 AB 的方程为：

$$\frac{F_r/P_{rI}-b}{F_a\cot\alpha/P_{rI}} = \frac{1-b}{\xi}$$

据此，

$$P_{rI}=\frac{F_r}{b}+\left(\frac{b-1}{b}\right)\frac{F_a\cot\alpha}{\xi}$$

因此，当 $F_a/F_r\leqslant\xi\tan\alpha$ 时，得：

$$\left.\begin{array}{l}P_r=2^{1-(1/w)}P_{rI}=F_r+[2^{1-(1/w)}-1]\dfrac{\cot\alpha}{\xi}F_a\equiv X_3F_r+Y_3F_a\\ \text{其中，}\\ X_3=1;Y_3=[2^{1-1/w}-1]\dfrac{1}{\xi}\cot\alpha\end{array}\right\}\quad\cdots\cdots(71)$$

另外，当 $F_a/F_r>\xi\tan\alpha$ 时，根据式(70)(代表直线 BC 的方程)，可得：

$$\left.\begin{array}{l}P_r=2^{1-(1/w)}P_{rI}=2^{1-(1/w)}X_1F_r+2^{1-(1/w)}Y_1F_a\equiv X_2F_r+Y_2F_a\\ \text{其中，}\\ X_2=2^{1-(1/w)}X_1;Y_2=2^{1-(1/w)}Y_1\end{array}\right\}\quad\cdots\cdots(72)$$

综合上列各式，表 4 列出了具有恒定接触角 α 的向心轴承径向当量动载荷 P_r 和系数 X 与 Y 的公式。

表 4　具有恒定接触角 α 的向心轴承径向当量动载荷 P_r 和系数 X 与 Y 的公式

		单列轴承	双列轴承
公式	$F_a/F_r\leqslant e$	$P_r=F_r$	$P_r=X_3F_r+Y_3F_a$
	$F_a/F_r>e$	$P_r=X_1F_r+Y_1F_a$	$P_r=X_2F_r+Y_2F_a$
径向载荷系数 X 轴向载荷系数 Y		$X_1=1-\dfrac{J_r(0.5)}{\sqrt{J_1(0.5)J_2(0.5)}}\dfrac{\xi}{\eta}$ $Y_1=\dfrac{J_r(0.5)\cot\alpha}{\sqrt{J_1(0.5)J_2(0.5)}}\dfrac{1}{\eta}$	$\dfrac{X_2}{X_1}=\dfrac{Y_2}{Y_1}=2^{1-(1/w)}$ $X_3=1$ $Y_3=\dfrac{1}{\xi}[2^{1-(1/w)}-1]\cot\alpha$
寿命离散度 e		$e=\xi\tan\alpha$	

5.1.5　向心球轴承径向当量动载荷 P_r 的实用公式

通常，向心球轴承的接触角随载荷而变化，如果用式(66)给出的轴向载荷 F_a 作用下的接触角 α' 代替 α，表 4 也能近似地适用于角接触球轴承。

因此，根据表 3，

$$\left.\begin{array}{ll}X_1=1-0.4\dfrac{\xi}{\eta}; & Y_1=\dfrac{0.4}{\eta}\cot\alpha'\\ X_2=1.625X_1; & Y_2=1.625Y_1\\ X_3=1; & Y_3=\dfrac{0.625}{\xi}\cot\alpha'\end{array}\right\}\quad\cdots\cdots(73)$$

对于单列和双列径向接触沟型球轴承，图 3 中的理论曲线由图 5 中的折线 A_1BC 所代替。

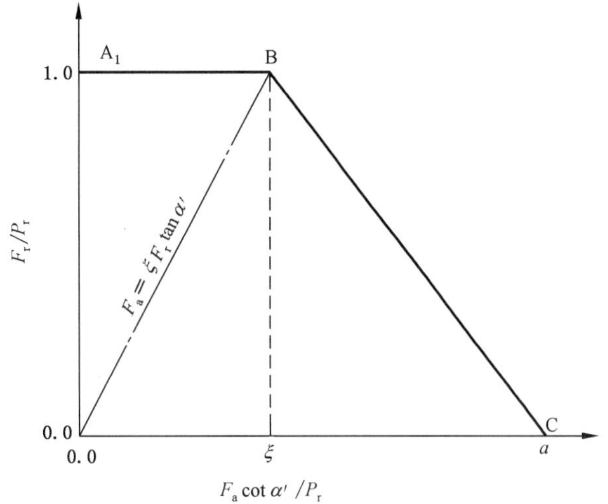

说明：

A_1、B、C——点；

a ——线 BC 在横坐标上的截距(点 C 的 x 坐标)；

F_a ——轴向载荷；

F_r ——径向载荷；

P_r ——向心轴承的径向当量动载荷；

α' ——根据式(68)计算的接触角；

ξ ——$F_a\cot\alpha/P_{r\,I}$ 在点 B(x 坐标处)的值。

图 5 径向接触沟型球轴承的径向当量动载荷 P_r

对于此类轴承，

$$\left.\begin{aligned} X_1 &= X_2 = 1 - 0.4\frac{\xi}{\eta} \\ Y_1 &= Y_2 = 0.4\frac{\cot\alpha'}{\eta} \\ X_3 &= 1;\quad Y_3 = 0 \end{aligned}\right\} \qquad (74)$$

对于调心球轴承，可考虑接触角与载荷无关($\alpha'=\alpha$)且 $\eta=1$。

5.1.6 推力轴承轴向当量动载荷 P_a 的实用公式

对于 $\alpha\neq 90°$ 的单向和双向推力轴承，其径向和轴向载荷系数 X_a 和 Y_a 分别是根据单、双列向心轴承的径向当量动载荷 P_r 公式得到的。

即对单向轴承，当 $F_a/F_r>\xi\tan\alpha$ 时，

$$Y_1P_a = P_r = X_1F_r + Y_1F_a$$

于是，

$$\left.\begin{aligned} &P_a = \frac{X_1}{Y_1}F_r + F_a \equiv X_{a1}F_r + Y_{a1}F_a \\ &\text{其中，} \\ &X_{a1} = \frac{X_1}{Y_1};\quad Y_{a1} = 1 \end{aligned}\right\} \qquad (75)$$

对于双向轴承，当 $F_a/F_r>\xi\tan\alpha$ 时，

$$\left.\begin{aligned}&P_a=\frac{X_2}{Y_2}F_r+F_a\equiv X_{a2}F_r+Y_{a2}F_a\\&\text{其中,}\\&X_{a2}=\frac{X_2}{Y_2};\quad Y_{a2}=1\end{aligned}\right\}\qquad\cdots\cdots(76)$$

另外,当 $F_a/F_r\leqslant\xi\tan\alpha$ 时,近似得:

$$Y_2P_a=P_r=X_3F_r+Y_3F_a$$

因此,

$$\left.\begin{aligned}&P_a=\frac{X_3}{Y_2}F_r+\frac{Y_3}{Y_2}F_a\equiv X_{a3}F_r+Y_{a3}F_a\\&\text{其中,}\\&X_{a3}=\frac{X_3}{Y_2};\quad Y_{a3}=\frac{Y_3}{Y_2}\end{aligned}\right\}\qquad\cdots\cdots(77)$$

综合上列各式,表 5 列出了推力轴承轴向当量动载荷 P_a和系数 X_a与 Y_a的公式。

表 5 推力轴承轴向当量动载荷 P_a和系数 X_a与 Y_a的公式

		单向轴承	双向轴承
公式	$F_a/F_r\leqslant e$	—	$P_a=X_{a3}F_r+Y_{a3}F_a$
	$F_a/F_r>e$	$P_a=X_{a1}F_r+Y_{a1}F_a$	$P_a=X_{a2}F_r+Y_{a2}F_a$
径向载荷系数 X_a 轴向载荷系数 Y_a		$X_{a1}=\frac{X_1}{Y_1}$ $Y_{a1}=1$	$X_{a2}=\frac{X_2}{Y_2}$ $Y_{a2}=1$ $X_{a3}=\frac{X_3}{Y_2}$ $Y_{a3}=\frac{Y_3}{Y_2}$
寿命离散度 e		$e=\xi\tan\alpha$	

5.2 系数 X、Y 和 e

5.2.1 向心球轴承

5.2.1.1 ξ 值

对于单列径向接触沟型球轴承,文献[1]在试验成果的基础上,给出的值是 $\xi=1.2$;而对其他轴承,$\xi=1.5$,该值接近理论曲线。但是,在后来试验的基础上,ISO/R 281 对径向接触沟型球轴承和 $\alpha=5°$的单列角接触沟型球轴承,取 $\xi=1.05$;对其他角接触沟型球轴承,取 $\xi=1.25$;对调心球轴承,取 $\xi=1.5$(文献[3])。

5.2.1.2 η 值

降低系数 η 与接触角 α 有关,由式(78)给出:

$$\eta=1-k\sin\alpha\qquad\cdots\cdots(78)$$

在经验和最初试验的基础上，文献[1]给出 $k=0.4$，文献[2]给出 $k=0.15\sim0.33$。在 ISO/R 281 中，对于径向接触沟型球轴承($\alpha=5°$)和 $\alpha=5°$、10°、15°的角接触沟型球轴承取 $k=0.4(1/2.5)$；对于 $\alpha=20°\sim45°$的角接触沟型球轴承，取 $k=1/2.75$(文献[3])。

注：ISO/R 281 不包括 $\alpha=45°$轴承的系数。该角度轴承的系数在 ISO 281:2007 中予以规定。

5.2.1.3 接触角 α' 值

对于径向接触沟型球轴承以及公称接触角 $\alpha\leqslant15°$的角接触球轴承，实际接触角随载荷不同而变化相当大。因此，ISO 281:2007 的表 3 给出了与相对轴向载荷相关的所有系数。

对于径向接触沟型球轴承(假定其为公称接触角 $\alpha=5°$的角接触球轴承)，根据具有公称接触角 α 的角接触球轴承的式(66)，在轴向载荷 F_a 作用下，接触角 α' 值可由式(79)进行计算：

$$\left(\frac{\cos5°}{\cos\alpha'}-1\right)^{3/2}\sin\alpha'=\left[\frac{c}{(2r/D_w)-1}\right]^{3/2}\frac{F_a}{iZD_w^{\ 2}} \qquad \cdots\cdots(79)$$

当 $2r/D_w=1.035$ 时，$c=0.000\ 438\ 71$，单位为牛顿和毫米。

表 6 列出了当 $2r/D_w=1.035$ 时，按式(66)和式(79)计算的接触角 α' 值。

$\alpha\geqslant20°$的角接触球轴承，轴向载荷对接触角的影响相对较小，因此，ISO 281:2007 的表 5 仅列出了每个 α 的一组 X、Y 和 e 系数。关于对这些轴承的计算规则，见 5.2.2.3。

表 6　径向和角接触沟型球轴承($\alpha=5°$、10°和 15°)接触角 α' 值

$F_a/ZD_w^{\ 2}$ [a]		$\alpha=5°$	$\alpha=10°$	$\alpha=15°$
lbf/in^2	MPa [b]	α'		
25	0.172 37	10.230°	12.953°	16.781°
50	0.344 74	11.811°	14.177°	17.652°
100	0.689 48	13.734°	15.768°	18.866°
150	1.034 21	15.037°	16.893°	19.767°
200	1.378 95	16.048°	17.786°	20.503°
300	2.068 4	17.607°	19.187°	21.688°
500	3.447 4	19.809°	21.207°	23.488°
750	5.171 1	21.761°	23.028°	25.075°
1000	6.894 8	23.263°	24.444°	26.360°

[a] 对于径向接触沟型球轴承，为 $F_a/iZD_w^{\ 2}$。

[b] 1 MPa =1 N/mm^2。

5.2.2 各类型向心球轴承的 X、Y 和 e 值

综上所述，X、Y 和 e 值的计算方法如下(见表 10 和表 11)。

5.2.2.1 径向接触沟型球轴承

$$X_1=X_2=1-\frac{0.4\times1.05}{1-0.4\sin5°}=0.564\ 8\approx0.56$$

$$Y_1=Y_2=\frac{0.4\cot\alpha'}{1-0.4\sin5°}=0.414\ 45\cot\alpha'$$

$$e=1.05\tan\alpha'$$

当 $F_a/iZD_w{}^2=6.89$ MPa 时，Y_1的计算值为 0.964 1≈0.96。考虑到与 $\alpha\geqslant20°$的角接触沟型球轴承 Y_1值的相互关系，将其修正为 1.00（见图 6）；即计算的接触角 $\alpha'=23.262°$（$\alpha'=\tan^{-1}0.414\ 45$）修正为 22.512°。因此，计算的 e 值为 0.451 42≈0.45 变为 0.435 2≈0.44[$e=1.05\tan22.512°$或 $0.4\times1.05/(1-0.4\sin5°)$]。

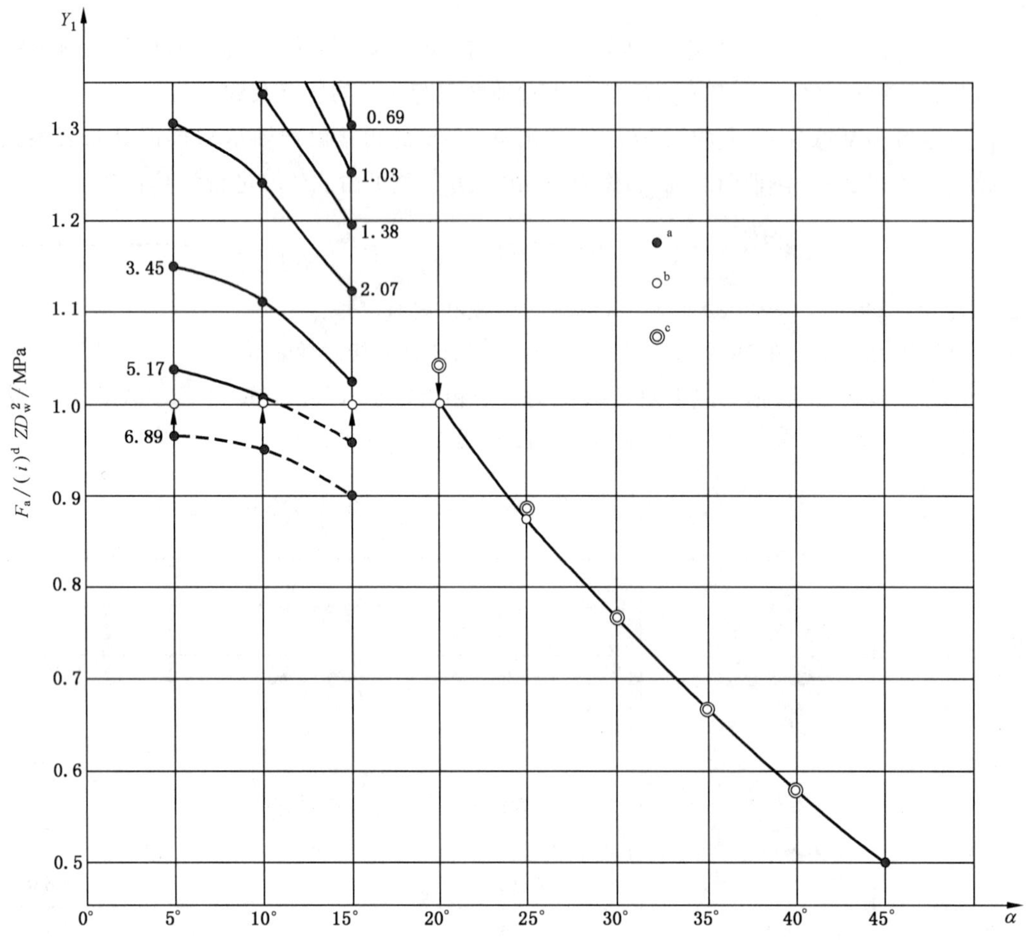

说明：

D_w——球直径；

F_a——轴向载荷；

i ——球或滚子列数；

Y_1——轴向载荷系数；

Z ——每列球或滚子数；

α ——公称接触角；

[a] 计算值。

[b] 修正值。

[c] TC4 N36 给出的值。

[d] 径向接触沟型球轴承包含的系数 i。

图 6　径向接触和角接触沟型球轴承 Y_1的修正值

5.2.2.2 $\alpha \leqslant 15^\circ$的角接触沟型球轴承

对于$\alpha=5^\circ$的单列轴承，X_1、Y_1和e值与上述径向接触沟型球轴承相同。

对于$\alpha=5^\circ$的双列轴承，

$$X_2=1.625\times 0.48=0.78$$

因为，

$$X_1=1-\frac{0.4\times 1.25}{1-0.4\sin 5^\circ}=0.4819\approx 0.48$$

$$Y_2=1.625Y_1$$

式中：

$$Y_1=\frac{0.4\cot\alpha'}{1-0.4\sin 5^\circ}=0.414\ 45\cot\alpha'$$

$$Y_3=\frac{0.625\cot\alpha'}{1.25}=0.5\cot\alpha'$$

$$e=1.25\tan\alpha'$$

当$F_a/ZD_w{}^2=6.89$ MPa 时，采用接触角α'为22.512°，因此，

$$Y_2=1.625\times 1=1.625\approx 1.63$$

$$Y_3=0.5\ \cot\ 22.512^\circ$$

或

$$Y_3=1.25(1-0.4\sin 5^\circ)=1.206\ 4\approx 1.21$$

和

$$e=1.25\tan 22.512^\circ$$

或

$$e=\frac{0.4\times 1.25}{1-0.4\sin 5^\circ}=0.518\ 1\approx 0.52$$

对于$\alpha=10^\circ$和$\alpha=15^\circ$的轴承，

$$X_1=1-\frac{0.4\times 1.25}{1-0.4\sin\alpha}$$

$$X_2=1.625X_1$$

$$Y_1=\frac{0.4\cot\alpha'}{1-0.4\sin\alpha}$$

$$Y_2=1.625\ Y_1$$

$$Y_3=\frac{0.625\cot\alpha'}{1.25}=0.5\cot\alpha'$$

$$e=1.25\tan\alpha'$$

即$\alpha=10^\circ$时，$X_1=0.462\ 7\approx 0.46$，$Y_1=0.429\ 86\cot\alpha'$；$\alpha=15^\circ$时，$X_1=0.442\ 3\approx 0.44$，$Y_1=0.446\ 19\cot\alpha'$。

由于上述原因，在Y_1的计算值小于1时，应使$Y_1=1.00$（见图6）。因此，当$F_a/iZD_w{}^2=6.89$ MPa 时，

$$Y_2=1.625\approx 1.63$$

$$Y_3=0.5\ \cot\ 23.261^\circ$$

或

$$Y_3=1.25(1-0.4\sin 10^\circ)=1.163\ 22\approx 1.16$$

和

$$e=1.25\tan 23.261^\circ$$

或

$$e=\frac{0.4\times1.25}{1-0.4\sin10^{\circ}}=0.537\ 3\approx0.54$$

而且当 $F_{a}/ZD_{w}^{2}=5.17\text{MPa}$ 和 $F_{a}/ZD_{w}^{2}=6.89\ \text{MPa}$ 时，

$$Y_2=1.625\times1=1.625\approx1.63$$

$$Y_3=0.5\ \cot\ 24.046^{\circ}$$

或

$$Y_3=1.25(1-0.4\sin15^{\circ})=1.120\ 6\approx1.12$$

和

$$e=1.25\tan24.046^{\circ}$$

或

$$e=\frac{0.4\times1.25}{1-0.4\sin15^{\circ}}=0.557\ 7\approx0.56$$

5.2.2.3 $\alpha=20^{\circ}\sim45^{\circ}$的角接触沟型球轴承

$$X_1=1-\frac{0.4\times1.25}{1-(1/2.75)\sin\alpha}$$

见表 7。

$$X_2=1.625X_1$$

表 7 $\alpha=20^{\circ}\sim45^{\circ}$轴承的 X_1 值

α	X_1	α	X_1
20°	0.429 0≈0.43	35°	0.368 2≈0.37
25°	0.409 2≈0.41	40°	0.347 5≈0.35
30°	0.388 9≈0.39	45°	0.326 9≈0.33

对于 Y_1 值，原则上使用表 8，即文件 ISO/TC 4 N36（=TC4 N56=TC4 N110，见下面的注）中给出的值，其中第一和第二个值 1.04 和 0.89 在考虑与 $\alpha\leqslant15^{\circ}$ 的 Y_1 值的相互关系后，分别修正为 1.00 和0.87（见图 6）。

表 8 Y_1 值

α	Y_1	α	Y_1
20°	1.04 修正为 1.00	35°	0.66
25°	0.89 修正为 0.87	40°	0.57
30°	0.76	(45°)	(0.50)

而 Y_2、e 和 Y_3 值按式(73)的式(80)进行计算：

$$\left.\begin{aligned}Y_2&=1.625Y_1\\e&=\frac{1-X_1}{Y_1}\\Y_3&=\frac{0.625}{e}\end{aligned}\right\}\qquad\cdots\cdots(80)$$

注：Y_1 值得按式(81)计算：

$$Y_1 = \frac{0.4}{\eta}\cot\alpha' = \frac{0.4}{1-(1/3)\sin\alpha'}\cot\alpha' \qquad \cdots\cdots(81)$$

其中，接触角 α' 值由下式确定：

$$\cos\alpha' = 0.972\ 402\cos\alpha$$

计算如表 9。

表 9 α' 值

α	α'	α	α'
20°	23.97°	35°	37.20°
25°	28.20°	40°	41.85°
30°	32.63°	(45°)	(46.56°)

α 和 α' 之间的关系来自式 (66)，由于

$$\frac{2r}{D_w} = \frac{r_i}{D_w} + \frac{r_e}{D_w} = 0.517\ 5 + 0.53 = 1.047\ 5$$

$$c_c = 0.000\ 458\ 35$$

且滚动体载荷

$$F_a/ZD_w^2\sin\alpha' = 4.903\ 3\ \text{MPa}\ (=0.5\ \text{kgf/mm}^2)$$

此外，$\alpha = 45°$ 的轴承并未包括在 ISO/R281 中，其 Y_1 值为 0.498 6≈0.50 是由式(81)确定的，并与由式(80)求得的其他系数 Y_2、Y_3 和 e 值一起规定在 ISO 281-1:1977 中。

5.2.2.4 调心球轴承

取 $\alpha = \alpha'$，$\eta = 1$，$\xi = 1.5$，

$X_1 = 1 - 0.4 \times 1.5 = 0.4$

$X_2 = 1.625 \times 0.4 = 0.65$

$Y_1 = 0.4\cot\alpha$

$Y_2 = 1.625\ Y_1 = 0.65\cot\alpha$

$$Y_3 = \frac{0.625\cot\alpha}{1.5} = 0.416\ 7\cot\alpha \approx 0.42\cot\alpha$$

$e = 1.5\tan\alpha$

5.2.3 向心球轴承 *X*、*Y* 和 *e* 系数表

表 10 汇总了计算每种类型向心球轴承系数 X、Y 和 e 以及 α'、ξ 和 η 值所用的基本公式。

5.2.4 不同于标准的 *Y* 和 *e* 的计算值

表 11 列出了按表 6 给出的接触角 α' 计算的 Y 和 e 值，它们不同于 ISO 281:2007 表 2 给出的值，最大误差在±0.02 之内。

这种微小差异是由于系数 Y 和 e 值与接触角 α' 有关。但是，对于给定的 F_a/ZD_w^2（或 F_a/iZD_w^2）值，α' 不能直接按式(66)和式(79)计算。

因此，认为误差是由于接触角 α' 计算值不精确造成的。

5.2.5 推力球轴承

5.2.5.1 基本公式

根据表 3、表 4 和表 5，得到确定系数 X、Y 和 e 的基本公式列于表 12。

表 10　向心球轴承 X、Y 和 e 系数汇总表

<table>
<tr><th colspan="2" rowspan="3">轴承类型</th><th colspan="2">单列轴承</th><th colspan="4">双列轴承</th><th rowspan="3">e</th><th rowspan="3">α'</th><th rowspan="3">ξ</th><th rowspan="3">η</th></tr>
<tr><th colspan="2">$\frac{F_a}{F_r}>e$</th><th colspan="2">$\frac{F_a}{F_r}\leqslant e$</th><th colspan="2">$\frac{F_a}{F_r}>e$</th></tr>
<tr><th>X_1</th><th>Y_1</th><th>X_3</th><th>Y_3</th><th>X_2</th><th>Y_2</th></tr>
<tr><td colspan="2">径向接触沟型球轴承</td><td rowspan="12">$1-\frac{0.4\xi}{\eta}$</td><td rowspan="5">$\frac{0.4}{\eta}\cot\alpha'\geqslant 1.00$</td><td rowspan="12">1</td><td>0</td><td>$1-\frac{0.4\xi}{\eta}$</td><td>$\frac{0.4}{\eta}\cot\alpha'\geqslant 1.00$</td><td rowspan="5">$\xi\tan\alpha'\leqslant 0.4\frac{\xi}{\eta}$</td><td>由公式(1)确定[a]</td><td>1.05</td><td rowspan="3">$1-\frac{\sin 5°}{2.5}$</td></tr>
<tr><td rowspan="10">角接触沟型球轴承</td><td>α</td><td rowspan="4">$\frac{0.625}{\xi}\cot\alpha'\geqslant 1.562\ 5\frac{\eta}{\xi}$</td><td rowspan="11">$1.625X_1$</td><td rowspan="11">$1.625Y_1$</td><td rowspan="4">由公式(2)确定[b]</td><td rowspan="2">1.05(单列)
1.25(双列)</td></tr>
<tr><td>5°</td></tr>
<tr><td>10°</td><td rowspan="8">1.25</td><td rowspan="2">$1-\frac{\sin\alpha}{2.5}$</td></tr>
<tr><td>15°</td></tr>
<tr><td>20°</td><td>1.00[c]</td><td rowspan="6">$\frac{0.625}{e}$</td><td rowspan="6">$\frac{1-X_1}{Y_1}$</td><td rowspan="6">—</td><td rowspan="6">$1-\frac{\sin\alpha}{2.75}$</td></tr>
<tr><td>25°</td><td>0.87[c]</td></tr>
<tr><td>30°</td><td>0.76[c]</td></tr>
<tr><td>35°</td><td>0.66[c]</td></tr>
<tr><td>40°</td><td>0.57[c]</td></tr>
<tr><td>45°</td><td>0.50[c]</td></tr>
<tr><td colspan="2">调心球轴承</td><td>$\frac{0.4}{\eta}\cot\alpha'$</td><td>$\frac{0.625}{\xi}\cot\alpha'$</td><td>$\xi\tan\alpha'$</td><td>$\alpha$</td><td>1.5</td><td>1</td></tr>
</table>

注：对于 $\alpha=20°$ 和 $\alpha=25°$ 轴承的 Y_1 值 1.04 和 0.89，为与 $\alpha<20°$ 的数值相协调，分别修正为 1.00 和 0.87。

[a] 公式(1) $\frac{\cos 5°}{\cos\alpha'}=1+0.012\ 534\left(\frac{F_a}{iZD_w^{\ 2}\sin\alpha'}\right)^{2/3}$

[b] 公式(2) $\frac{\cos\alpha°}{\cos\alpha'}=1+0.012\ 534\left(\frac{F_a}{iZD_w^{\ 2}\sin\alpha'}\right)^{2/3}$

[c] 由 $Y_1=0.4\cot\alpha'/[1-(1/3)\sin\alpha']$ 确定。其中，α' 由 $\cos\alpha'=0.972\ 4\cos\alpha$ 确定。

5.2.5.2 ξ 和 η 值

如角接触沟型球轴承，不同的 ξ 取相同值 1.25，η 取为 $1-(1/3)\sin\alpha$。

5.2.5.3 接触角的值

具有大接触角的推力球轴承的接触角随轴向载荷 F_a 的变化很小，可用公称接触角 α。

表 11　不同于 ISO 281:2007 表 2 的 Y 和 e 的计算值($\alpha \leqslant 15°$)

F_a/ZD_w^2 [a] MPa			0.172	0.345	0.689	1.03	1.38	2.07	3.45	5.17	6.89
向心球轴承		Y_1		1.98	1.70	1.54	1.44				[b]
		e						0.33			[b]
角接触球轴承	$\alpha=5°$ 双列轴承	Y_2		3.22	2.76	2.50	2.34				[b]
		Y_3	2.77	2.39	2.05	1.86	1.74			1.25	[b]
		e			0.31						[b]
	$\alpha=10°$	Y_1	1.87	1.70		1.42		1.24	1.11		[b]
		Y_2	3.04	2.76		2.31		2.02	1.80		[b]
		Y_3	2.17		1.77	1.65	1.56	1.44	1.29	1.18	[b]
		e			0.35			0.43	0.48	0.53	[b]
	$\alpha=15°$	Y_1	1.48		1.31	1.24			1.03	[b]	[b]
		Y_2	2.41		2.13	2.02			1.67	[b]	[b]
		Y_3	1.66			1.39			1.15	[b]	[b]
		e				0.45			0.54	[b]	[b]

[a] 对于径向接触沟型球轴承，为 F_a/iZD_w^2。

[b] 修正值。

表 12　系数 X、Y 和 e 的基本公式

系数	基本公式
$X_{a1}=X_{a2}$	$(2.5\eta-\xi)\tan\alpha$
X_{a3}	$\frac{20}{13}\eta\tan\alpha$
$Y_{a1}=Y_{a2}$	1
Y_{a3}	$\frac{25}{26}\frac{\eta}{\xi}$
e	$\xi\tan\alpha$

5.2.5.4 X_a、Y_a 和 e 值

综上所述，X_a、Y_a 和 e 值计算如下：

$$\left.\begin{aligned}
X_{a1} &= X_{a2} = \left[2.5\left(1-\frac{1}{3}\sin\alpha\right)-1.25\right]\tan\alpha \\
&= 1.25\left(1-\frac{2}{3}\sin\alpha\right)\tan\alpha \\
X_{a3} &= \frac{20}{13}\left(1-\frac{1}{3}\sin\alpha\right)\tan\alpha \\
Y_{a1} &= Y_{a2} = 1 \\
Y_{a3} &= \frac{25}{26}\left(1-\frac{1}{3}\sin\alpha\right)\frac{1}{1.25} = \frac{10}{13}\left(1-\frac{1}{3}\sin\alpha\right) \\
e &= 1.25\tan\alpha
\end{aligned}\right\} \qquad (82)$$

ISO 281:2007 表 5 中对于 $\alpha=45°\sim85°$的系数 X、Y 和 e 值是按式(82)计算的。ISO/R 281 规定数值仅适于 $\alpha=45°$、60°和 75°,其中 $\alpha=60°$的 Y_{a3}值 0.54 有错误,在 ISO 281:2007 中已修改为 0.55。

5.2.6 向心滚子轴承

5.2.6.1 ξ 和 η 值

对于向心滚子轴承,采用 $\xi=1.5$ 和 $\eta=1-0.15\sin\alpha$（文献[2]）。

5.2.6.2 X_a、Y_a和 e 值

对于向心滚子轴承,按滚子与轴承套圈间的接触分为三种不同类型：

a) 与两套圈为点接触；

b) 与两套圈为线接触；

c) 与一套圈为线接触而与另一套圈为点接触。

表 13 列出了三种不同接触情形和接触角为 $\alpha=0°$、20°和 40°时 X、Y 和 e 系数值,它们是按表 3 和表 4 计算的。

表 13 点接触 a)、线接触 b)以及点、线接触 c)轴承系数 X、Y 和 e 的计算值

α	接触类型	X_1	$\frac{Y_1}{\cot\alpha}$	X_3	$\frac{Y_3}{\cot\alpha}$	X_2	$\frac{Y_2}{\cot\alpha}$	$\frac{e}{\tan\alpha}$
0°	a)	0.40	0.40	1	0.42	0.65	0.65	1.5
	b)	0.44	0.37	1	0.48	0.75	0.63	1.5
	c)	0.42	0.38	1	0.45	0.70	0.63	1.5
20°	a)	0.37	0.42	1	0.42	0.60	0.68	1.5
	b)	0.41	0.39	1	0.48	0.70	0.67	1.5
	c)	0.39	0.40	1	0.45	0.65	0.67	1.5
40°	a)	0.34	0.44	1	0.42	0.55	0.72	1.5
	b)	0.38	0.41	1	0.48	0.65	0.70	1.5
	c)	0.36	0.42	1	0.45	0.60	0.70	1.5
平均值		0.39	0.40	1	0.45	0.65	0.67	1.5
实用值		0.4	0.4	1	0.45	0.67	0.67	1.5

这些系数的平均值列在表 13 的下部。实际使用时,这些值应圆整。圆整值列在平均值的下面。考

虑到 Y_1 与 Y_2 之间的关系，将 X_2 值由 0.65 改为 0.67。

因此，

$$\left.\begin{array}{ll} X_1 = 0.4 & Y_1 = 0.4\cot\alpha \\ X_2 = 0.67 & Y_2 = 0.67\cot\alpha \\ X_3 = 1 & Y_3 = 0.45\cot\alpha \\ e = 1.5\tan\alpha & \end{array}\right\} \quad \cdots\cdots (83)$$

5.2.7 推力滚子轴承

5.2.7.1 ξ 和 η 的值

同向心滚子轴承，取 $\xi = 1.5$ 和 $\eta = 1 - 0.15\sin\alpha$。

5.2.7.2 X_a、Y_a 和 e 的值

按照表 5 和方程(83)

$$\left.\begin{array}{ll} X_{a1} = \tan\alpha & Y_{a1} = 1 \\ X_{a2} = \tan\alpha & Y_{a2} = 1 \\ X_{a3} = 1.492\,5\tan\alpha \approx 1.5\tan\alpha & Y_{a3} = 0.671\,6 \approx 0.67 \\ e = 1.5\tan\alpha & \end{array}\right\} \quad \cdots\cdots (84)$$

6 基本额定寿命

对单个滚动轴承或一组在同一条件下运转、近于相同的滚动轴承而言，滚动轴承的基本额定寿命是与 90% 的可靠度相关的寿命。

方程(85)和方程(86)由方程(4)～方程(6)推导而来：

$$QL_{10}^{\ 3e/(c-h+2)} = Q_C \quad \text{(点接触)} \quad \cdots\cdots (85)$$

$$QL_{10}^{\ 2e/(c-h+1)} = Q_C \quad \text{(线接触)} \quad \cdots\cdots (86)$$

由于滚动体载荷与轴承载荷成比例，Q_C 和 Q 分别与基本额定动载荷 C_r 或 C_a、径向当量动载荷 P_r 和轴向当量动载荷 P_a 成比例，由方程(85)和方程(86)可得下列方程：

$$\left.\begin{array}{l} L_{10} = \left(\dfrac{C_r}{P_r}\right)^{(c-h+2)/3e} \\ \text{或者} \\ L_{10} = \left(\dfrac{C_a}{P_a}\right)^{(c-h+2)/3e} \end{array}\right\} \quad \text{(点接触)} \quad \cdots\cdots (87)$$

$$\left.\begin{array}{l} L_{10} = \left(\dfrac{C_r}{P_r}\right)^{(c-h+1)/2e} \\ \text{或者} \\ L_{10} = \left(\dfrac{C_a}{P_a}\right)^{(c-h+1)/2e} \end{array}\right\} \quad \text{(线接触)} \quad \cdots\cdots (88)$$

将试验常数 $e = 10/9$(点接触)，$e = 9/8$(线接触)，$c = 31/3$ 和 $h = 7/3$ 分别代入方程(87)和方程(88)：

$$\left.\begin{aligned} L_{10} &= \left(\frac{C_r}{P_r}\right)^3 \\ \text{或者} \\ L_{10} &= \left(\frac{C_a}{P_a}\right)^3 \end{aligned}\right\} \quad \text{（点接触）} \tag{89}$$

$$\left.\begin{aligned} L_{10} &= \left(\frac{C_r}{P_r}\right)^4 \\ \text{或者} \\ L_{10} &= \left(\frac{C_a}{P_a}\right)^4 \end{aligned}\right\} \quad \text{（线接触）} \tag{90}$$

一般说来，当载荷达到某一载荷时，滚子与滚道间的接触由点接触变为线接触，故同一轴承在不同的载荷范围，寿命指数由 3～4 变动。为适用于所有的滚子轴承和所有的载荷范围，需要有一个统一的计算方法。为此，所有类型的滚子轴承使用下列同一寿命公式：

$$\left.\begin{aligned} L_{10} &= \left(\frac{C_r}{P_r}\right)^{10/3} \\ \text{或者} \\ L_{10} &= \left(\frac{C_a}{P_a}\right)^{10/3} \end{aligned}\right\} \tag{91}$$

由使用统一指数所造成的寿命计算值和实际值之间的差异可利用对额定载荷的补偿性修正（见 4.4）而减小。

参 考 文 献

[1] LUNDBERG,G.,PALMGREN,A. Dynamic capacity of rolling bearings. *Acta Polytechn.*: *Mech. Eng. Ser.*1947,1,pp. 1-50

[2] LUNDBERG,G.,PALMGREN,A. Dynamic capacity of roller bearings. *Acta Polytechn.*, *Mech. Eng. Ser.*1952,2,pp. 1-32

[3] AOKI,Y. On the evaluating formulae for the dynamic equivalent load of ball bearings. *J. Jpn Soc.LubricationEng.* 1970,15, pp. 485-496

[4] TALLIAN,T. Weibull distribution of rolling contact fatigue life and deviations therefrom. *ASLE Trans.*1962,5,pp. 183-196

ICS 21.100.20
J 11

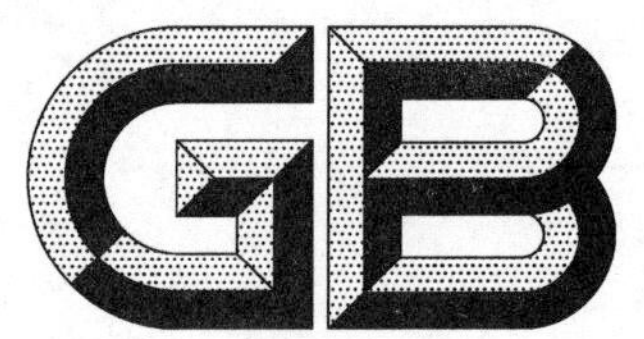

中华人民共和国国家标准化指导性技术文件

GB/Z 32332.2—2015/ISO/TR 1281-2:2008

滚动轴承　对 ISO 281 的注释
第 2 部分:基于疲劳应力系统方法的修正额定寿命计算

Rolling bearings—Explanatory notes on ISO 281—Part 2: Modified rating life calculation, based on a systems approach to fatigue stresses

(ISO/TR 1281-2:2008,IDT)

2015-12-31 发布　　2016-04-01 实施

中华人民共和国国家质量监督检验检疫总局
中国国家标准化管理委员会　发布

前 言

GB/Z 32332《滚动轴承 对 ISO 281 的注释》分为以下两个部分:

——第 1 部分:基本额定动载荷和基本额定寿命;

——第 2 部分:基于疲劳应力系统方法的修正额定寿命计算。

本部分为 GB/Z 32332 的第 2 部分。

本部分按照 GB/T 1.1—2009 给出的规则起草。

本部分使用翻译法等同采用 ISO/TR 1281-2:2008《滚动轴承 对 ISO 281 的注释 第 2 部分:基于疲劳应力系统方法的修正额定寿命计算》和 ISO/TR 1281-2:2008/Cor.1:2009。

与本部分中规范性引用的国际文件有一致性对应关系的我国文件如下:

——GB/T 18854—2002 液压传动 液体自动颗粒计数器的校准(ISO 11171:1999,MOD)

本部分还做了下列编辑性修改:

——纳入国际标准技术勘误 ISO/TR 1281-2:2008/Cor.1:2009 的内容,这些内容涉及的条款已通过在其外侧页边空白位置的垂直双线(‖)进行了标示。

本部分由中国机械工业联合会提出。

本部分由全国滚动轴承标准化技术委员会(SAC/TC 98)归口。

本部分起草单位:洛阳轴承研究所有限公司、上海斐赛轴承科技有限公司。

本部分主要起草人:李飞雪、赵联春。

引 言

自 ISO 281:1990[25]发布以来,已获得了许多关于污染、润滑、材料的疲劳载荷极限、安装内应力、淬火应力等对轴承寿命影响方面的知识。因此,目前可以更全面地考虑影响疲劳载荷的因素。

这方面的实际应用首次在 ISO 281:1990/Amd.2:2000 中给出,其规定了如何将新的知识协调地应用于寿命公式中,但其缺点是仅以笼统的方式给出了污染和润滑的影响。ISO 281:2007 将此修改单纳入并规定了一实用方法,来考虑润滑条件、污染的润滑剂以及轴承材料的疲劳载荷对轴承寿命的影响。

GB/Z 32332 的本部分汇编了起草 ISO 281:2007 过程中所用的背景资料,以供参考,并可在修订 ISO 281 时,保证该标准的适用性。

业经长期证实,采用基本额定寿命 L_{10} 作为轴承性能判据是令人满意的,该寿命是与 90%可靠度、常用高质量材料、良好加工质量和常规运转条件相关的寿命。

但对于许多应用场合,人们已开始希望计算不同可靠度水平的寿命和/或在规定的润滑和污染条件下更精确的寿命计算。已经发现,采用当代高质量轴承钢,在良好的运转条件下并在低于某一赫兹滚动体接触应力下运转,如果不超过轴承钢的疲劳极限,轴承能达到远长于 L_{10} 的寿命。反之,如果在不良的运转条件下,轴承寿命将低于 L_{10} 寿命。

ISO 281:2007 中已使用了疲劳寿命计算的系统方法。该方法通过将全部影响因素归因于滚动体接触处和接触区下方产生的附加应力,可对由于相关因素的变化和相互作用而对系统寿命产生的影响予以考虑。

滚动轴承　对 ISO 281 的注释 第 2 部分:基于疲劳应力系统方法的修正额定寿命计算

1　范围

除了可靠度寿命修正系数 a_1,ISO 281:2007 还基于寿命计算的系统方法,引入了寿命修正系数 a_{ISO}。这些系数在修正额定寿命公式中使用。

$$L_{n\mathrm{m}}=a_1 a_{\mathrm{ISO}} L_{10} \quad \cdots\cdots(1)$$

ISO 281:2007 给出了一定范围可靠度的 a_1 值以及对基于系统方法的修正系数 a_{ISO} 进行估算的方法。L_{10} 为基本额定寿命。

GB/Z 32332 的本部分给出了关于推导 a_1 和 a_{ISO} 的补充背景资料。

注:a_{ISO} 的推导主要基于文献[5]中提出的理论,该文献还涉及污染系数 e_{C} 和计算 a_{ISO} 时所考虑的其他因素的相当复杂的理论背景。

2　规范性引用文件

下列文件对于本文件的应用是必不可少的。凡是注日期的引用文件,仅注日期的版本适用于本文件。凡是不注日期的引用文件,其最新版本(包括所有的修改单)适用于本文件。

GB/T 6391—2010　滚动轴承　额定动载荷和额定寿命(ISO 281:2007,IDT)

ISO 11171　液压传动　液体自动颗粒计数器的校准(Hydraulic fluid power—Calibration of automatic particle counters for liquids)

3　符号

下列符号适用于本文件。其他的一些符号在其所用的章或条中专门定义。

A:寿命公式推导中的比例常数

a_{ISO}:基于寿命计算系统方法的寿命修正系数

a_{SLF}:文献[5]中的基于寿命计算系统方法的应力-寿命系数(与 ISO 281 中的寿命修正系数 a_{ISO} 相同)

a_1:可靠度寿命修正系数

C:基本额定动载荷,N

C_{u}:疲劳载荷极限,N

C_0:基本额定静载荷,N

c:应力-寿命公式中的指数(文献[5]和 ISO 281 中,$c=31/3$)

D_{pw}:球或滚子组节圆直径,mm

$\mathrm{d}V$:体积单元积分,mm^3

e:韦布尔指数(球轴承为 10/9,滚子轴承为 9/8)

e_{C}:污染系数

F_{r}:轴承径向载荷(轴承实际载荷的径向分量),N

L_n：对应于失效概率 n%的寿命，百万转

L_{nm}：修正额定寿命，百万转

L_{we}：滚子有效长度(适用于额定载荷的计算)，mm

L_{10}：基本额定寿命，百万转

N：载荷循环次数

n：失效概率，用百分数表示

P：当量动载荷，N

P_u：疲劳载荷极限，N(与 C_u 相同)

Q_{max}：单个接触的最大载荷，N

Q_u：单个接触的疲劳载荷，N

Q_0：轴承载荷为 C_0 时的单个接触的最大载荷，N

S：可靠度(幸存概率)，用百分数表示

s：不确定度系数

w：载荷-应力关系式中的指数(球轴承为 1/3，滚子轴承为 1/2.5)

x：按 ISO 11171 标定的污染物颗粒尺寸，μm

Z：每列滚动体数

α：公称接触角，(°)

β_{cc}：润滑剂清洁程度(见文献[5]和第 5 章)

$\beta_{x(c)}$：污染物颗粒尺寸为 x(见上述符号 x)时的过滤比

注：代号(c)表示污染物颗粒尺寸 xμm 的颗粒计数器是按照 ISO 11171 标定的自动光学单粒计数器(APC)。

η_b：润滑系数

η_c：污染系数(与 ISO 281 中的污染系数 e_C 相同)

κ：黏度比，ν/ν_1

Λ：油膜厚度与表面综合粗糙度之比

ν：工作温度下的实际运动黏度，mm^2/s

ν_1：得到充足润滑所需的参考运动黏度，mm^2/s

τ_j：体积单元 dV 的疲劳应力判据，10^6 Pa

τ_u：剪切疲劳应力极限，10^6 Pa

4 可靠度寿命修正系数 a_1

4.1 总则

在轴承寿命范畴内，对于一组在相同条件下运转的近于相同的滚动轴承，可靠度定义为该组轴承期望达到或超过规定寿命的百分率。

单个滚动轴承的可靠度是该轴承达到或超过规定寿命的百分率。因此，可靠度可表示为幸存概率。如果幸存概率表示为 S%，则失效概率为$(100-S)$%。

利用可靠度寿命修正系数 a_1，可计算不同失效概率水平下的轴承寿命。

4.2 可靠度寿命修正系数的推导

4.2.1 二参数韦布尔关系式

疲劳试验通常需要几批 10 套～30 套轴承且具有足够数量的失效轴承，此时使用二参数韦布尔分布可对其做出令人满意的概括和描述。

即：

$$L_n = \eta \left[\ln\left(\frac{100}{S}\right) \right]^{1/e} \qquad \cdots\cdots(2)$$

$$n = 100 - S \qquad \cdots\cdots(3)$$

式中：

S ——可靠度(幸存概率)，%；

n ——失效概率，%；

e ——韦布尔指数(n<10 时，设为 1.5)；

η ——特征寿命。

用寿命 L_{10}(对应于 10%失效概率或 90%幸存概率)作参照，使用公式(2)，L_n/L_{10} 可表示为：

$$L_n = L_{10} \left[\frac{\ln(100/S)}{\ln(100/90)} \right]^{1/e} \qquad \cdots\cdots(4)$$

通过包含可靠度寿命修正系数 a_1，公式(4)可表示为：

$$L_n = a_1 L_{10} \qquad \cdots\cdots(5)$$

于是，得出可靠度寿命修正系数 a_1：

$$a_1 = \left[\frac{\ln(100/S)}{\ln(100/90)} \right]^{1/e} \qquad \cdots\cdots(6)$$

4.2.2 可靠度寿命修正系数的试验研究

文献[6]～[8]证实，可靠度不超过 90%时二参数韦布尔分布是有效的；可靠度超过 90%时，试验结果表明公式(6)不够准确。

根据文献[8]，重新绘制了图 1、图 2，图 1、图 2 阐释了文献[6]～[8]以及其他资料中试验结果的概况。图 1 中，汇总了用可靠度系数(标记为 a_{1x})表示的试验结果。曲线表示试验结果的平均值。图 2 中，a_{11x} 表示试验结果的可靠度置信区间($\pm 3\sigma$)的下限，其中 σ 为标准偏差。

图 1 表明了所有平均值曲线的 a_{1x} 值均超过 0.05，图 2 证实了可靠度寿命修正系数的渐近值 $a_1 = a_{1x} = 0.05$ 是安全可靠的。

4.2.3 三参数韦布尔关系式

试验(4.2.2)表明，当幸存概率大于 90%时，三参数韦布尔分布能更好地表示幸存概率。

三参数韦布尔关系式可表示为：

$$L_n - \gamma = \eta \left[\ln\left(\frac{100}{S}\right) \right]^{1/e} \qquad \cdots\cdots(7)$$

其中，γ 为第三韦布尔参数。

引入系数 C_γ，使 γ 定义为 L_{10} 的函数，γ 可表示为：

$$\gamma = C_\gamma L_{10} \qquad \cdots\cdots(8)$$

$$L_n - C_\gamma L_{10} = (L_{10} - C_\gamma L_{10}) \left[\frac{\ln(100/S)}{\ln(100/90)} \right]^{1/e} \qquad \cdots\cdots(9)$$

$$L_n = a_1 L_{10} \qquad \cdots\cdots(10)$$

新的可靠度寿命修正系数 a_1 定义为：

$$a_1 = (1 - C_\gamma) \left[\frac{\ln(100/S)}{\ln(100/90)} \right]^{1/e} + C_\gamma \qquad \cdots\cdots(11)$$

系数 C_γ 代表图 2 中 a_1 的渐近值，即 0.05。该值和所选的韦布尔斜率 $e=1.5$ 能很好地表示图 2 中的曲线。将这些数值代入公式(11)，可靠度寿命修正系数的公式可表示为：

$$a_1 = 0.95\left[\frac{\ln(100/S)}{\ln(100/90)}\right]^{2/3} + 0.05 \quad \cdots\cdots(12)$$

表1列出了按公式(11)计算出来的 $C_\gamma=0$ 和 $e=1.5$ 时的可靠度系数和按公式(12)计算出来的可靠度系数以及 ISO 281:1990[25] 中的可靠度寿命修正系数 a_1。只对可靠度 S 从 90%～99.95%进行了计算。

ISO 281:2007 采用了按公式(12)计算出来的 a_1 值。

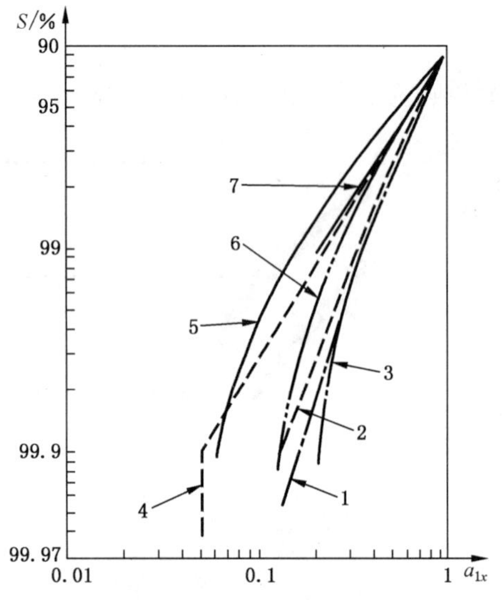

说明：

a_{1x}——可靠度系数；

S ——可靠度；

1 ——文献[8](全部)；

2 ——文献[8](球轴承)；

3 ——文献[8](滚子轴承)；

4 ——文献[6]；

5 ——文献[7]；

6 ——Okamoto 等；

7 ——ISO 281。

图1 a_{1x} 系数

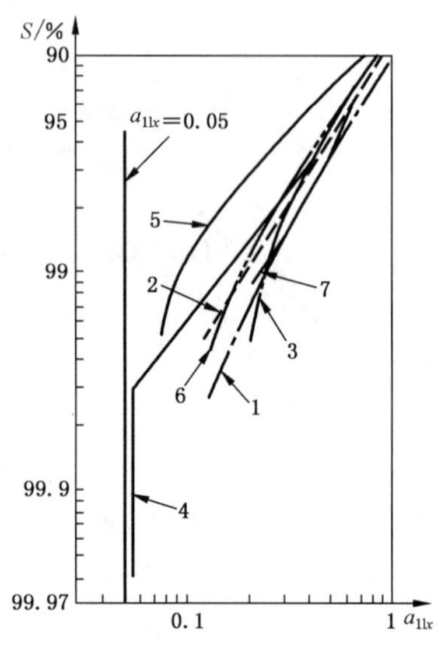

说明：

a_{11x}——可靠度置信区间±3σ的下限；

S ——可靠度；

1 ——文献[8](全部)；

2 ——文献[8](球轴承)；

3 ——文献[8](滚子轴承)；

4 ——文献[6]；

5 ——文献[7]；

6 ——Okamoto 等；

7 ——ISO 281。

图2 a_{11x} 系数

经许可，图1、图2根据文献[8]重新绘制。

表1 不同韦布尔分布的可靠度寿命修正系数 a_1

可靠度 S %	可靠度系数 a_1		
	ISO 281:1990[25]	$C_\gamma=0, e=1.5$	$C_\gamma=0.05, e=1.5$
90	1	1	1
95	0.62	0.62	0.64

表 1（续）

可靠度 S %	可靠度系数 a_1		
	ISO 281:1990[25]	$C_\gamma=0, e=1.5$	$C_\gamma=0.05, e=1.5$
96	0.53	0.53	0.55
97	0.44	0.44	0.47
98	0.33	0.33	0.37
99	0.21	0.21	0.25
99.5	—	0.13	0.17
99.9	—	0.04	0.09
99.95	—	0.03	0.08

利用 $C_\gamma=0$、$e=1.5$ 的曲线和 $C_\gamma=0.05$、$e=1.5$ 的曲线，图 3 显示了失效概率和幸存概率与可靠度寿命修正系数 a_1 的关系。

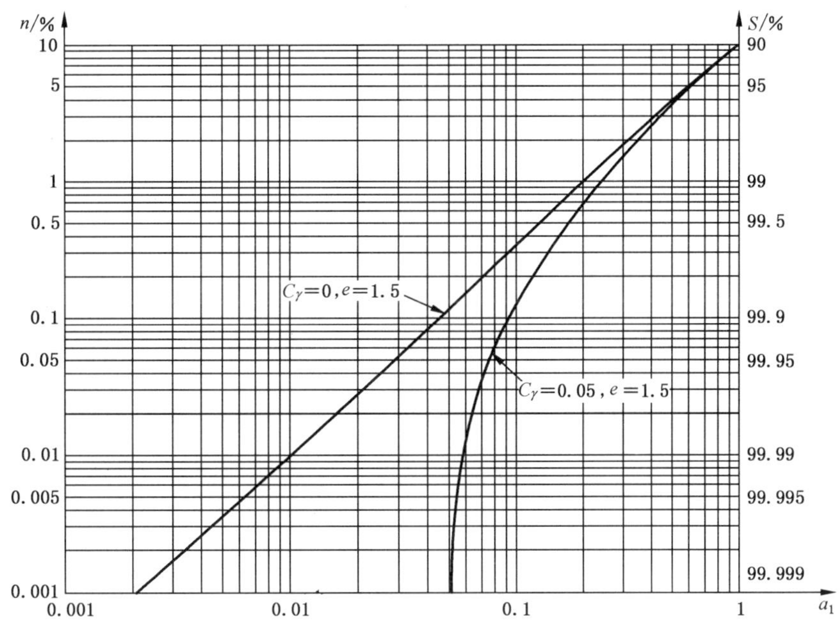

说明：

a_1——可靠度寿命修正系数；

C_γ——a_1 的渐近值；

e ——韦布尔指数；

n ——失效概率；

S ——幸存概率（$S=100-n$）。

图 3 $C_\gamma=0$ 和 $C_\gamma=0.05$ 的韦布尔分布

5 寿命修正系数 a_{ISO} 的背景

5.1 总则

文献[5]描述了 ISO 281 中寿命修正系数 a_{ISO}（在文献[5]中被称为应力-寿命系数，表示为 a_{SLF}）的推导。根据文献[22],本部分给出了推导 a_{SLF} 系数的详细信息。

根据文献[5]的 3.2 以及也适用于 ISO 281 的条件(即宏观比例系数 $\eta_a=1$ 和 $A=0.1$),a_{SLF} 的公式可表示为:

$$a_{SLF}=0.1\left\langle 1-\left(\eta_b\eta_c\frac{P_u}{P}\right)^w\right\rangle^{-c/e} \qquad \cdots\cdots(13)$$

润滑系数 η_b 和污染系数 η_c 的背景在分别 5.2 和 5.3 中予以说明,污染系数 η_c 相当于 ISO 281 中的系数 e_C。

5.2 润滑系数 η_b

本条规定了润滑质量(ISO 281 中用黏度比 κ 表征)及其对疲劳应力的影响之间的关系。

为此,与理想、光滑接触为特征的轴承相比,由实际滚动轴承(具有标准滚道表面粗糙度)所引起的疲劳寿命下降,从纯赫兹应力、无摩擦、应力分布假设开始,就需要被量化。

这可以通过对实际轴承(具有标准滚道表面粗糙度)和假设具有理想光滑、无摩擦接触表面的轴承的理论疲劳寿命进行比较来完成。于是,公式(14)的寿命比就得以量化:

$$\frac{L_{10,\mathrm{rough}}}{L_{10,\mathrm{smooth}}}=\frac{a_{\mathrm{SLF,rough}}}{a_{\mathrm{SLF,smooth}}} \qquad \cdots\cdots(14)$$

由于寿命公式中 $(C/P)^p$ 是常数,因此,公式(14)中的比值可使用公式(15)(见文献[21])的 Ioannides-Harris 疲劳寿命应力积分进行数值估算。

$$\ln\frac{100}{S}\approx AN^e\int_{V_R}\frac{\langle\tau_i-\tau_u\rangle^c}{z'^h}\mathrm{d}V \qquad \cdots\cdots(15)$$

式中:

h ——深度指数;

z'——加权应力的平均深度;

τ ——表示应力指标。

公式(15)中,影响公式(14)中寿命比的相关量是相关体积应力积分 I,可表示为:

$$I=\int_{V_R}\frac{\langle\tau_i-\tau_u\rangle^c}{z'^h}\mathrm{d}V \qquad \cdots\cdots(16)$$

利用公式(15)和公式(16),寿命公式可表示为:

$$L_{10}=10^{-6}Nu^{-1}\approx\left(\frac{\ln(100/90)}{AI}\right)^{1/e}u^{-1} \qquad \cdots\cdots(17)$$

公式(17)中的基本额定寿命(转数)可表示为达到 90% 概率的载荷循环次数 N 除以套圈每转一周,滚动体对滚道上某点的滚辗次数 u。

公式(17)中,应力积分 I 可在标准粗糙度和理想光滑接触两种情况下进行计算,而且,利用公式(14) 和公式(17),还可估算滚道表面粗糙度对轴承寿命的预期影响。于是,采用下列推导公式:

$$\left(\frac{L_{10,\mathrm{rough}}}{L_{10,\mathrm{smooth}}}\right)_{(m,n)}=\left(\frac{I_{\mathrm{smooth}}}{I_{\mathrm{rough}}}\right)^{1/e}_{(m,n)}=\left(\frac{a_{\mathrm{SLF,rough}}}{a_{\mathrm{SLF,smooth}}}\right)_{(m,n)} \qquad \cdots\cdots(18)$$

通常,该比值取决于表面形貌(符号 m)和表面分离量或所介入的润滑油膜量(符号 n)。

根据公式(13),通过引入应力-寿命系数,可直接从公式(18)导出润滑系数。在标准轴承粗糙度和假设的理想、清洁润滑剂的情况(通过将系数 η_c 设为 $\eta_c=1$ 来表示)下,应力-寿命系数可表示为:

$$a_{\mathrm{SLF,rough}}=0.1\left\langle 1-\left(\eta_b\frac{P_u}{P}\right)^w\right\rangle^{-c/e} \qquad \cdots\cdots(19)$$

同理,在良好润滑、假设轴承具有理想光滑表面的情况下,即 $\kappa\geqslant4$,并且根据文献[5]中 η_b 范围的定义,$\eta_b=1$,则公式(19)可表示为:

$$a_{\mathrm{SLF,smooth}} = 0.1\left\langle 1-\left(\frac{P_{\mathrm{u}}}{P}\right)^{w}\right\rangle^{-c/e} \quad\cdots\cdots(20)$$

将公式(19)和公式(20)代入公式(18),可导出公式(21):

$$\eta_{\mathrm{b}}(m,n)=\frac{P}{P_{\mathrm{u}}}\left\langle 1-\left\langle 1-\left(\frac{P_{\mathrm{u}}}{P}\right)^{w}\right\rangle\left(\frac{I_{\mathrm{smooth}}}{I_{\mathrm{rough}}}\right)_{(m,n)}^{-1/c}\right\rangle^{1/w} \quad\cdots\cdots(21)$$

公式(21)显示推导 η_{b}值的矩阵($m\times n$)可从疲劳寿命计算和标准粗糙度轴承滚道表面的相关应力体积积分计算开始构建,计算应扩展至包括各种表面分离量(油膜厚度),从薄油膜直到滚动体和滚道接触面被完全隔开。

针对滚动轴承的实际表面,可采用下列步骤来推导 $\eta_{\mathrm{b}(m,n)}$值:

1) 利用光学轮廓法测绘各种滚动轴承表面;

2) 计算轴承最大承载接触处的工作条件;

3) 计算由表面形貌、润滑条件引起的压力波动,并利用 FFT 法(傅立叶变换的快速算法)计算出压力波动引起的弹性变形;

4) 利用公式(16)计算光滑接触表面的赫兹应力积分;

5) 叠加光滑接触表面赫兹应力,计算出内应力,并利用公式(16)估算实际粗糙度接触表面的疲劳应力积分;

6) 根据公式(21),计算与轴承参考工作条件和该条件下的黏度比相关的 η_{b}。

按照上述方法,构建一组 $\eta_{\mathrm{b}(m,n)}$值,所得到的 κ 对 η_{b}的曲线图和内插曲线示于图 4。为了清楚起见,只显示了一组具有代表性的标准轴承滚道表面的数据。形成的 $\eta_{\mathrm{b}(m,n)}$曲线显示了一种典型的趋势:随着接触表面名义润滑条件 κ 的减小,η_{b}将快速下降。

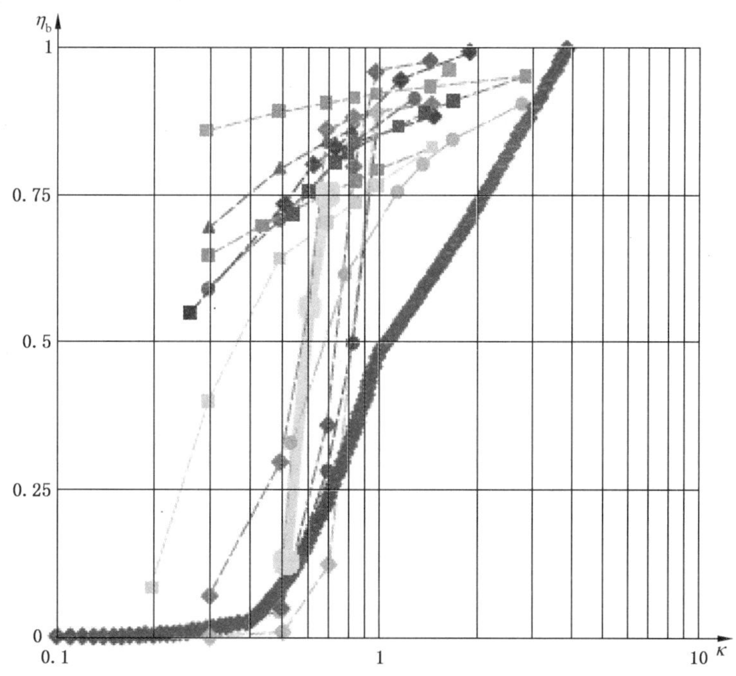

说明:

η_{b}——润滑系数;

κ ——黏度比。

图 4 计算出来的不同表面粗糙度样本的润滑系数与 ISO 281 中所用润滑系数(粗线)的比较汇总

图4示出了计算出来的不同表面粗糙度的润滑系数，以及为了比较，在ISO 281中所用的润滑系数（用粗线表示），粗线代表的公式一般为：

$$\eta_b(\kappa)_{nom}=\eta_b\frac{(\kappa)_{brg}}{(\psi)_{brg}}=\left(3.387-\frac{b_1(\kappa)}{\kappa^{b2(\kappa)}}\right)^{5/2} \quad \cdots\cdots(22)$$

系数$b_1(\kappa)$和$b_2(\kappa)$按κ范围的三个区间划分，ψ_{brg}为表征轴承四种主要几何形状的系数（见文献[5]）。ψ_{brg}基本上说明了应力集中的原因，而这些应力集中主要是由宏观几何学（如轴承零件的几何精度）以及轴承运动学和所产生的动力学（如滚动体引导）造成的附加影响引起的。因此，ψ_{brg}值基本上是通过试验确定的。它与计算向心和推力球、滚子轴承的基本额定动载荷时所用的减少系数λ和ν类似（见ISO/TR 1281-1），取决于轴承污染样本的疲劳试验。

在与各种表面粗糙度样本的估算值η_b曲线进行比较时，图4中的粗线显示了良好的安全裕度，且对于ISO 281中所用的润滑系数的额定值而言，选用公式(22)是相当安全的。

公式(22)在文献[5]中予以描述，并且与轴承制造商目录中使用了多年的通过试验推导出来的a_{23}(κ)图的原理十分相似。

5.3 污染系数η_c

ISO 281中记作e_C的污染系数与η_c相同。

在评定污染系数时，也可采用与评定润滑系数相同的基本方法。正如润滑系数的情况一样，滚道上存在压痕的滚动轴承的疲劳寿命也需要被量化。该寿命应与具有理想光滑滚动接触表面（光滑表面寿命积分）的轴承的寿命进行比较。

因此，寿命比得以量化：

$$\left(\frac{L_{10,dented}}{L_{10,smooth}}\right)_{(m,n,i)}=\left(\frac{I_{smooth}}{I_{dented}}\right)^{1/e}_{(m,n,i)}=\left(\frac{a_{SLF,dented}}{a_{SLF,smooth}}\right)_{(m,n,i)} \quad \cdots\cdots(23)$$

根据前面的分析，上述比值可使用Ioannides-Harris疲劳积分进行数值估算，假定该比值与表面压痕量（用符号m表示）、赫兹接触区的尺寸（用符号n表示）以及介入滚动体和滚道接触处的润滑剂量（用符号i表示）有关。

为了降低分析的复杂性，从压痕（假定是主要因素）和由综合粗糙度引起的所有应力中排除局部应力增大的影响——于是，$\eta_b=1$。

假设主要影响因素是污染物颗粒引起的压痕，根据公式(13)，标准轴承的应力-寿命系数可表示为：

$$a_{SLF,dented}=0.1\left\langle 1-\left(\eta_c\frac{P_u}{P}\right)^w\right\rangle^{-c/e} \quad \cdots\cdots(24)$$

同理，对于表面无压痕的轴承，污染系数可设为$\eta_c=1$，此时应力-寿命系数可表示为：

$$a_{SLF,smooth}=0.1\left\langle 1-\left(\frac{P_u}{P}\right)^w\right\rangle^{-c/e} \quad \cdots\cdots(25)$$

将公式(24)和公式(25)代入公式(23)，得出：

$$\eta_{c\ (m,n,i)}=\frac{P}{P_u}\left\langle 1-\left\langle 1-\left(\frac{P_u}{P}\right)^w\right\rangle\times\left(\frac{I_{smooth}}{I_{dented}}\right)^{-1/c}_{(m,n,i)}\right\rangle^{1/w} \quad \cdots\cdots(26)$$

公式(26)显示推导η_c值的矩阵(m,n,i)可从相关体积疲劳-应力积分的计算开始构建，相关体积疲劳-应力积分应针对若干不同轴承滚道上的各种污染压痕量进行计算。

此时，为了计算不同滚动体/滚道接触表面的相关体积应力积分[见公式(16)]，矩阵的构建也可通过使用Ioannides-Harris滚动接触疲劳寿命公式(15)来完成。经具有不同污染物颗粒量的润滑剂润滑的轴承的寿命比[公式(23)]基本上可以被估算出来。

为完成上述计算，需要对经具有不同颗粒污染程度的润滑剂润滑的轴承的典型滚道上发现的压痕数进行衡量。轴承滚道上发现的压痕数的统计测值可直接显示一给定润滑油清洁度和相关工作条件的影响。

数值计算得出的压痕区的应力积分是表征公式(26)中污染系数的参数。如图5所示,一给定几何形状的压痕在压痕处所引起的应力的大小和分布,受压痕处存在的润滑油膜厚度的影响很大,厚油膜将使压痕处产生的接触应力减小(衰减)并重新分布;而很薄的油膜厚度将使应力集中加剧并使应力升至最高。

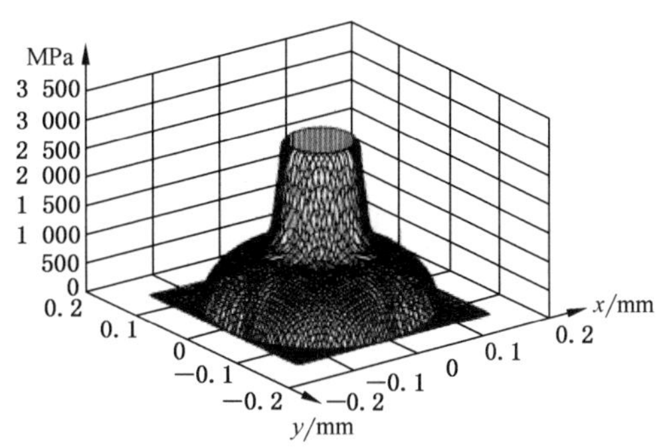

a) 干摩擦(无润滑油膜)条件下的接触应力

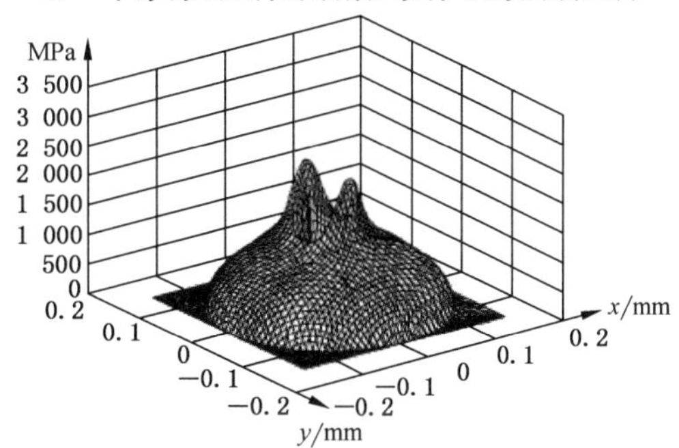

b) 同样的压痕由于滚动接触处存在0.55 μm油膜造成接触应力衰减

说明:

y——方向;

x——方向。

图5 在干摩擦和润滑条件下,几何形状简化的压痕(直径150 μm,深度5 μm)的滚辗接触压力计算示例

公式(23)中,轴承尺寸对寿命比有影响。大轴承的光滑表面应力积分较大,它对压痕应力积分起主导作用,因此大直径轴承在寿命修正系数方面占优势。

对轴承滚道上发现的若干不同压痕形貌求解公式(26)时,可利用理论估算 η_c 系数的工具。

分析结果与根据公式(27)和公式(28)计算污染系数 η_c 时所用的简化标准图相似。这些公式用于计算ISO 281中的污染系数 e_C(与 η_c 系数相同)。

$$\eta_c(\kappa, D_{pw})_{\beta cc} = K \qquad (27)$$

$$K = \min[C_1(\beta_{cc})\kappa^{0.68} D_{pw}{}^{0.55}, 1]\{1 - [C_2(\beta_{cc}) D_{pw}{}^{-1/3}]\} \qquad (28)$$

式中,系数 C_1、C_2 是常数,由润滑油清洁度等级 β_{cc} 确定,而 β_{cc} 取决于ISO 4406[3]中的清洁度代号或在线过滤循环油的当量过滤比 $\beta_{x(c)}$。对于脂润滑,β_{cc} 取决于估算的污染水平。

与 η_b 模型不同,η_c 模型取决于3个变量,因此,基于公式(26)的 η_c 的理论模型的比较就更加复杂,而ISO 281的模型则基于公式(27)和公式(28)。

根据相同清洁度极限和尺寸计算出来的两种情况的比较示于图6和图7中。

图6中,在在线过滤条件下,只对两种极端清洁度条件下的相同尺寸 $D_{pw}=50$ mm的轴承进行了计算。利用公式(26)进行数值计算时所用的清洁度水平和利用ISO 281中的 e_C 线图得出的清洁度水平相当于ISO 4406:1999[3]中的代号—/13/10和—/19/16。

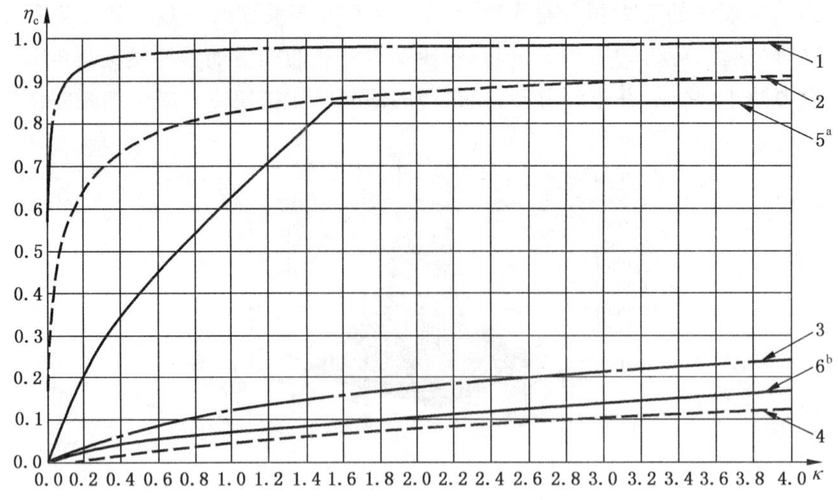

说明：

η_c——污染系数，1 和 2、3 和 4 形成了数值推导出来的污染系数的范围；

κ ——黏度比，5、6 污染系数与 ISO 281 中的 e_C 曲线相当。

注：轴承的节圆直径为 50 mm。

a 高度清洁(ISO 4406:1999[3] 中的代号：—/13/10)。

b 严重污染(ISO 4406:1999[3] 中的代号：—/19/16)。

图 6 在在线过滤条件下，对在高度清洁和严重污染条件下运转的轴承数值推导出来的污染系数(不连续的线)和与 ISO 281 中的 e_C 线图(实线)相当的污染系数的比较

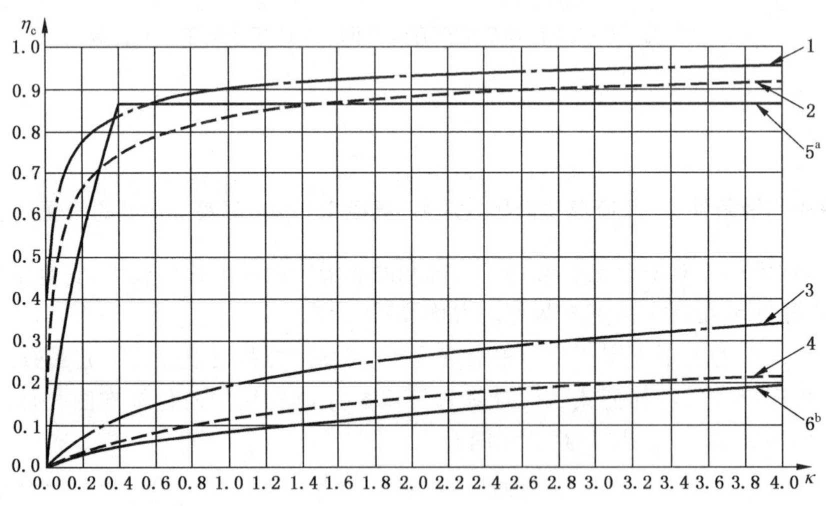

说明：

η_c——污染系数，1 和 2、3 和 4 形成了数值推导出来的污染系数的范围；

κ ——黏度比，5、6 污染系数与 ISO 281 中的 e_C 曲线相当。

a D_{pw}=2 000 mm。

b D_{pw}=25 mm。

图 7 在油浴润滑条件下，对在相当于 ISO 4406:1999 代号—/15/12 和—/17/14 范围平均值的清洁度水平下运转的轴承数值推导出来的污染系数(不连续的线)和与 ISO 281 中的 e_c 线图(实线)相当的污染系数的比较

图 7 中,在油浴条件下,对两种不同的极端轴承尺寸 $D_{pw}=2\ 000$ mm 和 $D_{pw}=25$ mm 进行了计算。利用公式(26)进行数值计算时所用的清洁度水平和利用 ISO 281 中的 e_C 线图得出的清洁度水平相当于 ISO 4406:1999[3] 中代号—/15/12 和—/17/14 范围的平均值。

在图 6 和图 7 中,数值计算出来的 $\eta_{c(m,n,i)}$ 结果和基于 ISO 281 线图的 η_c 值显示了良好的相关性,只是根据 ISO 281 线图得出的数值略微安全一些,这些线图能很好地复现理论模型[公式(26)]随润滑剂的清洁度等级(图 6)和直径变化(图 7)而变化的特性。

根据 ISO 281,关于 e_C 值的函数相关性,可以看出:

a) 对于较大的 κ 值,ISO 281 模型显示了与理论的良好相关性;

b) 对于较小的 κ 范围,ISO 281 模型响应曲线仍然适用,而且在某些情况下,污染系数的估算结果更保守一些。

然而,仍可以看出,事实上,对于较小的 κ 范围,理论模型的不确定度更大一些,因为它仅基于简单的名义油膜厚度,而失效机理主要与局部缺陷相关,因此,ISO 281 采用保守的方法似乎合理些。

5.4 试验结果

5.4.1 总则

在预先确定的污染条件下进行轴承的疲劳试验不是一件简单的事情。在试验环境中模拟标准工业应用(如齿轮箱)中预计的各种类型的滚辗压痕轨迹图和压痕损伤,并用某一 ISO 4406[3] 润滑油清洁度代号表征出来时存在着许多困难。

例如,试验环境中的润滑剂容器可能比轴承一般应用场合中的大,而且,注入轴承的方式也可能与轴承实际应用中通常出现的情况存在明显差异。

于是,在确定试验条件时,应将进入试验轴承和被滚辗的颗粒实际总数作为污染参照条件。这样可避免过度的压痕损伤,而这些损伤可能会错误显示滚动轴承的典型或常规使用条件。

因此,清洁度水平是系统中原来存在的污染物和来自循环油并被循环油带走的颗粒之间平衡的结果。

这些困难,还有其他困难,已经阻止了人们以前试图使用纯试验方法来确定轴承额定寿命污染系数的想法。然而,过去已经完成了各种润滑油污染条件下的疲劳试验,而且也获得了相当数量的试验结果,因此,可将 ISO 281 污染系数的特性曲线与这些寿命试验进行比较。

轴承寿命试验中所用的清洁度条件基本上可分为三个等级(5.4.2~5.4.4)。

5.4.2 标准轴承寿命试验

主要目的是试验轴承寿命,试验采用具有良好润滑过滤能力的 $\beta_{x(c)}=3$(或更好)的多次高效过滤系统。采用该过滤系统,预计清洁度代号为 ISO 4406:1999[3] 代号—/13/10~—/14/11。根据所测轴承的平均直径范围,预计由这种全油润滑试验得出的 e_C 系数为 0.8~1。

5.4.3 密封轴承的试验

该轴承寿命试验中,污染的润滑油在密封轴承四周流动。润滑油事先经过固定数量的硬(≤750 HV)金属颗粒污染,污染物颗粒的尺寸通常分布在 25 μm~250 μm 范围内。

轴承密封圈起到了过滤作用,只有数量有限的小尺寸颗粒能够侵入并污染轴承。该类试验被列为轻度污染(油浴,ISO 4406:1999[3] 代号—/15/12~—/16/13)。在给定的试验条件下,预计该类试验的 e_C 系数为 0.3~0.5。

5.4.4 预污染试验

试验先从循环油系统跑合 30 min 开始。循环油系统被固定数量的硬(≤750 HV)金属颗粒(尺寸范围 25 μm～50 μm)污染。污染条件下的跑合时间过后,轴承在标准清洁的条件下进行试验。

该过程对产生可重复的压痕轨迹(即轴承滚道上预先确定的压痕)是非常有效的。在给定的试验条件下,该类试验被列为典型的严重污染(油浴,ISO 4406:1999[3] 代号－/17/14～－/19/15)。预计该类疲劳试验的 e_C 系数为 0.01～0.3。

5.4.5 试验结果的估算

根据试验导出的 L_{10} 值获得污染系数,以得到有限的最具有代表性的试验数据。然后,将试验导出的污染系数与 ISO 281 中的 e_C 曲线进行对比。

对比情况示于图 8～图 10。图形显示由于试验数据点(所给疲劳试验数据的性质是可用的)数量有限,因此在与 e_C 曲线进行比较时,不能显示明显的趋势线。然而,仍可以看出,与三类不同清洁度相关的点的平均值和 ISO 281 的相关曲线能很好地匹配。的确,根据试验数据点拟合的趋势线与所有检测情况的相应 e_C 曲线的一致性很好。

显然,只根据试验数据是不可能对模型响应曲线进行详细估算的。困难主要是在轴承寿命试验中,所试验轴承节圆直径的范围是有限的。寿命试验轴承的节圆直径通常在 50 mm～140 mm,因此,也就限制了与 ISO 281 中 e_C 线图进行比较的范围。

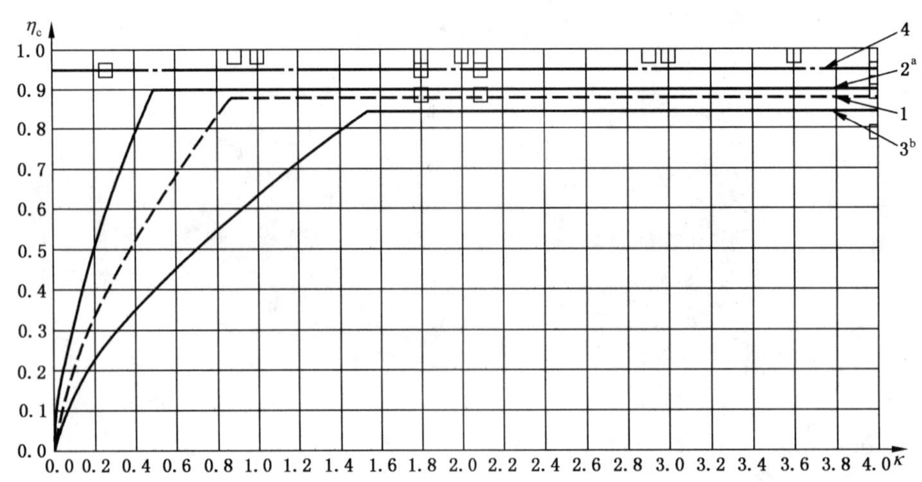

说明:

η_c ——污染系数;

κ ——黏度比;

□ ——轴承寿命试验数据点;

1 ——线 2 和线 3 的趋势线;

2,3 ——范围的边界线,与 ISO 281 中的相当,基于在线过滤、清洁度在 ISO 4406:1999[3] 代号－/13/10～－/14/11 范围内;

4 ——被测轴承的趋势线(试验数据点的拟合曲线)。

[a] D_{pw}=200 mm。

[b] D_{pw}=50 mm。

图 8 根据轴承寿命试验得到的污染系数与 ISO 281 中的 η_c(e_C)曲线范围的比较

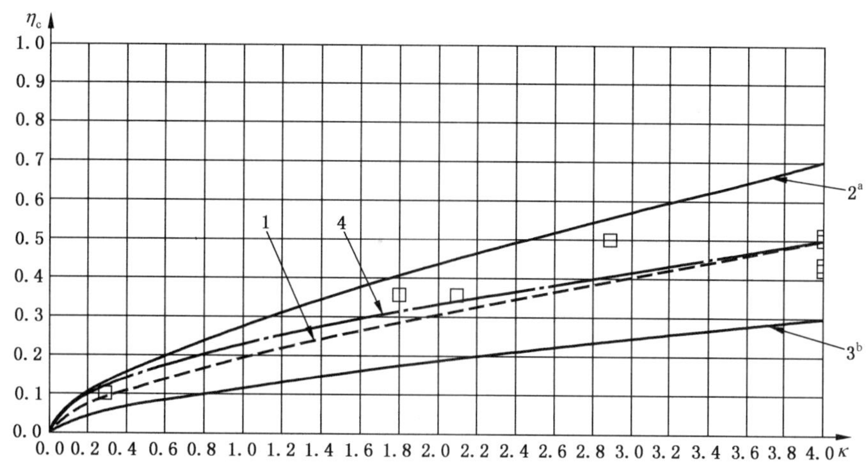

说明：

η_c ——污染系数；

κ ——黏度比；

□ ——密封轴承试验数据点；

1 ——线 2 和线 3 的趋势线；

2,3 ——范围的边界线，与 ISO 281 中的相当，基于油浴润滑、清洁度在 ISO 4406:1999[3] —/15/12～—/16/13 范围内；

4 ——被测轴承的趋势线(利用原点的试验数据点的拟合曲线)。

[a] D_{pw}=100 mm。

[b] D_{pw}=30 mm。

图 9　根据密封轴承试验得到的污染系数与 ISO 281 中的 $\eta_c(e_C)$ 曲线范围的比较

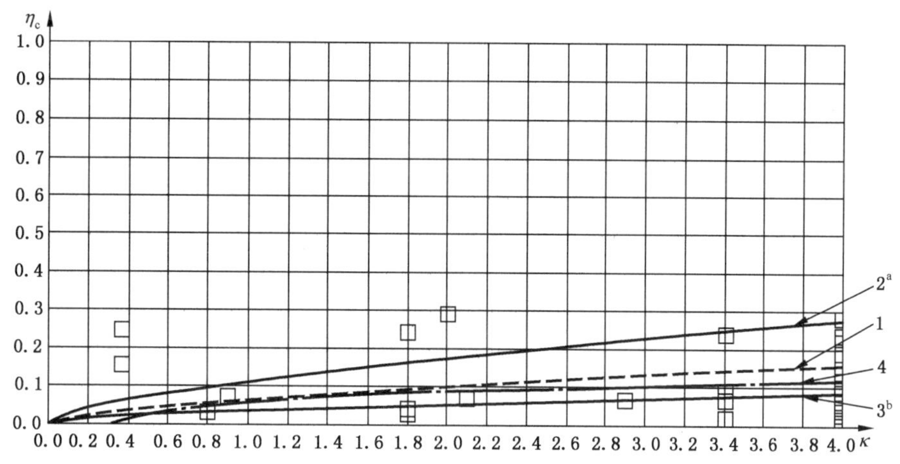

说明：

η_c ——污染系数；

κ ——黏度比；

□ ——预污染跑合轴承试验数据点；

1 ——线 2 和线 3 的趋势线；

2,3 ——范围的边界线，与 ISO 281 中的相当，基于预污染跑合轴承、清洁度在 ISO 4406:1999[3] —/17/14～—/19/15 范围内；

4 ——被测轴承的趋势线(利用原点的试验数据点的拟合曲线)。

[a] D_{pw}=100 mm。

[b] D_{pw}=25 mm。

图 10　根据预污染跑合轴承试验得到的污染系数与 ISO 281 中的 $\eta_c(e_C)$ 曲线范围的比较

此外,所有试验结果均与在相对重载($P/C \geqslant 0.4$)条件下测试的轴承相关。然而,众所周知,在低载(如 $P/C << 0.3$)和有相当数量的高硬度(粗金属)固体颗粒存在的条件下,将导致磨损过早发生并使预期寿命显著降低。但本标准未规定这方面的内容。因为它已超出或接近 ISO 281“范围”中通常所考虑的常规工作条件的范围了。

5.5 结论

第 5 章证实了通过以下 a)和 b)可构建一简单的理论框架来指导估算 ISO 281 所用的润滑和污染系数。

a) 准确预测疲劳应力(即 Ioannides-Harris 相关体积疲劳应力积分)的先进计算工具;

b) 得到认可的应力-寿命系数基本方法论。

通过与试验结果的比较,显示使用该方法得出的结果与高、中、低污染水平和润滑条件的试验结果相符。

此外,对于很难通过试验进行测试的大尺寸轴承,可通过理论数值估算来解决。对于 2000 mm 的轴承,$\eta_{c(m,n,i)}$的数值计算结果和基于 ISO 281 的 η_c值也在图 7 中显示了良好的匹配性。

上述理论和试验方法证实,实验测试和理论估算相结合,为 ISO 281 中 e_C线图的确立提供了良好的支撑。

5.6 根据文献[5]公式(19.a),污染系数的实际应用

5.6.1 总则

ISO 281 中确立的 η_c线图和公式的理论和试验背景资料已在 5.5 中予以说明。现对文献[5]公式(19.a)中复杂的最终污染系数与 ISO 281 中使用的污染系数之间的联系进行说明。

5.6.2 文献[5]中的公式(19.a)

文献[5]公式(19.a)在图 11 中图示说明。示意图从左到右显示污染系数 η_c(与 ISO 281 中的污染系数 e_C相当)取决于成比例的赫兹宏观接触面积 $\tilde{A}_0$和成比例的赫兹微观接触面积 $\tilde{A}_m(\kappa)$,其中,$\tilde{A}_m(\kappa)$由表面不规则度 $\Omega_{rgh}(\kappa)$形成;$\tilde{A}_0$由污染物颗粒造成的压痕 $\Omega_{dnt}(D_{pw},\beta_{cc})$形成。$D_{pw}$为轴承滚动体节圆直径,$\beta_{cc}$表示润滑剂的清洁程度。

5.6.3 成比例的微观接触面积与成比例的宏观接触面积之比

在$[\tilde{A}_m(\kappa)/\tilde{A}_0]^{3/2c}$中,符号 $\tilde{A}_m/\tilde{A}_0$表示赫兹微观接触面积与赫兹宏观接触面积之比。

在$[\tilde{A}_m(\kappa)/\tilde{A}_0]^{3/2c}$中,比值 $\tilde{A}_m/\tilde{A}_0$可以缩放,以满足文献[5]附录 A.6 中的条件,对于润滑系数 η_b,$\kappa=4$ 时,$\eta_b=1$;$\kappa=0.1$ 时,$\eta_b=0$。

对于标准滚动轴承粗糙度,成比例的接触面积的比值$[\tilde{A}_m(\kappa)/\tilde{A}_0]^{3/2c}$是根据正常表面微凸体接触计算进行估算的,且其取决于表面的润滑分离程度,因此,与黏度比 κ 有关。

该估算遵循文献[9]中的滚动轴承接触面的表面微凸体应力分析。对于表面微凸体接触计算,可使用文献[9]中记录的表面 2 的面积值。

5.6.4 表面微凸体显微应力期望函数

与显微接触面积 $\Omega_{rgh}(\kappa)$相关的表面微凸体显微应力期望函数取决于接触表面的分离程度(用 κ 表示)。初始表面粗糙度下,其大小与节圆直径 D_{pw}有关,D_{pw}对 $\Omega_{rgh}(\kappa)$也有影响。

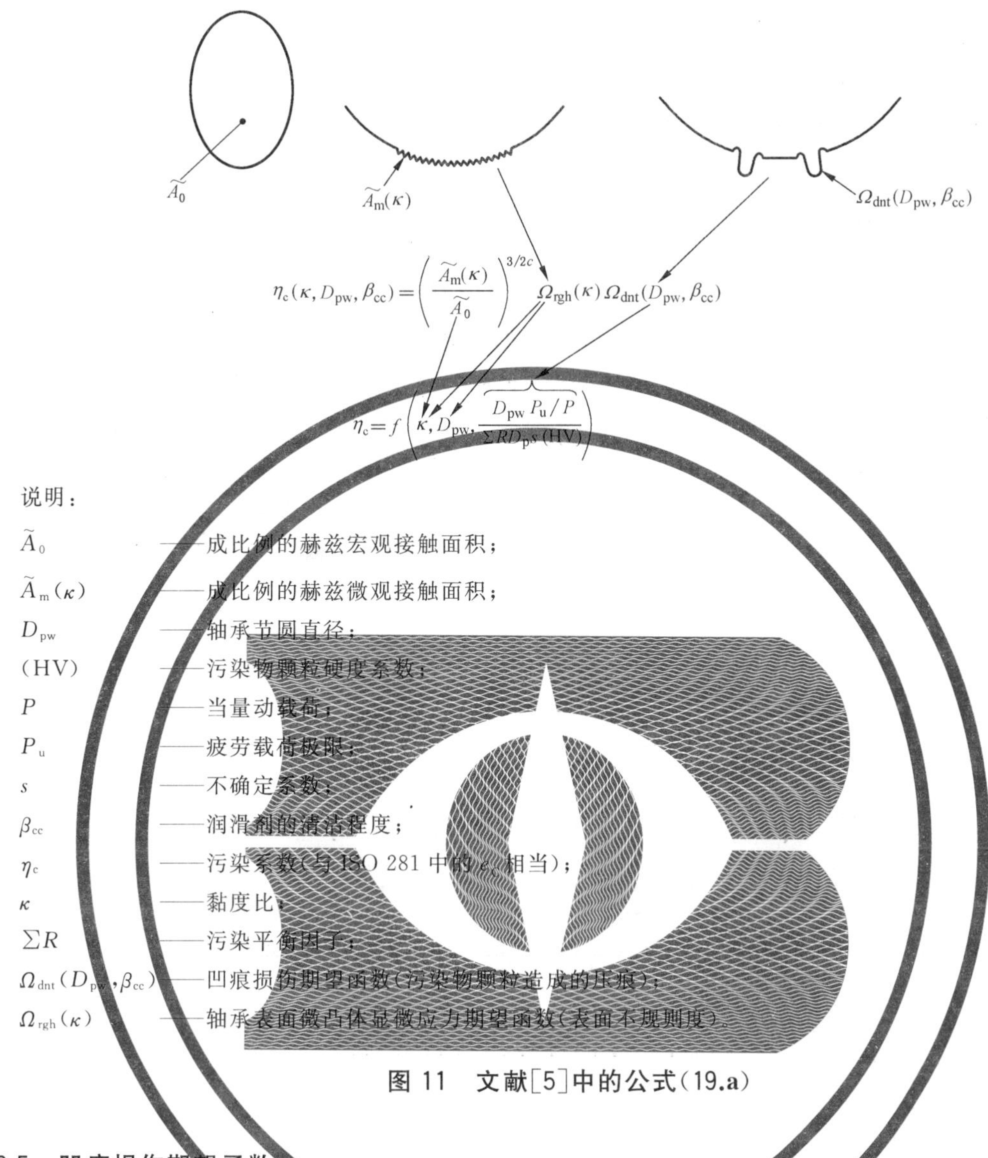

说明：

$\widetilde{A}_0$ ——成比例的赫兹宏观接触面积；

$\widetilde{A}_m(\kappa)$ ——成比例的赫兹微观接触面积；

D_{pw} ——轴承节圆直径；

(HV) ——污染物颗粒硬度系数；

P ——当量动载荷；

P_u ——疲劳载荷极限；

s ——不确定系数；

β_{cc} ——润滑剂的清洁程度；

η_c ——污染系数(与 ISO 281 中的 e_C 相当)；

κ ——黏度比；

$\sum R$ ——污染平衡因子；

$\Omega_{dnt}(D_{pw},\beta_{cc})$ ——凹痕损伤期望函数(污染物颗粒造成的压痕)；

$\Omega_{rgh}(\kappa)$ ——轴承表面微凸体显微应力期望函数(表面不规则度)。

图 11 文献[5]中的公式(19.a)

5.6.5 凹痕损伤期望函数

5.6.5.1 来源

最初，凹痕损伤期望函数 $\Omega_{dnt}(D_{pw},\beta_{cc})$ 是作为轴承节圆直径 D_{pw}、参量 $\sum R$ 和进入轴承的污染物颗粒的大小 D_p 之间简单的指数关系建立的。

污染平衡因子 $\sum R$ 考虑了安装后的污染、运转过程中污染物的侵入、系统产生的污染以及从系统移除的污染。

对于油浴润滑，润滑清洁度根据符合 ISO 4406[3] 的清洁度等级给出。如果润滑油循环，还应使用系统的过滤效率(用过滤比 $\beta_{x(c)}$ 定义)。

在图 11 $\Omega_{dnt}(D_{pw},\beta_{cc})$ 的表达式中，不确定系数 s 和污染物颗粒硬度系数[表示为(HV)]的影响在 5.6.5.2～5.6.5.4 中予以说明。

5.6.5.2 不确定系数

对于经过在线过滤的油润滑和油浴润滑，e_C 线图的选用要利用 ISO 4406[3] 清洁度代号来完成。

这些代号的缺点是记录的最大颗粒尺寸仅为 15 μm，但从疲劳的观点来看，最危险的是润滑剂中更大的颗粒。

利用在线过滤器，过滤比 $\beta_{x(c)}$ 相当好地反映了期望的最大颗粒尺寸。对于油浴润滑，所测的 ISO 4406[3] 代号却不能反映最大颗粒尺寸。

对于经过在线过滤的油和油浴样品，当二者采用相同的 ISO 4406[3] 代号时，其最大颗粒尺寸却是完全不同的。

一个示例见图 12，可以发现，利用在线过滤器，最大颗粒尺寸约为 30 μm。

对于油浴润滑，还可以发现更大的颗粒。

对采用不同润滑方法和不同轴承应用条件下的油进行了试验，并对结果进行了评估。如 ISO 281 所述，过滤和颗粒计数不是很精确科学，认识到这一点非常重要。

进行了大量的试验并进行了评估后，得到了类似于图 12 所示的特性。这使油浴和经过在线过滤的油在采用相同的 ISO 4406[3] 代号时，在经过在线过滤的最大颗粒尺寸范围内可采用同样的直线。事实上，油浴中，一些比经过在线过滤后得到的颗粒还大的颗粒也可以予以考虑。

根据各种不同的试验结果，不同 ISO 4406[3] 代号的可预计的油浴润滑的最大颗粒尺寸已经被估算出来，并利用图 11 中的不确定系数 s 予以考虑。油浴润滑可预计的较大颗粒的影响在 e_C 线图和公式中予以考虑。

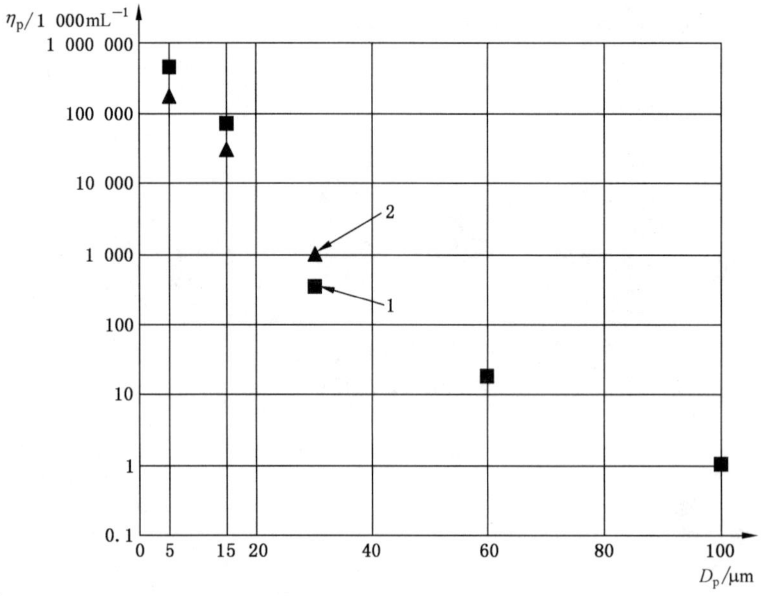

说明：

D_p——颗粒尺寸；

η_p——颗粒密度；

1——油浴；

2——在线过滤。

图 12 油浴和在线过滤润滑系统所测颗粒计数图

5.6.5.3 被较大、较硬的碎屑颗粒严重污染的不确定系数

文献[10]、[23]和[24]列出了论文的三个部分，其中对重度污染油的球和滚道接触处的油膜厚度对轴承寿命的影响进行了研究。对于清洁的油浴，提供了一定量的 100 μm～150 μm 的较硬颗粒，颗粒硬度为 800 HV。深沟球轴承 6206 在以 2 500 r/min 的速度旋转期间，油浴被压缩空气搅动以防止颗粒沉到底部。

为了凸显颗粒效应，因此，试验条件与正常条件完全不同。ISO 281 中，假设污染物总是由不同尺寸和硬度的颗粒混合物组成，其中小颗粒占多数。使用经过在线过滤的润滑剂，过滤器过滤掉了最大颗粒，只有很少的颗粒——尺寸略大于由过滤比决定的颗粒尺寸，通过过滤器(见 5.6.5.2)。

采用油浴润滑，最大颗粒也能进入滚动体和滚道的接触处，即使很多较大颗粒沉到油浴的底部。

文献[10]、[23]和[24]显示，在试验条件下，厚油膜对轴承寿命的不利影响比薄油膜更大，这与通常的期望相反。

在 ISO 281 的新寿命理论中，根据文献[5]，轴承寿命由赫兹宏观接触 $[\widetilde{A}_{m}(\kappa)/\widetilde{A}_{0}]^{3/2c}$、显微接触 $\Omega_{rgh}(\kappa)$以及凹痕损伤期望函数 $\Omega_{dnt}(D_{pw},\beta_{cc})$决定。

采用油浴润滑且油膜厚度较薄时，赫兹宏观接触 $[\widetilde{A}_{m}(\kappa)/\widetilde{A}_{0}]^{3/2c}$ 和显微接触 $\Omega_{rgh}(\kappa)$对轴承寿命的影响较大；油膜较厚时，其影响较小，但另一方面，由于有更多较大的颗粒更可能进入滚动体和滚道接触处，因此，凹痕损伤期望函数 $\Omega_{dnt}(D_{pw},\beta_{cc})$对厚油膜的影响更大。对于轴承应用中正常的污物条件，不同油膜厚度下碎屑的影响，如上所述，可在寿命计算中得到平衡。

注：然而，试验中为便于达到恒定的污物条件，相当多的大颗粒被搅动，显然，厚油膜更易有大颗粒进入。这将造成更多的压痕，因此，与薄油膜试验的寿命相比，轴承的寿命更短。

对于所有试验，由于有非常多的大颗粒进入球和滚道接触处，因此，轴承寿命均远远短于采用 ISO 281 方法(假设通常的颗粒分布中，最大尺寸为 150 μm)预期的寿命。因此，在所采用的试验条件下，不确定系数非常大。

试验也证实综合油膜厚度、颗粒大小和颗粒的数量对轴承寿命具有非常大的影响。各种相似的影响只能通过如 ISO 281 中使用的系统方法来处理，乘法因数不能对影响轴承疲劳寿命的各因素之间的相互关系作出解释。

5.6.5.4 颗粒硬度对污染的影响

ISO 281 中的 e_{C}线图主要基于轴承应用中的一般污染，即淬硬钢颗粒(700 HV)和较软颗粒(如来自保持架、安装和环境)的混合物。来自环境的非常硬的脆颗粒(超过 700 HV)，如沙粒，也能对润滑剂造成污染，但这些颗粒在滚动体接触处被压碎成小颗粒，因此，从疲劳的观点来看，危险不大。

在车间，环境也可能存在非常硬的颗粒，如来自砂轮的金刚砂，它能穿过密封圈，污染润滑剂。

与淬硬钢污染相比，该种污染的危险程度可从图 13、图 14 所描述的理论和实际分析的结果得到。

图 13 中，D 和 t 表示颗粒的形态，其中 t 为厚度，D 为压平后的尺寸。图形显示了不同尺寸和维氏硬度的颗粒的安全区和不安全区。

图 13 显示了在用油膜隔开的钻钢平台之间、颗粒压碎之前，安全和不安全的颗粒径深比预测线。虚线上方的直线代表那些刚好弹性嵌入平台、但其硬度足够高、还未进一步发生挤压的颗粒。虚线下方曲线上的颗粒则在压碎过程中被进一步挤压，以致最终形状刚好能弹性嵌入平台。

图 13 显示在安全区，无永久性压痕产生；然而，试验的定义意味着不安全区包括了所有尺寸的永久性压痕，但显然小颗粒对寿命的影响是微不足道的。

最危险的是 $D/t=1$ 的圆颗粒。试验表明，硬度在 35 HV～600 HV 之间的影响最大。

图 13、图 14 中所描述的试验未表明韧性(不易碎)为多大时是安全的，非常硬的污染物颗粒对轴承寿命有影响，但由于所形成的压痕深度取决于颗粒硬度，因此，轴承寿命减少的风险会随着颗粒硬度的增加而增大，包括硬度超过 600 HV。

图 14 显示了压在钻钢平台之间的尺寸为 D 的颗粒的径深比 D/t。垫片的尺寸(t)范围用于确定那些弹性嵌入平台但又未损伤平台的颗粒和造成塑性压痕的颗粒之间的转变。曲线代表由刚性平台分析(线 2)和弹性平台分析(线 1)预测的转变。

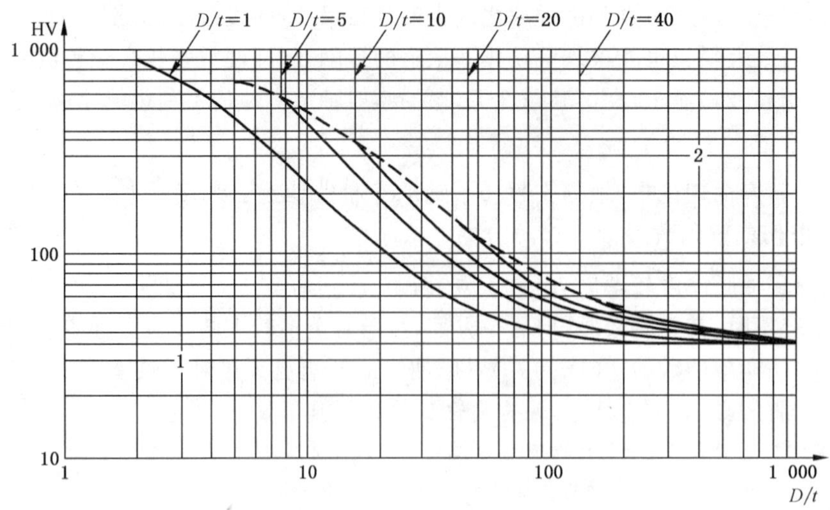

说明：

D ——原始颗粒直径；

HV——维氏硬度；

t ——油膜(垫片)厚度；

1 ——安全；

2 ——不安全。

图 13 颗粒的维氏硬度和原始颗粒直径与油膜厚度之比的关系

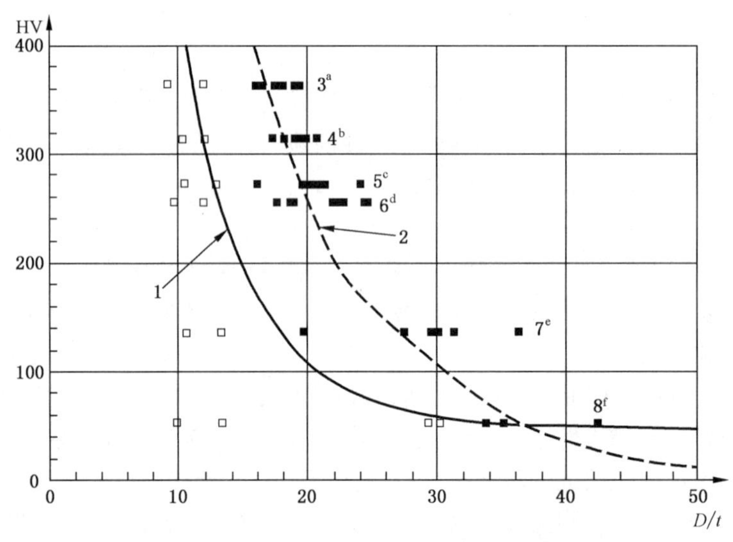

说明：

D ——原始颗粒直径；

HV ——维氏硬度；

t ——油膜(垫片)厚度；

1 ——弹性分析(有摩擦)；

2 ——刚性平台(有摩擦)；

□ ——弹性嵌入平台但又未造成平台损伤的颗粒；

■ ——造成塑性压痕的颗粒。

[a] 银亮钢。

[b] 焊棒。

[c] 低碳钢。

[d] 黄铜。

[e] 铜。

[f] 铝。

图 14 颗粒破坏性的维氏硬度与颗粒尺寸 *D* 和钴钢平台之间距离 *t* 的函数关系

5.6.5.5 ISO 281 中污染系数线图的估算

根据文献[9]，当估算函数 $\Omega_{rgh}(\kappa)$ 和 $\Omega_{dnt}(D_{pw},\beta_{cc})$ 时，对表面微凸体和凹痕接触应力分析采用了与 5.6.3 中估算 $[\tilde{A}_m(\kappa)/\tilde{A}_0]^{3/2c}$ 相同的过程。

利用对函数$[\widetilde{A}_{m}(\kappa)/\widetilde{A}_{0}]^{3/2c}$、$\Omega_{rgh}(\kappa)$和$\Omega_{dnt}(D_{pw},\beta_{cc})$接触应力分析结果的直接曲线拟合方程，完成了图 11 中方程的函数形式的最终推导。

在文献[9]的粗糙度接触计算中，给出了有关实际接触面积、表面微凸体下方的最大剪切应力幅值和接触点数量的详细信息；而且，完成了滚动接触表面不同分离值的计算。应注意，在 ISO 281 的污染系数 e_C 曲线中，根据工程实践所建议的补充安全判据，引入了上限。

e_C 系数的分析估算仍在初始阶段，因此，它主要是在由实验室测试和应用工程领域经验所支撑的经验基础上确立的。

5.7 文献[5]和 ISO 281 中寿命修正系数之间的差异

文献[5]中，作为 κ 函数的 a_{SLF}，按 κ 值的三个范围确定，尽管在范围边界处，κ 值有点不连续。由于在文献[5]中只有线图，因此，这毫无问题。但在 ISO 281 中，还给出了 a_{ISO} 公式，为避免公式中出现不连续，对公式略微做了修改。计算得出的 a_{SLF} 和 a_{ISO} 之间非常小的差异可以忽略不计。

6 ISO 281 的 A.4 和 A.5 中所用 ISO 4406[3] 清洁度代号范围的背景资料

6.1 总则

ISO 281:2007 的附录 A 中，系数 e_C 是根据各种工作条件下的润滑油清洁度进行估算的。5 μm[或 6 μm(c)]和 15 μm[或 14 μm(c)]颗粒尺寸的 ISO 4406[3] 清洁度代号用于确定油的清洁度。将 5 μm[或 6 μm(c)]和 15 μm[或 14 μm(c)]颗粒的计数量在图上绘出，并用线相连，线延长至可能的最大颗粒尺寸(见图 15 和图 16)。这样的线上，每一基本 ISO 4406[3] 代码级在 5 μm、15 μm 和线的末端用大圆点示出。对于每一基本代码级，估算清洁度系数 e_C 的线图和公式可在 ISO 281:2007 的附录 A 中得到。

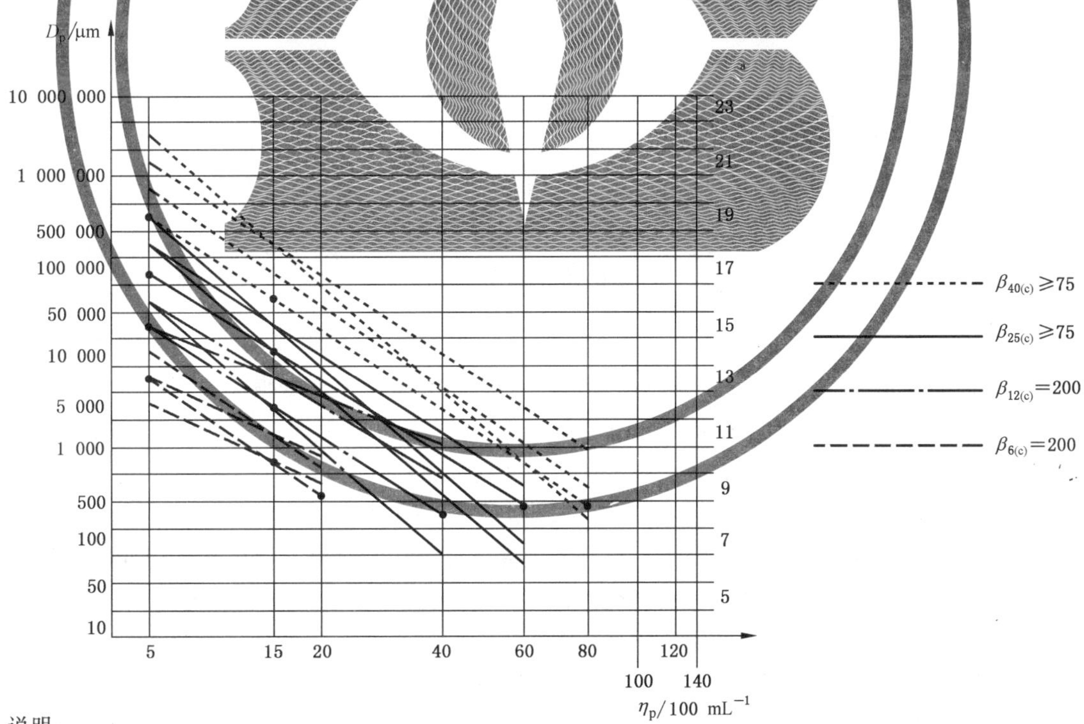

说明：

D_p——颗粒尺寸；

η_p——颗粒密度；

● ——基本代号。

[a] 代号。

图 15 经过在线过滤的油

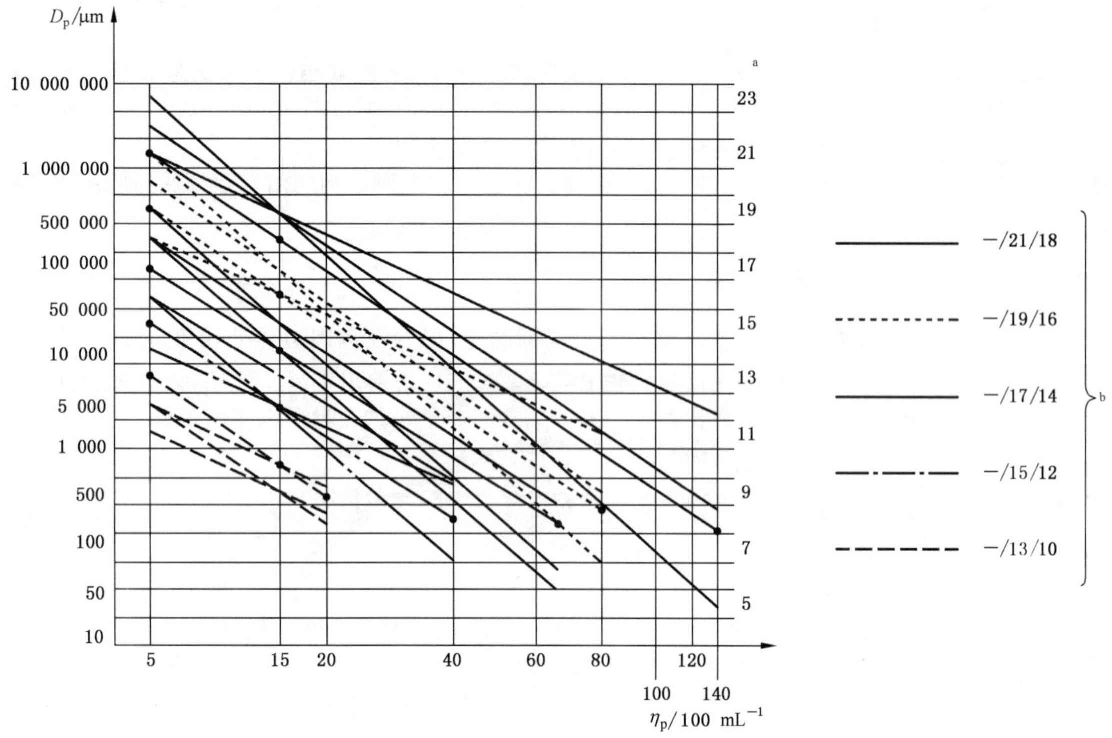

说明：

D_p——颗粒尺寸；

η_p ——颗粒密度；

● ——基本代号。

[a] 代号。

[b] 符合 ISO 4406 的代号。

图 16 油浴

线延长的原因：在 ISO 4406 中，测值是基于比 15 μm 小的颗粒，对于滚动轴承，这样小的颗粒主要只对小轴承的疲劳寿命有影响。大量的小颗粒主要引起滚道和滚动体的磨损。

由滚道疲劳(如由滚道表面的剥落)引起的轴承失效，主要是由大于 15 μm 的颗粒造成的，此外，支撑寿命修正系数 a_{ISO} 的理论也是基于较大硬颗粒的尺寸和数量的。

因此，图中的线被延长，而且基线提供有三个大圆点。延长线末端的大圆点代表由试验和各种实际应用结果而确定的某些尺寸和数量的颗粒。已对使用各种过滤比的过滤器进行在线过滤的循环油润滑和油浴润滑进行了颗粒计数，特别是对不同润滑条件下大颗粒的数量进行了专门研究。

由于不能预计取自工作中的轴承的油样品的颗粒计数结果是否完全符合某条基线，因此，每条基线给出了一个可接受的范围，用周围的线表示。

每一基本代码级用一代号定义，如—/13/10，根据 ISO 4406[3]，其中 13 代表 5 μm[或 6 μm(c)]颗粒的计数量，10 代表 15 μm[或 14 μm(c)]颗粒的计数量。

对于在线过滤，不同过滤比 $\beta_{x(c)}$ 的可能的最大颗粒尺寸能相当精确地估算出来；但对于油浴润滑，估算则不太准确，由于比图 15 所示颗粒还大的颗粒也被预计进去，因此，这由不确定系数来补偿。

6.2 经过在线过滤的油

对于经过在线过滤的油，基本 ISO 4406[3]代码级及其对不同过滤比 $\beta_{x(c)}$ 推荐的范围示于图 15。

利用图 15，基本 ISO 4406:1999[3]代号及其对不同过滤比 $\beta_{x(c)}$ 的范围推荐于表 2。

表 2 推荐的基本 ISO 4406:1999[3]代号及其对不同过滤比的范围

污染物颗粒尺寸 x 时的过滤比 $\beta_{x(c)}$	ISO 4406:1999 代号	ISO 4406:1999 代号范围
$\beta_{6(c)}=200$	—/13/10	—/12/10，—/13/11，—/14/11
$\beta_{12(c)}=200$	—/15/12	—/16/12，—/15/13，—/16/13
$\beta_{25(c)}\geqslant 75$	—/17/14	—/18/14，—/18/15，—/19/15
$\beta_{40(c)}\geqslant 75$	—/19/16	—/20/17，—/21/18，—/22/18

6.3 油浴

对于油浴，基本 ISO 4406[3]代码级及其推荐的范围示于图 16。范围略严于在线过滤循环油润滑。事实上，大颗粒在油浴润滑中能被预计，这主要通过不确定系数 s 予以考虑。

利用图 16，基本 ISO 4406:1999[3]代号及其范围推荐于表 3。

表 3 推荐的基本 ISO 4406:1999[3]代号及其范围(油浴)

ISO 4406:1999 代号	ISO 4406:1999 代号范围
—/13/10	—/12/10，—/11/9，—/12/9
—/15/12	—/14/12，—/16/12，—/16/13
—/17/14	—/18/14，—/18/15，—/19/15
—/19/16	—/18/16，—/20/17，—/21/17
—/21/18	—/21/19，—/22/19，—/23/19

6.4 油雾润滑的污染系数

油雾润滑在 ISO 281 中未作为单独的润滑方法被提及。

对于油雾润滑，ISO 281:2007 中 9.3.3.2 也适用，污染系数 e_C 的常规参考值，同其他润滑方法一样，也可根据 ISO 281:2007 中表 13 进行选择。ISO 281:2007 中表 13 示出了润滑良好的轴承的典型污染级别。

若使用清洁度水平的更多信息时，油雾润滑 e_C 的精确和详细推荐值可利用 ISO 281:2007 中 A.6 脂润滑的线图和公式得到。

估算油雾润滑的 e_C 时，可利用 ISO 281:2007 中表 A.1 以及通过与脂润滑的工作条件进行比较而估计出来的轴承应用的油雾润滑条件来选择线图和公式。此时，其他因素，如安装的清洁度、环境和密封、油浴或非油浴已予以考虑。

7 磨损的影响

7.1 通用定义

磨损是指在使用过程中，两个滑动或滚动/滑动接触表面相互作用造成材料的不断移失。

对由于磨损造成失效的时间进行理论推断是非常复杂和不全面的。下面给出了有关轴承磨损的一些通用信息，并就其对轴承运转的影响进行讨论。

7.2 磨粒磨损

磨粒磨损是由于润滑不充分使接触表面的微凸体相互作用或由于外界颗料侵入造成滚道上的材料被去除。在持续的磨损过程中，表面变暗至一定程度，随磨粒的粒度和性质而异。由于旋转表面和保持架上的材料被磨掉，这些颗粒数量逐渐增加，最终磨损进入一个加速过程，从而导致轴承失效。但如果经过"适度的跑合"之后，磨损停止，这对轴承寿命的影响就不一定是负面影响了。

7.3 轻度磨损

有时轴承必须在很小 κ 值(远远低于 1)的情况下运转，如：旋转速度非常低和/或工作温度非常高。由于使用了良好的润滑剂(为防止发生涂抹而添加了适当的添加剂)，在"跑合"过程中，当接触表面变得平滑时，运转条件得到很大改善，滚道表面的不规则度变小，因此，实际上 κ 值增大。相当清洁的运转条件需要提高 κ 值，由于不存在外界颗粒，表面呈现一个光亮、镜状外观。

轴承寿命相对由最初 κ 值表示的寿命增加很多，并且"跑合"后，轴承运转温度稳定或者甚至降低。对于噪声，也是如此。

7.4 磨损对疲劳寿命的影响

滚动体和滚道之间的接触条件会由于磨损而发生改变。在生产加工后，滚动体和滚道之间的密合度就确定了，以便得到尽可能最好的接触条件。对于滚子接触，最重要的是在运转过程中避免边缘应力。

由于磨损可获得完全吻合，即零载荷下的线接触，因此，在运转过程中，滚子接触处将产生边缘载荷。即使磨损本身非常小，不会引起轴承失效，但这种边缘载荷则能大大地减少轴承的疲劳寿命。

由磨损引起的特殊类型的边缘载荷，发生在曲线滚子和滚道的接触处，如球面滚子轴承(见图 17)中。在旋转过程中，曲线接触处在相反的方向发生局部滑动(见图 18)。在滑动改变方向的位置，只发生滚动而不发生滑动(见图 17 所示的滚动点)。存在磨料颗粒时，在接触的滑动部分发生磨损，而未发生滑动的位置则不发生磨损。对于球面滚子轴承，则造成波浪形接触——未发生滑动的位置具有两个峰。在运转过程中，峰接触处的高接触应力经常造成小片状剥落和早期疲劳失效。

7.5 对疲劳寿命影响较小的磨损

7.4 所示类型的表面疲劳主要发生在磨损率较低时，即未造成进一步的破坏或由于磨损颗粒的数量很小。

此时，磨损率使峰在形成之前就被磨掉，表面疲劳失效通常没有发生。轴承失效是由其他原因引起的，例如，对于以很低转速旋转的大轴承，由于磨损造成径向游隙过大可能是轴承持续运转很长一段时间之后更换轴承的原因。

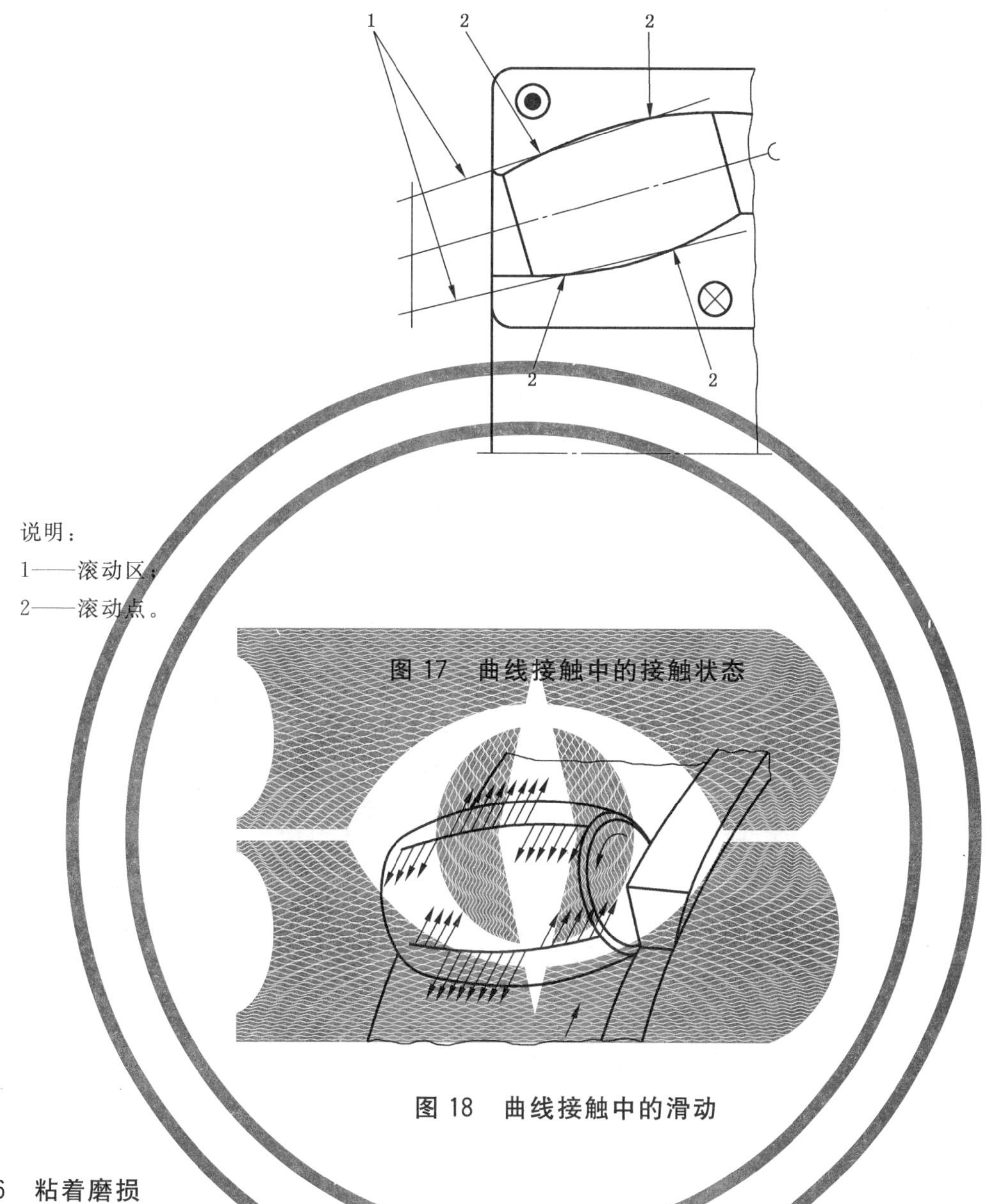

说明：

1——滚动区；

2——滚动点。

图 17　曲线接触中的接触状态

图 18　曲线接触中的滑动

7.6　粘着磨损

粘着磨损是材料从一表面转移到另一表面，并伴随有摩擦发热，有时还伴有表面回火或重新淬火。这一过程会在接触区产生局部应力集中并可能导致开裂或剥落。

由于滚动体承载较轻并且在其反复进入承载区时，受到强烈的加速作用，因此，在滚动体和滚道之间会发生涂抹(滑伤)(见图 19)。为避免发生涂抹，增大润滑剂黏度和(或)在润滑剂中添加极压(EP)添加剂通常是有用的。润滑油一般比润滑脂能更好地避免发生这种涂抹。当载荷相对于转速过小时，滚动体和滚道之间也会发生涂抹。

由于润滑不充分，挡边引导面和滚子端面均会发生涂抹(见图 20)。对于满装滚动体(无保持架)轴承，受润滑和旋转条件的影响，滚动体之间的接触处也会发生涂抹。此时，建议增大润滑剂黏度和(或)在润滑剂中添加 EP 添加剂。

如果轴承套圈相对其支承面(如安装轴或轴承座)“转动”，则在套圈端面与其轴向支承面之间的接触处也会发生涂抹，甚至还会引起图 21 所示的套圈开裂。当作用于轴承上的径向载荷相对轴承套圈旋转并且轴承套圈以很小的间隙(间隙配合)安装在其支承面上时，常会发生这种损伤。由于两零件直径之间存在微小差异，造成其周长也存在微小差异，因此，在径向载荷作用下在某一点接触时，旋转速度也存在微小差异。将套圈相对其支承面的旋转速度存在微小差异的滚动运动称为“蠕动”。如果可以接受在运转过程中没有间隙的更紧一些的配合，通常能解决此问题。

发生蠕动时，套圈和支承面接触区内的微凸体被滚辗，造成套圈表面外观光亮。在蠕动过程中，滚辗经常发生，但不一定伴随有套圈和支承面接触处的滑动，此外，还可看到其他损伤，如擦伤、微动腐蚀和磨损。在某些承载条件下且当套圈和支承面之间的过盈量不够大时，则以微动腐蚀为主。

图 19～图 21 复制于 ISO 15243[4]。

图 19　滚道表面上的涂抹

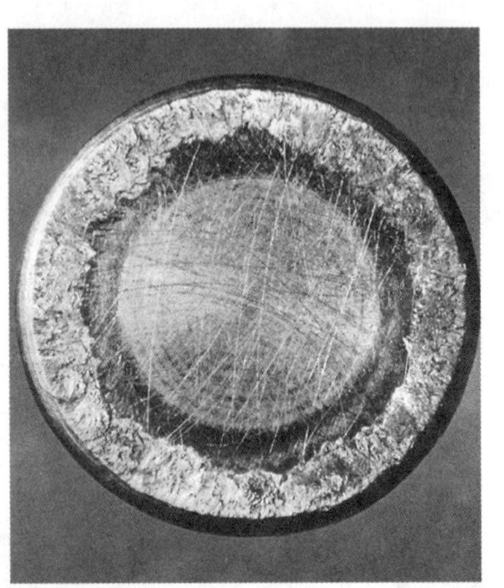

图 20　滚子端面上的涂抹

图 21　套圈端面上的涂抹(套圈同时断裂)

8 腐蚀环境对滚动轴承寿命的影响

8.1 总则

轴承在腐蚀环境中工作会减少其使用寿命，有时甚至减少很多。尽管存在大量有关腐蚀环境对轴承寿命影响的知识，但只有少量有用的数据可估计对轴承寿命的影响，根据试验记录的结果也是迥然相异。

8.2 氢对寿命减少的影响

8.2.1 氢原子的侵入

研究表明，腐蚀环境中寿命减少的主要原因是由于氢原子的侵入。

润滑剂中的水分对轴承的疲劳寿命是有害的。在轴承旋转过程中，水溶入润滑油。在外加应力作用下，水和轴承钢表面相互作用产生氢，从而导致氢脆失效。

接触区内的赫兹应力实质上主要是压应力，但在边缘却是拉应力。在拉应力作用下，氢被吸引到位错的核心，在反复应力循环过程中，氢将抑制位错，从而逐步引起孔隙聚结(层裂)，并导致轴承滚道的早期失效。

氢对寿命减小的影响在文献[11]中有较为详细的描述。

8.2.2 源自滚道接触处的氢原子

8.2.2.1 总则

源自润滑剂中含氢的液体，如水、酸以及润滑剂本身，氢原子能通过滚动体和滚道接触区内的化学和放电过程释放出来。氢原子侵入轴承钢，其中一些会碰击颗粒夹杂物。

氢原子释放主要发生在旋转过程中，此时，滚动体和滚道接触阻止了表面保护层的形成。

8.2.2.2 水对轴承寿命的影响

建立一个关于润滑剂中的水分对轴承寿命影响的通用原则是非常困难的，研究结果也显示非常离散。文献[12]示出了一些试验结果。

对于在实际运转过程中或试验中进行了良好防护的轴承中的水含量，利用 ISO 281 计算出来的轴承寿命是有效的。预计的水含量为 0.02%～0.05%(质量分数)。如果可能，应采用较小值。

一般说来，如果水含量从 0.02%(质量分数)每翻一倍，轴承寿命将减少一半；相反，如果水含量接近 0，预计轴承寿命将超过两倍。这些原则基于承载较轻轴承的试验结果。但实验室试验表明，水含量对承载较重轴承寿命的影响较低。

这些图仅能作为非常粗略的估计，因为不同的油、脂和添加剂对润滑剂中水的影响的作用是不同的。

水含量超过 1%(质量分数)可能不会对疲劳寿命有更多的影响，但却可能会发生其他形式的损伤，如涂抹、腐蚀以及滚动体和滚道接触处成膜能力的降低，这将造成轴承的使用寿命非常短。欲理论估计这样条件下轴承的预期使用寿命是不可能的，此外，使用寿命也与支撑滚动轴承疲劳寿命计算的理论无关。

8.2.2.3 EP 添加剂对轴承寿命的影响

当滚动体接触处的油膜厚度非常薄(κ 值很小，如 $\kappa<0.5$)时，润滑剂中的 EP 添加剂用于改善润滑

条件,还用于防止承载较轻的滚子和滚道之间发生涂抹,如特别重的滚子减速进入承载区时。

然而,目前最常用的硫-磷型 EP 添加剂,对轴承的疲劳寿命也会产生不利影响。文献[12]中记录的试验对此有所描述。

产生这种不利影响的原因是由于存在不可能完全避免的湿气,在旋转过程中,滚动体接触处产生硫酸和磷酸,促进了氢原子的释放。如 8.2.1 所述,氢原子侵入钢中将大大减少轴承的疲劳寿命。

随着温度的升高,轴承寿命将减少,温度超过 90 ℃时,含有 EP 添加剂的润滑剂只有经过严格试验后才能使用。

8.2.3 轴承钢中的氢

由于轴承钢中也存在由氢原子和金属(如铁)组成的氢化物,因此,氢很难消除。

钢锭中氢化物的含量很高,但经过一段时间并通过轧制和锻造,氢化物含量将大大减少。通过反复锻造,夹杂物也越来越小,氢化物含量也越来越低,从疲劳强度的观点来看,钢的质量提高了。

对于小的球轴承,钢的氢含量能低至 0.1×10^{-6}(质量分数);对于大轴承,含量为 2×10^{-6}(质量分数)或更高。

氢夹杂物对轴承寿命具有不利影响,它增加了 8.2.1 中描述的源自滚道表面的氢原子的影响。

8.2.4 结论

润滑剂和钢中的氢原子导致轴承钢疲劳强度降低。由于颗粒夹杂物周围氢原子的聚集,因此,用于计算额定动载荷的疲劳应力极限大大降低了,尤其敏感的是承受拉应力的区域。

为避免疲劳应力极限的降低,润滑剂中的水分应尽可能减少。而且,如果需要使用 EP 添加剂,应仔细挑选并使之与运转温度相适合。当规定轴承钢的技术要求时,不仅要考虑钢的清洁度的重要性,而且还要考虑有效的轧制和锻造工艺的重要性。

8.3 腐蚀

8.3.1 通用定义

腐蚀是金属表面上的一种化学反应。

8.3.2 锈蚀

当钢制滚动轴承零件与湿气(如水或酸)接触时,表面发生氧化。随后出现腐蚀麻点,最后表面出现剥落(见图 22)。在源自麻点的裂纹处,有时会发生内圈开裂。如 8.2 所述,因氢原子的侵入而引起的氢脆处,开裂的风险增大。

图 22 滚子轴承外圈上的腐蚀

图 23 球轴承内圈和外圈滚道上的接触腐蚀

当润滑剂中的水分或劣化的润滑剂与其相邻的轴承零件表面发生反应时，在滚动体和轴承套圈之间的接触区内可发现一种特定形式的锈蚀，在深度锈蚀阶段，接触区在对应于球或滚子节距的位置将会变黑，最终产生腐蚀麻点(见图 23 和图 24)。

锈蚀，经常与表面疲劳一起，如以片状剥落的形式，造成轴承使用寿命很短。通过计算来估算使用寿命或疲劳寿命当然是不可能的。轴承应用中应防止水分的侵入。

图 22～图 27 复制于 ISO 15243[4] 中的照片。

图 24　轴承滚道上的接触腐蚀

8.3.3　摩擦腐蚀

8.3.3.1　通用定义

摩擦腐蚀是在某些摩擦条件下，由配合表面之间相对微小运动引起的一种化学反应。这些微小运动导致表面和材料氧化，可看到粉状锈蚀和(或)一个或两个配合表面上材料的缺失。

8.3.3.2　微动腐蚀

接触表面作微小往复摆动时，传递载荷的配合界面会发生微动腐蚀，表面微凸体氧化并被磨去，反之亦然；最后发展成粉状锈蚀(氧化铁)。轴承表面发亮或变成黑红色(见图 25)。出现这种失效，一般是由于不合适的配合(配合过盈量太小或表面太粗糙)以及载荷和(或)振动造成的。

图 25　内圈内孔表面上的微动腐蚀

8.3.3.3 伪压痕

周期性振动时，由于弹性接触面的微小运动和(或)回弹，滚动体和滚道接触区将出现伪压痕。根据振动强度、润滑条件或载荷的不同，腐蚀和磨损会同时产生，在滚道上形成浅的凹陷。

对于静止轴承，凹陷出现在滚动体节距处，并常变成淡红色或发亮(见图 26)。

在旋转过程中，由振动造成的伪压痕则表现为间距较小的波纹状凹槽(见图 27)，这些凹槽不同于电流引起的波纹状凹槽。与电流通过造成的波纹状凹槽相比，由振动造成的波纹状凹槽底部发亮或被腐蚀，而电流通过造成的凹槽底部则颜色发暗。电流引起的损伤还可通过滚动体上也有波纹状凹槽这一现象予以识别。

注：本文件将伪压痕划归为腐蚀，但其他文件有时将其划归为磨损。

伪压痕带来的问题是振动和噪音，这常常需要在引起早期表面疲劳的凹陷出现之前更换轴承。

为避免出现伪压痕，轴承应用中应避免微小运动，如通过对轴承永久性地或仅在运输过程中施加轴向预载荷。在某些对微小运动特别敏感的轴承应用中，可使用不太敏感的轴承代替。例如，在预计会出现轴向微小运动的应用场合，用球轴承代替圆柱滚子轴承。

图 26 圆柱滚子轴承内圈滚道上的伪压痕

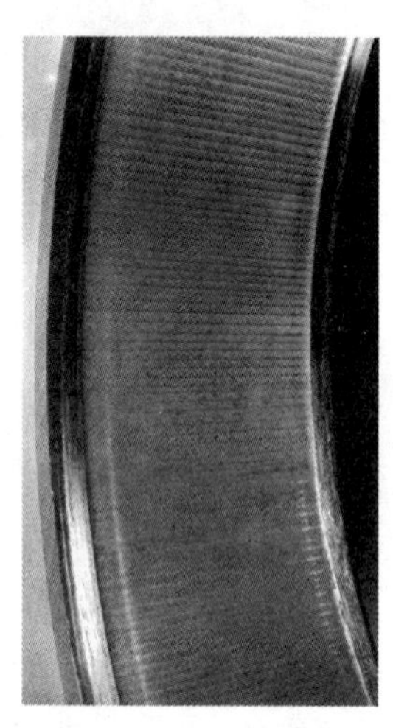

图 27 圆锥滚子轴承外圈上的波纹状凹槽

9 成套轴承的疲劳载荷极限

9.1 轴承尺寸的影响

ISO 281:2007 中 B.3.2.2 和 B.3.3 关于 C_u 公式中，节圆直径 $D_{pw}>100$ mm 时，球轴承使用了减少系数 $(100/D_{pw})^{0.5}$，滚子轴承使用了 $(100/D_{pw})^{0.3}$。

减少系数主要基于轴承的疲劳应力极限随轴承尺寸的增大而降低这一事实。对于大尺寸轴承，钢锭在轧制和锻造工序中缺乏有效的变形是其中的原因之一。

对于高质量的轴承钢，节圆直径 $D_{pw}\leqslant 100$ mm 的轴承在接触应力 1 500 MPa 时达到疲劳极限，而节圆直径为 500 mm 轴承用钢的疲劳试验显示，在接触应力 1 100 MPa 时达到疲劳应力极限(见文献[12]的 2.2.3)。

由于 1 100/1 500=0.73，预计节圆直径为 500 mm 轴承的疲劳载荷极限将减少 70%～80%。这已经通过在疲劳载荷极限计算公式中增加上述减少系数[$D_{pw}>100$ mm 时，球轴承 $(100/D_{pw})^{0.5}$，滚子轴承 $(100/D_{pw})^{0.3}$]予以考虑。考虑到大尺寸轴承疲劳极限的减少，系数 $(100/D_{pw})$ 及其指数是通过实用工程学估算确定的。

图 28 和图 29 基于滚动体接触处下方的最大剪切应力，这些剪切应力是由计算载荷 C_u 引起的，而 C_u 则利用 ISO 281:2007 中 B.3.3 的简化公式计算得出。已完成了对两种类型不同尺寸轴承的计算。

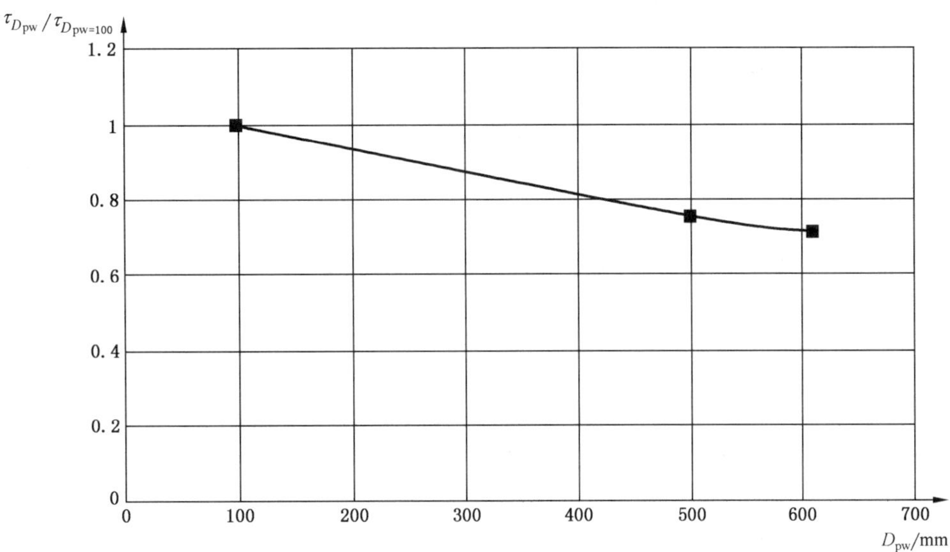

说明：

D_{pw} ——节圆直径；

$\tau_{D_{pw}}$ ——D_{pw} 的剪切应力；

$\tau_{D_{pw=100}}$ ——$D_{pw=100}$ 时的剪切应力。

图 28　深沟球轴承随节圆直径变化的最大剪切应力

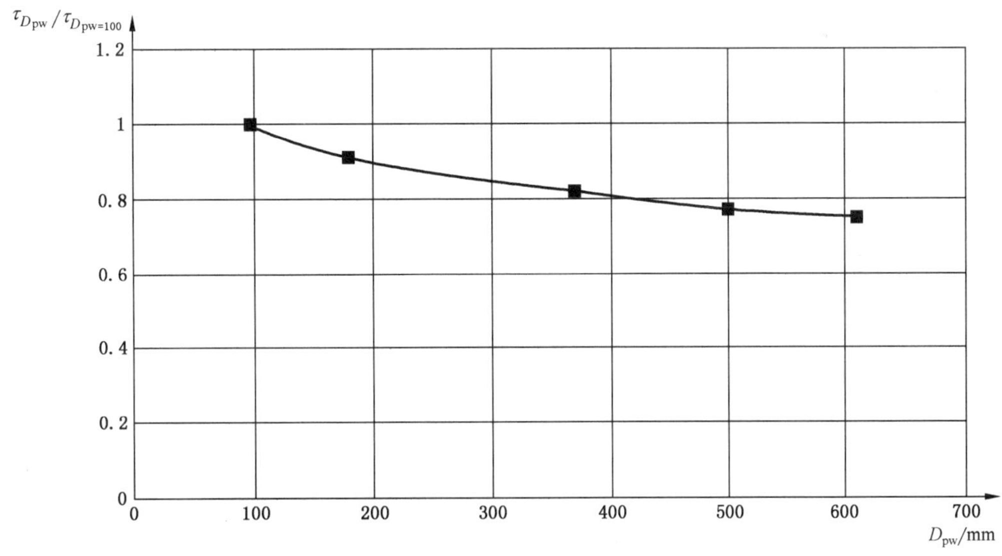

说明：

D_{pw} ——节圆直径；

$\tau_{D_{pw}}$ ——D_{pw} 的剪切应力；

$\tau_{D_{pw=100}}$ ——$D_{pw=100}$ 时的剪切应力。

图 29　圆柱滚子轴承随节圆直径变化的最大剪切应力

曲线示出了对于具有某一节圆直径 D_{pw} 的轴承，由计算载荷 C_u（利用简化公式）引起的最大接触剪切应力除以节圆直径为 100 mm 轴承的相应剪切应力的比值。

在与剪切应力相同的载荷条件下，对接触应力也进行了计算，而且结果几乎与最大接触应力完全一样，也随节圆直径变化，因此，剪切应力曲线也可代表接触应力与节圆直径之间的关系。

曲线图证实能对剪切应力水平做出合理的解释，而且剪切应力水平随轴承尺寸的增大而减小。节圆直径为 500 mm 时，所示轴承的减少量为 70%～80%。

因此，曲线图证实，基于大尺寸轴承疲劳应力的减少，根据实用工程学方法确定的球轴承的减少系数 $(100/D_{pw})^{0.5}$ 和滚子轴承的减少系数 $(100/D_{pw})^{0.3}$ 的结果是可靠的。

9.2 计算滚子轴承疲劳载荷极限时，疲劳载荷极限除以基本额定静载荷的关系式

在 ISO 281:2007 中 B.3.3.3 计算滚子轴承 C_u 的简化公式中，使用了 $C_u = C_0/8.2$ 关系式，这里对关系式中数值 8.2 的背景进行解释。

根据滚子轴承的有关文献（如文献[18]），当轴承游隙为 0 时，轴承径向载荷为：

$$F_r = 0.245\,3 Q_{max} Z \cos\alpha \qquad (29)$$

式中：

Q_{max}——单个接触的最大载荷，N；

Z ——每列滚动体的最大数；

α ——公称接触角，(°)。

对于工作中的 N 组轴承游隙，经常使用公式(30)：

$$F_r = 0.2 Q_{max} Z \cos\alpha \qquad (30)$$

具有该游隙时，承载区扩大至 130°左右。

由于 C_0 基于工作中具有 N 组游隙的轴承，因此，将 $F_r = C_0$ 和 $Q_{max} = Q_0$ 代入公式(30)；同样，由于 C_u 基于具有零游隙的轴承，将 $F_r = C_u$ 和 $Q_{max} = Q_u$ 代入公式(29)，于是，可以导出公式(31)：

$$\frac{C_0}{C_u} = \frac{Q_0}{Q_u} \frac{0.2}{0.245\,3} \qquad (31)$$

根据滚子轴承文献，如文献[18]，对于线接触，$Q \approx p^2$，其中 p 为滚子/滚道接触处的压力。因此：

对于 C_0，根据 ISO 76[1]，最大接触应力 $p = 4\,000$ MPa。

对于 C_u，根据 ISO 281:2007 中 9.3.1，最大接触应力 $p = 1\,500$ MPa。

于是，公式(31)可写成：

$$\frac{C_0}{C_u} = \left(\frac{4\,000}{1\,500}\right)^2 \frac{0.2}{0.245\,3} \qquad (32)$$

最大应力 1 500 MPa 是在平均赫兹应力约为 1 250 MPa 时得到的（见图 30），图中显示接触应力是接触长度 x 对滚子有效长度 L_{we} 之比（表示为 $2x/L_{we}$）的函数。由于 C_u 与该值有关，公式(32)可写成：

$$\frac{C_0}{C_u} = \left(\frac{4\,000}{1\,500}\right)^2 \frac{0.2}{0.245\,3} \left(\frac{1\,500}{1\,250}\right)^2 = 8.31 \qquad (33)$$

根据接触条件，C_0/C_u 的实际范围为 7.2～9.5，常用值为 8.2，与公式(33)得出的值非常接近。

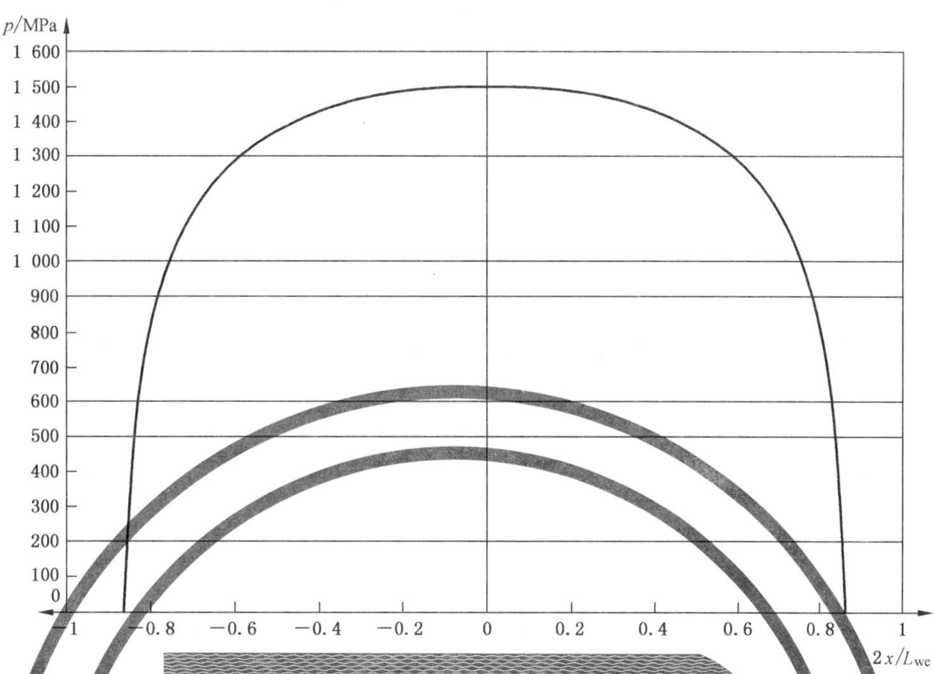

说明：

L_{we}——滚子有效长度；

p ——载荷 $P=C_u$ 时的接触应力；

x ——接触长度。

注：赫兹接触应力为 1 250 MPa，实际接触应力为 1 500 MPa。

图 30 滚子轴承承受与基本额定静载荷相当的载荷时的接触应力分布

10 环向应力、温度和颗粒硬度对轴承寿命的影响

10.1 环向应力

轴承应用中，为避免套圈相对轴或轴承座旋转，从而避免微动磨损，要求采用不同程度的过盈。过盈量主要取决于作用载荷的大小，其次取决于轴的转速。作用载荷越大和轴的转速越高，为防止轴旋转的过盈量也越大。多数情况下，过盈在轴承内圈上引起拉应力，即环向应力。众所周知，它将减小滚动轴承的疲劳寿命（文献[12]～[14]）。环向应力也可由套圈的高速旋转引起，同时，轴承套圈（和滚动体）内存在附加的内应力场，在套圈制造过程中也会产生残余应力场。这些应力在轴承旋转过程中会发生实质性的改变（文献[15]）。残余应力通常比环向应力大，随距套圈表面的深度而异，可为压应力或拉应力。

这两种累积在一起的附加应力构成了内应力场，这些内应力（过盈配合和/或套圈高速旋转、残余应力）叠加在由接触表面应力引起的次表面应力场上，决定轴承的疲劳寿命。内应力与轴承运转条件、运转时间之间的关系是目前研究的主题。但在标准出版时，将其定量引入轴承额定寿命标准中的认知水平还不够充分。

10.2 温度

轴承零件的热处理导致钢材发生变化，这导致在交变接触应力场下显微组织发生改变，改变程度不仅取决于钢的合金成分及其热处理工艺，还取决于作用载荷和温度（文献[15]）。这些显微组织改变包

括残余奥氏体的转变、残余应力和组织的变化，以及随着局部硬度变化，大、小角度白色腐蚀带的形成。显然，所有这些取决于套圈运转温度的转变，均影响套圈的疲劳寿命，但如前所述，标准出版时，将温度的影响定量引入轴承额定寿命标准中的认知水平还不够充分。

10.3 污染物颗粒的硬度

由润滑剂中包含的颗粒污染物在轴承套圈和滚动体表面造成的损伤以及随后造成的轴承寿命降低在许多出版物中都已得到确认。显然，对于金属颗粒，其大小、形状和硬度都是非常重要的颗粒属性，它们连同轴承尺寸、轴承运转参数决定了轴承寿命的减少程度（a_{ISO}寿命系数或污染系数 e_C）。

颗粒为脆性（如陶瓷）颗粒时，颗粒大小及其材料的断裂韧性是重要参数（文献[17]）。这些参数决定了实际颗粒破碎接近弹流润滑接触的程度、颗粒碎屑的大小以及所造成的损伤（压痕）。

进行标准化计算时，上面所述的有关颗粒参数方面的知识通常是非常有限的，因此，文献[5]和 ISO 281 中的 e_C线图是根据具有代表性的淬硬钢的颗粒硬度（700 HV）绘制的。因此，它对常规运转条件下线图中污染的影响给出了一保守的方法。

如果润滑剂中包含硬的（但不脆）颗粒且硬度超过 700 HV，硬颗粒可能减少根据 ISO 281 计算得出的修正额定寿命。

11 κ 和 Λ 的关系式

11.1 黏度比 κ

如果滚动体和滚道之间要形成充足的润滑油膜，润滑剂必须在轴承的应用场合达到其常规工作温度时具有一定的最小黏度。达到充分润滑时的润滑剂条件可用黏度比 κ 来描述：

$$\kappa=\frac{\nu}{\nu_1} \qquad \cdots\cdots(34)$$

式中：

ν ——实际运动黏度；

ν_1 ——参考运动黏度。

参考运动黏度 ν_1考虑了为达到充分润滑所需的最小油膜厚度 h_{min}，h_{min}与接触表面的不规则度有关。如果选用在工作温度下具有较高黏度的润滑剂，则形成较厚的油膜，它可增大接触表面的分离程度，改善润滑条件，从而提高轴承寿命。

11.2 油膜厚度与综合表面粗糙度 Λ 之比

油膜厚度对轴承寿命的影响也可用系数 Λ 进行处理：

$$\Lambda=\frac{h}{s} \qquad \cdots\cdots(35)$$

式中：

h ——油膜厚度；

s ——表面粗糙度的均方根，由式(36)给出：

$$s=\sqrt{s_1^2+s_2^2} \qquad \cdots\cdots(36)$$

其中，s_1——接触体 1 的表面粗糙度；

s_2——接触体 2 的表面粗糙度。

11.3 Λ 的理论计算

11.3.1 线接触

为计算最小油膜厚度，根据文献[19]，得到公式(37)：

$$H_{\min}=\frac{2.65\,\bar{U}^{0.7}G^{0.54}}{\bar{Q}^{0.13}} \tag{37}$$

根据该表达式，推导出最小油膜厚度：

$$h_{\min}=RH_{\min} \tag{38}$$

公式(37)中参数由公式(39)～公式(42)给出：

$$\bar{U}=\frac{\eta_{\circ}U}{2E'R} \tag{39}$$

$$G=\lambda E' \tag{40}$$

其中：

$$E'=\frac{E}{1-\xi^{2}} \tag{41}$$

$$\bar{Q}=\frac{Q}{lE'R} \tag{42}$$

式中：

E ——弹性模量；

l ——滚子有效接触长度；

Q ——滚动体载荷；

R ——等效半径，用于计算滚动体组的旋转速度和保持架速度(与轴承套圈转速 n 相乘，即 $R\,n$)；

U ——油进入接触区的速度；

$\eta_{\circ}$——大气压下油的动力黏度；

λ ——黏压系数；

ξ ——泊松比。

利用公式(38)～公式(42)，得到：

$$h_{\min}=\frac{R2.65\,(\eta_{\circ}U/2E'R)^{0.7}\,(\lambda E')^{0.54}}{(Q/lE'R)^{0.13}} \tag{43}$$

公式(35)、公式(36)和公式(43)给出了黏度 $\eta_{\circ}$的润滑条件，用 Λ 表示。

$$\Lambda=\frac{h_{\min}}{\sqrt{s_1^2+s_2^2}}=\frac{R}{\sqrt{s_1^2+s_2^2}}\,\frac{2.65\,(\eta_{\circ}U/2E'R)^{0.7}\,(\lambda E')^{0.54}}{(Q/lE'R)^{0.13}}\equiv a\eta_{\circ}{}^{0.7}\lambda^{0.54} \tag{44}$$

根据文献[19]，系数 λ 可表示为：

$$\lambda=0.112\,2\left(\frac{\nu_{\circ}}{10^{4}}\right)^{0.163} \tag{45}$$

式中：

$\nu_{\circ}$——运动黏度，单位为平方厘米每秒($\mathrm{cm^2/s}$)。

根据下式可导出运动黏度 $\nu_{\circ}$：

$$\nu_{\circ}=\frac{\eta_{\circ}}{\rho}$$

式中：

η_o——动力黏度；

ρ ——密度。

因此，公式(45)可写为：

$$\lambda \equiv b\eta_o^{0.163} \quad \cdots\cdots(46)$$

公式(44)给出：

$$\Lambda = a\eta_o^{0.7}\lambda^{0.54} = a\eta_o^{0.7}(b\eta_o^{0.163})^{0.54} = ab^{0.54}\eta_o^{(0.7+0.163\times0.54)} = ab^{0.54}\eta_o^{0.788} \quad \cdots\cdots(47)$$

则

$$\eta_o = \left(\frac{1}{ab^{0.54}}\right)^{1/0.788}\Lambda^{1.269} \equiv c\Lambda^{1.269} \quad \cdots\cdots(48)$$

该推导只适用于具有一定黏度的润滑油，该黏度能提供充分的润滑条件，这意味着 $\Lambda = \Lambda_1 = 1$。此特定条件下，公式(48)可写为：

$$\eta_o = c\Lambda_1^{1.269} \quad \cdots\cdots(49)$$

对于其他黏度 η_o^x，公式(48)通常可写为：

$$\eta_o^x = c\Lambda^{1.269} \quad \cdots\cdots(50)$$

此时，除了黏度由 η_o 变为 η_o^x，其他条件均相同，因此系数 c 不变。

鉴于 $\nu_o = \eta_o/\rho$，并且假定密度 ρ 恒定不变，则公式(34)可写为：

$$\kappa = \frac{\nu}{\nu_1} = \frac{\eta_o^x}{\eta_o} \quad \cdots\cdots(51)$$

$\Lambda_1 = 1$ 时，公式(49)～公式(51)给出：

$$\kappa = \frac{\eta_o^x}{\eta_o} = \frac{\Lambda^{1.269}}{\Lambda_1^{1.269}} = \Lambda^{1.269} \quad \cdots\cdots(52)$$

11.3.2 点接触

为计算最小油膜厚度，根据文献[20]，得到公式(53)：

$$H_{\min} = \frac{3.63\,\bar{U}^{0.68}G^{0.49}(1 - e^{-0.68k})}{\bar{Q}^{0.073}} \quad \cdots\cdots(53)$$

通过比较公式(44)和公式(53)，并利用公式(45)，推导出：

$$\Lambda \approx \nu_o^{0.68}\lambda^{0.49} \approx \nu_o^{0.68}(\nu_o^{0.163})^{0.49} \approx \nu_o^{[0.68+(0.49\times0.163)]} \approx \nu_o^{0.76} \quad \cdots\cdots(54)$$

公式(38)可写为：

$$\nu_o \approx \Lambda^{1.316} \quad \cdots\cdots(55)$$

采用和公式(48)～公式(52)同样的方法，推导出：

$$\kappa = \Lambda^{1.316} \quad \cdots\cdots(56)$$

11.3.3 结果

通过比较公式(52)和公式(56)以及其他计算，对于点接触和线接触，κ 和 Λ 的关系式(57)确定如下：

$$\kappa = \Lambda^{1.3} \quad \cdots\cdots(57)$$

参 考 文 献

[1] ISO 76, *Rolling bearings—Static load ratings*

[2] ISO/TR 1281-1, *Rolling bearings—Explanatory notes on ISO 281—Part 1: Basic dynamic load rating and basic rating life*

[3] ISO 4406:1999, *Hydraulic fluid power—Fluids—Method for coding the level of contamination by solid particles*

[4] ISO 15243, *Rolling bearings—Damage and failures—Terms, characteristics and causes*

[5] IOANNIDES, E., BERGLING, G., GABELLI, A. *An analytical formulation for the life of rolling bearings*. Finnish Academy of Technology. Helsinki, 1999, 77 pp. (*Acta Polytechnica Scandinavica*, *Mechanical Engineering Series*, Monograph 137.)

[6] TALLIAN, T. Weibull distribution of rolling contact fatigue life and deviations therefrom. *ASLE Trans.*, 1962, 5, pp. 183-196

[7] SNARE, B. How reliable are bearings? *Ball Bearing J.*, 1970, 162, pp. 3-5

[8] TAKATA, H., SUZUKI, S., MAEDA, E. Experimental study of the life adjustment factor for reliability of rolling element bearings. In: *Proceedings of the JSLE International Tribology Conference*, 1985-07-08/10, Tokyo, Japan, pp. 603-608. Elsevier, New York, NY, 1986

[9] IOANNIDES, E., KUIJPERS, J.C. Elastic stresses below asperities in lubricated contacts. *J. Tribol.*, 1986, 108, pp. 394-402

[10] SADA, T., MIKAMI, T. Effect of lubricant film thickness on ball bearing life under contaminated lubrication: Part 1—Life tests for ball bearings in contaminated oil. *Jpn. J. Tribol.*, 2004, 49, pp. 631-639

[11] IMRAN, T. Effect of water contamination on the diffused content of hydrogen under stress in AISI-52100 bearing steel, Doctoral Thesis, Division of Machine Elements, Department of Mechanical Engineering, Lund Institute of Technology, 2005

[12] BARNSBY, R., DUCHOWSKI, J., HARRIS, T., IOANNIDES, E., LOSCHE, T., NIXON, H., WEBSTER, M. *Life ratings for modern rolling bearings—A design guide for the application of International Standard ISO 281/2*. ASME, New York, NY, 90 pp. (*TRIB*, Vol. 14)

[13] CZYZEWSKI, T. Influence of a tension stress field introduced in the elastohydrodynamic contact zone on rolling contact fatigue. *Wear*, 1975, 34, pp. 201-214

[14] IOANNIDES, E., JACOBSSON, B., TRIPP, J. Prediction of rolling bearing life under practical operating conditions. In: DOWSON, D. et al., eds. *Tribological design of machine elements: 15th Leeds-Lyon Symposium on Tribology*, pp. 181-187. Elsevier, Amsterdam, 1989

[15] VOSKAMP, A.P. Material response to rolling contact loading. *J. Tribol.*, 1985, 107, pp. 359-366

[16] SAYLES, R.S., HAMER, J.C., IOANNIDES, E. The effects of particulate contamination in rolling bearings—A state of the art review. *Proc. Inst. Mech. Eng.*, 1990, 204, pp. 29-36

[17] DWYER-JOYCE, R.S., HAMER, J.C., SAYLES, R.S., IOANNIDES, E. Surface damage effects caused by debris in rolling bearing lubricants, with an emphasis on friable materials. In: *Rolling element bearings—Towards the 21st century*, pp. 1-8. Mechanical Engineering Publications, London, 1990

[18] PALMGREN, A. *Grundlagen der Wälzlagertechnik* [Foundations of antifriction-bearing

technology], 3rd ed. Franckh, Stuttgart, 1964, 264 pp.

[19] DOWSON, D., HIGGINSON, G.R. Elastohydrodynamics.*Proc. Inst. Mech. Eng.*, 1967-1968, 182 (3A), pp. 151-167

[20] HAMROCK, B.J., DOWSON, D. Isothermal elastohydrodynamic lubrication of point contacts—Part Ⅲ—Fully flooded results.*J. Lubric. Technol.*, 1977, 99, pp. 264-276

[21] IOANNIDES, E., HARRIS, T.A. A new fatigue life model for rolling bearings.*J. Tribol.*, 1985, 107, pp. 367-378

[22] GABELLI, A., MORALES-ESPEJEL, G.E., IOANNIDES, E. Particle damage in Hertzian contacts and life ratings of rolling bearings. STLE Annual Meeting, Las Vegas, NV, 2005-05-15/19

[23] SADA, T. and MIKAMI, T. Effect of lubricant film thickness on ball bearing life under contaminated lubrication: Part 2—Relationship between film thickness and dent formation.*Jpn. J. Tribol.*, 2005, 50, pp. 62-67

[24] SADA, T., MIKAMI, T. Effect of lubricant film thickness on ball bearing life under contaminated lubrication: Part 3—Reciprocal action of contamination and film thickness.*Jpn. J. Tribol.*, 2005, 50, pp. 43-49

[25] ISO 281:1990,*Rolling bearings—Dynamic load ratings and rating life*

ICS 21.100.20
J 11

中华人民共和国机械行业标准

JB/T 2974—2004
代替 JB/T 2974—1993

滚动轴承 代号方法的补充规定

Rolling bearings—Identification code—Supplemental regulations

2004-02-10 发布 2004-06-01 实施

中华人民共和国国家发展和改革委员会 发布

前　言

本标准代替JB/T 2974—1993《滚动轴承　代号方法的补充规定》。

本标准与JB/T 2974—1993相比主要变化如下：

——增加了十种圆柱滚子轴承的结构型式和相应代号，增加了推力角接触球轴承中的类型代号76（见表1）；

——将表2中“滚针和推力球组合轴承（相同外径）”改为“带外罩的滚针和满装推力球组合轴承（油润滑）”（见1993年版和本版的表2）；

——删除了后缀代号D中的“$\alpha=45°$”，后缀代号Z的含义增加一项“带外罩的滚针和满装推力球组合轴承，Z为脂润滑”（见本版和1993年版的表5）；

——增加了锌铝合金保持架材料的代号ZA和低温碳氮共渗保持架代号D3；删除F1、F2、F3、F4、Q1、Q2、Q3、Q4、L1、L2、TN1、TN2、TN3、TN4、TN5具体保持架材料的代号（见本标准和1993年版的3.2.2.3）；

——增加了轴承万能组配代号/G（见本版的3.2.2.7）；

——增加了轴承零件采用碳素结构钢的代号/CS和GCr18Mo的代号/HV2（见表6）；

——增加了电机轴承游隙代号/CM（见表8）；

——增加了代号/Z4、/V4、/ZP3、/ZP4、/VP3、/VP4，删除了代号YA1～YA5、YB1～YB4（见本版和1993年版的表9）；

——将三点、四点接触球轴承不编制代号的保持架材料由“铝制”改为“铜制”（见本版和1993年版的附录A）；

——增加了部分专用轴承的代号及相应的引用标准（见本版的规范性引用文件和附录B）；

——删除了附录D（1993年版的附录D）。

本标准的附录A、附录B和附录C为规范性附录。

本标准由中国机械工业联合会提出。

本标准由全国滚动轴承标准化技术委员会（CSBTS/TC 98）归口。

本标准起草单位：洛阳轴承研究所、洛阳轴承集团有限公司、瓦房店轴承集团有限责任公司、苏州轴承厂有限公司、上海天安轴承有限公司。

本标准主要起草人：郭宝霞、常洪、梁庆甫、顾朝阳、於漱华。

本标准所代替标准的历次版本发布情况为：

——JB 2974—1981、JB/T 2974—1993。

滚动轴承　代号方法的补充规定

1　范围

本标准规定了GB/T 272—1993中未规定的滚动轴承(以下简称轴承)代号,是对GB/T 272—1993的补充。

本标准适用于一般用途的轴承。

2　规范性引用文件

下列文件中的条款通过本标准的引用而成为本标准的条款。凡是注日期的引用文件,其随后所有的修改单(不包括勘误的内容)或修订版均不适用于本标准,然而,鼓励根据本标准达成协议的各方研究是否可使用这些文件的最新版本。凡是不注日期的引用文件,其最新版本适用于本标准。

GB/T 272—1993　滚动轴承　代号方法

GB/T 273.1—2003　滚动轴承　圆锥滚子轴承　外形尺寸总方案(neq ISO 355:1977)

GB/T 273.2—1998　滚动轴承　推力轴承　外形尺寸　总方案(eqv ISO 104:1994)

GB/T 273.3—1999　滚动轴承　向心轴承　外形尺寸　总方案(eqv ISO 15:1998)

GB/T 292—1994　滚动轴承　角接触球轴承　外形尺寸

GB/T 294—1994　滚动轴承　三点和四点接触球轴承　外形尺寸

GB/T 299—1995　滚动轴承　双列圆锥滚子轴承　外形尺寸

GB/T 300—1995　滚动轴承　四列圆锥滚子轴承　外形尺寸

GB/T 5801—1994　滚动轴承　轻中系列滚针轴承　外形尺寸和公差(neq ISO 1206:1982)

GB/T 6445.1—1996　滚动轴承　滚轮滚针轴承　外形尺寸(neq ISO 6278:1980)

GB/T 12764—1991　滚动轴承　冲压外圈滚针轴承外形尺寸方案(neq ISO 3245:1974)

GB/T 16643—1996　滚动轴承　滚针和推力圆柱滚子组合轴承　外形尺寸

JB/T 3122—1991　滚动轴承　滚针和推力球组合轴承　外形尺寸

JB/T 3123—1991　滚动轴承　滚针和角接触球组合轴承　外形尺寸

JB/T 3232—1994　万向节滚针轴承

JB/T 3370—2002　滚动轴承　万向节圆柱滚子轴承

JB/T 3372—1992　连杆用滚针和保持架组件

JB/T 3588—1994　滚动轴承　满装滚针轴承　外形尺寸和公差

JB/T 3632—1993　轧机压下机构用满装圆锥滚子推力轴承

JB/T 5312—2001　汽车离合器用分离轴承及其单元

JB/T 5389.1—1995　滚动轴承　轧机用四列圆柱滚子轴承

JB/T 6362—1995　滚动轴承　机床主轴用双向推力角接触球轴承

JB/T 6636—1993　机器人用薄壁密封轴承

JB/T 6640—1993　带座外球面球轴承　代号方法

JB/T 6644—1993　滚动轴承　滚针和双向推力圆柱滚子组合轴承　尺寸和公差

JB/T 7358—1994　非磨球轴承

JB/T 7754—1995　滚动轴承　双列满装圆柱滚子滚轮轴承

JB/T 8563—1997　滚动轴承　水泵轴连轴承

JB/T 8564—1997　滚动轴承　机床丝杠用推力角接触球轴承

JB/T 8568—1997　滚动轴承　输送链用圆柱滚子滚轮轴承
JB/T 8717—1998　滚动轴承　转向器用推力角接触球轴承
JB/T 8721—1998　滚动轴承　磁电机轴承
JB/T 8722—1998　滚动轴承　煤矿输送机械轴承
JB/T 8877—2001　滚动轴承　滚针组合轴承　技术条件
JB/T 10188—2000　汽车转向节用推力轴承
JB/T 10189—2000　汽车用等速万向节及其总成
JB/T 10238—2001　汽车轮毂轴承单元

3　一般用途轴承代号

轴承代号的构成及排列按 GB/T 272—1993 的规定。

3.1　基本代号

轴承的基本代号按 GB/T 272—1993 的规定，一般用途滚动轴承(滚针轴承除外)由类型代号及表示轴承外形尺寸的尺寸系列、内径代号构成；滚针轴承基本代号由类型代号及表示轴承配合安装特性尺寸构成。

轴承的尺寸系列代号、内径代号及表示轴承配合安装特性尺寸代号按 GB/T 272—1993 的规定。

GB/T 272—1993 未包括的轴承类型和尺寸用尺寸系列、内径代号或用表示轴承配合安装特性尺寸表示，见表 1、表 2。

表 1

轴承类型		简图	类型代号	尺寸系列代号	轴承代号	标准号
深沟球轴承	有装球缺口的有保持架深沟球轴承		(6)[a]	(0)2[a] (0)3[a]	200 300	—
圆柱滚子轴承	无挡边的圆柱滚子轴承		NB		NB0000	—
	外圈有单挡边并带平挡圈的圆柱滚子轴承		NFP		NFP0000	—
	内圈无挡边但带平挡圈的圆柱滚子轴承		NJP		NJP0000	—
	外圈无挡边带双锁圈的无保持架圆柱滚子轴承		NCL		NCL0000V	—
	内圈单挡边、大端面凸出外圈的圆柱滚子轴承		NJG		NJG0000	—

表 1（续）

轴承类型		简图	类型代号	尺寸系列代号	轴承代号	标准号
圆柱滚子轴承	外圈单挡边带锁圈的无保持架圆柱滚子轴承		NFL		NFL0000V	—
	套圈无挡边外圈带双锁圈的无保持架圆柱滚子轴承		NBCL		NBCL0000V	—
	内圈无挡边但带双锁圈的无保持架圆柱滚子轴承		NUCL		NUCL0000V	—
	内圈无挡边两面带平挡圈的无保持架双列圆柱滚子轴承		NNUP		NNUP0000V	—
	外圈两面带平挡圈的双列圆柱滚子轴承		NNP		NNP0000	—
	外圈有止动槽两面带密封圈的双内圈无保持架双列圆柱滚子轴承		NNF		NNF 0000-2LSNV	—
	外圈有单挡边并带单平挡圈的双列圆柱滚子轴承		NNFP		NNFP0000	—
	外圈无挡边带双锁圈的无保持架双列圆柱滚子轴承		NNCL		NNCL0000V	—
	外圈有单挡边并带锁圈的双列圆柱滚子轴承		NNFL		NNFL0000	—
	外圈有挡边、双外圈的无保持架双列圆柱滚子轴承		NNC		NNC0000V	—

表 1（续）

轴承类型		简图	类型代号	尺寸系列代号	轴承代号	标准号
圆柱滚子轴承	无挡边双列圆柱滚子轴承	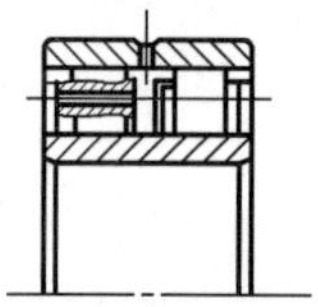	NNB		NNB0000	—
	内圈单挡边的双列圆柱滚子轴承	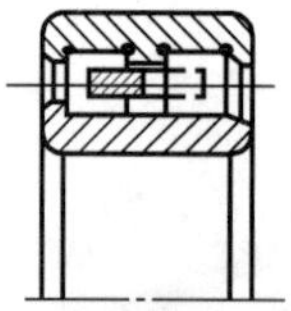	NNJ		NNJ0000	—
	无挡边四列圆柱滚子轴承	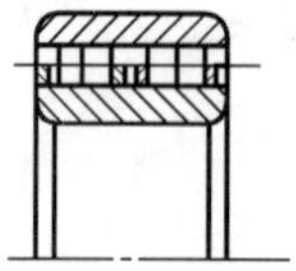	NNQB		NNQB0000	—
	无挡边三列圆柱滚子轴承	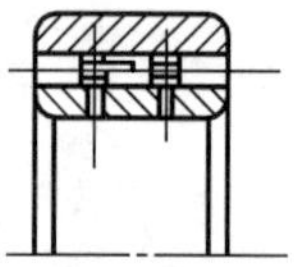	NNTB		NNTB0000	—
	内圈无挡边两面带平挡圈的无保持架三列圆柱滚子轴承	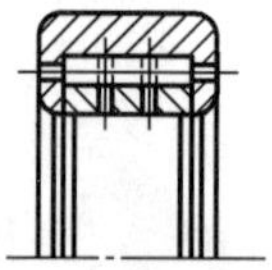	NNTUP		NNTUP0000V	—
	外圈带平挡圈的四列圆柱滚子轴承		NNQP		NNQP0000	—
调心滚子轴承	单列调心滚子轴承	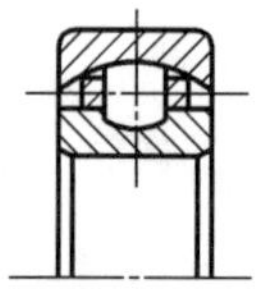	2	02 03 04	20200 20300 20400	—
角接触球轴承	分离型角接触球轴承	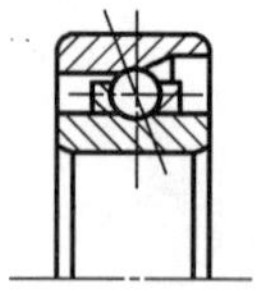	S7		S70000	GB/T 292—1994
	内圈分离型角接触球轴承	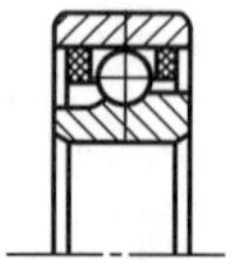	SN7		SN70000	—
	锁圈在内圈上的角接触球轴承	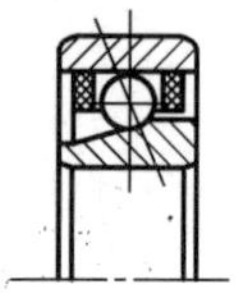	B7	(1)0[a] (0)2[a] (0)3[a]	B7000 B7200 B7300	GB/T 292—1994

表 1（续）

轴承类型		简图	类型代号	尺寸系列代号	轴承代号	标准号
角接触球轴承	双半外圈四点接触球轴承	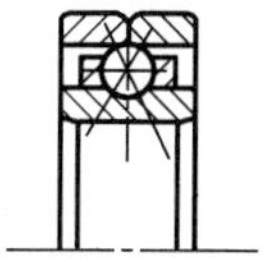	QJF		QJF0000	—
	双半外圈三点接触球轴承	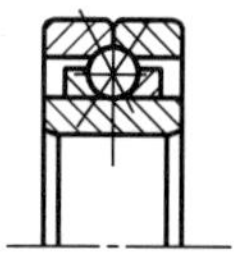	QJT		QJT0000	—
	双半内圈三点接触球轴承		QJS		QJS0000	GB/T 294—1994
圆锥滚子轴承	双内圈双列圆锥滚子轴承	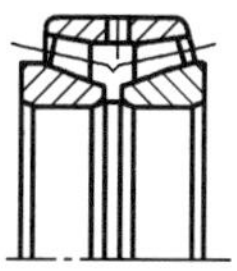	35		350000	GB/T 299—1995
	双外圈双列圆锥滚子轴承	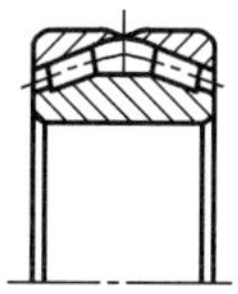	37		370000	—
	四列圆锥滚子轴承	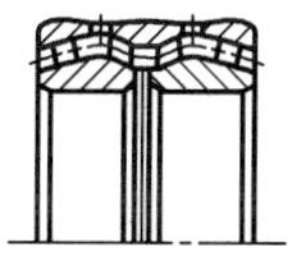	38		380000	GB/T 300—1995
推力角接触球轴承	推力角接触球轴承	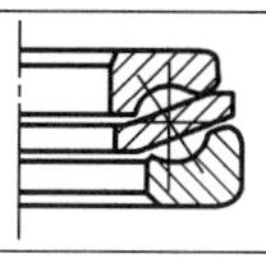	56 76		560000 760000	JB/T 8717—1998 JB/T 8564—1997
	双向推力角接触球轴承	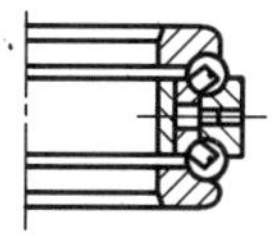	23	44[b] 47[b] 49[b]	234400 234700 234900	JB/T 6362—1995
推力圆柱滚子轴承	双列或多列推力圆柱滚子轴承	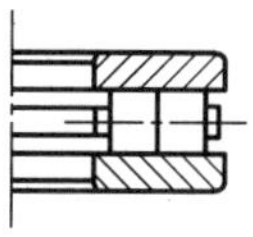	8	93 74 94	89300 87400 89400	—
	双向推力圆柱滚子轴承	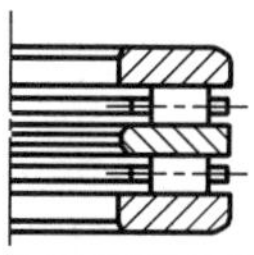	8	22 23	82200 82300	JB/T 10188—2000
推力圆锥滚子轴承	推力圆锥滚子轴承	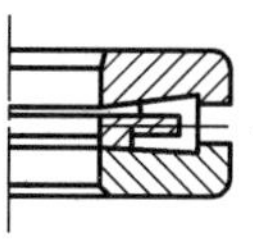	9		90000	JB/T 10188—2000

[a] “(　)”内的数字在代号表示中应省略。

[b] 尺寸系列不同于 GB/T 272—1993。

表 2

轴承类型		简图	类型代号	配合安装特性尺寸表示	轴承代号	标准号
保持架组件	带冲压中心套的推力滚针和保持架组件	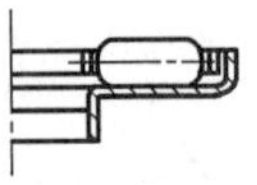	AXW	D_1	AXW D_1	—
滚针轴承	无内圈滚针轴承(轻系列)	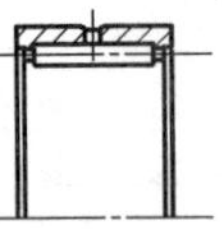	NK	F_w/B	NK F_w/B	GB/T 5801—1994
	无内圈滚针轴承(重系列)		NKS NKH	F_w F_w	NKS F_w NKH F_w	—
	滚针轴承(轻系列)	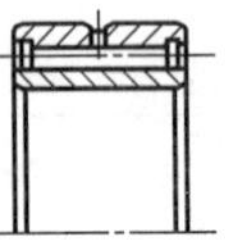	NKI	d/B	NKI d/B	GB/T 5801—1994
	滚针轴承(重系列)		NKIS NKIH	d d	NKIS d NKIH d	—
	外圈无挡边滚针轴承	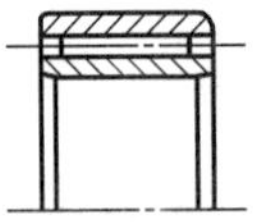	NAO	$d\times D\times B$	NAO $d\times D\times B$	—
	满装滚针轴承	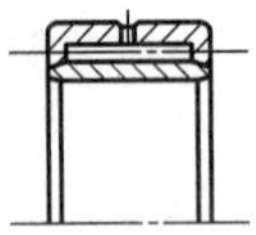	NAV	用尺寸系列代号、内径代号表示 尺寸系列: 40, 48, 49 内径代号按GB/T 272—1993	NAV4000 NAV4800 NAV4900	JB/T 3588—1994
	穿孔型冲压外圈满装滚针轴承 (1 系列) (2 系列)	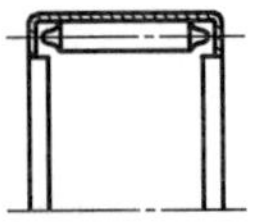	F- FH-	F_wB[a]	F-F_wB FH-F_wB	GB/T 12764—1991
	封口型冲压外圈满装滚针轴承 (1 系列) (2 系列)	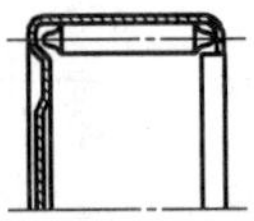	MF- MFH-	F_wB[a]	MF-F_wB MFH-F_wB	
	穿孔型冲压外圈满装滚针轴承(油脂限位) (1 系列) (2 系列)	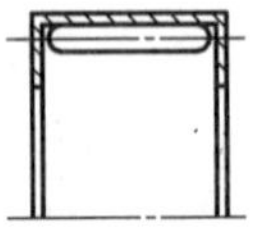	FY- FYH-	F_wB[a]	FY-F_wB FY-F_wB	
	封口型冲压外圈满装滚针轴承(油脂限位) (1 系列) (2 系列)	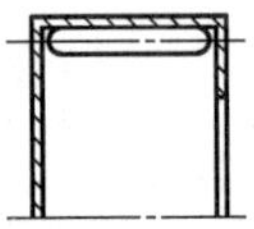	MFY- MFYH-	F_wB[a]	MFY-F_wB MFYH-F_wB	

表 2（续）

轴承类型		简图	类型代号	配合安装特性尺寸表示	轴承代号	标准号
滚针组合轴承	滚针和推力圆柱滚子组合轴承	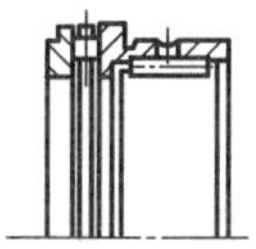	NKXR	F_w	NKXR F_w	GB/T 16643—1996 JB/T 8877—2001
	滚针和推力球组合轴承	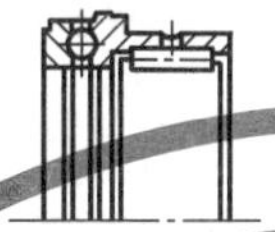	NKX	F_w	NKX F_w	JB/T 3122—1991 JB/T 8877—2001
	带外罩的滚针和满装推力球组合轴承（油润滑）	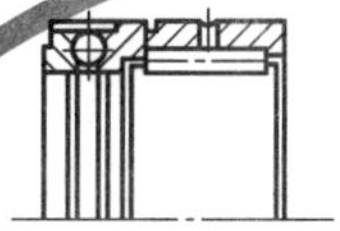	NX	F_w	NX F_w	—
	滚针和角接触球组合轴承（单向）	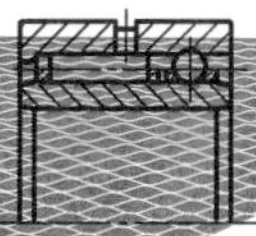	NKIA	用尺寸系列代号、内径代号表示	NKIA 5900	JB/T 3123—1991 JB/T 8877—2001
	滚针和角接触球组合轴承（双向）	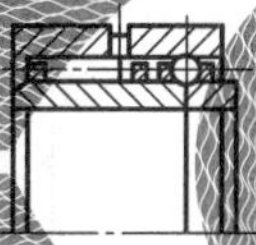	NKIB	尺寸系列代号 59；内径代号按 GB/T 272—1993	NKIB 5900	
	滚针和双向推力圆柱滚子组合轴承	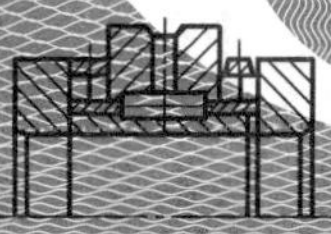	ZARN	dD	ZARN dD	JB/T 6644—1993
	带法兰盘的滚针和双向推力圆柱滚子组合轴承	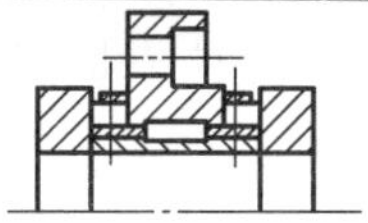	ZARF	dD	ZARF dD	
	圆柱滚子和双向推力滚针组合轴承	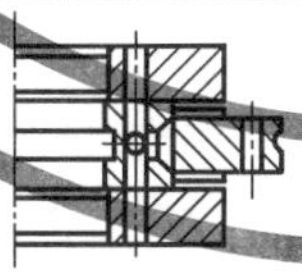	YRT	d	YRT d	—
长圆柱滚子轴承	长圆柱滚子轴承	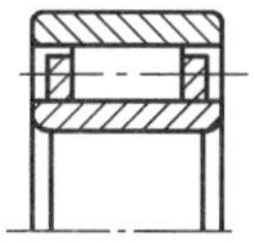	NAOL	用尺寸系列代号、内径代号表示	NAOL0000	—
	外圈带双挡边的长圆柱滚子轴承	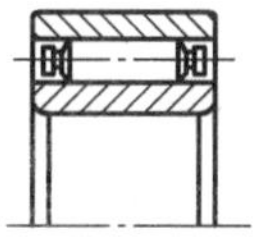	NAL	用尺寸系列代号、内径代号表示	NAL0000	—
特种滚针轴承	调心滚针轴承	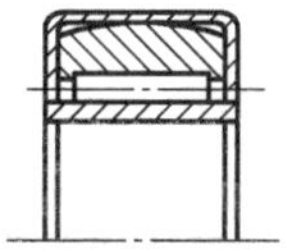	PNA	d/D	PNA d/D	—

表 2（续）

轴承类型		简图	类型代号	配合安装特性尺寸表示		轴承代号	标准号
滚轮滚针轴承	无挡边滚轮滚针轴承		STO	d		STO d	—
	两面带密封圈、外圈双挡边的滚轮滚针轴承		NA	用尺寸系列代号、内径代号表示 尺寸系列代号 22	内径代号[b]	NA 2200-2RS	—
滚轮轴承	平挡圈滚轮滚针轴承 （轻系列） （重系列）		NATR	d dD	NATR d NATR dD	NATR d NATR dD	GB/T 6445.1—1996
	平挡圈滚轮满装滚针轴承 （轻系列） （重系列）		NATV	d dD	NATV d NATV dD	NATV d NATV dD	
	带螺栓轴滚轮滚针轴承 （轻系列） （重系列）		KR[c]	D Dd_1	KR D KR Dd_1	KR D KR Dd_1	
	带螺栓轴满装滚轮滚针轴承 （轻系列） （重系列）		KRV[c]	D Dd_1	KRV D KRV Dd_1	KRV D KRV Dd_1	
	平挡圈型双列满装圆柱滚子滚轮轴承 （轻系列） （重系列）		NUTR	d dD	NUTR d NUTR dD	NUTR d NUTR dD	JB/T 7754—1995
	螺栓型双列满装圆柱滚子滚轮轴承	R=500	NUKR[c]	D	NUKR D	NUKR D	

注：d——轴承内径；D——轴承外径；B——轴承宽度；F_w——无内圈滚针轴承滚针总体内径；D_1——带冲压中心套的推力滚针和保持架组件中心套外径；d_1—带螺栓轴滚轮滚针轴承螺栓公称直径。

[a] 尺寸直接用毫米数表示时，如是个位数，应在其左边加“0”。如 8 mm 用 08 表示。

[b] 内径代号除 $d<10$ mm 用“/实际毫米数”表示外，其余应按 GB/T 272—1993 的规定。

[c] KR、KRV、NUKR 型轴承带偏心套时，应在该类型代号后加 E，则代号分别变为 KRE、KRVE、NUKRE。

3.2 前置、后置代号

3.2.1 前置代号

前置代号的含义见表3。

表 3

代号	含义	示例
F	凸缘外圈的向心球轴承(仅适用于 $d \leqslant 10$ mm)	F 618/4
KOW-	无轴圈推力轴承	KOW-51108
KIW-	无座圈推力轴承	KIW-51108
LR	带可分离的内圈或外圈与滚动体组件轴承	—

3.2.2 后置代号

后置代号的内容及排列顺序按 GB/T 272—1993 的规定。

3.2.2.1 内部结构变化的代号见表4。

表 4

代号	含义	示例
A	1) 无装球缺口的双列角接触或深沟球轴承	3205 A
	2) 滚针轴承外圈带双锁圈($d>9$ mm，$F_w>12$ mm)	—
	3) 套圈直滚道的深沟球轴承	—
C	调心滚子轴承设计改变，内圈无挡边，活动中挡圈，冲压保持架，对称型滚子，加强型	23122 C
CA	C 型调心滚子轴承，内圈带挡边，活动中挡圈，实体保持架	23084 CA/W 33
CC	C 型调心滚子轴承，滚子引导方式有改进 注：CC 还有第二种解释，见表5。	22205 CC
CAB	CA 型调心滚子轴承，滚子中部穿孔，带柱销式保持架	—
CABC	CAB 型调心滚子轴承，滚子引导方式有改进	—
CAC	CA 型调心滚子轴承，滚子引导方式有改进	22252 CACK
注：d——滚针轴承内径；F_w——无内圈滚针轴承滚针总体内径。		

3.2.2.2 密封防尘与外部形状变化代号见表5。

表 5

代号	含义	示例
-FS	轴承一面带毡圈密封	6203-FS
-2FS	轴承两面带毡圈密封	6206-2FSWB
-LS	轴承一面带骨架式橡胶密封圈(接触式，套圈不开槽)	—
-2LS	轴承两面带骨架式橡胶密封圈(接触式，套圈不开槽)	NNF 5012-2LSNV
PP	轴承两面带软质橡胶密封圈	NATR 8 PP
-2PS	滚轮轴承，滚轮两端为多片卡簧式密封	—
SK	螺栓型滚轮轴承，螺栓轴端部有内六角盲孔 注：对螺栓型滚轮轴承，滚轮两端为多片卡簧式密封，螺栓轴端部有内六角盲孔，后置代号可简化为-2PSK。	—
-2K	双圆锥孔轴承，锥度为 1∶12	QF 2308-2K
D	1) 双列角接触球轴承，双内圈	3307 D
	2) 双列圆锥滚子轴承，无内隔圈，端面不修磨	—
DC	双列角接触球轴承，双外圈	3924-2KDC
D1	双列圆锥滚子轴承，无内隔圈，端面修磨	—
DH	有两个座圈的单向推力轴承	—
DS	有两个轴圈的单向推力轴承	—

表 5（续）

代　号	含　　义	示　　例
N1	轴承外圈有一个定位槽口	—
N2	轴承外圈有两个或两个以上的定位槽口	—
N4	N＋N2 定位槽口和止动槽不在同一侧	—
N6	N＋N2 定位槽口和止动槽在同一侧	—
P	双半外圈的调心滚子轴承	—
PR	同 P，两半外圈间有隔圈	—
S	1）轴承外圈表面为球面（球面球轴承和滚轮轴承除外）	—
	2）游隙可调（滚针轴承）	NA 4906 S
WB	宽内圈轴承（双面宽）：WB1—单面宽	—
WC	宽外圈轴承	—
SC	带外罩向心轴承	—
X	滚轮滚针轴承外圈表面为圆柱面	KR 30X
Z	1）带防尘罩的滚针组合轴承	NK 25 Z
	2）带外罩的滚针和满装推力球组合轴承（脂润滑）	—
ZH	推力轴承，座圈带防尘罩	—
ZS	推力轴承，轴圈带防尘罩	—

3.2.2.3　保持架的代号

保持架在结构型式、材料与附录 A 不相同时采用下列代号：

a）　保持架材料

F——钢、球墨铸铁或粉末冶金实体保持架；

Q——青铜实体保持架；

M——黄铜实体保持架；

L——轻合金实体保持；

T——酚醛层压布管实体保持架；

TH——玻璃纤维增强酚醛树脂保持架（筐型）；

TN——工程塑料模注保持架；

J——钢板冲压保持架；

Y——铜板冲压保持架；

ZA——锌铝合金保持架；

SZ——保持架由弹簧丝或弹簧制造。

b）　保持架结构型式及表面处理

H——自锁兜孔保持架；

W——焊接保持架；

R——铆接保持架（用于大型轴承）；

E——磷化处理保持架；

D——碳氮共渗保持架；

D1——渗碳保持架；

D2——渗氮保持架；

D3——低温碳氮共渗保持架；

C——有镀层的保持架（C1-镀银）；

A——外圈引导；

B——内圈引导；

P——由内圈或外圈引导的拉孔或冲孔的窗形保持架；

S——引导面有润滑槽。

注：本条的代号只能与 a)结合使用。

示例：MPS——有拉孔或冲孔（窗形保持架）的黄铜实体保持架，外圈或内圈引导，引导面有润滑油槽。

JA——钢板冲压保持架，外圈引导。

FE——经磷化处理的钢制实体保持架。

c) V——满装滚动体（无保持架）

示例：6208 V——满装球深沟球轴承。

3.2.2.4 轴承零件材料改变见表 6。

表 6

代号	含义	示例
/HE	套圈、滚动体和保持架或仅是套圈和滚动体由电渣重熔轴承钢（军甲钢）ZGCr15 制造	6204/HE
/HA	套圈、滚动体和保持架或仅是套圈和滚动体由真空冶炼轴承钢制造	6204/HA
/HU	套圈、滚动体和保持架或仅是套圈和滚动体由不可淬硬不锈钢 1Cr18Ni9Ti 制造	6004/HU
/HV	套圈、滚动体和保持架或仅是套圈和滚动体由可淬硬不锈钢（/HV—9Cr18；/HV1—9Cr18Mo；/HV2—GCr18Mo）制造	6014/HV
/HN	套圈、滚动体由耐热钢（/HN—Cr4Mo4V；/HN1—Cr14Mo4；/HN2—Cr15Mo4V；/HN3—W18Cr4V）制造	NU 208/HN
/HC	套圈和滚动体或仅是套圈由渗碳钢（/HC—20Cr2Ni4A；/HC1—20Cr2Mn2MoA；/HC2—15Mn）制造	—
/HP	套圈和滚动体由铍青铜或其他防磁材料制造	—
/HQ	套圈和滚动体由非金属材料（/HQ—塑料；/HQ1—陶瓷）制造	—
/HG	套圈和滚动体或仅是套圈由其他轴承钢（/HG—5CrMnMo；/HG1—55SiMoVA）制造	—
/CS	轴承零件采用碳素结构钢制造	—

3.2.2.5 公差等级代号见表 7。

表 7

代号	含义	示例
/SP	尺寸精度相当于 5 级，旋转精度相当于 4 级	234420/SP
/UP	尺寸精度相当于 4 级，旋转精度高于 4 级	234730/UP

3.2.2.6 游隙的代号见表 8。

表 8

代号	含义	示例
/CN	0 组游隙。/CN 与字母 H、M 和 L 组合，表示游隙范围减半，或与 P 组合，表示游隙范围偏移。如： /CNH 0 组游隙减半，位于上半部 /CNM 0 组游隙减半，位于中部 /CNL 0 组游隙减半，位于下半部 /CNP 游隙范围位于 0 组的上半部及 3 组的下半部	—
/CM	电机深沟球轴承游隙	
/C9	轴承游隙不同于现标准	6205-2RS/C9

3.2.2.7 配置的代号

a) 配置组中轴承数目

/D——两套轴承；

/T——三套轴承；

/Q——四套轴承；

/P——五套轴承；

/S——六套轴承。

b) 配置中轴承排列

B——背对背；

F——面对面；

T——串联；

G——万能组配；

BT——背对背和串联；

FT——面对面和串联；

BC——成对串联的背对背；

FC——成对串联的面对面。

注：a)和 b)组合成多种配置方式：如成对配置的/DB、/DF、/DT(见 GB/T 272—1993)，三套配置的/TBT、/TFT、/TT以及四套配置的/QBC、/QFC、/QT、/QBT、/QFT 等。

c) 配置时的轴向游隙、预紧及轴向载荷分配

在配置代号后加文字表示轴承配置后具有：

GA——轻预紧，预紧值较小(深沟及角接触球轴承)。

GB——中预紧，预紧值大于 GA(深沟及角接触球轴承)。

GC——重预紧，预紧值大于 GB(深沟及角接触球轴承)。

G×××——预载荷为×××的特殊预紧(代号后直接加预载荷值，单位为 N)。

用于角接触球轴承时，“G”可省略。

G——特殊预紧，附加数字直接表示预紧的大小。

CA——轴向游隙较小(深沟及角接触球轴承)。

CB——轴向游隙大于 CA(深沟及角接触球轴承)。

CC——轴向游隙大于 CB(深沟及角接触球轴承)。

CG——轴向游隙为零(圆锥滚子轴承)。

R——径向载荷均匀分配。

示例 1：7210 C/DBGA——接触角 $\alpha=15°$的角接触球轴承 7210 C，成对背对背配置，有轻预紧。

示例 2：6210/DFGA——深沟球轴承 6210，修磨端面后，成对面对面配置，有轻预紧。

示例 3：7210 C/TFT——接触角 $\alpha=15°$的角接触球轴承 7210 C，三套配置，两套串联和一套面对面。

示例 4：7210 AC/QBT——接触角 $\alpha=25°$的角接触球轴承 7210 AC，四套成组配置，三套串联和一套背对背。

示例 5：NU 210/QTR——圆柱滚子轴承 NU 210，四套配置，均匀预紧。

示例 6：7210 C/PT——接触角 $\alpha=15°$的角接触球轴承 7210 C，五套串联配置。

示例 7：7210 C/G325——接触角 $\alpha=15°$的角接触球轴承 7210 C，特殊预载荷为 325 N。

3.2.2.8　其他特性的代号见表 9。

表 9

代　号	含　　　义	示　　例
/Z	轴承的振动加速度级极值组别。附加数字表示极值不同	
	Z1——轴承的振动加速度级极值符合有关标准中规定的 Z1 组	6204/Z1
	Z2——轴承的振动加速度级极值符合有关标准中规定的 Z2 组	6205-2RS/Z2
	Z3——轴承的振动加速度级极值符合有关标准中规定的 Z3 组	—
	Z4——轴承的振动加速度级极值符合有关标准中规定的 Z4 组	—
/V	轴承的振动速度级极值组别。附加数字表示极值不同	—
	V1——轴承的振动速度级极值符合有关标准中规定的 V1 组	6306/V1
	V2——轴承的振动速度级极值符合有关标准中规定的 V2 组	6304/V2
	V3——轴承的振动速度级极值符合有关标准中规定的 V3 组	—
	V4——轴承的振动速度级极值符合有关标准中规定的 V4 组	—
/ZP3	Z3 组轴承的振动加速度峰值限值	—
/ZP4	Z4 组轴承的振动加速度峰值限值	—
/VP3	V3 组轴承的振动速度峰值限值	—
/VP4	V4 组轴承的振动速度峰值限值	—
/ZC	轴承噪声极值有规定,附加数字表示极值不同	—
/T	对启动力矩有要求的轴承,后接数字表示启动力矩	—
/RT	对转动力矩有要求的轴承,后接数字表示转动力矩	—
/S0	轴承套圈经过高温回火处理,工作温度可达 150 ℃	N 210/S0
/S1	轴承套圈经过高温回火处理,工作温度可达 200 ℃	NUP 212/S1
/S2	轴承套圈经过高温回火处理,工作温度可达 250 ℃	NU 214/S2
/S3	轴承套圈经过高温回火处理,工作温度可达 300 ℃	NU 308/S3
/S4	轴承套圈经过高温回火处理,工作温度可达 350 ℃	NU 214/S4
/W20	轴承外圈上有三个润滑油孔	—
/W26	轴承内圈上有六个润滑油孔	—
/W33	轴承外圈上有润滑油槽和三个润滑油孔	23120 CC/W33
/W33X	轴承外圈上有润滑油槽和六个润滑油孔	—
/W513	W26＋W33	—
/W518	W20＋W26	—
/AS	外圈有油孔,附加数字表示油孔数(滚针轴承)	HK 2020/AS1
/IS	内圈有油孔,附加数字表示油孔数(滚针轴承)	NAO 17×30×13/IS1
	在 AS、IS 后加“R”分别表示内圈或外圈上有润滑油孔和沟槽	NAO 15×28×13/ASR
/HT	轴承内充特殊高温润滑脂。当轴承内润滑脂的装填量和标准值不同时附加字母表示: A——润滑脂的装填量少于标准值;B——润滑脂的装填量多于标准值; C——润滑脂的装填量多于 B(充满)。	NA 6909/ISR/HT
/LT	轴承内充特殊低温润滑脂	—
/MT	轴承内充特殊中温润滑脂	—
/LHT	轴承内充特殊高、低温润滑脂	—
/Y	Y 和另一个字母(如 YA、YB)组合用来识别无法用现有后置代号表达的非成系列的改变 YA——结构改变(综合表达);YB——技术条件改变(综合表达)。 注:凡轴承代号中有 Y 的后置代号,应查阅图纸或补充技术条件以便了解其改变的具体内容。	—

4 带附件轴承

带附件轴承代号见表10。

表10

所带附件名称	带附件轴承代号[a]	示例
带紧定套	轴承代号＋紧定套代号	22208 K＋H 308
带退卸套	轴承代号＋退卸套代号	22208 K＋AH 308
带内圈	适用于无内圈的滚针轴承、滚针组合轴承	
	轴承代号＋IR	NKX 30＋IR
带斜挡圈	适用于圆柱滚子轴承	
	轴承代号＋斜挡圈代号[b]	NJ 210＋HJ 210

[a] 仅适用于带附件轴承的包装及图样、设计文件、手册的标记，不适用于轴承标志。

[b] 可组合简化　NJ…＋HJ…＝NH…　例：NH 210。

5 专用轴承代号

专用轴承代号按附录B的规定。

6 非标准轴承代号

非标准轴承代号的编制方法按附录C的规定。

附 录 A
(规范性附录)
不编制保持架后置代号的轴承

凡轴承的保持架采用下列规定的结构和材料时,不编制保持架材料改变的后置代号,见表 A.1。

表 A.1

序号	轴承类型	保持架的结构和材料
1	深沟球轴承	1) 当轴承外径 $D \leqslant 400$ mm 时,采用钢板(带)或黄铜板(带)冲压保持架。 2) 当轴承外径 $D > 400$ mm 时,采用黄铜实体保持架。
2	调心球轴承	1) 当轴承外径 $D \leqslant 200$ mm 时,采用钢板(带)冲压保持架。 2) 当轴承外径 $D > 200$ mm 时,采用黄铜实体保持架。
3	圆柱滚子轴承	1) 圆柱滚子轴承:轴承外径 $D \leqslant 400$ mm 时,采用钢板(带)冲压保持架,轴承外径 $D > 400$ mm时,采用钢制实体保持架。 2) 双列圆柱滚子轴承,采用黄铜实体保持架。
4	调心滚子轴承	1) 对称调心滚子轴承(带活动中挡圈),采用钢板(带)冲压保持架。 2) 其他调心滚子轴承,采用黄铜实体保持架。
5	滚针轴承 长圆柱滚子轴承	采用钢板或硬铝冲压保持架。 采用钢板(带)冲压保持架。
6	角接触球轴承	1) 分离型角接触球轴承采用酚醛层压布管实体保持架。 2) 双半内圈或双半外圈(三点、四点接触)球轴承采用铜制实体保持架。 3) 角接触球轴承及其变形: 当轴承外径 $D \leqslant 250$ mm 时,接触角 ——$\alpha = 15°$、$25°$采用酚醛层压布管实体保持架; ——$\alpha = 40°$采用钢板冲压保持架。 当轴承外径 $D > 250$ mm 时,采用黄铜或硬铝制实体保持架。 ——5、4、2 级公差轴承采用酚醛层压布管实体保持架; ——锁口在内圈的角接触球轴承及其变形采用酚醛层压布管实体保持架。 4) 双列角接触球轴承,采用钢板(带)冲压保持架。
7	圆锥滚子轴承	1) 当轴承外径 $D \leqslant 650$ mm 时,采用钢板冲压保持架。 2) 当轴承外径 $D > 650$ mm 时,采用钢制实体保持架。
8	推力球轴承	1) 当轴承外径 $D \leqslant 250$ mm 时,采用钢板(带)冲压保持架。 2) 当轴承外径 $D > 250$ mm 时,采用实体保持架。
9	推力滚子轴承	1) 推力圆柱滚子轴承,采用实体保持架。 2) 推力调心滚子轴承,采用实体保持架。 3) 推力圆锥滚子轴承,采用实体保持架。 4) 推力滚针轴承,采用冲压保持架。

附　录　B
（规范性附录）
专用轴承代号

B.1　范围

本附录列举了轴承外形尺寸按其他有关标准规定的专用轴承(以下简称轴承)代号。

B.2　轴承代号

B.2.1　万向节滚针轴承的代号,按 JB/T 3232—1994 的规定。

B.2.2　万向节圆柱滚子轴承的代号,按 JB/T 3370—2002 的规定。

B.2.3　连杆用滚针和保持架组件的代号,按 JB/T 3372—1992 的规定。

B.2.4　轧机压下机构用满装圆锥滚子推力轴承的代号,按 JB/T 3632—1993 的规定。

B.2.5　汽车离合器用分离轴承及其单元的代号,按 JB/T 5312—2001 的规定。

B.2.6　轧机用四列圆柱滚子轴承的代号,按 JB/T 5389.1—1995 的规定。

B.2.7　机床主轴用双向推力角接触球轴承的代号,按 JB/T 6362—1995 的规定。

B.2.8　机器人用薄壁密封轴承的代号,按 JB/T 6636—1993 的规定。

B.2.9　带座外球面球轴承的代号,按 JB/T 6640—1993 的规定。

B.2.10　非磨球轴承的代号,按 JB/T 7358—1994 的规定。

B.2.11　水泵轴连轴承的代号,按 JB/T 8563—1997 的规定。

B.2.12　机床丝杠用推力角接触球轴承的代号,按 JB/T 8564—1997 的规定。

B.2.13　输送链用圆柱滚子滚轮轴承的代号,按 JB/T 8568—1997 的规定。

B.2.14　转向器用推力角接触球轴承的代号,按 JB/T 8717—1998 的规定。

B.2.15　磁电机轴承的代号,按 JB/T 8721—1998 的规定。

B.2.16　煤矿输送机械轴承的代号,按 JB/T 8722—1998 的规定。

B.2.17　汽车转向节用推力轴承的代号,按 JB/T 10188—2000 的规定。

B.2.18　汽车用等速万向节及其总成的代号,按 JB/T 10189—2000 的规定。

B.2.19　汽车轮毂轴承单元的代号,按 JB/T 10238—2001 的规定。

B.2.20　本附录未列出的专用轴承代号,按制造厂的规定。

附 录 C
（规范性附录）
非标准轴承代号编制方法

C.1 范围

本附录规定了非标准尺寸轴承（以下简称非标准轴承）代号的编制方法。

本附录适用于轴承内径或轴承外径、宽（高）度、尺寸不符合 GB/T 273.1—2003、GB/T 273.2—1998、GB/T 273.3—1999或其他有关标准规定的轴承外形尺寸。

C.2 代号的构成

非标准轴承的代号构成由基本代号和前置、后置代号构成。

C.2.1 基本代号

非标准轴承的基本代号由类型代号和表示轴承基本尺寸的尺寸表示两部分组成。

C.2.1.1 类型代号

非标准轴承的类型代号按 GB/T 272—1993 和本标准的规定。

C.2.1.2 尺寸表示

尺寸表示按 GB/T 272—1993 的规定有两种方法。

C.2.1.2.1 用尺寸系列代号和内径代号表示的非标准轴承。

a) 尺寸系列

尺寸系列代号表示的两种方法。

1) 非标准外径或宽（高）度尺寸用对照标准尺寸的方法或按 GB/T 273.2—1998、GB/T 273.3—1999 规定的外形尺寸延伸的规则，取最接近的直径系列或宽（高）度系列，并在基本代号后加字母表示，见表 C.1。

表 C.1

字　　母	含　　义
X1	外径非标准
X2	宽度（高度）非标准
X3	外径、宽（高）度非标准（标准内径）

2) 非标准内径、外径、宽（高）度，尺寸无法采用对照标准尺寸的方法或按 GB/T 273.2—1998、GB/T 273.3—1999 规定的外形尺寸延伸的规则时，用不定系列表示[1)]，见表 C.2。

表 C.2

轴承类型	不定系列		备　　注
	宽（高）度系列代号	直径系列代号	
向心轴承	0(4)	6	1) 双列角接触球轴承不定系列为 46 2) 不定系列 06 与类型代号组合时“0”省略（圆锥滚子轴承、双列深沟球轴承除外）
推力轴承	1 2	7	单向推力轴承、不定系列 17 双向推力轴承、不定系列 27

1) 轴承外径、宽（高）度尺寸为非标准，轴承的直径系列和宽度系列无法确定的尺寸系列为不定系列。

b） 内径

内径表示法见表 C.3。

表 C.3

内　　径	表　　示　　法
标准尺寸	按 GB/T 272—1993 的规定
非标准尺寸	500 mm 以下能用 5 整除的整数，用除以 5 的商数表示，其他尺寸用实际内径毫米数直接表示，但应与尺寸系列代号间用“/”分开

示例 1：66/6.4——深沟球轴承，不定系列，内径 6.4 mm。

示例 2：61700X1——深沟球轴承，外径非标准，接近直径系列 7。

示例 3：62/14.5——深沟球轴承，尺寸系列 02，内径 14.5 mm。

示例 4：52706——双向推力球轴承，不定系列，内径 30 mm。

C.2.1.2.2 用表征配合安装特征尺寸表示的非标准轴承

轴承的尺寸表示为：“/内径×外径×宽度　实际尺寸的毫米数”

示例：K/13×17×13 滚针和保持架组件，F_w=13 mm，D=17 mm，B=13 mm

C.2.1.3 其他表示

同一类型外形尺寸差异不大的几个非标准轴承代号相同时，在其代号后用符号“—”加顺序号 1、2、3……加以区别。

示例 1：61700X1—1

示例 2：61700X1—2

示例 3：52706—1

示例 4：52706—2

C.2.2 前置代号

前置代号按 GB/T 272—1993 和本标准的规定。

C.2.3 后置代号

后置代号按 GB/T 272—1993 和本标准的规定。

C.3 其他表示法

C.3.1 订户对轴承代号有特殊要求时，可与制造厂协商决定。

C.3.2 特殊结构非标准尺寸轴承及不能用本附录规定的轴承代号方法可按制造厂规定，但应加前置代号，以资区别。

ICS 21.100.20
J 11

中华人民共和国机械行业标准

JB/T 10336—2002

滚动轴承及其零件补充技术条件

Rolling bearings and parts—Supplementary specifications

2002-07-16 发布　　2002-12-01 实施

中华人民共和国国家经济贸易委员会　发 布

前　言

本标准由中国机械工业联合会提出。

本标准由全国滚动轴承标准化技术委员会(CSBTS/TC98)归口。

本标准起草单位:洛阳轴承研究所。

本标准主要起草人:陈原。

滚动轴承及其零件补充技术条件

1 范围

本标准规定了外形尺寸符合 GB/T 273.1—1987、GB/T 273.2—1998、GB/T 273.3—1999、GB//T 299—1995 和 GB/T 300—1995 的一般用途球轴承、滚子轴承及其零件的补充技术要求，是对 GB/T 307.1—1994、GB/T 307.3—1996 和 GB/T 307.4—2002 的补充。

本标准适用于滚动轴承及其零件。

2 规范性引用文件

下列文件中的条款通过本标准的引用而成为本标准的条款。凡是注日期的引用文件，其随后所有的修改单(不包括勘误的内容)或修订版均不适用于本标准，然而，鼓励根据本标准达成协议的各方研究是否可使用这些文件的最新版本。凡是不注日期的引用文件，其最新版本适用于本标准。

GB/T 273.1—1987 滚动轴承 圆锥滚子轴承 外形尺寸方案(neq ISO 355:1977)

GB/T 273.2—1998 滚动轴承 推力轴承 外形尺寸方案(eqv ISO 104:1994)

GB/T 273.3—1999 滚动轴承 向心轴承 外形尺寸方案(eqv ISO 15:1998)

GB/T 299—1995 滚动轴承 双列圆锥滚子轴承 外形尺寸

GB/T 300—1995 滚动轴承 四列圆锥滚子轴承 外形尺寸

GB/T 307.1—1994 滚动轴承 向心轴承 公差(eqv ISO/DIS 492:1986)

GB/T 307.2—1995 滚动轴承 测量和检验的原则及方法(eqv ISO/TR 9274:1991)

GB/T 307.3—1996 滚动轴承 通用技术规则

GB/T 307.4—2002 滚动轴承 推力球轴承 公差(ISO 199:1997 IDT)

GB/T 7811—1999 滚动轴承 参数符号

JB/T 1255—2001 高碳铬轴承钢滚动轴承零件 热处理技术条件

JB/T 6639—1993 深沟球轴承用骨架式橡胶密封圈 技术条件

JB/T 7048—2002 滚动轴承工程塑料保持架技术条件

JB/T 7050—1993 滚动轴承清洁度及评定方法

JB/T 7750—1995 滚动轴承 推力调心滚子轴承公差(neq ISO 199:1979)

JB/T 7752—1995 密封深沟球轴承 技术条件

JB/T 8196—1996 滚动轴承 滚动体残磁及其评定方法

JB/T 8923—1999 滚动轴承 钢球振动(加速度)技术条件

JB/T 10235—2001 滚动轴承 圆锥滚子 技术条件

JB/T 10239—2001 滚动轴承 深沟球轴承卷边防尘盖 技术条件

JB/T 10337—2002 滚动轴承 冲压保持架技术条件

3 符号

GB/T 7811—1999 确立的符号以及下列符号适用于本标准。

P:滚针弯曲破坏载荷

ΔT_s:角接触球轴承实际宽度偏差;单向推力球轴承实际高度偏差;单列圆锥滚子轴承实际宽度偏差

ΔT_{1s}:双向推力球轴承实际高度偏差;单向推力圆柱滚子轴承实际高度偏差;单列圆锥滚子轴承内

组件与标准外圈组成轴承的实测宽度偏差

ΔT_{2s}:双向推力圆柱滚子轴承实际高度偏差;单列圆锥滚子轴承外圈与标准内组件组成轴承的实测宽度偏差

ΔT_{3s}:双列圆锥滚子轴承实际宽度偏差

ΔT_{4s}:四列圆锥滚子轴承实际宽度偏差

4 技术要求

4.1 球轴承

4.1.1 成品轴承

4.1.1.1 轴承所选钢球的公差等级不应低于表1的规定。

表1

轴承公差等级	钢球公称直径 mm		钢球公差等级	
	超过	到	球轴承(外球面轴承除外)	外球面轴承
2	—	18	G5	—
	18	30	G10	
4	—	18	G10	—
	18	30	G16	
5	—	30	G16	—
	30	50	G20	
6、0	—	18	G16	G20
	18	30	G20	G24
	30	50	G24	G28
	50	80	G28	G40

4.1.1.2 0、6级向心和角接触球轴承的端面对滚道的跳动不应超过表2的规定。测量方法按GB/T 307.2—1995的规定。在用心轴测量时,5、4级轴承内圈端面对滚道的跳动不应超过GB/T 307.1—1994表5和表7所列数值的10/6倍,0、6级轴承内圈端面对滚道的跳动不应超过表2所列数值的10/6倍。

表2 单位:μm

d mm		S_{ia}		D mm		S_{ea}	
超过	到	0	6	超过	到	0	6
		max				max	
0.6	2.5	20	10	2.5	6	24	12
2.5	10	20	10	6	18	30	15
10	18	20	10	18	30	40	20
18	30	24	12	30	50	40	20
30	50	24	12	50	80	40	20
50	80	30	15	80	120	45	22
80	120	30	15	120	150	50	25
120	180	36	18	150	180	60	30
180	250	36	18	180	250	70	35
250	315	42	21	250	315	80	40
315	400	48	24	315	400	90	45
400	500	54	27	400	500	100	50
500	630	60	30	500	630	120	60
—	—	—	—	630	800	140	70
—	—	—	—	800	1 000	160	80

4.1.1.3 角接触球轴承的实际宽度偏差不应超过表 3 的规定。

表 3

单位：μm

d mm		ΔT_s							
		0 系列		2 系列		3 系列		4 系列	
超过	到	上偏差	下偏差	上偏差	下偏差	上偏差	下偏差	上偏差	下偏差
10	18	0	−300	0	−300	0	−300	—	—
18	30	0	−300	0	−300	0	−400	—	—
30	50	0	−300	0	−300	0	−400	0	−400
50	80	0	−300	0	−400	0	−500	0	−600
80	120	0	−500	0	−500	0	−800	0	−600
120	180	0	−500	0	−500	0	−800	—	—
180	250	0	−500	0	−800	0	−800	—	—

4.1.1.4 单、双向平底推力球轴承的实际高度偏差不应超过表 4 的规定。

表 4

单位：μm

d[a] mm		ΔT_s		ΔT_{1s}	
超过	到	上偏差	下偏差	上偏差	下偏差
—	30	+20	−250	+150	−400
30	50	+20	−250	+150	−400
50	80	+20	−300	+150	−500
80	120	+25	−300	+200	−500
120	180	+25	−400	+200	−600
180	250	+30	−400	+250	−600
250	315	+40	−400	+350	−700
315	400	+40	−500	+350	−700
400	500	+50	−500	+400	−900
500	630	+60	−600	—	—
630	800	+70	−750	—	—
800	1 000	+80	−1 000	—	—
1 000	1 250	+100	−1 400	—	—
1 250	1 600	+120	−1 600	—	—
1 600	2 000	+140	−1 900	—	—
2 000	2 500	+160	−2 300	—	—
[a] 双向轴承的 ΔT_{1s} 按座圈化整的公称内径查表。					

4.1.1.5 轴承保持架与套圈的非引导挡边之间应保证有间隙，垂直放置时，其间隙不小于 0.2 mm。

4.1.1.6 带防尘盖的球轴承，当套圈之间相对旋转时，不允许防尘盖在任何位置与保持架或与防尘盖有相对运动的套圈接触。

4.1.1.7 带有外罩的球轴承，当带外罩的套圈相对另一套圈旋转时，不允许外罩与之接触。

4.1.1.8 角接触球轴承的接触角及其公差按产品图样的规定。

4.1.1.9 铆钉头、防尘盖和保持架，若无特殊规定时，不应超出轴承端面。

4.1.1.10 可分离型球轴承在不装套圈时，钢球不允许从保持架兜孔中掉出。

4.1.1.11 防尘盖或外罩与轴承外圈（或内圈）压配后，不允许有松动现象。

4.1.1.12 调心球轴承装配后应旋转灵活、调心性良好，钢球不得从保持架兜孔中掉出。

4.1.1.13 轴承转动时应平稳、轻快、无阻滞现象，如有旋转力矩要求时，其检查按制造厂的规定。

4.1.1.14 轴承及其零件的清洁度按 JB/T 7050—1993 的规定。

4.1.1.15 密封轴承的技术要求按 JB/T 7752—1995 的规定。

4.1.2 零件

4.1.2.1 轴承零件工作表面经酸洗后不应有烧伤，其他表面不应有不经酸洗即可看到的烧伤。零件的其他外观质量要求按制造厂的规定。

4.1.2.2 保持架的技术要求按 JB/T 7048—2002 和 JB/T 10337—2002 的规定。保持架铆压后，不允许有下列缺陷：

a） 钢球在保持架兜孔内有挤压现象；

b） 铆松；

c） 裂纹；

d） 铆钉头有凿印、钉头不完整超过规定范围；

e） 两半保持架明显错位、铆钉头歪斜；

f） 保持架外表面压伤。

4.1.2.3 防尘盖的技术要求按 JB/T 10239—2001 的规定。

4.1.2.4 密封圈的技术要求按 JB/T 6639—1993 的规定。

4.1.2.5 钢球残磁的技术要求按 JB/T 8196—1996 的规定。

4.1.2.6 钢球振动技术要求按 JB/T 8923—1999 的规定。

4.1.2.7 公称直径 3 mm～50 mm 的钢球应按 JB/T 1255—2001 的规定进行压碎试验。公称直径大于 50 mm 的钢球应进行压缩试验。钢球的压缩试验在有球形凹面的钢垫间进行，球形凹面的半径等于钢球直径的 2/3，钢垫硬度为 58 HRC～63 HRC。进行压缩试验时，加载速度为 2 kN/s～6 kN/s。钢球在载荷作用下持续 30 s，并在三个相互垂直的方向上进行压缩试验。试验前后所测得钢球直径的实际差值不应大于表 5 的规定。

表 5

单位：μm

钢球公称直径　mm	55	60	65	70	75	80	85	90	95	100	110	120
压缩载荷　kN	78	98	98	118	147	147	177	196	196	245	294	329
压缩试验前后钢球直径允许的最大差值	3	3	3	3	3	3	3	4	4	4	4	4

4.2 滚子轴承

4.2.1 成品轴承

4.2.1.1 滚子轴承所选用滚子的公差等级按表 6 的规定。冲压外圈滚针轴承用 3 级滚针，0、6 级其他滚针轴承用 2 级滚针或按相应专用轴承技术条件的规定。5、4 级滚针轴承用滚针的等级按产品图样的规定。

表 6

轴承公差等级	滚子公差等级
0,6,6X	Ⅲ
5	Ⅱ
4	Ⅰ
2	0

4.2.1.2　6 级圆锥滚子轴承的公差按表 7～表 9 的规定。

表 7

单位：μm

d mm		Δd_{mp}		V_{dp}	V_{dmp}	K_{ia}
超过	到	上偏差	下偏差	max		
10	18	0	−7	7	5	7
18	30	0	−8	8	6	8
30	50	0	−10	10	8	10
50	80	0	−12	12	9	10
80	120	0	−15	15	11	13
120	180	0	−18	18	14	18
180	250	0	−22	22	17	20
250	315	0	−25	25	19	25
315	400	0	−30	30	23	30

表 8

单位：μm

D mm		ΔD_{mp}		V_{Dp}	V_{Dmp}	K_{ea}
超过	到	上偏差	下偏差	max		
18	30	0	−8	8	6	9
30	50	0	−9	9	7	10
50	80	0	−11	11	8	13
80	120	0	−13	13	10	18
120	150	0	−15	15	11	20
150	180	0	−18	18	14	23
180	250	0	−20	20	15	25
250	315	0	−25	25	19	30
315	400	0	−28	28	21	35
400	500	0	−33	33	25	40
500	630	0	−38	38	29	50

表 9

单位：μm

d mm		ΔB_s		ΔC_s		ΔT_s		ΔT_{1s}		ΔT_{2s}	
超过	到	上偏差	下偏差	上偏差	下偏差	上偏差	下偏差	上偏差	下偏差	上偏差	下偏差
10	18	0	−120	0	−120	+200	0	+100	0	+100	0
18	30	0	−120	0	−120	+200	0	+100	0	+100	0
30	50	0	−120	0	−120	+200	0	+100	0	+100	0
50	80	0	−150	0	−150	+200	0	+100	0	+100	0
80	120	0	−200	0	−200	+200	−200	+100	−100	+100	−100
120	180	0	−250	0	−250	+350	−250	+150	−150	+200	−100
180	250	0	−300	0	−300	+350	−250	+150	−150	+200	−100
250	315	0	−350	0	−350	+350	−250	+150	−150	+200	−100
315	400	0	−400	0	−400	+400	−400	+200	−200	+200	−200

注：外圈凸缘外径 D_1 的公差为 h9。

4.2.1.3　圆锥滚子轴承内、外圈端面对滚道的跳动按表 10 的规定。当用心轴在外圈端面测量 S_{ia} 时，0、6X、6、5 级轴承不应超过表 10 所列数值的 10/6 倍，4 级轴承不应超过 GB/T 307.1—1994 表 17 所列数值的 10/6 倍。

表 10

单位：μm

d mm		S_{ia}			D mm		S_{ea}		
		0、6X	6	5			0、6X	6	5
超过	到	max			超过	到	max		
10	18	24	12	8	18	30	40	20	13
18	30	24	12	8	30	50	40	20	13
30	50	24	12	8	50	80	40	20	13
50	80	30	15	10	80	120	45	22	15
80	120	30	15	10	120	150	50	25	18
120	180	36	18	12	150	180	60	30	20
180	250	36	18	12	180	250	70	35	23
250	315	42	21	14	250	315	80	40	27
315	400	48	24	16	315	400	90	45	30
					400	500	100	50	—
					500	630	120	60	—

4.2.1.4 推力圆柱滚子轴承的实际高度偏差按表 11 的规定。推力调心滚子轴承的实际高度偏差按 JB/T 7750—1995 的规定。

表 11

单位：μm

轴圈公称内径 d mm		ΔT_{1s}		ΔT_{2s}	
超过	到	上偏差	下偏差	上偏差	下偏差
—	18	+20	−250	+150	−400
18	30	+20	−250	+150	−400
30	50	+20	−250	+150	−400
50	80	+20	−300	+150	−500
80	120	+25	−300	+200	−500
120	180	+25	−400	+200	−600
180	250	+30	−400	+250	−600
250	315	+40	−400	+350	−700
315	400	+40	−500	+350	−700
400	500	+50	−500	+400	−900
500	630	+60	−600	+500	−1 100
630	800	+70	−750	+600	−1 300
800	1 000	+80	−1 000	+700	−1 500
1 000	1 250	+100	−1 400	+900	−1 800
1 250	1 600	+120	−1 600	—	—
1 600	2 000	+140	−1 900	—	—
2 000	2 500	+160	−2 300	—	—

4.2.1.5 公称内径为 250 mm～2 500 mm 的 0、5 级单列圆锥滚子轴承实际宽度偏差按表 12 的规定。

表 12

单位：μm

d mm		ΔT_{s}			
		0 级		5 级	
超过	到	上偏差	下偏差	上偏差	下偏差
250	315	+350	−250	+350	−250
315	400	+400	−400	+400	−400
400	500	+450	−450	+450	−450
500	630	+500	−500	+500	−500
630	800	+600	−600	+600	−600
800	1 000	+750	−750	+750	−750
1 000	1 250	+900	−900	+750	−750
1 250	1 600	+1 050	−1 050	+900	−900
1 600	2 500	+1 200	−1 200	—	—

4.2.1.6 双列圆锥滚子轴承的实际宽度偏差按表 13 的规定。

表 13

单位：μm

d mm		ΔT_{3s}	
超过	到	上偏差	下偏差
30	50	+400	−400
50	80	+400	−400
80	120	+400	−400
120	180	+500	−500
180	250	+700	−500
250	315	+700	−500
315	400	+800	−800
400	500	+900	−900
500	630	+1 000	−1 000
630	800	+1 200	−1 200
800	1 000	+1 600	−1 600
1 000	1 200	+2 400	−2 400

4.2.1.7 四列圆锥滚子轴承的实际宽度偏差按表 14 的规定。

表 14

单位：μm

d mm		ΔT_{4s}	
超过	到	上偏差	下偏差
80	120	+800	−800
120	180	+1 000	−1 000
180	250	+1 400	−1 000
250	315	+1 400	−1 000
315	400	+1 600	−1 600
400	500	+1 800	−1 800
500	630	+2 000	−2 000
630	800	+2 400	−2 400
800	1 000	+3 200	−3 200
1 000	1 200	+4 800	−4 800

4.2.1.8 无套圈及仅有一个套圈的向心圆柱滚子轴承，必须在标准样圈中检查其旋转灵活性，此时保

持架不允许与轴或外壳接触。

4.2.1.9　分离型滚子轴承及无套圈或仅有一个套圈的滚子轴承，滚子不得从套圈或保持架兜孔中掉出。

4.2.1.10　外圈带锁圈的圆柱滚子轴承，其锁圈应定位牢固，用手不能将其转动。

4.2.1.11　调心滚子轴承装配后应旋转灵活、调心性良好，滚子不得从保持架兜孔中掉出。

4.2.1.12　轴承及其零件的清洁度按 JB/T 7050—1993 的规定。

4.2.2　**零件**

4.2.2.1　轴承零件工作表面经酸洗后不应有烧伤，其他表面不应有不经酸洗即可看到的烧伤。零件的其他外观质量要求按制造厂的规定。

4.2.2.2　保持架的技术要求按 JB/T 7048—2002 和 JB/T 10337—2002 的规定。保持架铆压后，不允许有下列缺陷：

a)　滚子在保持架兜孔内有挤夹现象；

b)　铆松；

c)　裂纹；

d)　铆钉头有凿印、钉头不完整超过规定范围；

e)　两半保持架明显错位，铆钉头歪斜；

f)　保持架或保持架挡片外表面留下显著伤痕；

g)　弯爪的偏斜和等分差超过了规定范围；

h)　支柱弯曲以致与滚子接触；

i)　保持架挡片的埋头铆钉孔未添满；

j)　保持架梁弯曲。

4.2.2.3　圆锥滚子的技术要求按 JB/T 10235—2001 的规定。

4.2.2.4　滚子残磁的技术要求按 JB/T 8196—1996 的规定。

4.2.2.5　滚针应进行弯曲强度试验，其试验方法见图 1。弯曲破坏载荷不应低于表 15 的规定，加载速度不应超过每秒 P/3 值。

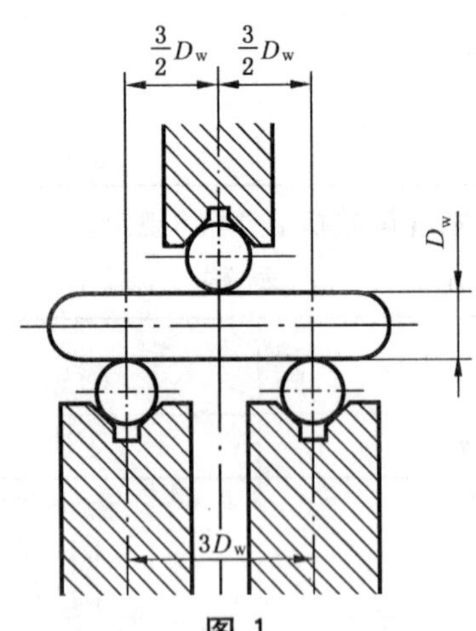

图 1

表 15

滚针公称直径 D_w　mm	1	1.5	2	2.5	3	3.5	4	4.5	5
弯曲破坏载荷 P　kN	0.32	0.73	1.3	2.0	2.9	3.9	5.1	6.5	8.0